AUGUST FERDINAND MÖBIUS

GESAMMELTE WERKE.

HERAUSGEGEBEN AUF VERANLASSUNG DER KÖNIGLICH SÄCHSISCHEN GESELLSCHAFT DER WISSENSCHAFTEN.

DRITTER BAND

HERAUSGEGEBEN

VON

F. KLEIN.

LEIPZIG

VERLAG VON S. HIRZEL

1886.

Vorrede.

Die Fertigstellung von Band III der gesammelten Werke von Möbius, bei der mir wieder Herr Dr. Staude in ausgiebiger Weise behülflich gewesen ist, gestaltete sich verhältnissmässig einfach, insofern es sich in der Hauptsache um einen Abdruck von Möbius' *Lehrbuch der Statik* handelte. Wir haben des Weiteren in chronologischer Reihenfolge sechs Abhandlungen verwandten Inhaltes angeschlossen, denen man füglich noch folgende zwei hinzurechnen könnte, die wegen ihrer geometrischen Bedeutung bereits in Band I (p. 489 —515, bez. p. 515—570 daselbst) ihre Stelle gefunden haben: *Ueber eine besondere Art dualer Verhältnisse zwischen Figuren im Raume* (1833), und *Ueber die Zusammensetzung unendlich kleiner Drehungen* (1838). Die Grundsätze, nach denen wir den Wiederabdruck gestalteten, sind durchweg dieselben geblieben wie bei Band II. Insbesondere wurden die Figuren wieder in den laufenden Text gesetzt, und man wird also die Kupfertafeln, von denen auf den hier wiederabgedruckten Titelblättern der beiden Theile des Lehrbuchs der Statik die Rede ist, vergeblich suchen. Die Jahreszahlen, welche wir den einzelnen Abhandlungen zugesetzt haben, sind, wie hier ausdrücklich bemerkt sei, keine eigentlichen Datirungen der Abhandlungen selbst, sondern beziehen sich auf die Zeitschriftenbände, in denen die betreffenden Abhandlungen erschienen sind. Die Ausdrucksweise von Möbius wurde überall möglichst beibehalten, auch wo dieselbe von der heute üblichen abweicht; beispielsweise bezeichnet Möbius, wie dies auch schon Herr Baltzer in den Bemerkungen zu Band I hervorhebt, mit Richtung einer Kraft immer die wohlbestimmte gerade Linie, nach welcher die Kraft wirkt. Wir haben auf solche Abweichungen weiterhin nicht besonders aufmerksam gemacht, da es sich immer nur um ganz einfache Dinge handelt, in denen sich jeder Leser, nachdem einmal auf dieselben ausdrücklich verwiesen ist, mit Leichtigkeit zurecht finden dürfte.

Leipzig, im Februar 1886.

Felix Klein.

Inhalt des dritten Bandes.

Lehrbuch

der

STATIK

von

August Ferdinand Möbius,

Professor der Astronomie zu Leipzig, Correspondenten der Königl. Akademie der Wissenschaften in Berlin und Mitgliede der naturforschenden Gesellschaft in Leipzig.

Erster Theil.

Mit zwei Kupfertafeln.

Leipzig

bei Georg Joachim Göschen

1837.

Vorrede.

Die erste Veranlassung zu einer anhaltenderen Beschäftigung mit der Statik und damit zur Abfassung der vorliegenden Schrift gab mir das Studium des zwar kleinen, aber gehaltreichen und elegant geschriebenen Werkes von Poinsot über die Statik*). Ich lernte daraus, wie die Bedingungsgleichungen für das Gleichgewicht zwischen Kräften, welche auf einen frei beweglichen festen Körper wirken, einfacher, als auf irgend einem anderen der bisher bekannten Wege, mit Hülfe der Theorie der von ihm sogenannten *couples* (Paare von einander gleichen und nach parallelen aber entgegengesetzten Richtungen wirkenden Kräften) entwickelt werden können; und die dem Ende des Werkes beigefügte Abhandlung (*Mémoire sur la composition des momens et des aires*), worin die Theorie dieser Kräftepaare noch weiter verfolgt wird, und mehrere zum Theil neue Sätze, die Eigenschaften der Momente von Kräften betreffend, aus dieser Theorie höchst einfach hergeleitet werden, nahm mein ganzes Interesse in Anspruch.

Da ich nun bei fortgesetzter Beschäftigung mit diesen Gegenständen mehrere eigene Untersuchungen anstellte und Ansichten gewann, nach denen, wie es mir schien, die einzelnen Lehren der Statik theils vervollständigt, theils auf eine etwas systematischere Weise, als in den bisherigen Lehrbüchern, geordnet werden könnten, so fühlte ich mich bewogen, meine zum Theil schon in Crelle's mathematischem Journal bekannt gemachten Untersuchungen im Zusammenhange zu veröffentlichen und damit ein für sich bestehendes Lehrbuch der reinen Statik abzufassen, in welchem die Lehren dieser Wissenschaft möglichst vollständig und in systematischer Folge auseinandergesetzt sind.

Die Methode, deren ich mich in diesem Lehrbuche bedient habe, ist ausschliesslich weder die synthetische noch die analytische. Doch habe ich in der Regel der ersteren den Vorzug gegeben, wenn eine einfache geometrische Construction zur Führung eines Beweises oder zur Lösung einer Aufgabe hinreichend war, so wie ich auch nicht selten die schon durch Analysis gefundenen Sätze durch geometrische Betrachtungen noch zu erläutern gesucht habe: beides aus dem

*) Élémens de Statique ... par L. Poinsot, 4ème édit., Paris 1824.

Grunde, weil bei Untersuchungen, welche räumliche Gegenstände betreffen, die geometrische Betrachtung eine Betrachtung der Sache an sich selbst und daher die natürlichste ist, während bei einer analytischen Behandlung, so elegant diese auch sein mag, der Gegenstand sich hinter fremdartigen Zeichen verbirgt und damit unserem Auge mehr oder weniger verloren geht.

Ueberhaupt findet zwischen der Statik und der Geometrie ein sehr inniger Zusammenhang statt, indem nicht allein erstere Wissenschaft der Hülfe der letzteren unumgänglich bedarf, sondern weil auch umgekehrt, gleichsam zum Lohne für die geleistete Hülfe, die Statik der Geometrie neue Sätze zuführt, Sätze, die nicht selten wiederum zum Vortheile der Statik verwendet werden können. Der Belege hierzu wird man nicht wenige in diesem Buche finden. Zuweilen haben Statik und Geometrie sogar einen gemeinschaftlichen Zweck und weichen nur in Hinsicht der zu diesem Zwecke führenden Mittel von einander ab. Ein Beispiel hierzu ist die Untersuchung, in wie viel Puncten zwei oder mehrere Körper einander berühren müssen, wenn ihre gegenseitige Lage unveränderlich sein soll. Denn diese und ähnliche Untersuchungen können eben sowohl mit Hülfe statischer Principien, als rein geometrisch angestellt werden. Möge es daher dem Leser nicht unangenehm auffallen, wenn er hier in Fällen, wo eine Reihe geometrischer Sätze mir entweder an sich merkwürdig oder wegen ihres Einflusses auf andere Untersuchungen der Beachtung werth schien, von dem Gebiete der Statik auf das der reinen Geometrie geführt wird.

Das Werk zerfällt in zwei Theile, von denen der erste das Gleichgewicht an einem einzigen Körper, der zweite das Gleichgewicht an mehreren mit einander verbundenen Körpern behandelt. Jedem der beiden Theile ist eine Anzeige des Inhalts vorangesetzt, woraus die Aufeinanderfolge der behandelten Gegenstände zur Genüge erkannt werden kann. Es dürfte aber nicht überflüssig sein, hier Einiges über ihren gegenseitigen Zusammenhang noch vorauszuschicken, wobei sich zugleich Gelegenheit zu einigen Bemerkungen finden wird, für welche im Buche selbst kein passender Ort war.

Die ersten Elemente habe ich eben so, wie Poinsot, durch die schon erwähnte Theorie der Kräftepaare zu vereinfachen gesucht. Doch bin ich hierin einen Schritt weiter gegangen. Poinsot nämlich trägt diese Theorie erst dann vor, nachdem er parallele Kräfte und auf einen Punkt wirkende Kräfte zusammenzusetzen gelehrt hat. Dagegen folgt hier die Theorie der Paare unmittelbar auf die allgemeinsten Sätze vom Gleichgewichte, und dann erst die Theorie von der Zusammensetzung von Kräften, welche nicht Paare bilden. Denn nicht nur lässt sich die letztere Theorie, nachdem die erstere vorausgegangen, ungleich einfacher, als ohnedem, entwickeln, sondern es ist auch, wie man sich überzeugen wird, die erstere Theorie ganz unabhängig von der letzteren darstellbar.

Bereits in einem in Crelle's mathematischem Journal befindlichen Aufsatze*) habe ich gezeigt, wie die Theorie der Paare selbstständig entwickelt und aus ihr ohne weiteres die sechs Bedingungsgleichungen für das Gleichgewicht zwischen Kräften, die nach beliebigen Richtungen im Raume auf einen frei beweglichen Körper wirken, hergeleitet werden können, woraus sich zuletzt die drei Bedingungsgleichungen für das Gleichgewicht zwischen Kräften in einer Ebene, als für einen speciellen Fall, ergeben. Wiewohl nun die grosse Kürze dieses Weges ihm zur Empfehlung gereichen möchte, so dürfte doch der unmittelbare Fortgang zu dem allgemeinsten Falle Manchem für das erste Studium zu überraschend scheinen, und ich habe es daher im Gegenwärtigen vorgezogen, die auf dieselbe Weise behandelte Theorie des Gleichgewichtes in einer Ebene vorauszuschicken und dadurch den Leser zum Verständniss der Theorie des Gleichgewichtes im Raume vorzubereiten.

Die im 6. Kapitel des ersten Theils folgende weitere Ausführung der Theorie der Momente beschäftigt sich mit der Beantwortung der zwei Fragen: erstens, nach welchen Gesetzen das Moment eines Systems von Kräften im Raume, welche nicht im Gleichgewichte sind, von einer Axe zur anderen, auf welche das Moment bezogen wird, veränderlich ist; und zweitens, unter welchen Bedingungen und auf welche Weise aus den Momenten des Systems für eine Anzahl von Axen die Momente für noch andere Axen gefunden werden können. Die Untersuchungen, zu welchen die erste dieser Fragen veranlasst, sind — die Darstellung der Momente durch Kugelsehnen, den darauf gegründeten Beweis für das Parallelogramm der Kräfte und die Theorie der Nullebenen und Nullpuncte ausgenommen — schon von Poinsot und Anderen geführt worden. Die zweite Frage habe ich in grösster Allgemeinheit zu beantworten gesucht und Resultate erhalten, von denen bisher nur einige specielle Fälle bekannt waren.

In den noch übrigen Kapiteln des ersten Theils wird angenommen, dass ein frei beweglicher Körper, auf welchen Kräfte wirken, auf irgend eine Weise aus seiner Lage verrückt wird, während die Kräfte auf ihre Angriffspuncte mit unveränderlicher Stärke und parallel mit ihren anfänglichen Richtungen zu wirken fortfahren, und es wird nun untersucht, wie durch diese Lageänderung des Körpers die Wirkung der Kräfte geändert wird. Der einfachste hierbei mögliche

*) Entwickelung der Bedingungen des Gleichgewichtes zwischen Kräften, die auf einen freien festen Körper wirken, Crelle's Journal, Bd. 7, p. 205—216. (Im vorliegenden Bande weiter unten wieder abgedruckt.)

Fall ist der, wenn die Kräfte parallele Richtungen haben und auf eine einzelne Kraft zurückgeführt werden können. Denn alsdann bleiben sie auch bei jeder Verrückung des Körpers auf eine einzelne Kraft reducirbar, und diese Kraft trifft immer auf einen Punct, welcher gegen die Angriffspuncte der ersteren Kräfte eine unveränderliche Lage hat und unter dem Namen des Mittelpunctes paralleler Kräfte bekannt ist. Aehnliche Untersuchungen habe ich hier auch in Bezug auf Systeme nicht paralleler Kräfte angestellt und glaube, dass die gewonnenen Resultate nicht bloss ihrer Neuheit willen*), sondern auch wegen ihrer verhältnissmässigen Einfachheit und weil sie zu vielleicht noch fruchtreicheren Forschungen über diesen Gegenstand Veranlassung geben können, der Beachtung nicht unwerth sind.

Genau mit diesen Untersuchungen hängt die Lehre von der Sicherheit des Gleichgewichtes zusammen. Denn halten sich die Kräfte anfänglich das Gleichgewicht, so wird dasselbe bei einer auch noch so geringen Lageänderung des Körpers im Allgemeinen aufgehoben, und jenachdem die Kräfte den Körper in die anfängliche Lage zurückzubringen oder noch weiter davon zu entfernen suchen, wird das Gleichgewicht sicher oder unsicher genannt. Ich habe daher nicht angestanden, auch die Lehre von der Sicherheit, so weit es ohne Einmischung der Dynamik geschehen konnte, hier vorzutragen und, unterstützt durch die vorhergehenden Ergebnisse, die Function zu entwickeln, aus deren Vorzeichen erkannt wird, ob ein gegebenes Gleichgewicht sicher oder unsicher ist. Die Umständlichkeit, mit welcher ich diesen Gegenstand behandelt habe, dürfte dadurch, dass ungeachtet der elementaren Behandlung, deren er fähig ist, sich über ihn in den bisherigen Lehrbüchern der Statik nur weniges oder nichts vorfindet, hinlänglich gerechtfertigt werden.

Zwischen dem Zustande des Gleichgewichtes in Bezug auf Sicherheit und den Eigenschaften des grössten oder kleinsten Werthes einer veränderlichen Grösse findet eine grosse Aehnlichkeit statt. Dies leitet auf die Vermuthung, dass es eine Function der die Kräfte und deren Angriffspuncte bestimmenden Grössen gebe, welche beim Gleich-

---

*) Neu bis auf die erst kürzlich von Minding über denselben Gegenstand, jedoch auf eine von der meinigen ganz verschiedene Weise angestellten und mit zum Theil merkwürdigen Ergebnissen begleiteten Untersuchungen: Untersuchung betreffend die Frage nach einem Mittelpuncte nicht paralleler Kräfte, Crelle's Journal, Bd. 14, p. 289; Ueber den Ort sämmtlicher Resultanten eines der Drehung unterworfenen Systems von Kräften, Bd. 15, p. 27; Einige Sätze über die Veränderungen, welche ein System von Kräften durch Drehung derselben erleidet, Bd. 15, p. 313. Eine Uebersicht der von mir gefundenen und in gegenwärtiger Schrift dargelegten Resultate siehe in der Abhandlung: Ueber den Mittelpunct nicht paralleler Kräfte, Crelle's Journal, Bd. 16, p. 1. (Letztere Abhandlung ist im vorliegenden Bande weiter unten wieder abgedruckt.)

gewichte ein Maximum oder ein Minimum ist. Die Entwickelung dieser Function, deren zweites Differential die Merkmale für die Sicherheit oder Unsicherheit abgibt, ist in dem letzten Kapitel des ersten Theiles enthalten. Das erste Differential derselben Function muss zu Folge der Natur der Grössten und Kleinsten Null sein, welches zu dem in diesem Kapitel gleichfalls behandelten Princip der virtuellen Geschwindigkeiten führt. Die Herleitung einer noch anderen Function, die beim Gleichgewichte ebenfalls ein Maximum oder ein Minimum ist, und die für den Fall, dass die Kräfte durch unendlich kleine Linien ausgedrückt werden, bereits von Gauss aufgestellt worden*), macht den Beschluss des ersten Theils.

Im zweiten Theile wird das Gleichgewicht an mehreren mit einander verbundenen Körpern betrachtet. Hier suchte ich zuerst mit möglichster Schärfe und Allgemeinheit die Bedingungen eines solchen Gleichgewichtes zu entwickeln. Ich glaubte in dieser Hinsicht etwas ausführlicher sein zu müssen, da in den mir wenigstens bekannt gewordenen Lehrbüchern der Statik nur einzelne Beispiele vom Gleichgewichte an verbundenen Körpern, oder höchstens eine Angabe der allgemeinen Bedingungen für dasselbe, kein strenger Beweis dieser Bedingungen, anzutreffen sind. Ohne mich über den Gang, den ich dabei genommen, hier weiter zu verbreiten, bemerke ich nur, dass ich hierher auch das Gleichgewicht an einem einzigen an seiner Bewegung zum Theil gehinderten Körper gerechnet habe, indem ein solcher Körper als ein mit einem zweiten ganz unbeweglichen in Verbindung stehender betrachtet werden kann. — Auf das Gleichgewicht an mehreren mit einander verbundenen Körpern musste jetzt auch das Princip der virtuellen Geschwindigkeiten ausgedehnt werden, da es im Vorigen nur für einen einzigen frei beweglichen Körper bewiesen worden war, und ich hoffe, dass der hier gegebene allgemeine Beweis dieses Princips sowohl hinsichtlich seiner Einfachheit, als seiner Strenge, befriedigen wird.

Unter den mancherlei Verbindungsarten zweier oder mehrerer Körper verdienen diejenigen eine besondere Berücksichtigung, bei welchen die Körper in so vielen Puncten verbunden sind, dass, wenn auch jeder Körper an sich frei beweglich ist, doch keine gegenseitige Beweglichkeit stattfindet, und dass folglich, wenn einer von ihnen unbeweglich gemacht wird, das ganze System unbeweglich wird. Die Bedingungen dieser Unbeweglichkeit werden im 4. Kapitel statisch bestimmt; es werden nämlich die Fälle untersucht, in welchen, was auch für Kräfte an den Körpern angebracht werden, doch keine Bedingungen für das Gleichgewicht hervorgehen.

Wenn aber auch die Lage von Körpern oder der Theile einer

*) Vergl. unten das Citat zu §. 185.

Figur unveränderlich ist, so lassen sich doch immer specielle Bedingungen für das Verhalten der Theile zu einander ausfindig machen, unter denen die Unbeweglichkeit in eine unendlich kleine Beweglichkeit übergeht. Wie diese Bedingungen statisch gefunden werden können, und wie damit zugleich Maxima und Minima der Figur bestimmt werden, dies habe ich im 5. Kapitel gezeigt und die dazu angegebene Methode durch mehrere Beispiele erläutert. Irre ich mich nicht, so ist diese Methode noch einer grösseren Ausbildung fähig und wegen ihres Nutzens für die Geometrie dieser Ausbildung nicht unwerth.

Die einfachste Art, auf welche mehrere Körper mit einander verbunden sein können, besteht darin, dass keiner mit mehr als zwei der übrigen verbunden ist. Ein solches System wird im Allgemeinen eine Kette genannt, und, wenn die Körper unendlich klein sind, ein Faden. Die Lehre vom Gleichgewichte an Fäden wird im 6., 7. und 8. Kapitel behandelt. Nachdem in dem 6. die Theorie des Gleichgewichtes an einem vollkommen biegsamen Faden auseinandergesetzt worden, wird im 7. auf die, wie es scheint, noch nicht beachtete vollkommene Analogie aufmerksam gemacht, die zwischen dem Gleichgewichte an einem solchen Faden und der Bewegung eines materiellen Punctes stattfindet, und wonach jedes Fadengleichgewicht als das Abbild der Bewegung eines Punctes, und umgekehrt, angesehen werden kann, und jedem Satze in der Theorie des einen ein Satz in der Theorie des anderen entspricht. Insbesondere habe ich hiernach das Princip der Flächen, das Princip der lebendigen Kräfte und das Princip der kleinsten Wirkung, insofern diese Sätze die Bewegung nur eines Punctes betreffen, aus der Dynamik auf das Fadengleichgewicht übergetragen und damit drei entsprechende Sätze erhalten, von denen der dritte neu und merkwürdig zugleich sein dürfte.

In Betreff des 8. und letzten Kapitels, welches das Gleichgewicht an elastischen Fäden untersucht, werde noch bemerkt, dass die der Natur der Sache sehr angemessene Eintheilung elastischer Fäden in elastisch dehnbare, biegsame und drehbare aus einer Abhandlung von Binet über diesen Gegenstand*) entlehnt worden, und dass, obschon zwischen dem Gleichgewichte an einem elastischen Faden und der Bewegung eines Punctes keine Analogie herrscht, es mir doch gelungen ist, in Bezug auf das Gleichgewicht an einem elastisch biegsamen Faden Sätze aufzufinden, welche dem zweiten und dritten der eben gedachten drei Sätze rücksichtlich des Gleichgewichtes an einem vollkommen biegsamen Faden und damit dem Princip der lebendigen Kräfte und dem Princip der kleinsten Wirkung entsprechen.

*) Binet, Mémoire sur l'expression analytique de l'élasticité et de la raideur des courbes à double courbure, Journal de l'école polytechnique, tome X, p. 418.

Inhalt des ersten Theiles.

Gesetze des Gleichgewichtes zwischen Kräften, welche auf einen einzigen festen Körper wirken.

Erstes Kapitel.

Allgemeine Sätze vom Gleichgewichte.

Zweites Kapitel.

Vom Gleichgewichte zwischen Kräftepaaren in einer Ebene.

wirkend. — §. 22. Zusammensetzung mehrerer beliebiger Paare in einer Ebene zu einem mit ihnen gleichwirkenden. — §. 23. Erklärung des Moments eines Paares. Zwei Paare in einer Ebene, welche einander gleiche Momente haben, sind gleichwirkend, und umgekehrt. Die Bedingung des Gleichgewichtes zwischen zwei oder mehreren Paaren in einer Ebene.

Anwendung der Theorie der Paare auf das Gleichgewicht zwischen drei Kräften in einer Ebene. §§. 24. 25. Bedingungen, unter denen zwischen drei einander parallelen Kräften in einer Ebene Gleichgewicht stattfindet. — §. 26. Zusammensetzung zweier paralleler Kräfte; Zerlegung einer Kraft in zwei mit ihr parallele. — §. 27. Zusammensetzung zweier nicht paralleler Kräfte in einer Ebene; das Parallelogramm der Kräfte. — § 28. Das Dreieck der Kräfte.

Gleichgewicht zwischen vier Kräften in einer Ebene. §. 29. Darstellung der Bedingungen dieses Gleichgewichtes durch zwei Vierecke, von denen das eine die Richtungen, das andere die Intensitäten der Kräfte bestimmt.

Drittes Kapitel.

Vom Gleichgewichte zwischen Kräften in einer Ebene überhaupt.

§. 30. Erklärung des Moments einer Kraft in Beziehung auf einen Punct. — §. 31. Erklärung des Moments eines Systems von Kräften in Beziehung auf einen Punct. Das Moment zweier Kräfte, welche ein Paar bilden, ist für alle Puncte der Ebene des Paares von gleicher Grösse. — §. 32. Ein System von Kräften in einer Ebene ist entweder im Gleichgewichte, oder auf ein Paar, oder auf eine einfache Kraft reducirbar. — §. 33. Die Bedingungen, unter denen diese drei Fälle einzeln stattfinden, durch Relationen zwischen Momenten des Systems ausgedrückt. — §. 34. Anwendung hiervon auf das Parallelogramm der Kräfte. Wie mit der Bezeichnung eines Dreiecks durch drei an die Ecken gesetzte Buchstaben zugleich der positive oder negative Werth des Dreiecks ausgedrückt werden kann. — §. 35. Ausdruck des Inhalts eines Dreiecks durch die Coordinaten seiner Ecken. — §. 36. Bestimmung einer in einer Ebene wirkenden Kraft durch die Coordinaten irgend eines Punctes ihrer Richtung und durch die Projectionen der Kraft auf die zwei Coordinatenaxen. — §. 37. Analytischer Ausdruck für das Moment eines Systems von Kräften in einer Ebene, in Bezug auf einen beliebigen Punct der Ebene. — §. 38. Die Bedingungsgleichungen für das Gleichgewicht des Systems. — §. 39. Die Bedingungsgleichungen, wenn das System sich auf ein Paar reducirt; Werth des Moments des resultirenden Paares. — §. 40. Im Allgemeinen reducirt sich das System auf eine einfache Kraft; Bestimmung der Grösse und Richtung dieser Kraft. — §§. 41. 42. Untersuchung der speciellen Fälle, wenn die Richtungen der Kräfte des Systems sich in einem Puncte schneiden, und — §. 43. wenn sie einander parallel sind.

Geometrische Folgerungen. §. 44. Eigenschaften der Summe von Dreiecken in einer Ebene, welche unveränderliche Grundlinien und eine gemeinschaftliche aber veränderliche Spitze haben. — §. 45. Lehnsätze, die Flächen ebener Vielecke betreffend. — §. 46. Geometrischer Beweis des Satzes in §. 44. — §. 47. Folgerungen aus diesem Beweise für die Statik. Erläuterungen statischer Sätze durch Geometrie. — §. 48. Aus den Momenten eines Systems von Kräften in Bezug auf drei Puncte der Ebene das Moment für irgend einen vierten Punct der Ebene und die

Viertes Kapitel.

Vom Gleichgewichte zwischen Kräftepaaren im Raume.

Fünftes Kapitel.

Vom Gleichgewichte zwischen Kräften im Raume überhaupt.

Projection des Systems auf eine beliebig gelegte Ebene oder gerade Linie. — §. 69. Analytische Bestimmung der zwei Kräfte, auf welche sich ein System von Kräften im Raume im Allgemeinen reduciren lässt. Merkwürdige Beziehungen zwischen den Richtungen der beiden Kräfte. — §. 70. Untersuchung des Falles, wenn die zwei Kräfte ein Paar bilden. — §§. 71. 72. Entwickelung der Bedingungsgleichung, bei welcher das System auf eine einzige Kraft reducirbar ist. Merkwürdiger von Chasles entdeckter Satz.

Vom Gleichgewichte zwischen parallelen Kräften im Raume. §. 73. Ein System paralleler Kräfte reducirt sich entweder auf eine einfache Kraft, oder auf ein Paar, oder ist im Gleichgewichte. Analytische Betrachtung dieser Fälle.

Sechstes Kapitel.

Weitere Ausführung der Theorie der Momente.

§. 74. Gegenstand der folgenden Untersuchungen.

Relationen zwischen Momenten, deren Axen sich in einem Puncte schneiden. §. 75. Jedes dieser Momente ist dem Sinus des Winkels proportional, der von der Axe mit einer dem Puncte zugehörigen Ebene gebildet wird; oder, was dasselbe ist: — §. 76. Durch jeden Punct lässt sich eine Kugelfläche beschreiben, so, dass das Moment jeder durch den Punct gehenden Axe dem von dieser Kugelfläche abgeschnittenen Theile der Axe proportional ist. — §. 77. Begriff der Linie des grössten Moments. — §. 78. Eigenschaft dieser Linie. — §. 79. Hieraus folgende Zusammensetzung von Kugeln und Kreisen, analog der Zusammensetzung von Kräften. — §. 80. Neuer darauf gegründeter Beweis für das Parallelogramm der Kräfte.

Von den Axen der grössten Momente. §. 81. Vorläufige Betrachtungen. — §. 82. Entwickelung der Gesetze, nach welchen die Linie des grössten Moments vom einem Puncte des Raumes zum anderen veränderlich ist. Hauptlinie eines Systems. — §. 83. Die Gleichungen für die Hauptlinie und den Werth des kleinsten unter den grössten Momenten zu finden.

Von den Axen, deren Momente Null sind. §. 84. Alle durch einen Punct gehende Axen, für welche das Moment des Systems Null ist, liegen in einer Ebene: Nullebene des Punctes; und alle in einer Ebene liegende Axen, für welche das Moment Null ist, schneiden sich in einem Puncte: Nullpunct der Ebene. Folgerung dieses Satzes aus §. 82. — §. 85. Einfacherer Beweis dieses Satzes, nachdem vorher durch elementare Betrachtungen gezeigt worden, dass in Bezug auf ein System von Kräften jedem Puncte eine durch ihn gehende Ebene und jeder Ebene ein in ihr liegender Punct entspricht etc. — §§. 86. 87. Weitere Entwickelung der Gesetze dieser Reciprocität zwischen Puncten und Ebenen. — §. 88. Anwendung der vorhergehenden Theorie auf um und in einander beschriebene Polyëder. Ein und dasselbe Polyëder kann zugleich um und in ein anderes beschrieben sein.

Relationen zwischen Momenten, deren Axen beliebige Richtungen haben. §. 89. Aus den Momenten für drei Axen, welche sich in einem Puncte schneiden, das Moment für jede vierte denselben Punct treffende Axe zu finden. Lösung dieser Aufgabe durch Construction. — §. 90. Lösung durch Rechnung für den Fall, wenn die drei Axen, für welche die Momente gegeben sind, rechte Winkel mit einander machen. — §§. 91. 92. Gleichung zwischen den vier Momenten für beliebige Winkel

Siebentes Kapitel.

Von den Mittelpuncten der Kräfte.

wirkender Kräfte. §. 114. Es wird hierbei vorausgesetzt, dass bei der Verrückung des Körpers die Ebene der Kräfte nur in sich selbst gedreht oder verschoben wird. — §. 115. Jedes System von Kräften in einer Ebene, welches auf eine Kraft reducirbar ist, hat einen Mittelpunct. Bestimmung desselben durch Construction. — §§. 116. 117. Die Ordnung, in welcher man bei dieser Construction die Kräfte nach und nach in Betracht zieht, ist willkürlich; hieraus entspringende geometrische Sätze, an ein Viereck beschriebene Kreise betreffend. — §§. 118. 119. Verallgemeinerung dieser Sätze durch Betrachtung eines Systems von Puncten und eines Systems ihnen entsprechender Kreise. — §§. 120. 121. Noch eine Methode, den Mittelpunct durch Construction zu finden; neue daraus abgeleitete geometrische Sätze. — §§. 122—125. Analytische Bestimmung der Art, auf welche sich die Wirkung eines in einer Ebene enthaltenen Systems von Kräften ändert, wenn die Ebene in sich selbst gedreht wird. Werthe der Coordinaten des Mittelpunctes.

Achtes Kapitel.

Von den Axen des Gleichgewichtes.

§. 126. Zweck der nächstfolgenden Untersuchungen. — §. 127. Die Bedingungsgleichungen, bei denen zwischen Kräften, die, auf einen Körper nach beliebigen Richtungen wirkend, sich das Gleichgewicht halten, auch dann noch Gleichgewicht besteht, wenn die Lage des Körpers geändert wird, und die Kräfte auf die anfänglichen Angriffspuncte parallel mit ihren anfänglichen Richtungen zu wirken fortfahren. — §§. 128. 129. Geometrische Bedeutung der eingeführten Hülfsgrössen. — §§. 130. 131. Entwickelung des Begriffs einer Axe des Gleichgewichtes, als einer Axe von der Eigenschaft, dass, wenn der Körper um sie gedreht wird, das anfängliche Gleichgewicht fortdauert. Bedingungsgleichung, bei welcher einem Systeme von Kräften eine Gleichgewichtsaxe zukommt. — §. 132. Einfacher Ausdruck der Bedingungen, unter welchen ein System eine Gleichgewichtsaxe von gegebener Richtung hat. — §. 133. Geometrischer Beweis dieser Bedingungen. — §. 134. Gibt es bei einem Systeme zwei Gleichgewichtsaxen, so sind es auch alle diejenigen Axen, welche mit ersteren beiden einer und derselben Ebene parallel laufen. Ist ein Körper in vier verschiedenen Lagen im Gleichgewichte, so ist er es im Allgemeinen auch in jeder fünften.

§. 135. Wie zu einem Systeme von Kräften, das im Gleichgewichte ist, aber keine Axe des Gleichgewichtes besitzt, zwei neue das Gleichgewicht nicht störende Kräfte immer hinzugefügt werden können, so dass das System eine Gleichgewichtsaxe von gegebener Richtung erhält. — §. 136. Zusätze und geometrische Erläuterungen.

§. 137. Wie zu einem Systeme von Kräften, welche nicht im Gleichgewichte sind, zwei Kräfte hinzugefügt werden können, dass ein auch bei der Drehung um eine gegebene Axe fortdauerndes Gleichgewicht entsteht. — §. 138. Statt die Axe als gegeben anzunehmen, kann man die Bedingung hinzusetzen, dass die Angriffspuncte der zwei hinzuzufügenden Kräfte in der Axe liegen sollen. Eine also bestimmte Axe heisse eine Hauptaxe der Drehung. Eigenschaft derselben. — §. 139. Jedes System von Kräften, das weder im Gleichgewichte, noch auf ein Paar reducirbar ist, hat im Allgemeinen entweder zwei Hauptaxen der Drehung, oder keine. — §§. 140. 141. Bestimmung der zwei Hauptaxen bei einem nur aus zwei Kräften bestehenden Systeme. — §. 142. Hiernach können auch von drei oder mehreren Kräften, die mit einer Ebene parallel sind, die zwei Hauptaxen gefunden werden. Es wird hieraus gefolgert, dass wenn von Kräften, die derselben Ebene parallel sind, jede nach denselben zwei mit der Ebene parallelen Richtungen zerlegt wird, die zwei Mittelpuncte der mit der einen und mit der anderen Richtung parallelen Kräfte immer in derselben Geraden liegen, wie auch die zwei Richtungen angenommen werden. — §. 143. Beweis dieses Satzes für Kräfte, welche in einer Ebene enthalten sind, ohne Anwendung der Theorie der Hauptaxen. — §. 144. Ausdehnung des Satzes auf Kräfte, die nach beliebigen Richtungen im Raume wirken. — §. 145. Hieraus entstehen die Begriffe von Centrallinie und Centralebene eines Systems; — §. 146. Centrallinie der Centralebene, Centralpunct der Centrallinie. — §. 147. Beziehungen, die bei einem Systeme von Kräften in einer Ebene zwischen der Centrallinie, dem Centralpuncte und den beiden Hauptaxen stattfinden. — §. 148. Analoge Beziehungen bei einem Systeme von Kräften im Raume. — §§. 149. 150. Merkwürdige Beziehungen in dem speciellen Falle, wenn das System im Raume sich auf eine einzige Kraft reduciren lässt. Ein solches System hat stets zwei Hauptaxen. Es gibt nämlich in der Richtung seiner Resultante zwei Puncte und zwei durch sie gehende Axen von der Eigenschaft, dass das durch Befestigung des einen oder anderen Punctes entstehende Gleichgewicht bei Drehung des Körpers um die dem Puncte zugehörige Axe fortdauert.

§. 151. Ist ein System nicht anders, als auf zwei Kräfte reducirbar, so kann für jede Richtung eine ihr parallele Axe gefunden werden, von der Beschaffenheit, dass durch Befestigung derselben Gleichgewicht entsteht und bei Drehung des Körpers um dieselbe fortdauert. — §. 152. Zusätze.

§§. 153. 154. Untersuchung der Bedingungen, unter welchen einem Systeme, das mit einem Paare gleiche Wirkung hat, Hauptaxen der Drehung zukommen.

Neuntes Kapitel.
Von der Sicherheit des Gleichgewichtes.

§. 155. Begriff der Sicherheit und Unsicherheit des Gleichgewichtes. — §§. 156. 157. Das Gleichgewicht zwischen nur zwei Kräften ist sicher oder unsicher, jenachdem die Kräfte ihre Angriffspuncte von einander zu entfernen oder einander zu nähern streben. Dauerndes Gleichgewicht. — §§. 158. 159. Bestimmung der Merkmale, bei welchen das Gleichgewicht zwischen parallelen Kräften sicher, dauernd, oder unsicher ist. — §§. 160. 161. Dieselbe Untersuchung für das Gleichgewicht zwischen Kräften in einer Ebene und in Bezug auf eine solche Verrückung des Körpers, bei welcher die Ebene sich parallel bleibt.

§. 162. Dem Gleichgewichte eines und desselben Systems kann nach der Verschiedenheit der Verrückung des Körpers Sicherheit und Unsicherheit zugleich zukommen. — §. 163. Analytische Bestimmung der Beschaffenheit des Gleichgewichtes zwischen Kräften, die auf einen Körper nach beliebigen Richtungen im Raume wirken, bei Drehung des Körpers um eine ihrer Richtung nach gegebene Axe. — §. 164. Durch Construction geführter Beweis, dass das Gleichgewicht von einerlei Beschaffenheit mit dem Gleichgewichte der auf eine die Drehungsaxe normal schneidende Ebene projicirten Kräfte ist. — §. 165. Vom neutralen Gleichgewichte. — §§. 166. 167. Entwickelung der Bedingungen, unter welchen das Gleichgewicht für alle Axen von einerlei Beschaffenheit ist. — §. 168. Noch einige bemerkenswerthe Relationen zwischen den hierbei eingeführten Hülfsgrössen. — §. 169. Im allgemeinen Falle werden von allen durch einen Punct gehenden Axen die des sicheren Gleichgewichtes von denen des unsicheren durch eine Kegelfläche des zweiten Grades abgesondert; für diejenigen Axen, welche die Kegelfläche selbst bilden, ist das Gleichgewicht neutral. — §§. 170. 171. Untersuchung der Sicherheit des Gleichgewichtes, wenn das System der Kräfte Axen des Gleichgewichtes hat.

Zehntes Kapitel.

Von den Maximis und Minimis beim Gleichgewichte.

§. 172. Analogie zwischen der Sicherheit und Unsicherheit des Gleichgewichtes und der Natur der grössten und kleinsten Werthe einer veränderlichen Grösse. — §. 173. Für ein System von zwei Kräften wird eine Function der Coordinaten der Angriffspuncte der Kräfte entwickelt, welche beim Gleichgewichte des Systems ein Maximum oder Minimum ist, und zwar ersteres beim sicheren, letzteres beim unsicheren Gleichgewichte. — §. 174. Entwickelung der analogen Functionen für ein System von mehreren Kräften in einer Ebene und — §§. 175. 176. für ein System von Kräften im Raume überhaupt.

Das Princip der virtuellen Geschwindigkeiten. §. 177. Folge dieses Princips aus der Function, welche beim Gleichgewichte ein Maximum oder ein Minimum ist. — §. 178. Elementarer Beweis des Princips. — §. 179. Beweis des umgekehrten Satzes, dass, wenn die Gleichung zwischen den virtuellen Geschwindigkeiten bei jeder Verrückung des Körpers erfüllt wird, Gleichgewicht herrscht. — §. 180. Mit Hülfe des Princips der virtuellen Geschwindigkeiten können alle Aufgaben der Statik in Rechnung gesetzt und gelöst werden. Kurze Andeutung des hierbei von Lagrange beobachteten Verfahrens. — §. 181. Erläuterung dieses Verfahrens durch Entwickelung der Bedingungen für das Gleichgewicht eines einzigen frei beweglichen Körpers. — §. 182. Es wird hieraus umgekehrt die Function in §. 163 abgeleitet, welche durch ihren positiven oder negativen Werth zu erkennen gibt, ob das Gleichgewicht in Bezug auf eine gegebene Axendrehung sicher oder unsicher ist. — §. 183. Aus den Formeln in §. 181 hergeleitete Theorie der Zusammensetzung unendlich kleiner Drehungen. Diese Zusammensetzung geschieht ganz auf dieselbe Weise, auf welche Kräfte zu einer Resultante mit einander verbunden werden. Analogie zwischen Kräften und Drehungen in Bezug auf Paare und Momente.

Das Princip der kleinsten Quadrate. §. 184. Wird zu dem beweglichen Systeme der Angriffspuncte von Kräften ein zweites System von eben so viel unbeweglichen Puncten hinzugefügt, so dass die Entfernungen der letzteren von den ersteren ihrer Richtung und Grösse nach die Kräfte ausdrücken, so ist die Summe der Quadrate dieser Entfernungen beim Gleichgewichte ein Maximum oder Minimum. Der umgekehrte Satz. — §. 185. Sind die gedachten Entfernungen unendlich klein, so ist die Summe ihrer Quadrate stets ein Minimum. — §. 186. Diese Summe wächst bei einer unendlich kleinen Verrückung des beweglichen Systems um die Summe der Quadrate der beschriebenen Wege. — §. 187. Anwendung hiervon auf die einfachsten Fälle.

Erster Theil.

Gesetze des Gleichgewichtes zwischen Kräften, welche auf einen einzigen festen Körper wirken.

Erstes Kapitel.

Allgemeine Sätze vom Gleichgewichte.

---

§. 1. Ein ruhender Körper kann nicht von selbst sich zu bewegen anfangen. Die Ursache der Bewegung eines vorher ruhenden Körpers muss daher eine äussere sein. Diese äussere Ursache der Bewegung nennt man Kraft.

Nicht immer wird durch die Wirkungen von Kräften auf einen oder mehrere in Verbindung mit einander stehende Körper Bewegung erzeugt. Es kann auch geschehen, dass die Wirkungen der Kräfte sich gegenseitig aufheben. Dieser Zustand der Ruhe, welcher ungeachtet mehrfacher Veranlassung zur Bewegung stattfindet, heisst Gleichgewicht, und die Wissenschaft der Bedingungen, unter welchen die auf einen, oder mehrere mit einander verbundene, Körper wirkenden Kräfte im Gleichgewichte sind, wird die Statik genannt.

§. 2. Im Vorliegenden werden wir die Bedingungen des Gleichgewichtes nur bei festen Körpern, d. h. bei denen in Untersuchung ziehen, bei welchen die gegenseitigen Entfernungen ihrer Theilchen durch keine Kraft geändert werden können. Allerdings ist dieser Begriff von Festigkeit nur ideal, indem es keinen Körper in der Natur gibt, dessen Gestalt durch die Einwirkung von Kräften nicht in etwas, sei es auch noch so unmerklich, geändert würde. Die Resultate, zu denen wir unter der Annahme solch einer idealen Festigkeit durch die Theorie gelangen, werden daher durch keine Erfahrung vollkommen bestätigt werden. Indessen wird von diesen Resultaten die Erfahrung um so weniger abweichen, je weniger die dabei angewendeten Körper von jener idealen Festigkeit sich entfernen.

Uebrigens werden wir in diesem ersten Theile der Statik das Gleichgewicht nur an einem einzigen, mit keinem anderen in Berührung stehenden und somit frei beweglichen, festen Körper betrachten. Ein solcher ist daher in dem Nächstfolgenden, auch wenn er nicht besonders erwähnt wird, stets als vorausgesetzt anzunehmen.

§. 3. Derjenige Punct eines Körpers, den eine auf den Körper wirkende Kraft zunächst in Bewegung zu setzen strebt, heisst der Angriffspunct der Kraft. Die Richtung aber, nach welcher sich dieser Punct, wäre er ohne Verbindung mit dem Körper, durch die Kraft getrieben, bewegen würde, nennt man die Richtung der Kraft.

Ausser dem Angriffspuncte und der Richtung ist bei jeder Kraft noch ihre Intensität oder Stärke zu berücksichtigen, eine Grösse, deren Begriff hier noch nicht näher bestimmt werden kann, sondern erst im weiteren Fortgange dieses Kapitels durch die Principien des Gleichgewichtes selbst seine Bestimmung erhalten wird.

§. 4. I. Grundsatz. *An einem frei beweglichen Puncte, auf welchen eine Kraft wirkt, kann immer eine zweite, der ersteren das Gleichgewicht haltende Kraft angebracht werden, und diese zweite muss, wenn Gleichgewicht stattfinden soll, eine der ersteren entgegengesetzte Richtung haben.*

Nicht je zwei auf einen frei beweglichen Punct nach entgegengesetzten Richtungen wirkende Kräfte halten einander das Gleichgewicht. Geschieht dieses aber, so sollen die Kräfte ihrer Intensität nach einander gleich, oder schlechthin einander gleich genannt werden.

Wenn von drei Kräften die erste und zweite, an einem Puncte nach entgegengesetzten Richtungen angebracht, mit einander im Gleichgewichte sind, und wenn dasselbe auch von der zweiten und dritten gilt, so gilt es auch von der ersten und dritten; oder kürzer:

II. Grundsatz. *Zwei Kräfte, deren jede einer dritten gleich ist, sind einander selbst gleich.*

III. Grundsatz. *Ist von zwei oder mehreren auf einen Körper wirkenden Systemen von Kräften jedes für sich im Gleichgewichte, so sind es auch die Kräfte aller Systeme in Vereinigung.*

IV. Grundsatz. *Wenn zwischen mehreren auf einen Körper wirkenden Kräften Gleichgewicht stattfindet, und eine Anzahl derselben für sich im Gleichgewichte ist, so herrscht auch zwischen den übrigen, für sich genommen, Gleichgewicht.*

§. 5. Folgerungen. *a*) Hält eine Kraft p einem Systeme S

zweier oder mehrerer Kräfte das Gleichgewicht, so ist auch jede andere der Kraft p gleiche Kraft q, wenn sie an dem Angriffspuncte A von p und nach der Richtung von p angebracht wird, mit S im Gleichgewichte. Denn sei r eine zweite der Kraft p, also nach §. 4, II auch der Kraft q, gleiche Kraft. Man bringe q in A nach der Richtung von p, und r ebendaselbst nach der entgegengesetzten Richtung, an. Alsdann ist q mit r im Gleichgewichte, und es wird folglich das Gleichgewicht zwischen p und S dadurch nicht gestört (§. 4, III). Bei dem nunmehrigen Systeme von p, q, r, S sind aber auch p und r im Gleichgewichte; folglich muss auch zwischen q und S Gleichgewicht stattfinden (§. 4, IV).

b) Halten sich mehrere Kräfte p, q, r, ... das Gleichgewicht, so besteht dasselbe auch zwischen Kräften p', q', r', ..., die den ersteren resp. gleich sind und auf die Angriffspuncte der ersteren nach entgegengesetzten Richtungen wirken. Denn lässt man p', q', r', ... mit p, q, r, ... zugleich wirken, so ist p' mit p, q' mit q, u. s. w. besonders im Gleichgewichte; folglich sind es auch p, q, r, ... und p', q', r', ... in Vereinigung (§. 4, III). Weil aber p, q, r, ... für sich im Gleichgewichte sind, so herrscht dasselbe auch zwischen p', q', r', ... (§. 4, IV).

In dem System von p', q', r', ... kann nach *a*) für p' die ihr gleiche Kraft p nach der Richtung von p', und eben so q für q' nach der Richtung von q', u. s. w. gesetzt werden. Hiernach lässt sich der voranstehende Satz auch also ausdrücken:

Das Gleichgewicht zwischen mehreren Kräften wird nicht unterbrochen, wenn man jede Kraft an ihrem Angriffspuncte nach einer, ihrer anfänglichen entgegengesetzten Richtung anbringt.

c) Bezeichne P ein System von Kräften, und P' ein zweites, in welchem die Angriffspuncte und Intensitäten der Kräfte dieselben wie im ersten, die Richtungen aber die entgegengesetzten sind. In derselben gegenseitigen Beziehung stehen die Systeme Q und Q', S und S'. Ist nun 1) P mit Q und 2) P mit S im Gleichgewichte, so ist es auch Q' mit S. Denn wegen 1) ist nach *b*) P' mit Q' im Gleichgewichte, folglich sind wegen 2) nach §. 4, III P', Q', P, S zusammen im Gleichgewichte. Es sind aber die Systeme P und P' für sich im Gleichgewichte, weil sie zusammen aus Paaren von einander gleichen Kräften bestehen, die auf einerlei Punct einander entgegen wirken. Mithin müssen nach §. 4, IV auch Q' und S sich das Gleichgewicht halten.

Da endlich nach *a*) statt Q' die Kräfte des Systems Q selbst, nach entgegengesetzten Richtungen genommen, gesetzt werden können, so lässt sich der eben erwiesene Satz folgendergestalt aussprechen:

Wenn von zwei Systemen von Kräften (Q und S) jedes mit einem dritten (P) im Gleichgewichte ist, so sind sie es auch unter sich, nachdem die Kräfte des einen (Q) an ihren Angriffspuncten nach entgegengesetzten Richtungen angebracht worden.

§. 6. Zwei auf einen Körper wirkende Systeme von Kräften nenne man gleichwirkend, wenn das eine, nachdem die Richtungen seiner Kräfte in die entgegengesetzten verwandelt worden, dem anderen das Gleichgewicht hält. So sind, mit Anwendung der vorigen Bezeichnung, die Systeme P' und Q, oder P' und S, sowie P und S', gleichwirkend, wenn P mit Q, oder P mit S im Gleichgewichte ist; und eben so sind Q und S gleichwirkend, wenn Q' und S, also auch Q und S' sich das Gleichgewicht halten.

Mit Hülfe dieser Benennung lässt sich der Satz in §. 5, *c* auf mehrfache Weise ausdrücken:

1) *Zwei Systeme von Kräften (Q und S), deren jedes mit einem dritten (P) im Gleichgewichte ist, sind von gleicher Wirkung;*

und umgekehrt:

2) *Sind zwei Systeme (P und S') gleichwirkend, so ist mit jedem dritten Systeme (Q), mit welchem das eine (P) das Gleichgewicht hält, auch das andere (S') im Gleichgewichte; d. i.: Gleichwirkende Systeme können in Bezug auf das Gleichgewicht für einander gesetzt werden.*

3) *Zwei Systeme (Q und S), deren jedes einem dritten (P') gleichwirkend ist, sind es auch unter sich.*

§. 7. Eben so, wie ganze Systeme, können auch einzelne Kräfte unter sich und mit Systemen einerlei Wirkung haben. Sollen zwei einzelne Kräfte gleichwirkend sein, so muss, nach der vorhergehenden Definition gleichwirkender Systeme, die eine, in entgegengesetzter Richtung genommen, der anderen das Gleichgewicht halten. Es müssen folglich beide, wenn sie auf einen und denselben Punct des Körpers wirken, einerlei Richtung und gleiche Intensität haben.

Eine einzelne Kraft, welche mit einem Systeme von zwei oder mehreren Kräften gleichwirkend ist, heisst die Resultante des Systems.

Hat daher ein System eine Resultante, und wird diese mit entgegengesetzter Richtung als neue Kraft dem Systeme hinzugefügt, so kommt dadurch das System ins Gleichgewicht. Und umgekehrt: ist ein System im Gleichgewichte, so ist jede Kraft desselben, nach entgegengesetzter Richtung genommen, die Resultante der jedesmal übrigen.

Ist die Kraft p die Resultante des Systems S, und soll auch die Kraft q als Resultante von S gelten können, so müssen nach §. 6, 3 p und q gleichwirkend sein und folglich, wenn sie auf einerlei Punct wirken, einerlei Richtung und gleiche Intensität haben.

Einem Systeme von Kräften können daher nicht zwei Resultanten zukommen, die, auf denselben Punct wirkend, an Intensität oder Richtung verschieden wären. Und ebenso müssen zwei Kräfte, deren jede auf denselben Punct wirkend mit demselben Systeme das Gleichgewicht hält, gleiche Intensität und einerlei Richtung haben.

§. 8. Aus jedem Systeme von mehr als zwei Kräften, welche im Gleichgewichte sind, lassen sich immer auf mehrfache Weise zwei gleichwirkende Systeme bilden, indem man zu dem einen System einen beliebigen Theil der Kräfte des anfänglichen Systems nach entgegengesetzten Richtungen nimmt, und das andere System aus den übrigen Kräften mit nicht veränderten Richtungen bestehen lässt. Man kann daher die Statik auch (vergl. §. 1) als die Wissenschaft betrachten, welche lehrt, unter welchen Bedingungen zwei Systeme von Kräften gleiche Wirkung mit einander haben, und wie ein gegebenes System in ein anderes von gleicher Wirkung verwandelt werden kann, — auf ähnliche Art wie die mathematische Analysis in Bezug auf Grössen überhaupt die aus ihnen zusammengesetzten Ausdrücke mit einander vergleichen und umformen lehrt.

Sind aber zwei Systeme in statischer Rücksicht von einerlei Wirkung, so sind sie es auch in dynamischer, d. h. sie bringen einerlei Bewegung hervor, wie dies ganz leicht mit Zuziehung des Grundsatzes erhellt, dass die Bewegung eines Körpers durch Hinzufügung oder Wegnahme von Kräften, die unter sich im Gleichgewichte sind, nicht geändert wird. Die Statik ist hiernach die nothwendige Vorbereitungswissenschaft zu der Bewegungslehre oder Dynamik, indem sie die vorgegebenen Kräfte dergestalt mit einander verbinden, oder in andere verwandeln lehrt, dass daraus mittelst der Principien der Dynamik die bewirkten Bewegungen am einfachsten hergeleitet werden können.

§. 9. V. Grundsatz. *Wenn Kräfte in beliebiger Anzahl einen gemeinschaftlichen Angriffspunct haben und nicht im Gleichgewichte sind, so kann dieses immer durch Hinzufügung einer neuen auf denselben Punct wirkenden Kraft hergestellt werden;*
oder:

Ein System von Kräften, die auf einen und denselben Punct wirken und nicht im Gleichgewichte sind, hat eine auf denselben Punct wirkende Resultante.

Zusätze. *a*) Die Richtung und Stärke jener das Gleichgewicht haltenden Kraft oder dieser Resultante ist aus den Kräften des Systems nur auf eine Weise bestimmbar (§. 7). Fallen daher die Richtungen sämmtlicher Kräfte in dieselbe gerade Linie, so ist darin auch die Richtung ihrer Resultante enthalten, indem sonst, wenn die Resultante mit dieser Linie einen Winkel bildete, jede andere Gerade, welche mit der Linie denselben Winkel macht, die Richtung der Resultante sein könnte.

b) Aus gleichem Grunde ist von zwei Kräften p und q, die einerlei Angriffspunct A haben und mit einander einen Winkel bilden, die ihnen das Gleichgewicht haltende Kraft r, folglich auch ihre Resultante, in der Ebene des Winkels enthalten. Denn seien (vergl. Fig. 1) AP, AQ, AR die Richtungen von p, q, r, so müssen, auch wenn diese Linien über A hinaus nach P', Q', R' verlängert werden, die Kräfte p, q, r nach den Richtungen AP', AQ', AR' im Gleichgewichte sein (§. 5, *b*). Man drehe nun das System letzterer drei Richtungen in der Ebene des Winkels $P'AQ'$ um A herum, bis AP' in AP fällt, so fällt AQ' in AQ; AR' aber muss in AR fallen, indem, wenn AR' nicht die Richtung AR, sondern irgend eine andere AS erhielte, die nach AP und AQ wirkenden Kräfte p und q sowohl durch eine nach AR als durch eine nach AS gerichtete Kraft ins Gleichgewicht gebracht werden könnten, welches nicht möglich ist (§. 7). Die Richtung AR' fällt aber nach der Drehung ersichtlich nur dann, und dann immer, mit AR zusammen, wenn AR in der Ebene PAQ enthalten ist.

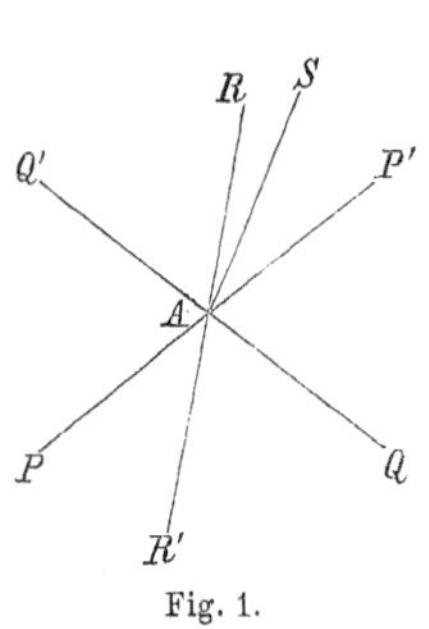

Fig. 1.

c) Sind zwei auf einen Punct A wirkende Kräfte p und q einander gleich, so wird der Winkel ihrer Richtungen AP und AQ von ihrer Resultante halbirt. Denn man vertausche die Kräfte, indem man p nach AQ und q nach AP wirken lässt, so wird die Resultante nunmehr mit AQ denselben Winkel machen, den sie vorher mit AP bildete. Da aber p und q einander gleich sein sollen, so ist durch diese Vertauschung das System der beiden Kräfte, folglich auch ihre Resultante, unverändert geblieben. Die Resultante muss daher mit AP und AQ gleiche Winkel machen, d. i. den Winkel PAQ halbiren.

§. 10. VI. Grundsatz. *Zwischen Kräften, die auf einen und denselben Punct nach einerlei Richtung wirken, gibt es kein Gleichgewicht.*

Die ihnen das Gleichgewicht haltende Kraft hat daher die entgegengesetzte Richtung, und ihre Resultante mit ihnen selbst einerlei Richtung.

VII. Grundsatz. *Wenn die Richtungen zweier auf einen Punct wirkender Kräfte einen Winkel bilden, so fällt die Richtung der Kraft, welche zum Gleichgewichte erforderlich ist, in den Scheitelwinkel, also die Richtung der Resultante in den Winkel selbst.*

§. 11. Die Intensität einer Kraft nennt man das Doppelte, Dreifache u. s. w. der Intensität einer anderen Kraft, oder geradezu die eine Kraft das Doppelte, Dreifache u. s. w. der anderen, wenn sie von zwei, drei u. s. w. Kräften, welche einzeln der anderen gleich sind und auf einen Punct nach einerlei Richtung wirken, die Resultante ist.

Zwei Kräfte P und Q, sagt man hiernach, verhalten sich wie die ganzen Zahlen p und q, wenn es eine dritte Kraft gibt, von welcher P das p-fache und Q das q-fache ist; oder was auf dasselbe hinauskommt: wenn das q-fache von P dem p-fachen von Q gleich ist. Weil aber Kräfte auch in irrationalen Verhältnissen zu einander stehen können, so stellen wir noch folgende Definition des Verhältnisses zwischen Kräften auf, die der bekannten Euklidischen Definition des Verhältnisses zwischen Grössen überhaupt, nachgebildet ist:

Zwei Kräfte P und Q verhalten sich wie die Zahlen p und q, wenn von beliebigen Gleichvielfachen, die man von P und p, und beliebigen Gleichvielfachen, die man von Q und q nimmt, das Vielfache von p dem Vielfachen von q gleich, oder kleiner, oder grösser als dasselbe ist, je nachdem die Vielfachen von P und Q, wenn man beide nach entgegengesetzten Richtungen auf einen Punct wirken lässt, sich entweder das Gleichgewicht halten, oder man in der Richtung des Vielfachen von P, oder des Vielfachen von Q eine Kraft hinzuzufügen nöthig hat, um Gleichgewicht hervorzubringen.

Hiernach kann das Verhältniss zweier Kräfte P und Q stets durch Zahlen, und dieses so genau, als man will, bestimmt werden. Sei nämlich $P = Q + Z$, wo $Q + Z$ einstweilen noch nicht die Summe, sondern die Resultante zweier nach einerlei Richtung wirkender Kräfte Q und Z bezeichnen soll, so dass in Folge der gesetzten Gleichung auf der Seite von Q noch eine Kraft Z angebracht werden muss, um der Kraft P auf der anderen Seite das Gleichgewicht zu halten. Man nehme nun von P irgend ein Vielfaches nP, und von Q, wenn es möglich ist, ein Vielfaches mQ, welches dem nP gleich ist, und es werden sich die Kräfte P und Q wie die Zahlen m und n verhalten. Gibt es aber kein dem nP gleiches Vielfaches von Q, so lässt sich doch immer von Q ein solches Vielfaches mQ nehmen, dass mit Anwendung der vorigen Bezeichnungsart 1) $nP = mQ + X$ und 2) $nP + Y = (m + 1) Q$ ist. Verhalten sich nun P und Q, wie die Zahlen p und q, so muss, zufolge der Definition, wegen 1) $np > mq$, und wegen 2) $np < (m + 1) q$ sein. Das gesuchte Verhältniss $p : q$ ist daher zwischen den zwei Verhältnissen $m : n$ und $m + 1 : n$ enthalten, deren Unterschied desto kleiner, kleiner als jede angebbare Grösse, wird, je grösser man n, und folglich auch m, nimmt.

§. 12. So wie auf diese Weise das Verhältniss je zweier Kräfte numerisch bestimmt werden kann, so ist auch umgekehrt, wenn von zwei Kräften ihr numerisches Verhältniss und die eine gegeben ist, auch die andere gegeben. Von zwei oder mehreren Kräften werden daher alle bestimmt sein, wenn es nur eine derselben unmittelbar ist, für jede andere aber ihr Verhältniss zu jener bestimmt ist. Man pflegt hiernach eine gewisse Kraft als Einheit anzunehmen und jede andere Kraft durch die Zahl auszudrücken, die sich eben so zu der numerischen Einheit, wie letztere Kraft zu der als Einheit festgesetzten Kraft verhält.

Wenn daher in dem Folgenden von der Summe oder dem Unterschiede zweier Kräfte die Rede sein wird, so ist darunter nichts anderes, als die Kraft zu verstehen, deren Zahl der Summe oder dem Unterschiede der den ersteren Kräften zugehörigen Zahlen gleich ist. Eben so wird eine Kraft kleiner, als eine andere, genannt werden, wenn die Zahl der ersteren kleiner, als die der letzteren ist, oder, was nach obiger Definition des Verhältnisses dasselbe aussagt: wenn die erstere erst in Verbindung mit einer anderen nach derselben Richtung wirkenden Kraft mit der anderen gleiche Wirkung erhält. Denn die gewöhnliche Erklärung, wonach eine Grösse kleiner, als eine andere, heisst, wenn sie einem Theile der anderen gleich ist, kann auf Kräfte nicht angewendet werden, da Kräfte, als intensive Grössen, nicht, gleich den extensiven, aus unterscheidbaren Theilen zusammengesetzt sind.

Sehr vortheilhaft kann man in der Statik die Kräfte auch durch Linien ausdrücken. Ist nämlich A der Angriffspunct einer Kraft, so trage man nach der Richtung zu, in welcher sie wirkt, eine ihrer Intensität proportionale Linie AB, d. i. eine Linie, welche in demselben Verhältniss zu der als Linieneinheit angenommenen Länge steht, als die Kraft zu der Einheit der Kräfte; und auf diese Weise wird mit der Linie AB der Angriffspunct, die Richtung und die Intensität der Kraft zugleich vorgestellt.

§. 13. Lehrsatz. *Die Resultante zweier auf einen Punct nach einerlei Richtung wirkender Kräfte P und Q ist der Summe derselben gleich.*

Beweis. Verhalten sich P und Q wie zwei ganze Zahlen p und q, gibt es also eine Kraft U, von welcher P das p-fache und Q das q-fache ist, so kann man statt P, p Kräfte, und statt Q, q Kräfte, deren jede gleich U ist und nach derselben Richtung wie P oder Q wirkt, setzen. Von diesen $p+q$ Kräften mit einerlei Richtung ist aber die Resultante das $(p+q)$-fache von U, oder die Kraft $p+q$, wenn P und Q durch die ihnen proportionalen Zahlen p und q ausgedrückt werden.

Dasselbe erhellt auch daraus, dass, wenn sich $P:Q=p:q$ verhält, das q-fache von P, oder qP, mit pQ, also auch pP und qP (nach einerlei Richtung genommen) mit pP und pQ (nach einerlei Richtung genommen), d. i. das $(p+q)$-fache von P mit dem p-fachen der Resultante von P und Q ins Gleichgewicht gebracht werden kann, und dass sich daher diese Resultante zu der Kraft P wie $p+q$ zu p verhält.

Lässt sich das Verhältniss zwischen P und Q nicht durch ganze Zahlen ausdrücken, so ist der Beweis mit Anwendung der Grenzverhältnisse zu führen, oder auf ähnliche Art, wie Euklides in seiner Lehre von den Verhältnissen zu Werke geht, was ich aber, um Weitläufigkeit zu vermeiden, hier unterlasse.

Zusatz. Auf ganz ähnliche Weise ergibt sich, dass auch von drei oder mehreren Kräften, welche auf einen Punct nach einerlei Richtung wirken, die Resultante ihrer Summe gleich ist; dass von zwei einander nicht gleichen Kräften, welche auf einen Punct nach entgegengesetzten Richtungen wirken, die Resultante der Unterschied der beiden Kräfte ist und die Richtung der grösseren hat; dass von mehreren an einem Puncte angebrachten Kräften, welche in derselben Linie zum Theil nach einerlei, zum Theil nach entgegengesetzten Richtungen wirken, und deren je zwei, wenn sie entgegengesetzte Richtung haben, mit entgegengesetzten Zeichen genommen werden, die Resultante der algebraischen Summe der Kräfte gleich ist, und nach der Richtung derjenigen Kräfte wirkt, mit denen sie einerlei Zeichen hat; dass endlich, wenn diese algebraische Summe sich Null findet, Gleichgewicht herrscht.

§. 14. VIII. Grundsatz. *Zwei Kräfte, welche auf zwei Puncte eines frei beweglichen festen Körpers wirken, sind nur dann, und dann immer, im Gleichgewichte, wenn sie gleiche Intensitäten und einander gerade entgegengesetzte Richtungen haben, so dass letztere in die, die beiden Puncte verbindende Gerade selbst fallen.*

Folgerungen. *a*) Sind zwei Kräfte auf die besagte Art im Gleichgewichte, und wird von einer derselben die Richtung in die entgegengesetzte verwandelt, so hat man zwei Kräfte, die gleiche Intensität und einerlei Richtung haben und nach §. 6 gleichwirkend sind. Die Wirkung einer Kraft wird daher nicht geändert, wenn man zu ihrem Angriffspuncte einen beliebigen anderen Punct ihrer Richtung wählt, der mit dem anfänglichen fest verbunden ist; oder, wie man sich kurz auszudrücken pflegt:

Eine Kraft kann ohne Aenderung ihrer Wirkung auf jeden Punct ihrer Richtung verlegt werden.

b) Es wird daher auch das Gleichgewicht eines Systems von Kräften nicht gestört und überhaupt die Wirkung eines Systems nicht geändert werden, wenn man die Intensität und Richtung jeder Kraft ungeändert lässt, für den Angriffspunct aber irgend einen anderen mit dem ersteren fest verbundenen Punct ihrer Richtung nimmt; mit anderen Worten: die Wirkung einer Kraft auf einen festen Körper ist schon genugsam durch die Richtung und Intensität der Kraft bestimmt, indem für ihren Angriff jeder Punct des innerhalb des Körpers fallenden Theiles ihrer Richtung genommen werden kann.

c) Der Satz, dass auf einen Punct wirkende Kräfte eine auf denselben Punct wirkende Resultante haben, lässt sich hiernach allgemeiner also ausdrücken: Zwei oder mehrere Kräfte, deren Richtungen sich in einem Puncte schneiden, haben eine durch denselben Punct gehende Resultante.

d) Ebenso gilt Alles, was im §. 13 von Kräften erwiesen wurde, die einerlei Angriffspunct und in dieselbe Gerade fallende Richtungen haben, auch dann schon, wenn bloss die letztere Bedingung erfüllt ist. *Unter der Voraussetzung also, dass je zwei Kräfte, deren Richtungen einander entgegengesetzt sind, mit entgegengesetzten Zeichen genommen werden, ist von zwei oder mehreren Kräften, von denen die Richtungen (und mithin auch die Angriffspuncte) in dieselbe Gerade fallen, die Resultante gleich der Summe der Kräfte und die Richtung der Resultante einerlei mit der Richtung derjenigen Kräfte, mit denen sie einerlei Zeichen hat; ihr Angriffspunct aber kann willkürlich in der Geraden genommen werden. Ist die Summe der Kräfte Null, so sind sie im Gleichgewichte.*

Zweites Kapitel.

Vom Gleichgewichte zwischen Kräftepaaren in einer Ebene.

§. 15. Seien p und q zwei auf einen Punct A (vergl. Fig. 2) nach den Richtungen AP und AQ wirkende Kräfte, r ihre Resultante, deren Richtung AR in die Ebene PAQ fällt (§. 9, b). Die Intensität dieser Resultante und die Winkel ihrer Richtung mit den Richtungen von p und q können von nichts Anderem, als den Intensitäten und dem Winkel der Richtungen von p und q abhängig sein. Bringt man daher an irgend einem anderen Puncte A' zwei den p und q resp. gleiche Kräfte p' und q' nach Richtungen $A'P'$ und $A'Q'$ an, die mit AP und AQ parallel sind, so wird die Resultante r' von p' und q' der r gleich sein und eine mit AR parallele Richtung $A'R'$ haben. Ist dabei A' ein Punct der AR selbst, wie in Fig. 2, so fallen die Richtungen AR und $A'R'$ zusammen, und die beiden Resultanten r und r' werden gleichwirkend (§. 14, a), also auch p' und q' gleichwirkend mit p und q. Lassen wir folglich die Kräfte p' und q' nach den entgegengesetzten Richtungen $P'A'$ und $Q'A'$ wirken, so sind sie mit p und q zusammen im Gleichgewichte. Zwei Kräfte, deren Richtungen sich schneiden (vergl. §. 14, b), kommen demnach ins Gleichgewicht, wenn durch einen Punct ihrer Resultante zwei ihnen resp. gleiche, parallele und entgegengesetzte Kräfte gelegt werden; woraus wir weiter schliessen:

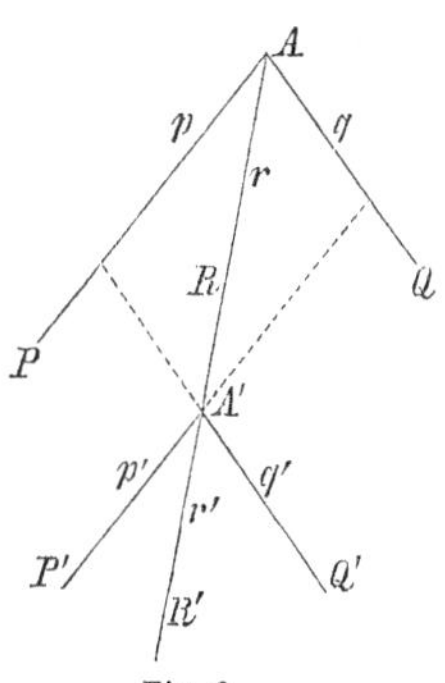

Fig. 2.

1) Zwei sich schneidende Kräfte (p, q) und eine dritte (p'), der einen (p) von ihnen gleiche, parallele und entgegengesetzte Kraft können nicht im Gleichgewichte sein, indem dieses erst dann entsteht, wenn durch den Punct, in welchem die dritte (p') die Resultante (r) der beiden ersteren schneidet, eine vierte, der anderen (q) jener beiden gleiche, parallele und entgegengesetzte Kraft (q') gelegt wird.

Die Richtungen von p, q, p', q' bilden hierbei ein Parallelogramm, in dessen eine Diagonale die Richtungen der Resultanten r und r' fallen. Ist nun noch $p = q$, also auch $= p' = q'$, so halbirt jene diagonale Richtung die Winkel von q mit p und von q' mit p' (§. 9, *c*), und das Parallelogramm wird ein Rhombus, welches folgenden Satz gibt:

2) *Sind* A, B, C, D (vergl. Fig. 3) *die vier auf einander folgenden Ecken eines Rhombus, so halten sich vier einander gleiche nach* AD, AB, CB, CD *gerichtete Kräfte das Gleichgewicht.*

§. 16. Um die Ergebnisse des §. 15 einfacher ausdrücken und damit bequemer benutzen zu können, nenne man zwei einander gleiche nach parallelen, aber entgegengesetzten Richtungen wirkende Kräfte ein Kräftepaar oder schlechthin ein Paar. Der gegenseitige Abstand der beiden Richtungen, oder das von irgend einem Puncte der einen Richtung auf die andere gefällte Perpendikel, heisse die Breite des Paares. Zwei Paare nenne man einander gleich, wenn die zwei Kräfte und die Breite des einen Paares den zwei Kräften und der Breite des anderen gleich sind.

Denkt man sich auf der Ebene des Paares zwischen den beiden Kräften stehend, und erscheint dann die eine Kraft, nach welcher man das Auge gewendet hat, von der Rechten nach der Linken (oder von der Linken nach der Rechten) gerichtet, so wird nach einer halben Drehung des Auges um eine auf der Ebene normale Axe auch die andere Kraft in dieser Richtung erscheinen. Man sage alsdann: das Kräftepaar habe einen Sinn von der Rechten nach der Linken (oder von der Linken nach der Rechten). Auch kann man den einen Sinn, etwa den von rechts nach links, den positiven und den anderen den negativen Sinn nennen. Hiernach verstehe man auch den Ausdruck: zwei Paare in einer Ebene, — oder auch in zwei parallelen Ebenen, — haben einerlei, oder sie haben entgegengesetzten Sinn. — Der so erklärte Sinn eines Paares ist übrigens zugleich mit demjenigen einerlei, nach welchem jede der beiden Kräfte den Körper, worauf sie wirken, zu drehen strebt, wenn dieser an einer auf der Ebene der Kräfte normalen und zwischen ihnen hindurch gehenden Axe befestigt ist.

§. 17. Von den vier einander gleichen Kräften in dem 2. Satze des §. 15 bilden demnach die nach AD und CB (vergl. Fig. 3) gerichteten ein Paar, und die nach AB und CD gerichteten ein zweites von entgegengesetztem Sinne. Beide Paare aber sind einander gleich, da die vier Kräfte es sind, und zwei einander gegenüberliegende Seiten eines Rhombus eben so weit von einander entfernt sind, als die beiden anderen Seiten. Da nun auch umgekehrt die Richtungen der vier Kräfte zweier einander gleichen Paare in einer Ebene, den einzigen Fall ausgenommen, wenn sämmtliche vier Richtungen einander parallel sind, einen Rhombus bilden, so können wir, mit einstweiliger Beseitigung dieses Falles, den obigen Satz also ausdrücken:

Zwei Paare in einer Ebene, die einander gleich und von entgegengesetztem Sinne sind, halten einander das Gleichgewicht;

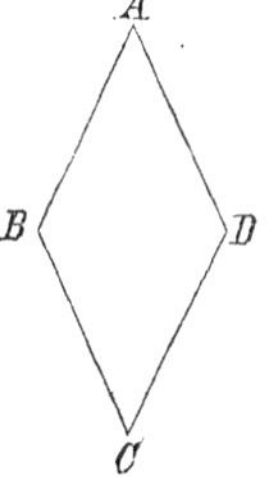

Fig. 3.

folglich auch nach §. 6, wenn man die Richtungen der Kräfte des einen Paares in die entgegengesetzten verwandelt:

Zwei Paare in einer Ebene, die einander gleich und von einerlei Sinne sind, haben gleiche Wirkung; —

oder, was dasselbe aussagt:

Ein Paar kann in seiner Ebene, ohne Aenderung seiner Wirkung, wohin man will, verlegt werden.

Was noch den hierbei beseitigten Fall anlangt, wenn die Kräfte der zwei einander gleichen Paare einander parallele Richtungen haben, so denke man sich noch ein drittes Paar hinzu, das mit jenen zweien in einer Ebene liegt, jedem derselben gleich ist, mit ihnen einerlei Sinn hat, und dessen Kräfte die Kräfte der ersteren unter einem beliebigen Winkel schneiden. Vermöge des vorhin Erwiesenen ist nun dieses dritte Paar mit jedem der beiden ersteren gleichwirkend; mithin sind auch die beiden ersteren selbst von gleicher Wirkung, und der aufgestellte Satz gilt daher ohne Beschränkung.

§. 18. Aus dem 1. Satze in §. 15 folgern wir:

Zwischen drei Kräften (p, p', q) in einer Ebene, von denen zwei (p, p') ein Paar bilden, kann kein Gleichgewicht bestehen. Wohl aber kann dieses durch Hinzufügung einer vierten Kraft (q') hergestellt werden, welche mit derjenigen (q) der drei Kräfte, die nicht zum Paare gehört, ein zweites in derselben Ebene gelegenes Paar, mit einem dem ersteren entgegengesetzten Sinne, ausmacht; oder mit Berücksichtigung von §. 6:

Sind in einer Ebene ein Paar und eine einzelne Kraft gegeben, so lässt sich letztere durch eine noch andere Kraft in der Ebene zu einem Paare ergänzen, welches mit dem gegebenen Paare einerlei Wirkung hat. Dieses zweite Paar aber muss mit dem gegebenen, wenn es ihm gleichwirkend sein soll, einerlei Sinn haben.

Dass, wie hier hinzugesetzt wurde, zwei sich das Gleichgewicht haltende Paare von entgegengesetztem, und folglich zwei gleichwirkende von einerlei Sinne sein müssen, erhellt leicht mittelst des VII. Grundsatzes in §. 10. Ist nämlich $ABCD$ (vergl. Fig. 4) das von den zwei Paaren p, p' und q, q' gebildete Parallelogramm, und AB die Richtung von p, so ist CD die Richtung von p'; und die zwei Paare sind von einerlei oder entgegengesetztem Sinne, jenachdem DA oder AD die Richtung von einer der beiden Kräfte des anderen Paares, etwa von q, ist. Sollen nun die Paare im Gleichgewichte sein, und wäre q nach DA oder AE gerichtet, wo E einen Punct in der Verlängerung von DA über A bezeichnet, so würde nach jenem Grundsatze die durch A gehende Resultante von p und q innerhalb des Winkels BAE liegen, könnte also nicht dem innerhalb des Winkels BAD fallenden Durchschnitte C von p' und q' begegnen, wie doch zum Gleichgewichte erforderlich ist (§. 15). Diese Begegnung wird aber möglich, sobald AD die Richtung von q ist, und mithin die Resultante von p und q innerhalb des Winkels BAD fällt.

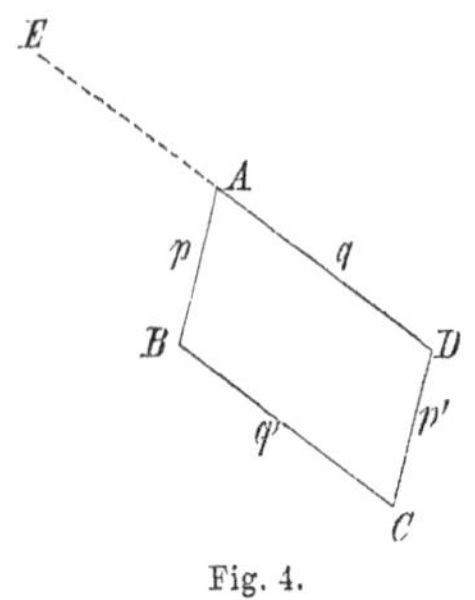

Fig. 4.

Noch ist zu bemerken, dass zufolge des 1. Satzes in §. 15, von welchem der obige nur ein anderer Ausdruck ist, die gegebene einzelne Kraft q die Kräfte p, p' des gegebenen Paares jedenfalls schneiden sollte. Statt dessen ist hier bloss gesetzt worden, dass q mit p und p' in einer Ebene liege, indem der Fall, wenn q mit p und p' parallel ist, durch Verlegung des Paares p, p' in seiner Ebene, so dass es eine gegen q geneigte Lage erhält, auf den in §. 15 vorausgesetzten Fall zurückgeführt wird.

Zusatz. Dass mit zwei Kräften p, p', welche ein Paar ausmachen, eine dritte in der Ebene des Paares enthaltene mit p und p' nicht parallele Kraft q nicht im Gleichgewichte sein und folglich auch nicht gleiche Wirkung haben kann, dies erhellt schon daraus, dass nach dem Satz in §. 17 jede in der Ebene von p, p' enthaltene mit der Richtung von q parallele Gerade gegen p und p' vollkommen dieselbe Lage, wie q, hat, und dass daher eine der q gleiche, nach irgend einer dieser Richtungen wirkende Kraft mit p und p' ebenfalls im Gleichgewichte sein müsste, wenn q es wäre. Eine solche Kraft müsste daher mit q selbst gleiche Wirkung haben, welches nicht möglich ist (§. 14).

Auf eben die Weise zeigt sich, dass auch keine nicht in der Ebene eines Paares p, p' wirkende und mit dessen Kräften nicht parallele Kraft q mit ihm im Gleichgewichte sein kann. Denn jede mit q parallele und in der durch q mit p und p' parallel gelegten

Ebene enthaltene Richtung hat gegen p und p' vollkommen dieselbe Lage, welche q hat.

Ist endlich q mit p und p' parallel, so kann man immer noch eine Richtung angeben, die gegen p' und p ganz dieselbe Lage hat, welche q gegen p und p' hat.

Es ist daher in jedem Falle das Gleichgewicht oder die gleiche Wirkung einer einzigen Kraft mit den Kräften eines Paares unmöglich.

§. 19. Aus dem Satze von der Verlegung eines Paares (§. 17) lassen sich mehrere für das Folgende sehr wichtige Schlüsse ziehen.

a) Indem wir Kräfte ihrer Intensität und Richtung nach durch gerade Linien darstellen (§. 12), seien AB, CD und EF, GH (vergl. Fig. 5) zwei Paare in einer Ebene, die einerlei Sinn haben, und deren Kräfte sämmtlich einander gleich sind. Auf der Seite von CD, welche derjenigen, auf welcher AB liegt, entgegengesetzt ist, ziehe man KL gleich und parallel mit CD und in demselben Abstande von CD, welchen GH von FE hat. Alsdann ist das Paar EF, GH gleichwirkend mit dem Paare DC, KL, und folglich die Paare AB, CD und EF, GH zusammen gleichwirkend mit AB, CD, DC, KL, d. i. mit dem Paare AB, KL.

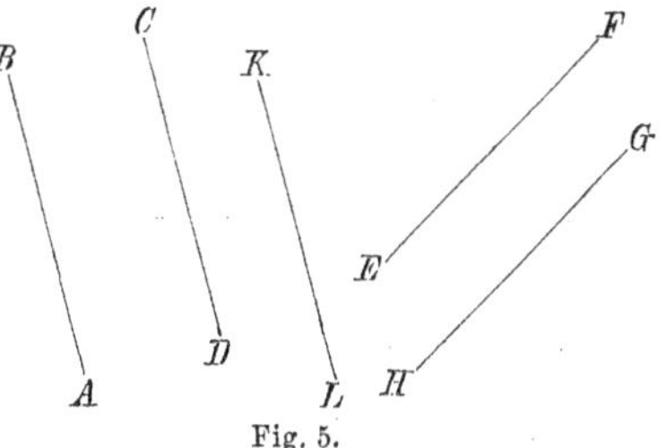

Fig. 5.

Statt zweier Paare in einer Ebene, die einerlei Sinn und gleiche Kräfte haben, kann man daher ein einziges Paar mit demselben Sinne und denselben Kräften setzen, dessen Breite der Summe der Breiten der ersteren Paare gleich ist.

Es erhellt ohne weitere Erörterung, dass sich auf gleiche Weise drei und mehrere in einer Ebene gelegene Paare von einerlei Sinne und von insgesammt einander gleichen Kräften zu einem Paare verbinden lassen, dessen Kräfte und Sinn dieselben, wie bei den zu verbindenden Paaren sind, und dessen Breite der Summe der Breiten dieser Paare gleich ist.

Sind von den zu verbindenden Paaren auch die Breiten einander gleich, so haben wir folgenden Satz:

Ein Paar, dessen Kräfte denen eines anderen Paares gleich sind, und dessen Breite irgend ein Vielfaches der Breite des anderen ist, hat gleiche Wirkung mit eben so viel in seiner Ebene und mit ihm nach einerlei Sinn wirkenden Paaren, deren jedes dem anderen gleich ist.

b) Auf ähnliche Art, wie Paare mit gleichen Kräften, lassen sich auch Paare, die einander gleiche Breiten haben, zusammensetzen. Seien AB, CD und EF, GH (vergl. Fig. 6) zwei dergleichen, die in einer Ebene liegen und einerlei Sinn haben. Man mache in den Richtungen von AB und CD resp. BK und DL den Kräften des anderen Paares EF und GH gleich, so sind wegen der noch hinzukommenden gleichen Breiten die Paare BK, DL und EF, GH gleichwirkend, also die Paare AB, CD und EF, GH zusammen gleichwirkend mit AB, BK, CD, DL, d. i. mit AK, CL (§. 14, *d*).

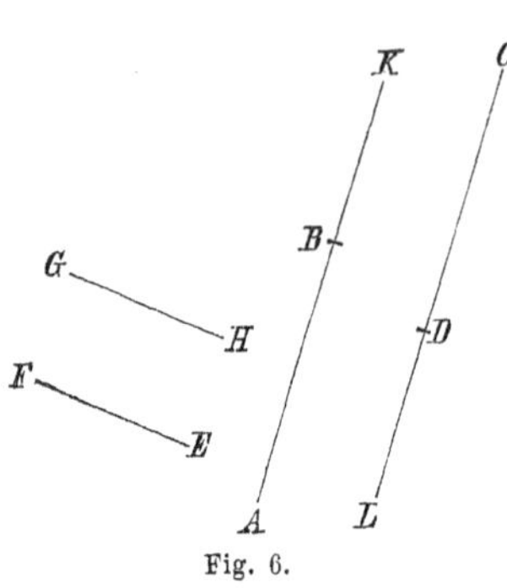

Fig. 6.

Also sind zwei Paare in einer Ebene, die einerlei Sinn und gleiche Breite haben, gleichwirkend mit einem Paare, welches denselben Sinn und dieselbe Breite, wie die beiden ersteren Paare, hat, und dessen Kräfte der Summe der Kräfte der ersteren Paare gleich sind.

Ebenso sind drei und mehrere Paare, die in einer Ebene liegen und einerlei Sinn und gleiche Breiten haben, gleichwirkend mit einem einzigen Paaare von demselben Sinne und derselben Breite, dessen Kräfte die Summen der Kräfte der ersteren Paare sind.

Wenn daher von zwei Paaren, die gleiche Breiten haben, die Kräfte des einen beliebige Vielfache der Kräfte des anderen sind, so ist das erstere gleichwirkend mit eben so viel dem anderen gleichen Paaren, die in der Ebene des ersteren liegen und mit ihm einerlei Sinn haben.

§. 20. Lehrsatz. *Sind A, B, C, D* (vergl. Fig. 7) *die vier auf einander folgenden Ecken eines Parallelogramms, so haben die durch AB, CD und BC, DA dargestellten Paare gleiche Wirkung.*

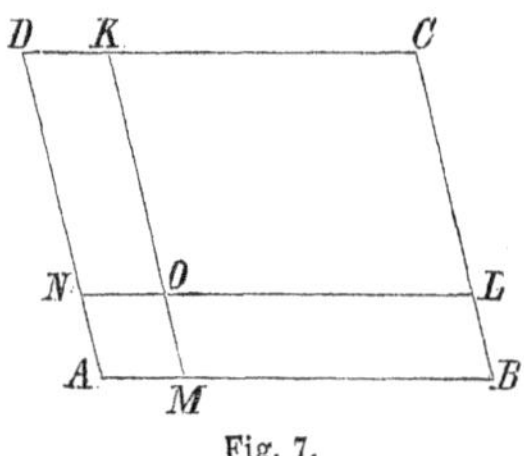

Fig. 7.

Beweis. In dem besonderen Falle, wenn das Parallelogramm ein Rhombus ist, folgt der Beweis schon aus §. 15, 2.

Seien ferner die anliegenden Seiten AB, AD überhaupt in einem rationalen Verhältnisse zu einander, und m, n die ganzen Zahlen, durch welche dieses Verhältniss ausgedrückt werden kann. Man nehme in AB von A nach B zu einen Abschnitt AM gleich dem m-ten Theile von AB, und in AD von A nach D zu einen Abschnitt AN gleich dem n-ten Theile von AD, so ist $AM = AN$, und wenn man durch M, N Parallelen mit AD, AB zieht, welche DC, BC in K, L, sich selbst aber in O schneiden, so ist $AMON$ ein Rhombus. Hiernach ist die Breite des Paares AB, CD das n-fache der Breite des Paares AB, LN, und die Kräfte des letzteren sind die m-fachen von AM, ON. Nach §. 19, a ist folglich das Paar AB, CD gleichwirkend mit dem n-fachen des Paares AB, LN, d. i. mit n Paaren, deren jedes dem Paare AB, LN gleich ist und mit ihm einerlei Sinn hat. Das Paar AB, LN aber ist gleichwirkend mit dem m-fachen des Paares AM, ON (§. 19, b); folglich AB, CD gleichwirkend mit dem $n \,.\, m$-fachen von AM, ON. Auf gleiche Art zeigt sich durch Vermittlung des Paares MK, DA, dass das Paar BC, DA mit dem $m \,.\, n$-fachen des Paares MO, NA gleiche Wirkung hat. Da aber $AMON$ ein Rhombus ist, so sind die Paare AM, ON und MO, NA selbst von gleicher Wirkung, folglich auch die $m \,.\, n$-fachen derselben, d. i. die Paare AB, CD und BC, DA.

Ist endlich das Verhältniss $AB : AD$ (vergl. Fig. 8) irrational, und wäre nicht AB, CD gleichwirkend mit BC, DA, so müsste

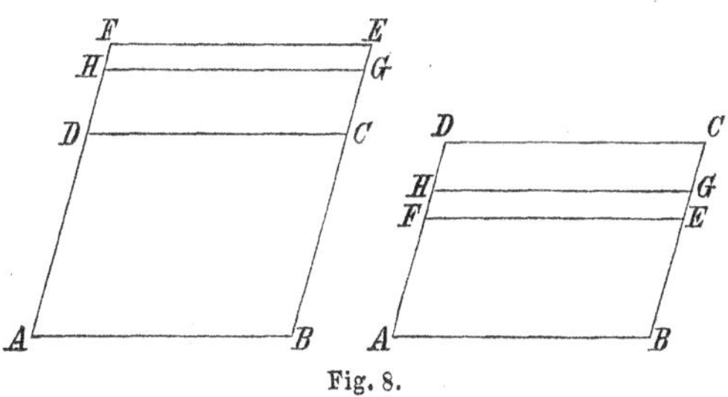

Fig. 8.

sich AB durch eine andere Kraft zu einem Paare ergänzen lassen, das mit BC, DA gleiche Wirkung hätte (§. 18). Diese andere Kraft würde daher durch eine zwischen den Parallelen BC, AD enthaltene und mit CD parallele Linie EF dargestellt werden können, die, weil das Paar AB, EF, ebenso wie AB, CD, mit BC, DA einerlei Sinn haben muss (ebend.), mit CD auf einerlei Seite von AB liegen müsste. Sei nun G ein zwischen C und E so gelegener Punct, dass BG zu AB in einem rationalen Verhältnisse steht. Man ziehe durch G eine Parallele mit CD, welche AD in H schneide, so sind nach dem Vorigen die Paare AB, GH und BG, HA mit einander gleichwirkend, oder, was dasselbe ist, die Paare AB, EF und FE, GH zusammen von gleicher Wirkung mit den Paaren BC, DA und CG, HD in Vereinigung. Nach der Voraussetzung aber soll AB, EF mit BC, DA gleichwirkend sein, mithin müsste es auch FE, GH mit CG, HD sein, welches nicht möglich ist, da letztere zwei Paare von entgegengesetztem Sinne sind.

§. 21. Lehrsatz. *Zwei Paare in einer Ebene, die einerlei Sinn haben, und deren Kräfte sich umgekehrt wie ihre Breiten verhalten, sind von gleicher Wirkung.*

Weil ein Paar in seiner Ebene beliebig verlegt werden kann, so lässt sich immer annehmen, dass die Kräfte des einen der beiden Paare die des anderen schneiden, und dass folglich die Richtungen der vier Kräfte ein Parallelogramm $ABCD$ (vergl. Fig. 8) bilden. Seien demnach AB, CD die Richtungen der Kräfte des einen Paares, und, weil beide Paare einerlei Sinn haben sollen, BC, DA die Richtungen der Kräfte des anderen. Aus der Geometrie ist aber bekannt, dass sich zwei aneinander stossende Seiten AB, BC eines Parallelogramms umgekehrt wie ihre Abstände von den gegenüberliegenden Seiten, also umgekehrt wie die Breiten der Paare AB, CD und BC, DA verhalten. Da nun in demselben Verhältnisse die Kräfte der beiden Paare stehen sollen, und da wegen der willkürlichen Annahme der Länge, durch welche die Krafteinheit ausgedrückt wird, die Linien AB, CD die Kräfte des einen Paares selbst vorstellen können, so sind alsdann die Kräfte des anderen durch BC, DA auszudrücken. Dass aber die Kräfte AB, CD mit den Kräften BC, DA gleiche Wirkung haben, ist in §. 20 dargethan worden.

Zusatz. Wenn in den zwei in einer Ebene liegenden Parallelogrammen AC und GI (vergl. Fig. 9) eine Seite AB des einen und eine Seite GH des anderen sich umgekehrt wie ihre Abstände von den gegenüberliegenden Seiten verhalten, so sind nach dem jetzt Erwiesenen die Paare AB, CD und GH, IK von gleicher Wirkung. Unter der gemachten Voraussetzung sind aber die Parallelogramme AC und GI bekanntlich von gleichem Inhalte, und umgekehrt, und wir können daher den jetzigen Satz sehr einfach auch folgendergestalt in Worte fassen:

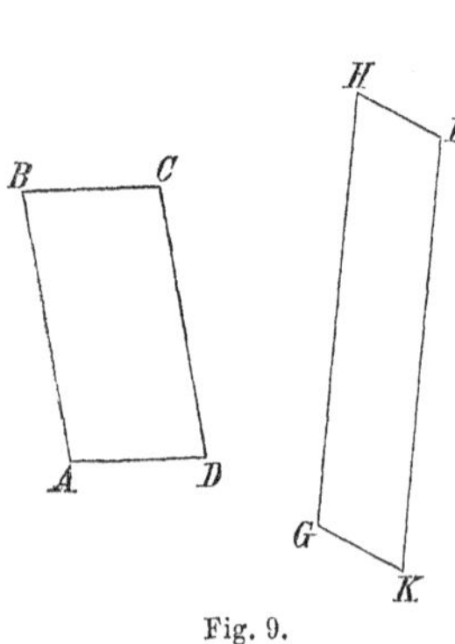

Fig. 9.

Sind zwei Paare in einer Ebene von einerlei Sinne, und haben die durch sie bestimmten Parallelogramme gleichen Inhalt, so sind die Paare gleichwirkend.

§. 22. Folgerungen. Sind AB, CD und EF, GH (vergl. Fig. 10) zwei Paare in einer Ebene, die einerlei Sinn haben, und construirt man in ihrer Ebene ein Parallelogramm $IKLM$, dessen Fläche der Summe der Flächen der Parallelogramme AC und EG gleich ist, so wird das Paar IK, LM, von dem ich annehme, dass es mit ersteren Paaren einerlei Sinn hat, mit ihnen auch gleiche Wirkung haben. Denn theilt man das Parallelogramm IL durch eine mit IK gezogene Parallele ON in zwei Parallelogramme IN und OL, so dass $IN = AC$ und folglich $OL = EG$ ist, so sind (§. 21) die Paare AB, CD und EF, GH resp. gleichwirkend mit den Paaren IK, NO und ON, LM, d. i. mit dem Paare IK, LM.

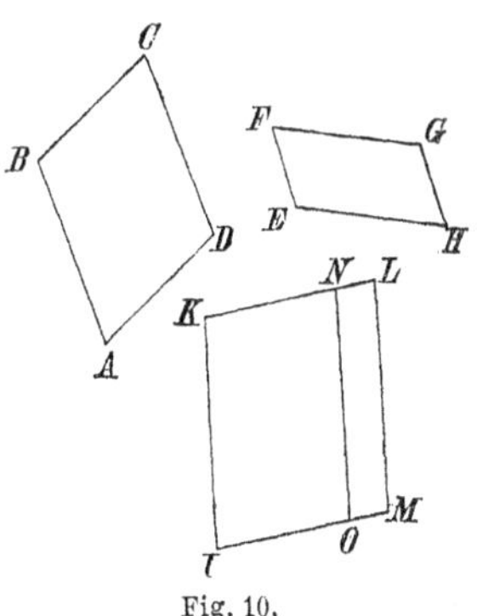

Fig. 10.

Man sieht nun leicht, dass auf gleiche Weise auch drei und mehrere Paare in einer Ebene, die von einerlei Sinne sind, sich zu einem Paare vereinigen lassen. Man verzeichne nämlich in ihrer Ebene ein Parallelogramm, welches der Summe der Parallelogramme, die von den zusammenzusetzenden Paaren gebildet werden, gleich ist, und es wird das durch dieses Parallelogramm bestimmte Paar, so genommen, dass es mit den gegebenen Paaren einerlei Sinn hat, das resultirende sein.

Sollen zwei Paare IK, LM und BA, DC von entgegengesetztem Sinne verbunden werden, so construire man ein Parallelogramm $EFGH$, welches dem Unterschiede der Parallelogramme IL und AC gleich ist, und das durch EG so bestimmte Paar EF, GH, dass sein Sinn mit dem Sinne desjenigen IK, LM der zwei gegebenen Paare übereinkommt, dessen Parallelogramm das grössere ist, wird gleiche Wirkung mit den zwei gegebenen haben. Denn schneidet man von dem grösseren Parallelogramme IL durch eine Parallele ON mit IK ein Parallelogramm IN ab, welches dem kleineren AC gleich ist, so ist der Rest $OL = EG$ und BA, DC gleichwirkend mit KI, ON; folglich IK, LM und BA, DC zusammen gleichwirkend mit ON, LM, d. i. mit EF, GH.

Haben zwei Paare, die von entgegengesetztem Sinne sind, einander gleiche Parallelogramme, ist also der Unterschied der letzteren Null, so sind die Paare im Gleichgewichte, wie sogleich aus §. 21 in Verbindung mit §. 6 folgt. Aber auch umgekehrt können wir behaupten: Halten sich zwei Paare in einer Ebene das Gleichgewicht, so sind sie von entgegengesetztem Sinne (§. 18) und haben einander gleiche Parallelogramme. Denn fände zwischen letzteren ein Unterschied statt, so wären die Paare gleichwirkend mit einem einzigen Paare, dessen Parallelogramm diesem Unterschiede gleich wäre, und würden mithin nicht im Gleichgewichte sein. Sind folglich, — so können wir nach §. 6 noch schliessen, — zwei Paare in einer Ebene gleichwirkend mit einander, so sind sie von einerlei Sinne und haben einander gleiche Parallelogramme.

Endlich können, um noch den allgemeinsten Fall zu berücksichtigen, drei oder mehrere Paare in einer Ebene, die nicht von einerlei Sinne sind, zu einem einzigen Paare zusammengesetzt werden.

Zu dem Ende sondere man sie in zwei Gruppen, deren jede aus Paaren von einerlei Sinne besteht, und bestimme von jeder dieser Gruppen das resultirende Paar. Die Zusammensetzung dieser zwei Paare, welche von entgegengesetztem Sinne sind, gibt alsdann das resultirende Paar des ganzen Systems. Falls aber die zwei Paare sich das Gleichgewicht halten, so ist auch das ganze System im Gleichgewichte.

Eben so wenig, als ein einziges Paar, kann daher auch ein System von Paaren in einer Ebene mit einer einzigen Kraft gleiche Wirkung haben.

§. 23. Das Product aus der einen der beiden Kräfte eines Paares in die Breite desselben, — dieses Product positiv oder negativ genommen, nachdem das Paar einen positiven oder negativen Sinn hat (§. 16), — wird das Moment des Paares genannt. Das Moment ist daher nichts anderes, als der arithmetisch ausgedrückte Flächeninhalt des Parallelogramms, welches von den geometrisch dargestellten Kräften des Paares gebildet wird, und wir können nach dem, was in den §§. 21 und 22 von diesen Parallelogrammen erwiesen worden, sogleich folgende Sätze aufstellen:

Zwei Paare in einer Ebene, welche einander (auch hinsichtlich der Zeichen) gleiche Momente haben, sind gleichwirkend;

und umgekehrt:

Sind zwei Paare in einer Ebene von gleicher Wirkung, so haben sie gleiche Momente.

Zwei oder mehrere Paare in einer Ebene haben gleiche Wirkung mit einem einzigen Paare in derselben Ebene, dessen Moment der (algebraischen) Summe der Momente ersterer Paare gleich ist. Ist aber diese Summe Null, so halten sich die Paare das Gleichgewicht; woraus wir noch, in Verbindung mit dem vorigen Satze, umgekehrt schliessen:

Sind zwei oder mehrere Paare in einer Ebene gleichwirkend mit einem Paare in derselben Ebene, so ist die Summe der Momente der ersteren gleich dem Momente des letzteren. Sind aber die Paare im Gleichgewichte, so ist die Summe ihrer Momente Null.

Die Resultate, zu denen die Theorie in einer Ebene wirkender Kräftepaare führt, sind hiernach ganz denen analog, welche hinsichtlich einfacher in einer Geraden wirkender Kräfte gelten. Ebenso, wie eine einfache Kraft in der Geraden, worin sie wirkt, nach Belieben verlegt werden kann, so bleibt auch die Wirkung eines Paares unverändert, wenn nur seine Ebene und sein Moment sich nicht ändern; und ebenso, wie die Summe der Intensitäten von Kräften, die in einer Geraden wirken, der Intensität der Resultante gleich ist, und letztere in derselben Geraden wirkt, so ist auch die Summe der Momente von Paaren in einer Ebene dem Momente des resultirenden Paares gleich, und die Ebene desselben einerlei mit der Ebene der ersteren. Der Geraden, in welcher eine einfache Kraft wirkt, ihrer Richtung in dieser Geraden und ihrer Intensität entspricht demnach bei einem Paare die Ebene, worin es enthalten ist, sein Sinn in dieser Ebene und sein Moment.

Das Paar ist folglich ganz das Analoge für die Ebene, was die einfache Kraft für die gerade Linie ist.

Etwas Analoges für den Raum von drei Dimensionen existirt nicht.

Gleichgewicht zwischen drei Kräften in einer Ebene.

§. 24. So speciell auch der Gegenstand scheint, dessen Theorie wir so eben entwickelt haben, indem nur solche Systeme von Kräften betrachtet wurden, bei denen zu jeder Kraft eine zweite ihr gleiche, parallele und entgegengesetzte gehörte, so ist doch die Theorie dieser Kräftepaare der Schlüssel zu allen ferneren Untersuchungen über das Gleichgewicht.

Alle statischen Untersuchungen können in ihren Elementen auf Zusammensetzung von Kräften, die sich entweder parallel sind, oder sich in einem Puncte begegnen, und auf die umgekehrte Operation der Zerlegung von Kräften zurückgebracht werden. Es wird daher schon im Voraus der Nutzen der Theorie der Paare erhellen, wenn wir zeigen, wie mit Hülfe derselben sich ganz einfach die Regeln ergeben, nach denen von zwei Kräften, die entweder mit einander parallel sind, oder sich schneiden, die Resultante gefunden werden kann.

Seien AB, CD und KL, MN zwei Paare in einer Ebene, die einander das Gleichgewicht halten und daher von entgegengesetztem Sinne sind. Man verlege sie, was unbeschadet des Gleichgewichtes immer geschehen kann (§. 17), in der Ebene so, dass die Richtung einer Kraft CD des einen Paares mit der Richtung einer Kraft KL der anderen Paares in eine und dieselbe Linie fällt, und dass diese zwei Richtungen einerlei, nicht einander entgegengesetzt, sind (vergl. Fig. 11), — obwohl auch die letztere Annahme zu demselben Resultate, wie die erstere, führen würde. — Somit sind die anfänglichen vier Kräfte auf drei reducirt: AB, MN und $KL + CD$, von welchen die dritte der Summe der zwei ersten gleich ist, die zwei ersten aber, wie man leicht sieht, auf verschiedenen Seiten der dritten liegen und eine der dritten entgegengesetzte Richtung haben. Nächstdem aber verhalten sich AB und MN umgekehrt wie die Breiten der beiden Paare (§. 21), d. i. die beiden ersten Kräfte umgekehrt wie ihre Abstände von der dritten.

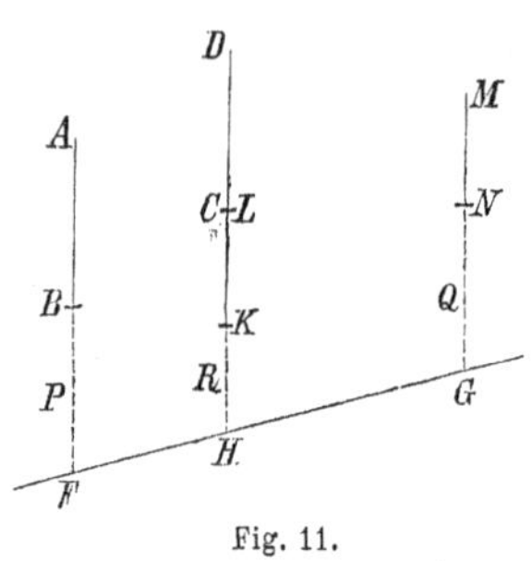

Fig. 11.

Wenn daher von drei parallelen Kräften in einer Ebene 1) *die mittlere eine den beiden äusseren entgegengesetzte Richtung hat und* 2) *der Summe der äusseren gleich ist, und wenn sich* 3) *die äusseren umgekehrt wie ihre Abstände von der mittleren verhalten, so herrscht Gleichgewicht.*

Denn man wird immer nach Anleitung des Vorigen ein solches System in zwei einander das Gleichgewicht haltende Paare zerlegen können.

§. 25. Die eben gefundenen drei Bedingungen für das Gleichgewicht dreier paralleler Kräfte in einer Ebene lassen sich noch etwas kürzer und damit für die Anwendung brauchbarer darstellen.

Zu dem Ende werde hier, so wie auch immer in dem Folgenden, bei Bezeichnung eines Abschnitts einer Geraden durch Nebeneinanderstellung der zwei an die Enden des Abschnitts gesetzten Buchstaben die durch diese Stellung zugleich angedeutete Richtung berücksichtigt, so dass je zwei Abschnitte einer und derselben Geraden mit einerlei oder entgegengesetzten Zeichen genommen werden, nachdem die durch die Bezeichnungen der Abschnitte ausgedrückten Richtungen einerlei oder einander entgegengesetzt sind; dass daher immer

$$AB + BA = 0 \ ,$$

und dass, wenn A, B, C drei in einer Geraden befindliche Puncte sind, mag C zwischen A und B, oder ausserhalb auf der Seite von A, oder der Seite von B liegen, man immer

$$AB + BC + CA = 0 \ ,$$

$$AB + BC = AB - CB = BC - BA = AC \ ,$$

u. s. w. hat.

Dieses vorausbemerkt, nenne man die beiden äusseren Kräfte P und Q, die mittlere R, welche man, weil sie nach der ersten Bedingung die entgegengesetzte Richtung von P und Q hat, als negativ betrachte, wenn man P, Q positiv nimmt. Alsdann ist zufolge der zweiten Bedingung:

$$P + Q = -R \ , \quad \text{oder} \quad P + Q + R = 0 \ .$$

Man ziehe ferner in der Ebene der Kräfte eine ihnen nicht parallele Gerade, welche von den Richtungen von P, Q, R resp. in F, G, H geschnitten werde, so haben die Abschnitte HF und GH einerlei Zeichen und sind den Abständen der P und Q von R proportional. Es verhält sich daher zufolge der dritten Bedingung:

$$P : Q = GH : HF \ ,$$

also auch

$$P : (P + Q = -R) = GH : (GH + HF = GF) \ ,$$

also

$$P : R = GH : FG \ ,$$

und in Verbindung mit der ersten Proportion:

$$P : Q : R = GH : HF : FG \ ,$$

so dass jede der drei Kräfte dem gegenseitigen Abstande der beiden anderen proportional ist.

Da hierin jede Kraft und ihr Durchschnitt mit der geraden Linie auf gleiche Art vorkommen, nämlich P und F ebenso wie Q und G, oder wie R und H, so ist es gleichviel, welche der drei Kräfte wir als die mittlere ansehen, und wir können unsern Satz ganz einfach so ausdrücken:

Zwischen drei parallelen Kräften P, Q, R in einer Ebene herrscht Gleichgewicht, wenn sie eine gerade Linie in F, G, H so schneiden, dass

$$P : Q : R = GH : HF : FG \ .$$

In der That folgt daraus

$$P + Q + R = 0 \ ,$$

weil immer

$$GH + HF + FG = 0 \ ,$$

in welcher Ordnung auch F, G, H in der Geraden auf einander folgen mögen. Es muss daher eine der drei Kräfte nach der entgegengesetzten Richtung der beiden anderen wirken, und, absolut genommen, der Summe der anderen gleich sein. Sei, wie vorhin, R diese eine Kraft, so haben, vermöge der Proportion, GH und HF einerlei Richtung, FG die entgegengesetzte. Es muss folglich H zwischen F und G, also R zwischen P und Q liegen. — Ebenso würde man P zwischen Q und R liegend und der Summe von Q und R, absolut genommen, gleich gefunden haben, wenn man P nach der entgegengesetzten Richtung von Q und R hätte wirken lassen.

§. 26. Zusätze. *a)* Eine der Kraft R gleiche und gerade entgegengesetzte Kraft $R' = -R = P + Q$ ist die Resultante von P und Q.

Sollen daher zwei gegebene parallele Kräfte P und Q in eine zusammengesetzt werden, so ziehe man in ihrer Ebene eine gegen ihre Richtungen beliebig geneigte Gerade und nenne F, G die Durchschnitte derselben mit P, Q. Man theile nun die Gerade FG in H so, dass

$$GH : HF = P : Q \ .$$

Nach der Regel der Zeichen fällt dieser Punct H entweder zwischen F und G, oder ausserhalb und zwar auf die Seite von F (wo absolut $GH > HF$), oder auf die Seite von G (wo absolut $GH < HF$), je nachdem P und Q einerlei Zeichen, d. i. einerlei Richtungen, oder entgegengesetzte haben und nachdem alsdann P absolut grösser oder kleiner als Q ist. Eine durch H mit P und Q parallel gelegte Kraft $R' = P + Q$, die daher im ersten jener drei Fälle die gemeinschaftliche Richtung von P und Q hat und der Summe von P und Q gleich ist, in den beiden anderen nach der Richtung der jedesmal grösseren, P oder Q, wirkt und der Differenz von P und Q gleich ist, wird die verlangte Resultante sein.

b) Nur in dem Falle kann der Punct H nicht angegeben, also auch die Resultante von P und Q nicht construirt werden, wenn $P = -Q$ ist, d. i. wenn die zwei zusammenzusetzenden Kräfte ein Paar ausmachen (vergl. §. 18, Zus.). Denn alsdann wird $R' = 0$, und $GH : HF = 1 : -1$, also $GH : FH = 1 : 1$, welcher Proportion, da F und G nicht zusammenfallen sollen, streng genommen, nicht Genüge geschehen kann, der man aber um so näher kommt, je weiter man H in der Linie FG nach der einen oder anderen Seite hinausrückt. Denn hierdurch nähern sich die Verhältnisse

$$GH : FH = P : -Q$$

immer mehr der Einheit, und R' wird gegen P und Q immer kleiner.

In der Sprache der Analysis ist daher die Resultante eines Paares eine Kraft von der Intensität Null in unendlicher Entfernung.

c) Soll umgekehrt eine gegebene Kraft $R' = -R$ in zwei andere mit ihr parallele und in derselben Ebene enthaltene Kräfte P und Q zerlegt werden, so schneide eine gerade Linie die Richtung von R' und die ebenfalls als gegeben vorauszusetzenden Richtungslinien von P und Q in den Puncten H, F, G, und man hat nach dem Vorigen die Gleichungen:

$$P = \frac{GH}{FG} \cdot R = \frac{HG}{FG} \cdot R', \quad Q = \frac{HF}{FG} \cdot R = \frac{FH}{FG} \cdot R',$$

wodurch mit gehöriger Rücksicht auf die Vorzeichen der Abschnitte FG u. s. w. die Intensitäten von P und Q und ihre Richtungen in Bezug auf R' vollkommen bestimmt werden.

§. 27. Mittelst der Theorie der Kräftepaare wollen wir jetzt noch die Resultante zweier sich schneidenden Kräfte zu bestimmen suchen. Seien diese Kräfte durch FA, FB (vergl. Fig. 12) dargestellt. Die ihnen das Gleichgewicht haltende Kraft, deren Richtung ebenfalls durch F geht und in den Scheitelwinkel von AFB fällt (Grundsatz V und VII) sei FC.

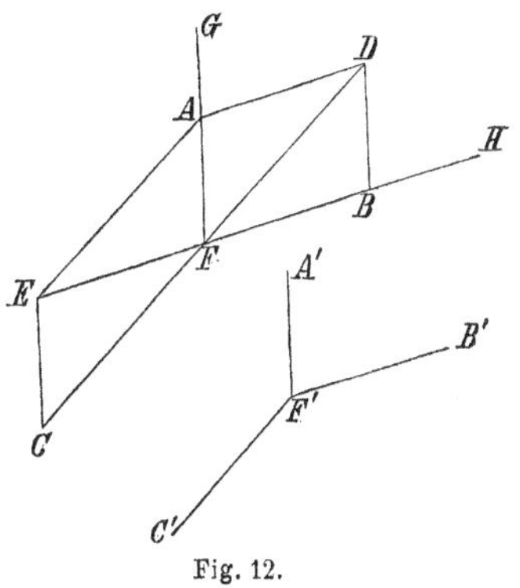

Fig. 12.

Man ergänze den Winkel AFB zu einem Parallelogramm $AFBD$, so ist das Paar FA, DB gleichwirkend mit dem Paare AD, BF (§. 20). Folglich sind auch die Kräfte FA, FB gleichwirkend mit den Kräften AD, BD, folglich die durch F gehende Resultante der beiden ersteren Kräfte gleichwirkend mit der durch D gehenden Resultante der beiden letzteren; mithin ist FD die gemeinschaftliche Richtung der beiden Resultanten. Da nun wegen des Gleichgewichtes zwischen FA, FB, FC, durch CF die Resultante von FA, FB dargestellt wird, so müssen FD und FC in dieselbe Gerade fallen. Ebenso wird bewiesen, dass, wenn man den Winkel AFC zu einem Parallelogramm $AFCE$ vollendet, die FB in die Verlängerung von EF fallen muss.

Hiernach ist AD mit FB sowohl, als auch mit EF, und AE

mit FC sowohl, als mit DF, parallel. Folglich ist auch $ADFE$ ein Parallelogramm, mithin $FD = EA = CF$, d. i. gleich der Resultante von FA und FB, und es wird daher diese Resultante durch FD nicht allein der Richtung, sondern auch der Grösse nach ausgedrückt. — Dies gibt den berühmten Satz vom Parallelogramm der Kräfte:

Schneiden sich die Richtungen zweier Kräfte, so ist, wenn man vom Schneidepuncte aus auf die Richtungen den Kräften proportionale Linien abträgt und diese zwei Linien zu einem Parallelogramm ergänzt, die durch den Schneidepunct der Kräfte gehende Diagonale des Parallelogramms ihrer Richtung und Grösse nach die Resultante der beiden Kräfte.

§. 28. Zusätze. *a*) Soll eine gegebene Kraft FD in zwei andere durch F gehende und nach gegebenen Richtungen FG, FH wirkende Kräfte zerlegt werden, so ziehe man durch D mit FH, FG Parallelen, welche FG, FH resp. in A, B schneiden, und FA, FB werden die gesuchten Kräfte sein.

b) Die Kräfte FA, FB, FC sind resp. den Seiten FA, AD, DF des Dreiecks DFA gleich, und kommen auch ihren Richtungen nach mit denselben überein. Sind daher drei Kräfte bloss ihrer Intensität nach gegeben, und will man sie dergestalt auf einen Punct F' wirken lassen, dass sie einander das Gleichgewicht halten, so construire man aus ihnen ein Dreieck DFA, und es werden die durch F' mit den Seiten des Dreiecks gleich und parallel gelegten Kräfte $F'A'$, $F'B'$, $F'C'$ mit einander im Gleichgewichte sein. — Kann aus den drei Kräften kein Dreieck construirt werden, ist also eine Kraft grösser, als die Summe der beiden anderen, so ist auch zwischen ihnen, wenn sie auf einen Punct wirken, auf keine Weise Gleichgewicht möglich.

c) In dem aus den drei Kräften gebildeten Dreiecke DFA sind die Winkel ADF, DFA, FAD resp. den Nebenwinkeln gleich von denen, welche die auf F oder F' wirkenden Kräfte mit einander machen, d. i. den Nebenwinkeln von BFC, CFA, AFB.

Alle zwischen den Seiten und Winkeln eines Dreiecks aus der Trigonometrie bekannten Relationen finden daher auch beim Gleichgewichte dreier auf einen Punct wirkender Kräfte zwischen ihnen selbst und den Supplementen der von ihnen mit einander gebildeten Winkel statt. Es verhält sich daher beim Gleichgewichte:

$$FA : FB : FC = \sin BFC : \sin CFA : \sin AFB \ ,$$

d. h. jede Kraft ist dem Sinus des von den zwei anderen Kräften gebildeten Winkels proportional, — auf analoge Art, wie bei drei parallelen Kräften im Gleichgewichte jede Kraft mit der gegenseitigen Entfernung der beiden anderen im Verhältnisse war. Diese Aehnlichkeit der Gesetze für beiderlei Arten von Gleichgewicht rührt, wie man leicht wahrnimmt, daher, dass parallele Kräfte auch als solche angesehen werden können, die sich in unendlicher Entfernung unter unendlich kleinen Winkeln schneiden, und dass die Sinus dieser Winkel den gegenseitigen Abständen der Parallelen proportional zu achten sind. Man hätte daher das Gleichgewicht zwischen parallelen Kräften auch unmittelbar aus dem Gleichgewichte zwischen Kräften, die sich in einem Puncte treffen, als den Grenzfall dieses letzteren ableiten können.

Gleichgewicht zwischen vier Kräften in einer Ebene.

§. 29. Die eben erhaltenen Sätze vom Gleichgewichte zwischen drei Kräften in einer Ebene sind, wie sich zeigen lässt, hinreichend, um die Bedingungen des Gleichgewichtes für irgend ein System auf einen freien Körper wirkender Kräfte zu entwickeln. Indessen werde ich, um zu diesen allgemeinen Bedingungen zu gelangen, von jenen Sätzen keinen unmittelbaren Gebrauch machen, sondern, von der Theorie der Paare ausgehend, einen mehr analytischen Weg einschlagen, auf dem sich zuletzt jene Sätze, als die speciellsten Fälle der allgemeinen Resultate, wieder finden werden. — Mag hier nur noch eine einfache Anwendung des Parallelogramms der Kräfte auf ein System von vier Kräften in einer Ebene eine Stelle finden.

Von vier in einer Ebene wirkenden Kräften sind die Richtungen gegeben; man soll hieraus unter der Voraussetzung, dass sich die Kräfte das Gleichgewicht halten, die Verhältnisse ihrer Intensitäten finden.

Vier in einer Ebene enthaltene Gerade bestimmen im Allgemeinen drei Vierecke, bei deren einem von keiner Seite oder der Verlängerung derselben die gegenüberliegende Seite innerhalb ihrer Endpuncte geschnitten wird. Sei $ABCD$ (vergl. Fig. 13, folgende Seite) dieses eine der drei Vierecke, welche von den Richtungen der vier Kräfte gebildet werden.

Die Kräfte in den Linien AB, BC, CD, DA heissen resp. p, q, r, s; die Resultante von p und q, welche durch B geht, heisse t, und die durch D gehende Resultante von r und s nenne man u.

Weil p, q, r, s, folglich auch t und u, einander das Gleichgewicht halten sollen, so sind t und u einander gleich und wirken in der Diagonale BD nach entgegengesetzten Richtungen. Nimmt man daher AB, nicht BA, als die Richtung von p, so muss, damit die

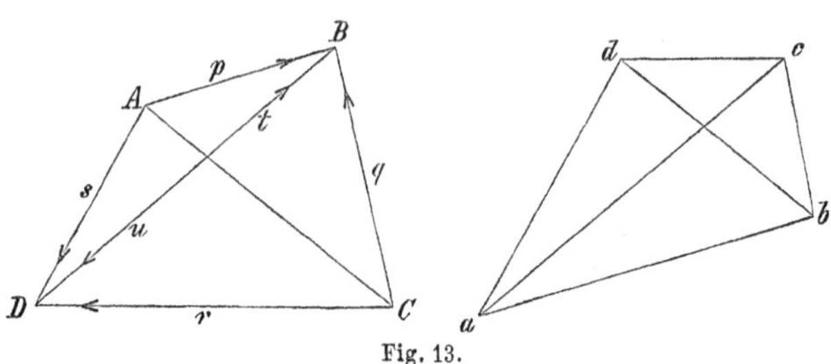

Fig. 13.

Resultante t innerhalb des Winkels von p mit q fällt, CB die Richtung von q sein. DB ist dann die Richtung von t, folglich BD die von u, und CD, AD die Richtungen von r, s.

Man construire nun ein Dreieck, dessen Seiten ab, bc, ac mit AB, CB, DB, als den Richtungen von p, q, t parallel sind, so verhalten sich (§. 28, b)

$$p:q:t = ab:bc:ac \ ;$$

und ebenso ist, wenn man über ab ein zweites Dreieck beschreibt, dessen Seiten da und db mit AD und AC, als den Richtungen, welche s und die Resultante von p und s haben, parallel sind:

$$p:s = ab:da \ ,$$

folglich

$$s:t = da:ac \ .$$

Da ferner s, t, r sich das Gleichgewicht halten, und da, ac mit den Richtungen der Kräfte s, t parallel, ihnen selbst aber erwiesenermaassen proportional sind, so ist cd der Kraft r parallel und es verhält sich:

$$s:r = da:cd \ ,$$

und somit sind die Verhältnisse zwischen den Intensitäten der Kräfte gefunden.

Bemerkt man hierbei noch, dass das Viereck $abcd$ zu dem Viereck $ABCD$ in derselben Beziehung steht, wie letzteres zu ersterem, und dass, wenn die Richtung von p gleichlaufend mit ab, nicht mit ba ist, die Richtung von q gleichlaufend mit bc, nicht mit cb, genommen werden muss u. s. w., so kann man das erhaltene Resultat folgendergestalt ausdrücken:

Wenn von zwei ebenen Vierecken $ABCD$ und $abcd$ die Diago-

nalen des einen mit den ungleichnamigen Diagonalen des anderen, d. i. AC mit bd und BD mit ac, und drei Seiten DA, AB, BC des einen mit den gleichnamigen Seiten da, ab, bc des anderen parallel sind, so sind auch die zwei übrigen Seiten CD und cd einander parallel; und vier Kräfte, deren Intensitäten den Seiten des einen Vierecks proportional sind, und deren Richtungen in die entsprechenden Seiten des anderen Vierecks fallen und dabei mit den im ersten Vierecke durch die Aufeinanderfolge der Ecken bestimmten Richtungen der Seiten übereinstimmen, halten einander das Gleichgewicht.

Drittes Kapitel.

Vom Gleichgewichte zwischen Kräften in einer Ebene überhaupt.

---

§. 30. Bei Untersuchungen über das Gleichgewicht eines Systems von Kräften in einer Ebene verstehe man unter dem Momente einer Kraft in Bezug auf einen Punct der Ebene das Moment des Paares (vergl. §. 23), welches von der Kraft und einer ihr gleichen, parallelen und entgegengesetzten durch den Punct gelegten Kraft gebildet wird. Der geometrische Ausdruck des Momentes der Kraft AB in Bezug auf den Punct M ist daher das Parallelogramm, zu welchem sich das Dreieck MAB ergänzen lässt, oder das Doppelte dieses Dreiecks. Der numerische Werth des Moments aber ist das Product aus der Kraft in ihren Abstand von dem Puncte, und dieses Product ist nach §. 23 und §. 16 positiv oder negativ zu nehmen, je nachdem die Richtung der Kraft, von dem Puncte aus beobachtet, von der Rechten nach der Linken z. B. oder von der Linken nach der Rechten geht, oder, was dasselbe ist: je nachdem, wenn der Punct unbeweglich wäre, die Ebene um ihn nach der einen oder anderen Seite zu von der Kraft gedreht werden würde.

Das Moment einer und derselben Kraft ist demnach ihrem Abstande von dem Puncte, worauf sie bezogen wird, proportional, und kann nur für solche Puncte von gleicher Grösse sein, die in einer mit der Kraft gezogenen Parallele liegen. Für zwei Puncte, die auf entgegengesetzten Seiten der Kraft sich befinden, haben die Momente entgegengesetzte Zeichen, und für einen in der Richtung der Kraft selbst gelegenen Punct ist das Moment gleich Null. Für drei Puncte endlich, die nicht in einer Geraden liegen, kann es keine Kraft geben, die in Bezug auf dieselben der Grösse und dem Zeichen nach gleiche Momente hätte.

§. 31. Was wir in dem zweiten Kapitel das Moment eines Paares genannt haben, ist nichts anderes, als die Summe der Momente der zwei das Paar bildenden Kräfte in Bezug auf einen beliebigen Punct der Ebene des Paares. Denn sind AB, CD (vergl. Fig. 14) die zwei Kräfte eines Paares, und M der Punct ihrer Ebene, auf welchen sie bezogen werden sollen, so ist, wenn man durch M eine der Kraft AB gleiche, parallele und entgegengesetzte Kraft FG legt, das Moment von AB in Bezug auf M, gleich dem Momente des Paares AB, FG, und das Moment von CD in Bezug auf M gleich dem Momente des Paares CD, GF; folglich die Summe der Momente von AB und CD in Bezug auf M gleich der Summe der Momente der Paare AB, FG und CD, GF, gleich dem Momente des Paares AB, CD, da die Paare AB, FG und CD, GF zusammen gleichwirkend mit dem Paare AB, CD sind.

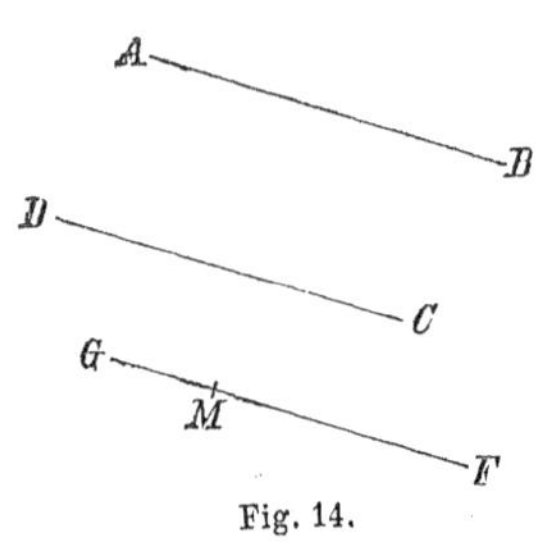

Fig. 14.

Ein Kräftepaar besitzt demnach die merkwürdige Eigenschaft, dass die Summe der Momente seiner Kräfte ganz unabhängig von dem Puncte ist, worauf die Momente bezogen werden.

Es ist diese Summe dem Momente der einen Kraft selbst gleich, wenn man dasselbe auf einen in der Richtung der anderen Kraft liegenden Punct bezieht.

So wie übrigens diese constante Summe der Momente von den Kräften eines Paares in dem Vorigen das Moment des Paares selbst genannt wurde, so soll auch in der Folge die Summe der Momente von den Kräften eines beliebigen Systems in Bezug auf einen gewissen Punct der Ebene, worin das System enthalten ist, das Moment des Systems in Beziehung auf diesen Punct heissen.

§. 32. Dieses vorausgeschickt, seien AB, CD, EF, ... (vergl. Fig. 15) mehrere in einer Ebene nach beliebigen Richtungen wirkende Kräfte. Durch einen willkürlich in der Ebene genommenen Punct M lege man $A'B'$, $C'D'$, $E'F'$, ... resp. den Kräften AB,

CD, EF, ... gleich, parallel und nach entgegengesetzten Richtungen. Alsdann ist das System der Kräfte AB, CD, EF, ..., welches der Kürze willen S genannt werde, gleichwirkend mit dem Systeme der Paare AB, $A'B'$; CD, $C'D'$; EF, $E'F'$; ..., welches W heisse, in Verbindung mit dem Systeme der durch den Punct M gehenden Kräfte $B'A'$, $D'C'$, $F'E'$, ..., welches man V nenne, indem sich in den beiden letzteren Systemen die Kräfte $A'B'$, $C'D'$, ... mit $B'A'$, $D'C'$, ... aufheben, und bloss die Kräfte AB, CD, ... des ersten Systems übrig bleiben. — Hinsichtlich des Gleichgewichtes können nun dabei folgende vier Fälle eintreten:

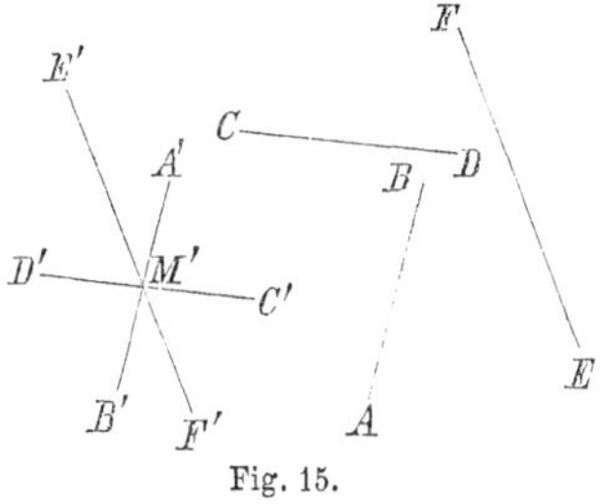

Fig. 15.

1) Jedes der beiden Systeme V und W ist für sich im Gleichgewichte, mithin auch S.

2) V ist für sich im Gleichgewichte, nicht aber W. S ist dann gleichwirkend mit W, und hat daher ein Paar zur Resultante (§. 23).

3) W ist allein im Gleichgewichte. Alsdann ist S gleichwirkend mit V, hat also zur Resultante eine einfache Kraft (§. 9, V).

4) Weder V noch W ist im Gleichgewichte. Die einfache Kraft, welche dann V, und das Paar, welches W zur Resultante hat, lassen sich aber wieder zu einer einfachen Kraft (§. 18) zusammensetzen, welche die Resultante des mit V und W gleichwirkenden S ist.

Wir ersehen hieraus, dass ein System S von Kräften in einer Ebene entweder im Gleichgewichte ist, oder ein Paar, oder eine einfache Kraft zur Resultante hat. Zugleich aber sind wir damit in den Stand gesetzt, die Bedingungen anzugeben, unter denen diese drei Fälle einzeln stattfinden.

§. 33. Soll zuerst in dem Systeme S Gleichgewicht herrschen, so ist dieses nicht anders möglich, als wenn von den Systemen V und W jedes für sich im Gleichgewichte ist. Sind aber die Paare AB, $A'B'$; CD, $C'D'$; ..., aus denen W besteht, im Gleichgewichte, so ist die Summe der Momente dieser Paare Null (§. 23). Da nun das Moment des Paares AB, $A'B'$ einerlei mit dem Momente der einfachen Kraft AB in Bezug auf den in $A'B'$ liegenden Punct M ist (§. 31), und dasselbe auch rücksichtlich der übrigen Paare gilt, so ist die Summe der Momente von AB, CD, EF, oder kürzer, das Moment des Systems S (§. 31), in Bezug auf M, Null; also:

A. *Ist ein System von Kräften, die in einer Ebene nach beliebigen Richtungen wirken, im Gleichgewichte, so ist das Moment des Systems für jeden Punct der Ebene Null.*

Aus zwei mit einander gleichwirkenden Systemen von Kräften lässt sich immer ein im Zustande des Gleichgewichtes befindliches System bilden, wenn man die Kräfte des einen der beiden Systeme mit entgegengesetzten Richtungen den Kräften des anderen hinzufügt. Da nun zwei einander gleiche und gerade entgegengesetzte Kräfte in Bezug auf denselben Punct offenbar auch gleiche und entgegengesetzte Momente haben, so können wir den vorigen Satz auch folgenderweise ausdrücken:

Zwei gleichwirkende Systeme von Kräften in einer Ebene haben in Bezug auf einen und denselben Punct der Ebene gleiche Momente. — Das Moment eines Systems, welches ein Kräftepaar, oder eine einfache Kraft zur Resultante hat, ist daher dem Momente des Paares, oder der einfachen Kraft gleich; also mit Berücksichtigung der Eigenschaften dieser letzteren Momente (§§. 30. 31):

B. *Hat ein in einer Ebene enthaltenes System ein Kräftepaar zur Resultante, so ist das Moment des Systems für keinen Punct der Ebene Null, für alle aber von einer und derselben Grösse.*

C. *Reducirt sich das System auf eine einzige Kraft, so sind seine Momente nur für diejenigen Puncte der Ebene Null, welche in der Resultante selbst liegen, und überhaupt sind die Momente, welche das System für irgend drei, nicht in einer Geraden liegende Puncte hat, nicht alle drei einander gleich.*

Da es ausser diesen drei Fällen A, B und C keinen anderen noch gibt, so ist es gestattet, auch umgekehrt zu schliessen:

A*. *Hat man ein System von Kräften in einer Ebene, und sind für drei Puncte der Ebene, welche nicht in einer Geraden liegen, die Momente des Systems einzeln Null, so ist das System im Gleichgewichte, und sein Moment auch für jeden vierten Punct der Ebene Null.*

B*. *Sind für gedachte drei Puncte die Momente nicht Null, jedoch von gleicher Grösse, so reducirt sich das System auf ein Kräftepaar, und sein Moment ist für jeden vierten Punct der Ebene von derselben Grösse.*

C*. *Wird keine dieser beiden Bedingungen erfüllt, so hat das System eine einfache Kraft zur Resultante.*

§. 34. Um von dem Vorigen eine einfache und zugleich für das Folgende nutzbare Anwendung zu machen, wollen wir bei dem Parallelogramm $OACB$ (vergl. Fig. 16, *a*) das Moment der drei durch

OA, OB, CO dargestellten Kräfte in Bezug auf die drei Puncte O, A, B betrachten.

Weil O ein Punct in der Richtung jeder der drei Kräfte ist, so ist in Bezug auf ihn das Moment jeder derselben gleich Null, also auch die Summe dieser Momente oder das Moment der drei Kräfte gleich Null.

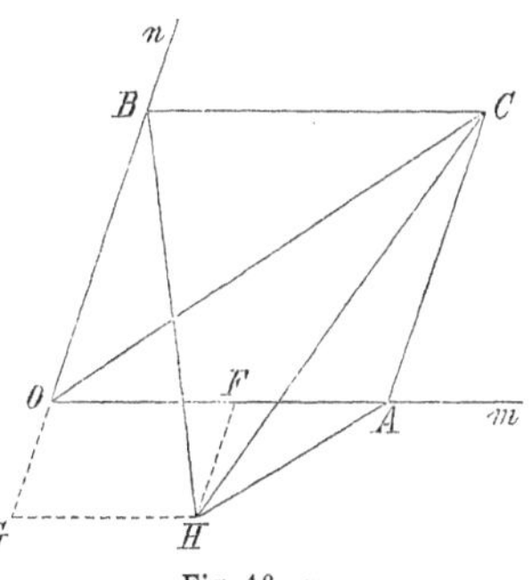

Fig. 16, *a*.

In Bezug auf A sind die Momente von OB und CO einander entgegengesetzt, und ihrem absoluten Werthe nach einander gleich, weil es die Dreiecke AOB und ACO sind, deren Doppelte diese Momente ausdrücken. Es ist mithin die Summe derselben gleich Null, und da in Bezug auf A das Moment von OA gleich Null ist, so ist für A das Moment aller drei Kräfte gleichfalls gleich Null.

Ebenso wird bewiesen, dass auch in Bezug auf den Punct B das Moment dieser Kräfte gleich Null ist.

Da also für jeden der drei Puncte O, A, B das Moment der drei Kräfte Null ist, und diese Puncte nicht in einer Geraden liegen, so sind die Kräfte im Gleichgewichte, und ihr Moment auch für jeden vierten Punct ihrer Ebene Null, oder, was dasselbe ausdrückt: OC ist die Resultante von OA und OB (§. 27) und für jeden Punct H in der Ebene dieser Kräfte ist die Summe der Dreiecke HOA und HOB dem Dreiecke HOC gleich; d. h.

Von drei Dreiecken in einer Ebene, welche eine gemeinschaftliche Ecke H und zu gegenüberstehenden Seiten zwei anstossende Seiten OA und OB, und die durch die denselben gemeinschaftliche Ecke gehende Diagonale OC eines Parallelogramms haben, ist die Summe der beiden ersten Dreiecke HOA und HOB dem dritten HOC gleich.

Nur hat man in dieser Formel, wenn sie allgemeine Gültigkeit haben soll, stets die Vorzeichen der Dreiecke gehörig mit zu berücksichtigen, und, nach der in §. 30 für die Momente gegebenen Regel, jedes Dreieck positiv oder negativ zu nehmen, jenachdem, von der in seinem Ausdrucke zuerst gesetzten Ecke H aus, die Richtung von der zweiten nach der dritten nach rechts z. B. oder nach links gehend erscheint. So haben in Fig. 16, *a* die drei Dreiecke HOA, HOB, HOC einerlei Zeichen; dagegen liegt in Fig. 16, *b* (folgende Seite) der Punct H so, dass dem Dreiecke HOB das entgegengesetzte Zeichen der beiden übrigen zukommt.

Auch in dem Folgenden hat man, wenn Dreiecksflächen durch Nebeneinanderstellung der die Ecken bezeichnenden Buchstaben ausgedrückt werden, auf die Ordnung der Buchstaben immer mit Rücksicht zu nehmen und hiernach das Vorzeichen der Fläche zu beurtheilen. Man lasse nämlich, was mit der vorigen Bestimmung auf dasselbe hinauskommt, um den im Ausdrucke zuerst gesetzten Punct eine von ihm ausgehende Gerade sich dergestalt drehen, dass ihr Endpunct von dem zweiten nach dem dritten Puncte des Ausdrucks fortgeht, sie selbst also die Fläche des Dreiecks beschreibt; und jenachdem der Sinn dieser Drehung mit dem voraus festgesetzten positiven Sinne der Drehung in der Ebene übereinstimmt oder nicht, lege man der Fläche einen positiven oder negativen Werth bei.

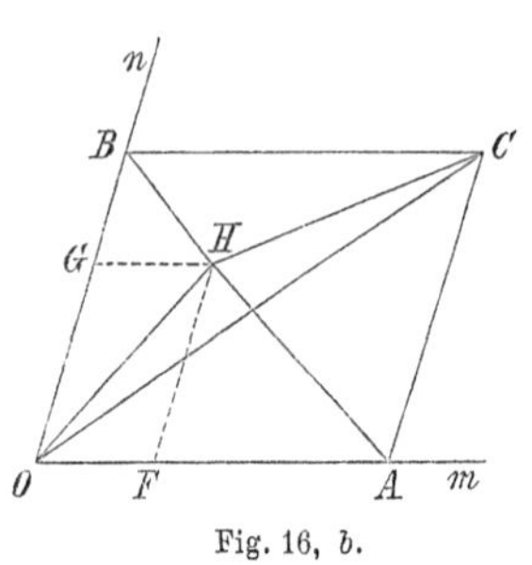

Fig. 16, *b*.

Wie man leicht sieht, haben hiernach von den sechs möglichen Ausdrücken

$$ABC\,,\quad BCA\,,\quad CAB\,,\quad ACB\,,\quad BAC\,,\quad CBA$$

für eine Dreicksfläche, deren Ecken A, B, C sind, die drei ersteren einerlei Zeichen, die drei letzteren aber das entgegengesetzte der ersteren.

§. 35. Zusätze. *a*) Der geometrische Satz des §. 34 kann noch folgendergestalt ausgedrückt werden: Legt man durch eine Ecke O eines Dreiecks OCH in seiner Ebene zwei sich unter einem beliebigen Winkel schneidende Axen m und n, und projicirt auf sie durch Parallelen mit ihnen eine der beiden anderen Ecken, C, so ist, wenn A und B diese Projectionen von C auf m und n sind, das Dreieck OCH gleich der Summe der beiden Dreiecke OAH und OBH, die man erhält, wenn man in dem Ausdrucke des ersteren für die Ecke C successive ihre Projectionen setzt.

b) Auf gleiche Weise hat man, wenn F und G die Projectionen von H auf dieselben Axen m und n sind:

$$OAH = OAF + OAG\;,$$
$$OBH = OBF + OBG\;.$$

Weil aber O, A, F sowohl, als O, B, G, in gerader Linie liegen, so ist jedes der Dreiecke OAF und OBG Null, und daher

$$OAH = OAG\;,\qquad OBH = OBF\;,$$

folglich

$$OCH = OAH + OBH = OAG + OBF = OAG - OFB\ .$$

c) Werden m, n zu zwei Coordinatenaxen genommen, so sind OA, OB die Coordinaten von C, und OF, OG die Coordinaten von H. Mittelst der letzterhaltenen Formel lässt sich dann leicht der Inhalt eines Dreiecks OCH, dessen eine Ecke der Anfangspunct der Coordinaten ist, durch die Coordinaten der beiden anderen Ecken ausdrücken. Bezeichnet nämlich in dem Ausdrucke OAG eines Dreiecks der zuerst gesetzte Buchstabe O den Anfangspunct der Coordinaten, der zweite A einen Punct in der Axe m, der dritte G einen Punct in der Axe n, und ist α der Winkel, um welchen nach dem vorher festgesetzten positiven Sinne der Drehung der positive Theil von m gedreht werden muss, bis er mit dem positiven Theile von n zusammenfällt, so ist immer nicht allein rücksichtlich des absoluten Werthes, sondern auch mit Hinsicht auf das Zeichen, der Inhalt des Dreiecks OAG dargestellt durch

$$OAG = \tfrac{1}{2} \,.\, OA \,.\, OG \,.\, \sin\alpha\ .$$

Denn liegen A und G von O nach den positiven Seiten der Axen m und n zu, und ist $\alpha < 180^0$, so sind sämmtliche Factoren des den Werth von OAG ausdrückenden Products positiv, und man überzeugt sich durch unmittelbare Anschauung, dass dann nach der zu Ende des §. 34 gegebenen Regel auch die Dreiecksfläche OAG einen positiven Werth hat. Eben so leicht gewahrt man, dass, wenn entweder A von der positiven auf die negative Seite von m rückt und damit OA negativ wird, oder wenn OG negativ wird, oder wenn $\sin\alpha$ es wird, jedesmal auch die Fläche OAG ihr Zeichen ändert, und dass somit letztere Formel allgemeine Gültigkeit hat.

Bezeichnet man daher die Coordinaten von C mit a, b und die von H mit f, g, so ist in jedem Falle

$$OAG = \tfrac{1}{2}ag \sin\alpha\ , \qquad \text{ebenso} \qquad OFB = \tfrac{1}{2}fb \sin\alpha\ ,$$

und ergibt sich nach der Formel in *b*) *als Ausdruck des Inhaltes des Dreiecks OCH durch die Coordinaten seiner Ecken:*

$$OCH = \tfrac{1}{2}(ag - fb) \sin\alpha\ .$$

§. 36. Um jetzt, den in §. 33 erhaltenen Resultaten gemäss, irgend ein vorgelegtes System von Kräften in einer Ebene leicht beurtheilen und, falls es eine Resultante hat, dieselbe berechnen zu können, wollen wir alle Puncte der Ebene auf zwei Axen von Coordinaten x und y beziehen. Der Winkel der Axe der y mit der der x sei gleich α (von dessen Bestimmung dasselbe gelte, was in

§. 35 von der Bestimmung des Winkels der Axe n mit m gesagt worden).

Indem wir nun, wie in dem Vorhergehenden, eine in der Ebene wirkende Kraft C ihrer Intensität und Richtung nach durch eine gerade Linie AB ausdrücken, seien die Coordinaten des Punctes A mit x, y; die des Punctes B mit $x + X$, $y + Y$ bezeichnet. Hiernach sind X und Y die Projectionen der Linie AB auf die Axen der x und der y, und stellen damit zugleich Kräfte vor, zu denen sich die Kraft P ebenso, wie die Linie AB zu ihren Projectionen verhält.

Durch x, y, X, Y ist daher die Kraft vollkommen bestimmt: durch x, y ein Punct ihrer Richtung, und durch X, Y ihre Intensität und die Winkel ihrer Richtung mit den Coordinatenaxen, — die Winkel schon durch das Verhältniss $X : Y$. Ist nämlich φ der Winkel, den die Kraft $AB = P$ mit der Axe der x macht, d. h. der Winkel, um welchen diese Axe nach dem vorher als positiv bestimmten Sinne gedreht werden muss, bis sie mit P parallel wird, und ihre positive Richtung mit der Richtung von P selbst, nicht mit der entgegengesetzten, übereinkommt, so folgt aus der Betrachtung des Dreiecks, welches von AB und von den durch A und B mit den Axen der x und y gelegten Parallelen gebildet wird:

$$\frac{P}{\sin\alpha} = \frac{X}{\sin(\alpha - \varphi)} = \frac{Y}{\sin\varphi},$$

wodurch sich X und Y aus P und φ, und umgekehrt P und φ aus X und Y, finden lassen.

In der analytischen Geometrie ist es gewöhnlich, einen Punct, dessen Coordinaten x und y sind, durch (x, y) auszudrücken. Auch hier werde ich von dieser Abkürzung Gebrauch machen, und zugleich auf analoge Weise eine Kraft, deren Projectionen auf die Axen der x und y resp. X und Y sind, mit (X, Y) bezeichnen.

Eine andere Kraft (X', Y') ist hiernach mit (X, Y) parallel, wenn $X' : X = Y' : Y$, und jenachdem der Exponent dieser Verhältnisse positiv oder negativ ist, haben die beiden Kräfte einerlei oder entgegengesetzte Richtungen. Die Kräfte (X, Y) und $(-X, -Y)$ bilden daher im Allgemeinen ein Paar, halten aber einander das Gleichgewicht, wenn die parallelen Richtungen beider zusammenfallen. $(X, 0)$ ist der Ausdruck einer mit der Axe der x parallel wirkenden Kraft X, sowie $(0, Y)$ die Kraft Y in einer mit der Axe der y parallelen Lage vorstellt; u. s. w.

§. 37. Bezeichnet O den Anfangspunct der Coordinaten, so ist, wie man aus der analytischen Geometrie weiss, und wie auch in

§. 35 durch statische Betrachtungen erwiesen worden, der doppelte Inhalt der Dreiecksfläche OAB, von deren Ecken A und B die Coordinaten resp. x, y und $x+X$, $y+Y$ sind,

$$2\,OAB = (x[y+Y] - y[x+X]) \sin\alpha = (xY - yX)\sin\alpha \ .$$

Dies ist also zugleich das Moment der durch den Punct (x, y) *gehenden Kraft* (X, Y) *in Bezug auf den Anfangspunct der Coordinaten.*

Wird das Moment nicht in Bezug auf den Anfangspunct, sondern für irgend einen anderen Punct H der Ebene, dessen Coordinaten f, g sind, verlangt, so kommt, weil für diesen als Anfangspunct die vorigen Coordinaten x, y in $x-f$, $y-g$ übergehen:

$$[(x-f)\,Y - (y-g)\,X] \sin\alpha \ .$$

Hat man daher ein System von Kräften (X, Y), (X', Y'), (X'', Y''), ... in einer Ebene, welche resp. durch die Puncte (x, y), (x', y'), (x'', y''), ... gehen, so erhält man das Moment des ganzen Systems in Bezug auf den Punct H oder (f, g), wenn man nach letzterer Formel das Moment jeder Kraft einzeln entwickelt und alle diese Momente in eine Summe bringt.

Dies gibt, wenn das Moment des Systems in Beziehung auf H *mit* (H) *bezeichnet, und die von den Coordinaten dieses Punctes unabhängigen Summen*

$$X + X' + X'' + \ldots\ldots\ldots = A$$
$$Y + Y' + Y'' + \ldots\ldots\ldots = B$$
$$xY - yX + x'Y' - y'X' + \ldots = N$$

gesetzt werden:

$$(H) = (gA - fB + N)\sin\alpha \ .$$

Mit Hülfe dieses Ausdrucks für das Moment eines Systems von Kräften in einer Ebene lassen sich nun alle hierher gehörigen Aufgaben ohne Schwierigkeit lösen.

§. 38. Soll erstlich das System im Gleichgewichte sein, so muss für jede Lage des Punctes H in der Ebene, also für alle Werthe, die f und g annehmen können, das Moment $(H) = 0$ sein (§. 33, A). Dieses ist aber nicht anders möglich, als wenn:

$$A = 0 \ , \qquad B = 0 \ , \qquad N = 0 \ ;$$

und umgekehrt wird, wenn diese Gleichungen erfüllt werden, für jeden Ort von H, $(H) = 0$, und findet somit Gleichgewicht statt (§. 33, A*).

Daher sind diese drei Gleichungen die nothwendigen und hinreichenden Bedingungen für das Gleichgewicht.

Die zwei ersten drücken aus, dass die Summe der Projectionen der Kräfte auf die Axe der x, und die Summe der Projectionen auf die Axe der y, jede für sich, gleich Null ist. Die dritte Gleichung gibt zu erkennen, dass das Moment des Systems in Bezug auf den Anfangspunct der Coordinaten gleich Null ist. Denn versetzt man H in den Anfangspunct, so werden f und g gleich Null und damit $(H) = N \sin \alpha$.

Uebrigens würde man zu diesen drei Bedingungsgleichungen schon gekommen sein, wenn man nur für drei Puncte (f, g), (f', g'), (f'', g''), wobei nicht die Relation

$$f(g'-g'')+f'(g''-g)+f''(g-g')=0$$

obwaltet, das Moment gleich Null gesetzt hätte; — übereinstimmend damit, dass, wenn das Moment für drei Puncte der Ebene, die nicht in einer Geraden liegen, gleich Null ist, es damit auch für alle übrigen Puncte der Ebene verschwindet.

§. 39. Soll zweitens sich das System auf ein Paar reduciren, so muss (H) für jede Lage des Punctes H von constanter Grösse, also unabhängig von f und g sein (§. 33, B). Dies führt zu den zwei Gleichungen $A=0$, $B=0$, wodurch (H) den constanten Werth $N \sin \alpha$ erhält, welcher nicht Null sein darf. Sind umgekehrt A und B gleich Null, so ist (H) für alle Werthe von f und g von derselben Grösse, und das System, wenn es nicht im Gleichgewichte ist, hat ein Paar zur Resultante (§. 33, B*), dessen Moment seinem Sinne und seiner Grösse nach durch $N \sin \alpha$ gegeben ist.

Die Bedingungen, dass die Summen der Projectionen der Kräfte auf die Axen der x und y einzeln gleich Null sind, sind demnach hinreichend und nothwendig, um uns zu vergewissern, dass das System, wofern es nicht im Gleichgewichte ist, sich auf ein Kräftepaar reducirt. Man bemerke hierbei noch, dass, wenn die Kräfte durch Parallelen mit der Axe der y (der x) auf die Axe der x (der y) projicirt werden, und die Summe der Projectionen Null ist, sie dieses bleibt, wenn man statt der Axe der x (der y) irgend eine andere Gerade der Ebene zur Projectionslinie wählt. Da also die Lage der Geraden, auf welche projicirt wird, hierbei nicht in Rücksicht kommt, so können wir, diese Gerade ganz unerwähnt lassend, das eben erhaltene Resultat folgendergestalt ausdrücken:

Werden die Kräfte zu zweien Malen, jedes Mal durch Parallelen mit einer anderen Richtung in der Ebene, projicirt, und ist beide Male die Summe der Projectionen Null, so halten sich die Kräfte das Gleichgewicht, oder sie reduciren sich auf ein Paar, und die Summe der

Projectionen ist auch für jede dritte Richtung der projicirenden Parallelen Null.

Denken wir uns die Projectionen als in der Axe selbst, worauf projicirt wird, wirkende Kräfte, so können wir statt des Ausdrucks: die Summe der Projectionen sei Null, nach §. 14, *d* auch sagen: die Projectionen der Kräfte seien im Gleichgewichte mit einander.

§. 40. Werden die Bedingungen $A = 0$, $B = 0$ nicht erfüllt, so hat das System eine einfache Resultante. Sie sei (X_1, Y_1), und (x_1, y_1) ein beliebiger Punct ihrer Richtung. Da die Resultante, in gerade entgegengesetzter Richtung genommen, mit dem Systeme das Gleichgewicht hält, so hat man, um sie zu bestimmen, nur die Bedingungen für das Gleichgewicht zwischen den Kräften des Systems und einer durch den Punct (x_1, y_1) gehenden Kraft $(-X_1, -Y_1)$ niederzuschreiben. Diese Gleichungen sind (§. 38):

$$-X_1 + A = 0 \ , \qquad -Y_1 + B = 0 \ ,$$
$$-x_1 Y_1 + y_1 X_1 + N = 0 \ .$$

Hieraus folgt:

$$X_1 = A \ , \qquad Y_1 = B \ , \qquad x_1 B - y_1 A = N \ .$$

Nach den zwei ersten dieser drei Gleichungen sind die Projectionen der Resultante auf die Axen der x und y resp. den Summen der Projectionen der gegebenen Kräfte auf dieselben Axen gleich, oder mit anderen Worten (vergl. §. 39):

Werden die Kräfte und ihre Resultante auf eine und dieselbe Linie der Ebene projicirt, so ist die Projection der Resultante die Resultante der Projectionen der Kräfte.

Hiermit ist die Resultante ihrer Grösse und den Winkeln nach, die sie mit den Axen bildet, bestimmt.

Die dritte Gleichung gibt je zwei zusammengehörige Werthe der Coordinaten eines Punctes in der Richtung der Resultante und ist daher die Gleichung dieser Linie, deren Lage somit vollkommen bestimmt ist. Auch erkennt man aus den Coëfficienten von x_1 und y_1, dass diese Linie, wie gehörig, mit den Axen der x und y dieselben Winkel macht, welche sich aus den Werthen von X_1 und Y_1 für die Richtung der Resultante ergeben. Findet sich $N = 0$, so geht die Resultante durch den Anfangspunct der Coordinaten.

Zusatz. Auf eben die Art, wie wir jetzt von einem Systeme, welches eine einfache Resultante hatte, dieselbe fanden, lässt sich auch der Fall in §. 39, wo A und B gleich Null, behandeln, indem man durch Hinzufügung zweier Kräfte das Gleichgewicht herzustellen sucht. Denn man sieht sogleich, dass durch den Zusatz einer einzigen Kraft die Summen der Projectionen nicht mehr gleich Null bleiben können, wie doch zum Gleichgewichte erforderlich ist. Seien daher $(-X_1, -Y_1)$, $(-X_2, -Y_2)$ die zwei neuen Kräfte und (x_1, y_1), (x_2, y_2) Puncte ihrer Richtungen, so hat man, wenn diese Kräfte mit dem System im Gleichgewichte sein sollen:

$$-X_1 - X_2 + A = 0 \,, \qquad -Y_1 - Y_2 + B = 0 \,,$$
$$-x_1 Y_1 + y_1 X_1 - x_2 Y_2 + y_2 X_2 + N = 0 \,,$$

folglich, weil A und B gleich Null sind:

$$X_2 = -X_1 \,, \qquad Y_2 = -Y_1 \,,$$

d. h. die zwei neuen Kräfte bilden ein Paar (§. 36). Die dritte Gleichung aber drückt bloss aus, dass das Moment dieses Paares dem Momente des gegebenen Systems gleich ist, ohne etwas weiteres über die Grösse der Kräfte und ihre Richtungen kund zu geben, — übereinstimmend mit dem in §. 39 erhaltenen Resultat und mit der Eigenschaft der Paare, dass sie in ihrer Ebene, wohin man will, verlegt werden können.

§. 41. Eine besondere Betrachtung verdienen noch die zwei speciellen Fälle, wenn sich alle Kräfte des Systems in einem Puncte schneiden, und wenn sie alle mit einander parallel sind.

Den ersteren Fall anlangend, nehme man der Einfachheit willen den gemeinschaftlichen Schneidepunct der Richtungen zum Anfangspuncte der Coordinaten. Hierdurch wird das Moment einer jeden Kraft in Bezug auf den Anfangspunct, als einen Punct ihrer Richtung, gleich Null (§. 30). Es ist daher auch N, oder die Summe aller Momente in Bezug auf den Anfangspunct, gleich Null, und es bleiben für das Gleichgewicht eines solchen Systems nur

$$A = 0 \quad \text{und} \quad B = 0$$

als Bedingungsgleichungen übrig. Werden sie nicht erfüllt, so hat das System eine durch den Anfangspunct gehende Resultante (X_1, Y_1), wo

$$X_1 = A \,, \qquad Y_1 = B \,;$$

d. h.: *Wenn sich alle Kräfte des Systems in einem Puncte schneiden, so hat das System eine den gemeinschaftlichen Durchschnitt der Kräfte treffende Resultante* (A, B).

§. 42. Zusätze. *a)* Die zwei Gleichungen $A = 0$, $B = 0$ ergaben sich in §§. 38 und 39 als die Bedingungen, unter denen das Moment irgend eines Systems von Kräften in einer Ebene für jeden

Punct der Ebene entweder Null oder überhaupt constant war. Dem jetzt Gefundenen gemäss können wir diese Bedingungen für die Unveränderlichkeit des Moments auch so ausdrücken:

Die Kräfte müssen, wenn sie parallel mit sich fortgeführt werden, so dass ihre Richtungen sich in einem Puncte schneiden, einander das Gleichgewicht halten.

Dasselbe fliesst auch aus §. 32, wo, wenn das System S im Gleichgewichte sein oder sich auf ein Paar reduciren soll, das System V, d. h. die parallel mit den Kräften des Systems S durch einen und denselben Punct gelegten Kräfte, im Gleichgewichte sein müssen.

b) Besteht das System nur aus zwei sich schneidenden Kräften, so nehme man die Richtung der einen Kraft zur Axe der x, die Richtung der anderen zur Axe der y, und bezeichne daher die Kräfte mit $(X, 0)$, $(0, Y)$. Hieraus folgt

$$A = X \,, \qquad B = Y \,,$$

und die Resultante ist (X, Y). Von zwei sich schneidenden Kräften wird folglich die Resultante ebenso gefunden, wie aus den zwei Projectionen einer Linie sie selbst hergeleitet wird, also dadurch, dass man aus den zwei Kräften ein Parallelogramm, das Parallelogramm der Kräfte (§. 27), construirt, von welchem dann die durch den Schneidepunct der Kräfte gehende Diagonale die Resultante ihrer Grösse und Richtung nach vorstellt.

c) Die Projectionen einer Kraft auf die beiden Axen sind daher nichts anderes, als die zwei Kräfte, welche man erhält, indem man erstere Kraft in irgend einem Puncte ihrer Richtung in zwei andere, parallel mit den beiden Axen zerlegt. In dieser Bedeutung die Projectionen genommen, wird umgekehrt die Richtigkeit des obigen Verfahrens, um von mehreren auf einen Punct wirkenden Kräften die Resultante zu finden, noch einleuchtender. Es sind nämlich

$$X_1 = X + X' + \dots \quad \text{und} \quad Y_1 = Y + Y' + \dots$$

die in den Axen der x und y wirkenden Resultanten der zwei Systeme, die durch Zerlegung jeder Kraft des gegebenen Systems nach diesen zwei Axen hervorgehen. Die Resultante von X_1 und Y_1, oder die Kraft (X_1, Y_1), muss folglich die Resultante des ganzen Systems sein.

§. 43. Der zweite specielle Fall, dem wir noch Aufmerksamkeit widmen wollen, ist der, wenn alle Kräfte des Systems einander parallel sind. Werde dann, um möglichst einfache Formeln zu erhalten, die Axe der x mit den Kräften parallel gelegt, so sind, welches auch die Richtung der Axe der y sein mag, Y, Y', Y'', ...

gleich Null. X, X', X'', ... drücken dann die Kräfte des Systems selbst aus, und es werden:

$$B = 0 \ , \qquad N = -yX - y'X' - y''X'' - \ldots$$

Die drei Bedingungen des Gleichgewichtes (§. 38) reduciren sich hiermit auf die zwei:

$$A = 0 \ , \qquad N = 0 \ ,$$

d. h. *Wenn alle Kräfte des Systems einander parallel sind und Gleichgewicht stattfinden soll, so müssen die Summe der Kräfte und die Summe ihrer Momente in Bezug auf einen beliebigen Punct der Ebene beiderseits gleich Null sein.*

Ist bloss $A = 0$, so hat das System ein Paar zur Resultante, dessen Moment gleich $N \sin \alpha$.

Wenn A nicht gleich Null ist, so reducirt sich das System auf eine einfache Kraft. Sei diese, wie in §. 40, (X_1, Y_1), und (x_1, y_1) ein Punct ihrer Richtung, so ist nach den dortigen Formeln:

$$X_1 = A \ , \qquad Y_1 = 0 \ , \qquad -y_1 A = N \ .$$

Die Resultante ist demnach $(A, 0)$, d. h. mit der Axe der x parallel, also parallel mit den Kräften des Systems, und der Summe derselben gleich. Der Abstand y_1 der Resultante von einem beliebigen Puncte der Ebene ergibt sich aus den Kräften X, X', ... und ihren Abständen y, y', ... von demselben Puncte mittelst der dritten Gleichung und ist:

$$y_1 = -\frac{N}{A} = \frac{yX + y'X' + y''X'' + \ldots}{X + X' + X'' + \ldots} \ .$$

Wird dieser Punct in der Resultante selbst genommen, sind also y, y', y'', ... die Abstände der Kräfte von ihrer Resultante, so ist $y_1 = 0$ und

$$yX + y'X' + y''X'' + \ldots = 0 \ .$$

Bei bloss zwei Kräften hat man

$$yX + y'X' = 0 \ ,$$

folglich

$$y : y' = X' : -X \ ;$$

d. h. die Abstände zweier parallelen Kräfte von ihrer Resultante, die in diesem speciellen Falle ebenso, wie in dem allgemeinen, mit den Kräften parallel geht und ihrer Summe gleich ist, verhalten sich umgekehrt wie die Kräfte, und die Kräfte liegen, wenn sie einerlei Richtung haben, auf entgegengesetzten Seiten der Resultante (vergl. §. 26).

Geometrische Folgerungen.

§. 44. Das Moment eines Systems von Kräften in einer Ebene ist entweder für alle Puncte der Ebene von constanter Grösse (§. 39), — Null mit eingeschlossen, wo Gleichgewicht stattfindet — oder es ist von einem Puncte zum anderen veränderlich, und alsdann lässt sich aus den Kräften des Systems eine neue Kraft, die Resultante, finden von der Beschaffenheit, dass für jeden Punct der Ebene das Moment des Systems dem Momente dieser neuen Kraft gleich ist.

Da nun das Moment einer Kraft AB in Bezug auf den Punct M dem doppelten Inhalte des Dreiecks MAB gleich ist (§. 37), so lässt sich der voranstehende Satz von den Momenten auf folgende Art rein geometrisch darstellen:

Hat man ein System gerader Linien AB, CD, ... *in einer Ebene, so ist die algebraische* (§. 34) *Summe der Dreiecke* MAB, MCD, ..., *welche diese Linien zu Grundlinien und einen und denselben Punct* M *der Ebene zur gemeinschaftlichen Spitze haben, entweder für jeden Ort dieses Punctes von einerlei Grösse, oder von einem Orte zum anderen veränderlich. Im letzteren Falle aber lässt sich in der Ebene noch eine Linie von solcher Lage und Grösse angeben, dass für jeden Punct der Ebene jene Summe von Dreiecken dem Dreiecke gleich ist, welches denselben Punct zur Spitze und diese letztere Linie zur Basis hat.*

Wir wollen jetzt diesen Satz mit Hülfe der Geometrie selbst zu beweisen suchen, indem dieses zu mehrerer Veranschaulichung einiger der vorigen Sätze dienen, und zur Entwickelung einiger neuen das Gleichgewicht betreffenden Beziehungen Gelegenheit geben wird. Um aber den Beweis in möglichster Allgemeinheit führen zu können, ist es nöthig, folgende Sätze vorauszuschicken.

§. 45. Lehnsätze. 1) Sind A, B, C drei in einer Geraden liegende Puncte, D ein vierter ausserhalb der Geraden, so ist, ebenso wie in §. 25

$$AC = AB + BC = AB - CB ,$$

u. s. w. war, auch mit Vorsetzung von D, das Dreieck

$$DAC = DAB + DBC = DAB - DCB = \text{u. s. w.}$$

und es verhalten sich:

$$AB : BC : CA = DAB : DBC : DCA .$$

Nur müssen dabei nach der in §. 34 gegebenen Regel stets die Vorzeichen der Dreiecke gehörig berücksichtigt werden.

2) Ist M ein beliebiger Punct in der Ebene des Dreiecks ABC, so ist immer

$$MAB + MBC + MCA = ABC \ .$$

Beweis. Von den drei Geraden, welche M mit den Ecken des Dreiecks verbinden, wird wenigstens eine, es sei AM, die der Ecke A gegenüberliegende Seite BC schneiden. Geschehe dieses in Z, so ist nach 1)

$$\left.\begin{array}{l} ABC = ABZ + AZC \\ MBZ = MBC + MCZ \end{array}\right\} \text{weil } B,\ C,\ Z$$

$$\left.\begin{array}{l} BZA = BZM + BMA \\ CAZ = CAM + CMZ \end{array}\right\} \text{weil } A,\ M,\ Z$$

in einer Geraden liegen. Addirt man diese vier Gleichungen und bemerkt, dass nach §. 34

$$ABZ = BZA \ ,$$

u. s. w., so erhält man die zu beweisende Gleichung, die daher richtig ist, mag M innerhalb oder ausserhalb des Dreiecks ABC liegen, wenn nur die Vorzeichen der Dreiecke gehörig beachtet werden.

3) Ebenso, wie nach dem jetzt Erwiesenen, die algebraische Summe der drei Dreiecke, welche die Seiten eines Dreiecks zu Grundlinien und einen Punct M in der Ebene des letzteren zur gemeinschaftlichen Spitze haben, dem letzteren Dreiecke selbst gleich, und daher von der Lage von M unabhängig ist, so ist auch bei jedem ebenen Vielecke von mehreren Seiten die algebraische Summe der über den Seiten sich erhebenden und in einer gemeinschaftlichen Spitze M zusammenstossenden Dreiecke für jeden Ort von M in der Vielecksebene von gleicher Grösse.

Denn sind A, B, C, D die vier auf einander folgenden Ecken eines Vierecks, so ist diese Summe

$$\begin{aligned} &MAB + MBC + MCD + MDA \\ &= MAB + MBC + MCA + MAC + MCD + MDA \ , \end{aligned}$$

weil

$$MCA + MAC = 0 \ .$$

Letztererer Ausdruck der Summe zieht sich aber nach §. 45, 2 zusammen in

$$ABC + ACD$$

und ist daher von M unabhängig.

Sind ferner A, B, C, D, E die fünf auf einander folgenden Ecken eines ebenen Fünfecks, so ist die Summe der fünf Dreiecke

$$MAB + MBC + MCD + MDE + MEA$$
$$= MAB + MBC + MCD + MDA + MAD + MDE + MEA$$
$$= ABC + ACD + ADE\ ,$$

also gleichfalls von M unabhängig; und auf dieselbe Art lässt sich die Unabhängigkeit der Summe $MAB + \ldots$ von M auch bei jedem mehrseitigen Vielecke darthun.

Ist nun das Vieleck ein gewöhnliches, d. h. von der Beschaffenheit, dass keine zwei seiner Seiten sich innerhalb ihrer Grenzpuncte schneiden, so erhellt ohne Weiteres, dass die Summe

$$ABC + ACD + \ldots$$

den Flächeninhalt des Vielecks ausdrückt. Der Analogie nach wird daher auch in dem Falle, wenn der Perimeter des Vielecks, bevor er in sich zurückkehrt, sich selbst ein oder mehrere Male schneidet, dieselbe von M unabhängige, von jeder Seite aber auf gleiche Weise abhängige Summe $MAB + MBC + \ldots$ der Inhalt des Vielecks genannt werden müssen.

Liegen z. B. die vier Ecken A, B, C, D eines Vierecks so, dass von den vier Seiten AB, BC, CD, DA die erste und dritte sich innerhalb ihrer Endpuncte in G (vergl. Fig. 17) schneiden, so haben die zwei Dreiecke der Summe

$$ABC + ACD$$

entgegengesetzte Zeichen und die Summe ist dem Unterschiede der Dreiecke

$$GBC - GAD$$

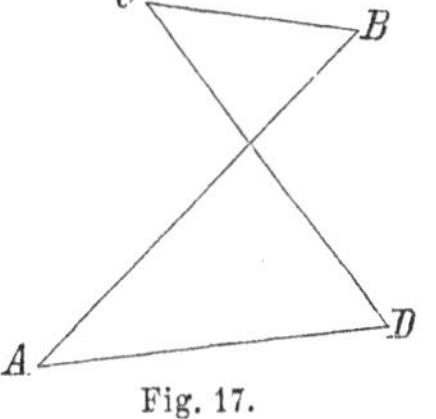

Fig. 17.

gleich. Als der Inhalt eines solchen Vierecks ist daher dieser Unterschied anzusehen, so dass, wenn DB mit AC parallel läuft, und mithin GBC und GAD einander gleich sind, der Inhalt gleich Null ist.

Von der Summe der Dreiecke

$$MAB + MBC + \ldots$$

kann man sich eine sehr anschauliche Vorstellung machen, wenn man sich, wie in §. 34, jedes dieser Dreiecke durch die Bewegung einer geraden Linie um M, als um den einen ihrer Endpuncte, entstanden denkt, während der andere Endpunct die gegenüberstehende Seite AB, oder BC, ... durchläuft.

Die Summe der Dreiecke MAB, MBC, ..., oder die Fläche des Vielecks, lässt sich daher als die Fläche betrachten, welche erzeugt wird, indem eine Gerade, welche von einem willkürlich in der Vielecksebene zu bestimmenden Puncte M ausgeht, mit ihrem anderen End-

puncte den Perimeter des Vielecks beschreibt; nur dass dabei Theile der Fläche, bei welchen die Bewegung um M nach entgegengesetztem Sinne geht, als sich gegenseitig aufhebend genommen werden müssen.

Uebrigens werden wir, wie gewöhnlich, die Fläche eines Vielecks durch Nebeneinanderstellung der Ecken in der Ordnung, nach welcher sie im Perimeter auf einander folgen, ausdrücken, so dass hiernach von dem Vierecke $ABCD$ z. B. das Viereck $BCDA$ weder der Grösse noch dem Zeichen nach verschieden ist, dagegen $ADCB$ ein Viereck ausdrückt, das mit dem ersteren zwar einerlei absolute Grösse, aber das entgegengesetzte Zeichen hat, $ACBD$ aber ein von $ABCD$ ganz verschiedenes Viereck darstellt.

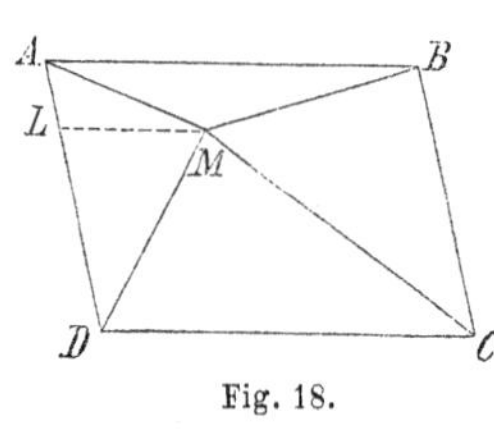

Fig. 18.

4) Wird in dem Ausdrucke ABC eines Dreiecks statt eines der drei Puncte, z. B. statt B, ein anderer E gesetzt, der mit dem ersteren in einer der gegenüberstehenden Seite CA parallelen Geraden liegt, so ist das neue Dreieck AEC dem ersteren ABC sowohl der absoluten Grösse, als auch dem Zeichen nach, gleich.

5) Ist $ABCD$ (vergl. Fig.. 18) ein Parallelogramm, und M ein beliebiger Punct in dessen Ebene, so ist

$$MAB + MCD = MBC + MDA = \tfrac{1}{2}ABCD \ .$$

Beweis. Man ziehe durch M mit AB eine Parallele, welche DA in L treffe, so ist, nach §. 45, 4,

$$MAB = LAB \quad \text{und} \quad MCD = LCD = LBD \ ,$$

folglich:

$$\begin{aligned} MAB + MCD &= LAB + LBD \\ &= BDL + BLA = BDA \ (\S.\ 45,\ 1) \\ &= \tfrac{1}{2}ABCD \ ; \end{aligned}$$

und ebenso wird gezeigt, dass auch

$$MBC + MDA = \tfrac{1}{2}ABCD \ .$$

Dieser Satz ist, statisch betrachtet, offenbar kein anderer, als der schon in §. 31 bewiesene, dass die Summe der Momente der zwei Kräfte eines Paares für jeden Punct in der Ebene des Paares von gleicher Grösse ist.

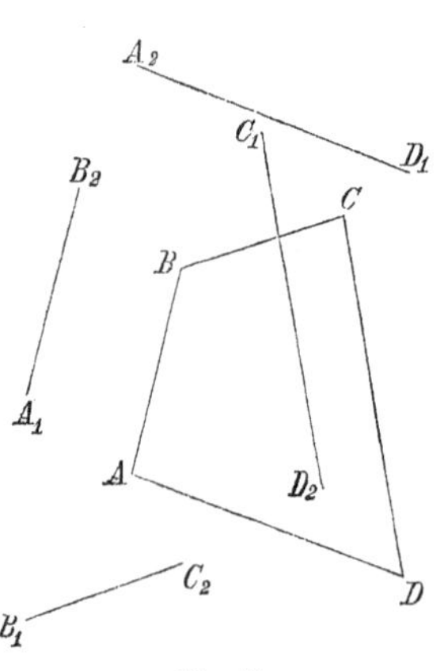

Fig. 19.

§. 46. Wir lassen jetzt den Beweis des Satzes in §. 44 folgen. Sei A_1B_2, B_1C_2, C_1D_2 (vergl. Fig. 19) ein System gerader Linien in einer Ebene, und die Summe der Dreiecke zu untersuchen, welche diese Linien zu Grundlinien und irgend einen Punct M der Ebene zur gemeinschaftlichen Spitze haben. — Durch einen beliebigen Punct A der Ebene ziehe man die Linie AB gleich und parallel mit A_1B_2; durch B die Linie BC gleich und parallel mit B_1C_2; durch C die Linie CD gleich und parallel mit C_1D_2. Alsdann ist (§. 45, 5), wo auch der Punct M genommen wird:

$$MA_1B_2 + MBA = AA_1B_2 \ ,$$

oder

$$MA_1B_2 = MAB + AA_1B_2 \ ,$$

und ebenso

$$MB_1C_2 = MBC + BB_1C_2 \ ,$$

$$MC_1D_2 = MCD + CC_1D_2 \ .$$

Addirt man diese drei Gleichungen, setzt die zu untersuchende Summe der Dreiecke

$$MA_1B_2 + MB_1C_2 + MC_1D_2 = S \ ,$$

die Summe

$$AA_1B_2 + BB_1C_2 + CC_1D_2 = \varDelta ,$$

und bemerkt, dass nach §. 45, 3

$$MAB + MBC + MCD + MDA = ABCD \ ,$$

so kommt:

$$(a) \qquad S = ABCD + \varDelta - MDA \ .$$

Tritt demnach bei der eben gemachten Construction der specielle Fall ein, dass der letzte Punct D der gebrochenen Linie $ABCD$ mit dem ersten A zusammenfällt, so wird

$$MDA = 0 \ ,$$

das Vieleck $ABCD$ geht in eines mit einer um eins geringeren Seitenzahl ABC über, und man erhält:

$$S = ABC + \varDelta \ ,$$

d. h. die Summe S ist für jeden Ort von M von constanter Grösse.

Fällt aber D mit A nicht zusammen, so sei D_1A_2 eine der Linie DA gleiche und parallele Linie und man hat

$$MD_1A_2 = MDA + DD_1A_2 \ ,$$

und, wenn man den hieraus fliessenden Werth von MDA in (a) substituirt:

$$S = ABCD + \varDelta + DD_1A_2 - MD_1A_2 \ .$$

Bestimmt man nun den noch willkürlichen Abstand der Linien D_1A_2 und DA so, dass das Dreieck

$$DA_2D_1 = ABCD + \varDelta \ ,$$

so wird

$$S = MA_2D_1 .$$

Man hat somit eine Linie A_2D_1 gefunden, welche die Eigenschaft besitzt, dass für jeden Ort der gemeinschaftlichen Spitze M die Summe der Dreiecke über den gegebenen Linien A_1B_2, B_1C_2, C_1D_2 dem Dreiecke über A_2D_1 gleich ist.

§. 47. Zusätze. *a*) Aus der Gleichung $S = MA_2D_1$ folgt, dass, wenn M in A_2D_1 selbst liegt, S gleich Null ist, dass für alle Puncte M, welche mit A_2D_1 in einer Parallele liegen, S gleiche Werthe hat, und dass überhaupt der Werth von S dem Abstande des M von A_2D_1 proportional ist.

b) Werden durch A_1B_2, B_1C_2, C_1D_2 Kräfte vorgestellt, so ist A_2D_1 die Resultante derselben. Die Resultante eines Systems von Kräften kann daher ihrer Grösse und den Winkeln nach, welche sie mit den Kräften bildet, auch gefunden werden, wenn man die den Kräften proportionalen Linien, in beliebiger Folge genommen, parallel mit sich so fortbewegt, dass der Anfangspunct jeder folgenden mit dem Endpuncte der nächstvorhergehenden zusammenfällt, und somit eine zusammenhängende gebrochene Linie entsteht. Die vom Anfangspuncte dieser gebrochenen Linie bis zu ihrem Endpuncte geführte Gerade ist dann der Resultante gleich und parallel. Fallen aber der Anfangs- und Endpunct der gebrochenen Linie zusammen, so dass die Kräfte nach ihrer parallelen Fortbewegung ein geschlossenes Vieleck bilden, so hat das System keine einfache Resultante, sondern reducirt sich entweder auf ein Paar, oder ist im Gleichgewichte.

c) *Kräfte in einer Ebene, die durch die Seiten eines geschlossenen Vielecks ABC ... dargestellt werden, sind daher immer gleichwirkend mit einem Paare oder im Gleichgewichte. Das Moment des Paares ist gleich $2MAB + 2MBC + \ldots$, also dem doppelten Inhalte des Vielecks gleich, und wenn dieser Inhalt sich gleich Null findet, so herrscht Gleichgewicht.* Sind daher z. B. ABC ... und FGH ... zwei in einer Ebene beliebig gelegene Vielecke von gleichem Inhalte, so sind die zwei Systeme von Kräften AB, BC ... und FG, GH ... von gleicher Wirkung.

d) Ist $ABCD$ ein ebenes Vieleck und sind A', B', C', D' die Projectionen seiner Ecken auf eine in einer Ebene enthaltene Gerade, — gleichviel, unter welchem Winkel die mit einander parallelen projicirenden Linien die Gerade schneiden, — so ist die Summe der Projectionen der Seiten gleich dem Ausdrucke

$$A'B' + B'C' + C'D' + D'A' ,$$

also immer gleich Null; und ebenso ist die Summe der Projectionen der Theile einer gebrochenen Linie $ABCD$, also

$$A'B' + B'C' + C'D' = A'D' ,$$

d. i. gleich der Projection der vom Anfange bis zum Ende der gebrochenen Linie gezogenen Geraden. Da nun bei paralleler Fortbewegung einer Linie die Projection derselben ihrer Grösse nach sich nicht ändert, so ist, wenn die Summe der Dreiecke in §. 46 für alle Puncte der Ebene unverändert bleibt, die Summe der Projectionen der Linien des Systems auf jede Gerade in der Ebene gleich Null. Hat aber das System eine Resultante, so ist die Summe der Projectionen der Projection der Resultante gleich.

Ist, umgekehrt, für eine gewisse Richtung der projicirenden Linien die Summe der Projectionen gleich Null, so schliessen wir, dass, wenn die Linien des Systems durch parallele Fortbewegung zu einer gebrochenen Linie vereinigt werden, der Anfangs- und Endpunct dieser gebrochenen in einer mit den projicirenden Linien parallelen Linie liegen. Ist daher die Summe der Projectionen für zwei verschiedene Richtungen der projicirenden Linien jedesmal gleich Null, so fallen Anfang und Ende der gebrochenen Linie zusammen, und es entsteht ein geschlossenes Vieleck, weil sonst die Linie durch den Anfangs- und Endpunct mit den zwei verschiedenen Richtungen der projicirenden Linien zugleich parallel sein müsste. Die Bedingung, unter welcher die Summe der Dreiecke von einem Puncte der Ebene zum anderen constant ist, kann daher auch dadurch ausgedrückt werden, dass die Summe der Projectionen der Linien des Systems für zwei verschiedene Richtungen der projicirenden Linien, und damit auch für alle anderen Richtungen, gleich Null ist (vergl. §§. 39 und 40).

e) Wenn alle Linien des Systems sich in einem Puncte O schneiden, so ist die Summe der Dreiecke für diesen Punct gleich Null, also auch für jeden anderen Punct gleich Null, wenn die Summe nicht veränderlich ist. Ist sie aber veränderlich, so hat das System eine durch O gehende Resultante, weil eine veränderliche Summe nur für Puncte der Resultante gleich Null ist. Nimmt man daher bei der Construction der gebrochenen Linie den Punct O zum Anfangspuncte, so ist die von O bis zum Endpuncte der gebrochenen gezogene Linie die Resultante selbst, nicht bloss mit ihr parallel. Die Anwendung hiervon auf ein System von nur zwei sich schneidenden Linien führt unmittelbar zu dem geometrischen Satze in §. 34, wie ohne weiteres klar ist.

f) Sind sämmtliche Linien des Systems mit einander parallel, so geht die vorhin gebrochene Linie in eine einzige, mit den Linien des Systems parallele Gerade über. Die Resultante, wenn eine solche stattfindet, ist daher ebenfalls den Linien des Systems parallel und der algebraischen Summe derselben gleich.

§. 48. Aufgabe. *Von einem System in einer Ebene enthaltener Kräfte* (*Linien*) *sind für drei Puncte* A, B, C (vergl. Fig. 20) *der Ebene, welche nicht in einer Geraden liegen, die Momente des Systems* (*die Summen der Dreiecke*) *gleich* (A), (B), (C) *gegeben. Die Resultante, sowie das Moment* (M) *für irgend einen vierten Punct* M *der Ebene zu finden.*

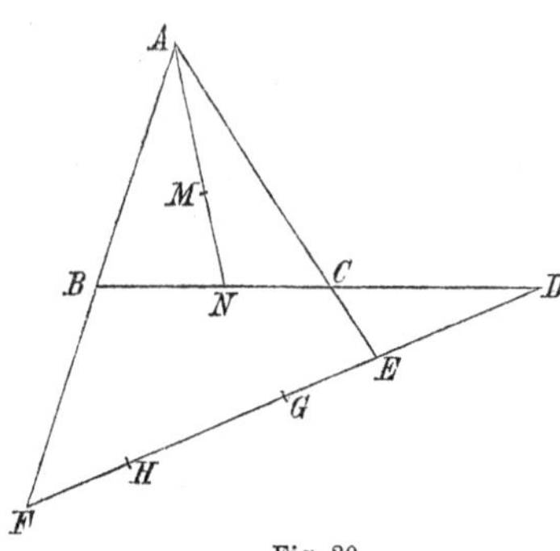

Fig. 20.

Auflösung. 1) Die Momente (A), (B), (C) sind den Abständen der Puncte A, B, C von der Resultante proportional (§. 47, *a*). Es verhalten sich aber, wenn die Gerade BC von der Resultante in D geschnitten wird, die Abstände der Puncte B und C von der Resultante wie BD und CD. Man theile daher BC in D so, dass auch hinsichtlich der Vorzeichen

$$BD : CD = (B) : (C) \;,$$

und auf gleiche Weise CA in E so, dass

$$CE : AE = (C) : (A) \;,$$

so sind D und E zwei Puncte der Resultante, und die Resultante ist somit ihrer Lage nach gefunden. Auch muss, wenn man noch AB in F nach dem Verhältnisse

$$AF : BF = (A) : (B)$$

theilt, F in der Resultante, also in DE, liegen. Nimmt man hierauf in DE einen Abschnitt GH von der Länge, dass das Dreieck

$$AGH = \tfrac{1}{2}(A) \;, \quad [\text{oder} \quad BGH = \tfrac{1}{2}(B) \;, \quad \text{oder} \quad CGH = \tfrac{1}{2}(C)] \;,$$

so ist GH die Gröse der Resultante.

2) Für den Punct M ist das Moment $(M) = 2MGH$. Ohne aber zuvor die Resultante GH bestimmt zu haben, kann man aus der gegenseitigen Lage der vier Puncte A, B, C, M und aus den Momenten für die drei ersten das Moment für den vierten auch unmittelbar finden. — Werde BC von AM in N geschnitten, und sei (N) das Moment für den Punct N, so verhält sich, wie vorhin:

$$BD : CD : ND = (B) : (C) : (N) \;.$$

Man hat aber die identische Gleichung:

$$0 = BD(CD - ND) + CD(ND - BD) + ND(BD - CD)$$
$$= BD \,.\, CN + CD \,.\, NB + ND \,.\, BC \;.$$

Substituirt man darin für BD, CD, ND die ihnen proportionalen (B), (C), (N), so kommt:

$$CN \,.\, (B) + NB \,.\, (C) + BC \,.\, (N) = 0 \;,$$

die Relation zwischen den Momenten für drei in einer Geraden liegende Puncte. Sie geht hervor, wenn man in der Gleichung zwischen den gegenseitigen Abständen dieser Puncte jeden Abstand mit dem Momente für den jedesmal übrigen Punct multiplicirt.

Auf gleiche Weise hat man in der Geraden AMN:

$$MN \,.\, (A) + NA \,.\, (M) + AM \,.\, (N) = 0 \;.$$

Es verhält sich aber

$$CN : NB = MCN : MNB = ACN : ANB \quad (§.\ 45,\ 1),$$

folglich

$$= CNM - CNA : BMN - BAN$$
$$= CAM : BMA = MCA : MAB \;,$$

und ebenso

$$MN : NA = MBC : ACB \;.$$

Hiermit werden die vorigen zwei Gleichungen:

$$MCA \,.\, (B) + MAB \,.\, (C) - (MCA + MAB)(N) = 0 \;,$$
$$MBC \,.\, (A) + ACB \,.\, (M) - (MBC + ACB)(N) = 0 \;.$$

Addirt man dieselben, so kommt, weil dabei der Coëfficient von (N) sich auf Null reducirt (§. 45, 2):

$$MBC \,.\, (A) + MCA \,.\, (B) + MAB \,.\, (C) = ABC \,.\, (M) \;,$$

welches daher die gesuchte Relation zwischen den Momenten für irgend vier Puncte der Ebene ist. Sie entsteht, wie man sieht, unmittelbar aus der Gleichung (§. 45, 2) zwischen den vier Dreiecken, die sich aus den vier Puncten bilden lassen, indem man zu jedem dieser Dreiecke das Moment des jedesmal fehlenden Punctes als Factor hinzufügt.

§. 49. Zusätze. *a)* Aus dem ersten Theile dieser Auflösung fliesst der bekannte Satz:

Das Product aus den drei Verhältnissen, nach denen die drei Seiten eines Dreiecks ABC von einer vierten Geraden DEF geschnitten werden:

$$(BD : CD)(CE : AE)(AF : BF) \;,$$

ist der Einheit gleich.

b) Setzt man in der zuletzt erhaltenen Gleichung statt (A), (B), ... die Werthe dieser Momente: $2AGH$, $2BGH$, ..., so kommt:

$$MBC\,.\,AGH + MCA\,.\,BGH + MAB\,.\,CGH = ABC\,.\,MGH\,,$$

eine Gleichung, die immer stattfinden muss, wie auch die sechs Puncte A, B, C, G, H, M in der Ebene liegen mögen.

Lässt man M mit H zusammenfallen, so ergibt sich:

$$HBC\,.\,AGH + HCA\,.\,BGH + HAB\,.\,CGH = 0\ ,$$

eine Gleichung zwischen sechs Dreiecken, welche eine gemeinschaftliche Spitze H, und die vier Seiten und zwei Diagonalen eines Vierecks $ABCG$ zu Grundlinien haben.

Viertes Kapitel.

Vom Gleichgewichte zwischen Kräftepaaren im Raume.

---

§. 50. Lehrsatz. *Zwei einander gleiche Paare, die in zwei parallelen Ebenen liegen und einerlei Sinn haben, sind gleichwirkend.*

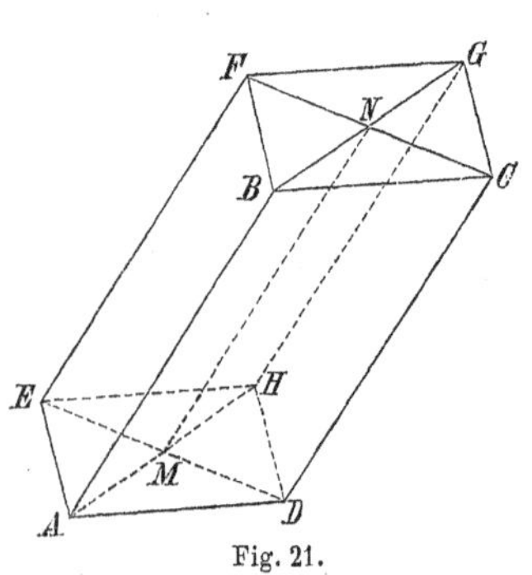

Fig. 21.

Beweis. Sei AB, CD (vergl. Fig. 21) das eine Paar und EG die mit seiner Ebene parallele Ebene des andeeren Paares EF, GH, welches darin so gelegt worden, dass seine Kräfte mit denen des ersteren parallel sind. Man nehme überdies an, dass die vier Puncte A, D, E, H in einer Ebene liegen, und dass daher und wegen der Gleichheit beider Paare die vier Kräfte derselben vier einander parallele Kanten eines Parallelepipedums vorstellen. Sei alsdann M der Durchschnitt von AH mit DE und N der Durchschnitt von BG mit CF, so sind M und N zugleich die Mittelpuncte dieser Linien, und MN ist den vier Kräften gleich und parallel.

Nun ist das Paar AB, CD gleichwirkend mit den Paaren AB,

NM und CD, MN. Von diesen ist aber ersteres gleichwirkend mit MN, GH, und letzteres mit NM, EF (§. 17). Folglich ist das Paar AB, CD gleichwirkend mit MN, GH, NM, EF, d. i. mit dem Paare EF, GH.

Folgerung. *Ein Kräftepaar kann daher nicht nur in seiner Ebene, sondern auch in jeder damit parallelen Ebene, wohin man will, verlegt werden.*

Auch sind die Bedingungen für das Gleichgewicht zwischen Paaren, die in parallelen Ebenen liegen, mit den oben für den Fall gefundenen Bedingungen, wenn die Paare in einer und derselben Ebene enthalten sind, ganz einerlei.

§. 51. Lehrsatz. *Zwei Paare, die in zwei einander nicht parallelen Ebenen liegen, können sich nicht das Gleichgewicht halten, sondern sind gleichwirkend mit einem Paare, dessen Ebene durch die Durchschnittslinie jener Ebenen geht, oder* (§. 50) *mit dieser Linie parallel ist.*

Beweis. Ueber einem willkürlich in der Durchschnittslinie genommenen Abschnitte AN (vergl. Fig. 22) beschreibe man in den Ebenen der beiden Paare zwei Parallelogramme $ANCB$ und $ANED$, welche ihrem Sinne und Inhalte nach den Momenten der Paare gleich sind. Alsdann können NC, BA und NE, DA als die beiden Paare selbst angesehen werden. Ist nun von NC und NE die Resultante NG, und von BA und DA die Resultante FA, so sind, wie schon aus §. 15 fliesst, NG, FA einander gleich, parallel und entgegengesetzt und bilden daher ein Paar, dessen Ebene durch NA geht, und welches mit den gegebenen zwei Paaren gleiche Wirkung hat.

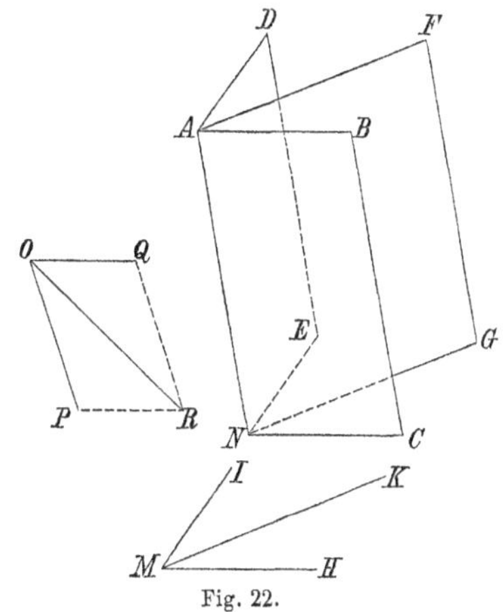

Fig. 22.

Folgerungen. *a*) Drei Paare können nur dann einander das Gleichgewicht halten, wenn ihre Ebenen entweder zusammenfallen, oder einander parallel, oder mit einer und derselben Geraden parallel sind, also überhaupt, wenn ihre Ebenen keine körperliche Ecke bilden. Zwei Paare sind aber nur dann, und dann immer, im Gleichgewichte, wenn sie in einerlei, oder in parallelen Ebenen liegen, von entgegengesetztem Sinne sind und einander gleiche Momente haben.

b) Da zwei Paare, auch wenn sie nicht in einer Ebene liegen, entweder ein resultirendes Paar haben, oder im Gleichgewichte sind, *so wird jedes System von Paaren überhaupt, indem man die Zahl derselben durch successive Verbindung je zweier immer um eins vermindert, sich entweder auf ein Paar zurückführen lassen, oder im Gleichgewichte sein, wenn es die letzten zwei zu verbindenden Paare sind.*

§. 52. Ohne dasjenige zu benutzen, was vom §. 24 an über die Zusammensetzung einfacher Kräfte gelehrt worden, lassen sich mit Hülfe der in §. 51 gemachten Construction noch folgende Schlüsse bilden.

In der Ebene $CNEG$ nehme man willkürlich einen Punct M und lege durch ihn MH, MI, MK gleich und parallel mit NC, NE, NG, so ist KM die Resultante von HM und IM, und es sind daher die Paare NC, HM und NE, IM zusammen gleichwirkend mit dem Paare NG, KM; folglich (§. 22) sind die Parallelogramme

$$(a) \qquad NCHM + NEIM = NGKM \ ,$$

folglich ihre Hälften oder die Dreiecke

$$MNC + MNE = MNG \ ,$$

folglich die Pyramiden, welche diese in einer Ebene liegenden Dreiecke zu Grundflächen und den Punct A zur gemeinschaftlichen Spitze haben,

$$MNCA + MNEA = MNGA \ ,$$

drei Pyramiden, welche man auch als solche betrachten kann, deren gemeinschaftliche Spitze M ist, und deren Grundflächen NCA, NEA, NGA in den Ebenen der Paare NC, BA; NE, DA; NG, FA liegen und den halben Momenten dieser Paare gleich sind. Es ist aber M ein willkürlicher Punct in der Ebene CNE, und diese Ebene ist selbst willkürlich, weil es der Punct N in dem Durchschnitte der Ebenen AC, AE und die Winkel ANC, ANE sind; folglich ist M ein willkürlicher Punct im Raume überhaupt, und wir sind somit zu folgendem Satze gelangt:

Wenn die Ebenen zweier Paare und ihres resultirenden Paares sich in einem Puncte N (folglich in einer und derselben durch diesen Punct gehenden Geraden) schneiden, so ist von den drei Pyramiden, welche einen beliebigen anderen Punct M zur gemeinschaftlichen Spitze haben, und deren Grundflächen in den Ebenen der Paare liegen und den Momenten der letzteren proportional sind, die

Summe der zwei Pyramiden, welche den zwei zusammenzusetzenden Paaren angehören, der Pyramide des resultirenden Paares gleich.

Uebrigens müssen hierbei noch die Zeichen der Pyramiden gehörig beachtet werden. Denn in der Gleichung (a) bekommen je zwei Parallelogramme nur dann einerlei Zeichen, wenn die Paare, zu denen sie gehören, von einerlei Sinne sind, und nachdem je zwei dieser Paare, wie NC, HM und NE, IM, einerlei oder entgegengesetzten Sinn haben, erscheinen offenbar die Paare NC, BA und NE, DA, wenn von M auf die Ebene des jedesmaligen Paares herabgesehen wird, mit einerlei oder entgegengesetztem Sinne. Mithin müssen sich auch die Vorzeichen der Pyramiden nach dem Sinne richten, mit welchem die Paare, über deren Flächen sie construirt sind, von M aus betrachtet, sich zeigen.

Der eben erwiesene Satz gilt aber nicht nur für zwei, sondern auch für jede grössere Anzahl zusammenzusetzender Paare. Denn werden zwei Paare kurz durch p und p', und ihr resultirendes Paar durch r bezeichnet, und drückt Mp die Pyramide aus, deren Spitze M, und deren Grundfläche ihrer Lage und Grösse nach das Parallelogramm des Paares p ist, u. s. w., so ist, wenn die Ebenen der drei Paare durch einen und denselben Punct N gehen:

$$Mp + Mp' = Mr \ .$$

Kommt nun zu den Paaren p, p' ein drittes p'', dessen Ebene gleichfalls durch N gehe, — gleichviel, ob sie auch durch die gemeinschaftliche Durchschnittslinie von p, p', r geht, oder nicht — und gibt dieses Paar p'' in Verbindung mit p und p', oder mit r, das Paar r' als resultirendes, so hat man, wenn auch die Ebene von r' durch N gelegt wird,

$$Mr + Mp'' = Mr' \ ,$$

folglich

$$Mp + Mp' + Mp'' = Mr' \ ,$$

und so fort bei noch mehreren durch denselben Punct N gelegten Paaren, wenn auch hier je zwei Pyramiden mit einerlei oder entgegengesetzten Zeichen genommen werden, je nachdem die Paare, zu denen sie gehören, von M aus gesehen, mit einerlei oder entgegengesetztem Sinne erscheinen.

Hat man daher ein System von Paaren im Raume, deren Ebenen sich in einem und demselben Puncte N schneiden, so ist die algebraische Summe der Pyramiden, welche irgend einen anderen Punct M zur gemeinschaftlichen Spitze haben, und deren Grundflächen in den Ebenen der Paare liegen und den Momenten der letzteren proportional sind, gleich einer Pyramide mit derselben Spitze M und mit einer Grund-

fläche, die in der durch N gelegten Ebene des resultirenden Paares enthalten und dem Momente desselben proportional ist.

Haben aber die Paare kein resultirendes, sondern sind sie im Gleichgewichte, so ist für jeden Ort von M die Summe der Pyramiden Null.

Denn weil dann jedes der Paare, z. B. p, im entgegengesetzten Sinne genommen, das resultirende der jedesmal übrigen ist, und mit dem Sinne eines Paares zugleich das Zeichen seiner Pyramide in das entgegengesetzte verwandelt wird, so hat man

$$-Mp = Mp' + Mp'' + \dots ,$$

folglich

$$Mp + Mp' + Mp'' + \dots = 0 .$$

§. 53. Kehren wir noch einmal zu der in §. 51 gemachten Construction zurück und nehmen an, dass die in den Ebenen der zwei zusammenzusetzenden Paare über dem Durchschnitte AN dieser Ebenen beschriebenen, den Momenten der Paare gleichen Parallelogramme AC, AE (vergl. Fig. 22 auf pag. 71) rechtwinklig gemacht worden sind. Alsdann wird in Folge der Construction auch AG ein Rechteck, die zwei Paare CN, AB; EN, AD und ihr resultirendes GN, AF erhalten gleiche Breiten gleich AN, die einfachen Kräfte CN, EN und GN werden folglich den Momenten der Paare proportional, und die Winkel dieser Kräfte werden den Winkeln gleich, unter denen sich die Ebenen der Paare schneiden. Sollen daher zwei in zwei nicht parallelen Ebenen liegende Paare zusammengesetzt werden, so kann man auch so verfahren, dass man zwei den Momenten der Paare proportionale gerade Linien unter demselben Winkel an einander setzt, den die Ebenen der Paare mit einander machen, und von diesen Linien, als Kräfte betrachtet, die Resultante bestimmt. Das Moment des resultirenden Paares ist alsdann dieser Resultante proportional, und seine Ebene macht mit den Ebenen der gegebenen Paare dieselben Winkel, welche die Resultante mit jenen zwei Linien bildet.

Da der Winkel zweier Ebenen immer dem Winkel gleich ist, welchen zwei auf den Ebenen errichtete Normalen mit einander machen, so lässt sich die Regel für die Zusammensetzung zweier Paare auch folgendergestalt abfassen:

Durch einen beliebigen Punct O lege man zwei, die Ebenen der beiden Paare normal treffende und den Momenten derselben proportionale Linien OP, OQ, und suche die Resultante dieser Linien, welche OR (die Diagonale des Parallelogramms $POQR$) sei. Ein

Paar, dessen Ebene normal auf OR, und dessen Moment der Linie OR proportional ist, wird das verlangte resultirende sein. Dabei ist hinsichtlich des Sinnes der Paare noch zu bemerken, dass, wenn die Richtungen von P nach O, von Q nach O, von R nach O, successive als die Richtung vom Kopfe nach den Füssen des Beschauenden genommen werden, jedes der zugehörigen Paare mit einerlei Sinn erscheinen muss.

Um diese Vorschrift für die Zusammensetzung zweier Paare noch einfacher ausdrücken zu können, wollen wir gerade Linien, die auf den Ebenen der Paare normal stehen, deren Längen sich wie die Momente der Paare verhalten, und deren Richtungen so genommen sind, dass in Bezug auf sie die resp. Paare einerlei Sinn haben, die Axen der Paare nennen. Alsdann ist, wenn die Axen sämmtlich durch einen und denselben Punct gelegt werden, die Resultante der Axen der zwei zusammenzusetzenden Paare die Axe des resultirenden Paares; und man übersieht leicht, dass dieselbe einfache Regel auch bei jeder grösseren Zahl zusammenzusetzender Paare ihre Richtigkeit hat.

Somit ist die Zusammensetzung von Paaren in jedem Falle auf die Zusammensetzung einfacher Kräfte, die in einem Puncte sich treffen, zurückgeführt.

Sind diese durch die Axen der Paare vorgestellten Kräfte im Gleichgewichte, so herrscht auch Gleichgewicht zwischen den Paaren selbst.

§. 54. Noch eine Methode, Paare, die in verschiedenen Ebenen liegen, zusammenzusetzen, gründet sich auf folgende Betrachtungen.

1) Bei dem Parallelogramm $ABCD$ ist die Kraft CA gleichwirkend mit den Kräften CB, CD; folglich sind BC, CA, AB gleichwirkend mit CD, AB; d. h. drei Kräfte, welche ihrer Richtung und Grösse nach durch die drei Seiten eines Dreiecks dargestellt werden, sind gleichwirkend mit einem Paare, welches in der Ebene des Dreiecks (oder in einer damit parallelen Ebene) liegt, und dessen Moment durch den doppelten Inhalt des Dreiecks ausgedrückt wird (vergl. §. 47, c).

2) Seien A, B, C, D die vier Ecken einer dreiseitigen Pyramide. Man lasse in jeder der sechs Kanten derselben zwei der Kante proportionale und einander entgegengesetzte Kräfte wirken: AB, BA, AC, CA, u. s. w. Diese zwölf, einander zu zweien, und daher auch alle zusammen, das Gleichgewicht haltenden Kräfte kann man aber auch zu dreien so zusammenfassen, dass man vier in den vier

Seitenflächen der Pyramide wirkende Paare erhält: nämlich erstens das Paar, worauf sich die drei Kräfte AB, BC, CA in der Ebene ABC reduciren, und dessen Moment der doppelte Inhalt des Dreiecks ABC ist, und ebenso noch drei andere Paare, deren Ebenen und Momente durch die Dreiecke CBD, CDA, ADB bestimmt sind.

Vier in den vier Seitenflächen einer Pyramide wirkende Paare, deren Momente den Flächen selbst proportional sind, und welche für den Beschauenden, wenn dessen Richtung vom Kopfe nach den Füssen jedesmal von der äusseren nach der inneren Seite der Fläche geht, einerlei Sinn haben, halten demnach einander das Gleichgewicht.

3) Werden die Kräfte dreier dieser vier Paare, z. B. der in CBD, CDA, ADB wirkenden, in die entgegengesetzten verwandelt, so dass nunmehr $2 . DBC$, $2 . DCA$, $2 . DAB$ die Momente der Paare ausdrücken, so werden diese Paare zusammen gleichwirkend mit dem vierten, dessen Moment $2 . ABC$ ist. Es lassen sich aber die Dreiecke DBC, DCA, DAB auch ansehen als die Projectionen des Dreiecks ABC auf die Ebenen dieser drei Dreiecke durch Linien, welche resp. mit DA, DB, DC parallel sind. Zugleich verhält sich dabei jede in der Ebene ABC enthaltene Fläche, z. B. das Parallelogramm eines Paares, zu ihrer Projection auf eine der drei Ebenen DBC u. s. w., wie das Dreieck ABC zu dem Dreiecke DBC u. s. w.

Projicirt man demnach ein Paar auf drei sich unter beliebigen Winkeln in einem Puncte schneidende Ebenen, und zwar so, dass jedesmal die projicirenden Linien mit dem Durchschnitte der beiden Ebenen, auf welche nicht projicirt wird, parallel sind, so erhält man drei Paare, welche zusammen gleiche Wirkung mit dem ersteren Paare haben.

4) Soll daher von mehreren gegebenen Paaren das resultirende Paar gefunden werden, so projicire man auf besagte Weise jedes der ersteren auf drei Ebenen, die sich in einem Puncte schneiden. Die hierdurch in jeder dieser Ebenen entstehenden Paare sind aber (§. 23) gleichwirkend mit einem einzigen, dessen Moment der Summe der Momente der ersteren gleich ist; und somit reduciren sich alle gegebenen Paare auf drei in den drei Ebenen wirkende, die nun wiederum, durch Verbindung je zweier, zu einem Paare zusammenzusetzen sind.

5) Findet sich in jeder der drei Ebenen das Moment der Projectionen Null, so herrscht in jeder der Ebenen, und mithin auch zwischen den gegebenen Paaren selbst, Gleichgewicht; und umgekehrt: sollen die gegebenen Paare im Gleichgewichte sein, so muss

dieses zwischen den Projectionen in jeder Ebene besonders stattfinden, und daher das Moment der Projectionen in jeder Ebene Null sein. Denn wäre nur in zwei Ebenen das Moment der Projectionen Null, so reducirte sich das System auf ein Paar in der dritten Ebene. Wäre aber bloss in einer oder in gar keiner der drei Ebenen das Moment Null, so hätte man zuletzt zwei Paare in zwei nicht parallelen Ebenen, oder drei Paare, deren Ebenen sich nur in einem Puncte schneiden, und es könnte dann nach §. 52, *a* ebenso wenig Gleichgewicht vorhanden sein.

6) Hat man alle Paare des Systems auf drei in drei coordinirten Ebenen liegende Paare, deren Momente gleich L, M, N seien, zurückgebracht, und hat man diese drei Paare zu einem einzigen, dessen Moment gleich W, zusammengesetzt, so muss man durch Projection von W auf die drei Ebenen die drei Momente L, M, N selbst wieder erhalten. Denn ergäben sich als Projectionen von W drei Paare, deren Momente L', M', N' von den vorigen verschieden wären, so müssten, weil L, M, N sowohl, als L', M', N' mit W gleichwirkend sind, die drei Paare, deren Momente gleich $L' - L$, $M' - M$, $N' - N$, im Gleichgewichte sein. Dieses ist aber, wie eben gezeigt worden, nicht anders möglich, als wenn

$$L' - L = 0 \;, \qquad M' - M = 0 \;, \qquad N' - N = 0 \;;$$

folglich u. s. w.

§. 55. Zusätze. *a*) Ist $ABCD$ ein Viereck, mag es in einer Ebene liegen, oder nicht, so sind die vier Kräfte AB, BC, CD, DA gleichwirkend mit den Kräften AB, BC, CA und AC, CD, DA, also (§. 54, 1) gleichwirkend mit zwei Paaren, deren Ebenen und Momente die Dreiecke ABC und ACD angeben, folglich immer gleichwirkend mit einem einzigen Paare, das, wenn das Viereck ein ebenes ist, in der Ebene desselben liegt, und zum Momente die doppelte Summe der zwei Dreiecke, d. i. den doppelten Inhalt des Vierecks hat. Auf dieselbe Art kann man bei jedem Vieleck von mehreren Seiten verfahren, indem man dasselbe durch Diagonalen in Dreiecke zerlegt, und kann daher den allgemeinen Satz aufstellen:

Ein System von Kräften, welche ihren Richtungen und Intensitäten nach durch die Seiten irgend eines Vielecks vorgestellt werden, lässt sich immer auf ein Paar reduciren, das, wenn das Vieleck ein ebenes ist, in der Ebene desselben liegt und ein dem doppelten Inhalte des Vielecks gleiches Moment hat.

b) Auf ähnliche Weise lässt sich auch der Satz in 2) des §. 54 von der dreiseitigen Pyramide verallgemeinern und auf jedes Polyëder ausdehnen. — Jede Kante eines Polyëders ist die gemeinschaftliche Seite zweier dasselbe begrenzenden Flächen, und wenn der Sinn jeder dieser Flächen so genommen wird, dass er einem auf ihre Aussenseite herabschauenden Auge bei allen derselbe ist, so hat in den Perimetern je zweier an einander stossenden Flächen die ihnen gemeinschaftliche Seite entgegengesetzte Richtungen; z. B. die Kante BC der obigen Pyramide $ABCD$, als die Seite BC der Fläche ABC, und als die Seite CB der Fläche CBD. Lässt man daher in jeder, ihrem Sinne nach auf die beschriebene Weise genommenen Fläche jede Seite eine Kraft vorstellen, so halten sich diese Kräfte paarweise das Gleichgewicht. Zugleich aber sind alle zum Perimeter einer und derselben Fläche gehörigen Kräfte mit einem Paare gleichwirkend, dessen Moment dem Inhalte der Fläche proportional ist; und wir schliessen daher:

Ein System von Paaren, deren Ebenen und Momente durch die Flächen eines Polyëders dargestellt werden, und welche, wenn alle Flächen von einerlei Seite (von der äusseren oder der inneren) betrachtet werden, insgesammt einerlei Sinn haben, ist im Gleichgewichte.

c) Nach §. 54, 6 ist das Moment L der Projection eines Systems von Paaren auf eine beliebige Ebene dem Momente der Projection des resultirenden Paares W auf dieselbe Ebene gleich. Da nun das Moment der Projection eines Paares W auf eine mit seiner Ebene parallele Ebene dem Momente des projicirten Paares selbst gleich ist, was auch die projicirenden Linien mit den zwei parallelen Ebenen für einen Winkel machen; und da, wenn man ein Paar W durch Linien, die in seiner Ebene selbst liegen, auf irgend eine andere Ebene projicirt, das Moment der Projection immer Null ist: so besitzt die Ebene des Paares, worauf sich ein System von Paaren reduciren lässt, und welche Ebene man die Hauptebene des Systems nennt, die folgenden zwei Eigenschaften:

Erstens ist das Moment der Projection des Systems auf die Hauptebene immer von derselben Grösse, unter welchem Winkel auch die projicirenden Linien die Hauptebene schneiden; zweitens ist, wenn das System durch Linien, welche mit der Hauptebene parallel sind, auf irgend eine andere, mit ihr nicht parallele, Ebene projicirt wird, das Moment der Projection Null.

Uebrigens ist schon wegen §. 50 die Lage der Hauptebene nicht vollkommen, sondern nur den Winkeln nach bestimmt, welche sie mit den Ebenen der Paare des Systems bildet; d. h. es gibt ein System paralleler Ebenen, deren jede als die Hauptebene angesehen werden kann.

Eine dritte merkwürdige Eigenschaft der Hauptebene besteht in Folgendem:

Wenn man die projicirenden Linien die Projectionsebene immer rechtwinklig schneiden lässt, ist das Moment der Projection auf die Hauptebene grösser als das Moment der Projection auf irgend eine andere Ebene.

Denn da das Moment der Projection des Systems immer dem Momente der Projection des resultirenden Paares gleich ist, und dieses Paar in der Hauptebene liegt, so ist unter der Voraussetzung rechtwinkliger Projectionen das Moment der Projection des Systems auf irgend eine Ebene gleich dem Momente des resultirenden Paares, multiplicirt in den Cosinus des Winkels, den diese Ebene mit der Hauptebene macht; folglich am grössten, wenn der gedachte Winkel Null ist, also die Projectionsebene mit der Hauptebene parallel geht. — Ist dieser Winkel ein rechter, steht also die Projectionsebene auf der Hauptebene normal, so ist der Cosinus des Winkels, und daher auch das Moment der Projection des Systems Null, wie auch schon daraus folgt, dass dann die projicirenden Linien mit der Hauptebene parallel laufen. Ebenso leicht sieht man endlich:

Für alle Ebenen, welche mit der Hauptebene gleiche Winkel machen, ist das Moment der Projection von gleicher Grösse.

§. 56. Alle die vorigen Sätze kann man auch rein geometrisch ausdrücken, indem man dem Systeme der Paare ein System begrenzter Flächen, die in verschiedenen Ebenen liegen, und dem Momente der Projection auf eine beliebige Ebene die Summe der Projectionen der Flächen auf dieselbe Ebene substituirt. Wenn demnach von einem solchen Systeme von Flächen die drei algebraischen Summen ihrer Projectionen auf drei Ebenen, die sich nur in einem Puncte schneiden, einzeln Null sind, so ist es auch die Summe ihrer Projectionen auf jede vierte Ebene. Ist aber diese Summe für keine, oder doch nicht für jede der drei Ebenen Null, so lässt sich immer eine Ebene angeben, die mit den Ebenen des Systems bestimmte Winkel macht, die Hauptebene des Systems, und in dieser Ebene eine Fläche von bestimmtem Inhalte, die resultirende Fläche, so dass die Summe der Projectionen der gegebenen Flächen auf irgend eine Ebene der Projection der resultirenden Fläche gleich ist; dass daher, wenn nur rechtwinklige Projectionen zugelassen werden, die Summe der Projectionen auf die Hauptebene die grösste unter allen und der resultirenden Fläche selbst gleich ist; u. s. w.

Da endlich ein System von Kräften, welche durch die Seiten

eines Vielecks vorgestellt werden, sich auch dann, wenn das Vieleck kein ebenes ist, auf ein Paar reducirt (§. 55, *a*), so kann man die eben aufgestellten geometrischen Sätze noch mehr verallgemeinern, indem man, statt in Ebenen enthaltener Flächen, nicht ebene Vielecke, oder selbst in sich zurücklaufende Curven von doppelter Krümmung setzt. So muss es z. B. für jede Curve dieser Art eine Hauptebene geben von der Beschaffenheit, dass wenn man die Curve durch Parallelen mit dieser Ebene auf irgend eine andere damit nicht parallele Ebene projicirt, der Inhalt der Projection gleich Null ist. Diese Projection muss folglich eine in sich zurücklaufende und dabei sich selbst ein oder mehrere Male schneidende Curve sein (vergl. §. 45, 3).

Zusatz. Besteht das System aus begrenzten Ebenen, so kann man zufolge des §. 52 unter die Eigenschaften der Hauptebene noch die setzen, dass, wenn man alle Ebenen des Systems und die Hauptebene durch einen und denselben Punct gehen lässt, die Summe der Pyramiden, welche irgend einen Punct zur gemeinschaftlichen Spitze und die begrenzten Ebenen zu Grundflächen haben, der Pyramide gleich ist, welche dieselbe Spitze und die resultirende Fläche in der Hauptebene zur Grundfläche hat.

Diese Gleichung zwischen Pyramiden findet selbst dann noch statt, wenn die Ebenen des Systems sich nicht in einem Puncte schneiden, sondern irgend andere bestimmte Lagen haben. Die Hauptebene — wenn anders eine solche existirt, und wenn nicht, wie es auch geschehen kann, die Summe der Pyramiden über den Flächen des Systems für jeden Ort der gemeinschaftlichen Spitze von gleicher Grösse ist — hat dann ebenfalls eine vollkommen bestimmte Lage.

Dieser letztere Satz kann aus dem vorhergehenden leicht ver-vermittelst des Lehnsatzes erwiesen werden, dass die algebraische Summe zweier Pyramiden über zwei einander gleichen, parallelen und ihrem Sinne nach entgegengesetzten Flächen für alle Oerter ihrer gemeinschaftlichen Spitze constant ist. Doch hat dieser Lehnsatz ebenso wenig, als der damit erweisbare Satz selbst, einen ihm in der Statik vollkommen entsprechenden.

Fünftes Kapitel.

Vom Gleichgewichte zwischen Kräften im Raume überhaupt.

---

§. 57. Seien AB, CD, EF, ... mehrere auf einen festen Körper nach beliebigen Richtungen im Raume wirkende Kräfte. Durch einen beliebigen Punct N des Körpers lege man $A'B'$, $C'D'$, $E'F'$, ... resp. mit AB, CD, EF, ... gleich, parallel und nach entgegengesetzten Richtungen, so ist, wie in §. 32, das System der Kräfte AB, CD, ... welches S heisse, gleichwirkend mit dem Systeme V der einfachen durch N gehenden Kräfte $B'A'$, $D'C'$, ... und dem Systeme W der Paare AB, $A'B'$; CD, $C'D'$; ... und es können nun, wie a. a. O., nicht mehr als folgende vier Fälle eintreten: dass entweder jedes der beiden Systeme V und W für sich, oder nur das System V, oder nur W, oder keines von beiden im Gleichgewichte ist; und dass daher das System S selbst entweder im Gleichgewichte ist, oder sich auf ein Paar w (§. 51, b), oder auf eine einfache Kraft v, oder auf ein Paar w und eine einfache Kraft v zugleich reducirt.

Letzterer Fall, welches der allgemeinste ist, macht noch eine Erörterung nothwendig. Liegt nämlich v in der Ebene von w, so lassen sich beide auf eine einfache Kraft, wie im zweiten Falle, zurückbringen. Dasselbe gilt auch dann, wenn v mit der Ebene von w parallel läuft; denn man hat nur das Paar w parallel mit sich fortzuführen (§. 50), bis es mit v in dieselbe Ebene kommt, und kann es hierauf mit v, wie vorhin, vereinigen.

Schneidet aber v die Ebene von w, so lassen sich die eine Kraft v und die zwei Kräfte von w zwar nicht auf eine, aber doch immer auf zwei reduciren. Denn man verlege das Paar w in seiner Ebene so, dass die eine seiner Kräfte durch den Durchschnitt der Ebene mit v geht, also v selbst schneidet, und verbinde hierauf diese eine Kraft mit v. Die Resultante dieser Verbindung und die andere Kraft des Paares w sind dann die zwei mit v und w gleichwirkenden Kräfte, die, wie überdies einleuchtet, nicht in einer Ebene liegen.

Ebenso können auch umgekehrt zwei Kräfte v und v', welche nicht in einer Ebene enthalten sind, immer in ein Paar und eine einfache Kraft verwandelt werden. Denn legt man durch einen beliebigen Punct in der Richtung von v' zwei der Kraft v gleiche, parallele und einander entgegengesetzte, sich selbst also das Gleichgewicht haltende Kräfte, so bildet die eine derselben mit v ein Paar, und die andere lässt sich mit v' zu einer die Ebene des Paares schneidenden Kraft zusammensetzen.

Dass aber zwei Kräfte, welche nicht in einer Ebene liegen, also auch ein Paar w und eine die Ebene desselben schneidende Kraft v, nicht auf eine einzige Kraft reducirbar sind, dass folglich dieses w und v nicht mit einer einzigen Kraft v' ins Gleichgewicht gebracht werden können, dies lässt sich also beweisen. — Gesetzt, es wäre Gleichgewicht zwischen w, v und v' möglich, so kann erstlich die Kraft v' mit v nicht in einer Ebene liegen. Denn sie würde dann mit v entweder im Gleichgewichte sein, oder mit v ein Paar bilden, oder sich mit v zu einer einfachen Kraft zusammensetzen lassen. Alsdann bliebe im ersten Falle w zurück, im zweiten Falle hätte man nächst w ein zweites nicht in der Ebene von w liegendes Paar, und im dritten nächst w noch eine einfache Kraft, also in keinem der drei Fälle Gleichgewicht. Setzen wir aber zweitens, dass v und v' nicht in einer Ebene liegen, so lassen sie sich nach dem Vorigen in ein Paar w' und eine einfache Kraft umwandeln, und es müsste daher die letztere mit dem aus w und w' zusammenzusetzenden Paare das Gleichgewicht halten, welches ebenfalls unmöglich ist (§. 18, Zus.); folglich u. s. w.

Nach diesem Allen sind daher bei einem Systeme S von Kräften im Raume vier Fälle zu unterscheiden, indem dasselbe entweder im Gleichgewichte ist, oder sich auf ein Paar, oder auf eine einfache Kraft, oder auf zwei nicht in einer Ebene enthaltene Kräfte zurückbringen lässt.

Der erste dieser Fälle tritt ein, wenn von den Systemen V und W jedes für sich im Gleichgewichte ist; der zweite, wenn es nur V ist; der dritte, wenn es nur W ist, oder wenn W sich auf ein Paar reducirt, dessen Ebene mit der Resultante von V parallel geht; der vierte, wenn weder V noch W im Gleichgewichte ist, und die Resultante von V und die Ebene des resultirenden Paares von W sich schneiden.

Da mit diesen Beziehungen zwischen V und W alle möglichen Fälle erschöpft sind, so sind sie nicht bloss die nothwendigen, sondern auch die hinreichenden Bedingungen, unter welchen das System S im Gleichgewichte ist, oder sich auf ein Paar reduciren lässt,

u. s. w. und wir können daher umgekehrt schliessen: Soll in dem Systeme S Gleichgewicht herrschen, so muss von den Systemen V und W jedes für sich im Gleichgewichte sein; u. s. w.

§. 58. Das mit W bezeichnete System von Paaren wurde gebildet, indem durch einen beliebigen Punct N mit den Kräften AB, CD, ... des Systems S gleiche und parallele, aber nach entgegengesetzten Richtungen wirkende Kräfte $A'B'$, $C'D'$, ... gelegt wurden. Die Momente der Paare AB, $A'B'$; CD, $C'D'$; ..., aus denen W besteht, sind daher den Doppelten der Dreiecke NAB, NCD, ... gleich. Zudem ist das System W so beschaffen, dass die Ebenen seiner Paare sich in einem und demselben Puncte N schneiden, und man kann folglich auf dasselbe den in §. 52 erhaltenen Satz anwenden. Soll demnach das System S, mithin auch das System W (§. 57), im Gleichgewichte sein, so muss jenem Satze zufolge die Summe der Pyramiden, welche die Dreiecke NAB, NCD, ... zu Grundflächen und einen beliebigen Punct M zur gemeinschaftlichen Spitze haben, d. i. die Summe der Pyramiden $MNAB$, $MNCD$, ... also der Pyramiden, welche MN zur gemeinschaftlichen Kante und AB, CD, ... zu gegenüberstehenden Kanten haben, Null sein; und wir haben somit folgendes Theorem gefunden:

Beim Gleichgewichte eines Systems von Kräften, welche auf einen frei beweglichen Körper nach beliebigen Richtungen im Raume wirken, ist die Summe der Pyramiden, welche eine gemeinschaftliche Kante von beliebiger Lage und Länge, und die Kräfte selbst, ihrer Richtung und Intensität nach, durch gerade Linien vorgestellt, zu gegenüberstehenden Kanten haben, immer gleich Null.

Was die Vorzeichen dieser Pyramiden anlangt, so richtet sich jedes, z. B. das Zeichen von $MNAB$, nach dem Sinne, mit welchem das zugehörige Paar AB, $A'B'$ einem von M auf dasselbe herabsehenden Auge erscheint (§. 52), oder auch, — weil N ein Punct in $A'B'$ ist, — nach dem durch die Folge der Buchstaben NAB ausgedrückten Sinne aus demselben Gesichtspuncte. Man nehme daher die Richtung MN der gemeinschaftlichen Kante, als die Richtung vom Kopfe nach den Füssen, und bestimme das Zeichen jeder Pyramide, nachdem die Richtung AB der gegenüberliegenden Kante dem ihr zugewendeten Auge nach rechts oder nach links gehend erscheint; oder, was auf dasselbe hinauskommt: man denke sich den Körper, auf welchen die Kräfte wirken, an MN, als einer Axe, befestigt, und gebe dann je zwei Pyramiden einerlei oder entgegengesetzte Zeichen, jenachdem die Kräfte, welche durch die gegenüberliegenden Kanten vorgestellt werden, den Körper um MN nach einerlei oder entgegengesetzten Seiten zu drehen streben.

§. 59. Beim Gleichgewichte eines in einer Ebene enthaltenen Systems von Kräften war (§. 49) die Summe der Dreiecke, welche irgend einen Punct M der Ebene zur gemeinschaftlichen Spitze und die Kräfte zu gegenüberliegenden Seiten hatten, gleich Null. Was also dort ein einfacher Punct M war, geht hier, wo die Kräfte nicht mehr in derselben Ebene liegen, in eine gerade Linie MN über und die dortigen Dreiecke MAB, ... verwandeln sich damit in dreiseitige Pyramiden $MNAB$, ... So wie nun in jenem einfacheren Falle die Doppelten der Dreiecke MAB, ..., oder die Parallelogramme, zu denen sie sich ergänzen lassen, die Momente der Kräfte AB, ... in Bezug auf den Punct M hiessen, so wollen wir auf analoge Weise die Sechsfachen der Pyramiden $MNAB$, ... oder die Parallelepipeda, welche MN und AB, u. s. w. zu gegenüberliegenden Kanten haben, jedes derselben mit dem ihm nach der Regel des §. 58 zukommenden Zeichen genommen, die Momente der Kräfte AB, ... in Bezug auf die Gerade oder Axe MN nennen. Die Summe der Momente aller Kräfte des Systems in Bezug auf dieselbe Axe soll, ebenso wie bei Systemen in Ebenen, das Moment des Systems selbst rücksichtlich dieser Axe heissen. — Der Satz des §. 58 lautet damit also:

Ist ein System von Kräften im Raume im Gleichgewichte, so ist für jede beliebige Axe das Moment des Systems Null; woraus nach der schon in §. 33 angewendeten Schlussart weiter folgt:

Gleichwirkende Systeme haben in Bezug auf eine und dieselbe beliebige Axe einander gleiche Momente.

Zusatz. Eine der Flächen des Parallelepipedums, von welchem MN und AB zwei gegenüberliegende Kanten sind, ist das Parallelogramm, welches MN und eine von M ausgehende, der AB gleiche und parallele Gerade zu anstossenden Kanten hat. Der Inhalt dieses Parallelogramms ist dargestellt durch

$$MN \,.\, AB \,.\, \sin\,(MN^{\wedge}AB)\ .$$

Betrachten wir dasselbe als Grundfläche des Parallelepipedums, so ist die Höhe des letzteren gleich dem von einem Puncte der Geraden AB auf die Grundfläche gefällten Perpendikel, d. i. dem kürzesten Abstande der Geraden AB von MN. Der Inhalt des Parallelepipedums $MNAB$, oder der numerische Werth des Moments der Kraft AB in Bezug auf die Axe MN, ist daher, wenn wir noch die Länge der Axe gleich 1 setzen, gleich dem Product aus der

Kraft in den kürzesten Abstand ihrer Richtung von der Axe und in den Sinus des Winkels dieser Richtung mit der Axe.

Hiermit stimmt auch, wie man leicht wahrnimmt, die gewöhnliche Definition des Moments einer Kraft in Bezug auf eine Axe vollkommen überein. Denn nach dieser Definition wird das Moment erhalten, wenn man die Kraft auf eine die Axe rechtwinklig schneidende Ebene rechtwinklig projicirt und diese Projection (gleich der Kraft, multiplicirt mit dem Sinus des Winkels ihrer Richtung mit der Axe) in den Abstand der Projection von der Axe (gleich dem kürzesten Abstande der Kraft von der Axe) multiplicirt.

Uebrigens soll in dem Folgenden, so lange es nur auf das gegenseitige Verhältniss der Momente, nicht auf ihre absoluten Werthe, ankommt, grösserer Kürze willen die Pyramide $MNAB$ selbst, nicht ihr Sechsfaches oder das Parallelepipedum, welches mit ihr zwei gegenüberliegende Seiten gemein hat, als das Moment von AB in Bezug auf MN genommen werden.

§. 60. Von einer einzigen Kraft AB ist das Moment in Bezug auf die Axe MN, oder die Pyramide $MNAB$, nur dann Null, wenn MN mit AB in einerlei Ebene liegt. Ebenso ist von zwei Kräften AB, CD, deren Richtungen nicht zusammenfallen, die Summe der Momente nicht für jede Axe Null. Legt man z. B. die Axe so, dass sie mit AB, nicht aber zugleich mit CD, in einer Ebene liegt, so ist nur von AB, aber nicht von CD das Moment Null, also auch nicht die Summe der Momente Null*).

Ist demnach ein System von Kräften nicht im Gleichgewichte, sondern gleichwirkend mit einer einfachen Kraft, oder mit einem Paare, oder mit zwei nicht in einer Ebene enthaltenen Kräften (§. 57), so ist nach §. 59 das Moment des Systems dem Momente dieser einen oder zwei resultirenden Kräfte gleich, und daher nicht für jede Axe Null. Da also, je nachdem zwischen den Kräften eines Systems Gleichgewicht herrscht, oder nicht, das Moment des Systems für jede, oder nicht für jede Axe Null ist, so gelten die Sätze des §. 59 auch umgekehrt, nämlich:

---

*) Liegen drei Kräfte nicht in einer Ebene, so schneidet nicht jede Axe, welche zweien derselben begegnet, auch die dritte. Für eine Axe, welche bloss zwei derselben trifft, ist aber das Moment aller drei Kräfte gleich dem Momente der nicht getroffenen dritten, also nicht Null. Drei Kräfte, die nicht in einer Ebene liegen, können sich folglich nicht das Gleichgewicht halten, und zwei Kräfte, die nicht in einer Ebene enthalten sind, können nicht auf eine einzige Kraft reducirt werden. Dasselbe ist schon in §. 57, jedoch auf eine weniger einfache Art, bewiesen worden.

Ist das Moment eines Systems von Kräften im Raume für jede beliebige Axe Null, so halten sich die Kräfte das Gleichgewicht; und wenn die Momente zweier Systeme für jede beliebige Axe, auf welche sie gemeinschaftlich bezogen werden, einander gleich sind, so sind die Systeme gleichwirkend.

§. 61. Die Bedingung, dass das Moment des Systems für jede Axe Null ist, d. h. dass die Summe der Pyramiden, welche eine gemeinschaftliche Kante und die Kräfte selbst zu gegenüberliegenden Kanten haben, für jede Lage der gemeinschaftlichen Kante sich auf Null reducirt, ist demnach bei Kräften, die auf einen frei beweglichen Körper wirken, die für alle möglichen Richtungen der Kräfte geltende Bedingung des Gleichgewichtes, das oberste Princip dieses Gleichgewichtes. Aus ihm müssen sich daher die im Früheren erhaltenen Bedingungen für die speciellen Fälle, wenn die Kräfte in einer und derselben Ebene liegen, oder ihre Richtungen in eine und dieselbe Gerade fallen, rückwärts ableiten lassen.

In der That, sind die Kräfte AB, CD, ... in einer Ebene enthalten, so werden die Pyramiden $MNAB$, $MNCD$, ..., wenn man den willkürlichen Punct N und damit die Dreiecke NAB, NCD, ... in der Ebene selbst nimmt, diesen Dreiecken proportional, und es muss folglich beim Gleichgewichte die Summe dieser Dreiecke Null sein. Fallen aber die Kräfte in eine einzige Gerade, so sind die Dreiecke NAB, NCD, ... gleichfalls in einer Ebene enthalten, und ihnen nicht nur die Pyramiden $MNAB$, ..., sondern auch die Kräfte AB, ..., also auch die Kräfte den Pyramiden proportional, daher in diesem Falle zum Gleichgewichte nur erfordert wird, dass die Summe der Kräfte selbst Null ist.

§. 62. *Wir wollen nunmehr die auf einen Körper wirkenden Kräfte, indem wir sie auf ein beliebiges Coordinatensystem beziehen, ihrer Grösse und Richtung nach durch Zahlen ausgedrückt annehmen und die Relationen zu bestimmen suchen, die zwischen diesen Zahlen beim Gleichgewichte stattfinden müssen.*

Seien daher, in Bezug auf ein System dreier sich unter beliebigen Winkeln schneidenden Coordinatenaxen, von einer, durch ihre Richtung und Länge die Richtung und Intensität einer Kraft ausdrückenden Geraden AB die Coordinaten ihrer Endpuncte A und B respective

$$x\,,\ y\,,\ z \quad \text{und} \quad x+X\,,\quad y+Y\,,\quad z+Z\,.$$

Hierbei sind also x, y, z die Coordinaten eines beliebigen

Punctes in der Richtung der Kraft, welcher Punct nach der gewöhnlichen Art durch (x, y, z) ausgedrückt werde. X, Y, Z aber sind die Projectionen der auf analoge Weise mit (X, Y, Z) zu bezeichnenden Kraft AB auf die drei Coordinatenaxen. Durch diese Projectionen, die sich ihrer Grösse nach nicht ändern, wenn AB parallel mit sich fortgeführt wird, werden die Grösse und die Winkel von AB mit den Coordinatenaxen bestimmt, so dass (mX, mY, mZ) eine Kraft vorstellt, die mit der Kraft (X, Y, Z) zusammenfällt oder parallel ist und sich zu ihr wie m zu 1 verhält; also mit ihr im Gleichgewichte ist, oder ein Paar bildet, wenn $m = -1$ ist. — Das Symbol einer in der Ebene der x, y, oder mit ihr parallel wirkenden Kraft ist $(X, Y, 0)$, so wie $(0, 0, Z)$ das Symbol einer Kraft, deren Richtung in die Axe der z fällt, oder mit ihr parallel ist; u. s. w.

Setzen wir noch von der Axe MN, worauf die Kraft AB bezogen werden soll, die Coordinaten der Endpuncte M und N resp.

$$f, g, s \quad \text{und} \quad f+F, \quad g+G, \quad h+H,$$

so ist jetzt der Inhalt der durch die Coordinaten ihrer Ecken gegebenen Pyramide $MNAB$, als das Moment von AB für MN, zu entwickeln. Nun könnte zwar der Ausdruck dieses Inhaltes als bekannt genug aus den Elementen der analytischen Geometrie vorausgesetzt werden. Indessen will ich eine Entwickelung dieses Ausdrucks hier noch mittheilen, die, analog der in §. 34 und §. 35 gegebenen Entwickelung für eine Dreiecksfläche, auf die Statik selbst gegründet ist, und die wegen des einfachen Aufschlusses, den sie über die Bedeutung und den Zusammenhang der einzelnen Glieder des Ausdrucks gibt, einiger Aufmerksamkeit nicht unwerth sein dürfte.

§. 63. Lehnsätze über die Pyramide. 1) Um über das dem Ausdrucke $ABCD$ einer Pyramide zukommende Zeichen zu urtheilen, hat man, der in §. 58 gegebenen Vorschrift gemäss, den Kopf nach der im Ausdrucke zuerst gesetzten Ecke A und die Füsse nach der zweiten B zu bringen, und wenn nun, die Augen nach CD gewendet, die Richtung von C nach D von der rechten nach der linken Hand geht, und die Richtung nach links jedesmal für die positive genommen wird, so hat $ABCD$ das positive Zeichen.

Der Ausdruck $ABDC$ derselben Pyramide wird daher negativ sein.

Ebenso wird auch der Ausdruck $ACBD$ einen negativen Werth haben. Denn lässt man den Kopf in A, bringt aber die Füsse nach

C, so leuchtet ein, dass dann die Richtung von B nach D rechts gehend erscheinen wird.

Endlich wird auch der Ausdruck $BACD$ negativ sein. Denn bringt man seinen Körper in eine, der im ersten Falle statthabenden entgegengesetzte Lage, so dass der Kopf nach B und die Füsse nach A kommen, so wird auch die Richtung CD der dortigen entgegengesetzt, also nach rechts gehend, erscheinen.

Man sieht hieraus, dass die drei Versetzungen $ABDC$, $ACBD$, $BACD$, welche sich ergeben, wenn man in $ABCD$ je zwei neben einander stehende Buchstaben gegenseitig vertauscht, von $ABCD$ das entgegengesetzte Zeichen haben. Da nun durch fortgesetztes Vertauschen je zweier neben einander stehender Elemente nach und nach alle die 24 Permutationen, welche sich aus 4 Elementen bilden lassen, erhalten werden können, so wird man hiermit von allen durch diese Permutationen ausgedrückten Pyramiden die Vorzeichen anzugeben im Stande sein. Ist nämlich $ABCD$, wie vorhin, positiv, so ist $ACBD$ negativ, $CABD$ positiv, $CADB$ negativ, $CDAB$ positiv, u. s. w.

2) Habe die Pyramide $ABCD$ gegen ein System dreier coordinirter Axen der x, y, z eine solche Lage, dass A in den Anfangspunct oder den gemeinschaftlichen Durchschnitt der Axen, und B, C, D resp. in die Axen der x, y, z fallen. Den Winkel der Axe der y mit der Axe der x setze man gleich α, und den Winkel der Axe der z mit der Ebene der x, y gleich β. Alsdann ist, ohne Rücksicht auf die Zeichen, der Inhalt des Dreiecks ABC gleich

$$\tfrac{1}{2}AB \,.\, AC \,.\, \sin\alpha \ ,$$

der Abstand des D von der Ebene dieses Dreiecks gleich $AD \,.\, \sin\beta$, und daher der Inhalt Π der Pyramide $ABCD$

$$\Pi = \tfrac{1}{6}r \,.\, AB \,.\, AC \,.\, AD \ , \qquad \text{wo} \qquad r = \sin\alpha \sin\beta \ .$$

Wir wollen nun für jeden der beiden Winkel α und β den Sinn der Drehung, wodurch er bestimmt wird, so annehmen, dass jeder von ihnen kleiner als 180°, und folglich r positiv wird. Indem wir ferner den Kopf nach A und die Füsse nach B bringen, wollen wir diejenige Richtung (nach rechts, oder links) als die positive setzen, welche CD hat, wenn B, C, D von A nach den positiven Seiten der Axen der x, y, z zu liegen. Da nun alsdann jeder der drei Abschnitte AB, AC, AD positiv ist, so stimmen in diesem Falle der Ausdruck $ABCD$ und sein numerischer Werth Π dem Zeichen nach überein. Es erhellt aber durch unmittelbare Anschauung, dass jedesmal, wenn eine der Ecken B, C, D von der positiven Seite der Axe, worin sie liegt, durch A in die negative übertritt, der Ausdruck $ABCD$ einen Zeichenwechsel erleidet; zugleich aber ändert damit auch der zugehörige Factor von Π sein Zeichen. Mithin wird, unter den gemachten Voraussetzungen, in jedem Falle nicht allein dem absoluten Werthe, sondern auch dem Zeichen nach, durch das Product Π der Inhalt der Pyramide $ABCD$ ausgedrückt.

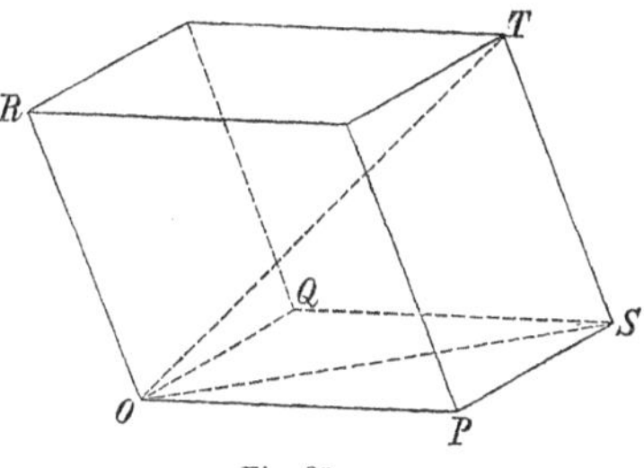

Fig. 23.

3) Von zwei auf einen Punct O (vergl. Fig. 23) wirkenden Kräften OP, OQ ist die Resultante die Diagonale OS des aus den Kräften construirten Parallelogramms. Die Resultante von OS und einer dritten auf O gerichteten Kraft OR, oder die Resultante von OP, OQ, OR, ist die Diagonale OT des aus OS und OR construirten Parallelogramms, d. i. die Diagonale des aus OP, OQ, OR construirten Parallelepipedums, vorausgesetzt, dass die drei Kräfte nicht in einer Ebene liegen. So wie also zwei sich schneidende Kräfte mit Hülfe eines Parallelogramms, so lassen sich drei auf einen Punct wirkende Kräfte durch Construction eines Parallelepipedums zusammensetzen.

Verbinden wir damit den Satz (§. 59) von der Gleichheit der Momente bei gleichwirkenden Systemen von Kräften, so kommt in Bezug auf die Axe MN:

$$MNOP + MNOQ + MNOR = MNOT .$$

Dies gibt uns folgendes, dem in §. 34 aufgestellten Satze analoge, Theorem:

Die algebraische Summe dreier Pyramiden, welche eine gemeinschaftliche Kante MN haben, und deren gegenüberliegende Kanten von einer gemeinschaftlichen Ecke O ausgehen, ist gleich einer Pyramide, welche dieselbe Kante MN hat, und deren gegenüberliegende Kante die von der Ecke O ausgehende Diagonale des aus ersteren drei gegenüberliegenden Kanten construirten Parallelepipedums ist.

Auch lässt sich dieser Satz noch folgendergestalt ausdrücken: Legt man durch eine Ecke O einer Pyramide $MNOT$ drei nicht in einer Ebene enthaltene Axen und projicirt auf jede derselben eine der anderen Ecken, T, durch eine Gerade, welche mit der Ebene der beiden Axen, auf welche nicht projicirt wird, jedesmal parallel ist, so ist die Pyramide $MNOT$ der Summe der drei Pyramiden gleich, die hervorgehen, wenn man in dem Ausdrucke der ersteren für die Ecke T nach und nach ihre drei Projectionen (P, Q, R)

setzt. — Uebrigens sieht man von selbst, dass hierbei OP, OQ, OR die Coordinaten von T in Bezug auf das durch O gelegte Axensystem sind.

§. 64. Aufgabe. *Den Inhalt einer Pyramide $MNAB$ durch die Coordinaten ihrer Ecken auszudrücken.*

Auflösung. Man lege durch M, als den Anfangspunct des Coordinatensystems, die Axen der x, y, z und nenne N_1, N_2, N_3 die Projectionen von N auf diese Axen durch Linien, welche resp. mit den Ebenen der yz, zx, xy parallel sind; auf gleiche Art seien A_1, A_2, A_3 die Projectionen von A, und B_1, B_2, B_3 die Projectionen von B auf die Axen. Alsdann ist dem eben erwiesenen Satze zufolge:

$$(a) \qquad MNAB = MN_1AB + MN_2AB + MN_3AB\ ,$$

und ebenso

$$(b) \qquad MN_1AB = MN_1A_1B + MN_1A_2B + MN_1A_3B\ .$$

In (b) ist aber das erste Glied rechter Hand gleich Null, weil N_1 und A_1 mit M in einer Geraden, in der Axe der x, liegen. Das zweite Glied ist

$$MN_1A_2B = MN_1A_2B_1 + MN_1A_2B_2 + MN_1A_2B_3 = MN_1A_2B_3\ ,$$

weil N_1, B_1 in der Axe der x und A_2, B_2 in der Axe der y liegen, und daher $MN_1A_2B_1$ sowohl, als $MN_1A_2B_2$, gleich Null ist. Gleicherweise findet sich das dritte Glied in (b)

$$MN_1A_3B = MN_1A_3B_2\ ,$$

folglich

$$MN_1AB = MN_1A_2B_3 + MN_1A_3B_2\ ,$$

und ebenso

$$MN_2AB = MN_2A_3B_1 + MN_2A_1B_3\ ,$$
$$MN_3AB = MN_3A_1B_2 + MN_3A_2B_1\ .$$

Addirt man diese drei Gleichungen, so kommt linker Hand: $MNAB$, zufolge der Gleichung (a), und man erhält, wenn man in den Ausdrücken zur Rechten die Buchstaben so versetzt, dass die Indices stets in der Ordnung 1, 2, 3 auf einander folgen, dass also die drei letzten Ecken jeder Pyramide der Reihe nach in den Axen der x, y, z liegen, und wenn man dabei die durch die Versetzungen nöthig werdenden Zeichenwechsel nach §. 63, 1 gehörig beobachtet:

$$\begin{aligned} MNAB = {} & MN_1A_2B_3 + MB_1N_2A_3 + MA_1B_2N_3 \\ & - MN_1B_2A_3 - MA_1N_2B_3 - MB_1A_2N_3\ . \end{aligned}$$

Nun wird nach §. 63, 2, wenn man die Coordinaten von N:

$$MN_1 = n_1 \,, \qquad MN_2 = n_2 \,, \qquad MN_3 = n_3 \,,$$

von A:

$$MA_1 = a_1 \,, \qquad MA_2 = a_2 \,, \qquad MA_3 = a_3 \,,$$

von B:

$$MB_1 = b_1 \,, \qquad MB_2 = b_2 \,, \qquad MB_3 = b_3$$

setzt:

$$MN_1A_2B_3 = \tfrac{1}{6}r \,.\, n_1 a_2 b_3 \,,$$

u. s. w., folglich

$$MNAB = \tfrac{1}{6}r[n_1(a_2b_3 - a_3b_2) + n_2(a_3b_1 - a_1b_3) + n_3(a_1b_2 - a_2b_1)] \,;$$

und hiermit ist unter der Annahme, dass M der Anfangspunct der Coordinaten ist, der Werth der Pyramide $MNAB$, durch die Coordinaten der übrigen Ecken ausgedrückt, gefunden.

Ist M nicht der Anfangspunct, so hat man nur, um diesen Fall auf den hier vorausgesetzten zurückzuführen, die Coordinaten jeder der übrigen Ecken um die auf die entsprechenden Axen sich beziehenden Coordinaten von M zu vermindern.

§. 65. Nach den Bezeichnungen, welche in §. 62 für die Coordinaten von M, N, A, B gewählt wurden, sind, nach Abzug derer von M, die Coordinaten

von $N \ldots\ldots F,\; G,\; H$,
von $A \ldots\ldots x - f ,\quad y - g ,\quad z - h$,
von $B \ldots\ldots x - f + X ,\quad y - g + Y ,\quad z - h + Z$.

Substituirt man dieselben für n_1, n_2, n_3, a_1, ... in der zuletzt erhaltenen Formel, so ergibt sich der sechsfache Werth der Pyramide $MNAB$, d. i. das Moment der auf den Punct (x, y, z) wirkenden Kraft (X, Y, Z) in Bezug auf eine Axe, deren Endpuncte (f, g, h) und $(f + F, g + G, h + H)$ sind,

$$= rF[(y - g)Z - (z - h)Y]$$
$$+ rG[(z - h)X - (x - f)Z] + rH[(x - f)Y - (y - g)X] \,,$$

wo das Zeichen r die in §. 63, 2 angegebene, von der gegenseitigen Lage der Axen abhängige Bedeutung hat, und dieser zufolge bei einem rechtwinkligen Axensystem gleich 1 ist.

Hieraus kann nun leicht weiter das Moment eines Systems von Kräften in beliebiger Anzahl gefunden werden. Denn man hat nur für jede Kraft einzeln ihr Moment nach letzterer Formel zu entwickeln und alle diese Momente zu addiren.

Sind daher (X, Y, Z), (X', Y', Z'), (X'', Y'', Z''), ... *die Kräfte des Systems und resp.* (x, y, z), (x', y', z'), (x'', y'', z''), ...

beliebige Puncte ihrer Richtungen, so ist, wenn man zur Abkürzung die Summen

$$X + X' + X'' + \ldots = A \ ,$$
$$Y + Y' + Y'' + \ldots = B \ ,$$
$$Z + Z' + Z'' + \ldots = C \ ,$$
$$yZ - zY + y'Z' - z'Y' + \ldots = L \ ,$$
$$zX - xZ + z'X' - x'Z' + \ldots = M \ ,$$
$$xY - yX + x'Y' - y'X' + \ldots = N$$

setzt, das Moment des Systems in Bezug auf die durch f, g, h, F, G, H bestimmte Axe dargestellt durch den Ausdruck

$$rF[L - gC + hB] + rG[M - hA + fC] + rH[N - fB + gA] \ .$$

§. 66. Soll nun das jetzt betrachtete System von Kräften im Gleichgewichte sein, so muss das Moment des Systems für jede Lage der Axe MN, also unabhängig von f, g, h, F, G, H, Null sein. Dies gibt folgende sechs nothwendige Bedingungen des Gleichgewichtes:

$$A = 0 \ , \quad B = 0 \ , \quad C = 0 \ ,$$
$$L = 0 \ , \quad M = 0 \ , \quad N = 0 \ .$$

In der That wird, wenn man z. B. g, h, G, H gleich Null setzt, also die Axe MN in der Axe der x liegend und von einer Länge gleich F annimmt, das Moment des Systems gleich rFL, und daher beim Gleichgewichte $L = 0$. Ebenso ist rGM oder rHN das Moment des Systems, wenn die Axe des Moments in die Axe der y oder der z fällt und von der Länge G oder H ist; also beim Gleichgewichte $M = 0$ und $N = 0$. Setzt man aber bloss $h = 0$, $G = 0$, $H = 0$, und lässt daher die Axe der Momente in der Ebene der x, y parallel mit der Axe der x liegen, so wird das Moment

$$= rF(L - gC) \ ,$$

folglich beim Gleichgewichte $C = 0$, weil dann, wie schon erwiesen, $L = 0$ ist.

Die sechs Bedingungsgleichungen

$$A = 0 \ , \quad B = 0 \ , \quad C = 0 \ ,$$
$$L = 0 \ , \quad M = 0 \ , \quad N = 0$$

sind aber nicht allein die nothwendigen, sondern auch die hinreichenden Bedingungen des Gleichgewichtes.

Denn wenn sie erfüllt werden, ist das Moment für jede Lage der Axe Null und findet somit Gleichgewicht statt.

Die drei ersten dieser sechs Gleichungen drücken aus, dass die

Summen der Projectionen der Kräfte auf die Axen der x, der y und der z einzeln Null sind, und die drei letzten bedeuten, dass das Moment des Systems in Bezug auf jede dieser drei Axen einzeln Null ist.

Zusatz. Werden die Richtungen der Kräfte eines Systems in die direct entgegengesetzten verwandelt, so gehen die sechs von den Intensitäten und Richtungen der Kräfte abhängigen Grössen: A, B, ... N über in $-A$, $-B$, ... $-N$.

Bezeichnen ferner bei einem zweiten auf dieselben Coordinatenaxen bezogenen Systeme von Kräften, A', B', ... N' dieselben Functionen der Intensitäten und Richtungen der Kräfte, welche A, B, ... N rücksichtlich des vorigen Systems waren, so sind dieselben Functionen für das aus beiden Systemen zusammengesetzte System:

$$A+A', \quad \dots \quad N+N' .$$

Ist folglich das zweite System mit dem ersten gleichwirkend, so hat man, weil dann das zweite System, nachdem die Richtungen seiner Kräfte in die entgegengesetzten verwandelt worden, mit dem ersten verbunden, im Gleichgewichte sein muss, die sechs Gleichungen:

$$A-A'=0, \quad \dots \quad N-N'=0 ;$$

d. h.: *Die Gleichungen*

$$A=A', \qquad B=B', \qquad C=C',$$
$$L=L', \qquad M=M', \qquad N=N'$$

sind die nothwendigen und hinreichenden Bedingungsgleichungen, unter denen die zwei durch A, B, C, L, M, N *und* A', B', C', L', M', N' *bestimmten Systeme von Kräften gleiche Wirkung haben.*

§. 67. Der Weg, auf welchem wir jetzt zu den Bedingungen für das Gleichgewicht zwischen Kräften im Raume gekommen sind, ist ganz dem analog, den wir bei einem Systeme von Kräften in einer Ebene befolgten. So wie dort die Bedingungen sich daraus ergaben, dass das Moment des Systems für jeden Punct der Ebene, worauf es bezogen wurde, Null sein musste, so fanden sich hier die Bedingungen, indem wir den allgemeinen Ausdruck des Moments, unabhängig von den die Axe des Moments bestimmenden Grössen, Null setzten; und ebenso, wie die dortige Entwickelung sich bloss auf die Zusammensetzung in einer Ebene wirkender Paare gründete, so wurde auch hier nur die Theorie von Paaren im Raume zu Hülfe genommen, so dass die eine Entwickelung von der anderen ganz unabhängig war.

Indessen kann man auch, ohne zuvor die Nullität des Moments

für jede Axe bewiesen und den allgemeinen Ausdruck dieses Moments entwickelt zu haben, die Bedingungen des Gleichgewichtes eines Systems im Raume aus denen, welche für ein System in einer Ebene gelten, leicht auf folgende Weise herleiten.

1) Aus der Natur der Projectionen folgt, dass, wenn man eine Kraft P und ihre Projectionen X, Y, Z auf die Axen der x, y, z parallel mit ihren Richtungen an einen Punct O trägt, die von O ausgehende Diagonale des Parallelepipedums, welches X, Y, Z zu Kanten hat, P selbst ist. Nach dem in §. 63, 3 Bemerkten ist aber bei dieser Lage von P, X, Y, Z die erstere Kraft die Resultante der drei letzteren, d. h.: die Kraft (X, Y, Z) ist gleich und parallel der Resultante von den in den Coordinatenaxen wirkenden Kräften X, Y, Z.

2) Zum Gleichgewichte eines Systems S im Raume wird erfordert, dass von den zwei Systemen V und W (§. 57) jedes für sich im Gleichgewichte ist. Es besteht aber V aus den parallel mit ihren Richtungen durch einen Punct O gelegten Kräften von S. Man nehme nun für den Punct O den Anfangspunct der Coordinaten, so wird die Kraft (X, Y, Z) des Systems S nach ihrer Verlegung auf O gleichwirkend mit den Kräften X, Y, Z in den Axen der x, y, z; und dasselbe gilt auch von den übrigen Kräften (X', Y', Z'), ... des Systems S. Das aus der Verlegung entstehende System V ist daher gleichwirkend mit den Kräften X, X', ... in der Axe der x, den Kräften Y, Y', ... in der Axe der y und den Kräften Z, Z', ... in der Axe der z. Soll aber dieses System im Gleichgewichte sein, so muss es jedes der drei Systeme $X, X', \ldots$; $Y, Y', \ldots$; $Z, Z', \ldots$ für sich sein, und daher, wenn, wie in §. 65

$$X + X' + \ldots = A \;,$$

u. s. w. gesetzt wird, jede der drei Summen A, B, C Null sein. Denn da zwei Kräfte, die nicht in einer Geraden wirken, sowie drei Kräfte, deren Richtungen nicht in eine und dieselbe Ebene fallen, sich nicht das Gleichgewicht halten können, so würde, wenn von den drei Summen A, B, C nur zwei, oder eine, oder keine, Null wären, das System eine Resultante haben.

Die erste Bedingung des Gleichgewichtes zwischen Kräften im Raume, dass die Kräfte, wenn sie parallel mit sich an einen und denselben Punct getragen werden, sich das Gleichgewicht halten, wird daher erfüllt, wenn

$$A = 0 \;, \qquad B = 0 \;, \qquad C = 0 \;.$$

3) Die zweite Bedingung für das Gleichgewicht des Systems S ist das Gleichgewicht des Systems der Paare W. Hierzu wird nach

§. 54, 5 erfordert, dass, wenn man die Paare auf die Ebene der yz, zx und xy projicirt, in jeder dieser Ebenen für sich die projicirten Paare im Gleichgewichte sind. Das zu dem Systeme W gehörige Paar, welches aus der auf den Punct (x, y, z) wirkenden Kraft (X, Y, Z) des Systems S und der durch O gehenden Kraft $(-X, -Y, -Z)$ besteht, hat aber zu seiner Projection auf die Ebene der xy ein Paar, dessen Kräfte (X, Y) und $(-X, -Y)$ resp. auf die Puncte (x, y) und O gerichtet sind; und von diesem Paare ist das Moment gleich dem Momente der Kraft (X, Y) in Bezug auf O (§. 31),

$$= (xY - yX) \sin\alpha$$

(§. 37). Auf gleiche Weise verhält es sich mit jedem der übrigen Paare des Systems W. Nach der in §. 65 angenommenen Bezeichnung ist daher das Moment aller auf die Ebene der x, y projicirten Paare des Systems W gleich $N \sin\alpha$, und folglich Gleichgewicht zwischen ihnen, wenn $N = 0$ ist. Ebenso zeigt sich, dass resp. $L = 0$ und $M = 0$ die Bedingungen sind, unter denen die Projectionen von W auf die Ebenen der yz und zx sich das Gleichgewicht halten. Die Bedingungen für das Gleichgewicht des Systems W sind demnach:

$$L = 0 \ , \qquad M = 0 \ , \qquad N = 0 \ ,$$

welche in Verbindung mit den drei vorigen Gleichungen $A = 0$, u. s. w. die Bedingungen für das Gleichgewicht des Systems S vollständig darstellen.

Zusatz. Aus 2) dieser Entwickelung schliessen wir noch, dass, wenn die Kräfte des Systems ursprünglich auf einen und denselben Punct wirken, die drei Gleichungen:

$$A = 0 \ , \qquad B = 0 \ , \qquad C = 0 \ ,$$

die einzigen zum Gleichgewichte erforderlichen Bedingungen sind, und dass, wenn sie nicht erfüllt werden, das System eine auf denselben Punct gerichtete Resultante (A, B, C) hat.

§. 68. Setzt man in den sechs Gleichungen $A = 0$, $B = 0$, ... $N = 0$ die Projectionen Z, Z', ... und die Coordinaten z, z', ... sämmtlich gleich Null, so werden die Gleichungen $C = 0$, $L = 0$, $M = 0$ identisch, und man erhält rückwärts

$$A = 0 \ , \qquad B = 0 \ , \qquad N = 0 \ ,$$

wie in §. 38, als die einzigen Bedingungen des Gleichgewichtes für den speciellen Fall, wenn die Kräfte in einer und derselben Ebene, in der Ebene der x, y, wirken.

Da $(X, Y, 0)$, ... und $(x, y, 0)$, ... die Projectionen der Kräfte (X, Y, Z), ... und der Puncte (x, y, z), ... auf die Ebene der x, y

sind, so geben die drei Gleichungen $A = 0$, $B = 0$, $N = 0$ noch zu erkennen, dass, wenn ein System im Raume im Gleichgewicht ist, auch Gleichgewicht zwischen den auf die Ebene der xy projicirten Kräften desselben stattfindet. Ebenso wird durch die Gleichungen $B = 0$, $C = 0$, $L = 0$ das Gleichgewicht der Projectionen auf die Ebene der yz, und durch die Gleichungen $C = 0$, $A = 0$, $M = 0$ das Gleichgewicht der Projectionen auf die Ebene der zx ausgedrückt. Wir folgern hieraus:

Ist ein System von Kräften im Raume im Gleichgewichte, so ist es auch die Projection des Systems auf eine beliebig gelegte Ebene. Ist aber von drei Projectionen eines Systems im Raume auf drei sich nur in einem Puncte schneidende Ebenen jede Projection für sich im Gleichgewichte, so ist es auch das System selbst und mithin auch die Projection desselben auf jede vierte Ebene.

Vermöge der drei Gleichungen

$$A = 0\ , \qquad B = 0\ , \qquad C = 0\ ,$$

gilt der erste Theil dieses Satzes auch von Projectionen eines Systems im Raume auf gerade Linien.

Wenn also die Kräfte des Systems im Gleichgewichte sind, so herrscht zwischen den auf eine beliebige Gerade projicirten Kräften ebenfalls Gleichgewicht. Wenn aber von drei Projectionen des Systems auf drei nicht in einer Ebene liegende und nicht mit einer Ebene parallele Gerade jede für sich im Gleichgewichte ist, so ist es auch die Projection auf jede vierte Gerade, allein deshalb noch nicht das System selbst.

§. 69. *Ist ein System von Kräften im Raume nicht im Gleichgewichte, so lässt es sich immer auf zwei Kräfte zurückbringen, die im allgemeineren Falle nicht weiter zu vereinigen sind.*

Seien (X_1, Y_1, Z_1), (X_2, Y_2, Z_2) diese zwei Kräfte und resp. (x_1, y_1, z_1), (x_2, y_2, z_2) zwei Puncte ihrer Richtungen. Um die gleiche Wirkung des Systems mit diesen zwei Kräften auszudrücken, hat man nach §. 66, Zusatz die von den Kräften des Systems abhängigen sechs Grössen A, B, ..., N den ebenso durch letztere zwei Kräfte bestimmten Grössen gleich zu setzen. Dies gibt die sechs Gleichungen:

$$\begin{aligned} A &= X_1 + X_2\ , & L &= y_1 Z_1 - z_1 Y_1 + y_2 Z_2 - z_2 Y_2\ , \\ B &= Y_1 + Y_2\ , & M &= z_1 X_1 - x_1 Z_1 + z_2 X_2 - x_2 Z_2\ , \\ C &= Z_1 + Z_2\ , & N &= x_1 Y_1 - y_1 X_1 + x_2 Y_2 - y_2 X_2\ . \end{aligned}$$

Betrachtet man daher das System, und damit die sechs Grössen A,

$B, \ldots N$, als gegeben, und will man die zwei mit ihm gleichwirkenden Kräfte finden, so hat man sechs Gleichungen zwischen zwölf Unbekannten:

$$X_1, \ldots X_2, \ldots x_1, \ldots x_2, \ldots .$$

Man kann folglich sechsen der letzteren beliebige Werthe geben, hierdurch die sechs übrigen bestimmen und somit auf unendlich viele Arten zwei Kräfte finden, die mit dem gegebenen Systeme gleiche Wirkung haben.

Nur dürfen unter den sechs willkürlich zu nehmenden Grössen nicht solche sein, zwischen denen allein schon vermöge der sechs Gleichungen Relationen stattfinden; z. B. nicht X_1 und X_2 zugleich, weil durch die Gleichung

$$A = X_1 + X_2$$

mit der einen dieser Grössen auch die andere bestimmt ist.

Ebensowenig können die sechs Coordinaten $x_1, y_1, z_1, x_2, y_2, z_2$ beliebig genommen werden. Denn aus den drei letzten der sechs Gleichungen fliesst:

$$Lx_1 + My_1 + Nz_1$$
$$= X_2(y_1z_2 - y_2z_1) + Y_2(z_1x_2 - z_2x_1) + Z_2(x_1y_2 - x_2y_1)$$
$$Lx_2 + My_2 + Nz_2$$
$$= X_1(y_2z_1 - y_1z_2) + Y_1(z_2x_1 - z_1x_2) + Z_1(x_2y_1 - x_1y_2)$$

und hieraus mit Anwendung der drei ersten Gleichungen:

$$(\alpha) \qquad \begin{gathered} L(x_2 - x_1) + M(y_2 - y_1) + N(z_2 - z_1) \\ = A(y_2z_1 - y_1z_2) + B(z_2x_1 - z_1x_2) + C(x_2y_1 - x_1y_2) . \end{gathered}$$

Die sechs Coordinaten sind daher nicht von einander unabhängig. Vielmehr sieht man aus letzterer Gleichung, dass, wenn die eine Kraft (X_1, Y_1, Z_1) durch einen gegebenen Punct (a_1, b_1, c_1) geht, die andere in einer damit gegebenen, den Punct enthaltenden Ebene liegt. Setzt man nämlich in (α) die Coordinaten a_1, b_1, c_1 an die Stelle von x_1, y_1, z_1, so ist die hervorgehende Gleichung zwischen x_2, y_2, z_2 die Gleichung dieser Ebene; und da diese Gleichung, wenn man auch x_2, y_2, z_2 resp. gleich a_1, b_1, c_1 setzt, identisch wird, so geht die Ebene durch den gegebenen Punct.

Ist umgekehrt die eine Kraft (X_2, Y_2, Z_2) in einer gegebenen Ebene enthalten, deren Gleichung

$$(\beta) \qquad \frac{x_2}{a_2} + \frac{y_2}{b_2} + \frac{z_2}{c_2} = 1$$

sei, so geht die Richtung der anderen Kraft (X_1, Y_1, Z_1) durch einen damit gegebenen, in der Ebene begriffenen Punct. Denn aus der Vergleichung von (β) mit (α) ergibt sich:

$$Lx_1 + My_1 + Nz_1 = a_2(L + Bz_1 - Cy_1) ,$$
$$Lx_1 + My_1 + Nz_1 = b_2(M + Cx_1 - Az_1) ,$$
$$Lx_1 + My_1 + Nz_1 = c_2(N + Ay_1 - Bx_1) .$$

Hiermit erhalten x_1, y_1, z_1 bestimmte Werthe, und diese sind die Coordinaten des Punctes, durch welchen die Kraft (X_1, Y_1, Z_1) zu legen ist. Substituirt man endlich die aus den drei letzteren Gleichungen fliessenden Werthe von a_2, b_2, c_2 in (β) und setzt x_2, y_2, z_2 resp. gleich x_1, y_1, z_1, so wird (β) identisch; mithin ist der Punct (x_1, y_1, z_1) gleichfalls in der Ebene (β) enthalten.

In dieser Beziehung entspricht daher jedem Puncte eine durch ihn gehende Ebene und jeder Ebene ein in ihr liegender Punct. Ist demnach von zwei Kräften, welche mit dem Systeme gleichwirkend sind, die Richtung der einen gegeben, so hat damit auch die Richtung der anderen eine bestimmte Lage. Denn sie ist die Durchschnittslinie zweier Ebenen, die irgend zweien Puncten der ersteren Richtung entsprechen, oder auch die Linie durch zwei Puncte, welche irgend zweien in der ersteren Richtung sich schneidenden Ebenen entsprechen. So wie daher jedem Puncte eine Ebene und jeder Ebene ein Punct entspricht, so hat auch jede Gerade eine andere ihr entsprechende Gerade. — Weiter unten werden wir auf diesen Gegenstand zurückkommen.

§. 70. Die zwei Kräfte, worauf sich ein nicht im Gleichgewichte befindliches System mittelst der sechs Gleichungen in §. 69 immer reduciren lässt, sind im Allgemeinen nicht in einer Ebene enthalten.

Um daher noch zu untersuchen, unter welchen Bedingungen die zwei Kräfte in einer und derselben Ebene liegen, erwäge man, dass sie dann im Allgemeinen sich auf eine einzige Kraft reduciren, im specielleren Falle aber ein Paar bilden. Da nun jede mit (X_1, Y_1, Z_1) ein Paar bildende Kraft den Ausdruck $(-X_1, -Y_1, -Z_1)$ hat, so wird das System mit einem Paare gleiche Wirkung haben, wenn

$$X_1 + X_2 = 0 , \qquad Y_1 + Y_2 = 0 , \qquad Z_1 + Z_2 = 0 ,$$

also wenn (§. 69)

$$A = 0 , \qquad B = 0 , \qquad C = 0$$

ist, — was auch schon daraus erhellt, dass alsdann von den zwei Systemen V und W, welche in §. 57 für das System S substituirt wurden, das System V im Gleichgewichte sein muss (vergl. §. 67, 2).

Die Werthe von L, M, N in §. 69 werden damit, wenn man der Kürze willen

$$x_1 - x_2 = \xi \ , \qquad y_1 - y_2 = \eta \ , \qquad z_1 - z_2 = \zeta$$

setzt:

$$L = \eta Z_1 - \zeta Y_1 \ , \qquad M = \zeta X_1 - \xi Z_1 \ , \qquad N = \xi Y_1 - \eta X_1 \ ;$$

und hieraus lassen sich die Ebene und das Moment des resultirenden Paares bestimmen. Denn zuerst hat man:

$$L\xi + M\eta + N\zeta = 0 \ ,$$

welches, wenn ξ, η, ζ selbst zu Coordinaten genommen werden, die Gleichung für eine durch den Anfangspunct der Coordinaten gelegte, mit der Ebene des Paares parallele Ebene ist. Sodann findet sich

$$L^2 + M^2 + N^2$$
$$= (X_1^2 + Y_1^2 + Z_1^2)(\xi^2 + \eta^2 + \zeta^2) - (X_1\xi + Y_1\eta + Z_1\zeta)^2 \ .$$

Lässt man daher das Coordinatensystem ein rechtwinkliges sein und bestimmt von den zwei Puncten (x_1, y_1, z_1) und (x_2, y_2, z_2) in den Richtungen der Kräfte des Paares den einen so, dass die Gerade, welche ihn mit dem anderen verbindet, die Richtungen rechtwinklig schneidet, so ist

$$X_1\xi + Y_1\eta + Z_1\zeta = 0 \ ,$$

der Ausdruck

$$\sqrt{\xi^2 + \eta^2 + \zeta^2}$$

gleich der Breite, und

$$\sqrt{X_1^2 + Y_1^2 + Z_1^2}$$

gleich jeder der zwei Kräfte des Paares; folglich der Ausdruck

$$\sqrt{L^2 + M^2 + N^2}$$

gleich dem Momente desselben.

Diess fliesst auch sogleich daraus, dass L, M, N die Momente der auf die drei Coordinatenebenen projicirten Kräfte des Systems in Bezug auf den Anfangspunct der Coordinaten (§. 67, 3), also auch die Momente des auf dieselben drei Ebenen projicirten Paares sind, auf welches sich jetzt das System zurückführen lassen soll; und dass, wenn man eine begrenzte Ebene auf drei sich rechtwinklig schneidende Ebenen projicirt, die Summe der Quadrate der Projectionen dem Quadrate der begrenzten Ebene selbst gleich ist.

§. 71. Wenn die zwei Kräfte, welche mit einem gegebenen Systeme gleichwirkend sind, in einer Ebene liegen und sich darin, wie es im Allgemeinen der Fall ist, auf eine einzige Kraft reduciren lassen, so kann man die Kraft (X_1, Y_1, Z_1) für diese eine nehmen und die andere (X_2, Y_2, Z_2) Null setzen. Hiermit werden X_2, Y_2, Z_2 einzeln gleich Null, und die sechs Gleichungen in §. 69 gehen über in:

$$A = X_1\,, \quad B = Y_1\,, \quad C = Z_1\,,$$

$$L = y_1 Z_1 - z_1 Y_1\,, \quad M = z_1 X_1 - x_1 Z_1\,, \quad N = x_1 Y_1 - y_1 X_1\,.$$

Eliminirt man hieraus X_1, Y_1, Z_1, so kommt:

$$(a) \quad L = Cy_1 - Bz_1\,, \quad M = Az_1 - Cx_1\,, \quad N = Bx_1 - Ay_1\,,$$

und, wenn man noch x_1, y_1, z_1 wegschafft:

$$(b) \qquad AL + BM + CN = 0\,,$$

eine Gleichung zwischen A, B, ... N allein, also *die Bedingungsgleichung, bei welcher das System auf eine einzige Kraft reducirbar ist*. Diese Kraft selbst ist (A, B, C) und die drei Gleichungen (a), von denen, vermöge der Relation (b), eine jede aus den zwei übrigen fliesst, sind die Gleichungen für die Richtung der Kraft. Finden sich daher

$$L = 0\,, \quad M = 0\,, \quad N = 0\,,$$

so hat das System eine durch den Anfangspunct der Coordinaten gehende Resultante, und umgekehrt.

Da übrigens die Gleichung (b) auch dann erfüllt wird, wenn A, B, C gleich Null sind, d. i. wenn das System mit einem Paare gleiche Wirkung hat, so erhellt, *dass diese Gleichung überhaupt die Bedingung ausdrückt, bei welcher die zwei Kräfte* (X_1, Y_1, Z_1) *und* (X_2, Y_2, Z_2) *in einer Ebene liegen*, und dass, wenn das System eine einfache Kraft zur Resultante haben soll, zu der positiven durch (b) ausgedrückten Bedingung noch die negative hinzugesetzt werden muss, dass nicht jede der drei Grössen A, B, C Null sein darf.

§. 72. Zusätze. a) Zu der Gleichung (b) kann man noch auf verschiedenen anderen Wegen gelangen; am einfachsten wohl folgendergestalt. Man verwandle, wie in §. 57, das System S in zwei andere V und W, von denen V aus den auf den Anfangspunct der Coordinaten parallel mit sich verlegten Kräften von S besteht, W aber die Kräfte von S selbst und die direct entgegengesetzten von V enthält. Die Resultante von V ist nun eine durch den Anfangspunct gehende Kraft v, deren Ausdruck (A, B, C), und es verhält sich daher für jeden Punct (x, y, z) ihrer Richtung:

$$(v) \qquad x : y : z = A : B : C\,.$$

Die Resultante von W ist ein Paar w, dessen Projectionen auf die Coordinatenebenen gleich L, M, N sind. Die Ebene dieses Paares hat folglich, wenn sie durch den Anfangspunct gelegt wird, die Gleichung (§. 70)

$$(w) \qquad Lx + My + Nz = 0\,.$$

Soll nun das System S sich auf eine einfache Kraft reduciren so muss, wenn W nicht schon für sich im Gleichgewichte, und daher L, M, N gleich Null sind, die Richtung von v in die Ebene von w fallen. Alsdann aber müssen die den x, y, z proportionalen Werthe aus (v) in (w) substituirt, dieser Gleichung Genüge leisten, und es muss daher wie vorhin sein

$$AL + BM + CN = 0 \;.$$

b) Noch eine andere Herleitung dieser Gleichung ist folgende. Sollen die zwei Kräfte (X_1, Y_1, Z_1) und (X_2, Y_2, Z_2), worauf sich ein System im Raume immer reduciren lässt, in einer Ebene enthalten sein, so müssen die vier Puncte (x_1, y_1, z_1), $(x_1 + X_1;\ y_1 + Y_1,\ z_1 + Z_1)$, $(x_2, \ldots)$, $(x_2 + X_2, \ldots)$ in einer Ebene liegen (§. 62), oder mit anderen Worten: es muss der Inhalt der Pyramide, welche diese vier Puncte zu Ecken hat, gleich Null sein. Dieser Inhalt findet sich sogleich, wenn man in der Formel des §. 65 x_2, y_2, z_2, X_2, Y_2, Z_2 für f, g, h, F, G, H, und $x_1, \ldots X_1, \ldots$ für $x, \ldots X, \ldots$ schreibt und ist daher:

$$\begin{aligned}
&\tfrac{1}{6} r X_2 [(y_1 - y_2) Z_1 - (z_1 - z_2) Y_1] + \ldots \\
&\quad = \tfrac{1}{6} r \{X_1 (y_2 Z_2 - z_2 Y_2) + X_2 (y_1 Z_1 - z_1 Y_1) \\
&\qquad + Y_1 (z_2 X_2 - x_2 Z_2) + Y_2 (z_1 X_1 - x_1 Z_1) \\
&\qquad + Z_1 (x_2 Y_2 - y_2 X_2) + Z_2 (x_1 Y_1 - y_1 X_1)\} \;.
\end{aligned}$$

Es fliesst aber aus den drei letzten der sechs Gleichungen in §. 69:

$$\begin{aligned}
X_1 L + Y_1 M + Z_1 N &= X_1 (y_2 Z_2 - z_2 Y_2) + \ldots \\
X_2 L + Y_2 M + Z_2 N &= X_2 (y_1 Z_1 - z_1 Y_1) + \ldots
\end{aligned}$$

Hiermit wird der Inhalt der Pyramide

$$\begin{aligned}
&= \tfrac{1}{6} r \{(X_1 + X_2) L + (Y_1 + Y_2) M + (Z_1 + Z_2) N\} \\
&= \tfrac{1}{6} r \{AL + BM + CN\}
\end{aligned}$$

zufolge der drei ersten jener sechs Gleichungen. Soll daher diese Pyramide verschwinden, und damit das System auf zwei in einer Ebene liegende Kräfte reducirt werden können, so muss

$$AL + BM + CN = 0$$

sein.

c) Merkwürdiger Weise gibt also der Ausdruck $\frac{1}{6} r (AL + BM + CN)$, — oder $\frac{1}{6}(AL + BM + CN)$ selbst, wenn das Coordinatensystem ein rechtwinkliges ist, — im Allgemeinen den Inhalt der Pyramide an, welche durch die zwei resultirenden Kräfte $(X_1, \ldots)$ und $(X_2, \ldots)$ bestimmt wird; und wir ziehen hieraus den Schluss:

Wie auch ein System von Kräften im Raume auf zwei Kräfte

reducirt werden mag, so ist doch immer die Pyramide, welche diese zwei Kräfte zu gegenüberliegenden Kanten hat, von demselben Inhalte.

Sehr einfach lässt sich dieser Satz auch folgendergestalt beweisen. — Sei das System das eine Mal auf die zwei Kräfte PQ, RS, und das andere Mal auf die zwei Kräfte $P'Q'$, $R'S'$ reducirt worden, so sind erstere Kräfte gleichwirkend mit letzteren, und es ist daher in Bezug auf die willkürlich zu nehmende Axe MN (§. 59):

$$MNPQ + MNRS = MNP'Q' + MNR'S' .$$

Man lasse nun die willkürlichen zwei Puncte M, N resp. mit P, Q zusammenfallen, so wird die Pyramide

$$MNPQ = 0 ,$$

und man erhält:

$$PQRS = PQP'Q' + PQR'S' .$$

Ebenso ergibt sich, wenn man MN nach und nach mit RS, $P'Q'$, $R'S'$ zusammenfallen lässt:

$$RSPQ = RSP'Q' + RSR'S' ,$$

$$P'Q'PQ + P'Q'RS = P'Q'R'S' ,$$

$$R'S'PQ + R'S'RS = R'S'P'Q' .$$

Addirt man diese vier Gleichungen, und bemerkt, dass

$$PQRS = RSPQ \quad \text{u. s. w.}$$

(§. 63, 1), so kommt:

$$2PQRS = 2P'Q'R'S' ,$$

und damit

$$PQRS = P'Q'R'S' ,$$

wie zu erweisen war*).

---

*) Der Entdecker dieses merkwürdigen Theorems ist Hr. Chasles (vergl. Gergonne, Démonstration d'un théorème de M. Chasles, Gergonne Annales, tom. XVIII, p. 372). Auf die letztere Art habe ich es in Crelle's Journal für die reine und angewandte Mathematik dargethan und daselbst durch ganz ähnliche Betrachtungen folgenden viel allgemeineren Satz hergeleitet: *Hat man eine beliebige Anzahl* (n) *von Kräften, welche auf einen freien festen Körper wirken, und sind diese Kräfte im Gleichgewichte, oder lassen sie sich auf eine einzige Kraft reduciren, so ist die algebraische Summe der* $\frac{1}{2}n(n-1)$ *dreiseitigen Pyramiden, welche hervorgehen, indem man die Kräfte durch Linien ausdrückt, und je zwei derselben zu gegenüberliegenden Seiten einer Pyramide nimmt, gleich Null. Im allgemeinen Falle aber, wo die n Kräfte sich nicht auf eine, jedoch immer auf zwei Kräfte zurückführen lassen, ist jene Summe von Pyramiden der aus den zwei resultirenden Kräften gebildeten Pyramide selbst gleich.* (Beweis eines neuen, von Herrn Chasles in der Statik entdeckten Satzes, Crelle's Journal, Bd. 4, p. 179 [im vorliegenden Bande weiter unten wieder abgedruckt]).

Vom Gleichgewichte zwischen parallelen Kräften im Raume.

§. 73. Wir wollen noch die jetzt vorgetragene allgemeine Theorie des Gleichgewichtes auf den besonderen Fall anwenden, wenn sämmtliche Kräfte des Systems mit einer und derselben Geraden parallel sind. Denkt man sich die Kräfte eines solchen Systems nach und nach zu zweien mit einander verbunden, so übersieht man schon im Voraus, dass, da die Resultante zweier parallelen Kräfte, die kein Paar ausmachen, eine mit ihnen parallele Kraft ist (§. 26), ein solches System im Allgemeinen eine mit jener Geraden parallele einfache Resultante hat, oder sich auf ein Paar reducirt, dessen Ebene mit jener Geraden parallel läuft, oder endlich im Gleichgewichte ist. Die Rechnung hierzu ist folgende.

Sei p ein Abschnitt einer mit den Kräften des Systems parallelen Linie, und von p die Projectionen auf die drei Coordinatenaxen gleich $a.p$, $b.p$, $c.p$, wo a, b, c aus den Winkeln, welche die drei Coordinatenaxen und p mit einander bilden, bestimmbare Zahlen sind. Alsdann ist, wenn wir die Kräfte (X, Y, Z), (X', Y', Z'), u. s. w. einfach mit P, P', ... bezeichnen:

$$X = aP \ , \qquad Y = bP \ , \qquad Z = cP \ ,$$
$$X' = aP' \ , \qquad Y' = bP' \ , \qquad Z' = cP' \ ,$$

u. s. w.; und es werden mit Anwendung des Summationszeichens Σ die sechs den Zustand des Systems bestimmenden Grössen (§. 65):

$$A = a.\Sigma P \ , \qquad B = b.\Sigma P \ , \qquad C = c.\Sigma P \ ,$$
$$L = c.\Sigma yP - b.\Sigma zP \ , \qquad M = a.\Sigma zP - c.\Sigma xP \ ,$$
$$N = b.\Sigma xP - a.\Sigma yP \ .$$

Hieraus folgt sogleich:

$$AL + BM + CN = 0 \ ;$$

daher sich ein System paralleler Kräfte, — übereinstimmend mit dem gleich Eingangs Bemerkten, — immer auf zwei in derselben Ebene enthaltene Kräfte, folglich im Allgemeinen auf eine einfache Kraft reduciren lassen muss. Diese Kraft ist $(a\Sigma P, \ b\Sigma P, \ c\Sigma P)$ also eine mit den Kräften des Systems parallele Kraft, $P_1 = \Sigma P$, die der algebraischen Summe der letzteren gleich ist. Die Gleichung für die Projection dieser Resultante auf die Ebene der yz (§. 71, a) ist:

$$c.\Sigma yP - b.\Sigma zP = (cy_1 - bz_1)\Sigma P \ ,$$

oder, wenn wir

$$\frac{\Sigma x P}{\Sigma P} = \xi\,, \qquad \frac{\Sigma y P}{\Sigma P} = \eta\,, \qquad \frac{\Sigma z P}{\Sigma P} = \zeta$$

setzen:

$$c(\eta - y_1) = b(\zeta - z_1)\,,$$

und ebenso sind

$$a(\zeta - z_1) = c(\xi - x_1) \quad \text{und} \quad b(\xi - x_1) = a(\eta - y_1)$$

die Gleichungen der Projectionen der Resultante auf die Ebenen der zx und xy.

Ist die Summe der Kräfte P, P', $\ldots = 0$, so sind es auch A, B, C, und das System reducirt sich im Allgemeinen auf ein Paar, dessen Ebene, wenn sie durch den Anfangspunct der Coordinaten gelegt wird, die Gleichung (§. 70)

$$Lx + My + Nz$$
$$= (bz - cy)\Sigma x P + (cx - az)\Sigma y P + (ay - bx)\Sigma z P = 0$$

hat, und daher mit den Richtungen der Kräfte parallel liegt. Das Moment des Paares ist, unter Annahme rechtwinkliger Coordinaten,

$$\sqrt{L^2 + M^2 + N^2}$$
$$= \sqrt{(\Sigma x P)^2 + (\Sigma y P)^2 + (\Sigma z P)^2 - (a\,.\,\Sigma x P + b\,.\,\Sigma y P + c\,.\,\Sigma z P)^2}\,,$$

indem bei einem rechtwinkligen Coordinatensysteme

$$a^2 + b^2 + c^2 = 1$$

ist.

Wenn endlich nicht nur $\Sigma P = 0$, und damit

$$A = 0\,, \qquad B = 0\,, \qquad C = 0\,,$$

sondern auch

$$L = 0\,, \qquad M = 0\,, \qquad N = 0$$

sind, also sich

$$\Sigma x P : \Sigma y P : \Sigma z P = a : b : c$$

verhalten, so herrscht Gleichgewicht. Da diese Doppelproportion die Stelle zweier Gleichungen vertritt, so sind zum Gleichgewichte eines Systems paralleler Kräfte drei Bedingungsgleichungen nothwendig und hinreichend.

Zusatz. Viel einfacher wird diese ganze Rechnung, wenn man das Coordinatensystem so legt, dass die eine Axe, z. B. die der z, mit den Kräften parallel wird. Hiermit werden

$$a = 0\,, \qquad b = 0\,, \qquad c = 1\,,$$

und die Bedingungen des Gleichgewichtes reduciren sich auf:

$$\Sigma P = 0\,, \qquad \Sigma x P = 0\,, \qquad \Sigma y P = 0\,.$$

Wird bloss die erste dieser Gleichungen erfüllt, so ist das System der Kräfte gleichwirkend mit einem Paare, dessen Ebene die Gleichung

$$x \,.\, \Sigma yP - y \,.\, \Sigma xP = 0$$

zukommt, und dessen Moment bei rechtwinkligen Coordinaten gleich

$$\sqrt{(\Sigma xP)^2 + (\Sigma yP)^2}$$

ist.

Ist ΣP nicht gleich Null, so haben die Kräfte eine mit der Axe der z parallele Resultante gleich ΣP, welche die Ebene der xy in einem Puncte schneidet, dessen Coordinaten gleich ξ und η sind.

Sechstes Kapitel.

Weitere Ausführung der Theorie der Momente.

---

§. 74. Ist ein System von Kräften im Raume nicht im Gleichgewichte, so ist sein Moment, oder das Moment der zwei Kräfte, auf welche sich das System immer reduciren lässt, von einer Axe zur anderen im Allgemeinen veränderlich. Die sehr merkwürdigen Gesetze, nach denen diese Aenderungen sich richten, sollen den Gegenstand unserer nächsten Untersuchungen ausmachen.

Die höchst einfachen Beziehungen, welche bei einem in einer Ebene enthaltenen und auf eine einzige Kraft reducirbaren Systeme zwischen den Momenten desselben oder seiner Resultante für verschiedene Puncte der Ebene stattfinden, haben wir in §. 30 und §. 48 kennen gelernt. Die jetzt anzustellenden Untersuchungen werden daher den dortigen zwar verwandt, aber in dem Grade zusammengesetzter sein, als es überhaupt jede geometrische Untersuchung wird, sobald man sie aus dem Gebiete von zwei Dimensionen in das von drei Dimensionen überträgt.

Relationen zwischen Momenten, deren Axen sich in einem Puncte schneiden.

§. 75. Alle zu einem Systeme im Raume gehörigen Kräfte kann man auf eine einfache, durch einen beliebig gewählten Punct

M (vergl. Fig. 24) gehende Kraft v und ein Paar w, dessen Kräfte PQ und $P'Q'$ seien, zurückführen (§. 57). Die Ebene des Paares und die eine Kraft $P'Q'$ desselben nehme man gleichfalls durch M gehend an, was nach §. 50, Folgerung immer möglich ist. Alsdann ist in Bezug auf eine durch M gelegte Axe MN das Moment von v sowohl, als von $P'Q'$, Null, und daher in Bezug auf dieselbe Axe das Moment des Systems gleich dem Momente von v und w (§. 59), gleich dem Momente von PQ, gleich dem Sechsfachen der Pyramide $MNPQ$,

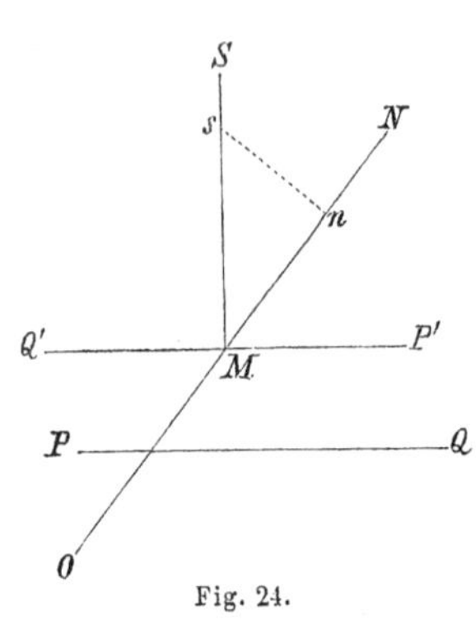

Fig. 24.

$$= 2MPQ \,.\, MN \,.\, \sin(MPQ \wedge MN) \;.$$

Wenn daher, wie in diesem Kapitel immer geschehen soll, alle Axen, worauf ein System bezogen wird, von gleicher Länge angenommen werden, so hat man folgenden Satz:

Für jeden Punct M gibt es eine durch ihn gehende Ebene MPQ von der Beschaffenheit, dass das Moment des Systems für jede den Punct M treffende Axe dem Sinus des von der Axe mit dieser Ebene gebildeten Winkels proportional ist.

§. 76. Um uns die Verhältnisse, die hiernach zwischen den Momenten für die durch M gehenden Axen stattfinden, anschaulicher zu machen, wollen wir von M aus auf die einzelnen Axen, wie MS und MN, Abschnitte, Ms und Mn, tragen, die den Momenten, welche den Axen zukommen, proportional sind. Ist daher MS auf der Ebene MPQ normal, so verhält sich

$$Ms : Mn = 1 : \cos SMN \;,$$

folglich ist Mns ein rechter Winkel, d. h. der Punct n liegt in einer um Ms als Durchmesser beschriebenen und daher die Ebene MPQ in M berührenden Kugelfläche; oder mit anderen Worten:

Das Moment jeder durch M gehenden Axe ist dem von dieser Kugelfläche abgeschnittenen Theile Mn der Axe proportional.

So wie nun unter allen durch M gehenden Sehnen der Kugel die auf der Berührungsebene in M normal stehende Sehne, als Durchmesser, die grösste ist, und alle von M ausgehende, mit ihr gleiche Winkel bildende Sehnen einander gleich sind, so hat auch unter allen durch M gelegten Axen die auf der Ebene MPQ normale Axe das grösste Moment, und allen Axen, die gegen sie unter gleichen Winkeln geneigt sind, kommen Momente von gleicher Grösse zu. So wie ferner die Sehnen, wenn sie in die Berührungsebene selbst zu liegen kommen, in Null übergehen, so ist auch von jeder in dieser Ebene enthaltenen und durch M gehenden Axe das Moment gleich Null. Sind endlich MN und MO zwei von M nach gerade entgegengesetzten Richtungen ausgehende Axen, und schneidet die Gerade, in welcher sie beide liegen, die Kugelfläche in n, so wird das Moment einer jeden von ihnen zwar durch dieselbe Gerade Mn ausgedrückt. Da aber n mit N auf einerlei und mit O auf entgegengesetzte Seiten von M fällt, so stellt Mn für die eine Axe ein positives und für die andere ein eben so grosses negatives Moment vor.

Man lege durch M eine beliebige Ebene; sie schneidet die Kugelfläche in einem Kreise, von welchem der Durchschnitt der Ebene mit der die Kugel in M berührenden Ebene eine Tangente ist. Von den Sehnen dieses Kreises gilt offenbar dasselbe, was so eben von den Sehnen der Kugel bemerkt worden. So wie daher durch jeden Punct im Raume eine Kugel, so lässt sich durch jeden Punct einer Ebene in ihr ein Kreis beschreiben, welcher die Eigenschaft besitzt, dass das Moment jeder durch den Punct gehenden und in der Ebene enthaltenen Axe der Sehne proportional ist, welche der Kreis von der Axe abschneidet. Unter allen diesen Axen hat daher die den Kreis berührende ein Moment gleich Null, die darauf normale Axe das grösste Moment, u. s. w.

Da übrigens das Sechsfache der Pyramide $MNPQ$ zunächst das Moment der Kraft PQ ausdrückt, so gilt das bisher von den Momenten eines ganzen Systems Gesagte auch von den Momenten einer einzelnen Kraft PQ, d. h. die Momente der Kraft PQ in Bezug auf Axen, die durch M gehen, sind den Theilen dieser Axen, welche in eine die Ebene MPQ in M berührende Kugel fallen, proportional.

§. 77. Unter allen Momenten, welche einem System in Bezug auf die durch M gehenden Axen zukommen, ist das grösste gleich $2MN.MPQ$. Die Richtung seiner Axe und seine Grösse in Vergleich zu den Momenten für die übrigen in M sich schneidenden Axen stellt der von M ausgehende, auf MPQ normale Durchmesser der Kugel vor. Will man daher in Bezug auf durch M gelegte Axen die Momente nicht bloss von einem, sondern von mehreren Systemen, oder auch von mehreren einzelnen Kräften, mit einander vergleichen, so hat man durch M eben so viele Kugelflächen zu beschreiben, deren von M ausgehende Durchmesser auf den Dreiecken MPQ, welche den einzelnen Systemen oder Kräften angehören, rechtwinklig stehen und den Flächen dieser Dreiecke proportional sind. Ein solcher Durchmesser, welcher, in der Axe des grösssten Moments liegend, diesem Momente proportional ist, werde die Linie des grössten Moments genannt.

Von einer einzelnen Kraft PQ ist daher, rücksichtlich des Punctes M, die Linie des grössten Moments ein in M auf der Ebene MPQ errichtetes und diesem Dreiecke proportionales Perpendikel.

§. 78. Bei der Reduction eines Systems von Kräften AB, CD, ... auf eine einfache durch M gehende Kraft v und auf ein Paar PQ, $P'Q'$ (§. 75) entsteht letzteres durch Zusammensetzung von Paaren, welche in den Ebenen MAB, MCD, ... liegen, und deren Momente den Doppelten dieser Dreiecke gleich sind (§. 58). Diese Zusammensetzung kann aber nach §. 53 dadurch bewerkstelligt werden, dass man auf den Ebenen MAB, MCD, ... in M Normalen errichtet, ihre Längen diesen Dreiecken proportional macht, und von diesen Linien, als Kräfte betrachtet, die Resultante bestimmt. Denn diese ist auf der Ebene des gesuchten resultirenden Paares PQ, $P'Q'$ rechtwinklig und, wenn $P'Q'$ durch M gelegt wird, dem Dreiecke MPQ proportional.

Nach der in §. 77 gegebenen Erklärung werden aber durch diese Normalen zugleich die Linien der grössten Momente der einzelnen Kräfte und des von ihnen gebildeten Systems rücksichtlich des Punctes M dargestellt, und wir schliessen daher:

Die in Bezug auf einen gewissen Punct stattfindende Linie des grössten Moments für ein System von Kräften ist die Resultante der durch denselben Punct gehenden Linien der grössten Momente für die einzelnen Kräfte des Systems.

§. 79. Aus dem eben entwickelten Satze lässt sich eine nicht uninteressante geometrische Folgerung ziehen. Seien in Bezug auf den Punct M die Linien Ms, Ms', ... die Linien der grössten Momente für die Kräfte AB, CD, ...; Ms_1 die Linie des grössten Moments für das System dieser Kräfte. Man beschreibe um Ms, Ms', ... und Ms_1, als Durchmesser, Kugeln und lege durch M eine beliebige Axe MN, welche die Oberflächen dieser Kugeln, ausser in M, resp. noch in n, n', ... und n_1 schneide, so sind die Abschnitte Mn, Mn', ... und Mn_1 die der Axe MN zugehörigen Momente der einzelnen Kräfte AB, CD, ... und des von ihnen gebildeten Systems; folglich

$$Mn + Mn' + \ldots = Mn_1 \ ,$$

welches uns folgenden Satz gibt:

Beschreibt man durch einen Punct M mehrere Kugelflächen, legt durch M beliebig eine Gerade und bestimmt auf ihr von M aus einen Abschnitt, welcher der algebraischen Summe der Sehnen gleich ist, die von den Kugelflächen in der Geraden abgeschnitten werden, so ist dieser Abschnitt die Sehne einer neuen durch M gehenden Kugel, deren durch M gelegter Durchmesser, statisch ausgedrückt, die Resultante der durch M gelegten Durchmesser der ersteren Kugeln ist.

Auf dieselbe Art, wie die Wirkungen mehrerer sich in einem Puncte schneidender Kräfte auf die Wirkung einer einzigen, denselben Punct treffenden Kraft reducirt werden können, lassen sich daher auch mehrere sich in einem Puncte schneidende Kugelflächen zu einer einzigen zusammensetzen, und ebenso wird man auch mehrere in einer Ebene enthaltene und durch denselben Punct gehende Kreise zu einem neuen Kreise vereinigen können.

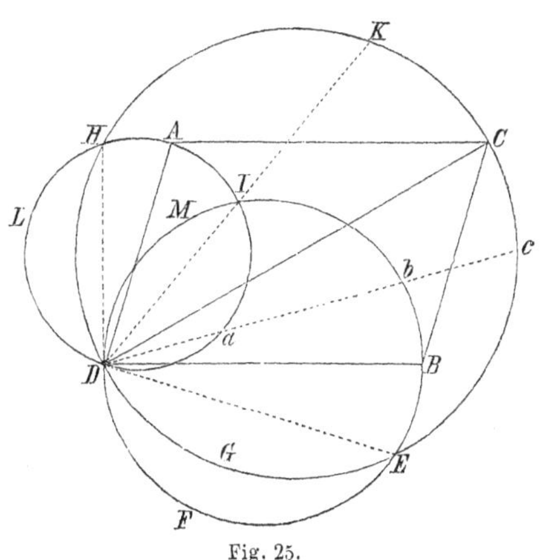

Fig. 25.

Sind demnach DA, DB (vergl. Fig. 25) zwei anliegende Seiten und DC die Diagonale eines Parallelogramms, und beschreibt man um diese drei Linien, als Durchmesser, Kreise, so ist der dritte Kreis als durch Zusammensetzung der zwei ersteren entstanden zu betrachten, indem, wenn eine beliebige durch D gezogene Gerade die drei Kreise resp. in a, b, c schneidet, die Sehne Dc des dritten aus den Sehnen Da und Db der beiden ersten zusammengesetzt ist.

Um dieses unmittelbar zu beweisen, erwäge man, dass DaA, DbB, DcC, als in Halbkreisen gelegen, rechte Winkel, und daher Da, Db, Dc die rechtwinkligen Projectionen von DA, DB, DC auf eine und dieselbe Gerade sind. Es ist aber immer die Projection von DC gleich der Summe der Projectionen von DA und AC; und die Projection von AC gleich der Projection von DB, als von einer der AC gleichen und parallelen Linie; folglich

$$Dc = Da + Db\ .$$

§. 80. Diese aus statischen Betrachtungen hervorgegangene, jetzt aber rein geometrisch dargestellte und erwiesene Zusammensetzung von Kreisen kann nun hinwiederum zum Vortheil der Statik verwendet werden, indem sich darauf ein neuer Beweis für das Parallelogramm der Kräfte gründen lässt, ein Beweis, der sich von den meisten übrigen dadurch unterscheidet, dass sich bei ihm die Richtung und Grösse der Resultante zugleich ergeben. Folgendes sind die hierzu nöthigen Betrachtungen.

1) Schneidet eine durch D gezogene Gerade die drei Kreise in a, b, c, und eine zweite Gerade durch D in a', b', c', so sind die drei Bögen aa', bb', cc' einander ähnlich, indem jeder von ihnen die Hälfte des von den beiden Geraden gebildeten Winkels misst. Und umgekehrt: schneidet man von drei, mit D in einer Geraden liegenden Puncten a, b, c der drei Kreise auf den Kreisen nach einerlei Seite hin drei einander ähnliche Bögen aa', bb', cc' ab, so sind auch a', b', c' mit D in einer Geraden.

2) Werde nun jeder der drei Kreise, die ich nach den Endpuncten ihrer Durchmesser kurz mit A, B, C bezeichnen will, in eine und dieselbe Anzahl gleicher Theile getheilt, und dieses so, dass ein gewisser Theilungspunct des Kreises A, einer des B, einer des C, und D selbst in einer Geraden liegen. Alsdann werden, dem eben Bemerkten zufolge, wenn man von diesen drei Puncten in ihren resp. Seiten nach einerlei Seite zu weiter fortzählt, je drei gleichvielte Theilpuncte mit D wiederum in einer Geraden sein.

3) Werde noch bei dieser Eintheilung festgesetzt, dass der den Kreisen gemeinschaftliche Punct D in jedem von ihnen ein Theilpunct sei. Da nun, wenn a, b, c irgend drei zusammengehörige Theilpuncte, d. h. drei solche sind, die mit D in einer Geraden liegen, man

$$Da + Db = Dc$$

hat, so muss, wenn a in D fällt, also die Gerade den Kreis A in D berührt,

$$Db = Dc$$

sein, also b mit c zusammenfallen; d. h. die durch D an den Kreis A gelegte Tangente geht durch den gegenseitigen Durchschnitt E der Kreise B und C. Ist daher, wie verlangt wird, D ein Theilpunct im Kreise A, so ist auch E ein Theilpunct in den Kreisen B und C. Damit folglich, der Forderung gemäss, D auch in jedem der zwei letzteren Kreise ein Theilpunct sein könne, ist es hinreichend und nothwendig, dass von den Bögen derselben DFE und DGE ein jeder zu seinem ganzen Kreise in einem rationalen Verhältnisse stehe.

Weil aber DEB und DEC, als Winkel in Halbkreisen, rechte

Winkel sind, und daher E, B, C in einer Geraden liegen, so misst der Bogen DFE den Winkel

$$2 . DBE = 2 . ADB \ ,$$

und der Bogen DGE den Winkel

$$2 . DCE = 2 . ADC \ ^{*}).$$

Mithin ist es nur nöthig, dass in dem Parallelogramm $DACB$ jeder der beiden Winkel, welche die Diagonale DC mit den Seiten macht, zu 360° rational ist. Setzen wir daher 360° in m gleiche Theile getheilt, von denen p Theile auf den Winkel ADC, und q auf CDB gehen, so kommen, wenn auch die Peripherie jedes der drei Kreise in m gleiche Theile getheilt wird, auf den Bogen DFE $2(p+q)$ und auf DGE $2p$ solcher Theile, und es liegen, wenn in jedem der drei Kreise D zum ersten Theilpuncte genommen und nach der durch die Folge $DBCA$ bestimmten Richtung herumgezählt wird, der $x$te Theilpunct des Kreises A, der $(x+2[p+q])$te des Kreises B und nnd der $(x+2p)$te des Kreises C mit D immer in gerader Linie.

4) Wir wollen jetzt von D nach allen $m-1$ übrigen Theilpuncten des Kreises A gerade Linien ziehen, deren jede, ihrer Grösse und Richtung nach, eine auf D wirkende Kraft vorstelle. Auf gleiche Art werde durch die Theilpuncte des Kreises B ein zweites, und durch die Theilpuncte des Kreises C ein drittes System auf D wirkender Kräfte bestimmt. Wegen der Gleichung

$$Da + Db = Dc \ ,$$

wenn a, b, c drei zusammengehörige Theilpuncte sind (wie in 3)), ist nun von den diesen Theilpuncten zugehörigen Kräften die Kraft in dem Kreise C gleichwirkend mit den beiden anderen; und da die Theilpuncte aller drei Kreise zu dreien so zusammen genommen werden können, dass sie mit D in einer Geraden liegen, so wird die

---

*) Ueberhaupt ist diese Figur an merkwürdigen Beziehungen reichhaltig. Die Punkte E, H, I, in denen sich die Kreise B und C, A und C, A und B ausser in D noch schneiden, liegen in den Seiten BC, AC und der Diagonale AB des Parallelogramms, und die in E, H, I auf BC, AC, AB errichteten Normalen schneiden sich in D. Von diesen Normalen berührt DE den Kreis A, DH den Kreis B, und wenn DI bis nach K an den Kreis C fortgesetzt wird, so ist $DI = IK$. So wie ferner im Obigen die Bögen DFE und DGE, so lassen sich auch alle übrigen Bögen, in welche die drei Kreise einander zerschneiden, durch Winkel im Parallelogramm AB ausdrücken. So sind z. B. die Bögen HLD, DFE, HDE der Kreise A, B, C einander ähnlich und messen einen Winkel gleich $2 . ADB$. Die Bögen DaI, EbI der Kreise A, B sind sich ähnlich und messen einen Winkel gleich $2 . DAB$; die Bögen IAH, IMD der Kreise A, B sind sich ähnlich, indem jeder von ihnen einen Winkel gleich $2 . DBA$ misst; u. s. w.

Resultante der Kräfte des Kreises A, verbunden mit der Resultante der Kräfte des Kreises B, gleichwirkend mit der Resultante der Kräfte des Kreises C sein.

5) Betrachten wir aber die Kräfte eines der drei Kreise besonders, so sind je zwei, die von D aus nach gleichweit von D zu beiden Seiten liegenden Theilpuncten des Kreises gerichtet sind, einander gleich und haben daher eine Resultante, welche den durch D gelegten Durchmesser zur Richtung hat. Dieselbe Richtung muss folglich auch der Resultante aller Kräfte des Kreises zukommen.

Offenbar sind ferner je zwei Kreise mit ihren Sehnen, oder den dadurch vorgestellten Kräften, einander ähnliche Figuren, von denen die eine in die andere übergeht, wenn man jede Kraft des einen Kreises in dem Verhältnisse ändert, in welchem sein Durchmesser zu dem Durchmesser des anderen steht. In demselben Verhältnisse werden folglich auch die Resultanten aller Kräfte des einen und des anderen Kreises zu einander sein, so dass die Durchmesser DA, DB, DC nicht allein die Richtungen, sondern auch die Grössenverhältnisse der Resultanten der drei Systeme von Kräften angeben.

6) Zu Folge des in 4) Erwiesenen ist daher von drei durch DA, DB, DC vorgestellten Kräften die letztere gleichwirkend mit den beiden ersteren, und somit das Parallelogramm der Kräfte für den Fall dargethan, wenn die Diagonale DC mit den Seiten Winkel macht, deren jeder zu 360^0 in einem rationalen Verhältnisse steht. Die Ergänzung des Beweises für den Fall irrationaler Verhältnisse bleibe dem Leser selbst überlassen.

Von den Axen der grössten Momente.

§. 81. Ist für einen Punct M die Linie des grössten Moments, welche durch ihre Richtung und Länge die dem Puncte zugehörige Axe des grössten Moments und den Werth desselben angibt (§. 77), gegeben, so lässt sich das Moment für jede andere durch M gehende Axe sogleich finden. Wie diese Linie des grössten Moments bestimmt werden kann, ist in §. 78 gezeigt worden, und wir wollen nun untersuchen, nach welchem Gesetze die Richtung und Länge dieser Linie von einem Puncte zum anderen veränderlich ist.

Sei demnach ein System von Kräften auf eine einfache, durch einen willkürlich angenommenen Punct M gehende Kraft v und auf ein Paar w reducirt worden. Ebenso habe man das System auf eine durch einen beliebigen anderen Punct M' gehende Kraft v' und auf ein Paar w' zurückgebracht.

Da hiernach v und w gleichwirkend mit v' und w' sind, so sind es auch v, w und $-w'$ mit v'. Die Kraft v muss daher in der Ebene des aus w und $-w'$ resultirenden Paares liegen, oder doch dieser Ebene parallel sein (§. 57), und muss mit $-v'$ ein diesem resultirenden Paare das Gleichgewicht haltendes Paar bilden (§. 15, 1). Die Kräfte v und v' sind folglich einander gleich und haben gleichlaufende Richtungen, und die Ebene dieser Richtungen wird von den Ebenen der Paare w und w' in parallelen Geraden geschnitten (§. 51). — Ist M' ein Punct in der Richtung von v selbst, so fallen v und v' zusammen, und haben daher gleiche Wirkung; mithin sind dann auch die Paare w und w' einander gleichwirkend, d. i. sie liegen in parallelen Ebenen und haben gleiche Momente.

Dass die Kraft v von einem Puncte M zum anderen ihre Richtung und Intensität unverändert behält, geht übrigens auch daraus hervor, dass v die Resultante der an einem Puncte M parallel mit ihren Richtungen getragenen Kräfte des Systems ist.

Weil w mit w' und v', $-v$ gleichwirkend ist, so ist, wenn wir sämmtliche drei Paare auf eine Ebene projiciren, das Moment der Projection von w gleich dem Momente der Projectionen von w' und v', $-v$ (§. 54, 5). Um ein bestimmteres Bild zu haben, wollen wir uns die gemeinschaftliche Richtung von v und v' vertical aufwärts gehend denken. Lassen wir nun die Projectionsebene horizontal sein und projiciren darauf rechtwinklig, so ist die Projection des Paares v', $-v$ Null und die Momente der Projectionen von w und w' sind einander gleich.

Das Moment der Projection des Paares w auf eine horizontale Ebene ist demnach für alle Puncte M von gleicher Grösse, und mithin das Moment von w selbst am kleinsten für diejenigen Puncte M, für welche sich die Ebene von w horizontal findet.

Um diese Puncte, wenn es anders solche gibt, zu bestimmen, wollen wir die Paare w und w' auf die Ebene des Paares v', $-v$ rechtwinklig projiciren. Nach obigem Satze von den Projectionen ist alsdann das Moment der Projection von w gleich der Summe der Momente des in der Projectionsebene liegenden Paares v', $-v$ selbst und der Projection von w'. In dem Falle nun, wenn w' horizontal, also auf der Projectionsebene rechtwinklig ist, ist das Moment seiner Projection Null, folglich haben dann die Projection des Paares w und das Paar v', $-v$ gleiche Momente; und weil immer die Durchschnittslinien der Ebenen von w und w' mit der Ebene von $(v', -v)$ einander parallel sind, jetzt aber w' horizontal sein soll, so sind jetzt die beiden Durchschnitte von w und w' mit der verticalen Ebene von $(v', -v)$ horizontal. Dies gibt zur Bestimmung der Puncte M', für welche w' horizontal ist, folgende Regel:

Man lege durch die irgend einem Puncte M zugehörige Kraft v eine (verticale) Ebene so, dass sie die Ebene des demselben Puncte zukommenden Paares w in einer Horizontalen schneidet. Auf diese Ebene projicire man das Paar rechtwinklig und ergänze die Kraft $-v$ durch eine zweite v' in derselben Ebene zu einem Paare, welches mit der Projection von w einerlei Moment hat. Jedes Paar w', das einem Puncte M' in der Richtung von v' zukommt, wird alsdann eine horizontale Lage haben.

Sind umgekehrt die sich rechtwinklig schneidenden v' und w' gegeben, und legt man durch irgend einen Punct M eine der v' parallele und gleiche Kraft v, so ist das Paar, welches aus der Zusammensetzung der Paare w' und v', $-v$ entspringt, das dem M zugehörige. Die Ebene desselben schneidet die Ebene von $(v', -v)$ in einer Horizontalen, sein Moment aber und sein Winkel mit dem horizontalen w' ist um so grösser, je grösser das Moment des Paares v', $-v$ ist, je weiter also M von v' entfernt liegt.

§. 82. Dieses vorausgeschickt ist nun die Bestimmung der jedem Puncte M zugehörigen Linie des grössten Moments ganz leicht. Diese Linie steht nach §. 77 auf dem Paare w des Punctes rechtwinklig und ist dem Momente dieses Paares proportional; sie ist daher dasselbe, was wir in §. 53 die Axe des Paares nannten. Da nun die Resultante der Axen zweier zusammenzusetzenden Paare die Axe des resultirenden Paares ist (ebendas.), und da jetzt das Paar w aus der Zusammensetzung der Paare w' und v', $-v$ hervorgeht, so ist die Linie des grössten Moments für den Punct M die Resultante der Linie des grössten Moments für einen in v' liegenden Punct M' und der nach demselben Maassstabe bestimmten Axe des Paares v', $-v$. Die hierzu nöthige Construction ist folgende.

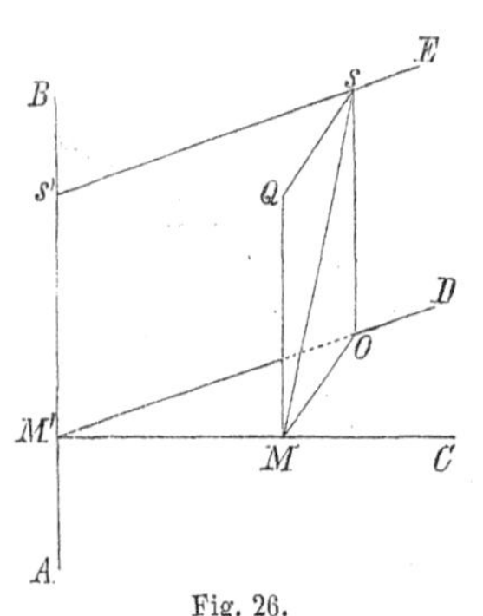

Fig. 26.

Sei, wie im Vorigen, v' auf w' rechtwinklig; AB (vergl. Fig. 26) stelle die Richtung von v' vor; wir wollen sie die Hauptlinie des Systems nennen und sie uns wiederum vertical denken. Für jeden ihrer Puncte M' ist die Linie des grössten Moments eine von

M' aus auf sie getragene, dem Momente von w' proportionale Länge $M's'$.

Ist nun M irgend ein anderer Punct des Raumes, und M' der Punct der Hauptlinie, welcher mit M in einer Horizontalen liegt, so ist MAB die Ebene des Paares v', $-v$; $M'M$ seine Breite, also $M'M \,.\, v$ sein Moment und ein auf der Ebene MAB errichtetes, diesem Momente proportionales Perpendikel MO die Axe des Paares. Die Linie des grössten Moments für M wird hiernach gefunden als die Resultante Ms von MO und einer an M der $M's'$ gleich und parallel getragenen MQ, oder, was dasselbe ist, als die Hypotenuse Ms des bei O rechtwinkligen Dreiecks MOs, in welchem Os gleich und parallel der Ms' ist; sie ist daher rechtwinklig auf dem von N auf die Hauptlinie gefällten Perpendikel $M'M$, und ihre Grösse, sowie ihr Winkel mit der Hauptlinie, sind bei einem und demselben Systeme bloss von der Grösse dieses Perpendikels abhängig.

Weil MO proportional mit $M'M \,.\, v$ ist, so ist das Verhältniss $MO : M'M$, oder die Tangente des Winkels $MM'O$ proportional mit v, also constant, weil v von einem Puncte M zum anderen seine Grösse nicht ändert. Für alle Puncte, welche in einer und derselben durch M' gehenden Horizontalen $M'C$ enthalten sind, liegen daher die zugehörigen O in einer gleichfalls durch M' gehenden Horizontalen $M'D$. Vertical über O in einer Höhe gleich $M's'$, also in einer durch s' mit $M'D$ gezogenen Parallelen $s'E$ liegt der Punct s. Lässt man daher die Puncte M und s in $M'C$ und $s'E$ sich so fortbewegen, dass die Gerade Ms auf $M'C$ immer normal steht, so ist Ms jederzeit die Linie des grössten Moments für M, und man sieht hieraus deutlich, wie bei wachsender Entfernung des M von M' die Grösse dieser Linie und ihr Winkel mit der Hauptlinie immer zunehmen.

Setzt man den Winkel OsM, oder den Winkel von Ms mit der Hauptlinie, gleich ω und den constanten Winkel $CM'D = \alpha$, so ist

$$Ms = \sqrt{M's'^2 + M'M^2 \operatorname{tang} \alpha^2} \qquad \text{und} \qquad \operatorname{tang} \omega = \frac{M'M}{M's'} \operatorname{tang} \alpha \;,$$

woraus dasselbe erkannt wird.

Zum Schlusse wollen wir die erhaltenen Resultate in folgenden Sätzen zusammenstellen.

1) *Für alle Puncte, welche in der Fläche eines um die Hauptlinie, als Axe, beschriebenen Cylinders liegen, sind die Linien der grössten Momente einander gleich, berühren insgesammt diesen Cylinder und machen mit der Hauptlinie gleiche Winkel. Für alle Puncte, die in einer und derselben Seitenlinie des Cylinders liegen, sind daher diese*

Linien einander parallel und in einer Ebene enthalten, die den Cylinder in der Seitenlinie berührt. Für alle Puncte dagegen, welche in dem Durchschnitte der Cylinderfläche mit einer auf der Hauptlinie normalen Ebene, also in einem Kreise, liegen, bilden die zugehörigen Linien die Fläche eines durch Umdrehung um die Hauptlinie erzeugten hyperbolischen Hyperboloids.

2) *Je weiter ein Punct von der Hauptlinie absteht, je grösser also der Durchmesser des Cylinders ist, desto grösser ist die zugehörige Linie des grössten Moments und desto mehr nähert sich der Winkel dieser Linie mit der Hauptlinie einem rechten, indem die Tangente desselben dem Abstande des Punctes von der Hauptlinie proportional ist. Für Puncte, die in einer auf der Hauptlinie normalen Geraden liegen, bilden die zugehörigen Linien die Fläche eines hyperbolischen Paraboloids.*

Denn indem M in $M'C$ fortbewegt wird, bleibt Ms einer auf $M'C$ normalen Fläche parallel und trifft fortwährend die zwei Geraden $M'C$ und $s'E$.

3) *Für jeden Punct in der Hauptlinie fällt die Linie des grössten Moments in die Hauptlinie selbst und ist kleiner, als für jeden anderen Punct, also ein Minimum maximorum.*

§. 83. Aufgabe. *Die Gleichungen für die Hauptlinie und den Werth des kleinsten unter den grössten Momenten zu finden.*

Auflösung. Das Coordinatensystem sei ein rechtwinkliges. Beziehen wir nun das System der Kräfte zuerst auf eine Axe t, welche durch den Punct (f, g, h) geht, eine Länge gleich 1 hat und mit den Axen der x, y, z die Winkel φ, χ, ψ macht, so sind die Projectionen der Axe auf die Coordinatenaxen gleich $\cos\varphi$, $\cos\chi$, $\cos\psi$, und es ergibt sich das Moment für diese Axe, wenn wir in dem in §. 65 erhaltenen Ausdrucke des Moments für F, G, H diese Cosinus substituiren. Bezeichnen wir daher dieses Moment mit T und setzen zur Abkürzung:

$$(1)\qquad L-gC+hB=L', \qquad M-hA+fC=M', \qquad N-fB+gA=N',$$

so wird

$$(2)\qquad T=L'\cos\varphi+M'\cos\chi+N'\cos\psi .$$

Setzen wir ferner

$$\sqrt{L'^2+M'^2+N'^2}=T',$$

und

$$(3)\qquad \frac{L'}{T'}=\cos\varphi', \qquad \frac{M'}{T'}=\cos\chi', \qquad \frac{N'}{T'}=\cos\psi',$$

so ist

$$(4) \qquad \cos\varphi'^2 + \cos\chi'^2 + \cos\psi'^2 = 1$$

und

$$T = T'(\cos\varphi \cos\varphi' + \cos\chi \cos\chi' + \cos\psi \cos\psi') \ .$$

Wegen (4) lassen sich aber φ', χ', ψ' als drei Winkel betrachten, die eine Gerade — sie heisse t' und werde gleichfalls durch (f, g, h) gelegt — mit den Axen der x, y, z bildet; und es ist mithin

$$\cos\varphi \cos\varphi' + \cos\chi \cos\chi' + \cos\psi \cos\psi' = \cos t \wedge t' \ ,$$

folglich

$$T = T' \cos t \wedge t' \ .$$

Nehmen wir daher bloss φ, χ, ψ veränderlich, so ist der grösste Werth von $T = T'$ und dafür der Winkel $t \wedge t' = 0$, d. h. unter allen durch den Punct (f, g, h) gehenden Axen t ist t' diejenige, welcher das grösste Moment zukommt; die Winkel dieser Axe mit den Coordinatenaxen sind gleich φ', χ', ψ', und das grösste Moment selbst gleich T'.

Unter den verschiedenen Axen t' der grössten Momente, welche den verschiedenen Puncten (f, g, h) zugehören, fallen aber diejenigen in die Hauptlinie, welche mit v, d. i. mit der Resultante von A, B, C, parallel sind, für welche sich also

$$\cos\varphi' : \cos\chi' : \cos\psi' = A : B : C$$

verhalten. Hiermit folgt aus (3) und (1):

$$\frac{L - gC + hB}{A} = \frac{M - hA + fC}{B} = \frac{N - fB + gA}{C} \ ,$$

welches daher zwei Gleichungen zwischen den Coordinaten f, g, h aller derjenigen Puncte sind, welche nebst ihren Axen in die Hauptlinie fallen; es sind folglich die zwei Gleichungen der Hauptlinie selbst.

Setzen wir zuletzt noch in dem allgemeinen Ausdrucke des Moments (2) die durch φ, χ, ψ bestimmte Richtung der Axe parallel mit der Hauptlinie, also mit der Resultante von A, B, C, so werden

$$\cos\varphi = \frac{A}{D} \ , \qquad \cos\chi = \frac{B}{D} \ , \qquad \cos\psi = \frac{C}{D} \ ,$$

wo

$$D = \sqrt{A^2 + B^2 + C^2} \ ,$$

und damit

$$T = \frac{AL' + BM' + CN'}{D} = \frac{AL + BM + CN}{\sqrt{A^2 + B^2 + C^2}}$$

wegen (1), also unabhängig von f, g, h. Alle mit der Hauptlinie parallele Axen haben daher gleiche Momente, deren gemeinschaftlicher Werth der eben gefundene ist. Dieser Werth kommt daher auch dem Momente einer in die Hauptlinie selbst fallenden Axe zu, d. i. dem kleinsten unter den grössten Momenten.

Zusatz. Dass alle mit der Hauptlinie parallelen Axen gleiche Momente haben, wird auch leicht aus Fig. 26 erkannt. Denn da Ms die Linie des grössten Moments für den Punct M, und MQS ein rechter Winkel ist, so ist die der $M's'$ gleiche und parallele Linie MQ dem Momente der in sie fallenden Axe proportional (§. 76).

Von den Axen, deren Momente Null sind.

§. 84. Noch eine besondere Aufmerksamkeit verdienen diejenigen Axen, in Bezug auf welche das Moment des Systems Null ist. Sie ergeben sich unmittelbar aus dem Vorigen, da es unter allen durch einen Punct M gehenden Axen alle diejenigen und keine anderen sind, welche auf der dem Puncte zukommenden Linie des grössten Moments rechtwinklig sind, also in der Ebene des dem M zugehörigen und durch ihn selbst gelegten Paares w liegen. In dieser Beziehung wollen wir die durch M gelegte Ebene von w die Nullebene des Punctes M nennen.

So wie es nun für jeden Punct eine Nullebene gibt, so lässt sich auch umgekehrt in jeder Ebene ein Punct angeben, in Bezug auf welchen sie die Nullebene ist, also ein Punct, den man den Nullpunct der Ebene nenne, und welcher die Eigenschaft besitzt, dass von allen in der Ebene enthaltenen Axen bloss für diejenigen, welche den Punct selbst treffen, das Moment des Systems Null ist.

Denn werde die Ebene von der verticalen Hauptlinie AB (vergl. wieder Fig. 26) im Puncte M' geschnitten und sei $M'C$ eine in der Ebene durch M' gelegte Horizontale, so liegt darin der Nullpunct M der Ebene und ist von M' um einen Abstand

$$M'M = M's' \frac{\operatorname{tang} \omega}{\operatorname{tang} \alpha}$$

entfernt, wo $M's'$ und α constant sind, und ω den Winkel der Ebene mit dem Horizonte bezeichnet (§. 82). Ist aber die Ebene mit der Hauptlinie parallel und von ihr um einen Abstand gleich x entfernt, berührt sie also einen um die Hauptlinie mit einem Halbmesser gleich x beschriebenen Cylinder, so liegen in der Ebene die Axen, deren Momente Null sind, einander parallel und machen mit der

Ebene des Horizonts einen Winkel, dessen Tangente gleich $\frac{x \tang \alpha}{M's'}$ (vergl. §. 82). In diesem Falle ist also der Nullpunct der Ebene als unendlich entfernt zu betrachten.

Hat man somit den Nullpunct M einer Ebene gefunden, so kann für eine andere durch M nicht gehende Axe t der Ebene das Moment nicht gleich Null sein. Denn ist erstens die Ebene nicht parallel mit der Hauptlinie, so lässt sich unter der hier allein geltenden Voraussetzung, dass die zwei Kräfte, worauf das System reducirbar ist, nicht in einer Ebene liegen, das System auf ein in der Ebene enthaltenes Paar w und auf eine durch M gehende mit der Hauptlinie parallele Kraft v reduciren, und für die Axe t sind nur die Momente der zwei Kräfte, welche das Paar ausmachen, nicht aber das Moment von v, also auch nicht das Moment des Systems, Null.

Ist zweitens die Ebene mit der Hauptlinie parallel, und ist p eine der in ihr liegenden parallelen Axen, für welche das Moment des Systems Null ist, t irgend eine andere in der Ebene enthaltene Axe, welche p im Puncte N schneidet, so ziehe man durch N (in der Ebene) eine Parallele v mit der Hauptlinie und beschreibe in der Ebene einen Kreis, welcher p in N berühre. Alsdann verhalten sich die Momente in Bezug auf die Axen v und t, wie die in den Kreis fallenden Theile von v und t (§. 76). Da nun das Moment für v gleich dem kleinsten unter den grössten Momenten ist (§. 83, Zus.), und dieses unter der gemachten Voraussetzung nicht Null sein kann, so kann es auch nicht das Moment für die Axe t sein.

§. 85. Die Eigenschaften von Nullebenen und Nullpuncten lassen sich auch ganz leicht aus den oben (§. 69) analytisch bewiesenen Sätzen herleiten, dass von der einen der beiden Kräfte, worauf ein System reducirbar ist, die Richtung im Allgemeinen nach Willkür genommen werden kann, und dass, wenn die eine der beiden Kräfte durch einen gegebenen Punct geht, die andere in einer damit gegebenen, den Punct enthaltenden Ebene liegt, und umgekehrt. Von diesen Sätzen will ich jetzt noch einen anderen auf ganz einfache Betrachtungen sich gründenden Beweis mittheilen, und hierauf den Zusammenhang zwischen ihnen und den Eigenschaften der Nullebenen und Nullpuncte kürzlich angeben.

1) Hat man zwei Kräfte P und P_1 (vergl. Fig. 27), deren Richtungen nicht in einer Ebene liegen, und eine Richtung q, welche mit der einen P der beiden ersteren in einer Ebene α liegt, und daher, im Allgemeinen wenigstens, mit P einen Punct A gemein

hat, so ist es im Allgemeinen immer möglich, die zwei Kräfte in zwei mit ihnen gleichwirkende Q und Q_1 zu verwandeln, von denen die eine Q die Richtung q hat.

Denn da P und P_1 mit Q und Q_1 gleichwirkend sein sollen, so müssen es auch P und $-Q$ mit Q_1 und $-P_1$ sein. P und $-Q$ haben aber, als zwei Kräfte, deren Richtungen in einer Ebene a

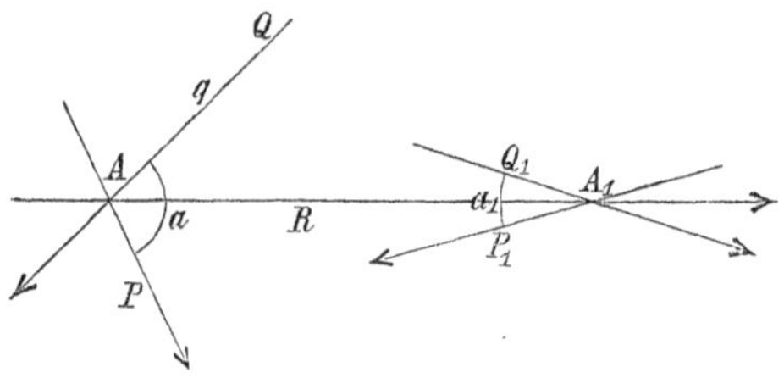

Fig. 27.

liegen und im Puncte A derselben sich schneiden, eine durch den Schneidepunct A gehende und in der Ebene a enthaltene Resultante R. Diese Resultante R muss daher auch den Kräften Q_1 und $-P_1$ zukommen, es muss folglich auch Q_1 die Resultante von P_1 und R sein; und da zwei nicht in einer Ebene enthaltene Kräfte nicht auf eine einzige Kraft reducirt werden können (§. 57), so müssen P_1 und R, so wie auch Q_1, in einer Ebene a_1 enthalten sein und sich darin, im Allgemeinen wenigstens, in einem Puncte A_1 schneiden. Hiernach ist die Richtung von R bestimmt als der Durchschnitt der Ebene a, in welcher P und Q wirken, mit der durch P_1 und den Schneidepunct A von P und Q zu legenden Ebene a_1. Da also von den drei Kräften P, $-Q$, $-R$, welche im Gleichgewichte sind, die Richtungen, und von der ersten derselben, P, die Intensität, gegeben sind, so lassen sich auch von Q und R die Intensitäten finden (§. 28, a), und hieraus die Richtung und Intensität von Q_1, als von einer Kraft, welche mit $-R$ und $-P_1$ im Gleichgewichte ist.

2) Wir folgern hieraus weiter: Ist von der Richtung der Kraft Q nur der Punct A gegeben, in welchem sie die Kraft P schneiden soll, so kennt man von der Kraft Q_1 nur die Ebene a_1, in welcher sie mit P_1 liegen muss; es ist nämlich die durch A und P_1 zu legende Ebene a_1. Ist aber für Q nur die Ebene a gegeben, in welcher sie mit P liegen soll, so ist von Q_1 nur der Punct A_1 bekannt, in welchem sie P_1 schneiden muss; es ist nämlich der Durchschnitt der Ebene a mit P_1.

Wenn demnach von irgend zwei Kräften, die mit zwei nicht in einer Ebene liegenden Kräften P und P_1 gleiche Wirkung haben, die eine der P in einem Puncte A begegnet, so liegt die andere in der durch A und P_1 bestimmten Ebene; und wenn die eine mit P in einer Ebene a liegt, so geht die andere durch den Schneidepunct a mit P_1.

3) Auch in dem Falle, wenn die gegebene Richtung von Q nicht, wie vorhin, mit der Richtung von P in einer Ebene liegt, lassen sich im Allgemeinen die Intensität von Q und die Richtung und Intensität von Q_1 so bestimmen, dass Q und Q_1 mit P und P_1 gleichwirkend werden. Denn zieht man eine Gerade s, welche die Richtung von P und Q zugleich schneidet, so kann man nach dem Vorigen P und P_1 zuerst in zwei Kräfte S und S_1 verwandeln, von denen S die Richtung s hat, und kann sodann auf dieselbe Weise aus S und S_1 die mit ihnen, und folglich auch mit P und P_1, gleichwirkenden Kräfte Q und Q_1 herleiten.

4) *Ist daher ein System von Kräften auf zwei nicht in einer Ebene liegende Kräfte reducirbar, so kann die Richtung der einen von beiden im Allgemeinen jede beliebige sein.*

Um so mehr kann folglich das noch Unbestimmtere verlangt werden, dass die eine der beiden Kräfte durch einen beliebig gegebenen Punct gehe, oder in einer beliebig gegebenen Ebene liege. Der Punct A und die Ebene a in dem Satze unter 2) können daher ebenfalls ganz nach Willkür bestimmt werden, welches uns zu dem Schlusse führt:

In Bezug auf ein System von Kräften, welches auf zwei nicht in einer Ebene liegende Kräfte P und P' reducirt werden kann, entspricht jedem Puncte A eine durch ihn gehende Ebene a_1 und jeder Ebene a ein in ihr liegender Punct A_1 dergestalt, dass, wenn die eine der beiden Kräfte, P, dem Puncte A begegnet, oder in der Ebene a wirkt, die andere P_1 in der entsprechenden Ebene a_1 enthalten ist, oder den entsprechenden Punct A_1 trifft.

5) Geht aber die Kraft P durch den Punct A, und liegt folglich die Kraft P_1 in der dem A entsprechenden Ebene a_1, so schneidet jede durch A gehende und in a_1 enthaltene Axe sowohl die Richtung von P, als die von P_1, und es ist daher in Bezug auf jede dieser Axen das Moment von P und P_1, folglich auch das Moment des Systems, Null.

Die einem Puncte A entsprechende Ebene a_1 ist mithin die Nullebene des Punctes, und ebenso der einer Ebene a entsprechende Punct A_1 der Nullpunct der Ebene.

Zusätze. *a*) Ist a_1 die dem Puncte A entsprechende Ebene, so ist auch A der der Ebene a_1 entsprechende Punct, indem, wenn die eine Kraft P_1 in a_1 wirkt, die andere P dem A begegnen muss; und ebenso erhellt, dass, wenn der Ebene a der Punct A_1 entspricht, auch umgekehrt letzterer die erstere zur Entsprechenden hat.

b) Ist A ein Punct der Ebene a, und wird die willkürliche Richtung der Kraft P so genommen, dass sie zugleich durch A geht und in a liegt, so muss die Kraft P_1 wegen des ersteren in der Ebene a_1 liegen und wegen des letzteren durch den Punct A_1 gehen; mithin muss A_1 ein Punct der Ebene a_1 sein, d. h.:

Liegt ein Punct in einer Ebene, so geht die dem Puncte entsprechende Ebene durch den der Ebene entsprechenden Punct.

§. 86. Diese gegenseitigen Beziehungen zwischen Puncten und Ebenen sind eine besondere Art der sogenannten dualen oder reciproken Verhältnisse, welche in der neueren Zeit so mannigfach untersucht worden sind, und wobei zwei Systeme von Puncten und Ebenen in einer solchen Beziehung zu einander betrachtet werden, dass jedem Puncte des einen Systems eine Ebene des anderen und jeder Ebene des einen ein Punct des anderen entspricht. Im Gegenwärtigen kommt noch die besondere Bedingung hinzu, dass jeder Punct in der ihm entsprechenden Ebene selbst liegt, und — was eine Folge davon ist — jede Ebene den ihr entsprechenden Punct selbst enthält. Hierdurch werden nicht nur die bei der Dualität im Allgemeinen statthabenden Beziehungen in etwas modificirt, sondern es treten noch Relationen von eigenthümlicher Beschaffenheit hinzu. Nachstehende Sätze geben eine kurze Uebersicht dieser merkwürdigen Beziehungen*).

Zuerst folgt unmittelbar aus dem Vorhergehenden:

1) *Zu jedem Puncte gehört eine ihn enthaltende Nullebene und zu jeder Ebene ein in ihr liegender Nullpunct.*

2) *Ist von einer Ebene und einem in ihr liegenden Puncte erstere die Nullebene des letzteren, so ist auch letzterer der Nullpunct der ersteren, und umgekehrt.*

3) *Liegt ein Punct in einer Ebene, so geht die Nullebene des Punctes durch den Nullpunct der Ebene;*

oder was dasselbe ist:

3') *Geht eine Ebene durch einen Punct, so liegt der Nullpunct der Ebene in der Nullebene des Punctes.*

---

*) Ausführlicher habe ich diesen Gegenstand in einer Abhandlung »Ueber eine besondere Art dualer Verhältnisse zwischen Figuren im Raume« in Crelle's Journal, Bd. 10, p. 317 (im 1. Bande der vorliegenden Ausgabe p. 489 ff. abgedruckt) untersucht.

Aus 3) fliesst weiter: Liegen mehrere Puncte in einer Ebene, so gehen die Nullebenen der Puncte durch den Nullpunct der Ebene; d. h.:

4) *Von mehreren in einer Ebene liegenden Puncten schneiden sich die Nullebenen in einem Puncte, welcher in ersterer Ebene liegt und ihr Nullpunct ist.*

Ebenso folgt aus 3'):

4') *Von mehreren sich in einem Puncte schneidenden Ebenen liegen die Nullpuncte in einer Ebene, welche ersteren Punct enthält und seine Nullebene ist.*

Aus 4) schliessen wir ferner: Von mehreren in zwei Ebenen zugleich, d. i. in einer Geraden, liegenden Puncten gehen die Nullebenen sowohl durch den Nullpunct der einen, als durch den der anderen jener zwei Ebenen, d. i. sie schneiden sich in der diese zwei Nullpuncte verbindenden Geraden; also:

5) *Die Nullebenen mehrerer in einer Geraden liegenden Puncte schneiden sich wiederum in einer Geraden.*

Aehnlicherweise ergibt sich aus 4'):

5') *Die Nullpuncte mehrerer sich in einer Geraden schneidenden Ebenen liegen wiederum in einer Geraden.*

Nach 5) und 5') entspricht also jeder Geraden eine zweite Gerade, so dass jeder Punct der einen zu seiner Nullebene die durch ihn und durch die andere Gerade gelegte Ebene hat, und dass von jeder durch die eine Gerade gelegten Ebene der Nullpunct derjenige ist, in welchem sie von der anderen Geraden geschnitten wird. Je zwei solchergestalt sich entsprechende Gerade sind zugleich die Richtungen zweier Kräfte, auf welche sich das System reduciren lässt. Denn sind a und b die Nullebenen der Puncte A und B, und geht die eine der beiden Kräfte durch A oder B, so muss die andere resp. in a oder b liegen; geht folglich die eine durch A und B zugleich, so muss die andere den Durchschnitt von a mit b, d. i. die der AB entsprechende Gerade zur Richtung haben.

In dem besonderen Falle, wenn B in a liegt, geht nach 3) die Nullebene b von B durch den Nullpunct A von a, d. i. a und b schneiden sich in AB selbst. Jede in einer Ebene a durch den Nullpunct A derselben gezogene Gerade, oder, was dasselbe ist, jede durch einen Punct A gelegte Gerade, welche zugleich in der Nullebene a des Punctes liegt, also jede Axe, in Bezug auf welche das Moment des Systems Null ist, hat folglich sich selbst zur Entsprechenden, und es ist daher unmöglich, das System auf zwei Kräfte zu reduciren, von denen die eine eine solche Gerade zur Richtung hat.

Um diese Sätze durch ein Beispiel zu erläutern, wollen wir von den drei Coordinatenebenen, worauf das System der Kräfte in dem Vorigen bezogen worden, die Nullpuncte, und von dem Anfangspuncte der Coordinaten O die Nullebene zu bestimmen suchen.

Für eine in der Ebene der xy liegende Axe sind h und H Null (§. 62), folglich das Moment des Systems (§. 65) in Bezug auf eine solche Axe gleich

$$rF(L - gC) + rG(M + fC) \ .$$

Man sieht nun sogleich, dass, wenn man f und g durch die Gleichungen

$$M + fC = 0 \quad \text{und} \quad L - gC = 0$$

bestimmt, dieses Moment, unabhängig von F und G, also für jede in der Ebene der xy enthaltene Axe, welche durch den Punct (f, g) geht, Null wird. Dieser Punct, d. i.

$$\left(-\frac{M}{C}, \quad \frac{L}{C}, \quad 0\right)$$

ist daher der Nullpunct der Ebene der xy, und ebenso finden sich

$$\left(0, \quad -\frac{N}{A}, \quad \frac{M}{A}\right) \quad \text{und} \quad \left(\frac{N}{B}, \quad 0, \quad -\frac{L}{B}\right)$$

als die Nullpuncte der Ebenen der yz und zx.

Ferner ist für eine durch O gelegte Axe, wenn wir den Anfangspunct (f, g, h) derselben mit O zusammenfallen lassen und daher f, g, h gleich Null setzen, das Moment dargestellt durch

$$rFL + rGM + rHN \ .$$

Da nun jetzt (F, G, H) der Endpunct der Axe ist, so liegt derselbe, und mithin die von O ausgehende Axe selbst, wenn in Bezug auf sie das Moment Null ist, in einer Ebene, deren Gleichung

$$Lx + My + Nz = 0 \ ,$$

welches also die Gleichung der Nullebene des Punctes O ist.

In dieser Ebene müssen nach 4′) die Nullpuncte der in O sich schneidenden Coordinatenebenen liegen. Auch finden wir dieses durch unsere Rechnung bestätigt, wenn wir in der Gleichung für erstere Ebene die vorhin für die Nullpuncte erhaltenen Coordinaten substituiren.

§. 87. Weitere Folgerungen ergeben sich, wenn wir Systeme von Ebenen betrachten, die entweder mit einer und derselben Geraden, oder mit einander parallel sind.

Drei oder mehrere sich in Parallelen schneidende Ebenen können als solche angesehen werden, die sich in einem unendlich entfernten Puncte schneiden, und wir schliessen daher nach 4'):

6) *Die Nullpuncte mehrerer sich in Parallelen schneidenden Ebenen liegen in einer mit den parallelen Durchschnittslinien ebenfalls parallelen Ebene, deren Nullpunct unendlich entfernt nach der durch die Parallelen bestimmten Richtung zu liegt.*

Da ferner parallele Ebenen als solche betrachtet werden können, die sich in einer unendlich entfernt liegenden Geraden schneiden, so müssen nach 5')

7) *die Nullpuncte mehrerer paralleler Ebenen in einer Geraden liegen.*

Seien a, a', a'', ... mehrere unter sich parallele Ebenen, und bilden ebenso b, b', b'', ... ein zweites System unter sich, aber nicht auch mit den ersteren paralleler Ebenen. Von a, a', ... seien A, A', ... und von b, b', ... seien B, B', ... die Nullpuncte, so liegen nach 7) A, A', ... in einer Geraden α, und B, B', ... in einer zweiten Geraden β. Da ferner die Ebenen a, a', ... von den Ebenen b, b', ... in einander parallelen Geraden geschnitten werden, so liegen nach 6) sämmtliche Nullpuncte A, A', ... B, B', ..., also auch die Geraden α und β, in einer Ebene. Zugleich aber können α und β keinen Punct mit einander gemein haben. Denn fiele z. B. A mit B zusammen, so müssten auch die Nullebenen a und b dieser Puncte zusammenfallen, welches gegen die Voraussetzung ist. Mithin sind α und β mit einander parallel, und wir können den Satz aufstellen:

Hat man mehrere Systeme paralleler Ebenen, so sind die Geraden, welche sich in jedem Systeme durch die Nullpuncte der Ebenen legen lassen, insgesammt mit einander parallel.

Diese parallele Richtung der Geraden ist, wie man leicht sieht, dieselbe, welche wir im Obigen bei jedem Systeme von Kräften als einzig in ihrer Art fanden und uns vertical dachten. Wir wollen anch gegenwärtig diese Richtung vertical annehmen und hiernach den vorigen Satz so aussprechen:

8) *Die Nullpuncte eines Systems paralleler Ebenen liegen in einer verticalen Linie.*

Hieraus folgt leicht der umgekehrte Satz:

9) *Von zwei Puncten A und B, die in einer Verticallinie liegen, sind die Nullebenen a und b parallel.*

Denn wären sie es nicht, so lege man durch B eine Ebene b' parallel mit a. Der Nullpunct von b' müsste dann derjenige sein, in welchem b' von einer durch A gelegten Verticale getroffen wird, folglich B selbst. Mithin hätte B zwei verschiedene Nullebenen, welches nicht möglich ist.

10) *Jede verticale Ebene c hat einen unendlich entfernten Nullpunct, und jeder unendlich entfernte Punct C eine verticale Nullebene.*

Denn seien A und B zwei Puncte in c, welche in einer verticalen Linie liegen. Die Nullebenen a und b von A und B sind folglich (9) einander parallel, und da nach 3) in a sowohl, als in b, der Nullpunct von c liegt, so muss dieser unendlich entfernt sein.

Um den zweiten Theil des Satzes zu beweisen, lege man durch C eine Ebene a, und eine mit a parallele Ebene b, die, weil C unendlich entfernt sein soll, ebenfalls als durch C gehend zu betrachten ist. Nach 3') geht aber die Nullebene von C sowohl durch den Nullpunct A von a, als durch den Nullpunct B von b, also durch die Verticallinie AB (8) und ist daher selbst vertical.

Da die Nullebenen zweier Puncte, die in einer Verticale liegen, einander parallel sind (9), also sich erst in einer unendlich entfernten Geraden schneiden, so ist die einer Verticalen entsprechende Gerade unendlich entfernt. Von den zwei Kräften, worauf sich das System zurückführen lässt, kann daher keine eine verticale (mit der Hauptlinie parallele) Richtung haben, ebenso wenig, als sie mit einer Axe, für welche das Moment des Systems Null ist, zusammenfallen kann (§. 86).

§. 88. Zusätze. Sei $ABCD$ eine dreiseitige Pyramide, und von ihren Seitenflächen BCD, CDA, DAB, ABC seien die Nullpuncte resp. F, G, H, I, so ist $FGHI$ eine in $ABCD$ eingeschriebene Pyramide, zugleich aber auch eine um letztere umschriebene. Denn die Ebene durch die Nullpuncte G, H, I der sich in A schneidenden Ebenen CDA, DAB, ABC ist nach §. 86, 4') die Nullebene von A, und auf gleiche Art sind HIF, IFG, FGH die Nullebenen von B, C, D. Die zwei Pyramiden stehen daher in einer solchen gegenseitigen Beziehung, dass die Ecken der einen die Nullpuncte der Flächen der anderen, und die Flächen der einen die Nullebenen der Ecken der anderen sind. Dabei entspricht jeder Kante der einen Pyramide eine Kante in der anderen; z. B. der Kante AB, in welcher sich die Flächen DAB und ABC schneiden, die Kante HI, welche die Nullpuncte dieser Flächen verbindet*).

*) Ueber die Construction zweier solcher Pyramiden siehe den Aufsatz des Verf.: »Kann von zwei dreiseitigen Pyramiden eine jede in Bezug auf die andere

Dieselbe Betrachtung lässt sich auch auf jedes andere Polyëder anwenden. Sei S die Ecke eines Polyëders, a, b, c, ... die in dieser Ecke in der Ordnung, wie sie an einander grenzen (a an b, b an c, u. s. w.), zusammenstossenden Seitenflächen, und A, B, C, ... die Nullpuncte dieser Flächen, die daher in einer Ebene, in der Nullebene von S, liegen. ABC ... ist mithin ein ebenes Vieleck, und auf gleiche Art wird bei jeder anderen Ecke durch die Nullpuncte der um die Ecke herumliegenden Flächen ein ebenes Vieleck bestimmt. Von allen Seiten aller dieser Vielecke gehört aber jede Seite, z. B. AB, zweien Vielecken zugleich an. Denn wenn die Kante des Polyëders, in welcher sich die Flächen a und b schneiden, und von welcher S der eine Endpunct ist, zum anderen Endpuncte die Ecke T hat, so gehört die Seite AB des Winkels ABC... auch zu dem Vielecke, welches sich in der Nullebene von T aus den Nullpuncten der in T zusammenstossenden Flächen bildet. Alle diese Vielecke hängen daher als Seitenflächen eines zweiten Polyëders zusammen, welches in das erstere zugleich um- und eingeschrieben ist; eingeschrieben, weil seine Ecken A, B, ... die Nullpuncte der Flächen a, b, ... des ersteren sind, — umschrieben, weil seine Flächen ABC ..., u. s. w. die Ecken S, u. s. w. des ersteren zu Nullpuncten haben. Jedes von ihnen hat daher ebenso viel Ecken und Flächen, als das andere resp. Flächen und Ecken hat; nach dem bekannten Euler'schen Satze, dass die Kantenzahl der um zwei Einheiten verminderten Summe der Ecken- und Flächenzahlen gleich ist, haben folglich beide Polyëder gleichviel Kanten, was auch schon daraus fliesst, dass jeder Kante des einen eine Kante des anderen entspricht, z. B. der Kante des ersten, in welcher sich die Flächen a und b schneiden, die Kante AB des zweiten.

Seien, um diese Betrachtungen noch durch ein Beispiel deutlicher zu machen, a und a', b und b', c und c' die sechs sich zu zweien gegenüberliegenden Vierecke eines Hexaëders, im weiteren Sinne genommen, so sind die Nullpuncte A, A', B, B', C, C' dieser Flächen die Ecken eines in und um das Hexaëder beschriebenen Octaëders, welche sich ebenso paarweise, A und A', u. s. w. gegenüberstehen. Sowie das Hexaëder 6 Flächen und 8 Ecken hat, kommen dem Octaëder 8 Flächen und 6 Ecken zu. Die Zahl der Kanten ist aber bei jedem der beiden Körper gleich 12.

Ist das Hexaëder ein Parallelepipedum, und daher a' mit a, b'

---

um- und eingeschrieben zugleich heissen?« in Crelle's Journal, Bd. 3, p. 273 (im 1. Bande der vorliegenden Ausgabe p. 439 ff. abgedruckt). Vergl. auch Steiner, Systematische Entwickelungen der Abhängigkeit geometrischer Gestalten von einander (Berlin, 1832), Art. 58.

mit b, c' mit c parallel, so sind die drei Diagonalen AA', BB', CC' des Octaëders einander parallel (§. 87, 8); die Ebene $AA'BB'$ ist parallel mit den vier Kanten des Parallelepipedums, in denen sich die Flächen a, a', b, b' schneiden; u. s. w. (§. 87, 6). Allerdings macht es einige Schwierigkeit, sich ein Octaëder, dessen Diagonalen einander parallel sind, vorzustellen. Es gehört zu den bis jetzt noch nicht betrachteten Polyëdern, deren Flächen sich innerhalb der sie begrenzenden Kanten schneiden, zu Polyëdern, welche den in §. 45, 3) gedachten Vielecken analog sind, deren Perimeter, bevor sie in sich zurückkehren, sich gleichfalls ein oder mehrere Male begegnen.

Relationen zwischen Momenten, deren Axen beliebige Richtungen haben.

§. 89. Die Momente eines Systems in Bezug auf mehrere sich in einem Puncte M schneidende Axen sind, wie wir in §. 76 gesehen haben, den Theilen der Axen proportional, welche in letzteren von einer gewissen durch M zu beschreibenden Kugelfläche abgeschnitten werden. Sind daher von drei sich in einem Puncte M schneidenden und nicht in einer Ebene liegenden Axen MA, MB, MC die Momente α, β, γ gegeben, so lässt sich daraus das Moment δ für irgend eine vierte durch M gehende Axe MD durch folgende einfache Construction finden:

Man nehme in den Axen MA, MB, MC die Abschnitte Ma, Mb, Mc proportional mit α, β, γ und beschreibe durch die vier Puncte M, a, b, c eine Kugelfläche. Schneidet nun diese die Axe MD in d, so wird Md dem gesuchten δ proportional sein.

Ebenso lässt sich aus den Momenten Ma, Mb zweier sich schneidenden Axen MA, MB das Moment Md für jede dritte durch M gehende und mit ersteren beiden in einer Ebene liegende Axe MD finden, indem man durch M, a, b einen Kreis beschreibt, welcher MD in d schneiden wird.

§. 90. Schneiden sich die drei Axen, deren Momente gegeben sind, unter rechten Winkeln, so lässt sich die Aufgabe sehr einfach durch Rechnung lösen. — Sei unter allen durch M gehenden Axen MS die Axe des grössten Moments, und daher, wenn diese von der Kugelfläche in s geschnitten wird, Ms ein Durchmesser der Kugel. Alsdann ist

$$Ma = Ms \,.\, \cos SMA \;,$$

oder, wenn wir das grösste Moment gleich σ setzen und uns eine zweite Kugel denken, die um M als Mittelpunct mit der gemeinschaftlichen Länge der Axen als Halbmesser beschrieben ist, und auf deren Oberfläche daher die Puncte S, A, B, C, D liegen:

$$\alpha = \sigma \cos AS \;,$$

und ebenso

$$\beta = \sigma \cos BS \;, \qquad \gamma = \sigma \cos CS \;, \qquad \delta = \sigma \cos DS \;.$$

Schneiden sich nun, wie angenommen worden, die drei Axen MA, MB, MC unter rechten Winkeln, und sind daher die Seiten und Winkel des sphärischen Dreiecks insgesammt gleich 90^0, so hat man:

$$\cos DS = \cos AD \cos AS + \cos BD \cos BS + \cos CD \cos CS \;.$$

Hierin für $\cos DS$, $\cos AS$, ... die ihnen nach vorigen Formeln proportionalen Werthe δ, α, ... substituirt, erhält man:

$$(A) \qquad \delta = \alpha \cos AD + \beta \cos BD + \gamma \cos CD \;.$$

Aus den Momenten für drei sich unter rechten Winkeln in einem Puncte schneidenden Axen findet sich demnach das Moment für jede vierte durch denselben Punct gehende Axe, wenn man erstere drei Momente resp. mit den Cosinus der Winkel multiplicirt, welche von den Axen dieser Momente mit der Axe des vierten gebildet werden, und diese Producte addirt.

Uebrigens ist unter derselben Voraussetzung, dass $BC = CA = AB = 90^0$:

$$\cos AS^2 + \cos BS^2 + \cos CS^2 = 1$$

und daher

$$\alpha^2 + \beta^2 + \gamma^2 = \sigma^2 \;,$$

$$\cos AS = \frac{\alpha}{\sqrt{\alpha^2 + \beta^2 + \gamma^2}} \;, \qquad \cos BS = \text{u. s. w.},$$

Formeln, mittelst deren man aus den Momenten für drei sich rechtwinklig in einem Puncte schneidende Axen, von der durch denselben Punct gehenden Axe, welche das grösste Moment hat, dieses Moment selbst und die Lage der Axe finden kann.

§. 91. Die in §. 90 erhaltene Relation zwischen vier Momenten, von deren vier Axen sich drei unter rechten Winkeln treffen, ist zuerst von Euler gegeben worden*). Es ist aber nicht schwer, eine

*) Nova Acta Petropolitana, tom. VII, vom Jahre 1793.

eben so einfache Formel für den allgemeineren Fall herzuleiten, wenn die vier Axen willkürliche Winkel mit einander machen.

1) Von einer durch die Gerade PQ vorgestellten Kraft ist das Moment in Bezug auf die Axe A_1B_1 die Pyramide A_1B_1PQ (§. 59, Zus.). Seien nun A und B zwei beliebige andere Puncte in A_1B_1, so verhalten sich die Pyramiden $A_1B_1PQ : ABPQ$ wie die Dreiecke $A_1B_1P : ABP$, und diese wie die Geraden $A_1B_1 : AB$; und es ist daher, wenn wir die Axenlänge A_1B_1 zur Einheit des Maasses nehmen:

$$ABPQ = AB \,.\, A_1B_1PQ \ ,$$

wo die Linie AB positiv oder negativ zu nehmen ist, jenachdem sie mit der in sie fallenden Axe A_1B_1 einerlei oder entgegengesetzte Richtung hat.

2) Auf gleiche Art ist, wenn wir noch andere Kräfte $P'Q'$, $P''Q''$, ... auf die Axe A_1B_1 beziehen:

$$ABP'Q' = AB \,.\, A_1B_1P'Q' \ ,$$

u. s. w. Addiren wir alle diese Gleichungen, so kommt mit Anwendung des Summationszeichens Σ, und wenn wir das Moment des von den Kräften PQ, $P'Q'$, ... gebildeten Systems in Bezug auf eine Axe, welche in der Geraden AB liegt, aber nicht AB selbst, sondern die eben festgesetzte Linieneinheit A_1B_1 zur Länge hat, mit $[AB]$ bezeichnen:

$$\Sigma ABPQ = AB \,.\, \Sigma A_1B_1PQ = AB \,.\, [AB] \ .$$

3) Seien MA_1, MB_1, MC_1, MD_1 vier sich in einem Puncte M schneidende Axen, von denen wenigstens die drei ersten nicht in einer Ebene liegen. Man nehme in MD_1 beliebig einen Punct D und construire um MD als Diagonale ein Parallelepipedum, dessen in M zusammenstossende Kanten in die Axen MA_1, MB_1, MC_1 fallen. Seien resp. A, B, C die anderen Endpuncte dieser Kanten, so ist, wenn PQ wiederum eine Kraft bezeichnet:

$$MDPQ = MAPQ + MBPQ + MCPQ$$

(§. 63, 3), folglich auch bei einem Systeme von mehreren Kräften PQ, $P'Q'$, u. s. w.:

$$\Sigma MDPQ = \Sigma MAPQ + \Sigma MBPQ + \Sigma MCPQ \ ,$$

folglich nach 2):

$$(B) \qquad MD \,.\, [MD] = MA \,.\, [MA] + MB \,.\, [MB] + MC \,.\, [MC] \ .$$

Wenn demnach für die drei Axen MA_1, MB_1, MC_1 die Momente $[MA]$, $[MB]$, $[MC]$ gegeben sind, und das Moment $[MD]$ für die Axe MD_1 gesucht wird, so construire man das Parallelepipedum $MABCD$, als wodurch sich die Verhältnisse zwischen MA, MB,

MC, MD ergeben, und man erhält damit nach letzterer Gleichung das gesuchte Moment.

§. 92. Zusätze. *a)* Macht man in den Axen $MA_1, \ldots, MD_1$ die Linien $Ma, \ldots, Md$ den Momenten der Axen resp. proportional, so liegen a, b, c, d mit M in der Oberfläche einer Kugel (§. 76), und man bekommt damit den geometrischen Satz:

Hat man eine Kugel und ein Parallelepipedum, dessen eine Ecke M in der Fläche der ersteren liegt, und sind a, b, c, d die Puncte, in denen die Kugelfläche resp. von den in M zusammenstossenden Kanten MA, MB, MC und der Diagonale MD des Parallelepipedums geschnitten wird, so ist:

$$MD \,.\, Md = MA \,.\, Ma + MB \,.\, Mb + MC \,.\, Mc \;.$$

b) Schneiden sich die drei Axen MA_1, MB_1, MC_1 unter rechten Winkeln, so besteht die Proportion

$$MA : MB : MC : MD = \cos A_1MD_1 : \cos B_1MD_1 : \cos C_1MD_1 : 1$$

und man kommt durch Substitution dieser Verhältnisswerthe in die allgemeine Gleichung (*B*) auf die specielle Gleichung (*A*) in §. 90 wieder zurück.

§. 93. So sehr auch die Gleichung (*B*) die Euler'sche (*A*) an Allgemeinheit übertrifft, so ist sie doch nur als ein specieller Fall einer weit allgemeineren Relation anzusehen, die sich auf ganz ähnliche Art wie (*B*) entwickeln lässt.

Man habe, wie vorhin, ein beliebiges System von Kräften PQ, $P'Q'$, $P''Q''$, ..., welches S heisse. Seien ferner AA', BB', CC', ... die Kräfte eines zweiten Systems T, welche einander das Gleichgewicht halten. Alsdann ist wegen dieses Gleichgewichts von T, wenn man T nach und nach auf alle Kräfte PQ, $P'Q'$, ... des Systems S, als auf Axen, bezieht (§. 58):

$$AA'PQ \;+ BB'PQ \;+ CC'PQ \;+ \ldots = 0$$
$$AA'P'Q' + BB'P'Q' + CC'P'Q' + \ldots = 0$$

u. s. w.; und wenn man alle diese Gleichungen summirt:

$$\Sigma AA'PQ + \Sigma BB'PQ + \Sigma CC'PQ + \ldots = 0 \;;$$

folglich nach §. 91, 2:

$$AA' \,.\, [AA'] + BB' \,.\, [BB'] + CC' \,.\, [CC'] + \ldots = 0 \;,$$

wo $[AA']$, $[BB']$, $[CC']$, ... die Momente des Systems S für Axen bezeichnen, welche an Länge einander gleich sind und resp. in den Geraden AA', BB', CC', ... liegen, und wo man, wie schon erinnert, die Coëfficienten AA', BB', CC', ... dieser Momente positiv oder negativ zu nehmen hat, jenachdem die Richtungen dieser Linien mit denen der in sie fallenden Axen übereinstimmen, oder nicht.

Bezieht man demnach ein System S von Kräften auf mehrere (einander gleiche) Axen, und kann man nach der Richtung einer jeden dieser Axen eine Kraft wirken lassen von der Grösse, dass alle diese neuen Kräfte einander das Gleichgewicht halten, so ist die Summe der Momente von S, jedes Moment vorher mit einem Coëfficienten multiplicirt, welcher der, der Axe des Moments zugehörigen Kraft proportional ist, gleich Null.

Auf gleiche Art findet sich, wenn AA' die Resultante von BB', CC', ... ist:

$$AA' . [AA'] = BB' . [BB'] + CC' . [CC'] + \dots$$

Auch fliesst dieses schon aus der vorhergehenden Formel. Denn alsdann sind $A'A$, BB', CC', ... mit einander im Gleichgewichte und daher

$$A'A . [A'A] + BB' . [BB'] + CC' . [CC'] \dots = 0 .$$

Es ist aber $A'A = -AA'$ und $[A'A] = [AA']$, indem der eine Ausdruck, so gut wie der andere, das Moment des Systems S in Bezug auf eine Axe vorstellt, welche in der durch die zwei Puncte A und A' gezogenen Geraden enthalten ist; folglich u. s. w.

§. 94. Beispiele. 1) Hat man vier sich in einem Puncte schneidende Axen, so kann man immer ein Parallelepipedum construiren, von welchem drei in dem Puncte zusammenstossende Kanten und die durch denselben Punct gehende Diagonale in die vier Axen zu liegen kommen. Von vier Kräften aber, welche ihrer Grösse und Richtung nach durch diese drei Kanten und die Diagonale vorgestellt werden, ist die Kraft in der Diagonale die Resultante der drei anderen. Hiermit das vorige Theorem in Verbindung gebracht, kommen wir auf den Satz in §. 91 zurück, der daher von dem vorigen nur ein besonderer Fall ist.

2) Ist $ABCD$ ein Parallelogramm, so sind die Kräfte AB und AD mit den Kräften BC und DC gleichwirkend, und daher:

$$AB . [AB] + AD . [AD] = BC . [BC] + DC . [DC] .$$

3) Construirt man zu einem ebenen Vierecke $ABCD$ (vergl. Fig. 13 auf p. 46) ein zweites $abcd$, dessen Seiten ab, bc, ... mit den gleichnamigen AB, BC, ... des ersteren, und dessen Diagonalen ac, bd mit den ungleichnamigen BD, AC des ersteren parallel sind, so sind vier Kräfte, welche in den vier Seiten des einen Vierecks wir-

ken, und deren Intensitäten sich wie die entsprechenden Seiten des anderen verhalten, im Gleichgewichte (§. 29); folglich:

$$ab\,.\,[AB] + bc\,.\,[BC] + cd\,.\,[CD] + da\,.\,[DA] = 0 \ ,$$

so wie

$$AB\,.\,[ab] + BC\,.\,[bc] + CD\,.\,[cd] + DA\,.\,[da] = 0 \ ,$$

zwei Gleichungen, deren jede die Relation zwischen den Momenten für irgend vier in einer Ebene gelegene Axen darstellt.

§. 95. Folgerungen. *a*) Ist in dem zweiten Beispiele des §. 94 D der Nullpunct der Ebene des Parallelogramms $ABCD$, so ist $[AD] = 0$, $[DC] = 0$, und die Formel wird:

$$AB\,.\,[AB] = BC\,.\,[BC] \ ;$$

folglich verhalten sich die Momente $[AB]$ und $[BC]$ wie BC und AB, d. i. wie die Abstände der Linien AB und BC von D; also:

Von je zwei in einer Ebene liegenden Axen sind die Momente den Abständen der Axen vom Nullpuncte der Ebene proportional, so dass, wenn man um den Nullpunct als Mittelpunct Kreise in der Ebene beschreibt, alle Axen, welche einen und denselben Kreis berühren, gleiche Momente haben, und dass für Axen, welche Tangenten verschiedener Kreise sind, die Momente sich wie die Halbmesser der Kreise verhalten.

b) Sind daher AA', BB' (vergl. Fig. 28) zwei parallele Axen, und trägt man auf sie Längen Aa, Bb, welche den Momenten für diese Axen proportional sind, so muss in der Geraden DD', welche durch den Schneidepunct D der Geraden AB und ab parallel mit den Axen gezogen wird, der Nullpunct der Ebene der Axen liegen. Denn die Abstände der AA' und BB' von irgend einem Puncte dieser, und nur dieser Geraden DD' verhalten sich wie Aa und Bb. In Bezug auf DD', als Axe, ist daher das Moment Null, und für je zwei mit DD' parallele und in einer Ebene gelegene Axen sind die Momente den Abständen der Axen von DD' proportional. Für eine dritte mit AA' und BB' parallele und mit ihnen in derselben Ebene liegende Axe CC', die von AB in C und von ab in c geschnitten wird, ist folglich das Moment proportional mit Cc.

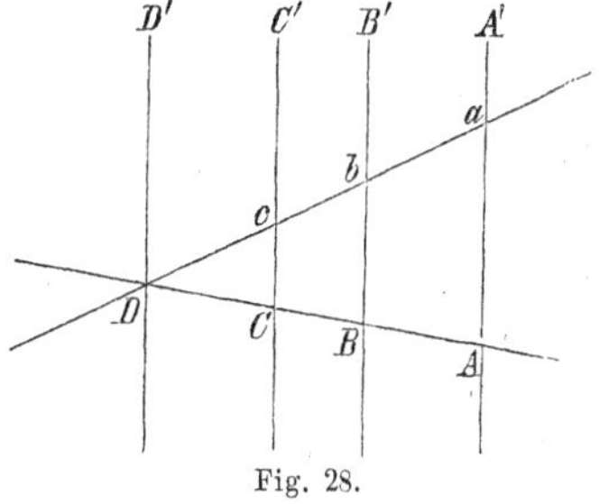

Fig. 28.

c) Auf ähnliche Art, wie hiernach aus den Momenten für zwei parallele Axen das Moment für jede dritte mit ihnen parallele und in derselben Ebene enthaltene Axe gefunden werden kann, lässt sich auch aus den Momenten Aa, Bb, Cc (vergl. Fig. 29) für drei parallele und nicht in einer Ebene liegende Axen das Moment für jede vierte mit ihnen parallele Axe p überhaupt bestimmen. — Eine durch Aa und Bb gelegte Ebene und eine durch Cc und p gelegte mögen sich in der Geraden q schneiden, die mit den vier Axen Aa, Bb, Cc, p parallel sein wird. Sind daher F und f die Durchschnitte von q mit AB und ab, so ist Ff das Moment für q, und ebenso, wenn p von CF und cf resp. in G und g getroffen wird, Gg das Moment für p. Es liegt aber G mit A, B, C, und g mit a, b, c in einer Ebene, welches folgende noch kürzere Regel gibt: Man lege durch A, B, C eine Ebene und eine zweite durch a, b, c, und wenn diese Ebenen die vierte Axe p resp. in G und g schneiden, so ist Gg das für p gesuchte Moment.

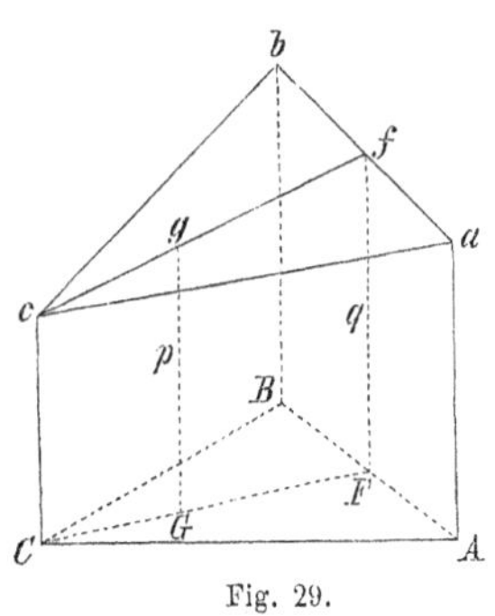

Fig. 29.

Sind daher von drei parallelen aber nicht in einer Ebene liegenden Axen die Momente einander gleich, so ist auch das Moment jeder vierten mit ihnen parallelen Axe von derselben Grösse, indem dann jene zwei Ebenen eine parallele Lage haben. Sind aber die drei Momente ungleich, so schneiden sich die zwei Ebenen, und wenn man durch ihre Durchschnittslinie eine Ebene α parallel mit den Axen Aa, ... legt, so ist von jeder mit Aa, ... parallelen Axe das Moment dem Abstande der Axe von α proportional. Alle Axen, die parallel mit Aa, ... und in einer und derselben mit α parallelen Ebene enthalten sind, haben daher einander gleiche Momente. Jede in α selbst fallende und mit Aa, ... parallele Axe hat ein Moment gleich Null. Der Nullpunct der Ebene α ist daher unendlich entfernt und liegt nach der durch die Parallelen Aa, ... bestimmten Richtung. Die Ebene α ist folglich mit der Hauptlinie des Systems parallel (§. 87, 10).

§. 96. Zusatz. Aus dem Satze des §. 95, dass die Momente für Axen, die in einer Ebene liegen, sich wie die Abstände der Axen vom Nullpuncte der Ebene verhalten, fliesst eine leichte Methode, *um aus den Momenten dreier Axen in einer Ebene, die nicht alle drei mit einander parallel sind oder sich in einem Puncte schneiden, den Nullpunct der Ebene und damit das Moment für jede vierte Axe der Ebene zu finden.* Sei ABC (vergl. Fig. 30) das von den Richtungen der drei Axen gebildete Dreieck, (von welchem die eine Ecke auch unendlich entfernt sein kann,) und die Momente dieser nach BC, CA, AB gerichteten Axen seien f, g, h. Man construire ein zweites Dreieck $A'B'C'$, dessen Seiten $B'C'$, ... mit den gleichnamigen

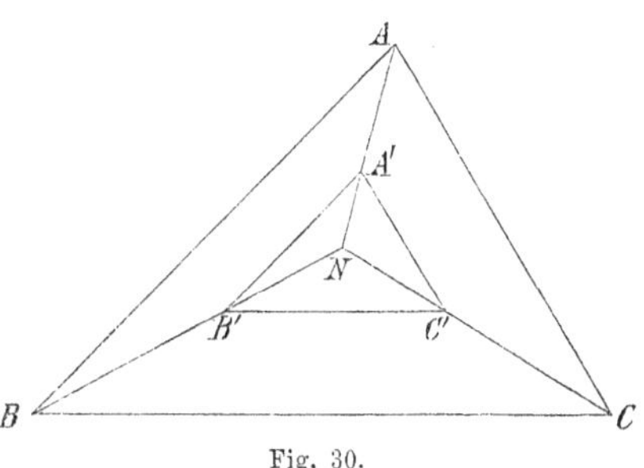

Fig. 30.

BC, ... des ersteren parallel laufen und von BC, ... sich in Abständen befinden, die den Momenten f, g, h proportional sind. Da hiernach die Abstände des Punctes A' von CA und AB sich wie g zu h verhalten, und in demselben Verhältnisse die Abstände jedes anderen Punctes der Linie AA', und nur dieser, von CA und AB sind, so muss jenem Satze zufolge der Nullpunct der Ebene in AA', und aus ähnlichem Grunde auch in BB' und CC', liegen. Die drei Geraden AA', BB', CC' schneiden sich daher in einem Puncte N, im Nullpuncte der Ebene, und das Moment für jede vierte Axe der Ebene verhält sich z. B. zu f, wie der Abstand der vierten Axe von N zum Abstande der Axe BC von N.

Beiläufig folgt hieraus der auch sonst schon bekannte geometrische Satz, dass bei zwei ähnlichen und ähnlich liegenden Dreiecken die drei Geraden, welche die sich entsprechenden Ecken verbinden, sich in einem Puncte schneiden.

Die Aufgabe, aus den Momenten dreier in einer Ebene liegenden Axen das Moment für irgend eine vierte Axe der Ebene zu finden, kann auch mittelst einer der beiden Formeln in §. 94, 3 gelöst werden, wie von selbst einleuchtet.

Noch eine Lösung der Aufgabe geht aus der in §. 89, zu Ende bemerkten Construction hervor. Liegen nämlich die Axen, deren Momente gegeben sind, in den Seiten des Dreiecks ABC, und ist D ein beliebiger Punct der vierten Axe, so erhält man mittelst jener Construction aus den Momenten der Axen in AB und AC das Moment der Axe in AD, aus den Momenten der Axen in AC und BC das Moment der Axe in CD, und aus den Momenten der Axen in AD und CD das Moment der vierten Axe selbst. — Hiermit ergeben sich zugleich einige geometrische Sätze, bei deren Entwickelung ich mich aber nicht aufhalten will.

§. 97. Die im Vorhergehenden erhaltenen Relationen zwischen den Momenten eines Systems in Bezug auf mehrere Axen fanden nur dann statt, wenn Kräfte bestimmt werden konnten, welche, nach den Axen wirkend, einander das Gleichgewicht hielten. Die Relationen selbst waren von linearer Form, und jene Kräfte traten darin als Coëfficienten der Momente auf. Es entsteht nun die Frage, ob nicht auch dann, wenn ein solches Gleichgewicht nicht möglich ist, Relationen, wenn auch von anderer, als linearer Form, zwischen den Momenten sich angeben lassen.

Um dieses zu untersuchen, wollen wir mehrere Axen in solcher Anzahl n, und in solcher Lage gegen einander voraussetzen, dass zwischen den auf sie bezogenen Momenten irgend eines Systems von Kräften stets eine Gleichung, und nur eine, stattfindet. Für ein System S seien diese n Momente gleich M, M', M'', ...; für ein beliebiges andere S' seien sie gleich $M+N$, $M'+N'$, $M''+N''$, ... Nach der Natur der Momente werden alsdann für ein drittes System, welches aus den Kräften von S' und den direct entgegengesetzten von S besteht, die Momente in Bezug auf dieselben n Axen, gleich N, N', N'', ... sein. Besteht daher die gesuchte Gleichung das einemal zwischen M, M', ... und das anderemal zwischen $M+N$, $M'+N'$, ..., so muss sie auch bestehen zwischen N, N', ..., d. i. wenn man für M, M', ... die Incremente setzt, welche diese Grössen der Gleichung zufolge haben können. Wie die Analysis lehrt, ist dieses aber nur dann möglich, wenn die Gleichung von der linearen Form

$$pM+p'M'+p''M''+\ldots=0$$

ist, wo p, p', p'', ... Zahlen vorstellen, die von einem Systeme S zum anderen in constanten Verhältnissen zu einander stehen*).

*) In der That, sind z. B. drei Veränderliche x, y, z durch eine Gleichung $z=f(x, y)$ mit einander verbunden, so ist die allgemeine Gleichung zwischen ihren Incrementen $\varDelta x$, $\varDelta y$, $\varDelta z$:

$$\varDelta z=p\varDelta x+q\varDelta y+\tfrac{1}{2}r\varDelta x^2+s\varDelta x\varDelta y+\tfrac{1}{2}t\varDelta y^2+\ldots,$$

wo p, q, r, s, t, ... die aus der Gleichung $z=f(x, y)$ zu bestimmenden Differentialquotienten

$$\frac{dz}{dx},\ \frac{dz}{dy},\ \frac{d^2z}{dx^2},\ \frac{d^2z}{dx\,dy},\ \frac{d^2z}{dy^2},\ \ldots$$

bezeichnen. Soll nun zwischen den Incrementen dieselbe Gleichung, wie zwischen x, y, z, stattfinden, soll also $\varDelta z$ bloss von $\varDelta x$ und $\varDelta y$, nicht aber von x und y abhängen, so müssen auch in jener allgemeinen Gleichung der Incremente die

Um diese constanten Verhältnisse zu bestimmen, setze man, das System S bestehe aus einer einzigen Kraft. Alsdann sind M, M', ... die (sechsfachen) Pyramiden, welche diese eine Kraft S zur gemeinschaftlichen Kante und die der Längeneinheit gleichen n Axen zu gegenüberstehenden Kanten haben. Die Producte pM, $p'M'$, ... sind folglich Pyramiden, die man erhält, wenn man in den vorigen die mit den Axen zusammenfallenden Kanten resp. gleich p, p', ..., statt gleich 1, nimmt; folglich auch die Momente p, p', ..., welche in den n Axen wirken, in Bezug auf eine in der Richtung von S liegende Axe. Da nun die Summe dieser Momente für jede Lage von S Null sein soll, so müssen die Kräfte p, p', ... einander das Gleichgewicht halten.

Sind demnach mehrere Axen in solcher Anzahl n und in solcher Lage gegen einander vorhanden, dass die Momente M, M', ... $M^{(n-2)}$ für $n-1$ derselben nach der Beschaffenheit des Systems, welches auf sie bezogen wird, alle möglichen Werthe haben können, das Moment $M^{(n-1)}$ für die n^{te} Axe aber durch jene $n-1$ Momente bestimmt wird, so ist die deshalb zwischen den n Momenten stattfindende Gleichung von der linearen Form:

$$pM + p'M' + \ldots + p^{(n-1)} M^{(n-1)} = 0 \ ,$$

und Kräfte, welche die Richtungen der n Axen haben und sich wie die Coëfficienten p, p', ... $p^{(n-1)}$ verhalten, sind mit einander im Gleichgewichte.

Sind folglich — so können wir hieraus noch schliessen — die Momente für irgend $n-1$ Axen von einander unabhängig, und lassen sich für die $n-1$ Axen und eine n^{te} keine Kräfte angeben, welche, nach ihnen wirkend, einander das Gleichgewicht halten, so ist auch das Moment für die n^{te} Axe von den Momenten für die $n-1$ ersteren unabhängig.

Dieselbe Folgerung gilt aber auch dann noch, wenn die Momente für die $n-1$ ersteren Axen, oder für einige derselben, von einander abhängig sind, so dass zwischen ihnen eine oder auch etliche Gleichungen (α) stattfinden. Denn gäbe es eine Gleichung (β) zwischen dem n^{ten} Momente und den übrigen, so könnte man

Coëfficienten p, q, r, s, t, ... unabhängig von x und y, folglich constant sein. Sind aber p und q constant, so sind alle folgenden r, s, t, ... Null. Hiernach ist die Gleichung zwischen den Incrementen:

$$\Delta z = p \Delta x + q \Delta y \ ,$$

und damit die Gleichung zwischen x, y, z selbst:

$$z = px + qy \ ,$$

wo p und q constant sind.

aus (β) mittelst der Gleichungen (α) so viel der $n-1$ ersteren Momente eliminiren, dass in (β) ausser dem n^{ten} Momente nur solche zurückblieben, welche von einander unabhängig wären, und es müssten dann Kräfte, nach den Axen dieser Momente wirkend, mit der Kraft in der n^{ten} Axe im Gleichgewichte sein können, welches gegen die Voraussetzung streitet; überhaupt also:

Jenachdem sich für die Richtungen gegebener Axen Kräfte, die im Gleichgewichte mit einander sind, angeben lassen, oder nicht, findet auch zwischen den Momenten eines Systems in Bezug auf diese Axen Abhängigkeit, oder keine, statt.

§. 98. Nach den Ergebnissen des §. 97 ist die Untersuchung über die gegenseitige Abhängigkeit zwischen den Momenten eines Systems in Bezug auf gegebene Axen in jedem Falle auf die Beantwortung der Frage zurückgebracht: *Welches muss die gegenseitige Lage einer gegebenen Anzahl gerader Linien sein, wenn Kräfte sollen gefunden werden können, welche, nach diesen Linien wirkend, einander das Gleichgewicht halten?*

Wir gehen, um diese schon an sich nicht uninteressante Frage zu beantworten, von den sechs allgemeinen Bedingungen des Gleichgewichts aus:

$$(a) \qquad \begin{cases} A=0\ , & B=0\ , & C=0\ , \\ L=0\ , & M=0\ , & N=0\ , \end{cases}$$

wo, wenn P, P', ... die Kräfte des Systems und φ, χ, ψ; φ', χ', ψ'; ... die Winkel bezeichnen, welche die Richtungen von P; P'; ... mit den drei Axen eines rechtwinkligen Coordinatensystems machen, und wenn (x, y, z), (x', y', z'), ... beliebige in den Richtungen von P, P', ... genommene Puncte sind:

$$A=\Sigma P\cos\varphi\ , \qquad B=\Sigma P\cos\chi\ , \qquad C=\Sigma P\cos\psi\ ,$$
$$L=\Sigma P(y\cos\psi-z\cos\chi)\ , \qquad M=\Sigma P(z\cos\varphi-x\cos\psi)\ ,$$
$$N=\Sigma P(x\cos\chi-y\cos\varphi)\ .$$

Aus dem Früheren wissen wir, dass zwischen zwei Kräften nur dann Gleichgewicht herrschen kann, wenn ihre Richtungen in eine und dieselbe Gerade fallen (§. 4, I), und zwischen drei Kräften nur dann, wenn ihre Richtungen in einer und derselben Ebene liegen (vergl. §. 85, 1) und sich darin entweder in einem Puncte schneiden oder einander parallel sind. Dasselbe muss sich auch aus den Gleichungen (a) folgern lassen. Doch wollen wir uns bei den hierzu nöthigen Rechnungen nicht aufhalten, sondern sogleich zu dem Falle übergehen, wenn

1) das System aus vier Kräften besteht. Eliminirt man diese vier

Kräfte aus den Gleichungen (a), so bleiben, weil in (a) nur die gegenseitigen Verhältnisse der Kräfte vorkommen, drei Gleichungen, sie mögen (b) heissen, — zwischen den die Richtungen der vier Kräfte bestimmenden Grössen $x, y, z, \varphi, \chi, \psi, x', \ldots \psi'''$ zurück. Diese Gleichungen (b) geben daher für die gegenseitige Lage der vier Richtungen die Bedingungen an, unter denen es möglich ist, dass vier nach diesen Richtungen wirkende Kräfte sich das Gleichgewicht halten können.

Nun wird die Lage einer geraden Linie im Raume im Allgemeinen durch vier Constanten bestimmt, z. B. die Richtung der Kraft P durch die zwei Coordinaten x, y ihres Durchschnitts mit der Ebene der x, y, und durch die zwei Winkel φ und χ, welche P mit den Axen der x und y macht. Die Lage einer Geraden ist daher als bestimmt anzusehen, wenn zwischen diesen vier Constanten vier Gleichungen gegeben sind. Zu einer solchen Gleichung führt unter anderen die Bedingung, dass die Gerade eine andere gegebene Linie schneiden soll; zu zwei solchen Gleichungen die Bedingung, dass die Gerade durch einen gegebenen Punct gehen, oder in einer gegebenen Ebene liegen soll.

Bezeichnen wir daher die Richtungen der vier Kräfte mit a, b, c, d und nehmen a, b, c als willkürlich gegeben an, so haben wir für die Bestimmung der vier Constanten von d die drei Gleichungen (b), und wir können daher nach Willkür noch eine vierte Gleichung hinzusetzen, welche z. B. die Bedingung ausdrückt, dass d eine gegebene Gerade l schneiden soll. Dies führt zu der bestimmten Aufgabe:

Zu drei gegebenen Richtungen a, b, c eine vierte d zu finden, welche eine noch andere gegebene Gerade l schneidet, dergestalt, dass sich vier Kräfte angeben lassen, welche, nach diesen vier Richtungen wirkend, im Gleichgewichte sind.

2) Bestehe das System aus fünf Kräften. Nach Elimination derselben aus den sechs Gleichungen (a) erhält man zwei Bedingungsgleichungen (b) zwischen ihren Richtungen. Lässt man daher vier dieser Richtungen gegeben sein, so muss die fünfte den zwei Gleichungen (b) Genüge leisten, und man kann daher zur vollständigen Bestimmung der vier Constanten der fünften Richtung noch zwei beliebige andere Gleichungen zwischen diesen Constanten hinzufügen, wodurch z. B. die Bedingung ausgedrückt wird, dass die fünfte Richtung durch einen gegebenen Punct M gehen, oder in einer gegebenen Ebene μ liegen soll. Hieraus fliesst die bestimmte Aufgabe:

Zu vier gegebenen Richtungen a, b, c, d *eine fünfte* e *zu finden, welche durch einen gegebenen Punct* M *geht, oder in einer gegebenen Ebene* μ *enthalten ist, dergestalt, dass sich nach diesen fünf Richtungen wirkende Kräfte angeben lassen, welche sich das Gleichgewicht halten.*

3) Hat man ein System von sechs Kräften, so geht nach Elimination derselben aus (a) eine einzige Gleichung (b) zwischen den Richtungen hervor. Hier können also fünf Richtungen beliebig gegeben sein und für die sechste drei Bedingungen nach Willkür genommen werden, z. B. dass die sechste drei gegebene Gerade, oder einen gegebenen Punct und eine gegebene Gerade treffen soll. Man hat daher die Aufgabe:

Zu fünf gegebenen Richtungen a, b, c, d, e *eine sechste* f *zu finden, welche in einer gegebenen Ebene* μ *liegt und darin einen gegebenen Punct* M *trifft, dergestalt, dass sich nach diesen sechs Richtungen wirkende Kräfte angeben lassen, welche sich das Gleichgewicht halten.*

4) Ist das System aus sieben Kräften zusammengesetzt, so lassen sich aus (a) je fünf derselben eliminiren, und man bekommt damit das Verhältniss je zweier Kräfte zu einander, ausgedrückt durch die Grössen, welche die Richtungen der sieben Kräfte bestimmen.

Sind daher sieben Richtungen gegeben, so ist es im Allgemeinen immer möglich, Kräfte zu finden, welche, nach diesen Richtungen wirkend, einander das Gleichgewicht halten. Die Intensität einer dieser Kräfte kann nach Willkür bestimmt werden.

Aehnlicherweise erhellt, dass im Allgemeinen für acht, neun etc. gegebene Richtungen sich Kräfte im Gleichgewichte finden lassen, und dass von diesen Kräften resp. zwei, drei, etc. ihrer Intensität nach willkürlich genommen werden können.

§. 99. Zusätze. a) Von den drei in §. 98 gestellten Aufgaben lässt sich die erste, ohne die allgemeinen Formeln (a) zu Hülfe zu nehmen, auch folgendergestalt durch Construction lösen. Zuerst sieht man leicht, dass jede Gerade x, welche die drei gegebenen Richtungen a, b, c zugleich schneidet, auch die vierte d schneiden muss. Denn heissen P, Q, R, S die nach a, b, c, d gerichteten Kräfte, so sind in Bezug auf x, als Axe, die Momente von P, Q, R einzeln Null (§. 60), mithin muss wegen des Gleichgewichtes zwischen P, Q, R, S auch das Moment von S für x Null sein; dieses ist aber nicht anders möglich, als wenn x der Richtung d begegnet.

Halten sich daher vier Kräfte das Gleichgewicht, so trifft jede

Gerade, welche die Richtungen dreier der vier Kräfte schneidet, auch die Richtung der vierten.

Es ist aber bekannt, dass, wenn eine Gerade x so fortbewegt wird, dass sie drei andere a, b, c fortwährend schneidet, jede Gerade d, welche drei verschiedenen Lagen h, i, k der x begegnet, auch jede vierte Lage der x trifft, dass folglich die durch die Bewegung der x erzeugte Fläche, — ein hyperbolisches Hyperboloid, — auch entsteht, wenn d an h, i, k fortgeführt wird.

Man ziehe demnach drei Gerade h, i, k, deren jede die Richtungen a, b, c zugleich schneidet, und die Aufgabe ist darauf zurückgebracht: eine Gerade d so zu legen, dass sie die vier Geraden h, i, k, l zugleich trifft. Dieses ist aber im Allgemeinen entweder auf doppelte Weise, oder gar nicht möglich, jenachdem nämlich das durch die Bewegung von x oder d erzeugte Hyperboloid von der Geraden l entweder in zwei Puncten, oder gar nicht getroffen wird. Im ersteren Falle führe man die Gerade d an h, i, k so weit fort, bis sie durch den einen oder den anderen Schneidepunct geht, und sie wird dann die verlangte Lage haben. Im letzteren Falle aber ist die Lösung der Aufgabe unmöglich.

Nachdem somit die Richtung von d, wo möglich, bestimmt worden, hat es keine Schwierigkeit, die Verhältnisse zwischen den Kräften P, Q, R, S noch auszumitteln. Man lege die Kräfte parallel mit ihren bekannten Richtungen a, b, c, d an einen und denselben Punct. Weil dadurch das Gleichgewicht, das zwischen ihnen bestehen soll, nicht gestört wird (§. 67, 2), so muss jetzt die Resultante von P und Q, welche T heisse, der Resultante von R und S gleich und direct entgegengesetzt sein. Die Richtung von T ergibt sich hiermit als der Durchschnitt der Ebene, in welcher P und Q liegen, mit der Ebene, in welcher R und S sind. Nach §. 28, a kennt man damit die Verhältnisse zwischen P, Q, T, sowie zwischen R, S, $-T$, folglich auch die Verhältnisse zwischen P, Q, R, S selbst.

b) Ohne bei der Lösung der zweiten und dritten Aufgabe zu verweilen, will ich über diese Aufgaben nur folgende Bemerkungen hinzufügen.

Da sich bei vier gegebenen Richtungen a, b, c, d zu jedem Puncte M eine durch ihn gehende fünfte, sowie zu jeder Ebene μ eine in ihr liegende fünfte Richtung finden lässt, so wird durch alle fünften Richtungen, die zu vier gegebenen gefunden werden können, der ganze Raum erfüllt, jedoch so, dass sich im Allgemeinen keine zwei derselben schneiden, oder, was dasselbe ist, keine zwei in einer Ebene liegen, indem, wenn es für einen Punct zwei durch ihn gehende fünfte Richtungen e und e_1 gäbe, auch jede andere durch

M gehende und in der Ebene von e und e_1 liegende Gerade f eine fünfte Richtung sein könnte. Sind nämlich P, Q, R, S, T Kräfte, die, nach a, b, c, d, e gerichtet, sich das Gleichgewicht halten, und sind die nach a, b, c, d, e_1 gerichteten Kräfte P_1, Q_1, R_1, S_1, T_1 ebenfalls im Gleichgewichte, so würden auch die Kräfte $P + P_1$, $Q + Q_1$, $R + R_1$, $S + S_1$ mit der Resultante der nach e und e_1 gerichteten Kräfte T und T_1 im Gleichgewichte sein. Weil es aber sowohl bei den ersteren fünf Kräften P, Q, R, S, T, als bei den fünf letzteren P_1, Q_1, R_1, S_1, T_1, nur auf ihr gegenseitiges Verhältniss ankommt, so würde man das noch willkürliche Verhältniss von T zu T_1 so bestimmen können, dass die gedachte Resultante irgend eine durch M gehende und in der Ebene von e und e_1 liegende Richtung f hätte. Hiernach aber hätte die Aufgabe, ihrer Natur entgegen, unzählig viele Lösungen.

Haben die vier gegebenen Richtungen eine solche Lage, dass sich zwei Gerade m und n angeben lassen, von deren jeder jede der vier Richtungen geschnitten wird, so ist die einem Puncte M zugehörige fünfte Richtung e diejenige, welche durch M, die m und n zugleich schneidend, gelegt wird. Denn für m und n, als Axen, ist das Moment jeder der nach a, b, c, d wirkenden Kräfte Null. Mithin muss auch das Moment der nach e gerichteten Kraft in Bezug auf m sowohl, als auf n, Null sein.

c) Sind fünf Richtungen a, b, c, d, e gegeben, so sind alle daraus herzuleitenden sechsten Richtungen f, f_1, f_2, ..., welche durch einen und denselben Punct M gehen, in einer Ebene enthalten. Denn gesetzt, es lägen f, f_1, f_2 nicht in einer Ebene. Da nun drei Kräfte, die nach drei sich in einem Puncte M schneidenden und nicht in einer Ebene liegenden Richtungen wirken, immer in solchen Verhältnissen zu einander genommen werden können, dass ihre durch M gehende Resultante irgend eine beliebige Richtung hat, so würde man nach ähnlichen Schlüssen, wie vorhin, von den fünf Richtungen a, b, c, d, e zu allen durch M gehenden Richtungen überhaupt, also auch zu allen durch M gehenden und in der Ebene μ enthaltenen Richtungen, nicht bloss zu einer derselben, wie es die dritte Aufgabe fordert, gelangen können. Sind aber die sechsten Richtungen, welche den Punct M treffen, in einer Ebene ν enthalten, so ist die in der Aufgabe geforderte Richtung der Durchschnitt der Ebenen μ und ν.

Auf ähnliche Weise zeigt sich, dass alle aus a, b, c, d, e herzuleitenden sechsten Richtungen, welche in einer und derselben Ebene μ liegen, sich in einem Puncte N dieser Ebene schneiden müssen, und dass die in der Aufgabe verlangte Richtung die Gerade MN ist.

Bei einer solchen Lage der fünf Richtungen endlich, bei welcher sie sämmtlich von einer Geraden m geschnitten werden, wird jede aus ihnen herzuleitende Richtung von m, als von einer der Axen, für welche das Moment der sechs Kräfte Null ist, gleichfalls getroffen. Die in diesem Falle gesuchte sechste Richtung ist daher die von M nach dem Durchschnitte von μ und m gezogene Gerade.

§. 100. Dieselben Bedingungen, die wir somit für die Richtungen von Kräften gefunden haben, wenn die Kräfte sich das Gleichgewicht sollen halten können, müssen nun auch für die Richtungen von Axen stattfinden, wenn zwischen den Momenten irgend eines Systems in Bezug auf diese Axen eine Relation bestehen soll, oder, was dasselbe ist, wenn das Moment für eine dieser Axen aus den Momenten für die übrigen soll hergeleitet werden können. Es findet daher

1) *zwischen den Momenten eines Systems in Bezug auf zwei Axen nur dann eine Relation statt, wenn letztere in einer und derselben Geraden liegen. Die zwei Momente sind dann einander gleich und haben einerlei oder entgegengesetzte Zeichen, jenachdem die Axen einerlei oder entgegengesetzte Richtungen haben.*

2) *Zwischen den Momenten in Bezug auf drei Axen, von denen keine zwei in dieselbe Gerade fallen, gibt es nur dann, und dann immer eine Relation, wenn die drei Axen in einer Ebene liegen und sich darin entweder in einem Puncte schneiden* (§. 89), *oder einander parallel sind* (§. 95, *b*).

3) *Sind die Momente dreier Axen von einander unabhängig, so kann aus ihnen das Moment für jede vierte bestimmt werden, welche gegen die ersteren drei eine solche Lage hat, dass jede Gerade, welche erstere drei schneidet, auch der vierten Axe begegnet.*

Von den Momenten dreier Axen, die in einer Ebene liegen, aber sich nicht in einem Puncte schneiden, ist daher das Moment jeder vierten Axe in der Ebene abhängig (§. 96), und aus den Momenten dreier Axen, die sich in einem Puncte schneiden, aber nicht in einer Ebene liegen, kann das Moment für jede vierte den Punct treffende Axe gefunden werden (§. 89 und §. 91). Wenn keine von drei Axen die andere schneidet, so ist von ihren Momenten das Moment jeder vierten abhängig, welche zu den drei ersteren eine hyperboloidische Lage hat (§. 99, *a*).

4) *Bei vier Axen, die rücksichtlich der auf sie bezogenen Momente von einander unabhängig sind, gibt es für jeden Punct eine durch ihn*

gehende, und für jede Ebene eine in ihr liegende Axe, deren Moment aus den Momenten der vier ersteren bestimmt werden kann (§. 99, *b*).

Wird jede der vier Axen von denselben zwei Geraden getroffen, so sind von ihnen alle diejenigen, und keine anderen, abhängig, welche gleichfalls von diesen Geraden geschnitten werden.

5) *Bei fünf von einander unabhängigen Axen gibt es für jeden Punct eine durch ihn gehende Ebene, und für jede Ebene einen in ihr liegenden Punct dergestalt, dass aus den Momenten für erstere fünf Axen das Moment für jede durch den Punct gehende und in der Ebene zugleich enthaltene Axe gefunden werden kann* (§. 99, *c*).

Werden die fünf Axen von einer und derselben Geraden gesshnitten, so sind von ihnen alle diejenigen, und keine anderen, abhängig, welche dieser Geraden ebenfalls begegnen.

6) *Aus den Momenten für sechs von einander unabhängige Axen kann das Moment für jede siebente gefunden werden* (§. 98 zu Ende).

§. 101. Zusatz. Da die Gleichung zwischen den von einander abhängigen Momenten von linearer Form ist und darin kein von den Momenten freies Glied vorkommt (§. 97), so schliessen wir noch, dass wenn von den $n-1$ Momenten, woraus sich ein n^{tes} bestimmen lässt, jedes gleich Null ist, auch das n^{te} gleich Null sein muss.

Sind also die Momente für sechs von einander unabhängige Axen einzeln gleich Null, so ist es auch das Moment jeder siebenten, und es herrscht Gleichgewicht.

Ebenso, wie bei einem Systeme von Kräften in einer Ebene daraus, dass die Momente des Systems für drei nicht in einer Geraden liegende Puncte der Ebene gleich Null waren, die Nullität des Moments für jeden anderen Punct der Ebene, und somit das Gleichgewicht des Systems, sich folgern liess (§. 33, A*), kann also bei einem System im Raume auf die Nullität aller Momente und somit auf das Gleichgewicht geschlossen werden, wenn man weiss, dass für irgend sechs von einander unabhängige Axen die Momente einzeln gleich Null sind. — Dasselbe ergibt sich auch aus dem allgemeinen Ausdrucke für das Moment eines Systems im Raume (§. 65):

$$F(L-gC+hB)+G(M-hA+fC)+H(N-fB+gA)\ .$$

Denn schon dadurch, dass man denselben für sechs verschiedene Axen, also für sechs verschiedene Systeme zusammengehöriger Werthe von f, g, h, F, G, H, Null setzt, gelangt man zu den sechs Bedingungen des Gleichgewichts: $A=0, \ldots, N=0$.

Wenn ferner in Bezug auf fünf von einander unabhängige Axen die Momente eines nicht im Gleichgewichte befindlichen Systems einzeln gleich Null sind, so sind es auch die Momente aller anderen, von ersteren fünf abhängigen Axen, nicht aber das Moment einer Axe, welche von ihnen unabhängig ist, indem sonst nach dem Vorhergehenden das System im Gleichgewichte wäre, gegen die Voraussetzung. Aus fünf von einander unabhängigen Axen, deren Momente gleich Null sind, lassen sich daher alle übrigen Axen, die ein Moment gleich Null haben, finden. — Eben so, wie alle durch einen Punct gehenden Axen, deren Momente Null sind, in einer Ebene liegen (§. 84), müssen daher auch alle in einem Puncte zusammentreffenden Axen überhaupt, deren Momente aus den Momenten für fünf von einander unabhängige Axen gefunden werden können, in einer Ebene enthalten sein, u. s. w. (vergl. §. 100).

§. 102. Die Bedingungen, unter denen sich für vier, fünf oder sechs Richtungen Kräfte finden lassen, die mit einander im Gleichgewichte sind, so wie die Verhältnisse zwischen den sich das Gleichgewicht haltenden Kräften selbst, können ausser den im Obigen angezeigten Verfahrungsweisen, noch auf eine andere Art hergeleitet werden, die sich unmittelbar auf den das Gleichgewicht im Raume betreffenden Hauptsatz (§. 58) gründet und wegen der Einfachheit, mit welcher sie die gesuchten Resultate liefert, eine nähere Anzeige verdient. Es wird hinreichen, wenn ich diese Methode an dem Falle erläutere, wenn das System nur aus vier Kräften besteht.

Seien daher P, Q, R, S vier Kräfte, zwischen denen Gleichgewicht herrschen soll. Stellt man diese Kräfte durch Linien dar, bezeichnet durch x irgend eine andere Linie von bestimmter Länge, und drückt durch Px, Qx, ... die Pyramiden aus, welche P und x, Q und x, ... zu gegenüberliegenden Kanten haben, so ist jenem Hauptsatze zufolge:

$$(1) \qquad Px + Qx + Rx + Sx = 0 ,$$

welches auch die Lage und Länge von x sein mag.

Man nehme nun in den Richtungen von P, Q, R, S Abschnitte a, b, c, d von beliebiger Länge, so ist (§. 91, 1) $Px = \frac{P}{a} \cdot ax$, ... wo ax die durch die Geraden a und x bestimmte Pyramide vorstellt, und es wird die vorige Gleichung, wenn man noch der Kürze willen

$$(2) \qquad \frac{P}{a} = p , \quad \frac{Q}{b} = q , \quad \frac{R}{c} = r , \quad \frac{S}{d} = s$$

setzt:

$$(3) \qquad p\,.\,ax + q\,.\,bx + r\,.\,cx + s\,.\,dx = 0\ .$$

Man lasse jetzt die noch unbestimmte Gerade x nach und nach mit a, b, c, d identisch werden, so erhält man, weil die Pyramiden aa, bb Null sind, und $ab = ba$ ist, u. s. w. (§. 72 zu Ende):

$$(4) \qquad \begin{cases} q\,.\,ab + r\,.\,ac + s\,.\,ad = 0\ , \\ p\,.\,ab + r\,.\,bc + s\,.\,bd = 0\ , \\ p\,.\,ac + q\,.\,bc + s\,.\,cd = 0\ , \\ p\,.\,ad + q\,.\,bd + r\,.\,cd = 0\ , \end{cases}$$

vier Gleichungen, welche die gesuchten Bedingungen des Gleichgewichtes enthalten müssen.

Eliminirt man r und s das einemal aus den drei letzten dieser Gleichungen und das anderemal aus der ersten, dritten und vierten, so kommt:

$$(5) \qquad p\,.\,(ab\,.\,cd - ac\,.\,bd - ad\,.\,bc) = 2q\,.\,bc\,.\,bd\ ,$$

$$(6) \qquad 2p\,.\,ac\,.\,ad = q\,(ab\,.\,cd - ac\,.\,bd - ad\,.\,bc)\ ,$$

und wenn hieraus noch das Verhältniss $p:q$ eliminirt wird:

$$(7) \qquad (ab\,.\,cd - ac\,.\,bd - ad\,.\,bc)^2 = 4ac\,.\,bd\,.\,ad\,.\,bc\ ,$$

welches die Bedingungsgleichung für die gegenseitige Lage der vier Richtungen ist. Nach dem bereits in §. 99 Gefundenen kann sie daher nichts anderes, als die hyperboloidische Lage dieser Richtungen ausdrücken. Auch lässt sich dies unter der Voraussetzung, dass es zwei Gerade t und t' gibt, deren jede jeder der vier Richtungen zugleich begegnet (ebendas.), folgendergestalt leicht darthun.

Schneide die eine dieser Geraden t die Richtungen, in denen die Abschnitte a, b, c, d liegen, resp. in A, B, C, D (vergl. Fig. 31), und die andere Gerade t' resp. in A', B', C', D'. Man nehme ferner die noch unbestimmt gelassenen Abschnitte a, b, c, d resp. gleich AA', BB', CC', DD'. Hiermit werden die Pyramiden

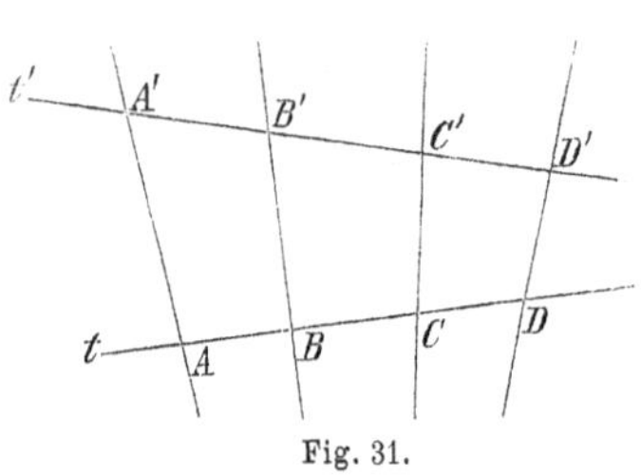

Fig. 31.

$$ab = AA'BB' = -ABA'B'\ ,$$
$$bc = -BCB'C'\ ,$$

etc. Nach §. 59, Zusatz ist aber das Sechsfache der Pyramide $ABA'B'$ gleich

$$AA\,.\,A'B'\,.\,u \sin\varphi\ ,$$

wo u den kürzesten Abstand der beiden Geraden AB und $A'B'$, oder t und t', von einander, und φ den Winkel von t' mit t bezeichnet. Die Pyramiden ab, bc, ... werden daher proportional den Producten $AA . A'B'$, $BC . B'C'$, ... Substituirt man diese Verhältnisswerthe in der Gleichung (7) und setzt noch zur Abkürzung:

$$AB . CD = f \,, \quad AC . BD = g \,, \quad AD . BC = h \,,$$
$$A'B' . C'D' = f' \,, \quad A'C' . B'D' = g' \,, \quad A'D' . B'C' = h' \,,$$

so wird die Gleichung:

$$(ff' - gg' - hh')^2 = 4gg'hh' \,.$$

Weil aber A, B, C, D und ebenso A', B', C', D' in einer Geraden liegen, so ist, wie man leicht findet:

$$(a) \qquad f = g - h \,, \quad f' = g' - h' \,.$$

Hiermit reducirt sich die vorige Gleichung auf

$$(gh' - g'h)^2 = 0 \,,$$

also:

$$(b) \qquad g : h = g' : h' \,,$$

d. i.

$$(c) \qquad \frac{AC}{BC} : \frac{AD}{BD} = \frac{A'C'}{B'C'} : \frac{A'D'}{B'D'} \,,$$

d. h. das Verhältniss zwischen den Verhältnissen, nach welchen die Linie AB das einemal in C und das anderemal in D geschnitten wird, ist dem eben so durch die Puncte A', B', C', D' bestimmten Verhältnisse gleich. Wie bekannt, ist dies aber das charakteristische Merkmal, bei welchem ausser t und t' auch jede dritte Gerade, welche dreien der vier Geraden AA', BB', CC', DD' begegnet, zugleich die vierte trifft*).

Mittelst der Abschnitte AB, BC, ... $A'B'$, $B'C'$, ... lassen sich auch die Verhältnisse zwischen den in Betracht kommenden Kräften sehr einfach darstellen. Setzt man nämlich noch

$$BC . BD = i \,, \quad B'C' . B'D' = i' \,,$$

so geht die Gleichung (5) über in:

$$p(ff' - gg' - hh') = 2qii' \,,$$

und wenn man darin für f, f', h aus (a) und (b) ihre Werthe setzt:

$$-pgh' = qii' \,,$$

folglich

$$p : q = -BC . B'D' : AC . A'D' \,,$$

---

*) Vergl. Steiner, Systematische Entwickelung der Abhängigkeit geometrischer Gestalten von einander, art. 51.

d. i.

$$\frac{P}{AA'} : \frac{Q}{BB'} = -\frac{BC}{AC} : \frac{A'D'}{B'D'} = -\frac{BD}{AD} : \frac{A'C'}{B'C'}$$

nach (c), woraus durch gehörige Vertauschung der Buchstaben sich die Verhältnisse zwischen je zwei der übrigen Kräfte ergeben.

Zugleich folgt hieraus, dass, wenn die Puncte A, B, C, D in der genannten Ordnung in der Geraden t auf einander folgen, und mithin auch A', B', C', D' die Folge der Puncte in der Geraden t' ist, und wenn P nach der Richtung AA' wirkt, Q die Richtung $-BB'$, d. i. $B'B$, hat. Auf eben die Weise zeigt sich, dass unter denselben Voraussetzungen CC' die Richtung von R und $D'D$ die Richtung von S ist.

§. 103. Zusätze. a) Nicht je drei Kräfte können auf eine einzige Kraft reducirt werden, also auch nicht mit einer einzigen Kraft ins Gleichgewicht gebracht werden. Sind daher von den Richtungen der vier Kräfte P, Q, R, S, welche im Gleichgewichte sein sollen, irgend drei, z. B. die von P, Q, R, willkürlich gegeben, so können nicht auch P, Q, R selbst nach Belieben genommen werden, und es muss folglich zwischen P, Q, R und den Grössen, welche die gegenseitige Lage der Richtungen dieser drei Kräfte bestimmen, eine Relation stattfinden. Diese Relation ergibt sich ebenfalls ganz leicht aus den vier Gleichungen (4). Denn multiplicirt man sie der Reihe nach mit p, q, r, s und zieht hierauf von der Summe der drei ersten die vierte ab, so kommt:

$$p \cdot q \cdot ab + p \cdot r \cdot ac + q \cdot r \cdot bc = 0 \ ,$$

und mit Zuziehung von (2):

$$\frac{P \cdot Q}{a \cdot b} \cdot ab + \frac{P \cdot R}{a \cdot c} \cdot ab + \frac{Q \cdot R}{b \cdot c} \cdot bc = 0 \ ,$$

welches die gesuchte Gleichung ist. Sie drückt aus, dass die Summe der drei Pyramiden, welche P und Q, P und R, Q und R zu gegenüberliegenden Seiten haben, Null ist. Denn so wie $\frac{P}{a} \cdot ab$ die Pyramide darstellt, deren gegenüberliegende Seiten die Linie P, welche in a fällt, und b sind, so drückt $\frac{P}{a} \cdot \frac{Q}{b} \cdot ab$ die Pyramide aus, die zu gegenüberliegenden Seiten zwei Linien hat, welche in a und b fallen, und deren Längen resp. P und Q sind, u. s. w.

b) Auf eine andere Weise, als vorhin geschah, lassen sich die Verhältnisse zwischen den vier Kräften folgendergestalt darstellen. Man multiplicire wiederum die Gleichungen (4) in ihrer Folge mit

p, q, r, s und ziehe dann von der Summe je zweier die Summe der beiden anderen ab; dies gibt:

$$p \,.\, q \,.\, ab = r \,.\, s \,.\, cd \,,$$
$$p \,.\, r \,.\, ac = q \,.\, s \,.\, bd \,,$$
$$p \,.\, s \,.\, ad = q \,.\, r \,.\, bc \text{ *)},$$

und wenn man je zwei dieser drei Gleichungen mit einander multiplicirt:

$$p^2 \,.\, ac \,.\, ad = q^2 \,.\, bc \,.\, bd \,,$$
$$p^2 \,.\, ab \,.\, ad = r^2 \,.\, bc \,.\, cd \,,$$
$$p^2 \,.\, ab \,.\, ac = s^2 \,.\, bd \,.\, cd \,,$$

folglich

$$p : q : r : s =$$
$$= + \sqrt{bc \,.\, bd \,.\, cd} : - \sqrt{ac \,.\, ad \,.\, cd} : + \sqrt{ab \,.\, ad \,.\, bd} : - \sqrt{ab \,.\, ac \,.\, bc} \,,$$

wo nur noch $\frac{P}{a}, \frac{Q}{b}, \ldots$ für $p, q, \ldots$ zu setzen sind, und wo die Vorzeichen so gewählt sind, wie sie stattfinden müssen, wenn a, b, c, d die Ordnung ist, in welcher diese Linien von einer sie alle zugleich schneidenden Geraden getroffen werden.

Substituirt man diese Verhältnisswerthe von $p, q, \ldots$ in einer der Gleichungen (4), so ergibt sich:

$$\sqrt{ab \,.\, cd} - \sqrt{ac \,.\, bd} + \sqrt{ad \,.\, bc} = 0 \,,$$

welches die Bedingungsgleichung für die hyperboloidische Lage der vier Geraden a, b, c, d ist, die, wenn sie rational gemacht wird, mit der bereits erhaltenen (7), wie gehörig, zusammenfällt.

c) Durch Substitution derselben Werthe von p, q, r, s in (3) erhält man nachstehenden geometrischen Satz:

Sind a, b, c, d vier Gerade von beliebigen Längen und so gelegen, dass jede andere Gerade, welche drei derselben schneidet, auch die vierte trifft, so findet zwischen den Pyramiden ax, bx, cx, dx, welche eine beliebige fünfte Gerade x zur gemeinschaftlichen Kante und a, b, c, d zu gegenüberliegenden Kanten haben, immer eine lineare Relation statt. Es ist nämlich:

$$\sqrt{bc \,.\, bd \,.\, cd} \,.\, ax - \sqrt{ac \,.\, ad \,.\, cd} \,.\, bx + \sqrt{ab \,.\, ad \,.\, bd} \,.\, cx$$
$$- \sqrt{ab \,.\, ac \,.\, bc} \,.\, dx = 0 \,.$$

---

*) Nach dem vorhin Bemerkten sind diese drei Gleichungen identisch mit: $PQ = RS$, $PR = QS$, $PS = QR$, und stellen daher den schon in §. 72, *c* gefundenen, von Chasles entdeckten Satz dar. Auch ist die Schlussfolge, durch welche wir gegenwärtig zu diesem Satze gelangt sind, von der dortigen nicht wesentlich verschieden.

d) Heissen K, L, M, N die Momente irgend eines Systems in Bezug auf vier Axen, welche resp. in die hyperboloidisch gelegenen Linien a, b, c, d fallen, so bekommt man die Relation zwischen diesen Momenten, wenn man in letzterer Gleichung für ax, bx, cx, dx resp. $a \,.\, K$, $b \,.\, L$, $c \,.\, M$, $d \,.\, N$ setzt.

Siebentes Kapitel.

Von den Mittelpuncten der Kräfte.

---

§. 104. Bei allen bisherigen Untersuchungen über Systeme von Kräften, die auf einen frei beweglichen festen Körper wirken, zogen wir bloss die Intensitäten und die Richtungen der Kräfte in Betracht, liessen aber die Angriffspuncte, oder die Puncte der Richtungen, auf welche die Kräfte zunächst ihre Wirkung äusserten, unberücksichtigt, indem nach §. 14, *a* eine Kraft ohne Aenderung ihrer Wirkung auf jeden Punct ihrer Richtung verlegt werden konnte. In den noch folgenden Kapiteln dieses ersten Theils der Statik werden aber die Angriffspuncte der Kräfte stets mit in Rücksicht genommen werden. Wir werden uns nämlich vorstellen, dass die Lage des frei beweglichen festen Körpers, oder, was dasselbe ist: die Lage des frei beweglichen Systems der in unveränderlichen Entfernungen von einander stehenden Angriffspuncte, auf irgend eine Weise geändert werde, während die Kräfte mit unveränderter Intensität und nach Richtungen, die ihren anfänglichen parallel sind, auf die Angriffspuncte zu wirken fortfahren. Wir werden sodann untersuchen, ob und inwiefern durch diese Aenderung der Lage des Körpers die Wirkung der Kräfte sich ändert.

Haben die Kräfte anfänglich eine einfache Resultante, und findet es sich, dass bei jeder beliebigen Aenderung der Lage des Körpers die auf die anfänglichen Angriffspuncte parallel mit ihren anfänglichen Richtungen fortwirkenden Kräfte sich immer auf eine einfache Kraft reduciren lassen, und dass die Richtung dieser Resultante fortwährend einem und demselben Puncte des Körpers, oder allgemeiner: einem Puncte, welcher gegen die Angriffspuncte eine unveränderliche Lage hat, begegnet, so soll dieser Punct der Mittelpunct der Kräfte heissen. Bringt man an ihm eine der Resultante gleiche aber entgegengesetzte Kraft an, so erfolgt Gleichgewicht, das auch bei beliebiger Veränderung der Lage des Körpers fortdauern wird. Ebenso wird Gleichgewicht entstehen, wenn man den Mittelpunct unbeweglich macht, so dass der Körper nur noch um diesen Punct gedreht werden kann, indem eine auf einen unbeweglichen Punct eines Körpers gerichtete Kraft offenbar keine Bewegung erzeugen kann.

I. Von dem Mittelpuncte paralleler Kräfte.

§. 105. Auf zwei Puncte A und B eines Körpers (vergl. Fig. 32) wirken zwei parallele Kräfte P und Q, welche kein Paar ausmachen und daher eine mit ihrer Richtung gleichfalls parallele Resultante

$$X = P + Q$$

haben. Man theile die Gerade AB in H nach dem Verhältnisse

$$AH : HB = Q : P\ ,$$

wobei H zwischen oder ausserhalb A und B fällt, jenachdem P und Q einerlei oder verschiedene Zeichen, d. h. einerlei oder entgegengesetzte Richtung haben. Die Resultante X trifft alsdann den Punct H des Körpers (§. 26, a), welches auch der Winkel ist, den die Kräfte P und Q mit der Geraden AB bilden, wie folglich auch die Lage des Körpers geändert werden mag, wenn nur die Kräfte P und Q parallel mit einander die Puncte A und B des Körpers zu treffen fortfahren; H ist folglich der Mittelpunct der parallelen Kräfte P und Q, und wir folgern daraus:

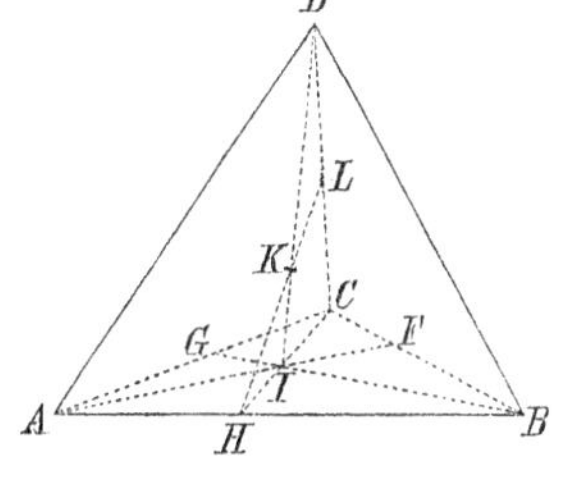

Fig. 32.

Zwei parallele Kräfte, die kein Paar bilden, haben einen Mittelpunct. Er liegt mit den Angriffspuncten der beiden Kräfte in einer Geraden und seine Abstände von den Angriffspuncten verhalten sich umgekehrt wie die den letzteren zugehörigen Kräfte.

Kommt zu den zwei Kräften P, Q eine dritte ihnen parallele Kraft R hinzu, deren Angriffspunct C ist (vergl. wieder Fig. 32), und ist H, wie vorhin, der Mittelpunct der beiden ersteren, so sind alle drei Kräfte gleichwirkend mit den zwei auf H und C gerichteten X, gleich $P+Q$, und R, folglich gleichwirkend mit der einzigen auf I gerichteten Kraft $X+R=P+Q+R$, wenn HC in I nach dem Verhältnisse

$$HI:IC=R:P+Q$$

getheilt wird. Der Punct I der Ebene ABC, dessen Lage gegen A, B, C nur von der gegenseitigen Lage dieser Puncte und von den Verhältnissen zwischen den Intensitäten der Kräfte P, Q, R abhängt, ist daher der Mittelpunct dieser Kräfte.

Hat man vier parallele Kräfte P, Q, R, S, welche auf die Puncte A, B, C, D eines Körpers wirken (vergl. noch einmal Fig. 32), so bestimme man wie vorhin den Mittelpunct I der drei Kräfte P, Q, R, und schneide die Gerade ID, welche ihn mit dem Angriffspuncte D der vierten S verbindet, in K nach dem Verhältnisse

$$IK:KD=S:P+Q+R\ .$$

Eine durch K parallel mit $P, \ldots$ gelegte Kraft gleich $P+Q+R+S$ ist dann immer die Resultante der vier Kräfte, K selbst folglich ihr Mittelpunct.

Auf gleiche Weise kann man auch bei einem Systeme von fünf und mehreren Kräften zu Werke gehen und daher allgemein schliessen:

Bei einem Systeme paralleler Kräfte, die auf bestimmte Puncte eines festen Körpers wirken und eine einfache Resultante haben, gibt es einen Punct, der gegen die Angriffspuncte eine bestimmte Lage hat, und welchen die Resultante immer trifft, wie auch die Lage des Körpers gegen die Kräfte geändert werden mag, — den Mittelpunct der parallelen Kräfte.

§. 106. Zusätze und Folgerungen. *a*) Ebenso, wie der Mittelpunct zweier parallelen Kräfte mit ihren Angriffspuncten in gerader Linie liegt, so ist auch, wenn die Angriffspuncte dreier oder mehrerer parallelen Kräfte in einer Geraden sind, der Mittelpunct der Kräfte immer in dieser Geraden enthalten. Gleicherweise ist von vier oder mehreren parallelen Kräften, deren Angriffspuncte in eine Ebene fallen, der Mittelpunct in derselben Ebene befindlich.

b) Die Folge, in welcher man die Kräfte zur Bestimmung ihres Mittelpunctes nach und nach berücksichtigt, ist willkürlich. Denn könnte bei einer anderen Folge ein anderer Mittelpunct gefunden werden, so müsste bei jeder Lageänderung des Körpers die den Kräften stets parallele und den einen Mittelpunct treffende Resultante immer auch dem anderen begegnen, welches nicht möglich ist.

Statt daher bei drei parallelen Kräften P, Q, R, welche auf die Puncte A, B, C wirken, zuerst die Linie AB in H nach dem Verhältnisse

$$AH : HB = Q : P$$

zu theilen, kann man auch damit anfangen, dass man den in BC liegenden Mittelkunct F der Kräfte Q und R durch die Proportion

$$BF : FC = R : Q$$

bestimmt. Der Punct der Linie AF, welcher sie in dem Verhältnisse $R + Q : P$ theilt, muss dann ebenfalls der Mittelpunct I aller drei Kräfte sein. Die Linien AF und CH werden sich daher in I schneiden, und wenn man noch CA in G nach dem Verhältnisse

$$CG : GA = P : R$$

theilt, so wird die Gerade GB gleichfalls durch I gehen.

Auf gleiche Art erhellt, dass, wenn man bei vier parallelen Kräften jede der sechs Kanten AB, BC, ... der Pyramide $ABCD$, von welcher die Angriffspuncte der Kräfte die Ecken sind, in dem umgekehrten Verhältnisse der auf die Enden der Kante wirkenden Kräfte resp. in H, F, ... theilt, jede der sechs durch eine Kante und den in der gegenüberliegenden Kante befindlichen Theilpunct gelegten Ebenen, wie CDH, ADF, etc. den Mittelpunct K der vier Kräfte enthält, und dass sich daher alle sechs Ebenen in diesem Puncte schneiden.

c) Es verhalten sich

$$P : Q = HB : AH$$

also wie die Dreiecke

$$HBC : AHC = HBI : AHI \; ,$$

folglich wie

$$HBC - HBI : AHC - AHI \; ,$$

d. i.

$$P : Q = IBC : ICA \; ,$$

und ebenso

$$Q : R = ICA : IAB \; ,$$

d. h.:

Der Mittelpunct dreier paralleler Kräfte liegt in der Ebene der Angriffspuncte so, dass jedes der drei Dreiecke, welche der Mittelpunct mit zwei Angriffspuncten bildet, der auf den dritten Angriffspunct wirkenden Kraft proportional ist.

Bei den vier parallelen Kräften P, ..., S verhalten sich

$$P : Q : R$$

wie die Dreiecke

$$IBC : ICA : IAB \, .$$

wie die Pyramiden

$$IDBC : IDCA : IDAB$$

oder wie die Pyramiden

$$IKBC : IKCA : IKAB \ ,$$

folglich wie

$$IDBC - IKBC : IDCA - IKCA : IDAB - IKAB \ ,$$

d. i. wie

$$KDBC : KDCA : KDAB \ ,$$

und ebenso

$$Q : R : S = KACD : KADB : KABC \ ,$$

folglich

$$P : Q : R : S = KBCD : -KCDA : KDAB : -KABC$$

(vergl. §. 63, 1), d. h.:

Bei einem Systeme von vier parallelen Kräften ist jede Kraft, abgesehen vom Zeichen, der Pyramide proportional, welche der Mittelpunct des Systems mit den Angriffspuncten der drei übrigen Kräfte bildet.

Uebrigens ist die Resultante der vorigen drei Kräfte dem Dreiecke ABC, und die Resultante dieser vier Kräfte der Pyramide $ABCD$, aus den Angriffspuncten selbst gebildet, proportional.

d) Sind die Kräfte P, Q, R, S einander gleich und von einerlei, nicht entgegengesetzter Richtung, so ist vermöge der Proportionen in §. 105:

$$BH = HA \ , \qquad CI = 2 \, . \, IH \ , \qquad DK = 3 \, . \, KI \ ,$$

also auch

$$CH = 3 \, . \, IH \quad \text{und} \quad DI = 4 \, . \, KI \ ,$$

woraus wir die Folgerungen ziehen:

Der Mittelpunct zweier einander gleicher und paralleler Kräfte ist der Mittelpunct der ihre Angriffspuncte verbindenden Linie.

Von drei einander gleichen und parallelen Kräften liegt der Mittelpunct in dem Dreieck ihrer Angriffspuncte so, dass er von jeder Seite des Dreiecks, diese Seite als Basis genommen, um den dritten Theil der Höhe entfernt ist.

Bei vier sich gleichen und parallelen Kräften ist der Mittelpunct von jeder Seitenfläche der Pyramide der Angriffspuncte, wenn man diese Fläche als Basis betrachtet, um den vierten Theil der Höhe der Pyramide entfernt.

Unter derselben Voraussetzung, dass $P = Q = R = S$ ist, geben die in *c*) erhaltenen Proportionen folgenden Satz:

Ebenso, wie der Mittelpunct zweier sich gleicher und paralleler

Kräfte die Linie zwischen ihren Angriffspuncten halbirt, so wird durch den Mittelpunct von drei solchen Kräften das Dreieck der Angriffspuncte in drei einander gleiche Dreiecke, und durch den Mittelpunct von vier solchen Kräften die Pyramide der Angriffspuncte in vier gleiche Pyramiden getheilt.

e) Die in §. 105 gegebene Methode, um den Mittelpunct eines Systems paralleler Kräfte zu finden, lässt sich auch so abändern, dass man zuerst das System in zwei oder mehrere Systeme zerlegt und von jedem dieser Systeme besonders die Resultante und den Mittelpunct bestimmt. Die Kräfte des ganzen Systems sind alsdann, auch bei jeder beliebigen Ortsveränderung des Körpers, gleichwirkend mit diesen ebenfalls einander parallelen Resultanten, welche die gefundenen Mittelpuncte resp. zu Angriffspuncten haben; und man wird daher den Mittelpunct des ganzen Systems erhalten, wenn man von den Resultanten der einzelnen Systeme und ihren Mittelpuncten, als Angriffspuncten, den Mittelpunct sucht.

So kann z. B. von vier einander gleichen und parallelen, auf A, B, C, D wirkenden Kräften P, Q, R, S (vergl. Fig. 32 auf p. 151) der Mittelpunct K auch so gefunden werden, dass man zuerst die Linien AB und CD in H und L halbirt, worauf K der Mittelpunct der Linie HL sein wird. Denn H und L sind die den Resultanten von P, Q und R, S zugehörigen Mittelpuncte, mithin u. s. w. Es folgt hieraus noch, dass die drei Geraden, welche die Mittelpuncte je zweier gegenüberstehender Kanten einer dreiseitigen Pyramide verbinden, sich in einem Puncte schneiden und daselbst einander halbiren.

§. 107. Bei den im Vorhergehenden betrachteten Systemen paralleler Kräfte ist immer vorausgesetzt worden, dass die Kräfte eine Resultante haben, und folglich ihre Summe nicht gleich Null ist. Sei jetzt die Summe der Kräfte gleich Null. Man zerlege das System in zwei Gruppen, bei deren keiner die Summe der zugehörigen Kräfte gleich Null, und was, wenn das System aus mehr als zwei Kräften besteht, immer auf mehrfache Art möglich ist. Die Summe der Kräfte der einen Gruppe sei gleich X, also die der anderen gleich $-X$; von der ersteren Gruppe sei M, von der letzteren N der Mittelpunct. Alsdann ist für jede Lage des Körpers das System der Kräfte gleichwirkend mit einem Paare, dessen Kräfte X und $-X$ die Angriffspuncte M und N haben. Das Moment dieses Paares ist dem Product aus X in den Abstand des einen der beiden Puncte M und N von einer durch den anderen mit den Kräften gelegten Parallele gleich, also von einer Lage des Körpers zur anderen veränderlich. Bei einer solchen Lage, wo die Gerade, welche M mit N verbindet, parallel mit den Kräften wird, — und solcher Lagen gibt es zwei, einander gerade entgegengesetzte, — ist das Moment des Paares gleich Null, und es herrscht Gleichgewicht; und wie man dann auch das System in zwei Gruppen zertheilt, wird immer der Mittelpunct der einen mit dem der anderen, also auch der Angriffspunct jeder einzelnen Kraft mit dem Mittelpuncte der jedesmal übrigen, in einer mit den Kräften parallelen Geraden liegen.

Finden sich die beiden Mittelpuncte M und N identisch, so sind bei jeder Lage des Körpers die Kräfte im Gleichgewicht. Es muss folglich auch bei jeder anderen Zerlegung eines solchen Systems in zwei Gruppen der Mittelpunct der einen Gruppe mit dem der anderen zusammenfallen, so wie der Angriffspunct jeder einzelnen Kraft der Mittelpunct der jedesmal übrigen sein. Um ein System dieser Art zu erhalten, darf man nur zu einem Systeme paralleler Kräfte, welches einen Mittelpunct hat, eine neue der Resultante des Systems gleiche, aber entgegengesetzte Kraft hinzufügen.

§. 108. Alle die bisher auf synthetischem Wege erhaltenen Resultate lassen sich auch sehr leicht analytisch herleiten. Seien von den Kräften P, P', ..., auf ein System dreier Coordinatenaxen bezogen, die Angriffspuncte resp. (x, y, z), (x', y', z'), etc.; (x_1, y_1, z_1) irgend ein Punct der Resultante, und a, b, c die Projectionen einer mit den Kräften parallel laufenden Linie auf die drei Axen. Alsdann sind, wenn man noch

$$(1) \qquad \frac{\Sigma xP}{\Sigma P} = \xi\,, \qquad \frac{\Sigma yP}{\Sigma P} = \eta\,, \qquad \frac{\Sigma zP}{\Sigma P} = \zeta$$

setzt,

$$(2) \qquad \frac{\xi - x_1}{a} = \frac{\eta - y_1}{b} = \frac{\zeta - z_1}{c}$$

die Gleichungen der Resultante (§. 73).

Die Resultante trifft daher den Punct, dessen Coordinaten ξ, η, ζ sind; und da vermöge (1) diese Coordinaten bloss von den Intensitäten der Kräfte und den Coordinaten der Angriffspuncte, nicht aber von a, b, c, abhängen, so geht bei unveränderlich bleibenden Intensitäten und Angriffspuncten die Resultante immer durch denselben Punct, wie auch die gegenseitige Lage des Systems der Angriffspuncte und der Richtungen der parallelen Kräfte sich ändern mag; (ξ, η, ζ) ist folglich der Mittelpunct der Kräfte.

§. 109. Folgerungen. *a*) Aus den Formeln (1) fliesst noch eine sehr einfache Methode zur Bestimmung des Mittelpuncts. Es wird nämlich nach ihnen der Abstand des Mittelpuncts von einer beliebig gelegten Ebene gefunden, wenn man die Kräfte in die Abstände ihrer resp. Angriffspuncte von dieser Ebene multiplicirt und die Summe dieser Producte durch die Summe der Kräfte dividirt. Hat man auf diese Weise die Abstände des Mittelpuncts von drei sich in einem Puncte schneidenden Ebenen bestimmt, so ist damit der Mittelpunct selbst gefunden.

b) Die Summe der Producte aus den Kräften in die Abstände ihrer Angriffspuncte von irgend einer durch den Mittelpunct selbst gelegten Ebene ist daher immer gleich Null.

c) Sind die Kräfte insgesammt einander gleich und nach einerlei Seite gerichtet, so ist der Abstand ihres Mittelpuncts von einer beliebigen Ebene gleich der Summe der Abstände ihrer Angriffspuncte von derselben Ebene, dividirt durch die Anzahl der Kräfte, also gleich dem arithmetischen Mittel letzterer Abstände.

d) Liegen die Angriffspuncte sämmtlicher Kräfte P, P', ... in einer Ebene und nimmt man dieselbe zur Ebene der x, y, so sind z, z', ... gleich Null, folglich auch ΣzP und ζ gleich Null, also der Mittelpunct in derselben Ebene enthalten. Befinden sich aber die Angriffspuncte insgesammt in einer Geraden, in der Axe der x zum Beispiel, so werden auf gleiche Weise η und ζ gleich Null, und der Mittelpunct ist ebenfalls in dieser Geraden begriffen.

e) Bringt man im Mittelpuncte (ξ, η, ζ) eines Systems paralleler Kräfte P, P', ... eine neue ihrer Resultante gleiche, aber entgegengesetzte Kraft, gleich $-\Sigma P$, an, so erhält man ein System, das bei jeder Lage des Körpers im Gleichgewichte bleibt. Da man nun vermöge der Gleichungen (1),

$$\Sigma xP + \xi(-\Sigma P) = 0 \ ,$$

u. s. w. hat, so ist bei einem solchen Systeme die obige Summe der Producte für jede beliebige Ebene gleich Null.

Vom Schwerpuncte.

§. 110. Die Lehre vom Mittelpuncte paralleler Kräfte gewinnt dadurch noch ein besonderes Interesse, dass auf alle Theilchen der auf der Oberfläche unserer Erde befindlichen Körper fortwährend Kräfte wirken, deren Richtungen vertical, d. i. rechtwinklig auf der Oberfläche der Erde sind, und die daher bei einem und demselben Körper, so wie bei mehreren Körpern, deren Dimensionen und gegenseitige Entfernungen gegen den Durchmesser der Erde unbedeutend sind, als einander parallel angesehen werden können. Der Mittelpunct aller dieser auf einen Körper wirkenden Kräfte heisst der Schwerpunct, und ihre Resultante das Gewicht des Körpers. Indem man sich diese Kräfte als Theile einer einzigen sich über alle Theile der Körper verbreitenden Kraft denkt, nennt man letztere die Schwerkraft.

Die Einwirkung der Schwerkraft auf einen Körper, oder das Gewicht desselben, bleibt an einem und demselben Orte für alle Zeiten unverändert und ändert sich auch von einem Orte an oder nahe bei der Oberfläche der Erde zum anderen nur wenig, indem es von einem Puncte des Aequators bis zu dem einen und anderen Pole nur um 1 : 194 zunimmt, und bei verticaler Erhebung des Körpers im umgekehrten Verhältnisse des Quadrats seiner Entfernung vom Mittelpuncte der Erde abnimmt. Ueberhaupt bleibt das Verhältniss zwischen den Gewichten zweier Körper, die sich an einem und demselben Orte der Erde befinden, das nämliche, wenn sie beide an einen und denselben anderen Ort gebracht werden. Dieses von dem Orte, wo sich die Körper zugleich befinden, unabhängige Verhältniss ihrer Gewichte ist einerlei mit dem, welches man das Verhältniss ihrer Massen nennt, und man kann daher auch sagen: die auf jeden Theil eines Körpers wirkende Schwerkraft sei der Masse des Theils proportional.

Wenn je zwei Theile eines Körpers, die dem Inhalte nach einander gleich sind, auch gleiche Massen haben, so wird der Körper gleichförmig dicht genannt. Von zwei gleichförmig dichten Körpern heisst die Dichtigkeit des einen das m-fache der Dichtigkeit des anderen, wenn von zwei dem Inhalte nach gleichen Theilen des einen und anderen Körpers die Masse des einen das m-fache der Masse des anderen ist. Bei gleichem Inhalte ist daher die Masse der Dichtigkeit proportional, und bei ungleichem Inhalte dem Product aus der Dichtigkeit in den Inhalt proportional, oder auch diesem Producte geradezu gleich, wenn man von einem gleichförmig dichten Körper, dessen Inhalt gleich 1 und dessen Masse gleich 1 gesetzt worden, auch die Dichtigkeit gleich 1 setzt.

§. 111. Zur Bestimmung des Schwerpunctes eines Körpers dienen die Formeln (1) in §. 108. Man denke sich den Körper in mehrere andere zerlegt, deren Massen gleich m, m', m'', ... seien. Auf die diesen Massen resp. zugehörigen Puncte (x, y, z), (x', y', z'), (x'', y'', z''), ... lasse man nach einerlei Richtung parallele den Massen proportionale Kräfte wirken, und sei (ξ, η, ζ) der Mittelpunct dieser Kräfte, so hat man nach jenen Formeln:

$$(a)\qquad \xi = \frac{mx + m'x' + m''x'' + \ldots}{m + m' + m'' + \ldots}$$

nnd ähnliche Gleichungen für η und ζ. Diese Gleichungen geben für ξ, η, ζ nach und nach andere Werthe, wenn man für (x, y, z), (x', y', z'), ... andere und andere Puncte der Massen m, m', ... wählt. Es hört aber diese Veränderlichkeit der Werthe von ξ, η, ζ auf, wenn man den Körper in unendlich viele Theile zerlegt, deren jeder nach allen Dimensionen unendlich klein ist. Denn je kleiner man die Dimensionen der Theile sein lässt, desto geringer wird der Unterschied zwischen den äussersten Werthen, die jede der Coordinaten x, y, z, x', ... haben kann; desto kleiner werden mithin die Aenderungen, welche die Producte mx, $m'x'$, ... erleiden können, gegen die Producte selbst; desto mehr nähern sich folglich ξ, η, ζ gewissen Grenzwerthen, die sie aber erst dann erreichen, wenn die Theilchen unendlich klein geworden sind. Und diese Grenzwerthe sind die Coordinaten des Schwerpunctes.

Bezeichnen daher dm die Masse eines nach allen Dimensionen unendlich kleinen Elementes des Körpers und x, y, z die Coordinaten dieses Elementes, so sind die des Schwerpunctes:

$$(A)\qquad \xi = \frac{\int x\,dm}{\int dm}, \qquad \eta = \frac{\int y\,dm}{\int dm}, \qquad \zeta = \frac{\int z\,dm}{\int dm}.$$

Es ist aber bei einem rechtwinkligen Coordinatensysteme, wenn man sich den Körper durch Ebenen, die mit den Coordinatenebenen parallel sind, in unendlich kleine rechtwinklige Parallelepipeda zerlegt denkt, der Inhalt desjenigen, welches den Coordinaten x, y, z entspricht, gleich $dx\,dy\,dz$, und daher, wenn ϱ die Dichtigkeit des Körpers im Puncte (x, y, z) ausdrückt:

$$dm = \varrho\,dx\,dy\,dz\;.$$

Diesen Werth von dm hat man nun in (A) zu substituiren und hierauf die angedeuteten Integrationen innerhalb der den Körper einschliessenden Flächen, deren Gleichungen gegeben sein müssen, auszuführen. Die Dichtigkeit ϱ wird dabei als eine Function von x, y, z gegeben vorausgesetzt. Ist der Körper gleichförmig dicht, also ϱ constant, so geht ϱ aus den Formeln (A) heraus; der Schwerpunct ist dann folglich bloss von der Gestalt des Körpers abhängig.

Aehnlicher Weise kann man auch den Schwerpunct einer blossen Fläche, ja selbst einer Linie zu bestimmen suchen, indem man sich jedes Element der Fläche oder der Linie, als von einer der Wirkung der Schwerkraft unterworfenen Masse gebildet denkt, einer Masse, die der Grösse des Elements und der daselbst herrschenden Dichtigkeit proportional ist. Die allgemeinen Ausdrücke für die Coordinaten des Schwerpuncts einer Fläche oder Linie wird man daher erhalten, wenn man in den obigen Ausdrücken das einemal

$$dm = \varrho \sqrt{1 + \left(\frac{dz}{dx}\right)^2 + \left(\frac{dz}{dy}\right)^2} \cdot dx\,dy$$

und das anderemal

$$dm = \varrho \sqrt{1 + \left(\frac{dy}{dx}\right)^2 + \left(\frac{dz}{dx}\right)^2} \cdot dx$$

setzt. Die Anwendung dieser allgemeinen Formeln auf bestimmte Fälle übergehe ich, da solche Anwendungen in den bisherigen Lehrbüchern der Statik zur Genüge angetroffen werden.

Zusatz. Sind die Massen m, m', ..., in die man sich einen Körper zerlegt denkt, nicht unendlich klein, sondern von endlicher Grösse, so ergeben sich mittelst der Formeln (a) nichtsdestoweniger die Coordinaten des Schwerpunctes des Körpers, wenn nur für (x, y, z), (x', y', z'), ... die Schwerpuncte der einzelnen Massen genommen werden. Denn da die auf einen Körper wirkende Schwerkraft bei jeder Verrückung desselben gleichwirkend mit einer verticalen, an seinem Schwerpuncte angebrachten und seiner Masse proportionalen Kraft bleibt, und dasselbe auch rücksichtlich der Masse und des Schwerpunctes jedes Theiles des Körpers gilt, so müssen verticale Kräfte, die an den Schwerpuncten der einzelnen Theile eines Körpers angebracht und den Massen der Theile proportional sind, stets gleiche Wirkung mit einer der Masse des ganzen Körpers proportionalen und auf seinen Schwerpunct vertical gerichteten Kraft haben.

Aus den Formeln (a) geht daher hervor:

Die Summe der Producte aus den Massen der einzelnen Theile eines Körpers in die Abstände ihrer Schwerpuncte von einer beliebigen Ebene ist gleich dem Product aus der Masse des ganzen Körpers in den Abstand seines Schwerpuncts von derselben Ebene.

§. 112. Unter Voraussetzung gleichförmiger Dichtigkeit lässt sich der Schwerpunct einer geraden Linie, einer von geraden Linien begrenzten Ebene und eines von Ebenen begrenzten Körpers auch ohne Gebrauch der Infinitesimalrechnung oder der sonst ihre Stelle vertretenden Exhaustionsmethode finden, wenn man nur den Satz zu Ende des §. 111 und den schon von Archimedes aufgestellten Grundsatz zu Hülfe nimmt, *dass ähnliche Figuren ähnlich liegende Schwerpuncte haben**).

*) Archimedes, Vom Gleichgewichte ebener Flächen, 6. Forderung.

Seien AB und $A'B'$ zwei einander parallele Gerade und a, b, a', b' die Abstände der Puncte A, B, A', B' von einer beliebig gelegten Ebene; alsdann verhält sich:

$$a - b : a' - b' = AB : A'B' .$$

Hat man daher zwei einander ähnliche und parallel liegende Figuren, d. h. welche so liegen, dass, wenn A, B irgend zwei Puncte der einen und A', B' die ihnen entsprechenden Puncte der anderen Figur sind, die Linien AB und $A'B'$ parallel laufen; werden ferner, wie eben jetzt, so auch in der Folge die Abstände der Puncte von einer beliebigen Ebene mit den gleichnamigen Buchstaben aus dem kleinen Alphabete bezeichnet, und drückt $m : m'$ das constante Verhältniss aus, in welchem jede Linie der einen Figur zu der entsprechenden Linie der anderen steht, so verhält sich:

$$a - b : a' - b' = m : m' .$$

Ist dabei A oder B der Schwerpunct der einen Figur, so ist nach Archimedes' Grundsatz A' oder B' der Schwerpunct der anderen.

Um nun, dieses vorausgeschickt,

1) den Schwerpunct einer geraden Linie AB (vergl. Fig. 33) zu finden, verlängere man dieselbe nach E, bis $BE = AB$. Seien von AB, BE, AE die Schwerpuncte P, Q, R, so ist nach dem Satze des §. 111, da wegen der angenommenen gleichförmigen Dichtigkeit die Massen der Linien ihren Längen proportional sind,

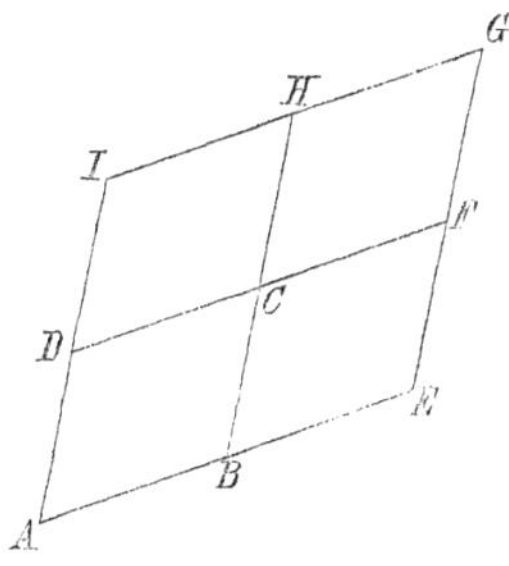

Fig. 33.

$$p + q = 2r ,$$

und weil zufolge des Archimedischen Grundsatzes P, Q, R ähnlich liegende Puncte in den nach einerlei Richtung liegenden Geraden AB, BE, AE sind:

$$p - a : q - b : r - a = 1 : 1 : 2 ,$$

folglich

$$p - a = q - b = \tfrac{1}{2}(r - a) .$$

Werden hiermit q und r aus der vorigen Gleichung eliminirt, so kommt:

$$p = \tfrac{1}{2}(a + b) .$$

Der Schwerpunct einer geraden Linie ist also derselbe, den ihre zwei Endpuncte, als zwei einander gleiche Massen betrachtet, haben (§. 109, *c*), *und ist folglich der Mittelpunct der Linie* (§. 106, *d*).

2) Den Schwerpunct der Fläche eines Parallelogramms $ABCD$ zu finden. — Man verlängere (vergl. Fig. 33) AB nach E und AD nach I, bis $BE = AB$ und $DI = AD$, construire das Parallelogramm $AEGI$, und verlängere noch DC bis zum Durchschnitte F mit EG, und BC bis zum Durchschnitte H mit IG. Von dem gegebenen Parallelogramme AC, den drei durch diese Construction entstandenen, ihm gleichen und ähnlichen Paralellogrammen BF, CG, DH, und von dem aus allen vier zusammengesetzten Parallelogramme AG seien die Schwerpuncte der Reihe nach P, Q, R, S, T, so hat man, weil bei der hier immer vorausgesetzten gleichförmigen Dichtigkeit die Masse jeder dieser Flächen ihrem Inhalte proportional ist:

$$p + q + r + s = 4t \ ;$$

und weil sämmtliche fünf Parallelogramme einander ähnliche und parallel liegende Figuren sind, und die Puncte A, B, C, D, A ebenso, wie P, Q, R, S, T, in ihnen auf ähnliche Weise liegen:

$$p - a = q - b = r - c = s - d = \tfrac{1}{2}(t - a) \ .$$

Drückt man hiermit in voriger Gleichung die Werthe von q, r, s, t durch p, a, b, c, d aus, so kommt:

$$p = \tfrac{1}{4}(a + b + c + d) \ .$$

Der Schwerpunct eines Parallelogramms wird mithin ebenso gefunden, wie der Schwerpunct von vier an den vier Ecken der Figur angebrachten einander gleichen Massen und ist daher der gemeinschaftliche Mittelpunct der beiden Diagonalen, also auch einerlei mit dem Schwerpuncte zweier an den zwei Endpuncten einer Diagonale befindlichen gleichen Massen, d. i.

$$p = \tfrac{1}{2}(a + c) = \tfrac{1}{2}(b + d) \ .$$

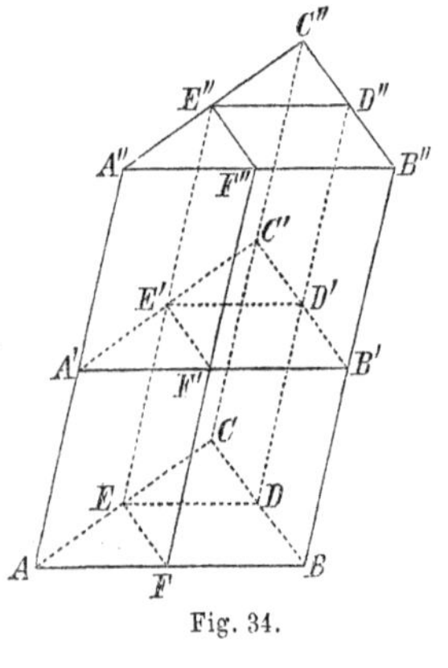

Fig. 34.

3) Den Schwerpunct eines Parallelepipedums zu finden. — Indem man die drei in einer Ecke des Körpers zusammenstossenden Kanten verlängert, bis die Verlängerungen den Kanten selbst gleich werden, und auf ganz ähnliche Art, wie vorhin, weiter verfährt, ergibt sich, dass *der Schwerpunct eines Parallelepipedums der gemeinschaftliche Mittelpunct der drei Diagonalen, also einerlei mit dem Schwerpuncte aller acht Ecken ist, wenn diese als gleichschwere Puncte betrachtet werden.*

4) Den Schwerpunct einer Dreiecksfläche ABC (vergl. Fig. 34) zu finden. — Man halbire die Seiten BC, CA, AB resp. in D, E,

F und ziehe DE, EF. Hiermit hat man die drei einander ähnlichen und parallel liegenden Dreiecke AFE, EDC, ABC, deren Lineardimensionen sich wie $1:1:2$ verhalten, und in denen resp. A, E, A ähnliche liegende Puncte sind. Nennt man daher Q, R, S die Schwerpuncte dieser Dreiecke und P den Schwerpunct des Parallelogramms BE, so verhält sich nach Archimedes' Grundsatz

$$q-a:r-e:s-a=1:1:2\ ,$$

also

$$q-a=r-e=\tfrac{1}{2}(s-a)\ ,$$

folglich

$$q+r=s+e\ ;$$

auch ist nach 2)

$$p=\tfrac{1}{2}(b+e)\ .$$

Nach §. 111 aber ist, weil sich die Figuren BE, AFE, EDC und das aus ihnen zusammengesetzte Dreieck ABC ihrem Inhalte nach wie $2:1:1:4$ verhalten:

$$2p+q+r=4s\ .$$

Eliminirt man hieraus p, q, r, so kommt:

$$b+2e=3s\ ,$$

und, weil E der Mittelpunct von CA, und daher

$$2e=c+a$$

ist:

$$s=\tfrac{1}{3}(a+b+c)\ .$$

Der Schwerpunct einer Dreiecksfläche ist daher einerlei mit dem Schwerpuncte der drei Ecken des Dreiecks, diese als gleichschwere Puncte betrachtet, also einerlei mit dem Puncte, von welchem aus das Dreieck sich in drei einander gleiche Theile theilen lässt.

5) Den Schwerpunct eines dreiseitigen Prisma $ABCA''B''C''$ zu finden. — Man halbire (vergl. Fig. 34) die parallelen Seitenkanten AA'', BB'', CC'' in A', B', C' und die Seiten der drei einander gleichen und ähnlichen und parallel liegenden Dreiecke ABC; $A'B'C'$; $A''B''C''$ in D, E, F; D', E', F'; D'', E'', F''. Hiermit kann man das Prisma, dessen Inhalt man gleich 8 setze, und dessen Schwerpunct S heisse, zerlegen: in ein Parallelepipedum BE'', dessen Inhalt gleich 4 ist, und dessen Schwerpunct P sei, und in vier dem gegebenen Prisma ähnliche und mit ihm parallel liegende Prismen

$$AFEA'F'E'\ ,\ EDCE'D'C'\ ,\ A'F'E'A''F''E''\ ,\ E'D'C'E''D''C''\ ,$$

die insgesammt einerlei Inhalt gleich 1 haben, und deren Schwerpuncte resp. Q, R, Q', R' seien. In diesen vier Prismen sind resp.

A, E, A', E' mit dem Puncte A des gegebenen Prisma ähnlich liegende Puncte, und man hat daher dem Grundsatze zufolge:

$$q - a = r - e = q' - a' = r' - e' = \tfrac{1}{2}(s - a) ,$$

mithin

$$q + r + q' + r' = 2s - a + e + a' + e' = 2s + 2e' ,$$

weil die Linien AE' und EA' sich in ihren Mittelpuncten schneiden, und daher

$$a + e' = a' + e$$

ist.

Da ferner der Schwerpunct P des Parallelepipedums BE'' der Mittelpunct der Linie BE'', folglich auch der Linie $B'E'$ ist, so hat man:

$$p = \tfrac{1}{2}(b' + e') .$$

Sodann ist nach §. 111:

$$4p + q + q' + r + r' = 8s .$$

Hieraus folgt nach Elimination von p, q, q', r, r' mittelst der vorigen Gleichungen:

$$4e' + 2b' = 6s ,$$

und weil

$$2e' = c' + a' ,$$

$$s = \tfrac{1}{3}(a' + b' + c') ,$$

oder weil

$$2a' = a + a'' ,$$

etc.,

$$s = \tfrac{1}{6}(a + b + c + a'' + b'' + c'') .$$

Der Schwerpunct eines dreiseitigen Prisma fällt daher zusammen mit dem Schwerpuncte seiner sechs Ecken, also auch mit dem Mittelpuncte der Linie, welche die Schwerpuncte der zwei parallelen Flächen des Prisma verbindet.

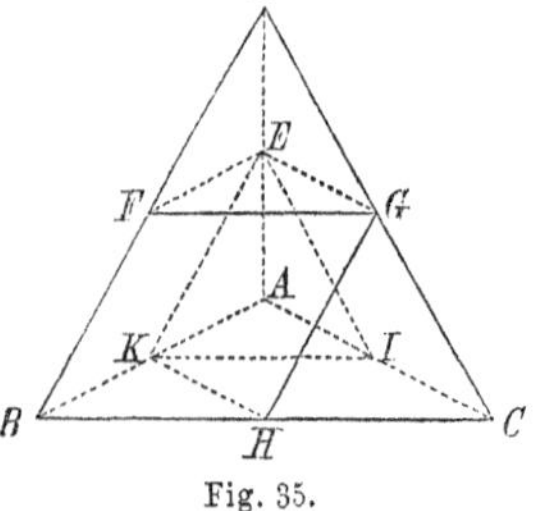

Fig. 35.

6) Den Schwerpunct einer dreiseitigen Pyramide $ABCD$ (vergl. Fig. 35) zu finden. — Man halbire die sechs Kanten AD, BD, CD, BC, CA, AB in E, F, G, H, I, K und lege die drei Ebenen EFG, EIK, $EGHK$. Hierdurch wird die Pyramide $ABCD$ in zwei ihr ähnliche und mit ihr parallel liegende Pyramiden $AKIE$, $EFGD$ und in zwei dreieckige Prismen $BKHFEG$, $HGCKEI$ zerlegt, welche vier Körper dem Inhalte nach sich zu einander und zu der gegebenen Pyramide wie

$1:1:3:3:8$ verhalten. Sind daher P, Q, R, S, T die Schwerpuncte aller dieser fünf Körper, so haben wir zuerst

$$p+q+3r+3s=8t\ ;$$

sodann, weil A, E, A resp. in den Pyramiden $AKIE$, $EFGD$, $ABCD$ ähnlich liegende Puncte sind:

$$p-a=q-e=\tfrac{1}{2}(t-a)\ ,$$

folglich

$$p+q=t+e\ ,$$

und endlich nach dem Vorigen:

$$r=\tfrac{1}{6}(b+f+e+h+g+k)\ ,$$
$$s=\tfrac{1}{6}(c+i+e+h+g+k)\ .$$

Es ist aber

$$b+d=2f\ ,\qquad a+c=2i\ ,\quad \text{u. s. w.},$$

folglich

$$a+b+c+d=2f+2i=2e+2h=2g+2k\ ,$$

und daher, wenn wir jede dieser vier einander gleichen Summen gleich $4u$ setzen:

$$r+s=\tfrac{1}{6}(b+c+10u)=\tfrac{1}{6}(2h+10u)\ .$$

Mit diesen Werthen für $p+q$ und $r+s$ wird nun die zuerst stehende Gleichung:

$$8t=t+e+h+5u=t+7u\ ,$$

folglich

$$t=u=\tfrac{1}{4}(a+b+c+d)\ .$$

*Der Schwerpunct einer dreiseitigen Pyramide ist daher einerlei mit dem Schwerpuncte ihrer vier Ecken, also mit dem Puncte, von welchem aus sie in vier gleiche Theile getheilt werden kann**).

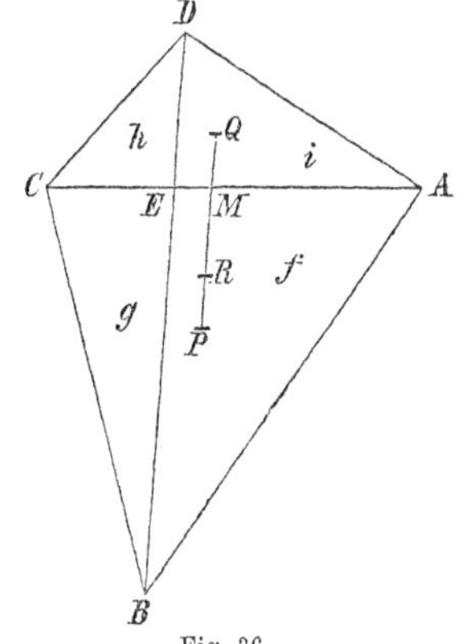

Fig. 36.

§. 113. Nachdem wir somit den Schwerpunct eines Dreiecks und einer dreiseitigen Pyramide zu finden gelernt haben, ist es nun leicht, von jeder anderen mit geraden Linien begrenzten Ebene und jedem anderen mit Ebenen begrenzten Körper den Schwerpunct zu bestimmen, da sich

*) Auf ähnliche Art, wie hier, hat bereits Poinsot in seinen *Élémens de Statique*, *4ème edit.*, p. 180 und p. 186 den Schwerpunct des Dreiecks, des Prisma und der Pyramide zu finden gelehrt.

alle diese Figuren durch Diagonallinien und Diagonalflächen in Dreiecke und Pyramiden zerlegen lassen.

Werde z. B. der Schwerpunct des ebenen Vierecks $ABCD$ (vergl. Fig. 36 auf p. 165) gesucht. — Man theile das Viereck durch die Diagonale AC in die zwei Dreiecke ABC, CDA und bestimme nach dem Vorigen ihre Schwerpuncte, welche P, Q seien. Der Schwerpunct des Vierecks ist alsdann der Mittelpunct zweier parallelen auf P, Q wirkenden und den Dreiecksflächen ABC, CDA proportionalen Kräfte. Theilt man daher die Gerade PQ in R so, dass

$$PR : RQ = CDA : ABC \ ,$$

so wird R der gesuchte Schwerpunct sein (§. 105).

Hiernach kann man auch, wenn die Abstände der Ecken des Vierecks von irgend einer Ebene gegeben sind, den Abstand des Schwerpuncts von der Ebene finden. Es ist nämlich, wenn wir diese Abstände, wie in §. 112, mit den Buchstaben des kleinen Alphabets bezeichnen, welche den grossen Buchstaben entsprechen, womit die Puncte benannt sind:

$$(1) \qquad 3p = a + b + c \ , \qquad 3q = a + c + d$$

und

$$ABCD \, . \, r = ABC \, . \, p + CDA \, . \, q \ ,$$

oder, wenn man die vier Dreiecke EAB, EBC, ECD, EDA, in welche das Viereck durch seine Diagonalen getheilt wird, resp. gleich f, g, h, i setzt und erwägt, dass sich

$$ABCD : ABC : CDA = DAB : EAB : EDA = i + f : f : i$$

verhalten:

$$(i + f) r = fp + iq \ ,$$

und wenn man hierin für p und q ihre Werthe aus (1) setzt:

$$(2) \qquad (i + f)(3r - a - c) = fb + id \ .$$

Gleicherweise findet sich:

$$(3) \qquad (f + g)(3r - b - d) = gc + fa \ .$$

Durch Verbindung dieser zwei Gleichungen kann man den Abstand r auch durch drei der vier Abstände a, b, c, d allein ausdrücken und damit noch zu anderen nicht uninteressanten Folgerungen gelangen. Um z. B. a zu eliminiren, schreibe man zuerst statt der Gleichung (3), weil

$$f : g = i : h = f + i : g + h$$

ist:

$$(f + g + h + i)(3r - b - d) = (g + h) c + (i + f) a \ .$$

Hiervon die Gleichung (2) abgezogen, kommt:

$$3(g+h)r=(g+h+i)b+(g+h-i-f)c+(f+g+h)d\ ,$$

d. h. R ist der Mittelpunct dreier paralleler Kräfte, welche B, C, D zu Angriffspuncten haben und den Coëfficienten von b, c, d in dieser Gleichung proportional sind. Nach §. 106, c verhalten sich folglich die Dreiecke

$$RBC:RCD=f+g+h:g+h+i\ .$$

Setzen wir daher noch die Dreiecke RAB, RBC, RCD, RDA, welche der Schwerpunct des Vierecks mit den Seiten des letzteren bildet, resp. gleich F, G, H, I, und die Vierecksfläche gleich V, so verhalten sich

$$G:H=V-i:V-f$$

und ebenso

$$H:I:F=V-f:V-g:V-h\ ,$$

folglich

$$F:F+G+H+I=V-h:4V-(f+g+h+i)\ .$$

Es ist aber

$$F+G+H+I=f+g+h+i=V\ ;$$

mithin

$$F=\tfrac{1}{3}(V-h)\ ,$$

und auf gleiche Art

$$G=\tfrac{1}{3}(V-i)\ ,\qquad H=\tfrac{1}{3}(V-f)\ ,\qquad I=\tfrac{1}{3}(V-g)\ ,$$

oder

$$F=\tfrac{1}{3}(i+f+g)\ ,\qquad G=\tfrac{1}{3}(f+g+h)\ ,\qquad \text{etc.},$$

woraus noch

$$F+G-f-g=\tfrac{1}{3}(h+i-f-g)\ ,$$

d. i

$$RCA=\tfrac{1}{3}(ABC-CDA)$$

folgt.

Der Schwerpunct einer Vierecksfläche liegt demnach so, dass immer das Dreieck, welches er mit einer Seite des Vierecks bildet, dem dritten Theil der Summe der drei Dreiecke gleich ist, welche der Durchschnitt der Diagonalen mit derselben Seite und den zwei angrenzenden Seiten macht; oder (weil $3F+h=V$ ist) *dass das Dreieck des Schwerpuncts mit einer Seite, dreimal genommen, und dazu das Dreieck des Diagonalendurchschnitts mit der gegenüberliegenden Seite addirt, die Fläche des ganzen Vierecks ausmacht. Auch ist das Dreieck des Schwerpuncts mit der einen Diagonale gleich dem dritten Theile des Unterschieds zwischen den zwei Dreiecken, in welche das Viereck durch die Diagonale getheilt wird.*

Noch eine merkwürdige Relation besteht zwischen den vier Dreiecken F, G, H, I selbst, welche der Schwerpunct mit den vier Seiten des Vierecks bildet. Man erhält diese Relation, wenn man in der Proportion $f:g=i:h$ für f, g, i, h ihre Werthe $V-3H$, $V-3I$, $V-3G$, $V-3F$ setzt. Hiermit kommt:

$$V(F+H-G-I)=3(FH-GI)\ .$$

Wegen

$$V=F+G+H+I$$

reducirt sich dieses auf:

$$F^2-FH+H^2=G^2-GI+I^2\ ,$$

eine Gleichung, welcher man auch die Form geben kann:

$$(F+G+H+I)(F-G+H-I)$$
$$+3(F+G-H-I)(F-G-H+I)=0\ .$$

Zusatz. Die in voriger Rechnung gefundene Gleichung:

$$RCA=\tfrac{1}{3}(ABC-CDA)$$

kann sehr einfach auch folgendergestalt hergeleitet werden. — Es verhält sich

$$PR:RQ=DAC:BCA\ ,$$

und weil

$$DAC=3QAC \quad \text{und} \quad BCA=3PCA$$

ist (§. 112, 4):

$$PR:RQ=QAC:PCA=MQ:PM\ ,$$

wenn PQ von der Diagonale AC in M geschnitten wird. Aus letzterer Proportion folgt aber unmittelbar:

$$PR=MQ\ ,$$

mithin

$$RM=PM-MQ$$

und

$$RCA=PCA-QAC=\tfrac{1}{3}(BCA-DAC)\ ,$$

wie zu erweisen war.

Zugleich sieht man aus der Gleichung $PR=MQ$, wie man aus den Schwerpuncten P und Q der beiden Dreiecke ABC und CDA den Schwerpunct R des Vierecks auf das einfachste bestimmen kann.

II. Von dem Mittelpuncte nicht paralleler in einer Ebene wirkender Kräfte.

§. 114. Streng genommen, hat nur ein System paralleler Kräfte einen Mittelpunct. Indessen lässt sich auch bei einem Systeme nicht paralleler, in einer Ebene wirkender Kräfte ein Mittelpunct angeben, wenn nur die Aenderung der Lage des Körpers der Bedingung unterworfen wird, dass die Ebene der Kräfte sich parallel bleibt, und daher der Körper nur um eine auf dieser Ebene normale Axe gedreht werden kann, während die Axe selbst entweder unbewegt gelassen, oder parallel mit sich fortgeführt wird. Dass bei einer so bedingten Lageänderung des Körpers, und wenn die Kräfte auf ihre anfänglichen Angriffspuncte parallel mit ihren anfänglichen Richtungen zu wirken fortfahren, die Resultante der Kräfte, wenn sie anders eine solche haben, immerfort demselben Puncte des Körpers begegnet; dass folglich, wenn dieser Punct unbeweglich gemacht wird, die Kräfte bei jeder Lage, in die der Körper durch Drehung um eine durch den Punct gehende und auf jener Ebene normale Axe gebracht werden kann, sich das Gleichgewicht halten: dies wird aus nachstehenden Betrachtungen ohne Mühe erhellen.

§. 115. Seien PA und QA (vergl. Fig. 37) zwei in einer Ebene liegende und sich in A schneidende Richtungen zweier Kräfte; P und Q die Angriffspuncte der Kräfte und TA die Richtung der Resultante derselben. Ob nun die zwei Kräfte auf die Puncte P und Q des Körpers parallel mit ihren jetzigen Richtungen fortwirken, während der Körper um einen beliegen Winkel α um eine auf der Ebene PQA normale Axe gedreht wird, oder ob man den Körper in Ruhe lässt, dagegen aber die Richtungen PA und QA um die Angriffspuncte P und Q nach der, der vorigen entgegengesetzten, Seite, jede um denselben Winkel, gleich α, in der Ebene dreht, ist hinsichtlich der gegen-

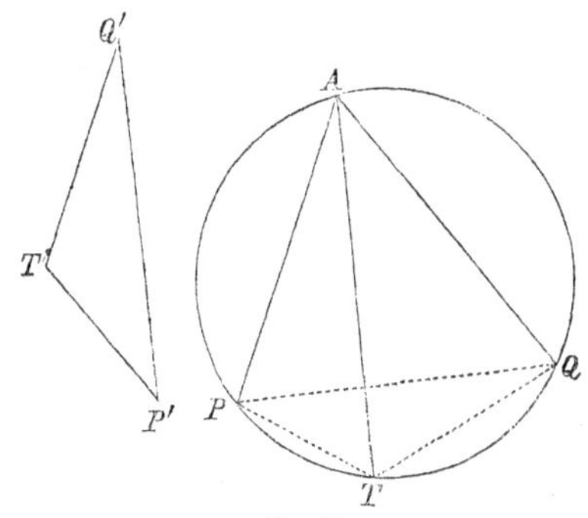

Fig. 37.

seitigen Lage des Körpers und der Richtungen der Kräfte offenbar einerlei. Es geschehe das Letztere, so bleibt die Grösse des Winkels von QA mit PA unverändert, und die Spitze A desselben beschreibt einen durch die Puncte P und Q gehenden Kreis. Da also die Intensitäten der beiden Kräfte und die Winkel ihrer Richtungen unverändert bleiben, so werden auch die Intensität der Resultante und die Winkel TAP, TAQ der Resultante mit den beiden Kräften sich nicht ändern. Ist daher T der Durchschnitt der Resultante mit dem Kreise beim Anfange der Drehung, so wird auch fernerhin die Resultante den Kreis in T treffen, indem der Bogen PT das Doppelte des constanten Winkels PAT misst. Die Resultante wird sich daher um denselben Winkel α und nach derselben Seite, wie jede der beiden Kräfte, um den Punct T drehen; T wird folglich der Mittelpunct der beiden Kräfte sein.

Sind demnach in einer Ebene zwei Kräfte und ihre Angriffspuncte gegeben, so findet sich der Mittelpunct der Kräfte als der Durchschnitt ihrer Resultante mit dem durch die Angriffspuncte und den Durchschnitt der Richtungen der beiden Kräfte zu beschreibenden Kreise.

Sind die zwei Kräfte mit einander parallel, so liegt ihr Durchschnittspunct unendlich entfernt, der zu beschreibende Kreis wird unendlich gross, und der Bogen desselben durch die beiden Angriffspuncte verwandelt sich in eine gerade Linie, so dass, wie wir bereits im Obigen (§. 105) sahen, von zwei parallelen Kräften der Mittelpunct mit den beiden Angriffspuncten in einer Geraden liegt.

Es erhellt nun leicht, wie auch von drei und mehreren Kräften in einer Ebene der Mittelpunct gefunden werden kann. — Seien p, q, r drei solcher Kräfte und P, Q, R ihre Angriffspuncte. Man suche erstlich von p und q die Resultante t und den in ihr liegenden Mittelpunct T. Man suche zweitens von den Kräften t und r, deren Angriffspuncte T und R sind, die Resultante s und den in ihr befindlichen Mittelpunct S, so wird S auch der Mittelpunct der drei Kräfte p, q, r sein. Denn werden sämmtliche Kräfte p, q, r, t, s um die Puncte P, Q, R, T, S um gleiche Winkel nach einerlei Seite in der Ebene gedreht, — als welches mit der Drehung des Körpers nach der entgegengesetzten Seite auf eins hinauskommt, — so sind auch nach dieser Drehung p und q noch gleichwirkend mit t, und t und r gleichwirkend mit s, folglich auch p, q, r gleichwirkend mit s; folglich S der zu bestimmende Mittelpunct. — Hat man vier Kräfte mit ihren Angriffspuncten, so wird die Resultante und der Mittelpunct von dreien dieser Kräfte in Verbindung mit der vierten Kraft und ihrem Angriffspuncte die Resultante und den Mittelpunct aller vier Kräfte geben, u. s. w.

Jedes System von Kräften in einer Ebene, welches auf eine Kraft reducirbar ist, hat demnach einen Mittelpunct;

oder, wie wir diesen Satz auch noch ausdrücken können:

Sind von mehreren Kräften in einer Ebene, welche eine einfache Resultante haben, die Intensitäten, die Winkel, welche ihre Richtungen mit einander bilden, und in der Richtung einer jeden irgend ein Punct gegeben, so kann man daraus die Intensität der Resultante, den Winkel ihrer Richtung mit jeder der ersteren Richtungen und einen in ihrer Richtung liegenden Punct finden, — nämlich den Mittelpunct des Systems, wenn erstere Puncte als die Angriffspuncte der Kräfte genommen werden.

§. 116. Ebenso, wie ein System von parallelen Kräften, hat auch ein System von Kräften in einer Ebene nur einen Mittelpunct. Denn gäbe es noch einen zweiten, so müsste die Resultante des Systems nicht nur sie beide enthalten, sondern auch, nachdem sie das einmal um den einen, das anderemal um den anderen nach einerlei Seite zu um einerlei Winkel von beliebiger Grösse gedreht worden wäre, in beiden Fällen einerlei Wirkung haben; welches nicht möglich ist. In welcher Ordnung man daher auch die Kräfte nach und nach mit einander verbindet, um zu ihrem Mittelpuncte zu gelangen, so muss zuletzt doch immer derselbe Punct gefunden werden. Diese Bemerkung kann uns zur Entdeckung mehrerer geometrischer Sätze führen.

Seien, um dieses nur an dem einfachsten Beispiele zu zeigen, p, q, r drei Kräfte in einer Ebene, AD, AB, CB (vergl. Fig. 38, *a*)

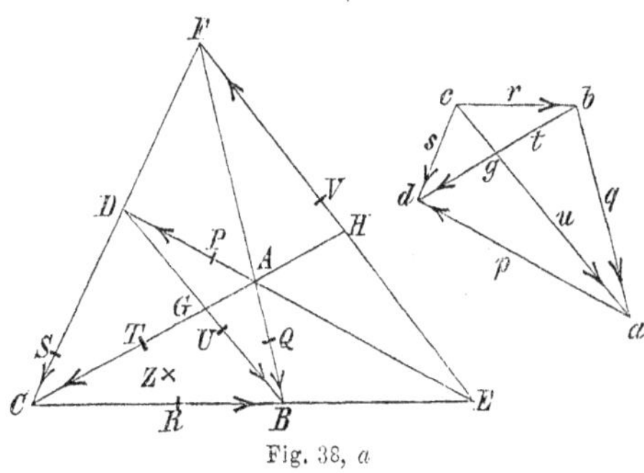

Fig. 38, *a*

ihre Richtungen und die Puncte P, Q, R dieser Linien die Angriffspuncte der Kräfte. Von p und q sei t die Resultante und AC ihre Richtung; von t und r sei s die Resultante und DC ihre Richtung; also s auch die Resultante von p, q, r.

Um nun den in DC liegenden Mittelpunct von p, q, r zu finden, beschreibe man erstlich durch P, Q und A einen Kreis, welcher AC noch in T schneide, und es wird T der Mittelpunct von p und q, oder der Angriffspunct von t sein. Man beschreibe ferner einen Kreis durch T, R und C, so wird sein Durchschnitt S mit DC der Mittelpunct von t und r, d. i. von p, q und r, also der gesuchte, sein.

Es lässt sich aber dieser Mittelpunct noch auf zwei andere Arten bestimmen. — Da die vier Kräfte p, q, r, $-s$ im Gleichgewichte sind, so ist die Resultante von q und r, welche u heisse, einerlei mit der Resultante von $-p$ und s, und die gemeinschaftliche Richtung beider ist DB. Bezeichnet ferner E den Durchschnitt von AD mit CB, und F den Durchschnitt von AB mit DC, so geht die Resultante von p und r, welche man v nenne, durch E, und die Resultante von $-q$ und s durch F; und da wegen des gedachten Gleichgewichtes auch diese zwei Resultanten identisch sind, so ist EF ihre gemeinschaftliche Richtung.

Indem man nun zuerst q und r zu u vereinigt und hierauf u und p zu s zusammensetzt, beschreibe man einen Kreis durch Q, R, B, welcher DB, als die Richtung von u, in U, dem Mittelpuncte von q und r, treffe, und einen Kreis durch U, P, D, welcher DC ebenfalls in S schneiden wird.

Endlich kann man auch von den drei Kräften p, q, r zuerst p mit r zu v, und alsdann v mit q zu s verbinden. Man beschreibe deshalb durch P, R, E einen Kreis, welcher EF, als die Richtung von v, in V schneide, so ist V der Mittelpunct von p und r; und es wird ein durch V, Q und F gelegter Kreis der DC gleicherweise in S begegnen.

Erwägen wir nun noch, dass die drei Richtungen von Kräften, AD, AB, CB, und die in ihnen liegenden Puncte P, Q, R, sowie die Richtungen CA, DB der durch A und B gehenden Resultanten ganz nach Belieben genommen werden können, so liefert uns die Zusammennahme der drei verschiedenen Arten, den Punct S zu finden, folgendes Theorem:

Hat man ein ebenes Viereck $ABCD$ und beschreibt zwei Kreise, den einen durch A, den anderen durch C, welche die Diagonale AC in einem und demselben Puncte T schneiden, und nennt man P, Q die Durchschnitte des ersteren Kreises mit den Seiten DA, AB, und R, S die Durchschnitte des letzteren mit BC, CD: so schneiden auch die Kreise QBR und SDP die Diagonale BD in einem und demselben Puncte U; und wenn man die Durchschnitte von DA mit BC und *von AB mit CD, E und F nennt, so gehen auch die Kreise PER und QSF durch einen und denselben Punct V der Diagonale EF.*

Diese Figur besitzt aber noch eine merkwürdige Eigenschaft. *Es schneiden sich nämlich sämmtliche sechs durch A, B, C, D, E, F gelegten Kreise in einem und demselben Puncte Z, und sind die Bögen ZA, ZB, ..., ZF dieser Kreise, alle von Z aus nach derselben Seite zu genommen, einander ähnlich.*

Um dieses einzusehen, wollen wir uns sämmtliche sieben Linien der Figur, d. i. die Richtungen der Kräfte p, q, r, s und der Resultanten t, u, v um ihre Angriffspuncte P, Q, R, S, T, U, V nach einerlei Seite mit einerlei Winkelgeschwindigkeit sich zu drehen anfangen lassen. Je zwei Kräfte und ihre Resultante (wie p, q und t, oder q, r und u) fahren dabei fort, sich in einem Puncte (A, oder B) zu schneiden; dieser Punct rückt in dem durch die Angriffspuncte der beiden Kräfte und ihrer Resultante zu legenden Kreise (PQT, oder QRU) fort, und alle diese Durchschnittspuncte A, B, ... beschreiben, wegen der Gleichheit der Winkelgeschwindigkeiten von p, q, ..., in gleichen Zeiten ähnliche Bögen ihrer Kreise und kehren in demselben Zeitpuncte zu ihren anfänglichen Oertern zurück, um ihre Kreisbewegung von Neuem anzufangen.

Sei nun von den zwei Kreisen PQT und QRU (vergl. Fig. 38, b), welche sich das einemal in Q schneiden, Z der zweite Durchschnittspunct, und sei der Punct A in seinem Kreise PQT bis Z gekommen. Weil A, Q, B immer in gerader Linie, in der Richtung der Kraft q, sind, so muss, wenn A in Z ist, der im Kreise QRU fortgehende Punct B in der Geraden QZ, also entweder in Q oder Z sein. Ist aber B in Q, so wird die Gerade BQ eine den Kreis QRU in Q Berührende, und A befindet sich daselbst, wo diese Tangente den Kreis PQT schneidet, also nicht in Z. Ist daher A nach Z gelangt, so muss auch B gleichzeitig in Z eingetroffen sein.

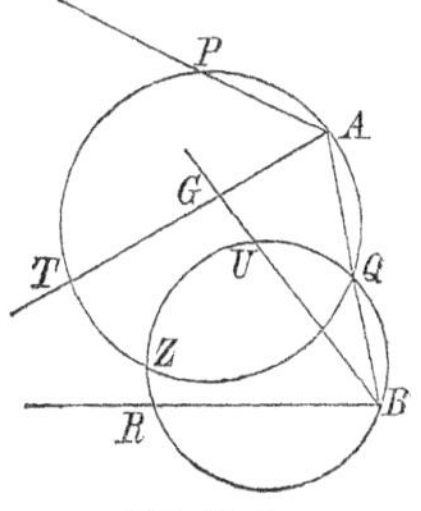

Fig. 38, *b*.

Alsdann schneiden sich folglich die Richtungen AP, AQ, RB, AT, UB der Kräfte p, q, r und ihrer Resultanten t, u, mithin auch die Richtungen von v und s, als den Resultanten von p, r und p, q, r, in einem Puncte Z. Nächst A und B müssen daher auch die übrigen Durchschnittspuncte C, D, E, F je zweier Kräfte und ihrer Resultante gleichzeitig in Z eintreffen. Sämmtliche sechs durch die anfänglichen Oerter von A, B, ..., F gelegten Kreise schneiden sich folglich in einem und demselben Puncte Z, und die Bögen derselben ZA, ZB, . ., ZF müssen einander ähnlich sein, indem sonst A, B, ..., F nicht gleichzeitig in Z eintreffen könnten.

§. 117. Zusätze. *a*) Während sich die Resultanten t und u um ihre Angriffspuncte T und U drehen, beschreibt ihr Durchschnittspunct, welcher G heisse, einen durch T und U gehenden Kreis und trifft, wenn p, q, r, s in Z zusammenkommen, ebenfalls in Z ein. Es liegen daher T, U, G mit Z ebenfalls in einem Kreise, und es ist der Bogen ZG den Bögen ZA, ... ähnlich. Wir können hieraus den Schluss ziehen:

Werden in den drei Seiten BG, GA, AB eines Dreiecks ABG (oder in ihren Verlängerungen) nach Belieben drei Puncte U, T, Q genommen, so schneiden sich die drei Kreise ATQ, BQU, GUT in einem Puncte Z, und die Bögen ZA, ZB, ZG dieser Kreise sind einander ähnlich.

Auf gleiche Weise erhellt, dass, wenn AC, EF in H und BD, EF in I sich schneiden, die Puncte T, V, H sowohl, als U, V, I mit Z in einem Kreise liegen, und dass die Bögen ZH, ZI dieser Kreise einander und den Bögen ZA, ... ähnlich sind.

b) Da, wenn die Kräfte p, q, r, s, t, u, v um ihre Angriffspuncte P, ..., V auf die gedachte Weise gedreht werden, die Winkel je zweier Kräfte mit einander sich nicht ändern, und da je drei Kräfte, wie p, q, t, welche sich anfangs in einem Puncte A schneiden, auch bei der Drehung damit fortfahren, so wird jedes der anfangs von den Kräften gebildeten Dreiecke sich ähnlich bleiben und die Anzahl dieser Dreiecke nicht geändert werden; mithin wird auch das System der Durchschnittspuncte A, B, ..., G, H, I, also die ganze Figur, bei der Drehung sich ähnlich bleiben.

Mit dieser neuen Eigenschaft der Figur lässt sich die vorige, dass sämmtliche Kreise, welche die Puncte A, ..., I beschreiben, sich in einem Puncte Z schneiden, auch folgendergestalt darthun. Da nämlich erwiesenermaassen die zwei Puncte A und B gleichzeitig in dem Durchschnitte Z ihrer Kreise eintreffen, und damit ihr gegenseitiger Abstand gleich Null wird, so müssen dann auch alle übrigen Puncte C, D, ..., I in Z zusammenkommen, indem sie sonst eine Figur bildeten, welche der anfänglichen nicht ähnlich wäre.

§. 118. Die so eben aus statischen Betrachtungen erhaltenen geometrischen Sätze führen zu einer besonderen Art von Reciprocität zwischen Puncten und Kreisen, woraus sich umgekehrt jene anfangs vielleicht überraschenden Sätze auf das Natürlichste herleiten und so weit, als man will, verallgemeinern lassen.

Man habe eine beliebige Anzahl gegebener Puncte A, B, C, ... in einer Ebene. Jeder derselben werde mit noch einem anderen gegebenen Punct Z der Ebene durch einen Kreis von solcher Grösse verbunden, dass jeder der Bögen ZA, ZB, ZC, ..., wenn man ihn in seinem Kreise vom Mittelpuncte des letzteren aus betrachtet und immer nach einer und derselben Seite zu rechnet, einen und denselben gegebenen Winkel gleich 2α misst, und daher alle diese Bögen einander ähnlich sind. Die hiermit vollkommen bestimmte Figur besitzt nun folgende Eigenschaften:

1) Die zwei durch A und B gelegten Kreise mögen sich ausser in Z noch in P (vergl. Fig. 39) schneiden, so ist der Winkel

$$ZPA = ZPB = \alpha \ ,$$

und P, A, B liegen folglich in gerader Linie; d. h. die durch zwei Puncte des Systems geführten Kreise schneiden sich in einem Puncte der jene zwei Puncte verbindenden Geraden.

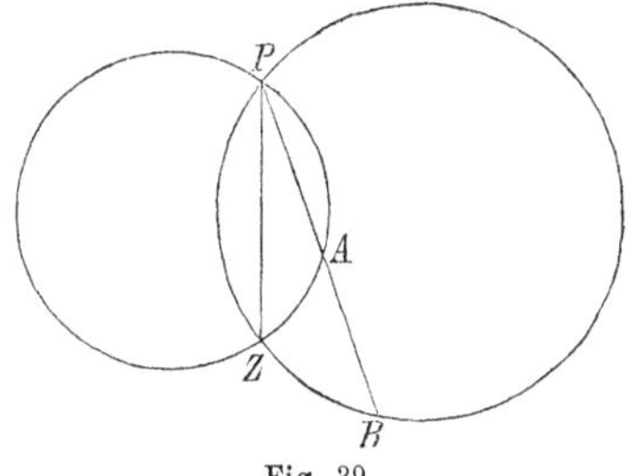

Fig. 39.

2) Es werden daher auch, wenn drei Puncte A, B, C des Systems oder mehrere in einer Geraden liegen, die den Puncten zugehörigen Kreise sich in einem und demselben Puncte P dieser Geraden schneiden. Jeder Geraden AB kommt hiernach ein gewisser in ihr liegender Punct P zu, den wir den festen Punct der Geraden nennen wollen. Er wird gefunden als der Durchschnitt der Geraden AB mit einer zweiten ZP, welche, durch Z gelegt, mit der ersteren den constanten Winkel α nach einerlei Seite zu macht.

3) Seien AP, AQ, AB, ... mehrere sich in demselben Puncte A schneidende Geraden und P, Q, R, ... ihre festen Puncte. Der dem Puncte A zugehörige Kreis muss nun, da A in einer Geraden liegt, deren fester Punct P ist, durch P gehen, und aus ähnlichem Grunde wird er auch die Puncte Q, R, ... treffen. Schneiden sich daher zwei oder mehrere Gerade in einem Puncte A, so liegt dieser Punct mit den festen Puncten der Geraden und dem Puncte Z in dem dem Puncte A zugehörigen Kreise; oder mit anderen Worten: der einem Puncte zugehörige Kreis schneidet alle durch den Punct gehenden Geraden in ihren festen Puncten.

4) Man lasse jetzt sämmtliche Puncte A, B, C, ... des Systems

in ihren Kreisen nach einerlei Seite sich gleichmässig fortbewegen, so dass jeder in derselben Zeit denselben Theil seines Kreises zurücklegt, und alle gleichzeitig in ihren anfänglichen Stellen wieder eintreffen. Weil ZA, ZB, ... ähnliche Bögen sind, so werden sie auch bei der Bewegung einander ähnlich bleiben, also gleichzeitig gleich Null werden, d. h. sämmtliche Puncte A, B, C, ... werden zu gleicher Zeit nach Z kommen.

Aus der Aehnlichkeit der Bögen ZA und ZB wurde in 1) der Durchgang der Geraden AB durch den Durchschnitt P der Kreise durch A und B geschlossen. Es wird daher auch bei der Bewegung die AB den Punct P zu treffen fortfahren, d. h. die AB, und eben so jede andere zwei Puncte des Systems verbindende Gerade, wird sich um ihren festen Punct drehen.

Hieraus folgt weiter, dass das Dreieck ZAB sich fortwährend ähnlich bleibt. Denn der Nebenwinkel von ZAB wird von dem Bogen $\frac{1}{2}PZ$ des Kreises durch A, und der Winkel ZBA von dem Bogen $\frac{1}{2}PZ$ des Kreises durch B gemessen. Auf gleiche Art bleibt auch jedes der Dreiecke ZBC, ZAC, etc. sich ähnlich. Mithin wird auch das ganze System des ruhenden Punctes Z und der sich bewegenden A, B, C, ... nur der Grösse, nicht der Form nach, sich ändern. Dieses System schwindet beim Eintreffen der A, B, ... in Z in einen Punct zusammen und wird am grössten, wenn jeder der Puncte A, B, ... sich in seinem Kreise von Z um den Durchmesser des Kreises entfernt hat. Da alsdann die Mittelpuncte der Linien ZA, ZB, ... mit den Mittelpuncten der Kreise zusammenfallen, so folgt, dass auch das System der Mittelpuncte der Kreise eine dem System der Puncte A, B, ... ähnliche Figur bildet, und dass in beiden Z ein ähnlich liegender Punct ist.

§. 119. Bei der jetzt betrachteten Figur wurden die Puncte A, B, C, ..., so wie der Punct Z und der Winkel 2α, beliebig angenommen und damit die Kreise durch A, B, C, ... construirt. Statt des Punctes Z und des Winkels 2α können wir aber auch zwei von den Kreisen als zum Theil beliebig gegeben setzen und daraus die übrigen zu bestimmen suchen.

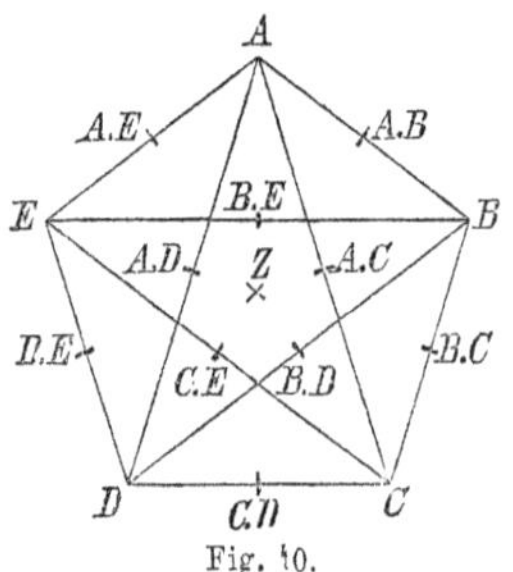

Fig. 40.

Sei demnach in einer Ebene ein System von Puncten A, B, C, D, E, ... (vergl. Fig. 40) gegeben und werde

1) durch A willkürlich ein Kreis beschrieben, den man als den

dem Puncte A zugehörigen betrachte. Er schneide die Geraden AB, AC, AD, AE, ... in Puncten, die ich mit $A.B$, $A.C$, $A.D$, $A.E$ bezeichnen will, und welche die festen Puncte dieser Linien sein werden. — Der durch B zu beschreibende Kreis muss ausserdem noch durch den Punct $A.B$ und den im Kreise durch A liegenden Punct Z gehen. Man beschreibe daher

2) durch B und $A.B$ willkürlich einen zweiten Kreis und nenne Z den Durchschnitt desselben mit dem Kreise durch A. Die Durchschnitte $B.C$, $B.D$, $B.E$, ... des Kreises durch B mit den Linien BC, BD, BE, ... sind die festen Puncte dieser Linien.

3) Der Kreis für den Punct C muss ausser C noch die schon erhaltenen Puncte $A.C$, $B.C$, Z treffen und ist hierdurch mehr als vollkommen bestimmt. Dies gibt, wie man leicht wahrnimmt, den schon in §. 117, *a* gefundenen Satz. — Treffe der Kreis durch C die Geraden CD, CE, ... in $C.D$, $C.E$, ..., als den festen Puncten dieser Linien, so liegen nunmehr

4) die fünf Puncte D, $A.D$, $B.D$, $C.D$, Z in einem Kreise, in dem, welcher dem Puncte D zugehört, und wir haben damit den in §. 116 vom Vierecke bemerkten Satz wiedergefunden. — Der Kreis durch D treffe die Linien DE, ... in $D.E$, ..., so müssen

5) die sechs Puncte E, $A.E$, $B.E$, $C.E$, $D.E$, Z in einem Kreise liegen. Dies ist der Kreis für den Punct E, von dem man auf ähnliche Art zu den Kreisen der noch übrigen Puncte fortgeht. — Das damit gewonnene allgemeine Resultat kann etwa folgendergestalt ausgedrückt werden:

Hat man ein System von Puncten in einer Ebene, und verbindet sie paarweise durch gerade Linien, so kann man in jeder dieser Linien noch einen Punct angeben, dergestalt, dass alle die letzteren Puncte, welche in Linien liegen, die von einem und demselben Puncte des Systems ausgehen, mit diesem Puncte selbst immer in einem Kreise enthalten sind. Drei der Puncte, welche in Linien liegen, die nicht alle drei von demselben Puncte des Systems ausgehen, können willkürlich genommen werden. Alle die gedachten Kreise schneiden sich übrigens noch in einem Puncte, und die Bögen derselben von diesem Puncte bis zu den Puncten des Systems sind insgesammt einander ähnlich.

§. 120. Bei der Construction, wodurch in §. 115 der Mittelpunct eines Systems von Kräften in einer Ebene gefunden wurde, gibt es einige noch nicht erwähnte Beziehungen, welche uns, den Mittelpunct noch auf eine andere Weise zu finden, in Stand setzen.

Seien, wie in §. 115, PA, QA, TA (vergl. Fig. 37 auf p. 169) die Richtungen zweier Kräfte p, q und ihrer Resultante t; P, Q die

Angriffspuncte der ersteren und T der in der Resultante enthaltene Mittelpunct. Weil T mit P, Q, A in einem Kreise liegt, so ist der Winkel $PAT = PQT$, $QAT = QPT$ und PAQ gleich dem Nebenwinkel von PTQ. Construirt man daher ein Dreieck $P'Q'T'$, dessen Seiten $T'Q'$, $P'T'$, $P'Q'$ den Richtungen von p, q, t parallel sind, so wird dieses dem Dreiecke PQT ähnlich sein, jedoch, wie die Figur zeigt, die umgekehrte Lage von PQT haben, so dass man das eine Dreieck nicht durch blosses Drehen in seiner Ebene, sondern erst nach einer halben Wendung um eine in der Ebene liegende Axe in eine solche Lage bringen kann, dass seine Seiten mit denen des anderen parallel werden.

Sind folglich im Gegentheile die Angriffspuncte P und Q zweier Kräfte und das Dreieck $P'Q'T'$ gegeben, dessen Seiten $T'Q'$, $P'T'$ und $P'Q'$ den Richtungen der beiden Kräfte und ihrer Resultante parallel sein sollen, so construire man, um den Mittelpunct zu finden, über PQ ein dem $P'Q'T'$ ähnliches, aber umgekehrt liegendes Dreieck PQT, und es wird T der gesuchte Mittelpunct sein.

Hierbei verdient noch bemerkt zu werden, dass nach §. 28, *b* die Seiten des Dreiecks $P'Q'T'$, und folglich auch des Dreiecks PQT, den Intensitäten von p, q, t proportional sind. Lassen wir daher noch auf T eine der Resultante t gleiche aber entgegengesetzte Kraft, also nach der Richtung AT, wirken, als wodurch ein bei der Drehung sich nicht aufhebendes Gleichgewicht entsteht, so haben wir folgenden durch seine Beziehungen zwischen den Stücken eines Dreiecks und den bestimmenden Stücken dreier Kräfte nicht uninteressanten Satz:

Sind die Ecken P, Q, T eines Dreiecks die Angriffspuncte dreier Kräfte p, q, t, sind die Winkel des Dreiecks den Supplementen der von den Richtungen der Kräfte mit einander gebildeten Winkel gleich, $P = 180° - q^\wedge t$, etc., und sind die Seiten des Dreiecks den Intensitäten der Kräfte proportional, QT proportional mit p, etc., so herrscht Gleichgewicht.

Dass dieses Gleichgewicht durch Drehung nicht gestört wird, geht schon aus dem Satze selbst hervor, indem eine der drei Richtungen nach Willkür genommen werden kann, und unabhängig von dieser Annahme die gegenseitigen Winkel der Richtungen bestimmt werden.

§. 121. Wir wollen jetzt nach dieser zweiten Methode den Mittelpunct von drei Kräften p, q, r zu bestimmen suchen. Seien die Geraden ad, ba, cb (vergl. Fig. 38, *a* auf p. 171) parallel mit den Richtungen derselben; die Gerade bd parallel mit der Resultante t von p und q; ca parallel mit der Resultante u von q und r. Alsdann ist, wie sich auch ohne das Parallelogramm der Kräfte erweisen lässt, cd parallel mit der Resultante von p, q, r, welche s heisse*). Seien endlich P, Q, R die gegebenen Angriffspuncte von p, q, r.

Man construire nun über PQ ein dem Dreiecke bda, d. i. dem Dreiecke der Richtungen von p, q, t ähnliches Dreieck PQT, indem man die Spitze T auf derjenigen Seite von PQ nimmt, wodurch PQT die umgekehrte Lage des Dreiecks pqt erhält. Ebenso mache man über RT das Dreieck RTS dem Dreiecke rts in umgekehrter Lage ähnlich, und man hat damit S, als den Mittelpunct von p, q, r gefunden.

Oder man verzeichne über QR das dem Dreiecke qru ähnliche und umgekehrt liegende Dreieck QRU und über PU das dem Dreiecke pus ähnliche und umgekehrt liegende Dreieck PUS.

Da sich auf beide Arten derselbe Punct S ergeben muss, so hat man folgenden Satz:

Sind p, q, r, s die aufeinander folgenden Seiten eines ebenen Vierecks, t die durch den Durchschnitt von p mit s und den von q mit r gehende Diagonale, u die andere Diagonale, so kann man zu drei beliebig genommenen Puncten P, Q, R drei andere S, T, U in derselben Ebene hinzufügen, dergestalt, dass die vier Dreiecke PQT, QRU, RST, SPU den Dreiecken pqt, qru, rst, spu der ersteren Figur ähnlich sind.

Sämmtliche Dreiecke PQT, etc. können hierbei übrigens die

---

*) Denn construirt man ein Viereck $ABCD$, dessen drei Seiten DA, AB, BC und zwei Diagonalen AC, BD resp. den Seiten da, ba, bc und Diagonalen bd, ac des Vierecks $abcd$ parallel sind, und lässt man AD, AB, CB die Richtungen der Kräfte p, q, r vorstellen, so sind AC, DB die Richtungen der Resultanten t, u. Die Resultante s von p, q, r, d. i. von t, r oder von p, u, muss daher sowohl durch C, als durch D gehen, folglich in CD fallen. Heisst nun noch g der Durchschnitt von ac mit bd, und G der Durchschnitt von BD mit AC, so sind wegen des Parallelismus von DA mit da, u. s. w. die Dreiecke gda und GAD, gab und GBA, gbc und GCB paarweise einander ähnlich, und es verhält sich daher

$$gd : ga = GA : GD ,$$
$$ga : gb = GB : GA ,$$
$$gb : gc = GC : GB ,$$

folglich

$$gd : gc = GC : GD .$$

Mithin sind auch die Dreiecke gcd und GDC einander ähnlich, und cd ist mit DC, d. i. mit der Richtung von s, parallel. — Uebrigens ist der jetzt geometrisch erwiesene Parallelismus von cd mit DC, unter denselben Voraussetzungen, wie hier, bereits in §. 29 durch Statik dargethan worden.

umgekehrte Lage der Dreiecke pqt, etc. haben, wie vorhin, oder auch die directe, indem man nur die Ebene der einen Figur von der entgegengesetzten Seite zu betrachten braucht, um die eine Lage sogleich in die andere zu verwandeln.

Auf dieselbe Weise kann man nun auch bei einem Systeme von noch mehreren Kräften verfahren, und damit folgenden allgemeinen Satz gewinnen:

Hat man ein System von m Puncten in einer Ebene und verbindet je zwei derselben durch eine Gerade, so kann man jeder dieser $\frac{1}{2}m(m-1)$ Geraden einen Punct entsprechen lassen, dergestalt, dass jedem der $\frac{1}{6}m(m-1)(m-2)$ Dreiecke, welches drei der m ersteren Puncte zu Ecken hat, das Dreieck ähnlich ist, dessen Ecken die den Seiten des ersteren Dreiecks entsprechenden Puncte sind. Dabei können von den $\frac{1}{2}m(m-1)$ Puncten irgend $m-1$, von deren entsprechenden Linie keine drei oder mehrere ein geschlossenes Vieleck bilden, nach Willkür bestimmt werden.

Die übrigen $\frac{1}{2}m(m-1)-(m-1)=\frac{1}{2}(m-1)(m-2)$ Puncte werden durch Construction eben so vieler Dreiecke gefunden, die den entsprechenden Dreiecken in dem Systeme der m Puncte ähnlich sind. Zufolge des Satzes müssen dann auch die übrigen $\frac{1}{6}m(m-1)(m-2)-\frac{1}{2}(m-1)(m-2)=\frac{1}{6}(m-1)(m-2)(m-3)$ Dreiecke der einen Figur den entsprechenden Dreiecken in der anderen ähnlich sein.

§. 122. Nachdem wir in dem Bisherigen von Kräften, die nach beliebigen Richtungen in einer Ebene wirken, den Mittelpunct durch Construction zu finden gelernt haben, wollen wir diesen Punct noch durch Rechnung zu bestimmen suchen, wobei sich uns zugleich einige andere für die Folge wichtige Bemerkungen darbieten werden.

Seien, in Bezug auf ein rechtwinkliges Coordinatensystem, (X, Y), (X', Y'), etc. mehrere Kräfte in einer Ebene, die sich das Gleichgewicht halten; (x, y), (x', y'), etc. die Angriffspuncte der Kräfte. Alsdann ist wegen des Gleichgewichtes (§. 38):

$$(1)\quad \Sigma X=0\ , \qquad (2)\quad \Sigma Y=0\ , \qquad (3)\quad \Sigma(xY-yX)=0\ .$$

Indem nun die Kräfte mit parallel bleibenden Richtungen und unveränderten Intensitäten auf dieselben Puncte des Körpers zu wirken fortfahren, werde der Körper verrückt, jedoch so, dass die Ebene der Kräfte nicht aus ihrer Lage komme. Durch diese Verrückung seien in Bezug auf das vorige Coordinatensystem, welches an der Bewegung nicht Theil genommen habe, die Coordinaten der Angriffspuncte resp. in x_1, y_1; x'_1, y'_1; etc. übergegangen. Soll daher auch jetzt noch Gleichgewicht herrschen, so muss zu den vorigen drei Gleichungen noch die vierte

$$\Sigma(x_1 Y - y_1 X) = 0$$

hinzukommen.

Es ist aber, wenn der Punct des Körpers, welcher anfänglich mit dem Anfangspuncte der Coordinaten zusammenfiel, nachher die Coordinaten a, b erhält, und wenn die Linie des Körpers, welche anfangs mit der Axe der x coïncidirte, nach der Verrückung einen Winkel α mit derselben macht:

$$x_1 = a + x \cos\alpha - y \sin\alpha \ ,$$

$$y_1 = b + x \sin\alpha + y \cos\alpha \ ,$$

u. s. w. Mit diesen Werthen von x_1, y_1, ... wird

$$\Sigma(x_1 Y - y_1 X) = a \,.\, \Sigma Y - b \,.\, \Sigma X + \cos\alpha \,.\, \Sigma(x Y - y X)$$
$$- \sin\alpha \,.\, \Sigma(x X + y Y) \ ,$$

oder mit Anwendung der Abkürzungen A, B, N (§. 37), und wenn wir

$$\Sigma(x X + y Y) = h$$

setzen:

$$\Sigma(x_1 Y - y_1 X) = aB - bA + N\cos\alpha - h\sin\alpha = -h\sin\alpha \ ,$$

wegen (1), (2) und (3); und es ist demnach

$$(4) \qquad h = 0$$

die Bedingungsgleichung für die Fortdauer des Gleichgewichtes.

§. 123. Zusätze. *a*) Durch a, b und α wird die Verrückung des Körpers, wie sie jetzt angenommen worden, vollkommen bestimmt. Sie kann hiernach als zusammengesetzt betrachtet werden aus einer mit der Ebene der x, y parallelen Fortbewegung, welche durch a, b gegeben ist, und aus einer durch α gegebenen Drehung um eine auf dieser Ebene normale Axe.

b) So wie $\Sigma(x Y - y X)$ das anfängliche Moment des Systems in Bezug auf den Anfangspunct der Coordinaten ist, so ist $\Sigma(x_1 Y - y_1 X)$ das Moment in Bezug auf denselben Punct nach der Verrückung. Beim anfänglichen Gleichgewicht ist ersteres Moment gleich Null, und unter derselben Voraussetzung das letztere gleich $-h\sin\alpha$, also nur abhängig von dem Winkel, um welchen der Körper gedreht worden, und unabhängig von der durch a, b bestimmten parallelen Fortbewegung. Es ist daher auch unabhängig von der Axe der Drehung, wenn diese nur auf der Ebene der x, y senkrecht steht.

c) Weil sowohl anfangs, als bei der nachherigen Drehung, A

und B Null sind, so wird das System, welches anfangs im Gleichgewichte ist, bei der Drehung mit einem Paare gleichwirkend (§. 39). Das Moment des Systems, $-h \sin \alpha$, ist daher eben so, wie das Moment eines Paares, für alle Puncte der Ebene von gleicher Grösse (§. 31).

d) Das Moment nach der Drehung ist dem Sinus des Drehungswinkels α proportional und erreicht daher nach einer Drehung um 90^0 oder 270^0 seinen grössten Werth, welcher gleich $\mp h$ ist. Dagegen ist es gleich Null und das Gleichgewicht besteht noch, wenn α gleich einem Vielfachen von 180^0, und daher der Körper seiner anfänglichen Lage parallel ist, oder halb um sich herum gedreht worden ist (vergl. §. 5, *b*).

Dass $-h$ der Werth des Moments nach einer Drehung um 90^0 ist, folgt übrigens auch unmittelbar daraus, dass durch eine solche Drehung des Systems um den Anfangspunct der Coordinaten, x in $-y$ und y in x, folglich $xY-yX$ in $-(xX+yY)$ übergeht.

§. 124. Ist in der Ebene, worin die Kräfte (X, Y), (X', Y'), ... wirken, noch ein zweites System von Kräften befindlich, die sich bei der anfänglichen Lage des Körpers ebenfalls das Gleichgewicht halten, und ist nach einer Drehung um 90^0 das Moment dieses zweiten Systems eben so gross, als das des ersten, gleich $-h$, so ist es nach einer Drehung um α gleich $-h \sin \alpha$, folglich stets mit dem ersten gleichwirkend.

Bestehe das zweite System nur aus zwei Kräften P_1 und $P_2 = -P_1$, deren Angriffspuncte A_1 und A_2 seien. Das Coordinatensystem, dessen Lage willkürlich ist, wollen wir so annehmen, dass beim anfänglichen Gleichgewichte der Punct A_1 in den Anfangspunct der Coordinaten und die Gerade A_1A_2 in die Axe der x fällt. Alsdann ist für den Punct A_2

$$x = A_1A_2 \, , \qquad y = 0 \, ,$$

und für die Kraft P_2

$$X = P_2 \, , \qquad Y = 0 \, ;$$

folglich

$$h = xX = A_1A_2 \, . \, P_2 \, ,$$

wo die Richtung von P_2 und die anfängliche von A_1A_2 einerlei oder einander entgegengesetzt sein müssen, jenachdem h positiv oder negativ ist.

Hat man daher für ein System von Kräften in einer Ebene, die im Gleichgewichte sind, das Moment h berechnet, und bringt man an zwei willkürlich in der Ebene genommenen Puncten A_1 und A_2

zwei einander direct entgegengesetzte Kräfte P_1 und P_2 an, deren jede gleich $\frac{h}{A_1 A_2}$ ist, und von welchen P_2 auf A_2 nach der Richtung $A_1 A_2$ oder $A_2 A_1$ wirkt, jenachdem h das positive oder negative Zeichen hat, so dass mithin beide Kräfte bei einem positiven h ihre Angriffspuncte von einander zu entfernen, bei einem negativen einander zu nähern streben: so werden bei der Drehung das Paar, in welches diese zwei Kräfte übergehen, und das erstere System selbst immer gleiche Wirkung haben. Mit anderen Worten:

Ein System von Kräften in einer Ebene, welche sich das Gleichgewicht halten, wird bei Drehung der Ebene in sich selbst gleichwirkend mit einem Paare, dessen Kräfte ebenso, wie die des Systems, mit parallel bleibenden Richtungen und unveränderter Stärke fortwährend auf dieselben zwei Puncte der Ebene wirkend sich annehmen lassen. Die zwei Punete selbst, oder auch der eine Punct und die auf ihn gerichtete Kraft, können dabei willkürlich bestimmt werden.

Ist das System anfänglich nicht im Gleichgewichte, sondern auf ein Paar reducirbar, werden also von den Gleichungen 1), 2), 3) nur die beiden ersten erfüllt, so wird

$$\Sigma(x_1 Y - y_1 X) = N \cos\alpha - h \sin\alpha \;,$$

folglich, wenn wir

$$\Sigma(x_1 Y - y_1 X) = 0$$

setzen:

$$\operatorname{tang}\alpha = \frac{N}{h} \;,$$

d. h. das Moment des Systems verschwindet nach einer Drehung, deren Winkel α durch letztere Gleichung bestimmt ist und somit zwei um 180^0 verschiedene Werte hat.

Ist demnach ein System von Kräften in einer Ebene mit einem Paare gleichwirkend, so gibt es bei Drehung der Ebene in sich selbst zwei einander entgegengesetzte Lagen, in denen Gleichgewicht stattfindet. Ein System dieser Art muss daher ebenso, wie das vorige, bei der Drehung mit einem Paare gleichwirkend sein, dessen Kräfte auf zwei willkürlich zu nehmende Puncte der Ebene nach parallel bleibenden Richtungen wirken.

§. 125. Wenn endlich das in einer Ebene enthaltene System durch eine einzelne Kraft (X_1, Y_1) ins Gleichgewicht gebracht werden kann, so lässt sich der Angriffspunct (x_1, y_1) dieser Kraft in ihrer Richtung immer so bestimmen, dass auch bei der Drehung das Gleichgewicht fortdauert. Man hat nämlich, wenn zu den Kräften des Systems noch die Kraft (X_1, Y_1) hinzugefügt wird, zufolge der vier Gleichungen (1), (2), (3), (4) (§. 122), welche das bei der Drehung fortdauernde Gleichgewicht bedingen:

$$X_1 + A = 0 , \qquad x_1 Y_1 - y_1 X_1 + N = 0 ,$$
$$Y_1 + B = 0 , \qquad x_1 X_1 + y_1 Y_1 + h = 0 .$$

Hieraus fliesst nach Elimination von X_1 und Y_1:

$$Bx_1 - Ay_1 = N , \qquad Ax_1 + By_1 = h ,$$

und hieraus weiter:

$$x_1 = \frac{Ah + BN}{A^2 + B^2} , \qquad y_1 = \frac{Bh - AN}{A^2 + B^2} .$$

Ein auf eine einzelne Kraft $(-X_1, -Y_1)$ *reducirbares System bleibt daher auch bei der Drehung mit dieser Kraft gleichwirkend, und die Richtung derselben trifft fortwährend den durch die eben gefundenen Coordinaten* x_1, y_1 *bestimmten Punct der Ebene, — den Mittelpunct des Systems.*

Für den besonderen Fall, wenn die Kräfte einander parallele Richtungen haben, und φ den Winkel bezeichnet, unter dem diese Richtungen gegen die Axe der x geneigt sind, P, P', ... aber die Intensitäten der Kräfte ausdrücken, hat man:

$$A = \cos\varphi \,.\, \Sigma P , \qquad N = \sin\varphi \,.\, \Sigma xP - \cos\varphi \,.\, \Sigma yP ,$$
$$B = \sin\varphi \,.\, \Sigma P , \qquad h = \cos\varphi \,.\, \Sigma xP + \sin\varphi \,.\, \Sigma yP .$$

Substituirt man diese Werthe in den obigen Ausdrücken für x_1 und y_1, so ergeben sich nach leichter Reduction:

$$x_1 = \frac{\Sigma xP}{\Sigma P} , \qquad y_2 = \frac{\Sigma yP}{\Sigma P} ,$$

die schon in §. 108 gefundenen Werthe für die Coordinaten des Mittelpuncts paralleler Kräfte.

Achtes Kapitel.

Von den Axen des Gleichgewichtes.

§. 126. Die Untersuchungen, welche wir im siebenten Kapitel über Systeme von parallelen Kräften, sowie von Kräften, die in einer Ebene wirken, angestellt haben, wollen wir jetzt auf Systeme von Kräften im Raume überhaupt ausdehnen und uns deshalb zunächst folgende Frage vorlegen:

Auf einen frei beweglichen festen Körper wirken Kräfte nach beliebigen Richtungen und halten einander das Gleichgewicht. Unter welchen Bedingungen wird dieses Gleichgewicht bei Aenderung der Lage des Körpers fortdauern, wenn die Kräfte auf die anfänglichen Angriffspuncte parallel mit ihren anfänglichen Richtungen zu wirken fortfahren?

Die in den nächsten §§. zu gebende Beantwortung dieser Frage wird die Grundlage aller übrigen hierher gehörigen Untersuchungen bilden.

§. 127. In Bezug auf ein rechtwinkliges Coordinatensystem, dessen Axen eine unveränderliche Lage im Raume haben, seien (X, Y, Z), (X', Y', Z'), ... die auf den Körper wirkenden Kräfte und (x, y, z), (x', y', z'), ... die Angriffspuncte derselben vor der Verrückung des Körpers. Alsdann ist, weil sich die Kräfte das Gleichgewicht halten sollen (§. 66):

$$(1)\quad \left\{\begin{array}{l} \Sigma X = 0\ , \\ \Sigma Y = 0\ , \\ \Sigma Z = 0\ , \end{array}\right. \qquad (2)\quad \left\{\begin{array}{l} \Sigma(yZ - zY) = 0\ , \\ \Sigma(zX - xZ) = 0\ , \\ \Sigma(xY - yX) = 0\ . \end{array}\right.$$

Man denke sich noch ein zweites System dreier sich rechtwinklig schneidender Coordinatenaxen, welches mit dem beweglichen Körper fest verbunden ist, und für welches daher die Coordinaten der Angriffspuncte bei der Bewegung des Körpers ungeändert bleiben. Dieses zweite System falle anfangs mit dem ersten Systeme zusammen, so dass die Coordinaten der Angriffspuncte in beiden Systemen anfangs sich gleich sind. Die nachherige Verrückung des Körpers wird nun vollkommen bestimmt sein, wenn wir die dadurch erfolgte Aenderung der Lage des zweiten Systems gegen das erste angeben.

Sei daher nach der Verrückung (a, b, c) der Anfangspunct des zweiten Systems in Bezug auf das erste; seien ferner die Cosinus der Winkel, welche mit den Axen der x, y, z im ersten Systeme

die Axe der x im zweiten macht, $= \alpha, \beta, \gamma$,
- - - y - - - $= \alpha', \beta', \gamma'$,
- - - z - - - $= \alpha'', \beta'', \gamma''$.

Alsdann ist, wenn wir noch die für das erste System veränderten Coordinaten der Angriffspuncte mit x_1, y_1, z_1; x'_1, y'_1, z'_1; etc. bezeichnen:

$$\begin{aligned} x_1 &= a + \alpha x + \alpha' y + \alpha'' z, \\ y_1 &= b + \beta x + \beta' y + \beta'' z, \\ z_1 &= c + \gamma x + \gamma' y + \gamma'' z, \\ x'_1 &= a + \alpha x' + \alpha' y' + \alpha'' z', \end{aligned}$$

u. s. w., u. s. w.

Da nun auch nach der Verrückung zwischen den sich parallel gebliebenen Kräften Gleichgewicht noch herrschen soll, so müssen nächst den obigen sechs Gleichungen (1) und (2) noch folgende drei

$$(3) \quad \begin{cases} \Sigma(y_1 Z - z_1 Y) = 0, \\ \Sigma(z_1 X - x_1 Z) = 0, \\ \Sigma(x_1 Y - y_1 X) = 0, \end{cases}$$

erfüllt werden.

Es wird aber, wenn man für x_1, y_1, z_1 ihre durch x, y, z ausgedrückten Werthe substituirt:

$$\begin{aligned} y_1 Z - z_1 Y = b Z + \beta x Z + \beta' y Z + \beta'' z Z \\ - c Y - \gamma x Y - \gamma' y Y - \gamma'' z Y. \end{aligned}$$

Setzt man daher noch der Kürze willen und mit Rücksicht auf (2):

$$(4) \quad \begin{cases} \Sigma y Z = \Sigma z Y = F, & \Sigma x X = l, \\ \Sigma z X = \Sigma x Z = G, & \Sigma y Y = m, \\ \Sigma x Y = \Sigma y X = H, & \Sigma z Z = n, \end{cases}$$

und erwägt, dass nach (1) $\Sigma X = 0$, etc., so verwandelt sich die erste der Gleichungen (3) in:

$$(5) \quad \begin{cases} (\beta' - \gamma'') F + \beta G - \gamma H - \gamma' m + \beta'' n = 0; \\ \qquad \text{und ebenso folgen} \\ (\gamma'' - \alpha) G + \gamma' H - \alpha' F - \alpha'' n + \gamma l = 0, \\ (\alpha - \beta') H + \alpha'' F - \beta'' G - \beta l + \alpha' m = 0 \end{cases}$$

aus den beiden anderen Gleichungen (3).

An die Stelle dieser mit (3) identischen Gleichungen (5) lassen sich aber drei aus ihnen fliessende ungleich einfachere setzen. Zu dem Ende erinnere man sich zuerst der bekannten Relationen:

$$(A)\begin{cases} \alpha'\alpha''+\beta'\beta''+\gamma'\gamma''=0\,, \\ \alpha''\alpha+\beta''\beta+\gamma''\gamma=0\,, \\ \alpha\alpha'+\beta\beta'+\gamma\gamma'=0\,, \end{cases} \qquad (B)\begin{cases} \beta\gamma+\beta'\gamma'+\beta''\gamma''=0\,, \\ \gamma\alpha+\gamma'\alpha'+\gamma''\alpha''=0\,, \\ \alpha\beta+\alpha'\beta'+\alpha''\beta''=0\,, \end{cases}$$

$$(C)\begin{cases} \alpha^2+\alpha'^2+\alpha''^2=1\,, & \alpha^2+\beta^2+\gamma^2=1\,, \\ \beta^2+\beta'^2+\beta''^2=1\,, & \alpha'^2+\beta'^2+\gamma'^2=1\,, \\ \gamma^2+\gamma'^2+\gamma''^2=1\,, & \alpha''^2+\beta''^2+\gamma''^2=1\,, \end{cases}$$

und der aus ihnen sich ergebenden

$$(D)\begin{cases} \beta'\gamma''-\beta''\gamma'=\alpha\,, & \gamma'\alpha''-\gamma''\alpha'=\beta\,, & \alpha'\beta''-\alpha''\beta'=\gamma\,, \\ \beta''\gamma-\beta\gamma''=\alpha'\,, & \gamma''\alpha-\gamma\alpha''=\beta'\,, & \alpha''\beta-\alpha\beta''=\gamma'\,, \\ \beta\gamma'-\beta'\gamma=\alpha''\,, & \gamma\alpha'-\gamma'\alpha=\beta''\,, & \alpha\beta'-\alpha'\beta=\gamma''\,,\text{*)} \end{cases}$$

---

*) Um letztere weniger oft vorkommende Relationen (D) aus den vorhergehenden abzuleiten, denke man sich in den Relationen (D) auf der rechten Seite des Gleichheitszeichens statt α, β, γ, α', ... einstweilen a, b, c, a', ..., als abkürzende Bezeichnungen von $\beta'\gamma''-\beta''\gamma'$, etc. geschrieben. Der dann noch zu führende Beweis, dass $a=\alpha$, $b=\beta$, ..., $c''=\gamma''$, ist folgender.

Aus der zweiten und dritten der Gleichungen (A) fliesst:

$$\alpha:\beta:\gamma=\beta'\gamma''-\beta''\gamma':\gamma'\alpha''-\gamma''\alpha':\alpha'\beta''-\alpha''\beta'\,,$$

d. i.

$$\alpha:\beta:\gamma=a:b:c\,,$$

ebenso aus der zweiten und dritten der Gleichungen (B):

$$\alpha:\alpha':\alpha''=a:a':a''\,;$$

und man sieht leicht, indem man auf gleiche Art auch die übrigen Verbindungen zweier Gleichungen in (A) und in (B) in Rechnung zieht, dass überhaupt die neun Grössen a, b, ..., c'' den neun Cosinussen α, β, ..., γ'' proportional sind. Man setze daher

$$a=m\alpha\,,\qquad b=m\beta\,,\qquad \ldots\,,\qquad c''=m\gamma''\,,$$

wo m eine für alle diese Gleichungen unveränderliche Zahl ist. Um sie zu bestimmen, nehme man etwa die drei letzten Gleichungen von (D):

$$\beta\gamma'-\beta'\gamma=m\alpha''\,,\qquad \gamma\alpha'-\gamma'\alpha=m\beta''\,,\qquad \alpha\beta'-\alpha'\beta=m\gamma''\,,$$

und addire ihre Quadrate, so kommt nach leichter Transformation:

$$(\alpha^2+\beta^2+\gamma^2)(\alpha'^2+\beta'^2+\gamma'^2)-(\alpha\alpha'+\beta\beta'+\gamma\gamma')^2=m^2(\alpha''^2+\beta''^2+\gamma''^2)\,,$$

eine Gleichung, die sich vermöge der Gleichungen (C) und der dritten von (A) auf

$$1=m^2$$

reducirt; folglich entweder immer $m=+1$, oder immer $m=-1$.

Ueber die Wahl zwischen diesen beiden Werthen von m entscheidet der Umstand, dass die zwei Axensysteme, deren gegenseitige Lage durch α, β, ..., γ'' bestimmt wird, anfangs zusammenfallen sollen, die positiven Axen der x, y, z des

Nun folgt aus den zwei letzten der Gleichungen (5), wenn man aus ihnen l wegschafft, sie deshalb resp. mit β und γ multiplicirt und hierauf addirt, mit Anwendung der Relationen (D):

$$(\alpha''\gamma - \alpha'\beta) F - (\alpha\beta + \alpha') G + (\alpha\gamma + \alpha'') H + \alpha'\gamma m - \alpha''\beta n = 0 \;.$$

Hierin ist vermöge (D) der Coëfficient von F,

$$= \gamma''\alpha - \beta' - \alpha\beta' + \gamma'' = (1+\alpha)(\gamma'' - \beta') \;.$$

Multiplicirt man daher noch die erste der Gleichungen (5) mit $1+\alpha$ und addirt sie zu der letztgefundenen, so geht F heraus, und man bekommt nach gehöriger Reduction mittelst (D):

$$(\beta - \alpha') G + (\alpha'' - \gamma) H + (\beta'' - \gamma')(m+n) = 0 \;;$$

und ebenso findet sich

$$(\gamma' - \beta'') H + (\beta - \alpha') F + (\gamma - \alpha'')(n+l) = 0 \;,$$

$$(\alpha'' - \gamma) F + (\gamma' - \beta'') G + (\alpha' - \beta)(l+m) = 0 \;,$$

nachdem man die Gleichungen (5) das einemal mit α', $1+\beta'$, γ', das anderemal mit α'', β'', $1+\gamma''$ multiplicirt und sie hierauf beidemale addirt hat.

Man setze nun noch zur Abkürzung:

$$(6) \qquad \gamma' - \beta'' = \varphi \,.\, \tau \;, \qquad \alpha'' - \gamma = \chi \,.\, \tau \;, \qquad \beta - \alpha' = \psi \,.\, \tau \;;$$

$$(7) \qquad \begin{cases} m + n = \Sigma(yY + zZ) = f \;, \\ n + l = \Sigma(zZ + xX) = g \;, \\ l + m = \Sigma(xX + yY) = h \;, \end{cases}$$

so werden die eben erhaltenen drei Gleichungen

$$(8) \qquad \begin{cases} \psi G + \chi H = \varphi f \;, \\ \varphi H + \psi F = \chi g \;, \\ \chi F + \varphi G = \psi h \;. \end{cases}$$

---

einen mit den gleichnamigen positiven Axen des anderen. Bei dem Zusammenfallen beider Systeme ist aber offenbar

$$\alpha = \beta' = \gamma'' = 1 \;,$$

und jeder der sechs übrigen Cosinus gleich Null. Substituirt man diese Werthe von $\alpha, \ldots, \gamma''$ in die erste der Gleichungen (D):

$$\beta'\gamma'' - \beta''\gamma' = m\alpha \;,$$

so erhält man

$$m = +1 \;.$$

Die Gleichungen (D), wie sie oben geschrieben sind, haben daher ihre Richtigkeit.

Hätte das eine Axensystem gegen das andere eine solche Lage, dass sie beide nicht zur Coïncidenz gebracht werden könnten, sondern dass, wenn z. B. die positiven Axen der x und y des einen in die positiven Axen der x und y des anderen fielen, die positiven Axen der z einander entgegengesetzt wären, so würde man, wie sich auf gleiche Art zeigen lässt, $m = -1$ zu nehmen haben.

Dies sind demnach die Gleichungen, welche die Stelle von (5) oder (3) vertreten können, also die Bedingungen, unter denen auch nach der Verrückung des Körpers Gleichgewicht noch stattfindet. In ihnen sind F, G, H, f, g, h nach (4) und (7) durch die Richtungen und Intensitäten der sich das Gleichgewicht haltenden Kräfte und durch die anfänglichen Coordinaten ihrer Angriffspuncte gegeben; die Verhältnisse zwischen φ, χ, ψ aber sind nach (6) durch die Lage des Körpers nach der Verrückung gegen seine anfängliche Lage bestimmt.

§. 128. Die Verhältnissgrössen φ, χ, ψ haben hier eine noch besonders merkwürdige Bedeutung. Addirt man nämlich die Gleichungen (6), nachdem man sie vorher resp. mit α, β, γ multiplicirt hat, so kommt mit abermaliger Anwendung von (D):

$$\alpha\varphi\tau + \beta\chi\tau + \gamma\psi\tau = \gamma' - \beta'' = \varphi\tau \ ,$$

d. i.

$$(9) \quad \begin{cases} \alpha\varphi + \beta\chi + \gamma\psi = \varphi \ , \\ \text{und ähnlicherweise} \\ \alpha'\varphi + \beta'\chi + \gamma'\psi = \chi \ , \\ \alpha''\varphi + \beta''\chi + \gamma''\psi = \psi \ . \end{cases}$$

Man bestimme nun die in (6) bis jetzt beliebig zu nehmende Grösse τ so, dass

$$(10) \qquad \tau^2 = (\gamma' - \beta'')^2 + (\alpha'' - \gamma)^2 + (\beta - \alpha')^2 \ .$$

Hierdurch wird

$$(11) \qquad \varphi^2 + \chi^2 + \psi^2 = 1 \ ,$$

und man kann nunmehr φ, χ, ψ als die Cosinus dreier Winkel betrachten, welche eine Gerade p mit den drei Axen des ersten Coordinatensystems macht. Weil α, β, γ die Cosinus der Winkel der Axe der x des zweiten Systems mit den drei Axen des ersten sind, so ist $\alpha\varphi + \beta\chi + \gamma\psi$ der Cosinus des Winkels, den die Gerade p mit der Axe der x des zweiten Systems macht. Dieser Cosinus ist aber zufolge der ersten Gleichung in (9), gleich φ; d. h. die Gerade p macht mit der Axe der x des zweiten Systems denselben Winkel, als mit der Axe der x des ersten. Auf gleiche Art erkennt man aus der zweiten der Gleichungen (9), dass p mit den Axen der y, und aus der dritten, dass p mit den Axen der z beider Systeme einerlei Winkel macht.

Nimmt man daher an, dass beide Systeme einen gemeinschaftlichen Anfangspunct haben, so gibt es immer eine durch denselben gehende, durch φ, χ, ψ bestimmte Gerade p, welche gegen beide Systeme einerlei Lage hat*).

§. 129. Man denke sich um den gemeinschaftlichen Anfangspunct beider Systeme mit einem beliebigen Halbmesser eine Kugelfläche beschrieben. Werde diese von den Axen der x, y, z des ersten und zweiten Systems resp. in A_1, B_1, C_1 und von p in P (vergl. Fig. 41) getroffen, so sind zu Folge des Erwiesenen die Bögen

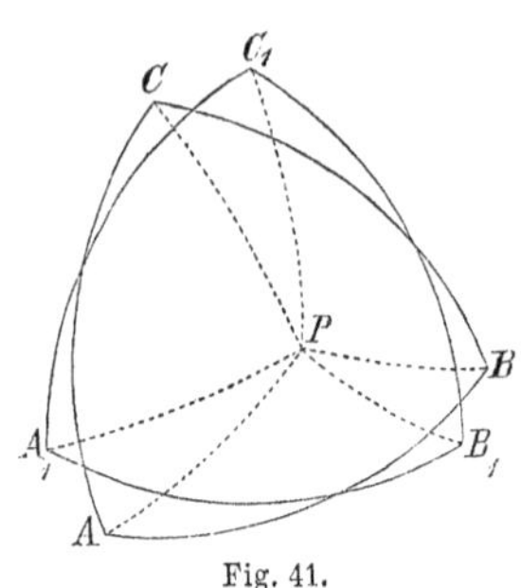

Fig. 41.

$$PA_1 = PA\ ,\ PB_1 = PB\ ,\ PC_1 = PC\ ,$$

und daher die sphärischen Dreiecke B_1PC_1, C_1PA_1, A_1PB_1 resp. gleich und ähnlich den Dreiecken BPC, CPA, APB. Hieraus folgt leicht weiter, dass die drei Winkel A_1PA, B_1PB, C_1PC einander gleich sind, und dass mithin das eine System durch blosse Drehung um die Gerade p um einen Winkel $A_1PA = B_1PB = C_1PC$ mit dem anderen zur Deckung gebracht werden kann.

Die Grösse dieses Winkels muss sich ebenfalls durch α, ..., γ'' ausdrücken lassen. In der That hat man in dem sphärischen Dreiecke A_1PA:

$$\cos A_1A = \cos PA_1 \,.\, \cos PA + \sin PA_1 \,.\, \sin PA \,.\, \cos A_1PA\ ,$$

mithin, weil

$$\cos A_1A = \alpha\ ,\quad \cos PA_1 = \cos PA = \varphi\ ,$$

und wenn man den Cosinus von $A_1PA = B_1PB = C_1PC$ mit σ bezeichnet:

$$(12)\qquad \alpha = \varphi^2 + (1 - \varphi^2)\sigma\ ,$$

worin man nur noch, mittelst (6) und (10), φ durch α, ..., γ'' auszudrücken hat. Um aber einen symmetrischen Ausdruck für σ zu erhalten, entwickele man seinen Werth auf gleiche Weise durch Betrachtung der Dreiecke B_1PB, C_1PC, und es kommt:

$$(12)\qquad \begin{cases} \beta' = \chi^2 + (1 - \chi^2)\sigma\ , \\ \gamma'' = \psi^2 + (1 - \psi^2)\sigma\ ; \end{cases}$$

mithin, wenn man diese zwei Gleichungen zu der vorigen addirt, und mit Berücksichtigung von (11):

$$(13)\qquad \alpha + \beta' + \gamma'' = 1 + 2\sigma\ .$$

*) Der Entdecker dieses merkwürdigen Satzes ist Euler. Siehe dessen Abhandlung: *Formulae generales pro translatione quacunque corporum rigidorum* in den *Nov. Comment. Petrop. Tom.* XX, wo der Satz sehr einfach durch eine geometrische Construction bewiesen ist.

— Der Werth von σ hängt auf eine sehr einfache Weise mit der Hülfsgrösse τ zusammen. Es ist nämlich zufolge der Gleichungen (C):

$$\gamma'^2 + \beta''^2 = 1 + \alpha^2 - \beta'^2 - \gamma''^2,$$

und nach (D):

$$-2\gamma'\beta'' = 2\alpha - 2\beta'\gamma''.$$

Hiermit wird:

$$(\gamma' - \beta'')^2 = (1 + \alpha + \beta' + \gamma'')(1 + \alpha - \beta' - \gamma'') = 4(1+\sigma)(\alpha - \sigma),$$

und ebenso

$$(\alpha'' - \gamma)^2 = 4(1+\sigma)(\beta' - \sigma),$$
$$(\beta - \alpha')^2 = 4(1+\sigma)(\gamma'' - \sigma);$$

folglich nach (10) und (13):

$$(14) \qquad \tau^2 = 4(1+\sigma)(1-\sigma) = 4 \sin A_1PA^2.$$

*So wie daher φ, χ, ψ die Cosinus der Winkel der Drehungsaxe mit den Axen der Coordinaten sind, so ist $\frac{1}{2}\tau$ der Sinus des Winkels selbst, um welchen das System gedreht worden**).

§. 130. Um den Körper aus seiner anfänglichen in die nachherige durch a, b, c, α, β, ..., γ'' bestimmte Lage zu bringen, kann man auch so verfahren, dass man ihn zuerst parallel mit sich fortbewegt, bis in Bezug auf das erste im Raume unveränderliche Coordinatensystem der im Anfangspuncte desselben befindliche Punct des Körpers nach (a, b, c) kommt, und dass man zweitens den Körper um diesen Punct dreht, bis die Coordinatenaxen die durch α, β, ..., γ'' bestimmten Richtungen erhalten. Dieses letztere aber lässt sich, wie wir so eben gesehen haben, immer dadurch bewerkstelligen, dass man den Körper um eine durch den Punct gehende, durch φ, χ, ψ ihrer Richtung nach bestimmte, Axe um einen Winkel dreht, dessen

*) Mittelst der neun Gleichungen (6), (9) und (12) lassen sich umgekehrt sämmtliche neun zur gegenseitigen Verwandlung der Coordinaten dienende Cosinus α, ..., γ'' durch σ oder $\tau = 2\sqrt{1-\sigma^2}$ und φ, χ, ψ ausdrücken. Die Werthe von α, β', γ'' geben die Gleichungen (12) unmittelbar. Die Werthe der übrigen finden sich nach leichter Rechnung:

$$\beta'' = (1-\sigma)\chi\psi - \tfrac{1}{2}\tau\varphi, \qquad \gamma' = (1-\sigma)\chi\psi + \tfrac{1}{2}\tau\varphi,$$
$$\gamma = (1-\sigma)\psi\varphi - \tfrac{1}{2}\tau\chi, \qquad \alpha'' = (1-\sigma)\psi\varphi + \tfrac{1}{2}\tau\chi,$$
$$\alpha' = (1-\sigma)\varphi\chi - \tfrac{1}{2}\tau\psi, \qquad \beta = (1-\sigma)\varphi\chi + \tfrac{1}{2}\tau\psi.$$

Diese Formeln sind gleichfalls von Euler gefunden worden, *Nov. Comment. Petrop. Tom.* XX, *Nova methodus motum corporum rigidorum determinandi*, §. 22. Vergl. Jacobi, *Euleri formulae de transformatione coordinatorum*, Crelle's Journal, Bd. 2, p. 188, und Grunert, *Ueber die Verwandlung der Coordinaten im Raume*, Crelle's Journal, Bd. 8, p. 153.

Sinus gleich $\frac{1}{2}\tau$ ist. Jede Verrückung eines Körpers kann daher als zusammengesetzt aus einer parallelen Fortbewegung und aus einer Drehung um eine gewisse Axe betrachtet werden. Durch die parallele Bewegung wird aber das anfängliche Gleichgewicht nicht aufgehoben, indem die Coordinaten a, b, c aus den Bedingungsgleichungen (5) oder (8) für die Fortdauer des Gleichgewichtes herausgegangen sind, und wie auch schon daraus erhellt, dass jede Kraft parallel mit ihrer anfänglichen Richtung auf denselben Punct des Körpers fortwirken soll. Bei der Untersuchung über die Fortdauer des Gleichgewichtes kommen daher bloss die Werthe von $\alpha, \ldots, \gamma''$ oder die Winkel in Betracht, welche die Coordinatenaxen in ihrer neuen Lage mit den Axen in der alten Lage bilden, und diese Winkel nicht einmal vollständig, sondern zufolge der Gleichungen (8) bloss die durch die Winkel bestimmte Axe der Drehung.

Sind daher zwei nicht parallele Lagen des Körpers gegeben, in deren jeder Gleichgewicht stattfindet, so lassen sich daraus noch unzählige andere Lagen finden, welche denselben Zweck erfüllen. Indem man nämlich mit dem Körper ein rechtwinkliges Coordinatensystem fest verbindet und die zwei Lagen desselben, welche es bei den zwei verschiedenen Lagen des Körpers hat, mit einander vergleicht, ergeben sich die Werthe von $\alpha, \ldots, \gamma''$, und aus diesen nach (10) und (6) die Werthe von τ, φ, χ, ψ, von denen die drei letzten wegen des Gleichgewichtes den drei nothwendigen Bedingungsgleichungen (8) Genüge leisten werden. Da diese Gleichungen aber auch hinreichend sind, so wird mit Beibehaltung von φ, χ, ψ und beliebig anderer Annahme von τ das Gleichgewicht noch bestehen; oder mit anderen Worten:

Zu zwei einander nicht parallelen Lagen eines Körpers lässt sich immer eine Richtung finden, so dass der Körper durch Drehung um eine mit dieser Richtung parallele Axe aus der einen Lage in eine mit der anderen parallele Lage gebracht werden kann; und wenn der Körper in jeder dieser beiden Lagen im Gleichgewichte ist, so ist er es auch in jeder dritten, in welche er durch weitere Drehung um jene Axe und durch parallele Fortbewegung versetzt wird.

Ein Fall, dessen wir hierbei noch besonders gedenken müssen, ist der, wenn zugleich

$$\gamma' = \beta'' , \qquad \alpha'' = \gamma , \qquad \beta = \alpha'$$

ist. Alsdann bleiben die Verhältnisse zwischen φ, χ, ψ nach den Formeln (6) unbestimmt, τ oder der doppelte Sinus des Drehungswinkels wird gleich Null, und daher dieser Winkel selbst entweder gleich Null, oder gleich 180°. Im ersteren Falle sind die beiden

Lagen des Körpers, wo nicht identisch, doch mit einander parallel. Im letzteren hat zwar eine Drehung stattgefunden, auch lassen sich dann die Werthe von φ, χ, ψ mittelst der Formeln (12) bestimmen, indem σ, als der Cosinus des Drehungswinkels, gleich -1, und damit

$$\varphi^2 = \tfrac{1}{2}(1+\alpha)\ , \qquad \chi^2 = \tfrac{1}{2}(1+\beta')\ , \qquad \psi^2 = \tfrac{1}{2}(1+\gamma'')$$

werden. Da aber τ in den Formeln (6) jetzt nicht mehr unbestimmt bleibt, so kann aus dem anfänglichen Gleichgewichte und dem Gleichgewichte nach einer Drehung um 180^0 noch nicht auf das Gleichgewicht nach einer Drehung um dieselbe Axe um irgend einen anderen Winkel geschlossen werden.

§. 131. Wenn das Gleichgewicht zwischen mehreren auf einen Körper wirkenden Kräften durch Drehung des Körpers um eine gewisse Axe nicht aufgehoben wird, so wollen wir die Axe eine Axe des Gleichgewichtes nennen. Jede mit einer solchen parallelen Axe ist bei einem frei beweglichen Körper, den wir bisher allein in Betrachtung nahmen, ebenfalls eine Axe des Gleichgewichtes, da ihre Lage bloss durch die Winkel, welche sie mit den Coordinatenaxen bildet, bestimmt wird. Doch wollen wir der Kürze wegen von diesem Systeme paralleler Axen, als wie von einer einzigen, sprechen, und unter der einen, welche genannt wird, die übrigen ihr parallelen zugleich mit verstehen.

Nicht bei jedem Systeme von Kräften, welche an einem frei beweglichen Körper im Gleichgewichte sind, gibt es eine Axe des Gleichgewichtes. Denn aus der zweiten und dritten der Gleichungen (8) folgt:

$$(15) \qquad \varphi : \chi : \psi = ghF^2 : FG + Hh : HF + Gg\ ,$$

und wenn man diese Verhältnisswerthe von φ, χ, ψ in der ersten jener Gleichungen substituirt:

$$(16) \qquad 2FGH + F^2 f + G^2 g + H^2 h - fgh = 0\ .$$

Dies ist demnach die Bedingungsgleichung, unter welcher eine Gleichgewichtsaxe stattfindet. Wird sie erfüllt, so erhält man aus (15) die Verhältnisse zwischen φ, χ, ψ, und damit die Winkel, welche die Gleichgewichtsaxe mit den Axen der Coordinaten macht.

§. 132. Soll ein System von Kräften, welche im Gleichgewichte sind, eine Gleichgewichtsaxe von einer durch φ, χ, ψ gegebenen Richtung haben, so müssen die drei Gleichungen (8) einzeln erfüllt werden.

Werde z. B. gefordert, dass die Axe der z eine Gleichgewichtsaxe sei. Alsdann sind φ und χ gleich Null, und die drei Gleichungen ziehen sich zusammen in:

$$G = 0 \ , \qquad F = 0 \ , \qquad h = 0 \ ,$$

d. i.

$$\Sigma x Z = 0 \ , \qquad \Sigma y Z = 0 \ , \qquad \Sigma (x X + y Y) = 0 \ .$$

Die zwei ersten dieser Gleichungen geben, in Verbindung mit der wegen des anfänglichen Gleichgewichtes nöthigen Gleichung $\Sigma Z = 0$, zu erkennen (§. 73, Zus.), dass, wenn man jede Kraft an ihrem Angriffspuncte in zwei zerlegt, von denen die eine parallel mit der Ebene der x, y, die andere parallel mit der Axe der z ist, die mit der Axe der z parallelen Kräfte für sich im Gleichgewichte sein müssen. Die dritte Gleichung, in Verbindung mit den Gleichungen

$$\Sigma X = 0 \ , \qquad \Sigma Y = 0 \ , \qquad \Sigma (x Y - y X) = 0 \ ,$$

deutet an (§. 122), dass, wenn die Kräfte auf die Ebene der x, y projicirt werden, das Gleichgewicht zwischen diesen Projectionen durch Drehung des Körpers um die Axe der z, als wodurch die Ebene der x, y in sich selbst gedreht wird, nicht aufgehoben werden darf. Wir können daher auch sagen:

Zur Fortdauer des Gleichgewichtes, wenn der Körper, auf welchen die Kräfte wirken, um eine Axe gedreht wird, ist es nöthig und hinreichend, dass erstens die Projectionen der Kräfte auf Linien, welche man parallel mit der Axe durch die Angriffspuncte der Kräfte legt, für sich im Gleichgewichte sind, und dass zweitens das Gleichgewicht zwischen den Projectionen der Kräfte auf eine die Axe rechtwinklig schneidende Ebene bei der Drehung nicht aufhört.

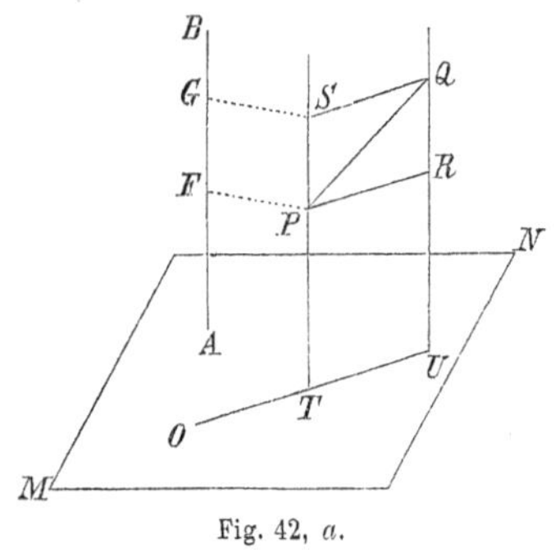

Fig. 42, *a*.

§. 133. Dass diese zwei Bedingungen die einzig nothwendigen zum Fortbestehen des Gleichgewichtes sind, lässt sich ohne Zuhülfenahme der vorhergehenden Rechnung auch folgendergestalt sehr anschaulich durch Construction darthun.

Sei AB (vergl. Fig. 42, *a*) die Drehungsaxe, welche man sich vertical denke; MN eine darauf normal gesetzte, also horizontale, Ebene. PQ sei eine der Kräfte des Systems und P ihr Angriffspunct, so wie auch in dem Folgenden bei Darstellung einer Kraft durch eine gerade Linie der in dem Ausdrucke der Linie zuerst gesetzte Buchstabe immer den Angriffspunct bezeichne.

Sei TU die rechtwinklige Projection von PQ auf MN, und PR, QS zwei Perpendikel von P, Q auf QU, PT. Man verlängere noch UT bis O, so dass $TO = UT$. Alsdann ist, auch bei beliebiger Verrückung des Körpers, die Kraft PQ gleichwirkend mit den an den Puncten P, T des Körpers angebrachten Kräften PR, PS, TU, TO, d. i. mit den Kräften TU, PS und dem Paare PR, TO.

Man verfahre auf gleiche Art mit jeder der übrigen Kräfte des Systems und zerlege es somit in drei andere Systeme: in ein System H, dessen Kräfte TU, ... in der horizontalen Ebene MN liegen, in ein System V von verticalen Kräften PS, ... und in ein System W, aus Paaren PR, TO, ... in verticalen Ebenen bestehend. Da nun H, V, W zusammen im Gleichgewichte sein sollen, und die einfache horizontale Kraft oder das horizontale Paar, worauf sich H reduciren könnte, mit der einfachen verticalen Kraft oder dem verticalen Paare, worauf sich V und W in Verbindung zurückführen lassen könnten, nicht im Gleichgewichte sein kann, so müssen H für sich und V und W zusammen für sich im Gleichgewichte sein; also muss entweder V und W, jedes besonders, im Gleichgewichte sein, oder V muss sich auf ein dem W gleiches und entgegengesetztes Paar reduciren lassen.

Man denke sich jetzt den Körper um die Axe AB um einen beliebigen Winkel gedreht, während die Kräfte PQ, ... auf die Puncte P, ..., oder, was dasselbe ist, die Kräfte TU, PS, PR und TO, etc. auf die Puncte P und T, etc. des Körpers, parallel mit ihren anfänglichen Richtungen, zu wirken fortfahren. Die Kräfte von H bleiben dabei in der horizontalen Ebene MN, die Kräfte von V bleiben vertical, und eben so wenig wird die Verticalität der Ebenen der Paare von W geändert. Da nun auch jetzt noch zwischen H, V, W Gleichgewicht herrschen soll, so muss, wie vorhin, H für sich im Gleichgewichte sein, welches die zweite der obigen Bedingungen gibt: dass nämlich zwischen den Projectionen der Kräfte auf eine die Drehungsaxe rechtwinklig schneidende Ebene bei Drehung der Ebene in sich selbst das Gleichgewicht besonders fortbestehe.

Ferner muss, wie vorhin, das System V entweder für sich im Gleichgewichte sein, oder ein dem W das Gleichgewicht haltendes Paar zur Resultante haben. Bei Drehung des Körpers um AB haben aber die mit AB parallelen Kräfte PS, ..., aus denen V zusammengesetzt ist, ihre Lage gegen den Körper unverändert beibehalten. Jenachdem daher V anfangs im Gleichgewichte war, oder sich auf ein Paar reducirte, wird es auch jetzt noch im Gleichgewichte sein, oder mit einem Paare gleiche Wirkung haben, dessen Moment dem des ersteren Paares gleich ist, dessen Ebene aber mit der Ebene des ersteren Paares einen dem Drehungswinkel gleichen Winkel macht.

Anders verhält es sich mit dem Systeme W der Paare PR und TO, etc. Die verticale Ebene eines jeden derselben bleibt bei der Drehung sich selbst parallel, mithin bleibt auch die Wirkung jedes Paares ungeändert (§. 50); und jenachdem W anfänglich im Gleichgewichte war, oder sich auf ein Paar reducirte, wird es auch jetzt noch im Gleichgewichte, oder mit demselben, auch seiner Lage nach unverändert gebliebenen Paare gleichwirkend sein.

Hieraus folgt nun unmittelbar, dass jedes der beiden Systeme V und W für sich im Gleichgewichte sein muss, indem sonst, wenn sie anfangs auf zwei sich das Gleichgewicht haltende Paare sich reducirt hätten, bei der Drehung des Körpers das von V herrührende Paar sich mit gedreht hätte, die Ebene des anderen aber sich parallel geblieben, und somit das Gleichgewicht aufgehoben worden wäre. Das Gleichgewicht von V, oder das Gleichgewicht zwischen den nach Parallelen mit der Axe geschätzten Kräften des Systems, ist demnach die zweite, oben zuerst genannte Bedingung für die Fortdauer des Gleichgewichtes, und, da hiervon das Gleichgewicht des Systems W eine nothwendige Folge ist, keine dritte Bedingung weiter erforderlich.

Wir nahmen bei dieser Beweisführung den Drehungswinkel beliebig an. Ist er gerade gleich 180°, so kommen die horizontalen Kräfte des Systems H in Bezug auf den Körper in eine ihrer anfänglichen direct entgegengesetzte Lage und sind daher, so wie anfangs, auch jetzt wieder im Gleichgewichte. Damit also nach einer Drehung um 180° noch Gleichgewicht stattfinde, ist es nur nöthig, dass das System V oder die nach der Drehungsaxe geschätzten Kräfte des Systems unter sich im Gleichgewichte sind. — Daraus also, dass nach einer Drehung um 180° das Gleichgewicht noch besteht, kann noch nicht auf die Fortdauer desselben bei irgend einem anderen Drehungswinkel geschlossen werden (§. 130 zu Ende).

§. 134. Ebenso wie

$$F=0\ ,\qquad G=0\ ,\qquad h=0$$

die Bedingungen sind, unter denen die Axe der z eine Axe des Gleichgewichtes ist, so drücken

$$G=0\ ,\qquad H=0\ ,\qquad f=0$$

die Bedingungen aus, unter welchen der Körper, ohne das Gleichgewicht zu verlieren, um die Axe der x gedreht werden kann. Sind daher F, G, H, f, h zugleich gleich Null, so sind sowohl die Axe der z, als die der x, und alle mit ihnen parallelen Axen, und nicht allein diese, sondern auch alle mit der Ebene der z, x überhaupt parallelen Axen, Axen des Gleichgewichtes. Denn für jede dieser Axen ist $\chi = 0$, und mit den sechs Gleichungen

$$F = 0 \,, \qquad G = 0 \,, \qquad H = 0 \,, \qquad f = 0 \,, \qquad h = 0 \,, \qquad \chi = 0$$

wird den drei Gleichungen (8) Genüge geleistet. Wenn folglich von zwei Axen, welche einen rechten Winkel mit einander machen, eine jede eine Gleichgewichtsaxe ist, so ist es auch jede andere, welche mit der Ebene des Winkels parallel läuft.

Um die Sache allgemeiner zu untersuchen, seien irgend zwei einander nicht parallele, durch φ, χ, ψ und φ', χ', ψ' bestimmte Axen Gleichgewichtsaxen zugleich. Alsdann muss sein:

$$(8) \qquad \left\{ \begin{aligned} -\varphi f + \chi H + \psi G &= 0 \,, \\ \varphi H - \chi g + \psi F &= 0 \,, \\ \varphi G + \chi F - \psi h &= 0 \,, \end{aligned} \right.$$

und

$$(8^*) \qquad \left\{ \begin{aligned} -\varphi' f + \chi' H + \psi' G &= 0 \,, \\ \varphi' H - \chi' g + \psi' F &= 0 \,, \\ \varphi' G + \chi' F - \psi' h &= 0 \,. \end{aligned} \right.$$

Es folgt aber, wenn man zur Abkürzung

$$\chi\psi' - \chi'\psi = p \,, \qquad \psi\varphi' - \psi'\varphi = q \,, \qquad \varphi\chi' - \varphi'\chi = r$$

setzt und die erste Gleichung in (8) mit der ersten in (8*) verbindet:

$$-f : H : G = p : q : r \,,$$

und ebenso durch Verbindung der zweiten und dritten Gleichung in (8) mit der zweiten und dritten in (8*):

$$H : -g : F = p : q : r \,,$$

$$G : F : -h = p : q : r \,.$$

Eliminirt man hieraus die Grössen p, q, r, von denen höchstens nur eine gleich Null sein kann, indem sonst die beiden Gleichgewichtsaxen einander parallel oder identisch wären, so erhält man nicht mehr, als folgende drei von einander unabhängige Gleichungen:

$$fF + GH = 0 \,, \qquad gG + HF = 0 \,, \qquad hH + FG = 0 \,.$$

Dies sind demnach die Bedingungsgleichungen, bei denen zwei Gleichgewichtsaxen zugleich vorhanden sind. Eliminirt man aber damit f, g, h aus (8) oder (8*), so erhält man jedesmal dieselbe Gleichung:

$$\frac{\varphi}{F}+\frac{\chi}{G}+\frac{\psi}{H}=0\ , \quad \text{oder} \quad \frac{\psi'}{F}+\frac{\chi'}{G}+\frac{\psi'}{H}=0\ ,$$

als die einzige jetzt zwischen den φ, χ, ψ der einen und anderen Gleichgewichtsaxe zu erfüllende Relation. Dieser Gleichung leisten aber nicht bloss die vorigen zwei, sondern auch alle diejenigen Gleichgewichtsaxen Genüge, welche parallel mit der Ebene sind, deren Gleichung

$$\frac{x}{F}+\frac{y}{G}+\frac{z}{H}=0$$

ist.

Gibt es daher bei einem Körper, welcher im Gleichgewichte ist, zwei einander nicht parallele Gleichgewichtsaxen, so sind es auch noch alle diejenigen, welche mit ersteren beiden einer und derselben Ebene parallel laufen.

Hieraus ist leicht weiter zu folgern, *dass, wenn ein Körper drei Gleichgewichtsaxen a, b, c hat, welche nicht einer und derselben Ebene parallel sind, auch jede vierte Axe d eine Gleichgewichtsaxe ist.*

Denn denken wir uns sämmtliche Axen durch einen und denselben Punct gehend (§. 131), und werde dann eine durch a und b gelegte Ebene von der Ebene durch c und d in der Geraden e geschnitten, so dass e mit a und b in einer Ebene ist, und desgleichen d mit c und e. Da nun a und b Gleichgewichtsaxen sind, so muss auch e eine solche sein; und weil e und c es sind, so muss es auch d sein. — Wir können den hiermit bewiesenen Satz auch so ausdrücken: Ist ein Körper im Gleichgewichte, und wird dieses durch drei verschiedene Verrückungen nicht aufgehoben, so dauert es im Allgemeinen auch bei jeder vierten Verrückung fort; oder mit noch anderen Worten:

Ist ein Körper in vier verschiedenen Lagen im Gleichgewichte, so ist er es im Allgemeinen auch in jeder fünften.

Uebrigens ist dann, wie man leicht findet, jede der sechs Grössen F, G, H, f, g, h einzeln gleich Null.

§. 135. Ein im Gleichgewichte befindlicher Körper hat im Allgemeinen keine Axe des Gleichgewichtes, da zum Vorhandensein einer solchen Axe die Erfüllung der Bedingungsgleichung (16) erfordert wird.

Indessen ist es doch immer möglich, zu den sich anfangs das Gleichgewicht haltenden Kräften zwei neue das Gleichgewicht nicht störende Kräfte hinzuzufügen, welche ebenso, wie die schon vorhandenen, auf bestimmte Puncte des Körpers mit parallel bleibenden Rich-

tungen wirken, und wodurch es geschieht, dass der Körper eine Gleichgewichtsaxe von gegebener Richtung erhält.

Denn seien P_1 und P_2, oder, wenn wir sie nach den drei Coordinatenaxen zerlegen, (X_1, Y_1, Z_1) und (X_2, Y_2, Z_2) die zwei neuen Kräfte; A_1 und A_2, oder (x_1, y_1, z_1) und (x_2, y_2, z_2) ihre Angriffspuncte. Da das anfängliche Gleichgewicht des Körpers durch Hinzufügung dieser zwei Kräfte nicht aufgehoben werden soll, so müssen letztere zu Anfange einander ebenfalls das Gleichgewicht halten. Mithin muss sein (§. 66):

$$X_1 + X_2 = 0 \ , \qquad Y_1 + Y_2 = 0 \ , \qquad Z_1 + Z_2 = 0 \ ,$$
$$y_1 Z_1 + y_2 Z_2 = z_1 Y_1 + z_2 Y_2 \ , \qquad z_1 X_1 + z_2 X_2 = x_1 Z_1 + x_2 Z_2 \ ,$$
$$x_1 Y_1 + x_2 Y_2 = y_1 X_1 + y_2 X_2 \ ,$$

und wenn wir X_1, Y_1, Z_1 hieraus eliminiren:

$$(y_2 - y_1) Z_2 = (z_2 - z_1) Y_2 \ , \qquad (z_2 - z_1) X_2 = (x_2 - x_1) Z_2 \ ,$$
$$(x_2 - x_1) Y_2 = (y_2 - y_1) X_2 \ ,$$

folglich, wenn wir noch die von A_1 bis A_2 gezogene Gerade gleich r, die Cosinus der Winkel dieser Geraden mit den Coordinatenaxen gleich λ, μ, ν, und daher

$$x_2 - x_1 = r\lambda \ , \qquad y_2 - y_1 = r\mu \ , \qquad z_2 - z_1 = r\nu$$

setzen:

$$X_2 : Y_2 : Z_2 = \lambda : \mu : \nu \ .$$

Mithin wirkt P_2 in der Linie r, wie schon aus dem VIII. Grundsatze in §. 14 fliesst, und es ist, wenn wir diese Kraft positiv annehmen, sobald sie nach der Richtung $A_1 A_2$ wirkt, also den Punct A_2 von A_1 zu entfernen strebt:

$$X_2 = P_2 \lambda \ , \qquad Y_2 = P_2 \mu \ , \qquad Z_2 = P_2 \nu \ .$$

Hiermit haben wir in unserem Systeme von Kräften über sieben neue Grössen: x_1, y_1, z_1, r, P_2 und die zwei Verhältnisse zwischen λ, μ, ν zu verfügen, und werden diese Grössen auf unendlich viele Arten so bestimmen können, dass den drei Gleichungen (8), in denen φ, χ, ψ als gegeben anzusehen sind, Genüge geschieht. Die Rechnung hierzu, deren Ergebniss uns im nächsten Kapitel von besonderem Nutzen sein wird, ist folgende.

Heissen F', G', H', f', g', h' die Werthe, welche F, G, H, f, g, h erhalten, sobald noch die Kräfte P_1 und P_2 zu dem gegebenen Systeme hinzugefügt werden, so ist zufolge der Gleichungen (4):

$$F' = F + y_1 Z_1 + y_2 Z_2 = F + (y_2 - y_1) Z_2 = F + r P_2 \mu\nu \ ,$$

und wenn noch der Kürze willen

$$(a) \qquad r P_2 = Q$$

gesetzt wird:

$$F' = F + Q\mu\nu \ ,$$

und ebenso

$$G' = G + Q\nu\lambda \ , \qquad H' = H + Q\lambda\mu \ ,$$

ferner:

$$f' = f + y_1 Y_1 + y_2 Y_2 + z_1 Z_1 + z_2 Z_2 = f + (y_2 - y_1) Y_2 + (z_2 - z_1) Z_2 \ ,$$

d. i.

$$f' = f + Q(\mu^2 + \nu^2) \ ,$$

und ebenso

$$g' = g + Q(\nu^2 + \lambda^2) \ , \qquad h' = h + Q(\lambda^2 + \mu^2) \ .$$

Soll nun das jetzt um P_1 und P_2 vermehrte und durch F', G', H', f', g', h' bestimmte System eine durch φ, χ, ψ gegebene Axe des Gleichgewichtes haben, so muss sein (8):

$$G'\psi + H'\chi - f'\varphi = 0 \ ,$$
$$H'\varphi + F'\psi - g'\chi = 0 \ ,$$
$$F'\chi + G'\varphi - h'\psi = 0 \ .$$

Substituirt man hierin die für F', G', H', f', g', h' erhaltenen Werthe, so wird die erste dieser Gleichungen:

$$G\psi + H\chi - f\varphi = Q[\varphi(\mu^2 + \nu^2) - \lambda(\mu\chi + \nu\psi)] = Q(\varphi - \varkappa\lambda) \ ,$$

wenn man die Relation

$$(b) \qquad \lambda^2 + \mu^2 + \nu^2 = 1$$

beachtet und

$$(c) \qquad \lambda\varphi + \mu\chi + \nu\psi = \varkappa$$

setzt.

Ebenso verwandeln sich die beiden anderen Gleichungen in:

$$H\varphi + F\psi - g\chi = Q(\chi - \varkappa\mu) \ ,$$
$$F\chi + G\varphi - h\psi = Q(\psi - \varkappa\nu) \ .$$

Um diese Formeln und die nachfolgende Rechnung noch mehr abzukürzen, setze man die als bekannt anzusehenden Grössen

$$(d) \qquad \begin{cases} G\psi + H\chi - f\varphi = D\alpha \ , \\ H\varphi + F\psi - g\chi = D\beta \ , \\ F\chi + G\varphi - h\psi = D\gamma \ , \end{cases}$$

und

$$(e) \qquad \alpha^2 + \beta^2 + \gamma^2 = 1 \ ,$$

wobei aus (d) die Verhältnisse zwischen α, β, γ, und hieraus in Verbindung mit (e) diese Grössen selbst, so wie auch D, sich finden lassen.

Die drei Bedingungsgleichungen werden damit:

$$(f) \qquad \begin{cases} D\alpha = Q(\varphi - \varkappa\lambda) \,, \\ D\beta = Q(\chi - \varkappa\mu) \,, \\ D\gamma = Q(\psi - \varkappa\nu) \,. \end{cases}$$

Aus den fünf Gleichungen (b), (c), (f) muss man nun die Werthe der eben so viel Unbekannten λ, μ, ν, $\varkappa$, Q zu bestimmen suchen. Zu dem Ende multiplicire man die drei Gleichungen (f) resp. mit φ, χ, ψ und addire sie hierauf, so kommt mit Berücksichtigung von (11) und (c):

$$D(\alpha\varphi + \beta\chi + \gamma\psi) = Q(1 - \varkappa^2) \,.$$

Ebenso folgt mit Rücksicht auf (b) und (c), wenn man die Gleichungen (f), nach vorausgegangener Multiplication mit λ, μ, ν, addirt, und D von Null verschieden annimmt, indem sonst die drei Grössen $G\psi + H\chi - f\varphi$, etc. in (d) Null wären, mithin das System die durch φ, χ, ψ gegebene Axe zur Gleichgewichtsaxe schon hätte und keine neuen Kräfte deshalb hinzuzufügen nöthig wäre:

$$(g) \qquad \alpha\lambda + \beta\mu + \gamma\nu = 0 \,.$$

Addirt man endlich die Gleichungen (f), nachdem man sie mit α, β, γ multiplicirt hat, so kommt mit Rücksicht auf (e) und (g):

$$D = Q(\alpha\varphi + \beta\chi + \gamma\psi) \,.$$

Hieraus fliesst sogleich:

$$(h) \qquad Q = \frac{D}{\alpha\varphi + \beta\chi + \gamma\psi} \,,$$

$$(i) \qquad 1 - \varkappa^2 = (\alpha\varphi + \beta\chi + \gamma\psi)^2 \,,$$

oder weil

$$1 = (\alpha^2 + \beta^2 + \gamma^2)(\varphi^2 + \chi^2 + \psi^2)$$

ist:

$$(i^*) \qquad \varkappa^2 = (\beta\psi - \gamma\chi)^2 + (\gamma\varphi - \alpha\psi)^2 + (\alpha\chi - \beta\varphi)^2 \,.$$

Die Werthe von λ, μ, ν ergeben sich dann aus (f), nämlich

$$(k) \qquad \lambda = \frac{Q\varphi - D\alpha}{Q\varkappa} = \frac{\varphi - \alpha(\alpha\varphi + \beta\chi + \gamma\psi)}{\varkappa} \,, \quad \text{u. s. w.}$$

Somit ist unsere Aufgabe: Zu einem durch F, G, H, f, g, h gegebenen Systeme von Kräften, welche sich das Gleichgewicht halten, zwei neue Kräfte hinzuzufügen, wodurch das System eine durch φ, χ, ψ ihrer Richtung nach gegebene Axe des Gleichgewichtes erhält, als gelöst zu betrachten.

Aus F, G, H, f, g, h, φ, χ, ψ berechne man nämlich mittelst der Formeln (d) und (e) die Werthe von D, α, β, γ, und hieraus mit Hülfe der Formeln (h), (i) oder (i^*), und mit (k) die Werthe von Q, $\varkappa$ und λ, μ, ν. In einer Geraden, parallel mit der durch λ, μ, ν

bestimmten Richtung, nehme man hierauf beliebig zwei Puncte A_1 und A_2 und lasse resp. auf sie zwei einander gleiche Kräfte P_1 und P_2 nach entgegengesetzten Richtungen in der Geraden wirken, dergestalt, dass, vermöge (a), $A_1 A_2 . P_2 = Q$ ist, und P_2 die Richtung $A_1 A_2$ oder $A_2 A_1$ hat, also die Kräfte P_1, P_2 die Linie $A_1 A_2$ aus einander zu ziehen oder zusammenzudrücken streben, jenachdem Q positiv oder negativ ist; und es wird das um diese zwei Kräfte vermehrte System bei Drehung des Körpers um die durch φ, χ, ψ gegebene Axe im Gleichgewichte beharren.

§. 136. Zusätze und Erläuterungen. a) Von $\varkappa$ wird unmittelbar nur das Quadrat gefunden. Dieses ist vermöge (i^*) positiv, und daher $\varkappa$, folglich die Lösung der Aufgabe überhaupt, immer möglich. Ob man von den daraus entspringenden zwei Vorzeichen für $\varkappa$ das positive oder negative nimmt, ist gleichgültig. Denn mit Aenderung des Zeichens von $\varkappa$ ändern sich auch die Zeichen der Cosinus λ, μ, ν. Eine durch $-\lambda$, $-\mu$, $-\nu$ bestimmte Gerade aber hat dieselbe Lage gegen das Coordinatensystem, als eine durch λ, μ, ν bestimmte, nur die entgegengesetzte Richtung der letzteren; und die Seite, nach welcher man die Richtung positiv nimmt, hat auf das Endresultat keinen Einfluss.

b) Mit nur einiger Aufmerksamkeit auf die Formeln des §. 135 wird man wahrnehmen, dass die zwei Hauptstücke, welche zur Lösung unserer Aufgabe erforderlich sind: die anfängliche Lage der Linie $A_1 A_2$ und die Grösse Q, auch durch eine sehr einfache Construction aus den gegebenen Grössen F, G, H, f, g, h, φ, χ, ψ gefunden werden können.

Man drücke die drei Grössen

$$G\psi + H\chi - f\varphi \ , \quad \text{etc.}$$

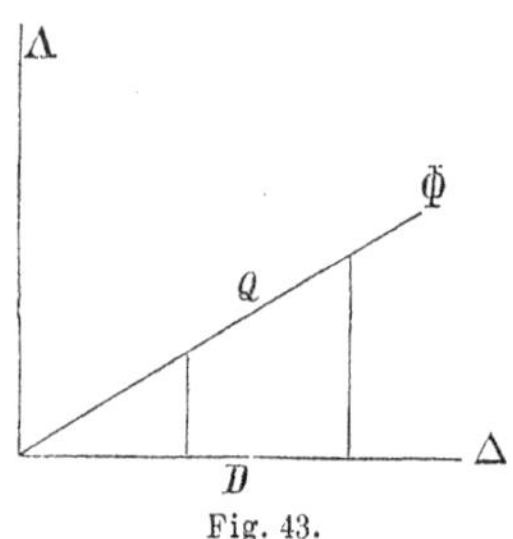

Fig. 43.

in (d) durch Linien aus, trage dieselben vom Anfangspuncte der Coordinaten aus auf die Axen der x, y, z und vollende die Figur zu einem Parallelepipedum. Zufolge der Formeln (d) und (e) ist alsdann D gleich der vom Anfangspuncte aus gezogenen Diagonale dieses Parallelepipedums, und α, β, γ sind die Cosinus der Winkel, welche D mit den Axen der x, y, z macht. Man bezeichne die Richtung dieser Diagonale mit Δ (vergl. Fig. 43) und ebenso die Richtung der Gleichgewichtsaxe mit Φ und die anfängliche Richtung von $A_1 A_2$ mit Λ. Da nun Φ und Λ ebenso durch φ, χ, ψ und λ, μ, ν, wie Δ durch α, β, γ bestimmt werden, so ist

$$\varkappa = \lambda\varphi + \mu\chi + \nu\psi = \cos \varLambda\Phi \;,$$
$$\alpha\varphi + \beta\chi + \gamma\psi = \cos \Delta\Phi \;,$$
$$\alpha\lambda + \beta\mu + \gamma\nu = \cos \Delta\varLambda \;.$$

Hiermit werden die Gleichungen (g) und (i):

$$\cos \Delta\varLambda = 0 \quad \text{und} \quad \sin \varLambda\Phi^2 = \cos \Delta\Phi^2 \;.$$

Denken wir uns daher sämmtliche drei Linien Δ, $\varLambda$ und Φ durch einen und denselben Punct gehend, so schneiden sich Δ und $\varLambda$ unter rechten Winkeln, und hiermit kann die Gleichung (i) nicht anders bestehen, als wenn Φ mit Δ und $\varLambda$ in einer Ebene liegt.

Mittelst der bekannten Linien Φ und Δ wird demnach $\varLambda$ ganz einfach dadurch gefunden, dass man in der durch Φ und Δ bestimmten Ebene auf Δ eine Normale errichtet. — Zieht man hierauf durch die Endpuncte des in Δ liegenden Abschnitts D Parallelen mit $\varLambda$, so wird vermöge der Gleichung (h), welche jetzt in

$$Q = D \,.\, \sec \Delta\Phi$$

übergeht, der zwischen diesen Parallelen enthaltene Theil von Φ gleich Q sein.

c) Sobald der Körper um die Gleichgewichtsaxe gedreht zu werden anfängt, gehen die Kräfte P_1 und P_2, welche anfangs in die Linie A_1A_2 fallen und sich das Gleichgewicht halten, in ein Paar über, und dieses Paar ist mit den gegebenen Kräften des Systems stets im Gleichgewichte, folglich das Paar $-P_1$, $-P_2$ mit den gegebenen Kräften gleichwirkend. Wir können daher das im Vorigen erhaltene Resultat auch folgendergestalt ausdrücken:

Wird ein Körper, auf welchen mehrere sich das Gleichgewicht haltende Kräfte wirken, um eine Axe gedreht, so hört das Gleichgewicht im Allgemeinen auf, und die Wirkung der Kräfte reducirt sich auf die eines Paares, dessen Kräfte man ebenso, wie die ersteren Kräfte, auf zwei bestimmte Puncte des Körpers mit unveränderter Richtung und Intensität wirkend setzen kann.

d) Dass sich das Gleichgewicht bei Verrückung des Körpers in die Wirkung eines Paares verwandelt, geht schon aus den ersten drei Bedingungen des Gleichgewichtes:

$$\Sigma X = 0 \;, \qquad \Sigma Y = 0 \;, \qquad \Sigma Z = 0 \;,$$

hervor, als welche von den Angriffspuncten und mithin von der Verrückung unabhängig sind und auch dann noch stattfinden, wenn sich das System auf ein Paar reducirt (§. 70). Dass aber bei Drehung des Körpers um eine und dieselbe Axe die Angriffspuncte, Richtung und Intensität der Kräfte des Paares unveränderlich angenommen werden können, folgt erst aus der jetzt entwickelten Theorie.

e) Von den sieben Grössen x_1, y_1, z_1, r, P_2, $\lambda:\mu$, $\mu:\nu$, welche zur vollkommenen Bestimmung der zwei hinzuzufügenden Kräfte P_1, P_2 und ihrer Angriffspuncte A_1, A_2 erforderlich sind, können durch die drei Bedingungsgleichungen für die Fortdauer des Gleichgewichtes bei der Drehung um eine gegebene Axe nur drei, oder drei von den sieben abhängige Grössen bestimmte Werthe erhalten. In der That fanden wir durch unsere Rechnung nur den Werth des Products rP_2 und die durch $\lambda:\mu$ und $\mu:\nu$ bestimmte Lage von r gegen die Coordinatenaxen. Vier Stücke, wofür wir die drei Coordinaten x_1, y_1, z_1 des einen Angriffspunctes A_1 und seinen Abstand r vom anderen A_2 rechnen können, blieben der Willkür überlassen.

Es ist nicht schwer, von der willkürlichen Beschaffenheit dieser vier Stücke aus der Natur der Sache selbst sich zu überzeugen. Denn sei s irgend eine mit r parallele und, eben so wie r, mit dem Körper fest verbundene Linie, auf deren Endpuncte zwei einander gleiche und einander direct entgegengesetzte Kräfte S_1 und S_2 wirken, so dass $sS_2 = Q$. Nachdem der Körper gedreht worden, mache die Linie r, und folglich auch die mit ihr parallel gebliebene s, mit den der anfänglichen Lage von r und s parallel gebliebenen Kräften P_1, P_2, S_1, S_2 den Winkel δ. Hiermit haben sich P_1 und P_2 in ein Paar verwandelt, dessen Moment gleich

$$rP_2 \,.\, \sin\delta = Q \,.\, \sin\delta\ ,$$

und ebenso sind S_1 und S_2 in ein Paar übergegangen, dessen Moment gleich

$$sS_2 \,.\, \sin\delta = Q \,.\, \sin\delta\ .$$

Beide Paare haben mithin einander gleiche Momente, und da sie überdies, wie leicht einzusehen, in parallelen Ebenen liegen, so haben sie auch gleiche Wirkung und es kann folglich das eine für das andere gesetzt werden.

§. 137. Ein System von Kräften, welche nicht im Gleichgewichte sind, kann, wo nicht schon durch e i n e, doch immer durch z w e i neue Kräfte, und dieses a u f u n e n d l i c h v i e l e A r t e n, in den Zustand des Gleichgewichtes gebracht werden. So wie wir nun im Vorigen zu einem schon im Gleichgewichte befindlichen Systeme zwei neue Kräfte hinzufügten, wodurch das Gleichgewicht nicht nur nicht gestört wurde, sondern auch bei der darauf folgenden Drehung um eine gegebene Axe noch fortdauerte, so wollen wir jetzt bei einem Systeme von Kräften, welche nicht im Gleichgewichte sind, die zwei zum Gleichgewichte noch erforderlichen Kräfte so zu bestimmen suchen, dass das Gleichgewicht durch die Drehung um eine gegebene Axe nicht unterbrochen wird.

Indem wir die ursprünglichen Kräfte und die zwei hinzuzufügenden, so wie die Angriffspuncte ihrer aller mit denselben Charakteren, wie vorhin, ausdrücken und überdies

$$(1)\quad \begin{cases} \Sigma X = A\,, & \Sigma yZ = F\,, \quad \Sigma zY = F'\,, \\ \Sigma Y = B\,, & \Sigma zX = G\,, \quad \Sigma xZ = G'\,, \\ \Sigma Z = C\,, & \Sigma xY = H\,, \quad \Sigma yX = H'\,, \\ \Sigma(yY + zZ) = f\,, & \Sigma(zZ + xX) = g\,, \\ & \Sigma(xX + yY) = h \end{cases}$$

setzen, haben wir zuerst wegen des anfänglichen Gleichgewichtes die sechs Gleichungen:

$$(2)\quad \begin{cases} X_1 + X_2 + A = 0\,, \\ Y_1 + Y_2 + B = 0\,, \\ Z_1 + Z_2 + C = 0\,. \end{cases}$$

$$(3)\quad \begin{cases} y_1 Z_1 + y_2 Z_2 + F = z_1 Y_1 + z_2 Y_2 + F' = F''\,, \\ z_1 X_1 + z_2 X_2 + G = x_1 Z_1 + x_2 Z_2 + G' = G''\,, \\ x_1 Y_1 + x_2 Y_2 + H = y_1 X_1 + y_2 X_2 + H' = H''\,. \end{cases}$$

Setzen wir ferner

$$(4)\quad \begin{cases} y_1 Y_1 + y_2 Y_2 + z_1 Z_1 + z_2 Z_2 + f = f'\,, \\ z_1 Z_1 + z_2 Z_2 + x_1 X_1 + x_2 X_2 + g = g'\,, \\ x_1 X_1 + x_2 X_2 + y_1 Y_1 + y_2 Y_2 + h = h'\,, \end{cases}$$

und wird, wie im Vorigen, die Richtung der Gleichgewichtsaxe durch φ, χ, ψ bestimmt, so kommen wegen der Fortdauer des Gleichgewichtes zu den sechs Gleichungen (2) und (3) noch die drei hinzu

$$(5)\quad \begin{cases} G''\psi + H''\chi = f'\varphi\,, \\ H''\varphi + F''\psi = g'\chi\,, \\ F''\chi + G''\varphi = h'\psi\,; \end{cases}$$

und man hat somit zur Bestimmung der zwölf gesuchten Grössen $X_1, \ldots, Z_2, x_1, \ldots, z_2$ nicht mehr als neun Gleichungen, so dass drei dieser Grössen oder drei von ihnen abhängige Functionen der Willkür überlassen bleiben.

Den Anfang der hierzu nöthigen Rechnung mache man damit, dass man X_1, Y_1, Z_1 aus (3) und (4) mittelst (2) eliminirt. Setzt man dabei, wie im Obigen, die von (x_1, y_1, z_1) bis (x_2, y_2, z_2) gezogene Gerade gleich r, und die Cosinus der Winkel dieser Geraden mit den drei Coordinatenaxen gleich λ, μ, ν, also

$$(6)\quad \begin{cases} x_2 - x_1 = r\lambda\,, \quad y_2 - y_1 = r\mu\,, \quad z_2 - z_1 = r\nu\,, \\ \lambda^2 + \mu^2 + \nu^2 = 1\,, \end{cases}$$

so kommt nach vollzogener Elimination:

$$(7)\quad \begin{cases} r\mu\, Z_2 - y_1 C + F = r\nu\, Y_2 - z_1 B + F' = F''\,, \\ r\nu\, X_2 - z_1 A + G = r\lambda\, Z_2 - x_1 C + G' = G''\,, \\ r\lambda\, Y_2 - x_1 B + H = r\mu\, X_2 - y_1 A + H' = H''\,, \end{cases}$$

$$(8)\quad \begin{cases} r\mu\, Y_2 + r\nu\, Z_2 - y_1 B - z_1 C + f = f'\,, \\ r\nu\, Z_2 + r\lambda\, X_2 - z_1 C - x_1 A + g = g'\,, \\ r\lambda\, X_2 + r\mu\, Y_2 - x_1 A - y_1 B + h = h'\,. \end{cases}$$

Da die Substitution dieser Werthe von F'', ..., h' in (5) eine allzu complicirte Rechnung geben würde, so wollen wir das Coordinatensystem so gelegt annehmen, dass die Axe der z mit der Axe, um welche der Körper gedreht werden soll, zusammenfällt. Hierdurch werden $\varphi = 0$, $\chi = 0$, $\psi = 1$, die Gleichungen (5) reduciren sich damit auf

$$G'' = 0\,, \quad F'' = 0\,, \quad h' = 0\,,$$

und wir bekommen vermöge (7) und (8) folgende sechs, die Lösung unsers Problems enthaltenden, Gleichungen:

$$(a)\quad \begin{cases} r\mu Z_2 - y_1 C + F = 0\,, \\ r\nu\, Y_2 - z_1 B + F' = 0\,, \\ r\nu\, X_2 - z_1 A + G = 0\,, \\ r\lambda\, Z_2 - x_1 C + G' = 0\,, \\ r\lambda\, Y_2 - x_1 B + H = r\mu\, X_2 - y_1 A + H'\,, \\ r\lambda\, X_2 + r\mu\, Y_2 - x_1 A - y_1 B + h = 0\,, \end{cases}$$

welche sich nach Elimination von X_2, Y_2, Z_2 auf folgende drei reduciren:

$$(b)\quad \begin{cases} \lambda(F - y_1 C) - \mu(G' - x_1 C) = 0\,, \\ \lambda(F' - z_1 B) - \mu(G - z_1 A) + \nu(H' - H + x_1 B - y_1 A) = 0\,, \\ \lambda(G - z_1 A) + \mu(F' - z_1 B) - \nu(h - x_1 A - y_1 B) = 0\,. \end{cases}$$

Hieraus kann man noch λ, μ, ν wegschaffen und man erhält damit:

$$(c)\quad \begin{aligned} 0 = {} & [(F - y_1 C)(G - z_1 A) - (G' - x_1 C)(F' - z_1 B)](h - x_1 A - y_1 B) \\ & - [(F - y_1 C)(F' - z_1 B) - (G' - x_1 C)(G - z_1 A)](H' - H + x_1 B - y_1 A)\,, \end{aligned}$$

eine Gleichung, die, wie die weitere Entwickelung derselben zeigt, nur vom zweiten Grade ist.

Der Punct (x_1, y_1, z_1) liegt demnach in einer Fläche der zweiten Ordnung; und in derselben Fläche ist auch der Punct (x_2, y_2, z_2) enthalten. Denn die Gleichungen (b), und folglich auch die aus ihnen abgeleitete (c), bleiben auch dann noch richtig, wenn man für x_1, y_1, z_1 resp. $x_1 + r\lambda$, $y_1 + r\mu$, $z_1 + r\nu$, als die Werthe von x_2, y_2, z_2, substituirt. Da ferner bei dieser Substitution die Grösse r herausgeht, und daher ganz willkürlich angenommen werden kann, so erhellt, dass nicht nur die Puncte (x_1, y_1, z_1) und (x_2, y_2, z_2) selbst, sondern auch alle übrigen mit ihnen in einer Geraden liegenden Puncte in der Fläche enthalten sind, dass mithin diese Fläche der zweiten Ordnung durch Bewegung einer Geraden erzeugt werden kann und folglich ein hyperbolisches Hyperboloid ist.

Hat man demnach ein System von Kräften, welche nicht im Gleichgewichte sind, so können zwei Kräfte hinzugefügt werden, wodurch ein auch bei der Drehung um eine gegebene Axe fortdauerndes Gleichgewicht entsteht; oder, was dasselbe ist: die zwei Kräfte, auf welche das System zurückgeführt werden kann, lassen sich so bestimmen, dass das System bei der Drehung um eine gegebene Axe auf sie reducirbar bleibt. Dabei lässt sich ein hyperbolisches Hyperboloid angeben, von dessen zwei die Fläche erzeugenden Geraden die eine die Eigenschaft besitzt, dass die Angriffspuncte der zwei Kräfte willkürlich in irgend einer der Lagen dieser Geraden genommen werden können.

Sind auf diese Weise die zwei Angriffspuncte bestimmt worden, so ergeben sich die zwei Kräfte selbst aus (a) und (2).

§. 138. Die zwei Kräfte, auf welche ein System von Kräften im Allgemeinen immer zurückgeführt werden kann, wurden in §. 137 so bestimmt, dass, wenn der Körper, auf den die Kräfte wirken, um eine gegebene Axe gedreht wird, diese zwei Kräfte mit den Kräften des Systems immer gleichwirkend bleiben. Die Wirkung der zwei Kräfte, und mithin der Kräfte des Systems, auf die Axe wird während der Drehung im Allgemeinen veränderlich sein, da die Angriffspuncte der zwei Kräfte gegen die Axe eine immer andere Lage bei der Drehung im Allgemeinen einnehmen. Nur in dem Falle werden die Kräfte des Systems auf die Axe fortwährend dieselbe Wirkung ausüben, wenn von den zwei Kräften, auf welche sie reducirt worden sind, die Angriffspuncte in die Axe selbst fallen.

Eine solche Axe, welche die Eigenschaft besitzt, dass, wenn der Körper um sie gedreht wird, die auf ihn wirkenden Kräfte auf zwei die Axe selbst treffende Kräfte reducirbar bleiben, und dass mithin, wenn an ihr die zwei Kräfte nach entgegengesetzter Richtung angebracht werden, ein auch bei der Drehung dauerndes Gleichgewicht entsteht, eine solche Axe wollen wir eine Hauptaxe der Drehung nennen.

Sie ist in gewissem Sinne dasselbe für ein System von Kräften, die keine einfache Resultante haben, was für parallele Kräfte, die sich auf eine einzige Kraft reduciren lassen, der Mittelpunct war. Denn so wie der Mittelpunct eines Systems paralleler Kräfte bei Drehung des Körpers um denselben fortwährend den nämlichen auf ihn unmittelbar gerichteten Druck erleidet, so wird auch die Hauptaxe, wenn der Körper um sie gedreht wird, von den Kräften des Systems stets auf dieselbe Weise gedrückt und kann durch zwei an ihr selbst angebrachte Kräfte im Gleichgewichte erhalten werden.

§. 139. Die Hauptaxe der Drehung, welche einem gegebenen Systeme von Kräften zukommt, kann aus den Formeln des §. 137 ohne Schwierigkeit gefunden werden. Es wurde daselbst durch φ, χ, ψ die Richtung der Drehungsaxe überhaupt, und durch λ, μ, ν die Richtung der Geraden bestimmt, an welcher die zwei zur Erhaltung des Gleichgewichtes nöthigen Kräfte angebracht wurden. Ist nun die Axe der Drehung eine Hauptaxe, so sind beide Richtungen identisch, und es ist daher in diesem Falle:

$$\varphi = \lambda\,, \quad \chi = \mu\,, \quad \psi = \nu\,.$$

Hiermit werden die Gleichungen (5):

$$(5^*) \qquad \begin{cases} H''\mu + G''\nu = f'\lambda\,, \\ F''\nu + H''\lambda = g'\mu\,, \\ G''\lambda + F''\mu = h'\nu\,. \end{cases}$$

Man substituire darin für f', g', h' ihre Werthe aus (8), und für F'', G'', H'' ihre Werthe aus (7), und zwar für jede der letzteren Grössen ihren ersten oder zweiten Werth aus (7), je nachdem sie im ersten oder zweiten Gliede der linken Seite der Gleichungen (5*) sich befindet. Dies gibt nach leichter Reduction:

$$(H - x_1 B)\mu + (G' - x_1 C)\nu = (f - y_1 B - z_1 C)\lambda\,,$$
$$(F - y_1 C)\nu + (H' - y_1 A)\lambda = (g - z_1 C - x_1 A)\mu\,,$$
$$(G - z_1 A)\lambda + (F - z_1 B)\mu = (h - x_1 A - y_1 B)\nu\,;$$

und wenn man noch die Gleichungen (7) resp. mit λ, μ, ν multiplicirt und dann addirt:

$$(F - F' - y_1 C + z_1 B)\lambda + (G - G' - z_1 A + x_1 C)\mu + (H - H' - x_1 B + y_1 A)\nu = 0\,.$$

Dies sind die Gleichungen, welche nach Wegschaffung von X_2, Y_2, Z_2 aus (5) und (7) übrigbleiben, und aus denen die in ihnen noch vorkommenden Unbekannten x_1, y_1, z_1, λ, μ, ν zu bestimmen sind.

Man setze der Kürze willen

$$(9)\begin{cases} f\lambda - H\mu - G'\nu = L\ , \\ g\mu - F\nu - H'\lambda = M\ , \\ h\nu - G\lambda - F'\mu = N\ , \\ (F-F')\lambda + (G-G')\mu + (H-H')\nu = O\ . \end{cases}$$

$$(10)\quad z_1\mu - y_1\nu = \xi\ ,\quad x_1\nu - z_1\lambda = \eta\ ,\quad y_1\lambda - x_1\mu = \zeta\ ,$$

woraus

$$(11)\qquad \xi\lambda + \eta\mu + \zeta\nu = 0$$

folgt; und es werden die erhaltenen vier Gleichungen:

$$(12)\begin{cases} L = B\zeta - C\eta\ ,\quad M = C\xi - A\zeta\ ,\quad N = A\eta - B\xi\ , \\ O = A\xi + B\eta + C\zeta\ . \end{cases}$$

Hieraus fliesst:

$$(13)\begin{cases} M\nu - N\mu = -A(\eta\mu + \zeta\nu) + B\xi\mu + C\xi\nu \\ \qquad\qquad = (A\lambda + B\mu + C\nu)\xi \text{ wegen (11)}\ , \\ N\lambda - L\nu = (A\lambda + B\mu + C\nu)\eta\ , \\ L\mu - M\lambda = (A\lambda + B\mu + C\nu)\zeta\ ; \end{cases}$$

und daraus in Verbindung mit der vierten der Gleichungen (12):

$$(14)\quad A(M\nu - N\mu) + B(N\lambda - L\nu) + C(L\mu - M\lambda) \\ = (A\lambda + B\mu + C\nu)\,O\ ,$$

wozu noch die aus den drei ersten Gleichungen von (12) unmittelbar folgende Gleichung kommt:

$$(15)\qquad AL + BM + CN = 0\ .$$

Somit haben wir noch ξ, η, ζ, also auch x_1, y_1, z_1 eliminirt und dadurch zwei Gleichungen zwischen λ, μ, ν erhalten, von denen, weil L, M, N, O selbst homogene lineare Functionen von λ, μ, ν sind (9), die Gleichung (14) eine homogene Gleichung vom zweiten, und (15) eine homogene Gleichung vom ersten Grade ist. Nehmen wir daher für den Augenblick an, dass die durch die Cosinus λ, μ, ν ihrer Richtung nach bestimmte Axe durch den Anfangspunct der Coordinaten gehe, so können wir λ, μ, ν als die Coordinaten eines Punctes der Axe betrachten, und alsdann ist (14) die Gleichung einer Kegelfläche, welche im Anfangspuncte ihre Spitze hat, (15) aber die Gleichung einer durch denselben Punct, also durch die Spitze des Kegels gehenden Ebene. Je nachdem nun jene Kegelfläche und diese Ebene sich schneiden, welches immer in zwei Geraden geschieht, oder bloss den gedachten Punct gemein haben, ist die

Lösung unserer Aufgabe möglich, oder unmöglich, und im ersten Falle wird die Richtung jeder der beiden Durchschnittslinien die Richtung der gesuchten Axe sein können.

Es gibt daher entweder zwei Hauptaxen der Drehung, die auch zusammenfallen können, oder gar keine.

Hat man die im möglichen Falle doppelt vorhandenen Werthe der Verhältnisse zwischen λ, μ, ν bestimmt, so ergeben sich mittelst (13) die zugehörigen Werthe von ξ, η, ζ. Diese Werthe, zwischen denen die Gleichung (11) obwaltet, in (10) substituirt, erhält man zwischen x_1, y_1, z_1 drei Gleichungen, von denen aus je zweien die dritte folgt, also die Gleichungen für eine gerade Linie, in welcher der eine Angriffspunct (x_1, y_1, z_1) und zufolge (6) auch der andere (x_2, y_2, z_2) enthalten ist. Diese mit der Richtung (λ, μ, ν), wie gehörig, parallele Linie ist demnach die gesuchte Hauptaxe. In dieser können die zwei Angriffspuncte willkürlich genommen werden, da zur Bestimmung ihrer Coordinaten keine Gleichungen weiter vorhanden sind.

Die in den zwei Puncten anzubringenden Kräfte ergeben sich jetzt aus (7) und (2). Erstere Gleichungen gehören, wenn man X_2, Y_2, Z_2 als Coordinaten betrachtet, einer geraden Linie an, welche die durch λ, μ, ν bestimmte Richtung hat. Construirt man daher diese Linie, indem man (x_2, y_2, z_2) zum Anfangspuncte der Coordinaten nimmt, so wird jede von (x_2, y_2, z_2) bis zu einem Puncte der Linie gezogene Gerade die Kraft (X_2, Y_2, Z_2) vorstellen können. — Die andere Kraft (X_1, Y_1, Z_1) ist hierauf durch die Gleichungen (2) vollkommen bestimmt.

§. 140. Um die jetzt vorgetragene Theorie durch ein Beispiel zu erläutern, wollen wir sie auf den möglich einfachsten Fall anwenden und für ein nur aus zwei Kräften bestehendes System die zwei Hauptaxen zu bestimmen suchen.

Seien demnach (X, Y, Z), (X', Y', Z') die beiden Kräfte des Systems und (x, y, z), (x', y', z') ihre Angriffspuncte. Zur möglichsten Abkürzung der Rechnung werde die Ebene der x, y so gelegt, dass die erstere Kraft in ihr enthalten und die letztere mit ihr parallel ist, und daher z, Z, Z' gleich Null sind. Zum Anfangspuncte der Coordinaten nehme man den Angriffspunct der ersten Kraft selbst und setze daher noch x, y gleich Null. Die noch willkürliche Ebene der x, z lege man durch den Angriffspunct der zweiten Kraft, wodurch $y' = 0$ wird.

Hiermit ergeben sich nach (1):

$$\begin{array}{lll} A = X + X' , & B = Y + Y' , & C = 0 , \\ F = 0 , & G = z'X' , & H = x'Y' , \\ F' = z'Y' , & G' = 0 , & H' = 0 , \\ f = 0 , & g = h = x'X' ; & \end{array}$$

und hieraus weiter nach (9):

$$L = -H\mu , \quad M = h\mu , \quad N = h\nu - G\lambda - F'\mu ,$$
$$O = -F'\lambda + G\mu + H\nu .$$

Wie man leicht findet, reduciren sich damit und wegen $C = 0$ die zwei aufzulösenden Gleichungen (14) und (15) zwischen λ, μ, ν auf:

$$(AF' - BG)(\lambda^2 + \mu^2) - (AH - Bh)\lambda\nu = 0 ,$$
$$(AH - Bh)\mu = 0 ;$$

und wenn man darin für A, B, G, H, F', h ihre Werthe, durch X, ..., z' ausgedrückt, setzt:

$$\text{I.} \quad (XY' - X'Y)[z'(\lambda^2 + \mu^2) - x'\lambda\nu] = 0 ,$$
$$\text{II.} \quad . \; . \; . \; . \; . \; . \; . \; (XY' - X'Y)x'\mu = 0 .$$

Im Allgemeinen, d. h. ohne Voraussetzung einer besonderen Beschaffenheit des Systems, ist daher zufolge II:

$$\mu = 0 .$$

Hiermit wird I im Allgemeinen:

$$z'\lambda^2 - x'\lambda\nu = 0 ,$$

also entweder

$$\lambda = 0 , \quad \text{oder} \quad z'\lambda - x'\nu = 0 .$$

Für die eine der beiden Hauptaxen sind daher

$$\lambda = 0 , \quad \mu = 0 , \quad \text{und mithin} \quad \nu = 1 ;$$

für die andere aber verhalten sich

$$\lambda : \mu : \nu = x' : 0 : z' .$$

Die eine Hauptaxe steht daher auf der Ebene der x, y, d. i. auf einer mit den beiden Kräften parallelen Ebene, rechtwinklig, und die andere ist parallel mit der Geraden durch die Angriffspuncte $(0, 0, 0)$ und $(x', 0, z')$ der beiden Kräfte.

Die Gleichungen selbst, welche den Hauptaxen zugehören, lassen sich nun folgendergestalt finden. Mit Anwendung der Werthe 0, 0, 1 für λ, μ, ν, reduciren sich die für gegenwärtiges System bereits bemerkten Werthe von L, M, N, O auf:

$$L = 0 , \quad M = 0 , \quad N = h , \quad O = H .$$

Hiermit, und weil $C = 0$, werden die Gleichungen (12):

$$0 = \zeta , \quad h = A\eta - B\xi , \quad H = A\xi + B\eta .$$

Die Gleichungen (10) werden:

$$\xi = -y_1 \,, \qquad \eta = x_1 \,, \qquad \zeta = 0 \,,$$

und man erhält damit:

$$h = Ax_1 + By_1 \,, \qquad H = -Ay_1 + Bx_1 \,,$$

als die Gleichungen der einen Hauptaxe. Sie gehören einer Geraden an, welche die Ebene der x, y rechtwinklig in dem Puncte schneidet, dessen Coordinaten

$$x_1 = \frac{Ah + BH}{A^2 + B^2} \,, \qquad y_1 = \frac{Bh - AH}{A^2 + B^2}$$

sind, und man erkennt bei Vergleichung derselben mit den Formeln in §. 125, dass dieser Punct kein anderer, als der Mittelpunct des auf die Ebene der x, y projicirten Systems ist. Denn die dortigen A, B, h haben hier die nämliche Bedeutung, und das dortige $N = \Sigma(xY - yX)$ ist einerlei mit dem hiesigen $H - H' = H$, weil $H' = 0$ ist.

Was die andere Hauptaxe anlangt, für welche $\mu = 0$ ist, und sich $\lambda : \nu = x' : z'$, also auch gleich $h : G$ verhalten, so werden damit:

$$L = 0 \,, \qquad M = 0 \,, \qquad N = 0 \,;$$

folglich nach (13):

$$\xi = 0 \,, \qquad \eta = 0 \,, \qquad \zeta = 0 \,;$$

und hiermit nach (10):

$$y_1 = 0 \,, \qquad x_1 z' - z_1 x' = 0 \,,$$

welches die Gleichungen für eine Gerade sind, die durch die Puncte (0, 0, 0) und (x', 0, z'), d. i. durch die Angriffspuncte der beiden Kräfte, geht.

Ein nur aus zwei Kräften bestehendes System hat demnach im Allgemeinen zwei verschiedene Hauptaxen. Die eine derselben steht normal auf einer Ebene, welche mit den beiden Kräften parallel ist, und trifft diese Ebene in dem Mittelpuncte der zwei auf die Ebene rechtwinklig projicirten Kräfte. Die andere Hauptaxe geht durch die Angriffspuncte der beiden Kräfte.

Ausnahmen hiervon finden statt:

1) Wenn $x' = 0$ ist, d. h. wenn die Gerade durch die beiden Angriffspuncte auf jeder der beiden Kräfte normal steht. Denn damit wird die Gleichung II identisch, und I reducirt sich auf $\lambda^2 + \mu^2 = 0$; folglich ist immer

$$\lambda = 0 \,, \qquad \mu = 0 \,, \qquad \nu = 1 \,.$$

In diesem Falle coïncidiren also die beiden Hauptaxen mit jener Geraden.

2) Wenn x' und z' beide gleich Null sind, d. h. wenn die zwei Kräfte einen gemeinschaftlichen Angriffspunct haben. Alsdann werden die Gleichungen I und II für alle Verhältnisse zwischen λ, μ, ν erfüllt, und jede durch den gemeinsamen Angriffspunct gehende Gerade besitzt die Eigenschaft einer Hauptaxe.

3) Wenn $XY' = X'Y$, d. h. wenn die zwei Kräfte parallele Richtungen haben. Denn auch hier bleiben die Verhältnisse zwischen λ, μ, ν unbestimmt, und jede durch den Mittelpunct der zwei parallelen Kräfte gelegte Gerade ist eine Hauptaxe.

Ist z' allein gleich Null, hat man also zwei einander nicht parallele auf zwei verschiedene Puncte in einer und derselben Ebene wirkende Kräfte, so reducirt sich I auf $\lambda\nu = 0$, und es ist folglich entweder

$$\lambda = 0 \ , \qquad \mu = 0 \ , \qquad \nu = 1 \ ,$$

oder

$$\lambda = 1 \ , \qquad \mu = 0 \ , \qquad \nu = 0 \ .$$

In diesem Falle gibt es daher, wie im Allgemeinen, und wie auch zu erwarten stand, zwei Hauptaxen. Die eine derselben ist ein auf der Ebene der Kräfte in dem Mittelpuncte der letzteren errichtetes Perpendikel; die andere ist die Verbindungslinie der beiden Angriffspuncte $(0, 0, 0)$ und $(x', 0, 0)$, und fällt daher jetzt mit der Axe der x zusammen.

§. 141. Dass, wenn ein der Wirkung nur zweier Kräfte unterworfener Körper um eine der beiden in §. 140 gefundenen Axen gedreht wird, die zwei Kräfte gleichwirkend mit zwei an der jedesmaligen Axe selbst angebrachten Kräften bleiben, die von unveränderlicher Lage und Intensität sind, dies ist für die Axe, welche durch die Angriffspuncte der zwei gegebenen Kräfte geht, von selbst klar. Dass aber dasselbe auch für die andere Axe gilt, welche auf der mit beiden Kräften parallelen Ebene normal steht, erhellt ohne Hülfe des Calculs auf folgende Weise.

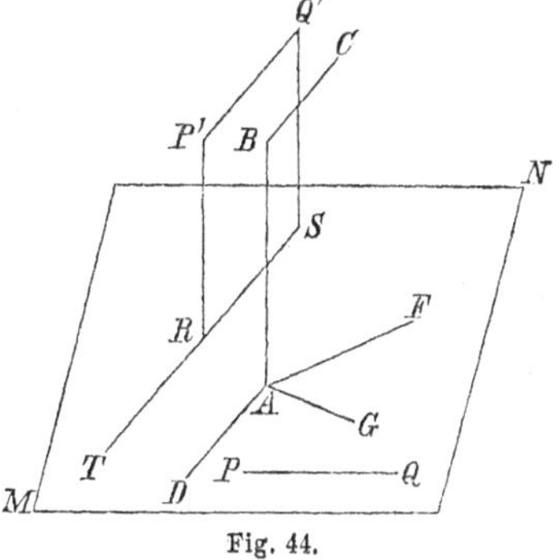

Fig. 44.

Seien PQ und $P'Q'$ (vergl. Fig. 44) die beiden Kräfte, P und P' ihre Angriffspuncte, MN eine durch PQ gelegte und mit $P'Q'$ parallele Ebene. RS sei die rechtwinklige Projection von $P'Q'$ auf MN, und $RT = SR$ in der Verlängerung von SR. Von PQ und

RS sei A der Mittelpunct und AF die Resultante. Alsdann sind bei der Drehung um eine in A auf MN normal errichtete Axe AB die Kräfte PQ und $P'Q'$ gleichwirkend mit PQ, RS, $P'Q'$ und RT, also gleichwirkend mit der an der Axe selbst angebrachten Kraft AF und dem Paare $P'Q'$, RT. Da die Angriffspuncte P', R der Kräfte dieses Paares in einer Parallelen mit der Axe AB liegen, so bleibt die Ebene des Paares bei der Drehung sich parallel, mithin seine Wirkung ungeändert und eben so gross als die Wirkung eines ihm parallelen Paares, welches dasselbe Moment hat, und von dessen Kräften die Angriffspuncte in AB fallen. Sind daher BC, AD die Kräfte dieses neuen Paares, so sind PQ und $P'Q'$ bei der Drehung des Körpers um AB fortwährend gleichwirkend mit den an AB selbst angebrachten Kräften AF, BC, AD, d. i. mit den zweien AG, BC, wenn AG die in A angebrachte Resultante von AF und AD ist.

Wiewohl nun hiermit auch synthetisch erwiesen worden, dass die zwei vorhin durch Analysis gefundenen Axen die den Hauptaxen zukommenden Eigenschaften besitzen, so erhellt doch aus diesen synthetischen Betrachtungen noch keineswegs, dass ausser diesen zwei Hauptaxen keine dritte existirt. Eben dieser Umstand aber wird uns sogleich zu neuen, für die Theorie der Hauptaxen überhaupt sehr fruchtreichen, Folgerungen hinleiten.

§. 142. Auf den in den §§. 140 und 141 umständlich betrachteten Fall, wenn das System nur aus zwei Kräften besteht, lässt sich auch der zusammengesetztere Fall zurückführen, wenn alle auf den Körper wirkenden Kräfte P, P', P'', ... einer und derselben Ebene parallel sind. — Man ziehe in dieser Ebene zwei unter beliebigem Winkel sich schneidende Gerade und zerlege parallel mit denselben jede Kraft in ihrem Angriffspuncte in zwei andere: P in X und Y, P' in X' und Y', u. s. w. Von den parallelen Kräften X, X', ... suche man den Mittelpunct, welcher A heisse; ebenso von den parallelen Kräften Y, Y', ... den Mittelpunct B, und setze noch

$$X + X' + \ldots = X_1 \qquad \text{und} \qquad Y + Y' + \ldots = Y_1 \ .$$

Alsdann sind, wie auch der Körper verrückt werden mag, die Kräfte P, P', ... gleichwirkend mit den Kräften X, X', ...; Y, Y', ..., und diese immer gleichwirkend mit den Kräften X_1 und Y_1, deren Angriffspuncte resp. A und B sind. Dieselben zwei Hauptaxen, welche dem Systeme der zwei Kräfte X_1 und Y_1 zukommen, müssen folglich auch den Kräften P, P', ... angehören. Die eine Hauptaxe der Kräfte P, P', ... ist daher AB; die andere steht auf der Ebene, mit welcher die Kräfte parallel sind, normal und trifft diese Ebene in dem Mittelpuncte der auf sie projicirten Kräfte X_1 und Y_1, oder, was auf dasselbe hinauskommt, in dem Mittelpuncte der auf die Ebene projicirten Kräfte P, P', ...

Ausser diesen zwei Hauptaxen gibt es keine dritte. Wie daher auch in der Ebene, mit welcher P, P', ... parallel sind, die zwei Geraden gezogen werden, mit denen parallel jede Kraft P in zwei andere, X und Y, zerlegt wird, so muss doch immer der Mittelpunct A der parallelen Kräfte X, X', ... und der Mittelpunct B der parallelen Kräfte Y, Y', ... in eine und dieselbe Gerade fallen.

§. 143. Wir sind hiermit unerwarteter Weise zu einem merkwürdigen Satze gelangt, der, unabhängig von dem Begriffe der Gleichgewichtsaxen, sich auch ohne Zuhülfenahme der Theorie derselben beweisen lassen muss. Wir wollen diesen Beweis zuerst für den einfacheren Fall führen, wenn die Kräfte in einer Ebene enthalten sind, wo der Satz folgendergestalt lauten wird:

Hat man ein System von Kräften in einer Ebene und zerlegt jede Kraft an ihrem Angriffspuncte parallel mit zwei einander nicht parallelen Richtungen in der Ebene in zwei andere, so ist die Gerade, welche die zwei Mittelpuncte der mit der einen und der mit der anderen Richtung parallelen Kräfte verbindet, immer dieselbe, wie auch die zwei sich schneidenden Richtungen in der Ebene genommen sein mögen;

oder, wie dieser Satz auch noch ausgedrückt werden kann:

Werden durch die Angriffspuncte in einer Ebene wirkender Kräfte Parallelen mit einer beliebigen Richtung in der Ebene gezogen und auf diese Parallelen die Kräfte durch Parallelen mit einer anderen Richtung in der Ebene projicirt, so ist der Ort des Mittelpunctes der projicirten Kräfte eine gerade Linie.

Beweis. Zuerst ist klar, dass, wenn mehrere parallele Kräfte X, X', ..., mögen sie in einer Ebene enthalten sein, oder nicht, auf Linien projicirt werden, die, mit irgend einer anderen Richtung parallel, durch die Angriffspuncte der Kräfte gelegt sind, die projicirten Kräfte Ξ, Ξ', ... denselben Mittelpunct A, als die ersteren Kräfte, haben. Dies folgt sogleich daraus, dass, um den Mittelpunct eines Systems paralleler Kräfte zu finden, es schon hinreicht, die Angriffspuncte der Kräfte und die Verhältnisse ihrer Intensitäten zu einander zu kennen. Die Kräfte X, X', ... haben aber mit resp. Ξ, Ξ', ... einerlei Angriffspuncte, und vermöge der Natur der Projectionen stehen letztere Kräfte in denselben Verhältnissen zu einander, wie die ersteren; folglich u. s. w.

Seien nun P, P', ... mehrere Kräfte in einer Ebene von beliebigen Richtungen. Man zerlege jede derselben in ihrem Angriffspuncte parallel mit zwei unter beliebigem Winkel sich schneidenden Richtungen in zwei: P in X und Y, P' in X' und Y', etc. und sei von den parallelen Kräften X, X', ... der Mittelpunct A, von Y, Y', ... der Mittelpunct B.

Man ziehe durch die Angriffspuncte Parallelen mit einer willkürlichen dritten Richtung in der Ebene und projicire auf sie sämmtliche Kräfte P, P', ...; X, X', ...; Y, Y', ... durch Parallelen mit irgend einer vierten Richtung. Heissen diese Projectionen resp. Π, Π', ...; Ξ, Ξ', ...; H, H', ... Alsdann fallen Π, Ξ, H in dieselbe Gerade, haben mit P einerlei Angriffspunct und es ist, weil X und Y, P zur Resultante haben, Π die Resultante von Ξ und H (§. 40), folglich $\Pi = \Xi + H$. Dasselbe gilt auch von den Projectionen der übrigen Kräfte P', ... Das System der Kräfte Π, Π', ... ist daher ganz identisch mit dem System Ξ, H, Ξ', H', ... und hat mit ihm einerlei Mittelpunct. Nach dem vorhin Bemerkten ist aber der Mittelpunct von Ξ, Ξ', ... einerlei mit dem Mittelpuncte A von X, X', ... und der Mittelpunct von H, H', ... einerlei mit dem Mittelpuncte B von Y, Y', ... Der Mittelpunct von Ξ, Ξ', ... H, H', ... in Vereinigung, d. i. der Mittelpunct von Π, Π', ..., fällt folglich immer in die Gerade AB, welches auch die Richtung sein mag, mit welcher Π, Π', ... parallel laufen.

§. 144. Es lässt sich schon voraussehen, dass der Satz des §. 143 auch auf ein System von Kräften im Raume sich ausdehnen lassen und hier also lauten wird:

Zieht man durch die Angriffspuncte nach beliebigen Richtungen im Raume wirkender Kräfte Parallelen mit irgend einer Richtung (p) *und projicirt auf diese Parallelen die Kräfte durch Linien, welche einer und derselben Ebene parallel sind, so ist der Ort des Mittelpunctes der projicirten Kräfte eine Ebene.*

Der Beweis hiervon ist dem vorigen ganz ähnlich. Sei P eine der Kräfte des Systems. Man zerlege sie in ihrem Angriffspuncte parallel mit drei beliebigen Axen in X, Y, Z, und verfahre ebenso mit jeder der übrigen Kräfte. Seien resp. A, B und C die Mittelpuncte der parallelen Kräfte X, der parallelen Y und der Z.

Die Projectionen von P, X, Y, Z auf die durch den gemeinschaftlichen Angriffspunct dieser vier Kräfte mit der Richtung p gezogene Parallele seien Π, Ξ, H, Ψ, so ist

$$\Pi = \Xi + H + \Psi ,$$

und daher der Mittelpunct aller Π einerlei mit dem Mittelpuncte aller Ξ, H und Ψ. Zufolge des Satzes, welcher gleich zu Anfange des Beweises in §. 143 aufgestellt wurde, haben aber die Kräfte Ξ denselben Mittelpunct A, welcher den Kräften X zukommt, und ebenso sind B und C die Mittelpuncte der Kräfte H und der Kräfte Ψ. Folglich muss der Mittelpunct der parallelen Projectionen Π mit A, B, C in einer Ebene liegen.

§. 145. Den in den §§. 143 und 144 bewiesenen Sätzen gemäss, wollen wir bei einem Systeme von Kräften in einer Ebene die Gerade der Ebene, in welche der Mittelpunct der mit irgend einer Richtung parallelen Projectionen der Kräfte immer zu liegen kommt, die Centrallinie, und bei Kräften im Raume die Ebene, in welche der Mittelpunct der parallelen Projectionen stets fällt, die Centralebene des Systems nennen.

Jedes System von Kräften, — nur darf es weder im Gleichgewichte sein, noch sich auf ein Paar reduciren, — hat daher, je nachdem es in einer Ebene oder im Raume enthalten ist, eine Centrallinie oder eine Centralebene. Doch kann es auch geschehen, dass bei einem Systeme in einer Ebene die Mittelpuncte A und B von den X und den Y, also auch die damit identischen von den Ξ und den H, zusammenfallen, und daher der Mittelpunct der parallelen Projectionen Π immer derselbe Punct ist, und dass bei einem System im Raume die Puncte A, B, C wo nicht coïncidiren, doch in eine Gerade zu liegen kommen, und folglich der Mittelpunct der parallelen Projectionen immer in dieselbe Gerade fällt.

Letzteres geschieht unter anderen, wenn, wie in §. 142, die Kräfte des Systems einer und derselben Ebene parallel sind. Denn hier kann jede Kraft nach zwei mit der Ebene parallelen Richtungen in zwei andere, folglich das ganze System in zwei Systeme paralleler Kräfte zerlegt werden, und es zeigt sich dann wie im Vorigen, dass mit den Mittelpuncten dieser zwei Systeme der Mittelpunct der nach irgend einer anderen Richtung projicirten Kräfte des ursprünglichen Systems immer in einer Geraden liegt.

Bei einem Systeme mit einer Ebene paralleler Kräfte, desgleichen bei Kräften, die in einer und derselben Ebene wirken, ist demnach die Centrallinie des Systems die eine Hauptaxe.

§. 146. Bei einem Systeme von Kräften im Raume ist in der Centralebene des Systems eine Linie noch besonders zu beachten. Zerlegt man nämlich jede Kraft P in X, Y, Z parallel mit drei Axen x, y, z, von denen z auf der Centralebene normal ist, x und y

aber in der Ebene selbst liegen, und sind A und B die Mittelpuncte aller X und aller Y, so werden diese Puncte immer in dieselbe Gerade der Ebene fallen, wie auch die Axen x und y in der Ebene genommen sein mögen, in die Centrallinie nämlich der mit derselben Ebene parallelen Kräfte $(X, Y, 0)$, $(X', Y', 0)$, etc. Heisse diese Gerade die Centrallinie der Centralebene.

Auf gleiche Art wollen wir auch, wenn von den mit der Centralebene parallelen Kräften X, X', ... und Y, Y', ... die einen auf der Centrallinie normal, die anderen mit ihr parallel genommen werden, den Mittelpunct der mit der Centrallinie parallelen Kräfte den Centralpunct der Centrallinie nennen.

§. 147. Um hiervon eine Anwendung zunächst auf ein System von Kräften P, P', ... in einer Ebene zu machen, setze man, nachdem jede Kraft P parallel mit zwei rechtwinkligen Coordinatenaxen in X und Y zerlegt worden, die Coordinaten des Mittelpunctes der Kräfte X gleich p, q, und die Coordinaten des Mittelpunctes der Kräfte Y gleich p', q'. Alsdann ist (§. 108):

$$p = \frac{\Sigma x X}{\Sigma X}, \quad q = \frac{\Sigma y X}{\Sigma X}, \quad p' = \frac{\Sigma x Y}{\Sigma Y}, \quad q' = \frac{\Sigma y Y}{\Sigma Y}.$$

Die Gerade durch die Puncte (p, q) und (p', q') ist die Centrallinie des Systems. Nehmen wir sie zur Axe der x, so werden q und q' gleich Null, also $\Sigma y X = 0$ und $\Sigma y Y = 0$, und der Centralpunct des Systems ist der Mittelpunct $(p, 0)$ der jetzt mit der Centrallinie parallel laufenden Kräfte X. Wir wollen ihn zum Anfangspuncte der Coordinaten wählen, und daher noch $p = 0$, also $\Sigma x X = 0$ setzen. Hiermit wird

$$h = \Sigma(xX + yY) = 0,$$

und die Ausdrücke in §. 125 für die Coordinaten des Mittelpunctes der Kräfte P, P', ... reduciren sich auf

$$x_1 = \frac{BN}{A^2 + B^2}, \quad y_1 = \frac{-AN}{A^2 + B^2},$$

wo $A = \Sigma X$, $B = \Sigma Y$ und $N = \Sigma x Y$. Es folgt hieraus:

$$Ax_1 + By_1 = 0,$$

woraus wir ersehen, *dass bei einem Systeme von Kräften in einer Ebene, die durch den Centralpunct* $(0, 0)$ *und den Mittelpunct* (x_1, y_1) *der Kräfte, d. i. den Durchschnitt der einen Hauptaxe mit der Ebene geführte Gerade die Resultante* (A, B) *der Kräfte rechtwinklig schneidet.* Die andere Hauptaxe ist, wie schon bemerkt worden, die Centrallinie selbst.

§. 148. So wie bei einem Systeme von Kräften in einer Ebene die beiden Hauptaxen mit der Centrallinie und dem Centralpuncte in genauer Verbindung stehen, so lässt sich erwarten, dass auch bei einem Systeme von Kräften im Raume eine solche Verbindung stattfinden und sich daher unsere Rechnung sehr vereinfachen werde, wenn wir bei der Wahl der Coordinatenaxen die Centralebene, die Centrallinie und den Centralpunct zum Grunde legen.

Sei, wie im Vorigen, jede Kraft P des Systems in ihrem Angriffspuncte (x, y, z) in drei Kräfte X, Y, Z nach den Richtungen dreier sich rechtwinklig schneidenden Coordinatenaxen zerlegt, und seien in Bezug auf dieses Coordinatensystem (p, q, r), (p', q', r') und (p'', q'', r'') die resp. Mittelpuncte der einander parallelen Kräfte X, der Kräfte Y und der Kräfte Z. Alsdann ist mit Anwendung der Bezeichnungen (1) in §. 137:

$$p = \frac{\Sigma xX}{\Sigma X} = \frac{g+h-f}{2A} ,$$

$$q = \frac{\Sigma yX}{\Sigma X} = \frac{H'}{A} , \qquad r = \frac{\Sigma zX}{\Sigma X} = \frac{G}{A} ;$$

und eben so findet sich:

$$p' = \frac{H}{B} , \qquad q' = \frac{h+f-g}{2B} , \qquad r' = \frac{F'}{B} ,$$

$$q'' = \frac{G'}{C} , \qquad q'' = \frac{F}{C} , \qquad r'' = \frac{f+g-h}{2C} .$$

Wir wollen nun das Coordinatensystem so gelegt annehmen, dass erstlich die Ebene der x, y mit der Centralebene zusammenfällt, und dass daher r, r', r'' gleich Null sind. Da hiermit die Kräfte Z auf der Centralebene normal stehen, so ist die Gerade durch $(p, q, 0)$ und $(p', q', 0)$ die Centrallinie; sie werde zur Axe der x genommen und daher q, q' gleich Null gesetzt. Endlich werde der Centralpunct, der jetzt $(p, 0, 0)$ zum Ausdrucke hat, zum Anfangspuncte der Coordinaten gewählt, wodurch noch p gleich Null wird.

Bei dieser im Allgemeinen immer möglichen Annahme des Coordinatensystems sind also p, q, r, q', r', r'' insgesammt gleich Null. Es folgt aber aus der Nullität von r', r, q:

$$F' = 0 , \qquad G = 0 , \qquad H' = 0 ,$$

und daraus, dass p, q', r'' gleich Null sind:

$$f = 0 , \qquad g = 0 , \qquad h = 0 .$$

Hiermit ziehen sich die Werthe (9) der vier Hülfsgrössen L, M, N, O in §. 139 zusammen in:

$$L = -H\mu - G'\nu\,, \qquad M = -F\nu\,, \qquad N = 0\,,$$
$$O = F\lambda - G'\mu + H\nu\,,$$

und die zwei Gleichungen (14) und (15) für die Verhältnisse zwischen λ, μ, ν werden nach Substitution dieser Werthe:

$$(14^*)\quad AF\lambda^2 - (BG' - CH)\mu^2 + (AF - BG' + CH)\nu^2$$
$$+ AH\nu\lambda - (AG' - BF)\lambda\mu = 0\,,$$

$$(15^*)\qquad AH\mu + (AG' + BF)\nu = 0\,.$$

Letztere Gleichung kann als eine Gleichung zwischen rechtwinkligen Coordinaten λ, μ, ν für diejenige Ebene angesehen werden, welche, durch den Anfangspunct der Coordinaten gelegt, mit den beiden Hauptaxen parallel ist (§. 139). Da in dieser Gleichung der Coëfficient von λ gleich Null, und folglich die Axe der x, d. i. die Centrallinie, in dieser Ebene enthalten ist, so schliessen wir:

Bei einem Systeme von Kräften im Raume sind die zwei Hauptaxen der Drehung und die Centrallinie einer und derselben Ebene parallel.

Aus der Gleichung $N = 0$ folgt noch in Verbindung mit (12):

$$A\eta - B\xi = 0\,.$$

Für den Durchschnitt einer der beiden Hauptaxen mit der Ebene der x, y oder der Centralebene ist $z_1 = 0$, und daher nach (10) in §. 139:

$$\xi = -y_1\nu\,, \qquad \eta = x_1\nu\,.$$

Hiermit wird jene Gleichung:

$$Ax_1 + By_1 = 0\,.$$

Die Linie durch den Centralpunct (0, 0, 0) und den gedachten Durchschnitt (x_1, y_1, 0) macht folglich mit der Projection von (A, B, C) auf die Centralebene, also auch mit (A, B, C) selbst, einen rechten Winkel; und da dasselbe auch von der anderen Hauptaxe gilt, so folgern wir:

Die Puncte, in denen die beiden Hauptaxen die Centralebene schneiden, liegen mit dem Centralpuncte in einer Geraden, und diese Gerade ist normal auf der Resultante aller Kräfte des Systems, wenn diese parallel mit ihren Richtungen an einen und denselben Punct verlegt werden.

Man sieht ohne Mühe, dass dieser Satz die Erweiterung von der in §. 147 für ein System in einer Ebene gefundenen Eigenschaft ist.

§. 149. Ohne uns bei der näheren Bestimmung der Lage der beiden Hauptaxen länger zu verweilen, wollen wir noch den speciellen Fall in Untersuchung ziehen, wenn die Kräfte des Systems eine einzige Kraft zur Resultante haben. Die Bedingungsgleichung dafür (§. 71), in den jetzigen Zeichen ausgedrückt, ist:

$$A(F-F')+B(G-G')+C(H-H')=0 ,$$

die sich bei der jetzt angenommenen Lage des Coordinatensystems, wo F', G, H' gleich Null sind, in

$$AF-BG'+CH=0$$

zusammenzieht. Hiermit wird die Gleichung (14*):

$$AF(\lambda^2-\mu^2)+AH\nu\lambda-(AG'-BF)\lambda\mu=0 .$$

Eliminirt man daraus ν mittelst der unverändert bleibenden Gleichung (15*), so kommt:

$$(16)\quad \left(\frac{\mu}{\lambda}\right)^2+\frac{A^2H^2+A^2G'^2-B^2F^2}{AF(AG'+BF)}\cdot\frac{\mu}{\lambda}-1=0 .$$

Diese Gleichung, nach $\frac{\mu}{\lambda}$ aufgelöst, hat immer zwei reelle Wurzeln, daher denn bei einem Systeme von Kräften, welche eine einfache Resultante haben, es immer zwei reelle Hauptaxen der Drehung gibt.

Nach §. 139 ist aber die Gleichung

$$y_1\lambda-x_1\mu=\zeta$$

in (10), wenn man darin für ζ seinen Werth aus (13) substituirt, die Gleichung der Projection einer Hauptaxe auf die Ebene der x, y, und folglich $\frac{\mu}{\lambda}$ gleich der Tangente des Winkels dieser Projection mit der Axe der x. In der für $\frac{\mu}{\lambda}$ erhaltenen quadratischen Gleichung ist nun das Product aus ihren beiden Wurzeln, also das Product aus den Tangenten der Winkel, welche die Projectionen der einen und anderen Hauptaxe mit der Axe der x machen, gleich -1, und daher die Differenz beider Winkel einem Rechten gleich, woraus folgt:

Die rechtwinkligen Projectionen der beiden Hauptaxen auf die Centralebene schneiden sich unter rechten Winkeln.

§. 150. Um noch andere Eigenschaften der beiden Hauptaxen eines Systems, welches eine einfache Resultante hat, kennen zu lernen, wollen wir die Resultante zu einer der Coordinatenaxen, z. B. zur Axe der z, wählen. Hiernach müssen

$$F'-F=0 ,\quad G'-G=0 ,\quad H'-H=0 ,\quad A=0 ,\quad B=0$$

sein, indem erstere drei Gleichungen die Bedingungen ausdrücken, unter denen die Resultante durch den Anfangspunct der Coordinaten geht (§. 71), letztere zwei aber die Bedingungen, unter denen die Resultante die Richtung der Axe der z hat. Hiermit werden:

$$L = f\lambda - H\mu - G\nu \ , \qquad M = g\mu - F\nu - H\lambda \ ,$$
$$N = h\nu - G\lambda - F\mu \ , \qquad O = 0 \ ,$$

und damit (14) und (15):

$$L\mu - M\lambda = 0 \qquad \text{und} \qquad N = 0 \ ,$$

d. i.

$$H(\lambda^2 - \mu^2) - G\mu\nu + F\lambda\nu + (f - g)\lambda\mu = 0 \ ,$$
$$h\nu - G\lambda - F\mu = 0 \ .$$

Die Elimination von ν aus diesen zwei Gleichungen gibt:

$$(16^*) \qquad \left(\frac{\mu}{\lambda}\right)^2 - \frac{F^2 - G^2 + fh - gh}{FG + Hh} \cdot \frac{\mu}{\lambda} - 1 = 0 \ ,$$

eine Gleichung, woraus ähnlicher Weise, wie aus (16), zu schliessen, dass ein System mit einer einfachen Resultante immer zwei Hauptaxen hat, und dass die Projectionen dieser Axen auf eine die Resultante normal treffende Ebene (als die jetzige Ebene der x, y) sich unter rechten Winkeln schneiden.

Die Gleichungen (12), welche die Lage der Hauptaxen näher bestimmen, werden jetzt:

$$L = -C\eta \ , \qquad M = C\xi \ , \qquad 0 = \zeta \ ,$$

von denen die dritte: $\zeta = 0$, d. i.

$$y_1\lambda - x_1\mu = 0 \ ,$$

zu erkennen gibt, dass jede der beiden Hauptaxen die Axe der z, d. i. die Resultante, schneidet, wie auch schon ohnedies einleuchtet. Denn die zwei Kräfte (X_1, Y_1, Z_1) und (X_2, Y_2, Z_2), die, an den Puncten (x_1, y_1, z_1) und (x_2, y_2, z_2) der Hauptaxe angebracht, zur Herstellung des Gleichgewichtes und zu seiner Erhaltung während der Drehung um die Hauptaxe erforderlich sind, müssen der einfachen Resultante des Systems das Gleichgewicht halten, und dieses ist nicht anders möglich, als wenn sie beide, und folglich auch die von ihnen getroffene Hauptaxe, mit der Resultante in einer Ebene liegen.

Da übrigens die zwei Kräfte bei der Drehung des Körpers um die Hauptaxe ihre Lage nicht ändern, so wird auch die Resultante ihre anfängliche Lage unverändert behalten und mithin die Hauptaxe fortwährend in demselben Puncte schneiden.

Zur besseren Uebersicht wollen wir noch die Ergebnisse dieses und des §. 149 in folgendem Satze vereinigt darstellen.

Wenn ein auf einen freien Körper wirkendes System von Kräften eine einfache Kraft zur Resultante hat, so lassen sich in der Richtung dieser Kraft zwei Puncte und zwei durch diese Puncte gehende Axen angeben von der Beschaffenheit, dass, wenn der Körper um die eine oder die andere Axe gedreht wird, während die Kräfte auf ihre Angriffspuncte mit unveränderter Richtung und Intensität zu wirken fortfahren, das System mit einer einzigen Kraft, die mit der anfänglichen Resultante der Lage und Intensität nach identisch ist, gleichwirkend bleibt; dass folglich, wenn der Körper in dem einen oder dem anderen jener Puncte befestigt wird, ein Gleichgewicht entsteht, welches durch Drehung des Körpers um die dem Puncte zugehörige Axe nicht aufgehoben wird.

Diese zwei Axen haben übrigens eine solche Lage, dass erstens ihre Projectionen auf eine die Resultante normal treffende Ebene, so wie zweitens ihre Projectionen auf die Centralebene, sich rechtwinklig schneiden, dass drittens eine mit den beiden Axen parallele Ebene zugleich mit der Centrallinie parallel ist, und dass viertens die zwei Puncte, in denen die Centralebene von den Axen getroffen wird, mit dem Centralpuncte in einer Geraden liegen, welche mit der Resultante rechte Winkel bildet.

§. 151. So wie es demnach bei einem Systeme paralleler Kräfte in der im Allgemeinen ihm zukommenden einfachen Resultante einen Mittelpunct, d. h. einen solchen Punct gibt, dass, wenn er fest gemacht wird, das dadurch entstehende Gleichgewicht bei beliebiger Drehung des Körpers um diesen Punct nicht aufhört, so gibt es ähnlicher Weise bei einem Systeme nicht paralleler Kräfte, welche sich auf eine einzige Kraft reduciren lassen, in dieser Resultante zwei solcher Mittelpuncte, nur mit dem Unterschiede, dass jedem derselben eine bestimmte Axe zukommt, um welche der Körper gedreht werden muss, wenn das durch Festmachung des einen oder des anderen Punctes erzeugte Gleichgewicht durch die Drehung nicht aufgehoben werden soll.

Ist das System nicht anders als auf zwei Kräfte reducirbar, so reicht es zur Herstellung des Gleichgewichtes nicht mehr hin, einen einzigen Punct fest zu machen, sondern es müssen dann zwei in den zwei Resultanten genommene Puncte, oder die durch diese Puncte gehende Gerade, unbeweglich gemacht werden, und solcher Geraden, welche zugleich die Eigenschaft besitzen, dass, wenn der Körper um sie gedreht wird, das Gleichgewicht fortdauert, und dass die Drückungen, welche sie erleiden, ihrer Richtung und Stärke nach unverändert bleiben, solcher Axen gibt es nach §. 139 entweder zwei oder gar keine.

Wenn dagegen, was ausdrücklich noch bemerkt werden muss, bloss dieses gefordert wird, dass durch Befestigung einer Axe des

Körpers Gleichgewicht entsteht, und dieses Gleichgewicht bei Drehung um die Axe fortdauert, und wenn nicht zugleich Unveränderlichkeit der Richtung und Stärke des während der Drehung von den Kräften auf die Axe ausgeübten Druckes verlangt wird, so kann die Axe jeder beliebigen Richtung parallel sein.

Sei nämlich MN (Fig. 42, a auf p. 194) eine beliebig gegebene Ebene, auf welcher die Axe normal sein soll. Nach §. 133 kann dann für jede Kraft PQ des Systems substituirt werden: ihre Projection TU auf MN, ihre Projection PS auf eine durch P mit der Axe gezogene Parallele, und das Paar PR, TO, von dessen Kräften die Angriffspuncte P, T in einer Parallele mit der Axe liegen. Ist nun die Axe fest, so können die Kraft PS und das Paar PR, TO auch während der Drehung des Körpers um die Axe keine Bewegung hervorbringen. Denn die Ebene des Paares bleibt immer der Axe parallel, und das Paar ist daher stets gleichwirkend mit einem Paare, dessen Kräfte an der Axe selbst angebracht sind. Ist ferner AB die Axe selbst, und nimmt man darin $FG = PS$, so ist das Paar PS, GF gleichwirkend mit dem Paare SG, FP (§. 20), folglich PS gleichwirkend mit FG und dem Paare SG, FP. Die Kraft PS kann mithin keine Bewegung erzeugen, da FG in der Axe selbst wirkt, und die Kräfte SG, FP des Paares sowohl anfänglich, als bei der nachherigen Drehung, die Axe immer treffen.

Bei Drehung des Körpers um die feste Axe AB ist daher die in P angebrachte Kraft PQ von gleicher Wirkung mit der auf T wirkenden Kraft TU, d. h. mit ihrer Projection auf irgend eine die Axe rechtwinklig schneidende Ebene MN.

Soll demnach bei Drehung des Körpers um eine feste Axe, welche auf der gegebenen Ebene MN normal steht, immer Gleichgewicht herrschen, ohne Rücksicht darauf, ob der Druck, der auf die Axe während der Drehung ausgeübt wird, stets derselbe bleibt, oder nicht, so projicire man sämmtliche Kräfte mit ihren Angriffspuncten auf die Ebene MN und suche von diesen Projectionen den Mittelpunct A; und es wird zufolge der Eigenschaft dieses Punctes eine in ihm auf MN errichtete Normale AB die gesuchte Axe sein.

§. 152. Zusätze. *a*) Dass die somit bestimmte Axe bei der Drehung im Allgemeinen einen veränderlichen Druck erleidet, ist leicht einzusehen. Denn dieser Druck wird hervorgebracht von den Resultanten 1) der Kräfte TU, 2) der Paare PR, TO, 3) der Kräfte FG und 4) der Paare SG, FP. Nun bleiben die drei ersteren Resultanten, und folglich auch der von ihnen auf die Axe ausgeübte Druck, unverändert. Denn der Hypothese zufolge geht die Resultante aller TU fortwährend durch A selbst und ändert weder ihre Richtung noch Intensität. Die Paare PR, TO bleiben bei der Drehung immer der Axe und sich selbst parallel und wirken daher auf die Axe unausgesetzt auf dieselbe Weise. Eben so wenig können die längs der Axe selbst gerichteten Kräfte FG ihre Wirkung ändern. Dagegen werden die Paare SG, FP, und folglich auch ihre Resultante bei der Drehung des Körpers um einen eben so grossen Winkel mit gedreht und drücken daher die Axe nach immer anderen Richtungen. — Nur dann also, wenn letztere Paare SG, FP sich das Gleichgewicht halten, ist die Axe fortwährend demselben Druck unterworfen; sie ist dann eine Hauptaxe der Drehung.

b) Unter allen Richtungen, mit denen die feste Axe parallel sein kann, ist allein die Richtung der Hauptlinie des Systems (§. 82) ausgenommen. Denn die Projectionen der Kräfte auf eine die Hauptlinie rechtwinklig schneidende Ebene reduciren sich im Allgemeinen auf ein Paar, und es ist daher unmöglich, durch Befestigung der Hauptlinie oder einer mit ihr parallelen Axe Gleichgewicht zu erhalten.

Ist ein solches Paar nicht vorhanden, sondern halten sich die Projectionen das Gleichgewicht, so hat das System eine einfache Resultante, deren Richtung die der Hauptlinie ist. Alsdann wird zwar durch Befestigung einer mit der Hauptlinie parallelen Axe ein anfängliches Gleichgewicht hervorgebracht; dasselbe geht aber sogleich bei der nachherigen Drehung verloren, — es müsste denn von den sich das Gleichgewicht haltenden Projectionen der Angriffspunct einer jeden der Mittelpunct der jedesmal übrigen sein. Denn in diesem speciellen Falle hat jede mit der Hauptlinie parallele Axe die Eigenschaft, dass, wenn sie unbeweglich gemacht wird, ein auch bei der Drehung dauerndes Gleichgewicht entsteht.

§. 153. Der Vollständigkeit wegen ist noch zu untersuchen übrig, ob und wann sich bei einem Systeme, welches mit einem Paare gleichwirkend ist, Hauptaxen der Drehung angeben lassen. Alsdann sind A, B, C gleich Null, und die Gleichungen (12) reduciren sich hiermit auf:

$$L = 0\ , \qquad M = 0\ , \qquad N = 0\ , \qquad O = 0$$

d. i. wegen (9):

$$(17)\quad \left\{ \begin{aligned} f\lambda - H\mu - G'\nu &= 0\ , \\ g\mu - F\nu - H'\lambda &= 0\ , \\ h\nu - G\lambda - F'\mu &= 0\ , \\ (F - F')\lambda + (G - G')\mu + (H - H')\nu &= 0\ . \end{aligned} \right.$$

Hiermit haben wir vier Gleichungen zwischen den zwei die Richtung der Hauptaxe bestimmenden Verhältnissen $\lambda : \mu$ und $\mu : \nu$, jede vom ersten Grade, erhalten; die Coordinaten der Angriffspuncte der zwei hinzuzufügenden Kräfte aber sind ganz herausgegangen. Dies führt uns zu der Folgerung:

Bei einem Systeme, welches sich auf ein Paar reducirt, sind nur dann Hauptaxen der Drehung vorhanden, wenn die zwei Gleichungen erfüllt werden, welche nach Elimination von λ, μ, ν aus den vier Gleichungen (17) *hervorgehen; und kann, wenn diesen zwei Gleichungen Genüge geschieht, jede Gerade, welche mit der durch λ, μ, ν aus zweien der vier Gleichungen bestimmten Richtung parallel ist, als Hauptaxe dienen.*

Die hierzu nöthige Rechnung lässt sich dadurch noch sehr vereinfachen, dass man die Ebene des mit dem Systeme gleichwirkenden Paares zu einer der Coordinatenebenen wählt. Nach §. 70 hat die Ebene des resultirenden Paares, wenn sie durch den Anfangspunct der Coordinaten gelegt wird, die Gleichung:

$$(F - F')x + (G - G')y + (H - H')z = 0 \ .$$

Nehmen wir daher diese Ebene zur Ebene der x, z, deren Gleichung $y = 0$ ist, so wird $F = F'$ und $H = H'$. Hiermit reducirt sich von den Gleichungen (17) die vierte auf

$$\mu = 0 \ ,$$

d. h. *die Hauptaxen sind mit der Ebene der x, z, also mit der Ebene des resultirenden Paares, parallel;* die drei ersten Gleichungen aber werden:

$$f\lambda - G'\nu = 0 \ , \qquad F\nu + H\lambda = 0 \ , \qquad h\nu - G\lambda = 0 \ ,$$

und es müssen die drei hieraus folgenden Werthe des Verhältnisses $\lambda : \nu$ einander gleich sein, also

$$G' : f = F : -H = h : G \ ,$$

wenn Hauptaxen vorhanden sein sollen.

Beispiel. Bestehe das System nur aus zwei Kräften, welche daher für sich ein Paar bilden müssen. Die Ebene dieses Paares nehme man zur Ebene der x, z, und setze hiernach die Kräfte: $(X, 0, Z)$, $(-X, 0, -Z)$, und ihre Angriffspuncte: $(x, 0, z)$, $(x', 0, z')$. Dies gibt nach (1):

$$G' = (x - x')Z \ , \qquad f = (z - z')Z \ , \qquad F = 0 \ , \qquad H = 0 \ ,$$
$$h = (x - x')X \ , \qquad G = (z - z')X \ .$$

Da diese Werthe von G', f, F, H, h, G der vorigen Doppelproportion Genüge leisten, so hat gegenwärtiges System Hauptaxen; und da

$$\lambda : \nu = x - x' : z - z' \ ,$$

so sind sie parallel mit der die Angriffspuncte beider Kräfte verbindenden Geraden.

§. 154. Soll ein System, welches auf ein Paar reducirbar ist, Hauptaxen des Gleichgewichtes haben, und sollen diese parallel mit einer durch λ, μ, ν gegebenen Richtung sein, so sind die vier Gleichungen (17) die Bedingungen, unter denen dieses möglich ist. Sollen daher die Hauptaxen parallel mit der Axe der z sein, als für welche λ und μ gleich Null sind, so hat man als Bedingungen:

$$G' = 0\ , \quad F = 0\ , \quad h = 0\ , \quad H - H' = 0\ ,$$

d. i.

$$\Sigma xZ = 0\ , \quad \Sigma yZ = 0\ , \quad \Sigma(xX + yY) = 0\ , \quad \Sigma(xY - yX) = 0\ .$$

Wegen der zwei ersteren, und weil zugleich $\Sigma Z = 0$, müssen die Projectionen der Kräfte auf Linien, die durch die Angriffspuncte der Kräfte gelegt und mit der Axe der z, also mit den Hauptaxen, parallel sind, für sich im Gleichgewichte sein. Aus den zwei letzteren Gleichungen aber folgt in Verbindung mit $\Sigma X = 0$ und $\Sigma Y = 0$, dass die Projectionen der Kräfte auf eine die Hauptaxen rechtwinklig schneidende Ebene einander das Gleichgewicht halten müssen, und dass dieses Gleichgewicht bei Drehung der Ebene in sich selbst, also auch bei Drehung des Körpers um eine der Hauptaxen, nicht verloren gehen darf (§. 122).

Wir haben hiermit dieselben zwei Bedingungen erhalten, welche im Obigen (§. 132) zur Fortdauer des schon anfänglich bestehenden Gleichgewichtes bei der Axendrehung nöthig waren, und es erhellt leicht, wie diese Bedingungen für den jetzigen Fall, ebenso wie für den früheren, auch durch die in §. 133 angewendete Construction hätten gefunden werden können. Auf ähnliche Art endlich, wie in §. 151, zeigt sich auch hier, dass, wenn die Axe, um welche der Körper gedreht werden soll, fest ist, und es nicht darauf ankommt, dass sie einen der Richtung und Stärke nach unveränderlichen Druck erfahre, schon die Erfüllung der zweiten Bedingung, oder das fortdauernde Gleichgewicht zwischen den auf die normale Ebene projicirten Kräften, hinreichend ist.

Neuntes Kapitel.

Von der Sicherheit des Gleichgewichtes.

§. 155. Wenn mehrere auf einen frei beweglichen Körper wirkende Kräfte im Gleichgewichte sind, und der Körper um so wenig, als es auch sei, aus seiner Lage gebracht wird, während die Kräfte parallel mit ihren anfänglichen Richtungen und mit unveränderter Intensität auf ihre Angriffspuncte zu wirken fortfahren, so hört das Gleichgewicht im Allgemeinen auf und die Kräfte suchen den Körper entweder in seine anfängliche Lage zurückzubringen, oder sie streben ihn noch mehr davon zu entfernen. Im ersteren Falle wird das Gleichgewicht sicher, stabil, genannt, im letzteren unsicher, nicht stabil.

Die Lehre von der Sicherheit des Gleichgewichtes, in ihrer ganzen Ausdehnung genommen, gehört nicht sowohl der Statik, als vielmehr der Mechanik an. Letztere Wissenschaft zeigt, dass, wenn das Gleichgewicht sicher ist, und wenn der aus der Lage des Gleichgewichtes verrückte Körper durch die Kräfte in diese Lage zurückgebracht ist, er gleichwohl nicht darin verharrt, sondern vermöge der erlangten Geschwindigkeit sich eben so weit nach der entgegengesetzten Seite entfernt, aus der er dann abermals zurückgetrieben wird und somit, gleich einem Pendel, um die Lage des Gleichgewichtes hin und her Schwingungen macht. In der Natur werden diese Schwingungen wegen der Reibungen, denen die Bewegung des Körpers stets ausgesetzt ist, immer kleiner, hören zuletzt ganz auf, und der Körper kommt in der Lage des Gleichgewichtes wieder zur Ruhe.

So wenig nun auch diese Bewegungen ein Gegenstand der Statik sein können, so vermag doch diese Wissenschaft Regeln anzugeben, mittelst deren sich in jedem besonderen Falle erkennen lässt, ob das Gleichgewicht im Zustande der Sicherheit oder der Unsicherheit ist.

§. 156. Um uns die Sache zuerst an dem einfachsten Beispiele deutlich zu machen, wollen wir auf einen Körper nur zwei Kräfte P_1, P_2 wirken lassen. Ihre Angriffspuncte denke man sich in einer

Verticalen liegend; A_1 sei der tiefere, A_2 der höhere Punct. Wegen des Gleichgewichtes, das zwischen den zwei Kräften stattfinden soll, müssen sie einander gleich, und ihre Richtungen ebenfalls vertical, aber einander entgegengesetzt sein. Dieses ist auf doppelte Weise möglich, jenachdem nämlich entweder die im oberen Puncte A_2 angebrachte Kraft P_2 nach oben und die im unteren Puncte A_1 angebrachte P_1 nach unten, oder P_2 nach unten und P_1 nach oben wirkt, jenachdem also die zwei Kräfte ihre Angriffspuncte von einander zu entfernen, oder einander näher zu bringen streben.

Wird nun der Körper verrückt, und die Linie $A_1 A_2$ dadurch aus der verticalen Lage gebracht, z. B. von der Linken nach der Rechten gedreht, so bilden jetzt die zwei Kräfte ein Paar, welches im ersteren Falle einen Sinn von der Rechten nach der Linken hat, also die Linie $A_1 A_2$ in die verticale Lage zurückzubringen strebt (vergl. Fig. 45, *a*), im letzteren Falle aber einen Sinn von der Linken nach der Rechten hat und mithin die Linie von der verticalen Lage noch mehr zu entfernen sucht (vergl. Fig. 45, *b*). Im ersteren Falle ist mithin das anfängliche Gleichgewicht sicher, im letzteren unsicher, und wir erhalten damit den Satz:

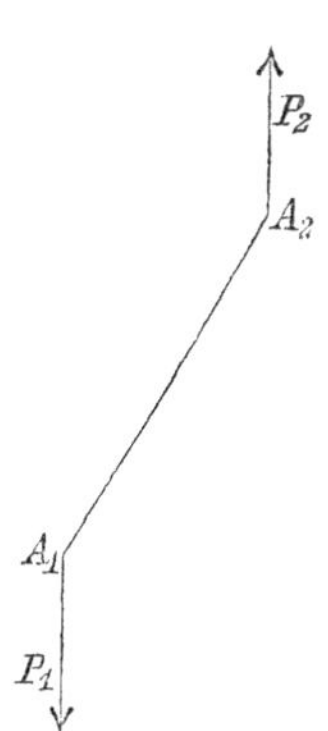

Fig. 45, *a*.

Das Gleichgewicht zwischen zwei Kräften ist sicher oder unsicher, jenachdem die Kräfte ihre Angriffspuncte von einander zu entfernen oder einander zu nähern streben.

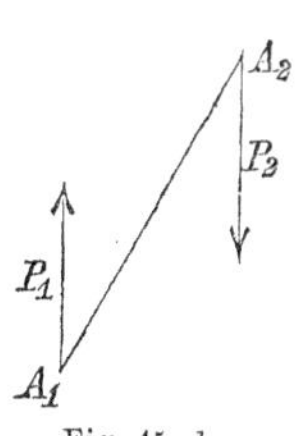

Fig. 45, *b*.

§. 157. Zusätze. *a*) Zu noch mehrerer Erläuterung des voranstehenden Satzes kann folgende Betrachtung dienen. — Wie auch die verticale Linie $A_1 A_2$ aus der verticalen Lage gebracht werden mag, so wird dadurch der gegenseitige Abstand ihrer Endpuncte, wenn man ihn nach verticaler Richtung schätzt, immer verkleinert. Wenn demnach die zwei nach verticalen Richtungen wirkenden Kräfte den Abstand der Endpuncte zu vergrössern streben, so werden sie den durch die Verrückung kleiner gewordenen Abstand auf seinen anfänglichen grössten Werth und die Linie $A_1 A_2$ in ihre anfängliche Lage zurückzubringen suchen; ihn aber noch mehr zu verkleinern und dadurch die Linie noch mehr von der verticalen Linie zu entfernen suchen, wenn schon vor der Verrückung das Streben der Kräfte auf Verkleinerung des Abstandes gerichtet war.

b) Die Bedingung für die Sicherheit des Gleichgewichtes zwischen zwei Kräften kann man auch dadurch ausdrücken, dass die Richtung von dem einen Angriffspuncte A_1 zum anderen A_2 mit der Richtung der auf den letzteren wirkenden Kraft P_2, also auch die Richtung von A_2 nach A_1 mit der Richtung von P_1, einerlei sein muss. Sind diese zwei Richtungen einander entgegengesetzt, so ist das Gleichgewicht unsicher. Oder kürzer, indem wir diese Bedingungen analytisch ausdrücken:

Das Gleichgewicht ist sicher oder unsicher, jenachdem das Product

$$A_1 A_2 \,.\, P_2 = A_2 A_1 \,.\, P_1$$

einen positiven oder negativen Werth hat.

c) Das zwischen zwei Kräften bestehende Gleichgewicht hört nur bei einer solchen Verrückung des Körpers auf, wodurch die Richtung der die Angriffspuncte der beiden Kräfte verbindenden Geraden geändert wird. Dreht man dagegen den Körper um diese Linie als um eine Axe, oder bewegt ihn parallel mit sich fort, so streben die zwei Kräfte den also verrückten Körper weder in seine anfängliche Lage zurückzuführen, noch von derselben noch mehr zu entfernen; das Gleichgewicht bleibt unverändert.

d) Wenn die zwei Angriffspuncte zusammenfallen, also die zwei Kräfte auf einen und denselben Punct des Körpers wirken, so wird ihr Gleichgewicht durch keinerlei Verrückung aufgehoben; ein solches Gleichgewicht wollen wir ein dauerndes nennen.

§. 158. Das in den §§. 156 und 157 behandelte Beispiel von der Sicherheit des Gleichgewichtes, das einfachste, welches sich aufstellen lässt, wird uns zugleich als Grundlage für alle anderen Fälle dienen, indem wir mit Hülfe der in den vorhergehenden Kapiteln vorgetragenen Theorieen von dem Mittelpuncte der Kräfte und den Axen des Gleichgewichtes jedes zusammengesetztere System auf ein System von nur zwei Kräften zurückführen werden. Wir wollen auch hier dieselbe Ordnung befolgen, in welcher jene Theorieen entwickelt worden sind, und daher zuerst die Sicherheit eines Systems paralleler Kräfte in Untersuchung nehmen.

Seien $P, P', P'', \ldots$ mehrere mit einander parallel auf einen Körper wirkende und sich das Gleichgewicht haltende Kräfte; $A, A', A'', \ldots$ ihre Angriffspuncte. Man suche von allen Kräften, die eine P ausgenommen, den Mittelpunct, welcher A_2 sei, so sind, wie auch der Körper verrückt werden mag, die Kräfte $P', P'', \ldots$ immer gleichwirkend mit einer einzigen in A_2 angebrachten Kraft

$$P_2 = P' + P'' + \ldots = -P\,;$$

folglich alle Kräfte des Systems P, P', P'', ... bei jeder Verrückung gleichwirkend mit den zwei Kräften P und P_2, deren Angriffspuncte A und A_2 sind. *Mithin wird auch das Gleichgewicht zwischen P, P', P'', ... sicher oder unsicher sein, je nachdem es das Gleichgewicht zwischen P und P_2 ist, je nachdem also die Richtung von A_2 nach A mit der Richtung von P einerlei oder ihr entgegengesetzt ist.*

Denken wir uns z. B. unter P', P'', ... die Wirkungen der Schwerkraft auf die einzelnen Theile eines Körpers, und ist daher A_2 der Schwerpunct und P_2 das Gewicht des Körpers (§. 110), P aber die der Schwerkraft direct entgegen, also nach oben zu, wirkende und den Körper vor dem Fallen schützende Kraft, so muss A_2A nach oben gerichtet sein, und folglich der Angriffspunct von P über dem Schwerpuncte liegen, wenn das Gleichgewicht sicher sein und sich bei einer Verrückung des Körpers von selbst wieder herstellen soll.

§. 159. Um einen mehr symmetrischen Ausdruck für die Bedingung der Sicherheit des Gleichgewichtes zwischen parallelen Kräften zu erhalten, wollen wir die Kräfte parallel mit der Axe der z eines beliebigen recht- oder schiefwinkligen Coordinatensystems nehmen und daher durch $(0, 0, Z)$, $(0, 0, Z')$, $(0, 0, Z'')$, etc. ausdrücken. Ihre Angriffspuncte seien (x, y, z), (x', y', z'), etc. Alsdann ist erstens wegen des Gleichgewichtes (§. 73, Zusätze):

$$\Sigma Z = 0\,, \quad \Sigma x Z = 0\,, \quad \Sigma y Z = 0\,,$$

oder

$$Z + \Sigma Z' = 0\,, \quad xZ + \Sigma x'Z' = 0\,, \quad yZ + \Sigma y'Z' = 0\,.$$

Sodann ist von den Kräften Z', Z'', ... die Resultante:

$$P_2 = \Sigma Z' = -Z$$

und die Coordinaten ihres Mittelpunctes A_2 sind (§. 108)

$$x_2 = \frac{\Sigma x'Z'}{\Sigma Z'}\,, \quad y_2 = \frac{\Sigma y'Z'}{\Sigma Z'}\,, \quad z_2 = \frac{\Sigma z'Z'}{\Sigma Z'}\,,$$

von denen sich, mittelst der vorhergehenden Gleichungen, x_2 und y_2 resp. gleich x und y finden. A_2 liegt daher, wie gehörig, mit dem Puncte A oder (x, y, z) in einer den Kräften parallelen Geraden, und es ist

$$AA_2 = z_2 - z = -\frac{\Sigma z'Z'}{Z} - z = -\frac{\Sigma zZ}{Z}\,,$$

folglich

$$AA_2 \,.\, P_2 = -AA_2 \,.\, Z = \Sigma zZ\,.$$

Das Gleichgewicht ist demnach sicher, dauernd, oder unsicher, je nachdem ΣzZ positiv, Null, oder negativ ist.

Da das Product $AA_2 \,.\, P_2$ unabhängig von der Lage der Ebene der x, y ist, und mithin auch die Summe ΣzZ sich nicht ändert, wie auch diese Ebene gelegt werden mag, so können wir das erhaltene Resultat folgendergestalt in Worte fassen:

Wenn man bei einem Systeme von parallelen Kräften, welche im Gleichgewichte sind, die Richtungen der Kräfte durch eine Ebene schneidet und jede Kraft in den von dem Durchschnitte mit der Ebene bis zu ihrem Angriffspuncte genommenen Theil ihrer Richtung multiplicirt, so ist die algebraische Summe dieser Producte für jede Lage der Ebene von einerlei Grösse, und jenachdem sich diese Summe positiv, Null, oder negativ findet, ist das Gleichgewicht sicher, dauernd, oder unsicher.

§. 160. Ein System von Kräften, welche in einer Ebene nach beliebigen Richtungen wirken und sich das Gleichgewicht halten, wird bei Drehung der Ebene in sich selbst gleichwirkend mit einem Paare von Kräften P_1 und P_2, deren Angriffspuncte A_1 und A_2 willkürlich in der Ebene genommen werden können, deren Richtungen und Intensitäten aber dadurch bestimmt werden, dass P_1 und P_2 vor der Drehung einander ebenfalls das Gleichgewicht halten, und dass $A_1A_2 \,.\, P_2$ und $h = \Sigma(xX + yY)$, d. i. die Momente des Paares und des Systems nach einer Drehung der Ebene um 270° oder -90°, einander gleich sind (§. 124). Wegen der stets gleichen Wirkung des Paares und des Systems hat nun auch das Gleichgewicht des Systems einerlei Beschaffenheit mit dem Gleichgewichte von P_1 und P_2. *Es ist daher das Gleichgewicht des Systems in Bezug auf eine solche Verrückung des Körpers, bei welcher die Ebene, in der die Kräfte wirken, sich parallel bleibt, sicher, dauernd, oder unsicher, je nachdem $A_1A_2 \,.\, P_2$, d. i. $\Sigma(xX + yY)$, positiv, Null, oder negativ ist.*

Zusatz. Der Zusammenhang zwischen dem Vorzeichen des Productes $A_1A_2 \,.\, P_2$ und der Beschaffenheit des Gleichgewichtes von P_1 und P_2 lässt sich noch folgendergestalt nachweisen.

Nach einer Drehung der Ebene um 90° verwandeln sich die zwei auf A_1 und A_2 wirkenden und sich anfangs das Gleichgewicht haltenden Kräfte P_1 und P_2 in ein Paar, dessen Moment gleich $-A_1A_2 \,.\, P_2$ ist. Es ist nämlich A_1A_2 die Breite des Paares, und wenn P_2 anfangs die Richtung A_1A_2, also mit der Linie A_1A_2 einerlei Zeichen hat, so ist, wie die Anschauung lehrt, der Sinn des durch Drehung der Ebene entstandenen Paares dem Sinne der Drehung selbst entgegengesetzt, mithin das Moment des Paares negativ. In diesem Falle, wo das Product $A_1A_2 \,.\, P_2$ positiv ist, suchen die Kräfte die Ebene zurückzudrehen, und das anfängliche Gleichgewicht war folglich sicher.

Auf gleiche Weise zeigt sich, dass bei einem negativen Werthe dieses Products das Gleichgewicht unsicher ist.

§. 161. Die Summe $h = \Sigma(xX + yY)$ lässt sich auch sehr einfach geometrisch darstellen. Sie ist das Moment des Systems, nachdem die Ebene in sich um -90° gedreht worden, und zwar das Moment für einen beliebigen Punct der Ebene, da das System nach der Drehung mit einem Paare gleiche Wirkung hat. Nach §. 115 ist aber dieses Moment einerlei mit dem Momente des Systems, welches entsteht, wenn man die Ebene unbewegt lässt, und jede Kraft, wie AB (vergl. Fig. 46) um ihren Angriffspunct A um $+90^{\circ}$ dreht. Sei AC die Lage, in welche AB hierdurch gebracht wird. In Bezug auf den Punct M der Ebene ist das Moment von AC gleich

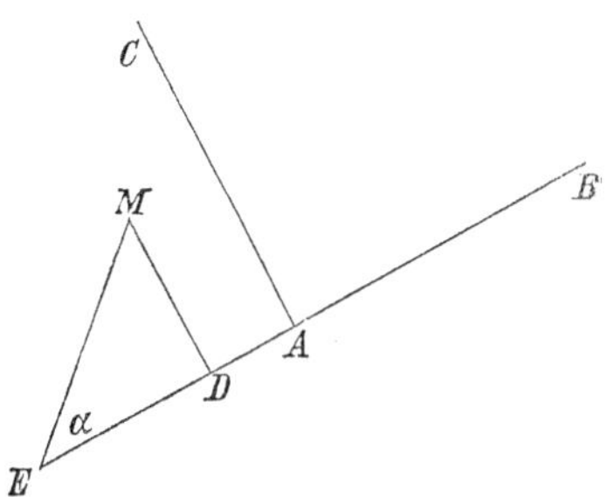

Fig. 46.

$$2 \,.\, MAC = 2 \,.\, DAC \;,$$

wenn MD ein von M auf AB gefälltes Perpendikel ist (§. 45, 4). Nun verhält sich

$$DAC : ABC = DA : AB$$

(§. 45, 1), und es ist der Dreiecksausdruck ABC positiv, weil der Sinn, nach welchem sich die Seite AB um A drehen muss, um in die Lage AC zu kommen und damit die Fläche des Dreiecks zu beschreiben, einerlei mit dem vorhin bei der Drehung um 90° als positiv angenommenen Sinne ist (§. 34, zu Ende). Das Dreieck DAC ist daher positiv oder negativ, nachdem DA und AB einerlei oder entgegengesetzte Richtungen haben, und es ist folglich auch dem Zeichen nach das Moment von AC gleich

$$2 \,.\, DAC = DA \,.\, AB \;.$$

Fällt man daher auf die Kräfte AB, $A'B'$, ... des Systems von einem beliebigen Puncte M der Ebene Perpendikel MD, MD', ..., so ist $\Sigma DA \,.\, AB$ gleich dem Momente des Systems, nachdem jede Kraft um 90° gedreht worden, also gleich h.

Man ziehe noch von M an die Richtungen AB, $A'B'$, ... gerade Linien, welche sie resp. in E, E', ... treffen und daselbst mit ihnen nach einerlei Seite einander gleiche Winkel gleich α machen, so dass, wenn man diese Winkel um den gemeinschaftlichen Punct M ihrer Schenkel ME, ME', ... dreht, bis diese Schenkel in eine Gerade fallen, die anderen Schenkel AB, $A'B'$, ... einander parallel werden. Dem zufolge sind die Dreiecke MED, $ME'D'$, ... einander ähnlich, und es verhalten sich die ED zu den entsprechenden DM, also auch die Producte $ED \,.\, AB$ zu den $DM \,.\, AB$, wie 1 zu tang α, folglich auch

$$\Sigma ED \,.\, AB : \Sigma DM \,.\, AB = 1 : \operatorname{tang} \alpha \;.$$

Dadurch wird

$$\begin{aligned}\Sigma EA \,.\, AB &= \Sigma ED \,.\, AB + \Sigma DA \,.\, AB \\ &= \operatorname{cotang} \alpha \,.\, \Sigma DM \,.\, AB + \Sigma DA \,.\, AB \\ &= 2 \operatorname{cotang} \alpha \,.\, \Sigma MAB + h \;.\end{aligned}$$

Ist nun das System anfänglich im Gleichgewichte, so ist, für jeden Ort von M, $\Sigma MAB = 0$, folglich die Summe $\Sigma EA \,.\, AB = h$, also von α unabhängig. Findet aber kein Gleichgewicht statt, so ist ΣMAB nicht gleich Null, wenigstens nicht für jeden Ort von M, also $\Sigma EA \,.\, AB$ von α abhängig. Hiermit noch die Eigenschaften der Summe h in Verbindung gesetzt, erhalten wir folgenden mit dem für parallele Kräfte in §. 159 gefundenen ganz analogen Satz:

Hat man ein System von Kräften in einer Ebene, und zieht man von einem Puncte M der Ebene an die Richtungen der Kräfte gerade Linien, welche die Richtungen nach einerlei Seite zu unter einander gleichen Winkeln gleich α schneiden, so ist, wenn sich die Kräfte das Gleichgewicht halten, und nur dann, die Summe der Producte aus jeder Kraft in den Theil ihrer Richtung, welcher sich vom Durchschnitte mit der an sie gezogenen Geraden bis zum Angriffspuncte der Kraft erstreckt, eine bei jeder Lage von M und bei jedem Werthe von α sich gleichbleibende Grösse, und jenachdem diese Grösse positiv, Null, oder negativ ist, ist das Gleichgewicht sicher, dauernd, oder unsicher.

§. 162. Bei der jetzt angestellten Untersuchung über die Sicherheit des Gleichgewichtes zwischen Kräften, die in einer Ebene enthalten sind, berücksichtigten wir bloss solche Verrückungen des Körpers, wodurch die Lage dieser Ebenen nicht geändert wurde, also Drehungen des Körpers um eine auf der Ebene normale Axe. Die in Bezug auf eine solche Axe stattfindende Beschaffenheit gilt aber im Allgemeinen nicht auch für jede andere auf der Ebene nicht normale Axe, so dass von zwei Axen, welche einen Winkel mit einander machen, das Gleichgewicht rücksichtlich der einen sicher sein kann, während es in Bezug auf die andere unsicher ist.

Bestehe das System z. B. aus vier Kräften P, P', Q, Q', welche, in einer Ebene wirkend, im Gleichgewichte sind. Dabei seien P und P' für sich im Gleichgewichte, folglich auch Q und Q'; ersteres Gleichgewicht, für sich betrachtet, sei sicher, letzteres unsicher. Sind nun resp. A, A', B, B' die Angriffspuncte dieser vier Kräfte, und wird der Körper um AA', als um eine Axe, gedreht, so bleibt das Gleichgewicht zwischen den Kräften P, P', welche in der Linie AA' wirken, unverändert, und die Kräfte Q, Q' verwandeln sich in ein Paar, welches den Körper noch mehr aus seiner anfänglichen Lage zu bringen strebt. Dreht man dagegen den Körper um BB', so dauert das Gleichgewicht zwischen Q, Q' fort, die Kräfte P, P' aber bemühen sich, den Körper in seine erste Lage wieder zurückzuführen. Das Gleichgewicht zwischen den vier Kräften ist daher in Bezug auf die erstere Drehung unsicher, in Bezug auf die letztere sicher. Uebrigens sieht man von selbst, dass die hierbei gemachte Bedingung, dass sämmtliche vier Kräfte in einer Ebene wirken, keine wesentliche ist.

So wie dem jetzt betrachteten Systeme von Kräften nach der Verschiedenheit der Verrückung des Körpers Sicherheit und Unsicherheit zugleich zukommen kann, so gilt dieses, wenige specielle Fälle ausgenommen, unter denen ein System paralleler Kräfte der merkwürdigste ist, auch von jedem anderen Systeme. Den Inhalt der nächstfolgenden §§. soll daher eine ganz allgemeine Untersuchung der Merkmale ausmachen, aus denen bei Kräften, die nach beliebigen Richtungen auf einen frei beweglichen Körper wirken und im Gleichgewichte sind, die Sicherheit oder Unsicherheit dieses Gleichgewichtes für eine gegebene Verrückung des Körpers erkannt werden kann, — eine Untersuchung, die durch die §§. 135 und 136 im achten Kapitel vollkommen eingeleitet ist.

§. 163. Jede Verrückung eines Körpers lässt sich in eine parallele Fortbewegung und eine Drehung desselben um eine gewisse Axe zerlegen (§. 130). Durch die parallele Bewegung wird das Gleichgewicht nicht gestört, wohl aber im Allgemeinen durch die Drehung, und wir haben daher auch gegenwärtig, wo die Sicherheit untersucht werden soll, nur den zweiten Theil der Verrückung oder die Drehung in Betracht zu ziehen.

Nun sahen wir in §. 136, c, dass, sobald der Körper um eine

Axe gedreht wird, die vorher im Gleichgewichte befindlichen Kräfte gleichwirkend mit einem Paare werden, dessen Kräfte $-P_1$ und $-P_2$ man, ebenso wie die Kräfte des Systems, auf zwei bestimmte Puncte A_1 und A_2 des Körpers mit sich gleichbleibender Richtung und Stärke wirkend setzen kann. Je nachdem folglich das anfängliche Gleichgewicht zwischen diesen zwei Kräften sicher oder unsicher ist, je nachdem also $-P_2 . A_1A_2$ eine positive oder negative Grösse ist, wird auch dem Gleichgewichte des Systems Sicherheit oder Unsicherheit beizulegen sein.

Es ist aber nach den Formeln (a), (h), (d), (e) in §. 135:

$$-P_2 . A_1A_2 = -rP_2 = -Q = \frac{D^2}{-D(\alpha\varphi+\beta\chi+\gamma\psi)},$$

von welchem Bruche der Zähler

$$D^2 = (f\varphi - G\psi - H\chi)^2 + (g\chi - H\varphi - F\psi)^2 + (h\psi - F\chi - G\varphi)^2,$$

also immer positiv, und nur dann gleich Null ist, wenn

$$f\varphi = G\psi + H\chi, \quad g\chi = H\varphi + F\psi, \quad h\psi = F\chi + G\varphi$$

ist, also nur in dem speciellen Falle, wenn das System eine Axe des Gleichgewichtes hat und um diese gedreht wird. Der Nenner S des Bruches findet sich

$$S = -D(\alpha\varphi+\beta\chi+\gamma\psi) = (f\varphi - G\psi - H\chi)\varphi + (g\chi - H\varphi - F\psi)\chi + (h\psi - F\chi - G\varphi)\psi .$$

Das Gleichgewicht eines durch F, G, H, f, g, h (§. 127, 4 und 7) gegebenen Systems ist demnach bei der Drehung um eine durch φ, χ, ψ ihrer Richtung nach gegebene Axe sicher oder unsicher, je nachdem die mit S bezeichnete Function dieser Grössen einen positiven oder negativen Werth hat.

§. 164. Lassen wir die Drehungsaxe parallel mit der Axe der z sein, so werden $\varphi = 0$, $\chi = 0$, $\psi = 1$, und damit

$$S = h = \Sigma(xX + yY),$$

welches uns in Verbindung mit §. 160 folgenden Satz gibt:

Das Gleichgewicht zwischen Kräften, die nach beliebigen Richtungen auf einen frei beweglichen Körper wirken, ist bei Drehung des Körpers um eine Axe sicher oder unsicher, jenachdem es bei der Drehung um dieselbe Axe das Gleichgewicht zwischen den Projectionen der Kräfte auf eine die Axe rechtwinklig schneidende Ebene ist.

Es dürfte der Mühe nicht unwerth sein, zu untersuchen, wie dieses einfache Resultat auch ohne Hülfe des obigen zusammengesetzten Ausdrucks für S aus einfachen geometrischen Betrachtungen hergeleitet werden kann.

1) Sei AB (vergl. Fig. 42, a auf p. 194), wie in §. 133, die Axe der Drehung, welche man sich, wie dort, vertical denke, MN eine horizontale, die Axe in A schneidende Ebene und PQ eine der Kräfte des Systems, welche sich das Gleichgewicht halten. Für PQ, und ebenso für jede andere Kraft des Systems, substituire man ihre horizontale Projection TU, das in einer verticalen Ebene gelegene Paar horizontaler Kräfte PR, TO und die verticale Kraft PS.

2) Da die Angriffspuncte P, T der Kräfte jedes Paares PR, TO in einer Verticalen liegen, so kann man nach §. 136, e für jedes dieser Paare ein anderes setzen, dessen Kräfte ebenfalls horizontal sind und ihre Angriffspuncte in zwei beliebigen Stellen, z. B. in A und B, der verticalen Axe haben. Sind demnach die Horizontalen AC, BD (vergl. Fig. 42, b) die Resultanten dieser auf A und B wirkenden Kräfte, so bilden diese Resultanten ein Paar, welches mit sämmtlichen Paaren PR, TO gleichwirkend ist.

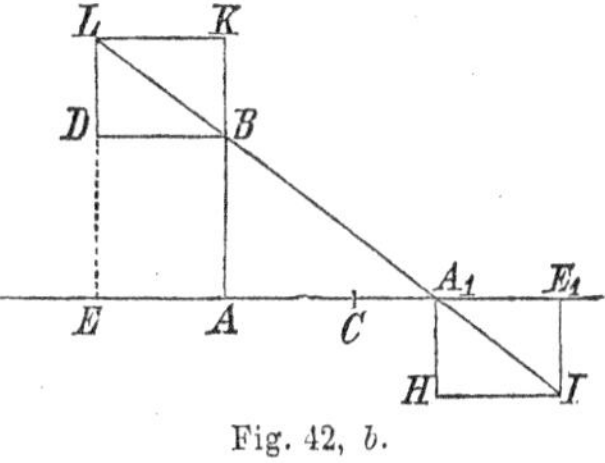

Fig. 42, b.

3) Die Kräfte TU in der horizontalen Ebene sind vor der Drehung für sich im Gleichgewichte (§. 133), und man kann daher, wenn der Körper um AB gedreht werden soll, statt aller dieser Kräfte zwei einander gleiche und direct entgegengesetzte in der Ebene substituiren, wobei nur erfordert wird, dass das Product aus der einen in den Abstand ihres Angriffspunctes von dem der anderen gleich dem Moment der Kräfte TU ist, nachdem jede der letzteren um ihren Angriffspunct um 90° in der Ebene gedreht worden (§. 124 und §. 161). Da hiernach von den zwei für TU zu setzenden Kräften die eine nebst ihrem Angriffspuncte willkürlich genommen werden kann, so sei A der Angriffspunct der einen und sie selbst, durch AE vorgestellt, sei der AC gleich und entgegengesetzt; hiermit finde sich A_1, als der Angriffspunct der anderen Kraft A_1E_1, gleich AC. Anfangs und auch während der Drehung sind daher AE und AC im Gleichgewichte und können folglich weggelassen werden. Die Paare PR, TO und die Kräfte TU sind demnach fortwährend gleichwirkend mit dem Paare A_1E_1, BD.

4) Was noch die verticalen Kräfte PS anlangt, so müssen sie zu ihrer Resultante ein Paar haben, welches mit dem vorigen A_1E_1, BD anfänglich das Gleichgewicht hält. Ist daher von allen verticalen Kräften, die eine PS selbst ausgenommen, der Mittel-

punct P_1 und die Resultante $P_1 S_1$, so bilden PS und $P_1 S_1$ dieses resultirende Paar. Die Ebene desselben ist wegen des Gleichgewichtes anfänglich mit der Ebene ABC parallel, und es hat, wie auch der Körper verrückt werden mag, mit den verticalen Kräften immer gleiche Wirkung.

Statt dieses Paares kann aber jedes andere gesetzt werden, das mit ihm anfänglich gleichwirkend ist, und dessen Kräfte ebenfalls vertical sind. Denn wenn zwei Paare, aus verticalen Kräften bestehend, einander gleiche Wirkung haben, und wenn der Körper, an welchem sie angebracht sind, um eine verticale Axe gedreht wird, so bleiben sie gleichwirkend, da durch eine solche Drehung die gegenseitige Lage ihrer Kräfte nicht geändert wird.

Für das Paar PS, $P_1 S_1$, dessen Kräfte in einer mit ABC parallelen Ebene vertical wirken, kann man daher ein anderes setzen, dessen Kräfte in A_1 und B selbst angebracht sind. Seien $A_1 H$ und BK (vergl. Fig. 42, *b*) diese Kräfte, und sei von $A_1 E_1$, AH die Resultante $A_1 I$, und von BD, BK die Resultante BL, so sind sämmtliche Kräfte des Systems bei der Drehung um AB stets gleichwirkend mit $A_1 I$ und BL. Wegen des anfänglichen Gleichgewichtes müssen aber letztere Kräfte anfangs einander direct entgegengesetzt sein, daher man die zu ihrer Bestimmung dienenden Puncte auch geradezu findet, indem man durch E_1 und D Verticalen legt, welche $A_1 B$ in I und L schneiden werden.

5) Nachdem somit die Kräfte des Systems rücksichtlich einer Drehung um AB auf $A_1 I$ und BL reducirt worden, ist nun das Gleichgewicht des Systems in Bezug auf dieselbe Drehung sicher oder unsicher, jenachdem es das Gleichgewicht zwischen $A_1 I$ und BL ist, also jenachdem $A_1 B \,.\, BL$ positiv oder negativ, folglich auch, weil A, E die Projectionen von B, L auf die horizontale Ebene sind, jenachdem $A_1 A \,.\, AE$ positiv oder negativ ist, d. h. jenachdem das Gleichgewicht zwischen den Projectionen TU der Kräfte des Systems auf eine die Drehungsaxe rechtwinklig schneidende Ebene sicher oder unsicher ist.

§. 165. Zusätze. *a*) Dass die Sicherheit des Gleichgewichtes des Systems bloss von der Sicherheit des Gleichgewichtes zwischen AE und $A_1 E_1$, oder des Gleichgewichtes zwischen den Projectionen der Kräfte auf die Ebene MN abhängt, erhellt auch folgendergestalt. — Die Kräfte des Systems wurden in die horizontalen Kräfte TU, in die Paare PR, TO und in die verticalen Kräfte PS zerlegt, und diese drei einzelnen Systeme waren resp. gleichwirkend mit den drei Paaren AE, $A_1 E_1$; AC, BD; $A_1 H$, BK. Von diesen streben das zweite und dritte, sowohl anfangs, als auch während der Drehung um AB, die Axe AB selbst aus ihrer Lage zu bringen, nicht aber den um die Axe aus seiner anfänglichen Lage gedrehten Körper noch weiter vorwärts oder zurück zu drehen. Eine solche Drehung um die Axe können blos die Kräfte AE, A_1E_1 bewirken, und diese sind es daher auch allein, von denen die Sicherheit des Gleichgewichtes des ganzen Systems abhängt.

b) Wenn demnach das Gleichgewicht zwischen den horizontalen Kräften TU sich dauernd findet, und daher diese Kräfte ganz weggelassen werden können, mithin die Kräfte des Systems sich nur auf die zwei Paare AC, BD und A_1H, BK reduciren, so kann man das Gleichgewicht des Systems weder sicher noch unsicher nennen. Es ist aber auch nicht dauernd, da jene zwei Paare bei der Drehung die Axe selbst aus ihrer Lage zu bringen streben. Dieser specielle Fall begründet daher eine neue Art von Gleichgewicht, welches ich, um doch einen Ausdruck dafür zu haben, neutrales Gleichgewicht nennen will.

Wollte man bei einem solchen Gleichgewichte für alle Kräfte des Systems nur zwei substituiren, so müssten diese unendlich gross und mit der Axe der Drehung selbst parallel sein. Denn je mehr sich das Gleichgewicht zwischen den TU dem dauernden Zustande nähert, und wenn immer, wie vorhin,

$$A_1E_1 = -AE = AC$$

genommen wird, desto näher rückt A_1 dem A. Desto mehr nähert sich folglich A_1B der verticalen Lage, und

$$BL = -A_1I = \frac{A_1B}{A_1A} \cdot BD$$

wächst ohne Ende.

Aendert sich das System allmählich so, dass der Punct A_1 in der Linie AC durch A von der einen auf die andere Seite von A geht, so verwandelt sich das Gleichgewicht in ein unsicheres, wenn es vorher sicher war, und umgekehrt. So wie man daher von dem Positiven zum Negativen auf doppeltem Wege gelangen kann, das einemal durch Null und das anderemal durch das unendlich Grosse, so gibt es auch zwei Uebergänge vom sicheren zum unsicheren Gleichgewichte. Der eine ist das dauernde Gleichgewicht, wo gar keine Kräfte, und der andere das neutrale Gleichgewicht, wo zwei unendlich grosse Kräfte hinzuzufügen nöthig sind, wenn das Gleichgewicht bei Drehung des Körpers nicht verloren gehen soll.

c) Bei einer Drehung um eine überhaupt durch φ, χ, ψ gegebene Axe wird das Gleichgewicht des Systems neutral sein, wenn die in

§. 162, 3 mit S bezeichnete Function gleich Null, und nicht zugleich $D=0$ ist, d. h. wenn nicht zugleich das System eine Axe des Gleichgewichtes hat, und um diese der Körper gedreht wird. Denn hiermit wird

$$Q = P_2 \,.\, A_1 A_2 = \infty \;,$$

also jede der beiden mit dem Systeme bei der Drehung gleichwirkenden Kräfte unendlich gross, und vermöge der aus (h) und (i) in §. 135 fliessenden Formel:

$$D^2 = Q^2(1-\varkappa^2) \;, \qquad \varkappa = 1 \;,$$

also der Winkel, dessen Cosinus $\varkappa$ ist, gleich Null, d. h. die Linie, in welcher diese zwei Kräfte anzubringen sind, wird mit der Axe der Drehung parallel (§. 136, b); — übereinstimmend mit dem Vorigen.

§. 166. Wie schon im §. 162 vorläufig bemerkt worden, kann das Gleichgewicht eines und desselben Systems von Kräften nach der verschiedenen Lage der Axe, um welche der Körper gedreht wird, bald sicher, bald unsicher sein. Dasselbe gibt auch die den jedesmaligen Zustand des Gleichgewichtes bestimmende Function

$$S = f\varphi^2 + g\chi^2 + h\psi^2 - 2F\chi\psi - 2G\psi\varphi - 2H\varphi\chi$$

zu erkennen, die nach den verschiedenen Werthen, welche man den die Richtung der Axe bestimmenden Grössen φ, χ, ψ beilegt, während F, G, H, f, g, h unverändert bleiben, im Allgemeinen bald positiv, bald negativ ist. Um uns darüber näher zu unterrichten, wollen wir diese Function zuvor auf eine einfachere Form bringen. — Es ist

$$f\varphi^2 - 2G\psi\varphi - 2H\varphi\chi = f\left(\varphi^2 - 2\,\frac{G\psi + H\chi}{f}\,\varphi\right)$$

$$= f\varphi'^2 - \frac{(G\psi + H\chi)^2}{f} \;,$$

wenn man

$$f\varphi - G\psi - H\chi = f\varphi'$$

setzt. Hiermit wird

$$fS = f^2\varphi'^2 - g'\psi^2 - h'\chi^2 - 2F'\chi\psi \;,$$

wo zur Abkürzung

$$G^2 - hf = g' \;, \qquad H^2 - fg = h' \;, \qquad Ff + GH = F'$$

gesetzt sind. — Ferner ist

$$h'\chi^2 + 2F'\chi\psi = h'\left(\chi + \frac{F'}{h'}\,\psi\right)^2 - \frac{F'^2}{h'}\,\psi^2 \,.$$

Sei daher noch

$$h'\chi + F'\psi = h'\chi' \quad \text{und} \quad F'^2 - g'h' = f'',$$

so wird

$$S = f\varphi'^2 - \frac{h'}{f}\chi'^2 + \frac{f''}{fh'}\psi^2,$$

und es ist somit S durch Einführung der Veränderlichen φ', χ' statt φ, χ, als ein Aggregat von drei Quadraten dargestellt.

Da nun nach der verschiedenen Lage der Drehungsaxe die Werthe von φ, χ, ψ, und daher auch die von φ', χ', ψ, in allen möglichen Verhältnissen zu einander stehen können, so ist S immer positiv, und folglich das Gleichgewicht für jede Drehungsaxe sicher, wenn f, $-h'$ und $-f''$ zugleich positiv sind. Dagegen ist S immer negativ, und das Gleichgewicht für jede Axe unsicher, wenn f, h', f'' negativ sind. Das Gleichgewicht ist demnach für jede Axe von einerlei Beschaffenheit, wenn h' und f'' negativ sind, und zwar ist es sicher oder unsicher, nachdem f positiv oder negativ ist.

§. 167. Auf analoge Art, wie g', h', F', f'' aus f, ..., H abgeleitet worden sind, bilde man noch f', G', H', g'', h'', so dass überhaupt

$$(1) \quad f' = F^2 - gh, \qquad (4) \quad F' = Ff + GH,$$
$$(2) \quad g' = G^2 - hf, \qquad (5) \quad G' = Gg + HF,$$
$$(3) \quad h' = H^2 - fg, \qquad (6) \quad H' = Hh + FG,$$
$$(7) \quad f'' = F'^2 - g'h',$$
$$(8) \quad g'' = G'^2 - h'f',$$
$$(9) \quad h'' = H'^2 - f'g'.$$

Substituirt man in (7) für g', h', F' ihre Werthe aus (2), (3), (4), so kommt:

$$(10) \qquad f'' = Rf,$$

wo

$$R = F^2 f + G^2 g + H^2 h + 2FGH - fgh$$

die symmetrische Function von f, g, h, F, G, H ist, welche, gleich Null gesetzt, die Bedingung für das Vorhandensein einer Gleichgewichtsaxe ausdrückt (§. 131).

Ebenso erhält man:

$$(11) \quad g'' = Rg, \qquad (12) \quad h'' = Rh.$$

Sind nun h' und f'' negativ (§. 166), so ist nach (7) auch g' negativ, und daraus, dass g', h' negativ sind, folgt nach (2) und (3), dass den Grössen f, g, h einerlei Zeichen zukommen. Nach (10), (11), (12) müssen daher auch g'', h'' mit f'' einerlei Zeichen, also das negative, haben, woraus wegen (8) oder (9) noch folgt, dass ebenso, wie g', h', auch f' negativ ist.

Hiernach und wegen der Symmetrie in der Bildung der Grössen f'', g'', h'', f', g', h' schliessen wir:

Wenn von den sechs Grössen f', g', h', f'', g'', h'' eine der drei ersteren (z. B. h') und eine ihr nicht entsprechende der drei letzteren (z. B. f'') negativ sind, so sind es auch die vier übrigen, und f, g, h haben einerlei Zeichen. Das Gleichgewicht ist alsdann bei jeder Verrückung des Körpers von einerlei Beschaffenheit, und zwar sicher oder unsicher, jenachdem das gemeinschaftliche Zeichen von f, g, h das positive oder negative ist.

§. 168. Zwischen den Grössen F, ..., H' und f, ..., h'' finden noch einige andere bemerkenswerthe Relationen statt. Um sie zu erhalten, wollen wir zu den Gleichungen (d) in §. 135, nämlich

$$(d)\qquad \begin{cases} -f\varphi + H\chi + G\psi = D\alpha\ , \\ H\varphi - g\chi + F\psi = D\beta\ , \\ G\varphi + F\chi - h\psi = D\gamma \end{cases}$$

zurückkehren, welche α, β, γ durch φ, χ, ψ ausdrücken, und daraus umgekehrt φ, χ, ψ durch α, β, γ auszudrücken suchen. In der That folgt aus diesen Gleichungen, wenn man sie, um χ und ψ zu eliminiren, mit a, b, c multiplicirt, hierauf addirt und zur Bestimmung von $a : b : c$

$$aH - bg + cF = 0\ ,$$
$$aG + bF - ch = 0$$

setzt:

$$(-af + bH + cG)\varphi = D(a\alpha + b\beta + c\gamma)\ .$$

Es fliesst aber aus den zwei ersten dieser Gleichungen:

$$a : b : c = -f' : H' : G'\ ,$$

folglich, wenn man diese Verhältnisswerthe von a, b, c in der dritten substituirt:

$$(A)\qquad (ff' + HH' + GG')\varphi = D(-f'\alpha + H'\beta + G'\gamma)\ .$$

Substituirt man sie in den zwei ersten selbst, so kommen die identischen Gleichungen:

$$-Hf' - gH' + FG' = 0\ ,\qquad -Gf' + FH' - hG' = 0\ ,$$

und ähnliche identische Gleichungen erhält man bei der Elimination von ψ, φ und φ, χ aus (d).

Nun wird vermöge (A)

$$ff' + GG' + HH' = 0 \,,$$

wenn α, β, γ Null sind. Unter derselben Voraussetzung ist daher die Function $ff' + GG' + HH'$, gleich Null gesetzt, das Resultat der Elimination von φ, χ, ψ aus (d), d. i. aus den Gleichungen (8) in §. 127. Sie muss daher, bis auf das Zeichen wenigstens, einerlei mit der in §. 131, 16 gefundenen und vorhin mit R bezeichneten symmetrischen Function von F, G, H, f, g, h sein. In der That findet sie sich auch dem Zeichen nach von R nicht verschieden, also

$$ff' + GG' + HH' = R \,,$$

und ebenso wegen der Symmetrie

$$gg' + HH' + FF' = R \,,$$
$$hh' + FF' + GG' = R \,.$$

Hiernach wird:

$$(d^*) \quad \begin{cases} -f'\alpha + H'\beta + G'\gamma = R\varphi : D \,, \\ \text{und ebenso kommt:} \\ H'\alpha - g'\beta + F'\gamma = R\chi : D \,, \\ G'\alpha + F'\beta - h'\gamma = R\psi : D \,, \end{cases}$$

nach Elimination von ψ, φ und von φ, χ aus (d).

Diese Gleichungen lassen sich aber aus den vorigen (d) unmittelbar bilden, wenn man α, β, γ mit φ, χ, ψ gegenseitig vertauscht, F, G, H, f, g, h in F', G', H', f', g', h' und D in $R : D$ verwandelt. Es muss daher auch sein, indem man auf dieselbe Weise mit den Gleichungen (d^*) verfährt und die ebenso aus F', G', H', f', g', h' gebildete Function, welche R von F, G, H, f, g, h war, gleich R' setzt, also für $R : D$, $R' : (R : D)$ schreibt, und wenn F'', G'', H'', f'', g'', h'' dieselben Functionen von F', G', H', f', g', h' bedeuten, welche F', G', H', f', g', h' von F, G, H, f, g, h sind:

$$(d^{**}) \quad \begin{cases} -f''\varphi + H''\chi + G''\psi = R'D \,.\, \alpha : R \,, \\ H''\varphi - g''\chi + F''\psi = R'D \,.\, \beta : R \,, \\ G''\varphi + F''\chi - h''\psi = R'D \,.\, \gamma : R \,. \end{cases}$$

Wegen der Unabhängigkeit je zweier der drei Grössen φ, χ, ψ von einander müssen nun die Coëfficienten derselben und der davon abhängigen α, β, γ in den Gleichungen (d^{**}) in denselben Verhältnissen zu einander stehen, wie in (d), folglich:

$$f'' : f = H'' : H = G'' : G = g'' : g' = F'' : F = h'' : h = R' : R \,.$$

Durch Elimination von f' aus den zwei Gleichungen:

$$R = \quad ff' + HH' + GG' \,,$$
$$0 = -Hf' - gH' + FG'$$

folgt aber:

$$RH = h'H' + F'G' = H'' .$$

Es ist daher:

$$R' = R^2$$

und

$$f'' = Rf \ , \quad g'' = Rg \ , \quad h'' = Rh \ ,$$
$$F'' = RF \ , \quad G'' = RG \ , \quad H'' = RH \ .$$

§. 169. Wenn die in §. 167 zu Ende bemerkten Bedingungen nicht erfüllt werden, so kann S (§. 166) nach der verschiedenen Annahme von φ, χ, ψ bald positiv, bald negativ, und folglich auch Null werden. Alsdann bilden die durch die Gleichung $S = 0$ bestimmten Axen, sobald sie durch einen und denselben Punct, z. B. den Anfangspunct der Coordinaten, gelegt werden, eine Kegelfläche des zweiten Grades, deren Spitze dieser Punct ist, und deren Gleichung zwischen rechtwinkligen Coordinaten man erhält, wenn man in der Gleichung $S = 0$ diese Coordinaten für die ihnen proportionalen φ, χ, ψ substituirt.

Indem wir nun jetzt, und so auch in den folgenden §§., nur die durch den Anfangspunct der Coordinaten gehenden Axen in Betracht ziehen, — denn für je zwei einander parallele Axen ist das Gleichgewicht von einerlei Beschaffenheit (§. 163), — so ist für jede Axe, welche in die Fläche des Kegels selbst fällt, $S = 0$, mithin $Q = \infty$ und das Gleichgewicht neutral (§. 165, *c*). Für alle innerhalb des Kegels fallende Axen hat S einerlei Zeichen, und das entgegengesetzte für alle Axen, welche ausserhalb des Kegels liegen. Für die einen Axen ist folglich das Gleichgewicht sicher und für die anderen unsicher.

So werden demnach in dem allgemeinen Falle, wo das Gleichgewicht bald sicher, bald unsicher ist, die Axen des einen von denen des anderen durch eine Kegelfläche gesondert.

Ob aber die innerhalb dieser Fläche liegenden Axen, oder ob die ausserhalb liegenden es sind, denen das sichere Gleichgewicht zukommt, lässt sich ohne weiteres nicht entscheiden. Denn behält man die Angriffspuncte und Intensitäten der Kräfte bei, verändert aber ihre Richtungen in die entgegengesetzten, als wodurch abermals Gleichgewicht entsteht, so gehen die Werthe von F, G, H, f, g, h in die eben so grossen, entgegengesetzten über, mithin auch der Werth von S, als einer linearen Function dieser Grössen. Die Gleichung $S = 0$ bleibt daher ungeändert, und folglich auch die Kegelfläche. Bei solchen Werthen von φ, χ, ψ aber, bei welchen S vorher einen positiven Werth hatte, erhält es jetzt einen negativen, und umgekehrt. Wenn folglich beim ersteren Gleichgewichte den innerhalb des Kegels fallenden Axen Sicherheit zukam, so gehört sie beim letzteren den ausserhalb fallenden, und umgekehrt.

§. 170. Die Function S, welche hinsichtlich φ, χ, ψ vom zweiten Grade ist, und welche sich nach dem Vorigen im Allgemeinen als ein Aggregat dreier Quadrate darstellen lässt, kann in besonderen Fällen auch schon in zwei Quadrate auflösbar sein. Alsdann muss auch die gleichgeltende Form

$$f\varphi'^2 - \frac{h'}{f}\chi'^2 + \frac{R}{h'}\psi^2 ,$$

wo die ganze rationale Function R statt des vorigen $f'':f$ geschrieben worden, in zwei Quadrate sich zerlegen lassen. Dieses ist aber wegen der gegenseitigen Unabhängigkeit von φ'^2, χ'^2, ψ^2 nicht anders möglich, als wenn einer der drei Coëfficienten f, $-h':f$, $R:h'$ dieser Quadrate Null ist. Nun kann nicht der erste gleich Null sein, indem sonst der zweite gleich ∞ würde, und ebenso wenig kann es der zweite sein, indem damit der dritte gleich ∞ würde. Mithin bleibt nur übrig, den dritten gleich Null zu setzen. Die Bedingung, unter welcher S als ein Aggregat zweier Quadrate ausgedrückt werden kann, ist demnach:

$$R = 0 ,$$

d. h. *das System muss eine Axe des Gleichgewichtes haben.*

Bei dem jetzt nur aus zwei Quadraten zusammengesetzten Ausdrucke für S

$$S = f\varphi'^2 - \frac{h'}{f}\chi'^2 = \frac{1}{f}(f^2\varphi'^2 - h'\chi'^2)$$

sind nun drei Fälle zu unterscheiden, jenachdem nämlich die Coëfficienten der zwei Quadrate entweder 1) beide das positive, oder 2) beide das negative, oder 3) einander entgegengesetzte Zeichen haben.

Im ersten Falle ist f positiv und h' negativ; und da, wegen $R = 0$, nach (10) und (11) in §. 167 f'' und g'' Null sind, folglich nach (7) und (8) $F'^2 = g'h'$ und $G'^2 = h'f'$ ist, so sind auch g' und f' negativ, und nach (2) und (3) h und g positiv. Alsdann ist für jede Axe das Gleichgewicht sicher, ausgenommen für diejenige, für welche $\varphi' = 0$ und $\chi' = 0$, d. i.

$$f\varphi - H\chi - G\psi = 0 \quad \text{und} \quad h'\chi + F'\psi = 0$$

sind. Es ist aber die erste dieser zwei Gleichungen die erste der drei Bedingungsgleichungen (8) in §. 127, wenn die durch φ, χ, ψ bestimmte Axe eine Gleichgewichtsaxe ist; und die zweite, für welche man, weil jetzt $R = 0$, folglich

$$H'' = H'h' + F'G' = 0$$

ist, auch

$$G'\chi - H'\psi = 0$$

setzen kann, entspringt durch Elimination von φ aus der zweiten und dritten jener drei Gleichungen. Die aus $\varphi' = 0$ und $\chi' = 0$ hervorgehenden Verhältnisse zwischen φ, χ, ψ gehören daher der Gleichgewichtsaxe an, die dem Systeme gegenwärtig zukommt. Wird aber die Gleichgewichtsaxe zur Axe der Drehung genommen, so ist das Gleichgewicht dauernd.

Im zweiten Falle sind f und h' zugleich negativ, womit sich auf ähnliche Art, wie vorhin, auch g, h, f', g' negativ finden. Das Gleichgewicht ist dann für jede Axe unsicher, ausgenommen, wenn φ' und χ' zugleich gleich Null sind, d. i. für die Gleichgewichtsaxe, wo das Gleichgewicht Dauer hat.

Wenn endlich drittens h' positiv ist, und daher, wegen $G'^2 = h'f'$ und $F'^2 = g'h'$, auch f' und g' positiv sind, so lässt sich S in zwei Factoren auflösen:

$$S = \frac{1}{f}\left(f\varphi' + \sqrt{h'}\,.\,\chi'\right)\left(f\varphi' - \sqrt{h'}\,.\,\chi'\right) .$$

Setzt man jeden dieser Factoren für sich gleich Null, drückt in ihm φ' und χ' durch φ, χ, ψ aus und substituirt x, y, z für φ, χ, ψ, so erhält man die Gleichungen zweier durch den Anfangspunct der Coordinaten gehenden Ebenen. Für die Durchschnittslinie derselben sind beide Factoren zugleich gleich Null, also $\varphi' = 0$ und $\chi' = 0$; mithin ist diese Linie die Gleichgewichtsaxe.

Durch die zwei Ebenen wird nun der Raum in vier Theile getheilt, welche paarweise einander gegenüber liegen, und jenachdem die Axe der Drehung in dem einen oder anderen dieser Paare enthalten ist, ist das Gleichgewicht sicher oder unsicher. Für Axen, welche in eine der beiden Ebenen selbst fallen, ist das Gleichgewicht neutral, ausgenommen für die mit der Durchschnittslinie der Ebenen zusammenfallende Axe, für welche es Dauer hat.

§. 171. Es ist jetzt der noch speciellere Fall zu untersuchen übrig, in welchem S sich auf ein einziges Quadrat reducirt. Dies geschieht aber bei dem in §. 170 bereits auf zwei Quadrate zurückgebrachten Ausdrucke für S nur dann, wenn, nächst der für jenen Ausdruck geltenden Gleichung $R = 0$, noch $h' = 0$ ist, wodurch

$$S = f\varphi'^2 = \frac{1}{f}(f\varphi - H\chi - G\psi)^2$$

wird. Mit $R = 0$ werden aber F'', G'', H'', f'', g'', h'' sämmtlich gleich Null, woraus, wenn noch $h' = 0$, mittelst der Formeln in §. 167 und §. 168 leicht zu schliessen ist, dass auch F', G', H', f', g' Null sind. Nach (4) in §. 167 ist alsdann

$$f = -GH : F\,,$$

und S erhält damit den symmetrischen Ausdruck:

$$S = -FHG\left(\frac{\varphi}{F} + \frac{\chi}{G} + \frac{\psi}{H}\right)^2.$$

Gegenwärtig ist also das Gleichgewicht für alle Axen von einerlei Art, und zwar sicher oder unsicher, nachdem das Product FGH negativ oder positiv ist, oder, was auf dasselbe herauskommt, nachdem f, g, h, die jetzt einerlei Zeichen haben, positiv oder negativ sind. Doch machen hiervon diejenigen Axen eine Ausnahme, für welche $S = 0$ ist, und welche daher in der Ebene liegen, deren Gleichung

$$\frac{x}{F} + \frac{y}{G} + \frac{z}{H} = 0$$

ist. Denn nach §. 134 sind, unter den jetzt stattfindenden Bedingungen $F' = 0$, $G' = 0$, $H' = 0$, alle Axen dieser Ebene Axen des Gleichgewichtes, und es ist mithin für jede derselben das Gleichgewicht von Dauer.

Zehntes Kapitel.

Von den Maximis und Minimis beim Gleichgewichte.

---

§. 172. Das Gleichgewicht zwischen mehreren auf einen frei beweglichen Körper wirkenden Kräften besitzt, wie wir im neunten Kapitel erkannt haben, die Eigenschaft, dass wenn der Körper um eine Axe, sei es nach der einen oder nach der anderen Seite, gedreht wird, während die Kräfte auf ihre Angriffspuncte mit parallel bleibenden Richtungen zu wirken fortfahren, die Kräfte beide Male den Körper entweder der Lage des Gleichgewichtes wieder zu nähern, oder beide Male ihn noch mehr von dieser Lage zu entfernen streben. Die Analogie dieser Eigenschaft des Gleichgewichtes mit den Merkmalen der grössten und kleinsten Werthe einer veränderlichen Grösse fällt in die Augen. Denn hat man z. B. eine ebene Curve und geht darin, nach welcher Seite man will, von dem Puncte aus, welchem die grösste Ordinate zugehört, so nähert man sich jedesmal der Abscissenlinie, entfernt sich aber von ihr, wenn man den Punct, dessen Ordinate die kleinste ist, zum Anfangspuncte wählt. Es steht daher zu erwarten, dass auch beim Gleichgewichte eine gewisse Function der das System der Kräfte bestimmenden Grössen ein Maximum oder Minimum sein werde, und dass, wenn diese Function beim sicheren Gleichgewichte z. B. ein Maximum ist, sie beim unsicheren als Minimum sich zeigen werde.

§. 173. In der That ist auch schon bemerkt worden (§. 157, *a*), dass bei dem Gleichgewichte, welches zwischen zwei einander gleichen und entgegengesetzten Kräften P_1 und P_2 besteht, die Linie $A_1 A_2$, welche die Angriffspuncte der Kräfte verbindet, eine solche Lage haben muss, dass sie, nach der Richtung der Kräfte geschätzt, ihren grösstmöglichen positiven oder negativen Werth hat. Wird nämlich die Richtung von P_2 für die positive genommen, so muss die hiernach geschätzte Linie $A_1 A_2$, d. i. $A_1 A_2 \cos(A_1 A_2 {}^\wedge P_2)$, beim sicheren Gleichgewichte ein positives Maximum, beim unsicheren ein negatives Maximum oder ein Minimum sein.

Es ist aber, wenn in Bezug auf ein rechtwinkliges Coordinatensystem P_1, P_2 und A_1, A_2 durch (X_1, Y_1, Z_1), (X_2, Y_2, Z_2) und (x_1, y_1, z_1), (x_2, y_2, z_2) ausgedrückt werden:

$$\begin{aligned} A_1 A_2 \,.\, P_2 \,.\, \cos(A_1 A_2 {}^\wedge P_2) &= (x_2 - x_1) X_2 + (y_2 - y_1) Y_2 + (z_2 - z_1) Z_2 \\ &= x_1 X_1 + x_2 X_2 + y_1 Y_1 + y_2 Y_2 + z_1 Z_1 + z_2 Z_2 \ . \end{aligned}$$

Mithin ist auch dieser Ausdruck, wenn die Coordinaten der Angriffspuncte dergestalt veränderlich angenommen werden, dass die gegenseitige Entfernung dieser Puncte

$$\sqrt{(x_2 - x_1)^2 + (y_2 - y_1)^2 + (z_2 - z_1)^2}$$

constant bleibt, beim sicheren Gleichgewichte ein Maximum und beim unsicheren ein Minimum.

Liegen die zwei Kräfte und ihre Angriffspuncte in der Ebene der x, y, und wird der Körper so verrückt, dass die Puncte in dieser Ebene bleiben, so ist es die Function

$$x_1 X_1 + x_2 X_2 + y_1 Y_1 + y_2 Y_2 \ ,$$

welche beim Gleichgewichte ihren grössten oder kleinsten Werth hat.

§. 174. So wie wir im neunten Kapitel nach den Kennzeichen für die Sicherheit des Gleichgewichtes eines nur aus zwei Kräften bestehenden Systems die Sicherheit jedes anderen Systems beurtheilten, so können wir auch gegenwärtig aus der eben gefundenen Function, welche beim Gleichgewichte zwischen zwei Kräften ein Maximum oder Minimum ist, die entsprechende Function für jedes andere System herleiten.

Ist ein System von Kräften in einer Ebene im Gleichgewichte, und bleibt es darin, auch wenn der Körper um eine auf der Ebene normale Axe gedreht wird, so ist

$$\Sigma(xX + yY) = 0$$

(§. 122). Diese Gleichung wird aber nicht allein anfangs, sondern auch während der Drehung selbst zwischen den auf ein festes Axensystem bezogenen und daher mit der Drehung sich ändernden Coordinaten der Angriffspuncte bestehen, da jede neue Lage, in welche das System dieser Puncte gegen die Kräfte versetzt wird, Gleichgewicht mit sich führt und daher als eine anfängliche betrachtet werden kann.

Im Allgemeinen aber geht das anfängliche Gleichgewicht verloren, und das System wird gleichwirkend mit zwei Kräften P_1 und P_2, welche nebst ihren Angriffspuncten A_1 und A_2 so zu bestimmen sind (§. 124), dass sie anfangs einander ebenfalls das Gleichgewicht halten, und dass anfangs $h = h_1$ ist, wo

$$h = \Sigma(xX + yY)$$

und

$$h_1 = A_1A_2 \,.\, P_2 = x_1X_1 + y_1Y_1 + x_2X_2 + y_2Y_2$$

(§. 173).

Die Gleichung $h = h_1$ besteht nun aus demselben Grunde, wie vorhin, auch während der Drehung, oder, allgemeiner ausgedrückt: wenn die Coordinaten sämmtlicher Angriffspuncte so geändert werden, dass die gegenseitigen Entfernungen dieser Puncte constant bleiben. Denn das Gleichgewicht des neuen Systems, welches man erhält, wenn man zu dem vorigen die Kräfte P_1 und P_2, nach entgegengesetzten Richtungen auf A_1 und A_2 wirkend, hinzufügt, dauert auch während der Drehung fort.

Da also unausgesetzt $h = h_1$ ist, und da h_1 beim sicheren Gleichgewichte von P_1 mit P_2, also auch beim sicheren zwischen (X, Y), (X', Y'), ... ein Maximum, beim unsicheren dagegen ein Minimum ist, so muss dasselbe auch von h gelten.

Beim Gleichgewichte zwischen Kräften in einer Ebene ist demnach die Function

$$\Sigma(xX+yY)$$

ein Maximum oder Minimum, und zwar ersteres beim sicheren, letzteres beim unsicheren Gleichgewichte.

§. 175. Auf ganz ähnliche Weise lässt sich auch bei einem Systeme von Kräften im Raume eine Function ermitteln, die, wenn die Kräfte sich das Gleichgewicht halten, ein Maximum oder Minimum ist. Seien P_1 und P_2 die beiden Kräfte, welche, an den Puncten A_1 und A_2 angebracht, anfangs ebenso, wie die Kräfte des Systems, mit einander im Gleichgewichte sind und bei der nachherigen Drehung um eine durch φ, χ, ψ bestimmte Axe mit dem Systeme gleichwirkend werden (§. 136, c), Kräfte also, die in den entgegengesetzten Richtungen zu dem Systeme hinzugefügt, ein System hervorbringen, welches bei der Drehung um dieselbe Axe sein Gleichgewicht nicht verliert. Alsdann muss sein (§. 127, 8):

$$\varphi\,.\,\Sigma(yY+zZ)=\psi\,.\,\Sigma xZ+\chi\,.\,\Sigma xY\ ,$$
$$\chi\,.\,\Sigma(zZ+xX)=\varphi\,.\,\Sigma yX+\psi\,.\,\Sigma yZ\ ,$$
$$\psi\,.\,\Sigma(xX+yY)=\chi\,.\,\Sigma zY+\varphi\,.\,\Sigma zX\ ,$$

Gleichungen, in denen sich das Summenzeichen ausser auf die Kräfte des ursprünglichen Systems noch auf die Kräfte $-P_1$ und $-P_2$ erstreckt, und die, weil das Gleichgewicht zwischen $-P_1$, $-P_2$ und den Kräften des Systems fortdauert, nach demselben Schlusse, wie in §. 174, nicht allein bei den anfänglichen, sondern auch bei den durch die Drehung veränderten Werthen der Coordinaten ihre Gültigkeit haben.

Man multiplicire nun diese drei Gleichungen resp. mit φ, χ, ψ und addire sie, so kommt mit der Berücksichtigung, dass

$$\varphi^2 xX+\chi^2 yY+\psi^2 zZ+\chi\psi(yZ+zY)+\psi\varphi(zX+xZ)+\varphi\chi(xY+yX)$$
$$=(\varphi x+\chi y+\psi z)(\varphi X+\chi Y+\psi Z)\ ,$$

und dass

$$\varphi^2+\chi^2+\psi^2=1$$

ist:

$$\Sigma(xX+yY+zZ)=\Sigma[(\varphi x+\chi y+\psi z)(\varphi X+\chi Y+\psi Z)]\ ,$$

eine Gleichung, welche eben so, wie die drei vorigen, nicht bloss für den Anfang, sondern auch bei der nachherigen Drehung gilt.

Nun bleiben φ, χ, ψ und die Kräfte (X, Y, Z), (X', Y', Z'), ..., während der Drehung unverändert. Ebenso bleiben es auch die rechtwinkligen Projectionen der Angriffspuncte auf die Drehungsaxe, als die Mittelpuncte der von den Angriffspuncten um die Axe beschriebenen Kreise; mithin ändern sich auch nicht die Projectionen der vom Anfangspuncte der Coordinaten bis zu den Angriffspuncten gezogenen geraden Linien auf dieselbe Axe, und diese Projectionen sind gleich $\varphi x + \chi y + \psi z$, $\varphi x' + \chi y' + \psi z'$, ... In Folge der zuletzt erhaltenen Gleichung bleibt daher auch die Summe $\Sigma(xX + yY + zZ)$ constant. Es ist aber diese Summe, wenn wir das Summenzeichen die Kräfte des ursprünglichen Systems allein umfassen lassen, gleich

$$\Sigma(xX + yY + zZ) - (x_1 X_1 + x_2 X_2 + y_1 Y_1 + y_2 Y_2 + z_1 Z_1 + z_2 Z_2) \ ,$$

und sie erhält somit die Form einer Differenz. Die zwei diese constante Differenz bildenden Summen müssen daher gleichzeitig ihre grössten und kleinsten Werthe erreichen.

Nun hat die Summe

$$x_1 X_1 + x_2 X_2 + y_1 Y_1 + y_2 Y_2 + z_1 Z_1 + z_2 Z_2$$

ihren grössten positiven Werth beim sicheren Gleichgewichte, und ihren grössten, dem positiven absolut gleichen, negativen Werth beim unsicheren Gleichgewichte zwischen P_1 und P_2 (§. 173), folglich auch beim sicheren oder unsicheren Gleichgewichte zwischen den Kräften des Systems.

Mithin ist auch die Summe

$$\Sigma(xX + yY + zZ)$$

beim sicheren Gleichgewichte zwischen den Kräften des Systems ein Maximum und beim unsicheren ein Minimum.

§. 176. Auf noch kürzere Weise kann man zu diesem Resultate gelangen, wenn man die in §. 174 erhaltene Formel für das Maximum oder Minimum beim Gleichgewichte eines in einer Ebene enthaltenen Systems zu Hülfe nimmt. Sind nämlich die auf die Puncte (x, y, z), (x', y', z'), ... wirkenden Kräfte (X, Y, Z), (X', Y', Z'), ... im Gleichgewichte, so sind es auch die Projectionen derselben auf die Ebene der x, y, d. i. die auf die Puncte $(x, y, 0)$, ... wirkenden Kräfte $(X, Y, 0)$, ... (§. 68), und es ist, wenn man den Körper um eine auf dieser Ebene normale, d. i. mit der Axe der z parallele, Axe dreht, die Function $\Sigma(xX + yY)$ ein Maximum beim sicheren und ein Minimum beim unsicheren Gleichgewichte der Kräfte $(X, Y, 0)$, ... folglich auch der Kräfte (X, Y, Z), ... (§. 164). Da ferner bei dieser Drehung die Coordinaten z, ..., mithin auch die Summe ΣzZ, ungeändert bleiben, so ist unter denselben Bedingungen auch $\Sigma(xX + yY + zZ)$ ein Maximum oder Minimum. Es ist aber diese Summe, wenn wir die Kräfte mit P, P', ..., ihre Angriffspuncte mit A, A', ... und den Anfangspunct der Coordinaten mit O bezeichnen, gleich

$$\Sigma OA \,.\, P \,.\, \cos(OA^\wedge P) \ ,$$

und daher unabhängig von dem durch O gelegten Systeme der Coordinatenaxen, also ein Maximum oder Minimum, auch wenn der

Körper um eine andere, mit der Axe der z nicht parallele Axe gedreht wird.

Zusatz. Trifft ein von O auf die Richtung von P gefälltes Perpendikel dieselbe in M (vergl. Fig. 47), so ist

$$MA = OA \,.\, \cos\,(OA^\wedge P)\ ,$$

und die vorige Summe wird gleich $\Sigma MA\,.\,P$. Wird hierauf der Körper verrückt, und geht damit A nach A_1 fort, und ist M_1 der Fusspunct des von O auf die nunmehrige Richtung von P gefällten Perpendikels, so verwandelt sich die Summe in $\Sigma M_1 A_1\,.\,P$. Weil aber die Richtungen von P in der ersten und zweiten Lage des Körpers einander parallel sind, so ist OMM_1 eine auf der Richtung von P normale Ebene. Die Summe, welche beim Gleichgewichte ein Grösstes oder ein Kleinstes ist, wird daher auch erhalten, wenn man durch einen unbeweglichen Punct O Ebenen legt, welche die Richtungen der Kräfte rechtwinklig schneiden, hierauf jede Kraft in den Theil ihrer Richtung vom Durchschnitte der letzteren mit der auf ihr normalen Ebene bis zum Angriffspuncte der Kraft multiplicirt und diese Producte addirt.

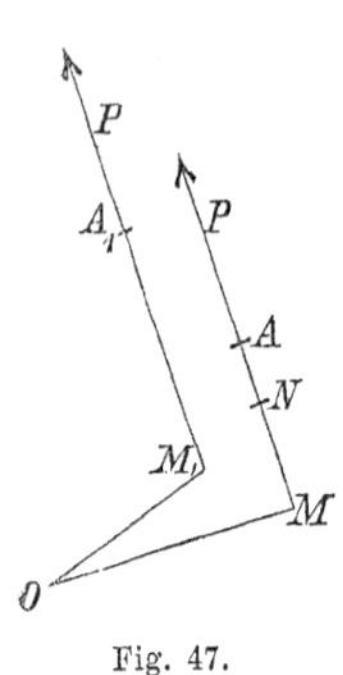

Fig. 47.

Weil die Richtungen der Kräfte sich parallel bleiben, so sind die durch O gelegten Ebenen ebenso, wie O selbst, unbeweglich. Man sieht aber leicht, dass man statt der in O sich gemeinschaftlich schneidenden Ebenen irgend andere unbewegliche, auf den Richtungen der Kräfte normale Ebenen setzen kann. Denn wird die Richtung von P von einer auf ihr normalen und nicht durch O gehenden Ebene in N geschnitten, so ist der Unterschied

$$MA\,.\,P - NA\,.\,P = MN\,.\,P\ ,$$

also constant, weil es sowohl P, als der gegenseitige Abstand MN der beiden unbeweglichen Ebenen ist. Mithin ist auch der Unterschied der Summen $\Sigma MA\,.\,P$ und $\Sigma NA\,.\,P$ constant, und daher die eine mit der anderen gleichzeitig ein Grösstes oder Kleinstes; also:

Halten sich mehrere auf einen frei beweglichen Körper wirkende Kräfte das Gleichgewicht, und denkt man sich die Richtung jeder Kraft von einer unbeweglichen Ebene normal geschnitten und multiplicirt jede Kraft in den Theil ihrer Richtung vom Durchschnitte der auf ihr normalen Ebene bis zu ihrem Angriffspuncte, so ist, wenn der Körper um eine beliebige Axe, sei es nach der einen, oder nach der anderen Seite, gedreht wird, die damit sich ändernde Summe jener

Producte beim anfänglichen Gleichgewichte selbst ein Maximum oder ein Minimum, und zwar ersteres, wenn das Gleichgewicht in Bezug auf diese Drehung sicher, letzteres, wenn es unsicher ist.

Das Princip der virtuellen Geschwindigkeiten.

§. 177. Jede Verrückung eines Körpers kann in eine Axendrehung und in eine parallele Fortbewegung zerlegt werden. Sind nun die auf einen Körper wirkenden Kräfte im Gleichgewichte, und wird der Körper um eine Axe gedreht, so ist, wie eben gezeigt worden, die Summe $\Sigma(xX + yY + zZ)$ für die Lage im Gleichgewichte selbst ein Maximum oder Minimum. Wird aber der Körper parallel mit sich fortbewegt, und nimmt alsdann der Punct, welcher anfangs mit dem Anfangspuncte der Coordinaten zusammenfiel, den Ort (a, b, c) ein, so wird die gedachte Summe gleich

$$\Sigma[(x + a)X + (y + b)Y + (z + c)Z] = \Sigma(xX + yY + zZ) \;,$$

wegen $\Sigma X = 0$, $\Sigma Y = 0$, $\Sigma Z = 0$ (§. 66), und bleibt daher ungeändert. Deshalb und zufolge der bekannten Natur der Grössten und Kleinsten wird daher die Summe überhaupt sich nicht ändern, wenn der Körper aus der Lage des Gleichgewichtes um ein unendlich Weniges auf irgend eine Weise verrückt wird, d. h. es wird

$$\Sigma(Xdx + Ydy + Zdz) = 0$$

sein, wofern nur die Differentiale $dx, dy, dz, dx', dy', dz', \ldots$ so genommen werden, dass die gegenseitigen Entfernungen der Puncte $(x, y, z), (x', y', z'), \ldots$ unverändert bleiben.

Es ist aber $Xdx + Ydy + Zdz$ gleich dem Producte aus der Kraft (X, Y, Z) in den auf ihre Richtung projicirten Weg, den ihr Angriffspunct (x, y, z) bei der unendlich kleinen Verrückung des Körpers genommen hat; und wir können daher auch sagen:

Ist ein System von Kräften, welche auf einen frei beweglichen Körper wirken, im Gleichgewichte, und wird der Körper um ein unendlich Weniges verrückt, so ist die Summe der Producte aus jeder Kraft in den nach ihrer Richtung geschätzten Weg ihres Angriffspunctes jederzeit Null.

Die bei einem sich bewegenden Körper in einem unendlich kleinen Zeittheile durchlaufenen Wege seiner Puncte sind den alsdann stattfindenden Geschwindigkeiten der Puncte proportional. Diese Wege, geschätzt nach den Richtungen der Kräfte, welche an den die Wege beschreibenden Puncten angebracht sind, nennt man daher die virtuellen Geschwindigkeiten der Puncte; und der Satz, welcher aussagt, dass die Summe der in die virtuellen Geschwindigkeiten ihrer Angriffspuncte multiplicirten Kräfte beim Gleichgewichte Null ist, heisst hiernach das Princip der virtuellen Geschwindigkeiten.

§. 178. Die Reihe der Schlüsse, durch welche wir uns nach und nach zu diesem Princip erhoben haben, ist ziemlich zusammengesetzt. Da nun gleichwohl die Einfachheit des Princips einen derselben angemessenen Beweis wünschenswerth macht, und es auch an sich interessant ist, zu sehen, wie das Princip in den einfachsten Fällen sich bestätigt, so will ich noch folgenden *möglichst kurzen und auf den ersten Gründen der Statik beruhenden* Beweis desselben hinzufügen.

1) Seien P und P' (vergl. Fig. 48) zwei sich das Gleichgewicht haltende Kräfte, A und A' ihre Angriffspuncte, welche durch eine

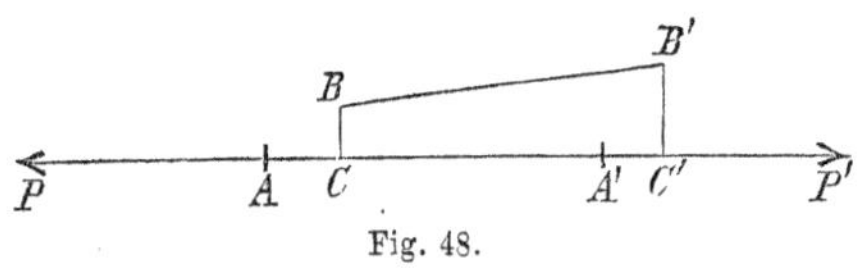

Fig. 48.

unendlich kleine Verrückung nach B und B' kommen, so dass B dem A und B' dem A' unendlich nahe liegt, und $BB' = AA'$ ist. Die Projectionen von B und B' auf AA' seien C und C', so ist wegen des unendlich kleinen Winkels von BB' mit AA',

$$CC' = BB' = AA' ,$$

folglich $AC = A'C'$. Wegen des Gleichgewichtes sind aber die Kräfte P und P' einander gleich, und ihre Richtungen in der Linie AA' einander direct entgegengesetzt, also AC und $A'C'$ die virtuellen Geschwindigkeiten ihrer Angriffspuncte. Nimmt man daher jede Kraft positiv, und die virtuellen Geschwindigkeiten positiv oder negativ, nachdem sie mit den ihnen zugehörigen Kräften einerlei oder entgegengesetzte Richtungen haben, so ist

$$P \,.\, AC + P' \,.\, A'C' = 0 \ ,$$

und somit das Princip für den einfachsten Fall bewiesen.

2) Seien P, P', P'', ... (vergl. Fig. 49) mehrere auf denselben Punct A eines Körpers wirkende und sich das Gleichgewicht haltende Kräfte. Durch eine Verrückung des Körpers komme A nach B, und die Projectionen von B auf die anfänglichen Richtungen

der Kräfte seien C, C', C'', ..., also AC, AC', AC'', ... die virtuellen Geschwindigkeiten von A. Wegen des Gleichgewichtes ist nun die Summe der Projectionen der Kräfte auf die durch A und B zu legende Gerade gleich Null, wie ganz einfach aus dem Parallelepipedum der Kräfte fliesst (§. 67, 2). Es ist daher

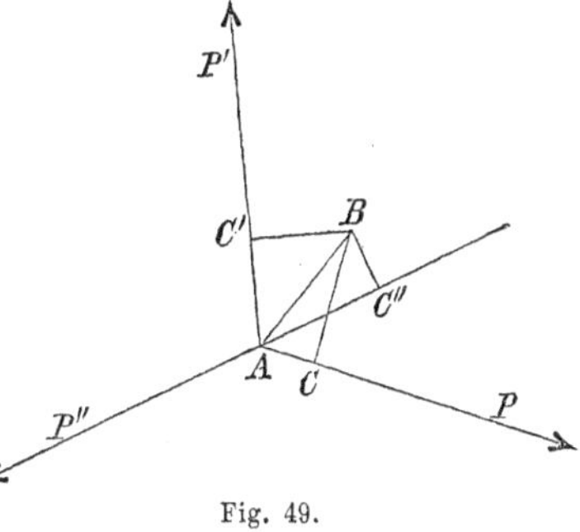

Fig. 49.

$$P\cos\varphi + P'\cos\varphi' + \ldots = 0\ ,$$

wenn φ, φ', ... die von P, P', ... mit AB gebildeten Winkel bezeichnen. Zugleich ist aber

$$\cos\varphi = \frac{AC}{AB}\ , \quad \cos\varphi' = \frac{AC'}{AB}\ , \quad \ldots;$$

folglich auch hier:

$$P\,.\,AC + P'\,.\,AC' + P''\,.\,AC'' + \ldots = 0\ .$$

3) Treffen sich die Richtungen der sich das Gleichgewicht haltenden Kräfte P, P', ... in einem Puncte A, wirken sie aber nicht unmittelbar auf diesen Punct, sondern auf beliebige andere Puncte ihrer Richtungen, so bringe man in A die resp. den Kräften P, P', ... gleichen und direct entgegengesetzten Kräfte Q, Q', ... an, so dass Q mit P, Q' mit P', ... und Q, Q', ... untereinander, eben so wie P, P', ... untereinander, im Gleichgewichte sind. Verrücken wir nun den Körper um ein unendlich Weniges und bezeichnen dabei die virtuelle Geschwindigkeit des Angriffspunctes einer Kraft mit dem Buchstaben aus dem kleinen Alphabete, welcher dem grossen Buchstaben entspricht, womit die Kraft ausgedrückt ist, so haben wir nach 1):

$$Pp + Qq = 0\ , \qquad P'p' + Q'q' = 0\ , \quad \ldots$$

und nach 2):

$$Qq + Q'q' + Q''q'' + \ldots = 0\ ,$$

folglich wiederum:

$$Pp + P'p' + P''p'' + \ldots = 0\ .$$

4) Aus letzterer Gleichung folgt:

$$P'p' + P''p'' + \ldots = -Pp\ ,$$

d. h.: Bei mehreren nach einem Puncte gerichteten und sich nicht das Gleichgewicht haltenden Kräften ist die Summe der in die virtuellen Geschwindigkeiten ihrer Angriffspuncte multiplicirten Kräfte gleich dem Producte aus der Resultante in die virtuelle Geschwindigkeit ihres Angriffspunctes.

5) Bei drei Kräften, welche im Gleichgewichte und einander nicht parallel sind, muss nach 3) das Princip der virtuellen Geschwindigkeiten immer Gültigkeit haben, weil dann die Richtungen der Kräfte sich immer in einem Puncte begegnen.

6) Sind drei sich das Gleichgewicht haltende Kräfte P, Q, R einander parallel, so zerlege man die eine derselben, P, in der Ebene, worin sie alle drei enthalten sein müssen, in zwei andere S und T, welche nicht mit einander, folglich auch nicht mit P, Q, R, parallel sind. Von Q und S sei die Resultante U, und von R und T sei die Resultante V, so halten sich U und V das Gleichgewicht, und es ist nach 4) und 5) mit Anwendung der in 3) gewählten Bezeichnungsart:

$$Pp = Ss + Tt\,, \qquad Qq + Ss = Uu\,, \qquad Rr + Tt = Vv$$

und nach 1)

$$Uu + Vv = 0\,,$$

mithin, wenn man diese vier Gleichungen addirt:

$$Pp + Qq + Rr = 0\,;$$

das Princip ist folglich auch in diesem Falle gültig.

7) Betrachten wir jetzt ganz allgemein ein System von Kräften P, P', P'' ..., die, auf beliebige Puncte A, A', A'', ... eines frei beweglichen Körpers wirkend, im Gleichgewichte sind. Seien F, G, H irgend drei andere Puncte des Körpers, welche nicht in einer Geraden liegen. Vermittelst des Parallelepipedums der Kräfte zerlege man die Kraft P nach den Richtungen AF, AG, AH in drei andere Q, R, S; eben so die Kraft P' nach den Richtungen $A'F$, $A'G$, $A'H$ in die Kräfte Q', R', S'; die Kraft P'' nach $A''F$, $A''G$, $A''H$ in die Kräfte Q'', R'', S''; u. s. w. Man setze hierauf die nach F gerichteten Kräfte Q, Q', Q'', ... zu einer einzigen Q_1 zusammen; auf gleiche Art bestimme man von den nach G gerichteten Kräften R, R', ... die Resultante R_1, und von den nach H gerichteten S, S', ... die Resultante S_1. Hiermit ist das ganze System auf die drei Kräfte Q_1, R_1, S_1 reducirt, welche sich daher ebenfalls das Gleichgewicht halten müssen. Wird nun der Körper um ein unendlich Weniges verrückt, so haben wir nach 4) die Gleichungen:

$$Pp = Qq + Rr + Ss\,, \qquad P'p' = Q'q' + R'r' + S's'\,, \quad \text{etc.}$$

$$Qq + Q'q' + \ldots = Q_1 q_1\,,$$

$$Rr + R'r' + \ldots = R_1 r_1\,,$$

$$Ss + S's' + \ldots = S_1 s_1\,,$$

und nach 5) oder 6), nachdem die Kräfte Q_1, R_1, S_1 sich in einem Puncte treffen oder einander parallel sind:

$$Q_1 q_1 + R_1 r_1 + S_1 s_1 = 0 \ .$$

Die Addition aller dieser Gleichungen aber gibt:

$$Pp + P'p' + P''p'' + \ldots = 0 \ ,$$

wie zu erweisen war.

§. 179. Der in §. 178 bewiesene Satz lässt sich auch umkehren, also:

Wenn jederzeit, wie auch der Körper um ein unendlich Weniges verrückt werden mag, die Summe der in die virtuellen Geschwindigkeiten multiplicirten Kräfte $Pp + P'p' + \ldots$ Null ist, so halten sich die Kräfte P, P', ... das Gleichgewicht.

Denn wären sie nicht im Gleichgewichte, so müssten sie durch Hinzufügung einer Kraft R, oder im allgemeineren Falle durch Hinzufügung zweier nicht zu einer Kraft vereinbaren Kräfte S und T, ins Gleichgewicht gebracht werden können. Vermöge des §. 178 müsste daher sein:

$$Rr + Pp + P'p' + \ldots = 0 \ ,$$

oder

$$Ss + Tt + Pp + P'p' + \ldots = 0 \ ,$$

also entweder $Rr = 0$, oder $Ss + Tt = 0$, weil jetzt

$$Pp + P'p' + \ldots = 0$$

sein soll.

Es ist aber nicht bei jeder Verrückung des Körpers $r = 0$ und daher $Rr = 0$, sondern nur dann, wenn der Angriffspunct von R entweder in Ruhe bleibt, oder sein Weg auf der Richtung von R rechtwinklig ist.

Eben so wenig kann bei den zwei einander nicht das Gleichgewicht haltenden und nicht auf eine Kraft reducirbaren Kräften S und T jederzeit

$$Ss + Tt = 0$$

sein. Denn heissen S_0 und T_0 die Angriffspuncte von S und T, und wird der Körper um eine durch S_0 gehende Axe gedreht, so ist $s = 0$. Alsdann ist der Weg von T_0 nur in dem Falle Null, wenn die Axe zugleich durch T_0 geht, und nur in dem Falle auf T perpendiculär, wenn sie zugleich mit T in einer Ebene liegt. Bei der Drehung um jede andere durch S_0 gehende Axe macht der Weg von T_0 mit T einen schiefen Winkel, und es ist daher nicht $t = 0$, also auch nicht

$$Ss + Tt = 0 \ .$$

Wird durch S_0 und T keine Ebene bestimmt, liegt also S_0 in T, so lassen sich S und T auf eine einzige Kraft reduciren, was gegen die Voraussetzung streitet.

Da also weder Rr noch $Ss + Tt$ stets gleich Null sein können, wie doch, wenn zwischen P, P', ... kein Gleichgewicht bestände, erforderlich wäre, so müssen P, P', ... im Gleichgewichte sein.

§. 180. Auch bei jedem Systeme mehrerer auf irgend eine Art mit einander verbundener Körper, auf welche Kräfte wirken, lässt sich, wie wir späterhin sehen werden, darthun, dass, wenn die Kräfte sich das Gleichgewicht halten, bei jeder möglichen Verrückung des Systems die Summe der Kräfte, multiplicirt in die virtuellen Geschwindigkeiten ihrer Angriffspuncte, Null ist, und dass umgekehrt, wenn diese Summe bei jeder Verrückung, welche die Verbindung der Körper zulässt, sich Null findet, Gleichgewicht herrscht. Das Princip der virtuellen Geschwindigkeiten in seiner umgekehrten Form schliesst daher die Bedingungen des Gleichgewichtes für jeden möglichen Fall in sich, und es müssen sich durch dasselbe ohne weitere Zuhülfenahme von Sätzen der Statik alle Aufgaben dieser Wissenschaft in Rechnung setzen und lösen lassen.

Johann Bernoulli scheint der erste gewesen zu sein, welcher das in Rede stehende Princip in seiner grossen Allgemeinheit aufgefasst und seinen Nutzen für die Statik erkannt hat. Wie aber dasselbe zur Lösung statischer Aufgaben wirklich angewendet werden kann, und wie sich aus ihm analytische Formeln herleiten lassen, welche die Lösungen aller das Gleichgewicht betreffenden Probleme in sich fassen, dies hat zuerst Lagrange gezeigt*). Sein Verfahren besteht dem Wesentlichen nach in Folgendem:

Bei jeder Aufgabe der Statik sind gewisse Bedingungen gegeben, denen die Angriffspuncte der Kräfte bei jeder möglichen Verrückung der Körper, auf welche die Kräfte wirken, unterworfen sind. Diese Bedingungen lassen sich immer durch eine gewisse Anzahl von Gleichungen zwischen den Coordinaten der Angriffspuncte ausdrücken. Man differentiire diese Gleichungen, wenn sie anders nicht schon ihrer Natur nach Differentialgleichungen sind, und eliminire damit aus der das Princip ausdrückenden Gleichung

$$\Sigma(Xdx + Ydy + Zdz) = 0$$

so viele Differentiale, als möglich, und verwandele auf diese Weise

*) Lagrange, Mécanique analytique, Section I.

die Gleichung in eine andere, welche bloss von einander unabhängige Differentiale enthält. Setzt man alsdann, wie gehörig, den Coëfficienten jedes dieser Differentiale für sich gleich Null, so hat man eben dadurch die zum Gleichgewichte nöthigen Bedingungen gefunden.

§. 181. Zur Erläuterung dieser Methode wollen wir damit die schon aus §. 66 bekannten Bedingungen des Gleichgewichtes für einen einzigen frei beweglichen Körper herzuleiten suchen.

Ausser dem rechtwinkligen Coordinatensysteme, dessen Axen eine unveränderliche Lage im Raume haben, und rücksichtlich dessen die Kräfte und ihre Angriffspuncte durch (X, Y, Z), (X', Y', Z'), ... und (x, y, z), (x', y', z'), ... bezeichnet werden, beziehe man jeden Angriffspunct noch auf ein zweites Coordinatensystem, dessen sich gleichfalls unter rechten Winkeln schneidende Axen mit dem Körper fest verbunden sind. Rücksichtlich dieses zweiten Systems seien die Angriffspuncte: (x_1, y_1, z_1), (x_1', y_1', z_1'), ... Sei ferner (a, b, c) der Anfangspunct des zweiten Systems in Bezug auf das erste und $\alpha, \beta, \gamma, \alpha', \ldots$, wie in §. 127, die Cosinus der Winkel, welche die Axen des einen Systems mit denen des anderen machen, so ist:

$$\begin{aligned} x &= a + x_1 \alpha + y_1 \alpha' + z_1 \alpha'', \\ y &= b + x_1 \beta + y_1 \beta' + z_1 \beta'', \\ z &= c + x_1 \gamma + y_1 \gamma' + z_1 \gamma'', \end{aligned}$$

und analog für die übrigen Angriffspuncte. Hierin sind, der Natur des festen Körpers gemäss, x_1, y_1, z_1 constant; dagegen sind $a, b, c, \alpha, \beta, \ldots, \gamma''$ und damit x, y, z bei der Bewegung des Körpers veränderlich. Differentiirt man daher diese Gleichungen, so kommt:

$$(a) \qquad \begin{cases} dx = da + x_1 d\alpha + y_1 d\alpha' + z_1 d\alpha'', \\ dy = db + x_1 d\beta + y_1 d\beta' + z_1 d\beta'', \\ dz = dc + x_1 d\gamma + y_1 d\gamma' + z_1 d\gamma''; \end{cases}$$

und somit lassen sich die virtuellen Geschwindigkeiten der Angriffspuncte, wie viel ihrer auch sein mögen, durch die zwölf Differentiale $da, db, dc, d\alpha, \ldots, d\gamma''$ ausdrücken.

Es sind aber vermöge der Gleichungen (A), oder (B), und (C) in §. 127 von den neun Cosinus $\alpha, \ldots, \gamma''$, und mithin auch von ihren Differentialen, nur drei von einander unabhängig. Um dieses zu berücksichtigen und um zugleich die deshalb nöthige Rechnung möglichst zu vereinfachen, wollen wir die Axen der x_1, y_1, z_1 mit denen der x, y, z anfänglich zusammenfallen lassen und daher die anfänglichen Werthe von $a, b, c, \alpha', \alpha'', \beta'', \beta, \gamma, \gamma'$ gleich Null und von α, β', γ'' gleich 1 setzen. Differentiiren wir nun die Gleichungen (A) und (C) und setzen alsdann für α, ..., γ'' die bemerkten Werthe, so findet sich:

$$d\beta'' + d\gamma' = 0\ ,\qquad d\gamma + d\alpha'' = 0\ ,\qquad d\alpha' + d\beta = 0\ ,$$
$$d\alpha = 0\ ,\qquad d\beta' = 0\ ,\qquad d\gamma'' = 0\ ,$$

und es kommt, wenn wir damit $d\beta''$, $d\gamma$, $d\alpha'$, $d\alpha$, $d\beta'$, $d\gamma''$ aus (a) eliminiren und mehrerer Symmetrie willen dp, dq, dr für $d\gamma'$, $d\alpha''$, $d\beta$ schreiben:

$$(b)\qquad \begin{cases} dx = da - y\,dr + z\,dq\ , \\ dy = db - z\,dp + x\,dr\ , \\ dz = dc - x\,dq + y\,dp\ , \end{cases}$$

wo noch x, y, z für x_1, y_1, z_1 gesetzt sind, da unter der gemachten Annahme anfänglich $x_1 = x$, $y_1 = y$, $z_1 = z$ ist.

Mit diesen Werthen für dx, dy, dz wird nun:

$$(c)\qquad X\,dx + Y\,dy + Z\,dz = X\,da + Y\,db + Z\,dc$$
$$+ (yZ - zY)\,dp + (zX - xZ)\,dq + (xY - yX)\,dr\ .$$

Bilden wir eine ähnliche Gleichung für jede andere Kraft des Systems und summiren dann alle diese Gleichungen, so kommt, weil nach dem Princip der virtuellen Geschwindigkeiten beim Gleichgewichte

$$\Sigma(X\,dx + Y\,dy + Z\,dz) = 0$$

ist, und weil da, db, dc, dq, dp, dr nicht von einander und bloss von der willkürlichen Bewegung des Körpers abhängen, mithin für alle Kräfte einerlei Werth haben:

$$\Sigma X = 0\ ,\qquad \Sigma Y = 0\ ,\qquad \Sigma Z = 0\ ,$$
$$\Sigma(yZ - zY) = 0\ ,\qquad \Sigma(zX - xZ) = 0\ ,\qquad \Sigma(xY - yX) = 0\ ,$$

welches die gesuchten Bedingungen für das Gleichgewicht sind.

§. 182. Zu der beim Gleichgewichte stattfindenden Gleichung zwischen den virtuellen Geschwindigkeiten

$$\Sigma(X\,dx + Y\,dy + Z\,dz) = 0$$

gelangten wir in §. 177 durch die Betrachtung, dass die Function $S = \Sigma(Xx + Yy + Zz)$ beim Gleichgewichte ein Maximum oder Minimum sein müsse. Da wir uns hierauf (§§. 178, 179) von der Richtigkeit dieser Gleichung noch auf andere Weise überzeugt haben, so können wir aus ihr nach der Theorie der Grössten und Kleinsten jetzt umgekehrt schliessen, dass die Function S beim Gleichgewichte ihren grössten Werth erreicht, und zwar ersteren, wenn das zweite Differential der Function negativ, letzteren, wenn es positiv ist.

Es gibt aber die Differentiation der Gleichung (c) für dies zweite Differential:

$$d^2S = Xd^2x + Yd^2y + Zd^2z = Xd^2a + Yd^2b + Zd^2c$$
$$+ (yZ - zY)d^2p + (zX - xZ)d^2q + (xY - yX)d^2r$$
$$+ (Zdy - Ydz)dp + (Xdz - Zdx)dq + (Ydx - Xdy)dr.$$

Setzen wir hierin für dx, dy, dz ihre Werthe aus (b), summiren dann, erwägen, dass beim Gleichgewichte $\Sigma X, \ldots$ und $\Sigma(yZ - zY), \ldots$ Null sind, und gebrauchen endlich die in §. 127 für $\Sigma yZ = \Sigma zY, \ldots$ und für $\Sigma(yY + zZ), \ldots$ eingeführten Bezeichnungen F, G, H und f, g, h, so ergibt sich:

$$(d) \qquad d^2S = -fdp^2 - gdq^2 - hdr^2$$
$$+ 2Fdqdr + 2Gdrdp + 2Hdpdq \ .$$

Nun ist nach den Gleichungen (b) für alle Puncte der durch den Anfangspunct der Coordinaten gehenden Geraden, welcher die Gleichungen

$$\frac{dp}{x} = \frac{dq}{y} = \frac{dr}{z}$$

zukommen, und welche wir l nennen wollen, $dx = da$, $dy = db$, $dz = dc$. Alle Puncte dieser Geraden l bewegen sich daher bei der Verrückung des Körpers um gleiche Theile nach parallelen Richtungen fort, so dass, wenn man den ganzen Körper an dieser parallelen Bewegung der l theilnehmen lässt, er dann nur noch um einen gewissen Winkel um l gedreht werden muss, um aus seiner anfänglichen in die neue durch da, db, dc, dp, dq, dr bestimmte Lage zu gelangen (vergl. §. 130).

Setzen wir nun

$$dp = \varphi \,.\, ds \,, \qquad dq = \chi \,.\, ds \,, \qquad dr = \psi \,.\, ds \,,$$

und

$$ds^2 = dp^2 + dq^2 + dr^2 \,,$$

also

$$\varphi^2 + \chi^2 + \psi^2 = 1 \ ,$$

so sind, den Gleichungen für l zufolge, φ, χ, ψ die Cosinus der Winkel der Drehungsaxe l mit den Axen der x, y, z, haben also dieselbe Bedeutung, wie oben (§. 128).

Es ist also vermöge der Gleichung (d), nachdem wir darin für dp, dq, dr ihre jetzigen Werthe substituirt haben, die Summe S ein Maximum oder ein Minimum, je nachdem die Function

$$f\varphi^2 + g\chi^2 + h\psi^2 - 2F\chi\psi - 2G\psi\varphi - 2H\varphi\chi$$

positiv oder negativ ist; — übereinstimmend mit den bereits im Vorigen erhaltenen Resultaten, dass, je nachdem diese Function einen positiven oder negativen Werth hat, das Gleichgewicht sicher oder unsicher ist, und dass beim sicheren Gleichgewichte die Summe S ein Grösstes, beim unsicheren ein Kleinstes ist.

§. 183. Zusätze. *a*) Wird der Körper nur gedreht, und dieses um die durch den Anfangspunct O der Coordinaten gehende Axe l, nicht aber zugleich parallel mit sich fortgerückt, so sind da, db, dc gleich Null, und die Gleichungen (b) werden

$$(b^*) \quad dx = zdq - ydr\,, \quad dy = xdr - zdp\,, \quad dz = ydp - xdq\,.$$

Addirt man die Quadrate derselben, nachdem man in ihnen wie vorhin, $\varphi\,.\,ds$, ... für dp, ... gesetzt hat, so ergibt sich:

$$\begin{aligned} dx^2 + dy^2 + dz^2 &= (x^2 + y^2 + z^2)ds^2 - (x\varphi + y\chi + z\psi)^2 ds^2 \\ &= r^2 ds^2 - (rds\,.\cos r^\wedge l)^2 \\ &= (rds\,.\sin r^\wedge l)^2\,, \end{aligned}$$

wenn man noch die von O bis zum Puncte (x, y, z) geführte Gerade r nennt. Es ist aber $r\,.\sin r^\wedge l$ das von (x, y, z) auf die durch O gehende Axe l gefällte Perpendikel, und $\sqrt{dx^2 + dy^2 + dz^2}$ der von (x, y, z) bei der Drehung beschriebene Weg. Da nun dieser Weg der Natur der Sache nach auf jenem Perpendikel und der Drehungsaxe normal ist, so ist

$$ds = \sqrt{dx^2 + dy^2 + dz^2} : r\,.\sin r^\wedge l$$

gleich dem unendlich kleinen Winkel selbst, um welchen der Körper gedreht worden.

b) Fällt die Axe der Drehung mit der Axe der x zusammen, so werden $\varphi = 1$, $\chi = 0$, $\psi = 0$, folglich $dp = ds$ gleich dem Drehungswinkel, und dq, dr gleich Null. Wenn daher der Körper um die Axe der x um einen Winkel gleich dp gedreht wird, so sind nach (b^*) die nach den Coordinatenaxen geschätzten Verrückungen des Punctes (x, y, z):

$$dx = 0\,, \quad dy = -zdp\,, \quad dz = ydp\,.$$

Auf gleiche Weise finden sich diese Verrückungen bei einer Drehung um die Axe der y um einen Winkel gleich dq:

$$dx = zdq\,, \quad dy = 0\,, \quad dz = -xdq\,,$$

und eben so bei einer Drehung um die Axe der z um einen Winkel gleich dr:

$$dx = -ydr\,, \quad dy = xdr\,, \quad dz = 0\,.$$

Wird folglich der Körper nach und nach um die Axen der x, y, z resp. um die Winkel dp, dq, dr gedreht, so sind nach den Principien der Differentialrechnung die dadurch bewirkten Verrückungen des Punctes (x, y, z) die Summen der eben gefundenen, d. i.

$$dx = z\,dq - y\,dr\ , \qquad dy = x\,dr - z\,dp\ , \qquad dz = y\,dp - x\,dq\ ,$$

also dieselben, wie in (b^*), d. h. die drei Drehungen dp, dq, dr um die Axen der x, y, z sind gleichwirkend mit einer einzigen Drehung

$$ds = \sqrt{dp^2 + dq^2 + dr^2}$$

um eine durch O gehende Axe l, welche mit jenen Axen Winkel macht, deren Cosinus sich wie dp, dq, dr verhalten.

Unendlich kleine Drehungen um drei sich unter rechten Winkeln in einem Puncte schneidende Axen lassen sich daher ganz auf dieselbe Weise, wie Kräfte, zu einer einzigen Drehung zusammensetzen, indem man nämlich den Axen und Winkeln der Drehungen die Richtungen und Intensitäten der Kräfte entsprechen lässt.

c) Diese merkwürdige Analogie zwischen Drehungen und Kräften dehnt sich aber noch viel weiter aus. Denn so wie Kräfte, deren Richtungen in eine und dieselbe Gerade fallen, gleiche Wirkung mit einer einzigen nach derselben Geraden gerichteten Kraft haben, welche der algebraischen Summe der Kräfte gleich ist, oder sich das Gleichgewicht halten, wenn ihre Summe Null ist, so sind auch Drehungen um eine und dieselbe Axe gleichwirkend mit einer ihrer Summe gleichen Drehung um die nämliche Axe, oder sie lassen den Körper unverrückt, wenn ihre Summe Null ist. Da nun mit Hülfe des rechtwinkligen Parallelepipedums der Kräfte und des Satzes von Kräften, deren Richtungen in dieselbe Gerade fallen, sich alle Zusammensetzungen und Zerlegungen von Kräften, die auf einen und denselben Punct gerichtet sind, ausführen lassen, und da durch passende Verbindung dieser Operationen jedes System von Kräften überhaupt, wenn es nicht im Gleichgewichte ist, auf die geringste Anzahl von Kräften reducirt werden kann, so müssen sich auf dieselbe Weise, wie Kräfte, auch Drehungen um beliebig gerichtete Axen auf eine oder höchstens zwei Drehungen reduciren lassen und unter denselben Bedingungen keine Verrückung hervorbringen, unter welchen Kräfte mit einander im Gleichgewichte sind, d. h.:

Unendlich kleine Drehungen heben sich stets gegen einander auf, wenn ihnen proportionale und nach ihren Axen gerichtete Kräfte sich das Gleichgewicht halten, und umgekehrt.

d) Die gegenseitige Beziehung zwischen Kräften und rein geometrischen Drehungen offenbart sich noch auf eine sehr bemerkenswerthe Art bei Paaren von Kräften und Drehungen. Ein Kräftepaar strebt den Körper, auf den es wirkt, um eine auf der Ebene der Kräfte normale Axe zu drehen, und die Grösse dieses Strebens wird durch das Moment des Paares, d. h. durch das Product aus der einen Kraft in ihre Entfernung von der anderen, gemessen, da Paare in einer Ebene von gleichen Momenten auch gleiche Wirkungen haben. Dagegen wird der Körper durch zwei einander gleiche und entgegengesetzte Drehungen um zwei parallele Axen parallel mit einer Normallinie auf der Ebene der Axen fortgerückt, und dieses um eine Grösse, die dem Product aus dem Drehungswinkel in den gegenseitigen Abstand der beiden Axen gleich ist. Es leuchtet hieraus von selbst ein, dass das Axenpaar der Drehungen ebenso, wie das Kräftepaar, ohne Aenderung seiner Wirkung beliebig in seiner Ebene und in jeder damit parallelen Ebene verlegt werden kann, und dass eben so wenig, wie ein Kräftepaar sich auf eine einzige Kraft reduciren lässt, auch ein Paar von Drehungen mit einer einzigen Drehung gleiche Wirkung hat.

e) Das Moment einer Kraft in Bezug auf eine Axe des Körpers kann als die Grösse des Strebens betrachtet werden, mit welchem die Kraft den Körper um die Axe, falls diese unbeweglich gemacht wird, zu drehen sucht. Denn, wie schon aus dem Früheren leicht erhellt und späterhin besonders bewiesen werden wird, sind an einem Körper, der eine unbewegliche Axe hat, zwei Kräfte gleichwirkend, wenn sie in Bezug auf die Axe einander gleiche Momente haben. Zufolge der eben bemerkten Reciprocität zwischen drehender und fortrückender Bewewegung wird daher umgekehrt durch eine unendlich kleine Drehung des Körpers um eine Axe ein gleichförmiges Fortrücken desselben in Bezug auf eine andere Gerade erzeugt werden, und die Grösse dieses Fortrückens wird auf ganz ähnliche Art, wie das Moment einer Kraft, von der Lage der Geraden gegen die Drehungsaxe und von der Grösse der Drehung abhängig sein.

In der That folgt dies auch unmittelbar aus jeder der Gleichungen (b^*). Denn so ist z. B. dz, oder die nach der Axe der z geschätzte Verrückung des Punctes (x, y, z), gleich $y\,dp - x\,dq$, also unabhängig von z, d. h. jeder Punct der die Ebene der x, y im Puncte (x, y) normal treffenden Geraden rückt längs derselben um gleichviel fort, wenn der Körper um die Axe l um ds gedreht wird. Die Fortrückung selbst aber ist, wenn für dp und dq ihre Werthe aus §. 182 substituirt werden, gleich $(y\varphi - x\chi)\,ds$, und auf gleiche Weise findet sich (§. 65) in Bezug auf dieselbe Gerade das Moment einer Kraft P, welche die Axe l zur Richtung hat, also durch den Anfangspunct O geht und mit den Axen der x, y, z Winkel macht, deren Cosinus gleich φ, χ, ψ sind, gleich $(y\varphi - x\chi)P$. Die längs einer Geraden geschätzte Fortrückung ihrer Puncte, wenn der Körper um einen unendlich kleinen Winkel gedreht wird, ist daher nichts anderes, als das auf diese Gerade bezogene Moment der Drehung, also das Product aus der Drehung in den kürzesten Abstand ihrer Axe von der Geraden und in den Sinus des Winkels, den beide Linien mit einander machen (§. 59, Zus.).

Eine weitere Ausführung dieses Gegenstandes gestattet der Raum nicht, und ich bemerke nur noch, dass zu Folge des jetzt Erörterten Alles, was bis zum Ende des sechsten Kapitels von Kräften und den Momenten derselben gelehrt worden ist, auch vollkommene Anwendung auf unendlich kleine Drehungen und deren Momente erleidet.

Das Princip der kleinsten Quadrate.

§. 184. Ausser der Function $\Sigma(Xx + Yy + Zz)$, die beim Gleichgewichte ein Maximum oder ein Minimum wird, gibt es noch eine andere Function, welche dieselbe Eigenschaft besitzt, und die sich ebenfalls aus der Gleichung zwischen den virtuellen Geschwindigkeiten durch Integration herleiten lässt. Zu dem Ende wollen wir uns jede Kraft, wie im Früheren, ihrer Richtung und Grösse nach durch eine von ihrem Angriffspuncte ausgehende gerade Linie ausgedrückt vorstellen. Für die Kraft (X, Y, Z) ist daher (x, y, z) der Anfangspunct dieser Linie; der Endpunct sei (ξ, η, ζ), also $\xi - x$, $\eta - y$, $\zeta - z$ proportional mit X, Y, Z. Nach dem Princip der virtuellen Geschwindigkeiten muss daher beim Gleichgewichte sein:

$$\Sigma[(\xi - x)dx + (\eta - y)dy + (\zeta - z)dz] = 0 \ .$$

Von der linken Seite dieser Gleichung ist aber, sobald wir die Coordinaten ξ, η, ζ der Endpuncte der Kräfte constant nehmen und die Gleichung noch mit -2 multipliciren, das Integral:

$$\Sigma[(\xi - x)^2 + (\eta - y)^2 + (\zeta - z)^2] = M \ .$$

Dieser Ausdruck muss daher beim Gleichgewichte gleichfalls ein Maximum oder Minimum sein.

Sind demnach auf einen frei beweglichen Körper wirkende Kräfte im Gleichgewichte, und werden sie ihrer Richtung und Intensität nach durch gerade von ihren Angriffspuncten A, A', ... aus gezogene Linien AF, $A'F'$, ... dargestellt, so ist, wenn man bei Verrückung des Körpers die Puncte F, F', ... unbeweglich annimmt, die Summe der Quadrate $AF^2 + A'F'^2 + \ldots$ bei der Lage des Körpers im Gleichgewichte ein Maximum oder Minimum.

Da das Princip der virtuellen Geschwindigkeiten nach §. 179

umgekehrt werden kann, so muss dieses auch mit dem voranstehenden Satze geschehen können, und wir erhalten damit folgenden neuen Satz:

Hat man ein bewegliches System in unveränderlichen Entfernungen von einander liegender Puncte A, A', ... und ein unbewegliches System von eben so vielen Puncten F, F', ..., und bringt man das erstere System gegen das letztere in eine solche Lage, dass die Summe der Quadrate $AF^2 + A'F'^2 + \dots$ rücksichtlich je zweier einander entgegengesetzter Verrückungen ein Maximum oder ein Minimum ist, so halten sich in dieser Lage in A, A', ... nach den Richtungen AF, $A'F'$, ... angebrachte und denselben Linien AF, $A'F'$, ... ihrer Intensität nach proportionale Kräfte das Gleichgewicht.

§. 185. Ob bei einem gegebenen Systeme im Gleichgewichte befindlicher Kräfte, nachdem diese durch Linien ausgedrückt worden sind, die Summe M der Quadrate dieser Linien in Bezug auf eine gegebene Verrückung ein Maximum oder Minimum sei, ist aus dem zweiten Differentiale von M zu beurtheilen. Dieses findet sich

$$d^2M = 2\Sigma(dx^2 + dy^2 + dz^2) - 2\Sigma(Xd^2x + Yd^2y + Zd^2z)\,,$$

nachdem zuletzt für $\xi - x$, $\eta - y$, $\zeta - z$ wieder X, Y, Z gesetzt worden.

Es folgt hieraus zunächst, dass wenn der Körper, auf welchen die Kräfte wirken, nicht gedreht, sondern nur parallel mit sich verrückt wird, die Summe M stets ein Minimum ist. Denn wegen der Beständigkeit der von einander unabhängigen Differentiale da, db, dc, ds werden, wenn der Drehungswinkel ds gleich Null gesetzt wird, auch d^2x, d^2y, d^2z, d^2x', ... gleich Null, folglich

$$d^2M = 2\Sigma(dx^2 + dy^2 + dz^2)$$

gleich einer positiven Grösse, folglich u. s. w.

Eben so ist M rücksichtlich jeder Bewegung des Körpers ein Minimum, wenn das Gleichgewicht Sicherheit hat. Denn in diesem Falle ist $\Sigma(Xd^2x + Yd^2y + Zd^2z)$ negativ (§. 182, zu Ende) und daher d^2M positiv.

Ist dagegen das Gleichgewicht unsicher, so kann nach Beschaffenheit der übrigen Umstände d^2M bald positiv, bald negativ, und daher die Summe M bald ein Grösstes, bald ein Kleinstes sein.

Immer aber können die die Kräfte vorstellenden Linien so klein genommen werden, dass auch bei jedem unsicheren Gleichgewichte die Summe ihrer Quadrate stets ein Kleinstes ist. Denn lässt man X, Y, Z, X', ... unendlich klein sein, so wird das zweite Glied in dem Ausdrucke für d^2M von der dritten Ordnung und verschwindet damit gegen das erste Glied, welches von der zweiten Ordnung und immer positiv ist.

Wird demnach zu dem beweglichen Systeme der Angriffspuncte A, A', ... mehrerer sich das Gleichgewicht haltender Kräfte ein zweites System von eben so viel den ersteren resp. unendlich nahe liegenden unbeweglichen Puncten F, F', ... hinzugefügt, so dass die Entfernungen AF, $A'F'$, ... der letzteren Puncte von den ihnen entsprechenden Angriffspuncten ihrer Richtung und Grösse nach die Kräfte ausdrücken, so wird die Summe der Quadrate dieser Entfernungen bei jeder Verrückung des Systems der Angriffspuncte aus der Lage des Gleichgewichtes stets grösser werden.

Diese Eigenschaft des Gleichgewichtes ist es, welche ich in der Ueberschrift dieses Abschnitts das Princip der kleinsten Quadrate genannt habe. Es ist dieses Princip zuerst von Gauss aufgestellt worden, und zwar als ein specieller Fall eines weit allgemeineren von ihm entdeckten Princips, auf welches die ganze Mechanik gegründet werden kann*).

§. 186. Zum Schlusse wollen wir noch untersuchen, um wie viel die Summe der unendlich kleinen Quadrate wächst, wenn der Körper von der Lage des Gleichgewichtes um ein unendlich Weniges entfernt wird.

Seien ΔM, Δx, Δy, Δz die Incremente, welche M, x, y, z bei irgend einer Verrückung des Körpers erhalten, so ist (§. 184):

$$\begin{aligned}\Delta M = -2\Sigma[(\xi - x)\Delta x + (\eta - y)\Delta y + (\zeta - z)\Delta z] \\ + \Sigma(\Delta x^2 + \Delta y^2 + \Delta z^2)\ .\end{aligned}$$

Werden nun die Incremente Δx, Δy, Δz unendlich klein genommen, so wird $\Sigma(\Delta x^2 + \Delta y^2 + \Delta z^2)$ ein unendlich Kleines der zweiten Ordnung, und wegen des vor der Verrückung angenommenen Gleichgewichtes,

$$\begin{aligned}\Sigma[(\xi - x)\Delta x + (\eta - y)\Delta y + (\zeta - z)\Delta z] \\ = \Sigma(X\Delta x + Y\Delta y + Z\Delta z) = 0\ ,\end{aligned}$$

d. h. gleich einem unendlich Kleinen von einer höheren Ordnung, als der ersten, so lange X, Y, Z endliche Grössen sind. Lässt man folglich auch X, Y, Z, X', ... unendlich klein sein, so wird $\Sigma(X\Delta x + \ldots)$ von einer höheren Ordnung, als der zweiten, und verschwindet damit gegen $\Sigma(\Delta x^2 + ..)$, und die vorige Gleichung reducirt sich auf:

$$\Delta M = \Sigma(\Delta x^2 + \Delta y^2 + \Delta z^2)\ .$$

---

*) Gauss, Ueber ein neues allgemeines Grundgesetz der Mechanik, Crelle's Journal, Bd. 4, p. 232.

Bezeichnen daher A, A', ... die Oerter der Angriffspuncte beim Gleichgewichte und B, B', ... die Oerter derselben nach einer unendlich kleinen Verrückung, so hat man

$$\Sigma(BF^2) - \Sigma(AF^2) = \Sigma(AB^2) \; ,$$

d. h. die Summe der Quadrate der Entfernungen der Puncte des beweglichen Systems von den entsprechenden unbeweglichen Puncten wächst bei einer unendlich kleinen Verrückung des beweglichen Systems um die Summe der Quadrate der von den Puncten dieses Systems beschriebenem Wege.

§. 187. Zusätze. *a)* Wirken alle Kräfte auf einen einzigen Punct A, fallen also A', A'', ... mit A, und daher auch B', B'', ... mit B zusammen, so wird die vorige Gleichung

$$\Sigma(BF^2) - \Sigma(AF^2) = n \,.\, AB^2 \; ,$$

wo n die Anzahl der Kräfte ist. Da hierbei alle Entfernungen zwischen den noch vorhandenen Puncten A, B, F, F', ... unendlich klein sind, mithin das unendlich Kleine mit dem Endlichen nicht mehr in Vergleichung kommt, so wird diese Gleichung auch noch gelten, wenn wir die Puncte in endliche Entfernungen von einander gestellt, also die Kräfte durch endliche Linien ausgedrückt und die Verrückung AB ebenfalls endlich annehmen. Wir kommen hiermit auf einen anderen schon seit lange bekannten Satz zurück. Sind nämlich auf den Punct A wirkende und durch die Linien AF, AF', ... vorgestellte Kräfte im Gleichgewichte, so ist die Summe der Projectionen dieser Linien auf jede durch A gelegte Gerade gleich Null (§. 67, Zusätze), und daher A der Mittelpunct von einander gleichen und parallelen auf F, F', ... wirkenden Kräften (§. 109, *b*), also auch der Schwerpunct von einander gleichen in F, F', ... angebrachten Massen oder der sogenannte Punct der mittleren Entfernungen von F, F', ... Die obige Formel drückt demnach folgenden Satz aus:

*Hat man ein System von n Puncten, so ist die Summe der Quadrate ihrer Abstände von einem beliebigen anderen Puncte B stets grösser, als die Summe der Quadrate ihrer Abstände von dem Puncte A der mittleren Entfernungen, und zwar grösser um das n-fache Quadrat des Abstandes dieses letzteren Punctes von jenem willkürlich genommenen**).

*) Unter anderen findet sich dieser Satz nebst mehreren interessanten Folgerungen in Carnot's Geometrie der Stellung, übersetzt von Schumacher, 2. Theil, Artik. 274—296.

b) Besteht das System nur aus zwei Kräften, so wird die allgemeine Gleichung in §. 186:

$$BF^2 + B'F'^2 - AF^2 - A'F'^2 = AB^2 + A'B'^2 \, .$$

Dies lässt sich unter den nöthigen Voraussetzungen, dass A, A', F, F' in einer Geraden liegen, dass $FA = A'F'$, dass $AA' = BB'$, und dass AF, $A'F'$, AB, $A'B'$ unendlich klein sind, ohne Schwierigkeit auch geometrisch darthun. Ist dieses geschehen, so kann man letztere Gleichung in Verbindung mit der ebenfalls leicht geometrisch erweislichen Gleichung in *a*) dazu benutzen, um das Princip der kleinsten Quadrate auf ähnliche Art, wie das Princip der virtuellen Geschwindigkeiten (§. 178), aus den ersten Gründen der Statik herzuleiten.

Lehrbuch

der

STATIK

von

August Ferdinand Möbius,

Professor der Astronomie zu Leipzig, Correspondenten der Königl. Akademie der Wissenschaften in Berlin und Mitgliede der naturforschenden Gesellschaft in Leipzig.

Zweiter Theil.

Mit einer Kupfertafel.

Leipzig

bei Georg Joachim Göschen

1837.

Inhalt des zweiten Theiles.

Gesetze des Gleichgewichtes zwischen Kräften, welche auf mehrere mit einander verbundene feste Körper wirken.

Erstes Kapitel.

Vom Gleichgewichte bei zwei mit einander verbundenen Körpern.

§. 188. Begriff des mit einander Verbundenseins von Körpern im Allgemeinen. — §. 189. Die Art der Verbindung, welche hier allein berücksichtigt werden soll, ist die gegenseitige Berührung der Körper.

§. 190. Grundsätze. — §. 191. Bedingungen des Gleichgewichtes zwischen Kräften, welche auf einen frei beweglichen Körper und einen in dessen Oberfläche beweglichen Punct wirken. — §. 192. Bedingungen des Gleichgewichtes, wenn entweder der Körper oder der Punct unbeweglich angenommen wird; wenn auf mehrere in der Oberfläche des Körpers bewegliche Puncte Kräfte wirken, u. s. w. Geometrische Folgerungen. — §. 193. Ein Körper, dessen Oberfläche durch sechs oder mehrere unbewegliche Puncte zu gehen genöthigt ist, ist im Allgemeinen ebenfalls unbeweglich. Bei weniger als sechs unbeweglichen Puncten findet stets noch Beweglichkeit statt.

§. 194. Bedingungen des Gleichgewichtes bei zwei sich in einem Puncte mit ihren Flächen berührenden Körpern. — §. 195. Begriff der Gegenkräfte. — §§. 196. 197. Bedingung des Gleichgewichtes bei zwei sich in mehreren Puncten berührenden Körpern.

§. 198. Ausser der Flächenberührung kann die Begegnung zweier Körper in einem Puncte auch darin bestehen, dass eine Ecke oder Kante des einen Körpers an eine Ecke, Kante oder Fläche des anderen trifft. Wie diese Arten der Begegnung auf die Flächenberührung immer zurückgeführt werden können. Die Richtung der Gegenkräfte wird hierbei zum Theil oder ganz unbestimmt. — §. 199. Allgemeinere Bestimmung des Begriffs der Gegenkräfte. Bedingung des Gleichgewichtes zwischen zwei sich berührenden Körpern im allgemeinsten Falle. — §. 200. Uebereinstimmung und Verschiedenheit zwischen den im Vorigen eingeführten

Gegenkräften und den in der Wirklichkeit stattfindenden Pressungen und Spannungen.

Gleichgewicht an einem nicht völlig frei beweglichen Körper. §. 201. Die Bedingungsgleichungen des Gleichgewichtes, wenn ein Punct des Körpers unbeweglich ist, oder wenn ein Punct in einer unbeweglichen Linie oder Fläche beweglich ist; — §. 202. wenn zwei Puncte des Körpers unbeweglich sind, oder wenn einer derselben, oder beide in unbeweglichen Linien etc. beweglich sind; — §. 203. wenn drei Puncte des Körpers in einer unbeweglichen Ebene beweglich sind. Sind drei Puncte des Körpers unbeweglich oder in unbeweglichen Linien beweglich, so ist der Körper selbst im Allgemeinen unbeweglich. — §. 204. Den sechs Bedingungsgleichungen für das Gleichgewicht eines Körpers entsprechen sechs von einander unabhängige Bewegungen des Körpers. Ist er an einigen dieser Bewegungen gehindert, so ist die Erfüllung der Gleichungen, die den noch möglichen übrigen Bewegungen entsprechen, die Bedingung des Gleichgewichtes.

Zweites Kapitel.

Vom Gleichgewichte bei einer beliebigen Anzahl mit einander verbundener Körper.

§. 205. Bedingung dieses Gleichgewichtes, wenn alle Körper des Systems an sich frei beweglich sind. — §. 206. Nachträgliche Bemerkungen. — §. 207. Die Bedingung des Gleichgewichtes eines Systems von Körpern besteht in jedem Falle in der Möglichkeit, in den Berührungspuncten der Körper Gegenkräfte von solcher Intensität anzubringen, dass jeder Körper des Systems für sich ins Gleichgewicht kommt.

Gleichung der virtuellen Geschwindigkeiten bei mit einander verbundenen Körpern. §§. 208—210. Beweis, dass die in §. 178 für das Gleichgewicht eines einzigen Körpers bewiesene Gleichung auch beim Gleichgewichte mehrerer mit einander verbundener Körper Gültigkeit hat. — §. 211. Beweis des umgekehrten Satzes nach Laplace und Poisson. — §. 212. Anderer Beweis des umgekehrten Satzes.

§. 213. Bei jedem Systeme von Körpern, welches sich im Gleichgewichte befindet, ist die Summe der Producte aus jeder Kraft in die Entfernung ihres Angriffspunctes von einem unbeweglichen in ihrer Richtung beliebig genommenen Puncte ein Maximum oder Minimum, und zwar ersteres, wenn das Gleichgewicht sicher, letzteres, wenn es unsicher ist. — §. 214. Elementarer Beweis dieses Satzes.

Drittes Kapitel.

Anwendung der vorhergehenden Theorie auf einige Beispiele.

§. 215. Uebersicht des Verfahrens, nach welchem jede hierbei vorkommende Aufgabe in Gleichungen gesetzt und gelöst werden kann. — §§. 216. 217. Die Bedingungen des Gleichgewichtes zwischen Kräften, welche auf vier sich berührende Kugeln wirken. — §§. 218. 219. Die Bedingungen des Gleichgewichtes zwischen vier Kräften, welche auf die Ecken eines Vierecks wirken, dessen Seiten von unveränderlicher Länge, dessen Winkel aber veränderlich sind. — §§. 220—223. Betrachtung des speciellen Falles, wenn das Viereck ein ebenes ist. — §. 224. Ebenso, wie bei einem Vierecke, lassen sich auch bei einem mehrseitigen Vielecke mit veränderlichen Winkeln und Seiten von constanter Länge die Bedingungen des Gleichgewichtes zwischen Kräften, die an den Ecken angebracht sind, ausmitteln. Geometrische Folgerungen. — §§. 225. 226. Die Bedingungen des Gleichgewichtes zwischen Kräften zu finden, welche auf die Seiten eines Vierecks wirken, dessen Seiten von constanter Länge, dessen Winkel aber veränderlich sind. — §§. 227—230. Dieselbe Aufgabe unter einigen speciellen Voraussetzungen. — §§. 231. 232. Die Bedingungen des Gleichgewichtes zwischen Kräften, die auf drei Gerade wirken, welche an drei unbeweglichen Puncten verschiebbar sind, und deren gegenseitige Durchschnitte in drei unbeweglichen Geraden einer Ebene beweglich sind. Geometrische Folgerungen. — §. 233. Die Bedingungen des Gleichgewichtes zwischen Kräften, welche auf die gegenseitigen Durchschnitte von drei Geraden wirken, die um drei unbewegliche Puncte beweglich sind.

Bedingungen des Gleichgewichtes bei sich ähnlich bleibenden Figuren. §§. 234. 235. Sind drei Puncte in einer Ebene dergestalt beweglich, dass das von ihnen gebildete Dreieck sich immer ähnlich bleibt, und sollen drei auf sie in der Ebene wirkende Kräfte sich das Gleichgewicht halten, so müssen sich die Richtungen der Kräfte in einem Puncte schneiden, der mit ersteren drei Puncten in einem Kreise liegt. Weitere Folgerungen. — §. 236. Ausdehnung dieser Untersuchung auf Systeme von vier und mehreren Puncten.

Viertes Kapitel.

Von den Bedingungen der Unbeweglichkeit.

§. 237. Wenn das Gleichgewicht eines Systems mit einander verbundener, an sich frei beweglicher Körper, auf welche Kräfte nach beliebigen Richtungen wirken, durch nicht mehr als sechs Gleichungen bedingt ist, so kann keine gegenseitige Beweglichkeit zwischen den Körpern stattfinden. — §§. 238. 239. Wie überhaupt bei einem Systeme mit einander verbundener Körper aus der Anzahl der Körper und der Anzahl und Beschaffenheit ihrer Begegnungen über ihre gegenseitige Beweglichkeit geurtheilt werden kann. — §. 240. Geometrischer Beweis, dass die gegenseitige Lage zweier Körper im Allgemeinen unveränderlich ist, wenn in der Oberfläche des einen Körpers sechs bestimmte Puncte des anderen enthalten sein sollen. — §. 241. Hieraus abgeleitete Fälle, in denen einem Systeme von weniger als sechs Puncten, die in unabänderlichen Entfernungen von einander sind, keine Bewegung mehr gestattet ist. — §. 242. Sollen n Körper, die durch Berührung ihrer Flächen mit einander verbunden sind, eine unveränderliche Lage gegen einander haben, so müssen sie sich wenigstens in $6(n-1)$ Puncten berühren. Fälle, in denen man sich schon im Voraus der gegenseitigen Unbeweglichkeit versichert halten kann. — §. 243. Analoge Sätze bei krummen Linien in Ebenen.

§. 244. Nutzen der vorhergehenden Betrachtungen, um bei einer geometrischen Figur zu bestimmen, wie viel Stücke derselben gegeben sein müssen, um daraus alle übrigen finden zu können. — §. 245. Erläuterung an einem Polyëder, von welchem alle Kanten ihrer Länge nach gegeben angenommen werden. — §. 246. Bedingung, unter welcher bei einem Systeme zusammenhängender Vielecke in einer Ebene aus den Längen der Seiten allein alle übrigen Stücke der Figur bestimmt werden können. — §. 247—249. Enthält eine Figur unbewegliche Puncte, eine ebene wenigstens zwei, eine räumliche wenigstens drei, so wird die gegenseitige Unbeweglichkeit der Theile der Figur eine vollkommene Unbeweglichkeit. Statische Untersuchung dieser Unbeweglichkeit. Beispiele.

Fünftes Kapitel.

Von der unendlich kleinen Beweglichkeit.

§. 250. Werden von den Theilen einer Figur so viele unveränderlich angenommen, dass die gegenseitige Lage der Theile im Allgemeinen unveränderlich wird, so lassen sich immer noch specielle Bedingungen für das Verhalten der Theile zu einander ausfindig machen, unter denen die gegenseitige Unbeweglichkeit aufhört. — §. 251. Untersuchung der Beschaffenheit der Gleichungen, welche diese Bedingungen ausdrücken. — §. 252. Die bei einer solchen Bedingungsgleichung stattfindende Beweglichkeit der Figur ist im Allgemeinen unendlich klein, und es hat alsdann jedes von den unveränderlich gesetzten Stücken der Figur, wenn man es veränderlich werden, die übrigen aber constant bleiben lässt, seinen grössten oder kleinsten Werth. Hieraus entspringende neue Methode, um mit Hülfe der Statik geometrische Aufgaben über Maxima und Minima zu lösen. — §. 253. Die Bedingung zu finden, unter welcher ein Winkel eines ebenen Vierecks, dessen Seiten constante Längen haben, seinen grössten oder kleinsten Werth erreicht. — §§. 254—256. Die Bedingung, unter welcher ein Viereck beweglich wird, welches Seiten von constanter Länge, aber veränderliche Winkel hat, und dessen Ecken in unbeweglichen in seiner Ebene enthaltenen Linien beweglich sind. Analoge Bedingung für das Dreieck und mehrseitige Vielecke. — §§. 257. 258. Vier gerade Linien von unbestimmter Länge, von denen jede der nächstfolgenden und die letzte der ersten zu begegnen genöthigt ist, liegen in einer horizontalen Ebene und sind um unbewegliche Puncte in verticalen Ebenen drehbar. Man soll für dieses System, welches im Allgemeinen unbeweglich ist, die Bedingung der Beweglichkeit und die dann nöthige Bedingung des Gleichgewichtes finden. Duales Verhältniss zwischen dieser Aufgabe und der vorigen. — §. 259. Dieselbe Aufgabe für ein System von drei Linien. Lösung eines statischen Paradoxons. — §. 260. Bedingung der Beweglichkeit eines Systems dreier Geraden, welche in einer Ebene an drei unbeweglichen Puncten verschiebbar, und deren gegenseitige Durchschnitte in unbeweglichen Linien der Ebene beweglich sind. — §§. 261. 262. Bedingung der Beweglichkeit eines in einer Ebene begriffenen Vierecks mit constanten Seitenlängen und veränderlichen Winkeln, von dessen Seiten zwei einander gegenüberliegende zwei unbewegliche Puncte enthalten. — §. 263. Bedingung des Gleichgewichtes an diesem

Sechstes Kapitel.

Vom Gleichgewichte an Ketten und an vollkommen biegsamen Fäden.

§§. 291. 292. Zwei Gleichungen für die Spannung der Kettenlinie. Folgerungen aus denselben. Elementare Beweise dieser Gleichungen und damit der Gleichung für die Kettenlinie selbst. — §. 293. Ein gleichförmig schwerer Faden von gegebener Länge wird mit seinen Enden an zwei gegebenen unbeweglichen Puncten befestigt. Die Elemente der von ihm gebildeten Kettenlinie zu bestimmen. — §. 294. Zusätze und Folgerungen. — §. 295. Ein gleichförmig schwerer mit seinen Enden befestigter Faden bildet auch dann eine Kettenlinie, wenn er auf eine gegen den Horizont geneigte Ebene gelegt ist.

Siebentes Kapitel.

Analogie zwischen dem Gleichgewichte an einem Faden und der Bewegung eines Punctes.

§. 296. Einleitung. — §. 297. Durch Construction wird gezeigt, wie aus dem Gleichgewichte an einem Faden auf die Bewegung eines Körpers in der Fadenlinie mit einer der Spannung des Fadens überall proportionalen Geschwindigkeit geschlossen werden kann. — §. 298. Beispiele. Bewegung in einer Kettenlinie. — §. 299. Umgekehrt kann von der Bewegung eines Körpers auf das Gleichgewicht an einem Faden, dessen Gestalt der Bahn des Körpers und dessen Spannung der Geschwindigkeit des letzteren proportional ist, ein Schluss gemacht werden. Gleichgewicht an einem parabolisch gekrümmten Faden. — §. 300. Modification des Ueberganges von der Bewegung zum Gleichgewichte durch Anwendung eines Fadens, dessen Masse ungleichförmig vertheilt ist. Statische Darstellung der Planetenbewegungen. — §. 301. Die vorigen Sätze leiden auch dann noch vollkommene Anwendung, wenn die Beweglichkeit des Fadens und die des Körpers auf eine unbewegliche Fläche beschränkt sind. — §. 302. Analytische Darstellung des Zusammenhanges zwischen dem Gleichgewichte eines Fadens und der Bewegung eines Körpers.

§. 303. Die Sätze der Dynamik, welche unter den Namen des Princips der Flächen, des Princips der lebendigen Kräfte und des Princips der kleinsten Wirkung bekannt sind, können ebenfalls auf das Fadengleichgewicht übergetragen werden. — §. 304. Uebertragung des ersten dieser Principe. — §. 305. Uebertragung des zweiten und dritten. — §. 306. Letztere zwei gelten auch dann noch, wenn der Faden über eine Fläche gespannt ist. — §. 307. Erläuterung des dritten Princips an der Kettenlinie. Die Tiefe des Schwerpuncts einer Kettenlinie ist ein Maximum. Bestimmung der Coordinaten dieses Schwerpuncts. — §. 308. Ein Kettenlinie zu beschreiben, welche durch zwei in einer Horizontalen liegende gegebene Puncte geht und eine andere gegebene Horizontale zur Directrix hat. — §. 309. Maximum und Minimum, welchen die zwei die vorige Aufgabe lösenden Kettenlinien angehören.

Achtes Kapitel.

Vom Gleichgewichte an elastischen Fäden.

§. 310. Begriff der Elasticität im Allgemeinen. Erklärung einer elastischen Linie, Fläche, Körpers. — §. 311. Wie bei einem Systeme von

Ausdehnung der vorigen Untersuchung auf den Fall, wenn das Moment der Elasticität in jedem Puncte des Fadens einer beliebigen Function des Krümmungshalbmessers daselbst proportional ist.

Gleichgewicht an einem elastisch drehbaren Faden. §. 330. Begriff dieser Drehbarkeit. Bestimmung der Elasticität eines von zwei Ebenen gebildeten Winkels. — §. 331. Die Bedingungsgleichungen für das Gleichgewicht an dem elastisch drehbaren Faden. — §. 332. Bestimmung der zwölf Constanten bei der Integration dieser Gleichungen. — §. 333. Vereinfachung der einen Gleichung für den Fall, wenn nur am Anfang und Ende des Fadens Kräfte angebracht sind. In diesem Falle, und wenn die anfängliche Gestalt des Fadens ein Kreis ist, kann seine nachherige Gestalt auch die einer cylindrischen Spirale sein.

Zweiter Theil.

Gesetze des Gleichgewichtes zwischen Kräften, welche auf mehrere mit einander verbundene feste Körper wirken.

Erstes Kapitel.

Vom Gleichgewichte bei zwei mit einander verbundenen Körpern.

---

§. 188. Nachdem wir in dem Bisherigen die Gesetze des Gleichgewichtes zwischen Kräften, die auf einen und denselben Körper wirken, erforscht haben, wollen wir gegenwärtig die Bedingungen zu bestimmen suchen, welche stattfinden müssen, wenn Kräfte, welche an einem Systeme mit einander verbundener Körper angebracht sind, sich das Gleichgewicht halten sollen.

Zwei oder mehrere Körper nennen wir aber überhaupt mit einander verbunden, wenn die gegenseitige Lage der Körper gewissen, durch keine Kraft verletzbaren, Bedingungen unterworfen ist, so dass, wenn die Lage eines oder etlicher Körper gegeben ist, die Lage der übrigen mehr oder weniger, oder auch ganz, bestimmt ist. Hierdurch geschieht es, dass, wenn von einem Systeme mit einander verbundener Körper der eine bewegt wird, einer oder mehrere der übrigen Körper, wo nicht alle, gleichfalls ihre Lage zu verändern genöthigt sind, dass folglich die Kraft, welche die Bewegung des einen Körpers hervorbringt, auch auf die übrigen Körper Einfluss übt, und dass daher, wenn ein solches System im Gleichgewichte sein soll, bei jedem einzelnen Körper des Systems die unmittelbar auf ihn wirkenden Kräfte mit den Einflüssen, welche er von den an den übrigen Körpern angebrachten Kräften erfährt, das Gleichgewicht halten müssen.

Die Ermittelung dieser Einflüsse ist demnach die Hauptaufgabe des nun folgenden zweiten Theiles der Statik, indem mit Berücksichtigung derselben jede Aufgabe über das Gleichgewicht eines Systems verbundener Körper auf das im ersten Theile behandelte Gleichgewicht isolirter Körper reducirt werden kann.

§. 189. Die Bedingungen, denen man die gegenseitige Lage der Körper unterworfen annehmen kann, sind entweder ganz willkürliche, oder solche, welche in der Natur der Körper selbst ihren Grund haben. Eine willkürliche Bedingung wäre z. B. die, dass von drei Körpern, wie sie auch ihre gegenseitige Lage ändern, der Inhalt des Dreiecks, welches ihre Schwerpuncte bilden, von gleicher Grösse bleiben soll. Wenn nun auch selbst für dergleichen nur in der Idee existirende, aber nicht wohl physisch darstellbare Systeme die Gesetze des Gleichgewichtes sich entwickeln lassen, so könnten diese Entwickelungen doch nur in rein mathematischer Hinsicht von Interesse sein, sonst aber nicht, wenigstens nicht unmittelbar, einen reellen Nutzen gewähren. Wir wollen daher gegenwärtig nur diejenigen Verbindungen der Körper berücksichtigen, welche in den allgemeinen physischen Eigenschaften derselben begründet sind.

Von diesen Eigenschaften, deren man insgemein vier zu rechnen pflegt: Ausdehung, Theilbarkeit, Trägheit und Undurchdringlichkeit, kann nun offenbar nur die letztere zugleich Ursache sein, dass die auf den einen von zwei Körpern wirkenden Kräfte gleichzeitig auf den anderen ihre Wirkung äussern, und dieses auch nur in dem Falle, wenn die Körper einander berühren, und wenn die den einen von ihnen angreifenden Kräfte ihn in den von dem anderen eingenommenen Raum einzudringen nöthigen, ihn also nach der Seite zu treiben, wo ihn der andere berührt, nicht nach einer anderen Richtung, indem sonst die Berührung und damit die Einwirkung aufgehoben würde.

Von dieser der Natur gemässen Bedingung wollen wir aber zur Vereinfachung und Erleichterung unserer Untersuchungen insofern wieder abweichen, dass wir die Berührung der Körper als unauflöslich betrachten, so dass, wenn von zwei durch Berührung mit einander verbundenen Körpern der eine festgehalten wird, dem anderen nur diejenige Bewegung gestattet ist, bei welcher er den ersteren in eben so vielen Puncten, als anfänglich, zu berühren fortfährt. Streitet nun diese Hypothese, in den meisten Fällen wenigstens, gegen die Natur der Dinge, und ist nichts vorhanden, welches zwei sich nur berührende Körper, sobald sie nach entgegengesetzten Seiten getrieben werden, sich zu trennen verhinderte, so wird es doch in jedem speciellen Falle leicht sein, die Bedingungen zu finden, die wegen der möglichen Trennung der Körper zu den übrigen Bedingungen des Gleichgewichtes noch hinzugefügt werden müssen.

Auch gibt es in der That Systeme in der Natur, die mit unserer Hypothese mehr oder weniger in Uebereinstimmung sind. Ganz besonders ist dieses mit einem biegsamen Faden der Fall. Denn einen solchen kann man sich als ein System unendlich vieler unendlich kleiner Körper vorstellen, von denen jeder mit zwei anderen durch unzertrennbare Berührung verbunden ist; und man erlangt dadurch den Vortheil, das Gleichgewicht an einem biegsamen Faden nach denselben Principien, wie das Gleichgewicht jedes anderen Systems sich berührender Körper, untersuchen zu können.

Diese durch keine Kräfte auflösliche Berührung ist also die Art und Weise, auf welche wir die Körper mit einander verbunden annehmen wollen, und wodurch es geschehen soll, dass die an dem einen Körper angebrachten Kräfte auf die anderen Körper Einfluss haben. Das Beiwort »unauflöslich« wird jedoch der Kürze willen in dem Folgenden weggelassen werden, da wir uns jede Berührung, dafern nicht das Gegentheil erinnert wird, als eine solche zu denken haben.

§. 190. Grundsätze. I. *Findet zwischen Kräften, welche auf mehrere mit einander verbundene Körper wirken, Gleichgewicht statt, so dauert dasselbe noch fort, wenn die gegenseitige Lage einiger oder aller dieser Körper unveränderlich gemacht wird.*

Unter den Bedingungen, welche zum Gleichgewichte mit einander verbundener Körper nöthig sind, müssen folglich alle diejenigen enthalten sein, welche erfordert werden, wenn die gegenseitige Lage einiger oder aller dieser Körper unveränderlich angenommen wird. Insbesondere müssen daher die sechs Bedingungsgleichungen für das Gleichgewicht zwischen Kräften, welche an einem einzigen frei beweglichen Körper angebracht sind (§. 66), auch beim Gleichgewichte zwischen Kräften stattfinden, welche auf mehrere mit einander verbundene, an sich frei bewegliche Körper wirken.

II. *Das Gleichgewicht bei mehreren mit einander verbundenen Körpern wird nicht aufgehoben, wenn einer oder etliche derselben unbeweglich gemacht werden.*

Die Bedingungen, welche zum Gleichgewichte eines zum Theil aus unbeweglichen Körpern bestehenden Systems nöthig sind, müssen daher auch dann in Erfüllung gehen, wenn man die unbeweglichen beweglich werden lässt.

III. *Sind von mehreren mit einander verbundenen Körpern einer oder etliche unbeweglich, und herrscht zwischen Kräften, welche auf die beweglichen wirken, Gleichgewicht, so ist es immer möglich, an den unbeweglichen Kräfte anzubringen, dergestalt, dass, wenn die unbe-*

weglichen gleichfalls beweglich angenommen werden, das Gleichgewicht nicht unterbrochen wird.

Die Bedingungen für das Gleichgewicht eines Systems, in welchem bewegliche Körper mit unbeweglichen verbunden sind, müssen daher so beschaffen sein, dass, wenn man die unbeweglichen beweglich werden lässt, es möglich ist, an den unbeweglichen Kräfte anzubringen, welche mit den Kräften an den beweglichen das Gleichgewicht halten.

Noch ist zu bemerken, dass die in §. 4 in Bezug auf einen einzigen Körper aufgestellten Grundsätze III und IV auch auf jedes System von Körpern Anwendung leiden, und dass der Grundsatz VIII in §. 14 auch dann noch gilt, wenn die zwei Puncte, auf welche Kräfte wirken, zwei verschiedenen Körpern angehören, die dergestalt mit einander verbunden sind, dass die gegenseitige Entfernung der zwei Puncte unveränderlich ist.

§. 191. Mit Hülfe dieser Grundsätze wollen wir nun zuvörderst das Gleichgewicht an einem Systeme von nur zwei sich berührenden frei beweglichen Körpern in Untersuchung ziehen. Der eine von ihnen sei, um von dem einfachsten Falle auszugehen, unendlich klein oder ein physischer Punct A; den anderen, in dessen Oberfläche dieser Punct nach allen Richtungen beweglich ist, wollen wir uns anfangs kugelförmig denken. Wirken nun auf A und den Mittelpunct C der Kugel zwei Kräfte P und R, und sind diese einander gleich, und ihre Richtungen einander direct entgegengesetzt, also normal auf der Oberfläche, so halten sie sich das Gleichgewicht, weil die gegenseitige Entfernung ihrer Angriffspuncte A und C unveränderlich ist (§. 14, VIII und §. 190).

Da jede Kraft, ihrer Wirkung unbeschadet, auf jeden Punct ihrer Richtung, der mit ihrem anfänglichen Angriffspuncte fest verbunden ist, verlegt werden kann, so wird das Gleichgewicht noch fortbestehen, wenn wir die auf C wirkende Kraft R in einem beliebigen anderen Puncte des durch A zu legenden Kugeldurchmessers anbringen. Auch können wir statt derselben zwei oder mehrere andere, auf beliebige Puncte der Kugel wirkende Kräfte setzen, wenn nur von letzteren Kräften die erstere die Resultante ist. Endlich werden wir, ohne das Gleichgewicht aufzuheben, dem mit einer Kugelfläche begrenzten Körper jede beliebige andere Form geben können, wenn nur das Flächenelement, in welchem sich der bewegliche Punct A befindet, seine Lage, in welcher es von der auf A wirkenden Kraft P normal getroffen wird, beibehält; denn nur von der Lage dieses Elements der Fläche, und keines anderen, kann das in Rede stehende Gleichgewicht ahhängig sein.

Zwischen mehreren an einem frei beweglichen Körper angebrachten Kräften und einer Kraft, welche auf einen in der Oberfläche des Körpers beweglichen Punct A wirkt, herrscht demnach Gleichgewicht, wenn erstere Kräfte eine der letzteren gleiche und direct entgegengesetzte Resultante haben, und wenn die Richtung der auf A wirkenden Kraft, folglich auch die Resultante der übrigen, die Oberfläche in A normal trifft.

Diese zwei Bedingungen sind aber zum Gleichgewichte nicht allein hinreichend, sondern auch nothwendig. Denn sind die Kräfte im Gleichgewichte, so wird dieses auch noch bestehen, wenn man den Punct in der Fläche unbeweglich und somit als einen mit den Angriffspuncten der übrigen Kräfte in fester Verbindung stehenden Punct nimmt (§. 190, I). Alsdann aber muss, wie bei einem einzigen festen Körper, die auf den Punct wirkende Kraft den übrigen das Gleichgewicht halten und folglich, in entgegengesetzter Richtung genommen, die Resultante der übrigen sein.

Um die Nothwendigkeit der zweiten Bedingung zu beweisen, setze man, die Linie, in welche die Richtungen der Kraft P am Puncte A und der Resultante R der übrigen fallen, sei nicht auf der Fläche normal, sondern beliebig gegen dieselbe geneigt. Den Punct dieser Linie, in welchem sie die Fläche schneidet, also den Punct der Fläche, über welchem sich A befindet, nehme man zum Angriffspuncte von R, und zerlege hierauf R nach einer auf der Fläche normalen und einer die Fläche berührenden Richtung in die Kräfte R_1 und R_2. Nach denselben Richtungen zerlege man auch P in P_1 und P_2. Wie leicht ersichtlich, erhält man hierdnrch zwei Paare einander gleicher und direct entgegengesetzter Kräfte P_1 und R_1, P_2 und R_2. Von diesen sind nun P_1 und R_1 normal auf der Fläche und daher im Gleichgewichte. Sollten mithin P und R sich das Gleichgewicht halten, so müssten es auch P_2 und R_2. Dieses ist aber nicht möglich, da der in der Fläche bewegliche Punct A und der Punct der Fläche selbst, über welchem ersterer liegt, den tangentiellen entgegengesetzten Richtungen, nach denen sie von P_2 und R_2 getrieben werden, gleichzeitig zu folgen, durch nichts gehindert werden; folglich u. s. w.

§. 192. Zusätze. *a)* Wenn zwischen den Kräften, welche auf den frei beweglichen Körper und den in seiner Oberfläche beweglichen Punct wirken, Gleichgewicht herrscht, so wird dieses nicht unterbrochen, wenn wir den Körper unbeweglich werden lassen. Alsdann aber sind die an ihm angebrachten Kräfte von keiner Wirkung mehr, und wir erkennen daraus:

Wenn auf einen in einer unbeweglichen Fläche beweglichen Punct eine die Fläche normal treffende Kraft wirkt, so ist der Punct im Gleichgewichte.

Umgekehrt:

Bleibt ein auf einer unbeweglichen Fläche beweglicher und der Wirkung einer Kraft ausgesetzter Punct in Ruhe, so ist die Richtung der Kraft auf der Fläche normal.

Denn lässt man die Fläche beweglich werden, so kann man das dadurch verloren gehende Gleichgewicht durch Kräfte, welche man an der Fläche anbringt, wieder herstellen (§. 190, III). Dieses neue Gleichgewicht ist aber nach §. 191 nur dann möglich, wenn die auf den Punct wirkende Kraft die Fläche normal trifft.

b) Wird umgekehrt, statt des Körpers, der Punct unbeweglich gesetzt, und somit die Beweglichkeit des Körpers dergestalt beschränkt, dass seine Oberfläche einem unbeweglichen Puncte A zu begegnen genöthigt ist, so ergibt sich auf ganz ähnliche Weise, wie im vorigen Falle, die zum Gleichgewichte der auf den Körper wirkenden Kräfte hinreichende und nothwendige Bedingung, dass die Kräfte eine durch den Punct A gehende und die Oberfläche daselbst normal treffende Resultante haben.

c) Sind in der Oberfläche eines beweglichen Körpers zwei oder mehrere bewegliche Puncte A, B, ..., und wirken auf jeden der Puncte eine Kraft, P auf A, Q auf B, ... und auf den Körper mehrere Kräfte, oder nur eine, oder auch gar keine Kraft, so wird zum Gleichgewichte erfordert, dass sämmtliche Kräfte sich ebenso, als wären ihre Angriffspuncte fest mit einander verbunden, das Gleichgewicht halten, und dass die Richtungen der auf die beweglichen Puncte wirkenden Kräfte die Oberfläche normal treffen.

Die Nothwendigkeit der ersten Bedingung leuchtet sogleich ein, wenn man die Puncte A, B, ... mit der Oberfläche sich fest vereinigen lässt; die Nothwendigkeit der zweiten erhellt aus Zusatz *a*, wenn man die Puncte in der Oberfläche beweglich, den Körper selbst aber unbeweglich annimmt (§. 190, II). Die zwei Bedingungen sind aber auch die einzigen, welche zum Gleichgewichte erfordert werden. Denn sind die auf den Körper wirkenden Kräfte mit den Kräften P, Q, ... an den beweglichen Puncten ebenso im Gleichgewichte, als wenn die Puncte an der Oberfläche fest wären, so müssen sich für erstere Kräfte den letzteren gleiche, direct entgegengesetzte und auf Puncte des Körpers selbst wirkende Kräfte $-P$, $-Q$, ... substituiren lassen. Da nun der zweiten Bedingung zufolge P, Q, ... auf der Oberfläche normal sind, so herrscht nach §. 191 zwischen P und $-P$ besonders, zwischen Q und $-Q$ besonders etc., mithin zwischen sämmtlichen Kräften Gleichgewicht.

d) Werden die Puncte A, B, ... unbeweglich angenommen, wird aber der Körper beweglich gelassen und mithin der Bedingung unterworfen, dass seine Fläche zwei oder mehreren unbeweglichen Pnncten begegnet, so ist die einzige zum Gleichgewichte der auf den Körper wirkenden Kräfte nöthige Bedingung, dass es möglich sein muss, diese Kräfte in andere zu verwandeln, deren Richtungen die unbeweglichen Puncte treffen und daselbst auf der Oberfläche normal sind.

Diese Bedingung ist hinreichend, weil nach Zusatz *b* keine der durch die Verwandlung erhaltenen normalen Kräfte Bewegung hervorbringen kann. Sie ist aber auch nöthig, weil, wenn man die Puncte wieder beweglich werden lässt, die Kräfte, welche nach §. 190, III zur Erhaltung des Gleichgewichtes an den Puncten angebracht werden können, nach Zusatz *c* auf der Fläche normal sein und, in entgegengesetzter Richtung genommen, mit den Kräften am Körper gleiche Wirkung haben müssen.

e) Ist die Oberfläche des Körpers an einem oder mehreren unbeweglichen Puncten verschiebbar, und sind in derselben Fläche ein oder mehrere bewegliche Puncte, so ist es zum Gleichgewichte zwischen Kräften, welche an diesen beweglichen Puncten und an Puncten des Körpers selbst angebracht sind, nöthig und hinreichend, dass die Kräfte an den beweglichen Puncten die Fläche normal treffen, und dass diese Kräfte in Verbindung mit den auf den Körper unmittelbar wirkenden Kräften sich in andere verwandeln lassen, welche die Fläche in den unbeweglichen Puncten normal treffen.

Den Beweis hiervon übergehe ich, da er denen für die vorigen Fälle der Zusätze *c* und *d* ganz ähnlich ist. Ich kann aber nicht umhin, auf geometrische Folgerungen eigener Art aufmerksam zu machen, die sich aus diesem Satze ziehen lassen.

Sei die Oberfläche eines beweglichen Körpers durch einen unbeweglichen Punct A zu gehen genöthigt, und in ihr ein beweglicher Punct B, auf welchen eine Kraft nach parallel bleibender Richtung wirke; am Körper selbst aber sei keine Kraft angebracht. Nach letzterem Satze wird nun beim Gleichgewichte der Körper und der in seiner Fläche bewegliche Punct B eine solche Lage einnehmen, dass die Richtung der Kraft auch durch A geht und in A

sowohl als in B die Fläche normal trifft. In eine solche Lage aber werden der Körper und der Punct B gewiss kommen, indem sonst die sich parallel bleibende Kraft ein Perpetuum mobile um den unbeweglichen Punct A erzeugen würde, welches nicht möglich ist. Dies führt zu dem Schlusse:

In einer jeden in sich zurückkehrenden stetig gekrümmten Fläche gibt es wenigstens ein Paar von Puncten, welches die Eigenschaft besitzt, dass eine durch sie gelegte Gerade die Fläche in beiden Puncten normal trifft.

Beim Ellipsoid z. B. hat man drei solcher Paare von Puncten. Die sie verbindenden Linien sind die drei Hauptaxen; ausser ihnen gibt es keine andere die Fläche des Ellipsoids zweimal rechtwinklig schneidende Gerade.

Geht die Fläche eines Körpers durch zwei unbewegliche Puncte A und B, und wirkt auf einen in ihr beweglichen Punct C eine Kraft nach einer sich parallel bleibenden und folglich mit AB stets denselben Winkel machenden Richtung, so ist diese Richtung, wenn der Körper in die Lage des Gleichgewichtes gekommen, in C auf seiner Fläche normal, liegt mit den durch A und B zu ziehenden Normalen in einer Ebene und trifft diese Normalen in einem und demselben Puncte. Da nun der Körper in die Gleichgewichtslage gewiss kommen wird, so folgern wir:

In einer in sich zurücklaufenden stetig gekrümmten Fläche ist es immer möglich, drei Puncte dergestalt zu bestimmen, dass die durch sie zu ziehenden Normalen in einer Ebene liegen und sich in einem Puncte schneiden, dass der gegenseitige Abstand zweier der drei Puncte von gegebener, die grösste Sehne der Fläche nicht überschreitender Grösse ist, und dass mit dieser Abstandslinie die Normale durch den dritten Punct einen gegebenen Winkel macht.

Durch Annahme noch mehrerer unbeweglicher Puncte lassen sich noch einige andere Sätze dieser Art finden. Es wäre aber überflüssig, dieselben herzusetzen, da sie Jeder nach der durch die mitgetheilten gegebenen Anleitung leicht selbst wird entwickeln können.

§. 193. Das §. 192, *d* und *e* betrachtete Gleichgewicht eines Körpers, dessen Fläche durch mehrere unbewegliche Puncte zu gehen genöthigt ist, macht noch eine besondere Erörterung nöthig. Die Bedingung dieses Gleichgewichtes war, dass für die am Körper angebrachten Kräfte, — zu denen in §. 192, *e* noch die zu rechnen sind, welche an den in der Oberfläche beweglichen Puncten wirken, — dass für alle diese Kräfte ein System gleichwirkender Kräfte substituirt werden konnte, deren Richtungen die Oberfläche normal in den unbeweglichen Puncten trafen. Sollen aber zwei an einem Körper angebrachte Systeme von gleicher Wirkung sein, so müssen zwischen den die Intensitäten und Richtungen der Kräfte bestimmenden Grössen sechs Gleichungen erfüllt sein (§. 66, Zusätze). Soll folglich ein gegebenes System in ein anderes verwandelt werden, von dessen Kräften, deren Anzahl gleich n sei, die Richtungen gegeben sind, so ist dieses im Allgemeinen, wenn $n > 5$, immer möglich. Denn ist $n = 6$, so lassen sich die sechs unbekannten Intensitäten aus jenen sechs Gleichungen finden; ist aber $n > 6$, so kann man von $n - 6$ Kräften die Intensitäten willkürlich annehmen und damit die sechs übrigen bestimmen. Wenn dagegen $n < 6$, so können die n Intensitäten aus den sechs Gleichungen eliminirt werden, und es bleiben dann $6 - n$ Bedingungsgleichungen zurück, welche erfüllt sein müssen, wenn die Reduction des gegebenen Systems möglich sein soll.

Ist demnach die Fläche eines Körpers durch n unbewegliche Puncte zu gehen genöthigt, so können für $n > 5$ die auf den Körper wirkenden Kräfte immer in n andere die Fläche in den n Puncten normal treffende Kräfte verwandelt werden, deren Intensitäten für $n = 6$ bestimmte Werthe erhalten, für $n > 6$ aber zum Theil unbestimmt bleiben. Es herrscht folglich hier immer Gleichgewicht, welches auch die auf den Körper wirkenden Kräfte sein mögen; oder mit anderen Worten:

Ein Körper, dessen Oberfläche durch sechs oder mehrere unbewegliche Puncte zu gehen genöthigt ist, ist ebenfalls unbeweglich.

Ist die Zahl n der unbeweglichen Puncte, und mithin der normalen Kräfte, kleiner als sechs, so müssen $6 - n$ Bedingungen zwischen den Richtungen dieser Kräfte und den Richtungen und Intensitäten der am Körper angebrachten Kräfte erfüllt werden, wenn letztere Kräfte auf erstere sollen reducirt werden können. In diesem Falle findet also nicht immer Gleichgewicht statt, d. h.:

Die Beweglichkeit eines Körpers ist nie völlig aufgehoben, wenn seine Oberfläche durch weniger als sechs unbewegliche Puncte zu gehen genöthigt ist.

Werden die $6 - n$ Bedingungen erfüllt, und herrscht mithin Gleichgewicht, so erhalten die normalen Kräfte bestimmte Werthe.

Diese allgemeinen Sätze sind indessen mehreren Ausnahmen unterworfen. Denn zuerst kann in gewissen Fällen auch bei sechs und noch mehreren unbeweglichen Puncten Beweglichkeit stattfinden. Ist die Fläche eine Ebene, oder die Fläche einer Kugel, oder allgemeiner eine Revolutionsfläche, oder ist sie eine Schraubenfläche, so kann die Anzahl der unbeweglichen Puncte jede beliebige sein, ohne dass die Beweglichkeit der Fläche aufgehoben wird; denn jede dieser Flächen ist in sich selbst verschiebbar. Analytisch gibt sich diese Beweglichkeit dadurch zu erkennen, dass die in beliebiger Zahl genommenen normalen Kräfte aus den vorhin gedachten sechs Gleichungen sich sämmtlich eliminiren lassen, und dadurch von diesen Kräften unabhängige Gleichungen hervorgehen, welche die Bedingungen des Gleichgewichtes zwischen den ursprünglich auf den Körper wirkenden Kräften angeben.

Sodann kann es geschehen, dass auch bei sechs oder weniger unbeweglichen Puncten einige oder alle der auf sie gerichteten normalen Kräfte ihren Intensitäten nach unbestimmt bleiben. Dieser Fall tritt dann ein, wenn von den sechs, fünf, vier, ... normalen Richtungen einige oder alle solche Lage haben, dass sich Kräfte angeben lassen, welche, nach ihnen wirkend, im Gleichgewichte sind. Denn liegen z. B. bei drei Puncten die zugehörigen Normalen α, β, γ in einer Ebene und schneiden sich in einem Puncte, und hat man die gegebenen Kräfte auf drei nach α, β, γ wirkende P, Q, R reduciren können, so sind mit ihnen die gleichfalls nach α, β, γ gerichteten Kräfte

$$P + S \,.\, \sin \beta^\wedge\gamma \;, \qquad Q + S \,.\, \sin \gamma^\wedge\alpha \;, \qquad R + S \,.\, \sin \alpha^\wedge\beta$$

gleichwirkend, welches auch die Intensität von S sein mag, indem die drei mit S proportionalen Kräfte sich besonders das Gleichgewicht halten.

§. 194. Auf die vorhergehenden Betrachtungen über das Gleichgewicht an einem Körper und mehreren mit ihm verbundenen, theils beweglichen, theils unbeweglichen Puncten lassen sich die nun folgenden Untersuchungen, welche das Gleichgewicht an zwei oder mehreren mit einander verbundenen Körpern zum Gegenstande haben, immer zurückführen. Denn um dies gleich an dem einfachsten Falle zu zeigen, wenn das System nur aus zwei sich mit ihren Flächen in einem Puncte berührenden frei beweglichen Körpern a und a' besteht, so kann diese Flächenberührung offenbar auch dadurch ausgedrückt werden, dass es einen Punct A geben soll, welcher in den Flächen beider Körper zugleich beweglich ist, einen Punct also, der, wenn wir uns ihn als ein nach allen Dimensionen unendlich kleines Körperchen denken, die Körper a und a' an der Stelle, an welcher sie ohne ihn zusammentreffen würden, um ein unendlich Geringes von einander getrennt erhält.

Seien nun die auf die zwei Körper wirkenden Kräfte im Gleichgewichte, und lassen wir zuerst den Zwischenpunct A, wie wir ihn nennen können, unbeweglich im Raume werden. Da hierdurch das Gleichgewicht nicht aufgehoben wird, und da die Körper nicht unmittelbar an einander, sondern an den unbeweglichen Punct A stossen und daher ausser aller Verbindung mit einander sind, so müssen (§. 192, *b*) die auf a wirkenden Kräfte sowohl, als die an a' angebrachten, eine in die gemeinschaftliche Normale der Flächen beider Körper fallende Resultante haben. Beide Resultanten aber müssen überdies einander gleich und entgegengesetzt sein, damit, wenn A wieder beweglich wird, statt dessen aber die gegenseitige Lage der Körper unveränderlich angenommen wird, die an ihnen, als an einem einzigen festen Körper, angebrachten Kräfte sich das Gleichgewicht halten.

Diese Bedingungen sind aber nicht allein nothwendig, sondern auch hinreichend. Denn haben die auf a wirkenden Kräfte eine in die Normale bei A fallende Resultante P, die auf a' wirkenden eine der P gleiche und direct entgegengesetzte Resultante P', und bringt man hierauf am Zwischenpuncte A selbst zwei diesen Resultanten gleiche und entgegengesetzte Kräfte $-P$ und $-P'$ an, so halten diese letzteren einander das Gleichgewicht und können daher den Zustand des Systems nicht ändern. Da aber jetzt nach §. 191 P und $-P$ für sich und ebenso P' und $-P'$ besonders im Gleichgewichte sind, so ist auch das ganze System im Gleichgewichte.

§. 195. Zwei einander gleiche und entgegengesetzte Kräfte, welche an zwei sich berührenden Körpern, die eine an dem einen, die andere an dem anderen Körper, im Berührungspuncte angebracht sind, und deren Richtungen in die gemeinschaftliche Normale daselbst fallen, wollen wir Gegenkräfte nennen. Zwei solcher Kräfte halten daher einander stets das Gleichgewicht, und wir können mit ihnen die vorhin erhaltenen *Bedingungen für das Gleichgewicht zweier sich in einem Puncte berührender Körper* auch folgendergestalt ausdrücken:

Es muss möglich sein, im Berührungspuncte zwei Gegenkräfte von solcher Intensität anzubringen, dass an jedem Körper besonders zwischen den ursprünglich auf ihn wirkenden Kräften und der hinzugefügten Gegenkraft Gleichgewicht stattfindet.

§. 196. Auf ganz ähnliche Art lässt sich auch der allgemeinere Fall behandeln, wenn zwei Körper a und a' sich in zwei oder mehreren Puncten A, B, C, ... berühren, und wenn zwischen den auf sie wirkenden Kräften Gleichgewicht stattfinden soll. — Man setze zuerst bei jeder Berührung einen Zwischenpunct hinzu und lasse diese Puncte im Raume unbeweglich werden. War nun anfangs Gleichgewicht vorhanden, so kann dieses hierdurch nicht verloren gehen; vielmehr muss jetzt an jedem der beiden Körper einzeln Gleichgewicht herrschen. Mithin (§. 192, *d*) müssen die auf a wirkenden Kräfte in andere P, Q, R, ... und die auf a' wirkenden in andere P', Q', R', ... verwandelt werden können, deren Richtungen in die Normalen α, β, γ, ... der Berührungspuncte A, B, C, ... fallen; P und P' in die Normale α; Q und Q' in die Normale β; u. s. w. Es müssen ferner, wenn wir die Unbeweglichkeit der Zwischenpuncte wieder aufheben, dagegen aber die gegenseitige Lage von a und a' unveränderlich annehmen, die ursprünglichen Kräfte, also auch diejenigen, auf welche sie reducirt worden, d. i. die nach α, β, γ, ... gerichteten Kräfte P und P', Q und Q', R und R', ..., als beziehungsweise auf einen einzigen beweglichen Körper wirkend, im Gleichgewichte mit einander sein.

Bei Verwandlung der auf a ursprünglich wirkenden Kräfte in andere P, Q, R, ... nach den Richtungen α, β, γ, ..., erhalten nun P, Q, R, ... entweder nur auf eine Art bestimmbare Werthe, oder nicht. Ist Ersteres der Fall, so sind

$$P + P' = 0 \ , \qquad Q + Q' = 0 \ , \quad \ldots ,$$

d. h. je zwei nach derselben Normale α, β, ... wirkende Kräfte sind für sich im Gleichgewichte, indem sonst, weil P, Q, ... P', Q', ... zusammen im Gleichgewichte, also P, Q, ... mit $-P'$, $-Q'$, ... gleichwirkend sein sollen, es gegen die Annahme auf zweierlei Weise möglich wäre, die ursprünglichen Kräfte an a in andere nach einerlei Richtungen α, β, γ, ... zu verwandeln, nämlich das einemal in die Kräfte P, Q, ... und das anderemal in die davon verschiedenen Kräfte $-P'$, $-Q'$, ... Können dagegen eine oder etliche, z. B. zwei, von den Kräften P, Q, ..., folglich auch eben so viele der mit ihnen nach denselben Richtungen gleichwirkenden $-P'$, $-Q'$, ... nach Willkür bestimmt werden, und nimmt man hierauf P, Q nach Belieben und setzt

$$-P' = P \ , \qquad -Q' = Q \ ,$$

also

$$P + P' = 0 \ , \qquad Q + Q' = 0 \ ,$$

so müssen aus demselben Grunde, wie vorhin, wo alle Kräfte bestimmte Werthe hatten, auch $-R' = R$, ..., folglich $R + R' = 0$, ... sein.

Als nothwendige Bedingung für das Gleichgewicht zwischen

Kräften, die auf zwei sich in mehreren Puncten berührende Körper wirken, lässt sich daher jedenfalls folgende aufstellen:

Es muss möglich sein, an jedem Berührungspuncte zwei Gegenkräfte (§. 195) (*— P und — P' an A, — Q und — Q' an B, ...*), *von solcher Intensität anzubringen, dass an jedem der beiden Körper besonders zwischen den ursprünglichen und den jetzt an ihn hinzugefügten Kräften Gleichgewicht besteht.*

Aber auch umgekehrt:

Ist nach Hinzufügung von Gegenkräften jeder der beiden Körper für sich im Gleichgewichte, so müssen die Körper, durch Berührungen mit einander verbunden, auch ohne Gegenkräfte im Gleichgewichte sein.

Denn das Gleichgewicht der mit einander verbundenen Körper, welches nach Hinzufügung der Gegenkräfte, wegen des dadurch bewirkten Gleichgewichtes jedes einzelnen, stattfinden muss, kann, wenn man die Gegenkräfte paarweise nach und nach wieder entfernt, nicht verloren gehen, da je zwei zusammengehörige derselben für sich im Gleichgewichte sind (§. 195).

Zusatz. Man sieht leicht, wie die in §. 193 gemachten Bemerkungen auch hier ihre Anwendung finden. Berühren sich nämlich zwei Körper in sechs oder weniger Puncten, so haben die Intensitäten der Gegenkräfte im Allgemeinen bestimmte Werthe; unbestimmt bleiben sie bei 7, 8, ... Berührungen. Ferner sind die Körper bei 5, 4 ... Berührungen stets an einander verschiebbar, im Allgemeinen aber nicht mehr, wenn sie sich in sechs oder mehreren Puncten berühren, so dass, mit Ausnahme gewisser einfacher Formen der Oberflächen, bei 6, 7, ... Berührungen zum Gleichgewichte nur erfordert wird, dass sich die Kräfte an beiden Körpern ebenso, als wären sie nur an einem einzigen angebracht, das Gleichgewicht halten. Endlich können auch bei 6, 5, ... Berührungen die Gegenkräfte unbestimmt bleiben, und zwar dann, wenn die Normalen, nach denen sie gerichtet sind, eine solche Lage gegen einander haben, dass sich Kräfte angeben lassen, welche, nach diesen Normalen wirkend, sich das Gleichgewicht halten.

§. 197. Wir haben bisher einen jeden der beiden sich in einem oder mehreren Puncten berührenden Körper als frei beweglich angenommen. Sei jetzt der eine von ihnen unbeweglich, und es erhellt ohne Weiteres, dass, jenachdem die auf den beweglichen Körper wirkenden Kräfte Bewegung zu erzeugen im Stande sind, oder nicht, weder im ersteren Falle die Bewegung gehemmt, noch die im letzteren herrschende Ruhe gestört wird, wenn wir, wie im Vorigen, an den Berührungsstellen Zwischenpuncte einschieben, und diese mit dem unbeweglichen Körper fest verbunden annehmen. Die Bedingungen des Gleichgewichtes im vorliegenden Falle müssen daher ganz identisch sein mit denen (§. 192, *d*), welche stattfanden, wenn die Fläche des Körpers durch unbewegliche Puncte zu gehen genöthigt war.

Berührt demnach ein beweglicher Körper einen unbeweglichen in einem oder mehreren Puncten, so sind die auf ersteren wirkenden Kräfte nur dann und dann immer im Gleichgewichte, wenn es möglich ist, sie in andere zu verwandeln, welche die Oberfläche des Körpers in den Berührungspuncten normal treffen. — Bei sechs und mehreren Berührungen ist diese Verwandlung im Allgemeinen immer ausführbar, und daher ein mit einem unbeweglichen in 6, 7, ... Puncten durch Berührung verbundener Körper ebenfalls unbeweglich.

§. 198. Ausser der bisher betrachteten Flächenberührung gibt es noch einige andere Arten, nach denen zwei Körper in einem oder mehreren Puncten einander begegnen können. Denn ist jeder der beiden Körper nicht von einer einzigen sich stetig fortziehenden Fläche begrenzt, sondern ist er es von mehreren, und hat er somit Kanten und Ecken, so kann eine Begegnung der beiden Körper in einem Puncte auch darin bestehen, dass eine Ecke oder Kante des einen Körpers an eine Ecke, Kante oder Fläche des anderen trifft.

Ohne zu den ersten Principien wieder zurückzukehren, können wir die Bedingungen des Gleichgewichtes, die bei solchen Arten der Begegnung zweier Körper nöthig und hinreichend sind, auch unmittelbar aus den soeben bei der Flächenberührung gefundenen Bedingungen herleiten. Sind nämlich zwei bewegliche Körper auf beliebige Weise mit ihren Ecken, Kanten und Flächen verbunden, und herrscht zwischen den auf die Körper wirkenden Kräften Gleichgewicht, so wird dieses nicht unterbrochen werden, wenn wir die zusammentreffenden Ecken und Kanten um ein unendlich Weniges abstumpfen, oder, was dasselbe ist, wenn wir auf den Ecken unendlich kleine Kugeln und längs der Kanten cylinderförmige Körper von unendlich kleinem Durchmesser befestigen. Findet aber kein Gleichgewicht statt, so wird dasselbe durch Hinzufügung der Kügelchen und sehr dünnen Cylinder auch nicht hervorgebracht werden.

Durch diese hinzugesetzten Kügelchen und Cylinder wird aber das Zusammentreffen der Körper mit Ecken und Kanten auf die Flächenberührung zurückgeführt, und es wird nun auch hier die allgemeine Bedingung des Gleichgewichtes in §. 196 anwendbar, wonach es möglich sein muss, in den Berührungspuncten Gegenkräfte von solcher Intensität anzubringen, dass an jedem der beiden Körper besonders Gleichgewicht entsteht. Nur haben wir in Betreff der Richtungen dieser Gegenkräfte wegen der zum Theil unendlich kleinen Dimensionen der bei der Berührung hinzugefügten Körper Einiges zu berücksichtigen.

1) Trifft eine Kante oder Ecke des einen Körpers a mit einer Fläche des anderen a' in einem Puncte zusammen, und wird hierauf längs der Kante ein unendlich dünner Cylinder, an die Ecke aber eine unendlich kleine Kugel gesetzt, so ist bei der dadurch bewirkten Flächenberührung die gemeinschaftliche Normale, oder die Linie, in welcher die Gegenkräfte wirken müssen, als Normale der Fläche des Körpers a' im Berührungspuncte, vollkommen bestimmt. Dasselbe gilt auch, wenn

2) eine Kante des einen Körpers einer Kante des anderen unter einem beliebigen Winkel begegnet. Denn zieht man durch den Punct der Begegnung eine auf beiden Kanten zugleich normal stehende Gerade, so ist es diese Gerade, und keine andere, welche auch in dem Berührungspuncte der Cylinder, womit die Kanten versehen werden, auf den Cylindern normal steht. Trifft aber

3) eine Ecke des einen Körpers auf eine Kante des anderen, so ist die Richtung der Gegenkräfte nicht vollkommen bestimmt. Denn heisst A der Punct, in welchem die Ecke der Kante begegnet, so kann die Berührung der an die Ecke zu setzenden kleinen Kugel mit dem längs der Kante zu befestigenden dünnen Cylinder in irgend einem Puncte des kleinen Kreises geschehen, in welchem der Cylinder von einer in A normal auf seine Axe oder die Kante gesetzten Ebene geschnitten wird. Die Normale im Berührungspuncte oder die Richtung der Gegenkräfte ist daher irgend ein Halbmesser dieses Kreises, d. h. irgend eine der die Kante in A rechtwinklig schneidenden Geraden.

4) Ganz unabhängig von der gegenseitigen Lage der Körper ist die Richtung der Gegenkräfte, wenn Ecke mit Ecke zusammentrifft. Denn hat man die beiden Ecken mit Kügelchen versehen und lässt diese, statt der Ecken, einander berühren, so kann die Normale derselben im Berührungspuncte, mithin auch die durch den Begegnungspunct der Ecken gelegte Linie für die Gegenkräfte, jede beliebige Richtung haben.

§. 199. Nach diesen Erörterungen lässt sich nun das Gesetz des Gleichgewichtes bei zwei sich in einem oder mehreren Puncten auf beliebige Weise begegnenden Körpern mit denselben Worten, wie in §. 196, wo die Körper sich nur mit ihren Flächen berührten, ausdrücken, sobald nur der Begriff der Gegenkräfte etwas allgemeiner gefasst und unter ihnen überhaupt zwei einander gleiche Kräfte verstanden werden, die an der Stelle, wo zwei Körper sich in einem Puncte begegnen, die eine auf den einen, die andere auf den anderen Körper, nach entgegengesetzten Richtungen wirken, mit dem Zusatze, dass, wenn der Punct, in welchem der eine Körper von dem anderen getroffen wird, nicht eine Ecke oder sonst ein bestimmter Punct des Körpers ist, sondern in einer Kante oder überhaupt in einer bestimmten Linie, oder in einer Fläche desselben liegt und darin bei gegenseitiger Bewegung der Körper die Stelle wechseln kann, dass dann die Linie, in welche die Richtungen der Gegenkräfte fallen, auf dieser Kante oder Fläche normal ist. Auf solche Weise den Begriff der Gegenkräfte festgestellt, ist demnach Folgendes das allgemeine Resultat der bisherigen Untersuchungen:

Zwischen Kräften, welche auf zwei in einem oder in mehreren Puncten mit einander verbundene frei bewegliche Körper wirken, herrscht nur dann und dann immer Gleichgewicht, wenn sich in den Verbindungspuncten Gegenkräfte von solcher Intensität anbringen lassen, dass an jedem der beiden Körper besonders zwischen den ursprünglichen und den hinzugefügten Kräften Gleichgewicht stattfindet; oder, was auf dasselbe hinauskommt: wenn die Kräfte an dem einen der beiden Körper sich auf andere reduciren lassen, deren Richtungen die Begegnungspuncte treffen und daselbst bei Begegnungen von Flächen oder Kanten auf diesen Flächen oder Kanten normal sind, und wenn die Kräfte an beiden Körpern ebenso, als wenn sie auf einen einzigen wirkten, einander das Gleichgewicht halten.

Ist der eine von beiden Körpern unbeweglich, so ist es für das Gleichgewicht hinreichend und nothwendig, dass die erste der zwei letzteren Bedingungen in Bezug auf den beweglichen Körper erfüllt wird.

§. 200. Eine etwas nähere Betrachtung verdient noch die Natur der Gegenkräfte. Da beim Gleichgewichte zwischen Kräften, welche auf zwei mit einander verbundene Körper wirken, an jedem derselben die ursprünglichen Kräfte mit den an ihm anzubringenden Gegenkräften im Gleichgewichte sein müssen, ohne diese aber im Gleichgewichte mit den ursprünglichen Kräften am anderen Körper sind, so wird von den an dem einen Körper anzubringenden Gegenkräften auf ihn dieselbe Wirkung, als von den zunächst auf den anderen Körper wirkenden Kräften, hervorgebracht. Man kann daher die Gegenkräfte auch als den Ausdruck des von den Kräften des einen Körpers auf den anderen Körper bewirkten Einflusses betrachten.

Bei wirklichen und daher nicht absolut festen, sondern mehr oder weniger elastischen Körpern gibt sich dieser Einfluss durch eine, wenn auch oft nur äusserst geringe Veränderung in der gegenseitigen Lage ihrer Theilchen zu erkennen, indem sich die Theilchen bald etwas näher gebracht, bald etwas weiter von einander entfernt werden. Diese Veränderung ist an den Stellen selbst, wo die Körper mit einander verbunden sind, am grössten, ebenso, als wenn auf diese Stellen Kräfte wirkten, die das einemal eine Richtung von aussen nach innen, das anderemal von innen nach aussen haben. Man nennt eine solche Kraft im ersteren Falle Druck oder Pressung, im letzteren Spannung, oder begreift sie auch unter dem gemeinschaftlichen Namen Pressung, indem man Spannung als negative Pressung ansieht.

Indessen muss man sich wohl hüten, diese Pressungen mit den vorigen Gegenkräften als völlig identisch zu betrachten. Die Gegenkräfte ergaben sich nicht als wirklich vorhandene Kräfte, sondern wurden nur als Hülfskräfte eingeführt, um damit die Demonstrationen zu erleichtern und die Bedingungen des Gleichgewichtes einfacher darzustellen. Die Pressungen dagegen sind Kräfte, die sich beim Gleichgewichte ebenso, wie jede andere Kraft, durch Veränderung der gegenseitigen Lage der Theilchen der Körper, als wirklich vorhanden offenbaren, und die daher sowohl hinsichtlich ihrer Intensitäten, als ihrer Richtungen, jederzeit vollkommen bestimmt sind, während die Intensitäten der Gegenkräfte nur bei sechs oder weniger Flächenberührungen zweier Körper, um bloss dieser Art der Begegnung zu gedenken, bestimmte Werthe haben können (§. 196, Zusätze).

Soviel ist gewiss, dass im Falle des Gleichgewichtes die Pressungen, welche ein Körper erleidet, eben so wohl als die an ihm anzubringenden Gegenkräfte, mit den ursprünglich auf ihn wirkenden Kräften im Gleichgewichte sein müssen.

Sind folglich die Gegenkräfte nur auf eine Weise bestimmbar, wie dieses im Allgemeinen der Fall ist, wenn sich zwei Körper in sechs oder weniger Puncten berühren, so muss die auf jeden einzelnen Berührungspunct wirkende Pressung der ebendaselbst anzubringenden Gegenkraft gleich sein, indem sich sonst gegen die Hypothese in den Berührungspuncten noch andere Kräfte anbringen liessen, welche mit den ursprünglichen im Gleichgewichte wären.

Berühren sich aber zwei Körper in mehr als sechs Puncten, so werden den sechs, zwischen den sieben oder mehreren Gegenkräften bestehenden Gleichungen die Pressungen, statt der Gegenkräfte substituirt, zwar ebenfalls Genüge leisten. Allein es muss bei elastischen Körpern eine hinreichende Anzahl noch anderer Gleichungen geben, aus denen in Verbindung mit den vorigen sechs die Pressungen insgesammt bestimmt werden können. Die Entwicklung dieser anderen Gleichungen gehört aber nicht für unseren gegenwärtigen Zweck, wo wir uns bloss mit vollkommen festen Körpern beschäftigen.

Allerdings kann man die Frage aufwerfen, ob nicht auch bei zwei sich in mehr als sechs Puncten berührenden absolut festen Körpern an den Berührungspuncten Pressungen von bestimmter Grösse stattfinden, und welches ihre Werthe seien. Indessen lässt sich auf diese Frage nicht mit Hülfe der Erfahrung und auch nicht mit Anwendung von Rechnung antworten, man müsste denn das Gesetz der Pressungen, welches bei elastischen Körpern obwaltet, auch bei vollkommener Festigkeit der Körper, als dem Grenzzustande der Elasticität, noch gelten lassen, oder irgend ein neues Gesetz zu Hülfe nehmen, dessen Gründe aber nur metaphysisch sein könnten.

Wie dem aber auch sein mag, so kann uns diese Unsicherheit in Bestimmung der Pressungen wenig kümmern, da wir es im Vorliegenden nicht mit eigentlichen Pressungen, sondern nur mit Hülfskräften zu thun haben, die aber inskünftige, um dem gewöhnlichen Sprachgebrauche nicht entgegen zu sein, statt Gegenkräfte, ebenfalls Pressungen genannt werden sollen.

Gleichgewicht an einem nicht völlig frei beweglichen Körper.

§. 201. Die in dem Vorhergehenden entwickelte Theorie des Gleichgewichtes zweier mit einander verbundener Körper wollen wir schliesslich durch einige Beispiele erläutern. Dabei werden wir den einen der beiden Körper als unbeweglich annehmen, indem, wenn auch er beweglich ist, zum Gleichgewichte des Ganzen nur noch erfordert wird, dass die Kräfte an beiden Körpern, als auf einen einzigen wirkend, sich das Gleichgewicht halten (§. 199).

Sei der bewegliche Körper mit dem unbeweglichen zuerst nur in einem Puncte verbunden. Welches nun auch diese Verbindung sein mag, so ist die zum Gleichgewichte stets nöthige Bedingung, dass die an dem beweglichen Körper wirkenden Kräfte eine einzige den Punct treffende Resultante haben. Ist daher in Bezug auf drei coordinirte Axen das System der auf den Körper wirkenden Kräfte, wie im Früheren, durch A, B, C, L, M, N gegeben, ist (a, b, c) der Punct der Begegnung und (U, V, W) die ihn treffende Resultante der Kräfte oder die Pressung daselbst, so hat man nach §. 69 die Gleichungen:

$$\begin{aligned} A &= U, & L &= bW - cV, \\ B &= V, & M &= cU - aW, \\ C &= W, & N &= aV - bU. \end{aligned}$$

Hieraus die auf die Pressung sich beziehenden Grössen U, V, W eliminirt, ergeben sich die Bedingungsgleichungen:

$$L = bC - cB, \quad M = cA - aC, \quad N = aB - bA,$$

oder einfacher:

$$L = 0, \quad M = 0, \quad N = 0,$$

sobald der Punct der Begegnung zum Anfangspuncte der Coordinaten genommen wird. Die auf ihn ausgeübte Pressung aber ist (A, B, C). Wenn nun

1) eine Ecke, oder überhaupt ein bestimmter Punct des beweglichen Körpers, mit einem bestimmten Puncte des unbeweglichen verbunden ist, oder, was auf dasselbe hinauskommt: wenn ein bestimmter Punct eines Körpers unbeweglich, der Körper selbst aber um ihn nach allen Richtungen drehbar ist, so kann die Richtung der Pressung jede beliebige sein (§. 198, 4). Die drei erhaltenen Bedingungsgleichungen

$$L = 0, \quad M = 0, \quad N = 0$$

sind daher in diesem Falle die einzigen, d. h.

Zum Gleichgewichte eines Körpers, der einen unbeweglichen Punct hat, ist es nöthig und hinreichend, dass in Bezug auf jede von drei sich in dem Puncte schneidenden und nicht in einer Ebene liegenden Axen das Moment der Kräfte Null ist.

2) *Ist die Beweglichkeit eines Körpers dadurch beschränkt, dass ein bestimmter Punct desselben in einer unbeweglichen Linie zu verharren, oder dass eine bestimmte Linie desselben einem unbeweglichen Puncte zu begegnen genöthigt ist, so wird zum Gleichgewichte erfordert, dass die Kräfte eine die Linie in dem Puncte rechtwinklig treffende Resultante haben* (§. 198, 3).

Lässt man daher den Punct, wie vorhin, mit dem Anfangspuncte der Coordinaten, und die Linie, oder ihre Tangente in diesem Puncte, wenn die Linie krumm ist, mit der Axe der x zusammenfallen, so ist bei Annahme eines rechtwinkligen Coordinatensystems die Resultante in der Ebene der yz enthalten, und daher $U = 0$. Hierdurch kommt, wegen $A = U$, zu den vorigen drei Bedingungsgleichungen

$$L = 0 \ , \qquad M = 0 \ , \qquad N = 0$$

noch die vierte

$$A = 0 \ ,$$

d. h. *es muss noch die Summe der nach der Linie, oder ihrer Tangente im Begegnungspuncte, geschätzten Kräfte Null sein.*

3) *Ist ein bestimmter Punct eines Körpers in einer unbeweglichen Fläche beweglich, oder eine Fläche des Körpers einem unbeweglichen Puncte zu begegnen genöthigt, so muss die Resultante der Kräfte die Fläche im Begegnungspuncte normal treffen.*

Es muss folglich, wenn der Punct wiederum zum Anfangspuncte eines rechtwinkligen Coordinatensystems genommen, und wenn die Fläche von der Ebene der x, y daselbst berührt wird, die Resultante in die Axe der z fallen, woraus $U = 0$ und $V = 0$ folgen. Ausser den obigen Bedingungsgleichungen

$$L = 0 \ , \qquad M = 0 \ , \qquad N = 0 \ ,$$

müssen daher jetzt noch die zwei:

$$A = 0 \ , \qquad B = 0$$

erfüllt werden, d. h. *es muss noch die Summe der Kräfte, nach irgend zwei in der Berührungsebene gezogenen und sich schneidenden Geraden geschätzt, beidemale Null sein.*

§. 202. Wird ein Körper in zweien seiner Puncte F und F' an der Bewegung gehindert, so müssen beim Gleichgewichte sämmtliche Kräfte sich auf zwei diese Puncte treffende Kräfte zurückführen lassen. Nimmt man daher F' zum Anfangspuncte eines rechtwinkligen Coordinatensystems, $F'F$ zur Axe der x, setzt $F'F = a$ und bezeichnet die auf F und F' gerichteten Resultanten oder die Pressungen, welche diese Puncte erleiden, durch (U, V, W), (U', V', W'), so muss sein:

$$(A) \qquad \left\{ \begin{array}{ll} A = U + U' \ , & L = 0 \ , \\ B = V + V' \ , & M = -aW \ , \\ C = W + W' \ , & N = aV \ . \end{array} \right.$$

Hieraus folgt:

1) Wenn F und F' völlig unbeweglich angenommen werden, so lässt sich über die Richtungen der Pressungen im Voraus nichts bestimmen, und es gibt daher zwischen U, V, W, U', V', W' keine ande-

ren Relationen, als die, welche aus jenen Gleichungen selbst hervorgehen. Hieraus können aber blos V, V', W, W', d. i. die in F und F' auf FF' normalen Theile der Pressungen bestimmt werden; dagegen findet sich von den längs der Linie FF' selbst gerichteten Pressungen U und U' nur die Summe, $U + U' = A$, und es bleibt $L = 0$, als die einzige von den Pressungen freie Gleichung, als Bedingung des Gleichgewichtes, zurück, woraus wir schliessen:

Zum Gleichgewichte eines an einer unbeweglichen Axe (FF') *befestigten Körpers ist es nöthig und hinreichend, dass das Moment der Kräfte in Bezug auf diese Axe Null ist.*

2) Ist nur der Punct F' unbeweglich, F aber in einer unbeweglichen Linie beweglich, und macht die in F an diese Linie gezogene Tangente mit den Coordinatenaxen die Winkel α, β, γ, so kommt, weil die Pressung (U, V, W) auf der Linie normal sein muss, noch die Gleichung

$$U \cos \alpha + V \cos \beta + W \cos \gamma = 0$$

hinzu. Hiermit erhalten wir zu der vorigen Bedingung des Gleichgewichtes $L = 0$, zwar keine neue, aber es hört nun die Unbestimmtheit von U und U' auf.

Doch ist hiervon der Fall auszunehmen, wenn $\cos \alpha = 0$ und daher die Linie auf FF' normal ist. Lassen wir alsdann grösserer Einfachheit willen die Tangente der Linie mit der Axe der y parallel sein, setzen also noch $\cos \gamma = 0$, so wird $V = 0$, und es entsteht noch die Bedingungsgleichung: $N = 0$; die Unbestimmtheit zwischen U und U' aber dauert fort, und wir folgern hieraus:

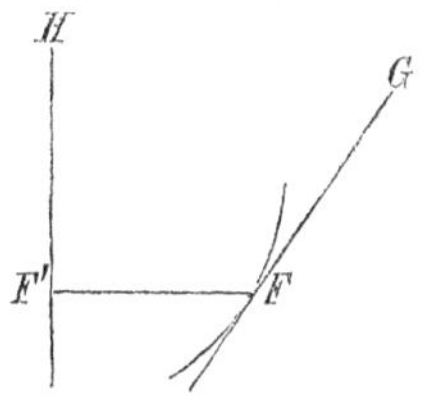

Fig. 50.

Ist ein Punct F' eines Körpers unbeweglich und ein anderer Punct F desselben in einer unbeweglichen Linie beweglich, deren Tangente FG (vergl. Fig. 50) *auf $F'F$ normal ist, so muss beim Gleichgewichte das Moment der auf den Körper wirkenden Kräfte sowohl rücksichtlich der Linie $F'F$, als rücksichtlich der auf der Ebene $F'FG$ in F' zu errichtenden Normalen $F'H$ Null sein.*

Durch die Nullität des Momentes in Bezug auf FF' wird, wie in 1), die Drehung des Körpers um diese Axe aufgehoben. Es erhellt aber nicht sogleich, warum auch in Bezug auf $F'H$ das Moment Null sein soll, da doch bei der Unbeweglichkeit der Linie, in welcher F beweglich ist, der Körper sich nicht um $F'H$ drehen lässt, wenigstens nicht im Allgemeinen, sondern nur in dem speciellen Falle, wenn die Linie der Bogen eines aus F', als Mittelpunct, mit dem Halbmesser $F'F$ in der Ebene $F'FG$ beschriebenen Kreises ist. Indessen kann man doch, wenn die Linie irgend eine andere Curve ist, die der Annahme gemäss von FG berührt wird, das bei dem Puncte F befindliche Element der Curve als das Element eines aus F' beschriebenen Kreises betrachten, und der Körper kann folglich jederzeit, wenn auch im Allgemeinen nur um ein unendlich Geringes, um $F'H$ als Axe gedreht werden. — Die Rechnung gibt uns daher ein genaueres Resultat, als wir erwartet hatten, indem sie den Körper selbst vor einer unendlich kleinen Drehung zu sichern sucht. Die Betrachtung von dergleichen unendlich kleinen Beweglichkeiten ist besonders in rein geometrischer Hinsicht von Interesse, und wir werden deshalb diesem Gegenstande späterhin (Kapitel V) eine specielle Untersuchung widmen.

3) Sind beide Puncte F und F' in gegebenen Linien beweglich, so hat man, wenn die Richtungen derselben bei F und F' durch die Winkel α, β, γ und α', β', γ' gegeben sind, nächst den sechs Gleichungen (A), noch folgende zwei:

$$U \cos\alpha + V \cos\beta + W \cos\gamma = 0 \ ,$$

$$U' \cos\alpha' + V' \cos\beta' + W' \cos\gamma = 0 \ ;$$

und es lassen sich jetzt nicht nur sämmtliche Pressungen vollkommen bestimmen, sondern man erhält auch noch zu $L = 0$ eine neue Bedingungsgleichung. Sind z. B. F und F' in der Axe der x, also in FF' selbst, beweglich, so werden $U = 0$, $U' = 0$, und daher $A = 0$ die neue Bedingung, d. h. die Summe der nach der Richtung von FF' geschätzten Kräfte muss Null sein.

Können die in der Axe der x befindlichen Puncte F und F' sich in Parallellinien mit der Axe der y bewegen, so sind die Pressungen parallel mit der Ebene der x, z, mithin $V = 0$ und $V' = 0$, und es werden damit $B = 0$, $N = 0$. In diesem speciellen Falle kommen also zu $L = 0$, statt einer, noch zwei Bedingungsgleichungen hinzu. Die Erfüllung der einen, $B = 0$, hebt die mit der Axe der y parallele Bewegung auf; durch die andere, $N = 0$, wird ähnlicherweise, wie in 2), eine hierbei noch mögliche unendlich kleine Drehung um die Axe der z gehindert.

4) Berührt der Körper mit beiden Puncten eine Ebene, z. B. die Ebene der x, y, so haben die Pressungen eine auf derselben normale Richtung; es werden folglich

$$U = 0 \ , \qquad V = 0 \ , \qquad U' = 0 \ , \qquad V' = 0 \ ,$$

und man erhält damit

$$A = 0 \ , \qquad B = 0 \ , \qquad L = 0 \ , \qquad N = 0 \ ,$$

als Bedingungen des Gleichgewichtes.

§. 203. Betrachten wir noch einen in drei Puncten F, F', F'' an seiner Bewegung gehinderten Körper. Seien diese Puncte: (a, b, c), (a', b', c'), $(0, 0, 0)$, so dass F'' der Anfangspunct der Coordinaten ist. Die Pressungen in F, F', F'' seien (U, V, W), (U', V', W'), (U'', V'', W''), und man hat alsdann nachstehende sechs Gleichungen:

$$(B)\quad \begin{cases} A = U + U' + U'' , \\ B = V + V' + V'' , \\ C = W + W' + W'' , \\ L = bW - cV + b'W' - c'V' , \\ M = cU - aW + c'U' - a'W' , \\ N = aV - bU + a'V' - b'U' . \end{cases}$$

Da sich aus ihnen allein die Pressungen nicht eliminiren lassen, so gibt es, wenn die drei Puncte unbeweglich sind, im Allgemeinen keine Bedingung des Gleichgewichtes, und der Körper ist ebenfalls unbeweglich; was auch schon daraus erhellt, dass die bei zwei unbeweglichen Puncten noch übrig bleibende Axendrehung durch die Annahme eines dritten unbeweglichen Punctes ausserhalb der Axe vollkommen aufgehoben wird. — Die Pressungen selbst bleiben zum Theil unbestimmt.

Lässt man die Puncte in gegebenen Linien beweglich sein, so kommen drei neue Gleichungen zwischen den neun Grössen $U, \ldots, W''$ hinzu, und man hat somit neun Gleichungen, aus denen man diese neun Grössen, also die drei Pressungen ihrer Intensität und Richtung nach, bestimmen kann. Eine von den Pressungen freie Gleichung lässt sich aber damit noch nicht finden, und der Körper ist folglich auch jetzt noch unbeweglich.

Eine Ausnahme hiervon findet statt, wenn die drei Linien einander parallel sind, als wodurch der Körper selbst parallel mit ihnen beweglich wird. Lässt man sie z. B. parallel mit der Axe der z sein, so werden

$$W = 0 , \qquad W' = 0 , \qquad W'' = 0 ,$$

welches die Bedingung: $C = 0$ gibt, d. h. die Summe der nach den Richtungen der Parallellinien geschätzten Kräfte muss Null sein.

Wenn endlich der Körper mit den drei Puncten eine Ebene, es sei die der x, y, berührt, und folglich die Puncte in dieser Ebene beweglich sind, so hat man $c = 0$, $c' = 0$, und noch ausserdem, weil dann die Pressungen die Ebene normal treffen:

$$U = 0 , \quad U' = 0 , \quad U'' = 0 , \quad V = 0 , \quad V' = 0 , \quad V'' = 0 .$$

Hiermit finden sich aus den Gleichungen (B) die Bedingungen:

$$A = 0 \ , \qquad B = 0 \ , \qquad N = 0 \ .$$

Die drei übrigen Gleichungen werden:

$$C = W + W' + W'' \ ,$$

$$L = bW + b'W' \ , \qquad M = -aW - a'W' \ ,$$

und hieraus lassen sich die drei auf der Ebene normalen Pressungen W, W', W'' bestimmen.

Liegen die drei Puncte, in denen der Körper die Ebene der x, y berührt, in einer Geraden, z. B. in der Axe der x, so hat man noch $b = 0$ und $b' = 0$ zu setzen. Hierdurch verwandelt sich die zweite Gleichung für die Pressungen in eine vierte Bedingung für das Gleichgewicht: $L = 0$, d. h. es muss noch das Moment der Kräfte in Bezug auf die Gerade, in welcher die Puncte liegen, Null sein. Die drei Pressungen aber lassen sich aus den für sie noch übrig bleibenden zwei Gleichungen nicht mehr vollkommen bestimmen.

§. 204. Zusatz. Wenn der Körper bloss parallel mit der Axe der z beweglich ist, so dass jeder Punct desselben eine Parallele mit dieser Axe beschreibt, so ist nach §. 203 $C = 0$ die Bedingung des Gleichgewichtes. Eben so ist $A = 0$ oder $B = 0$ die Bedingung, wenn der Körper bloss parallel mit der Axe der x oder der y fortgerückt werden kann.

Lässt sich der Körper bloss um die Axe der x drehen, so dass jeder seiner Puncte keine andere Linie, als einen Kreis um diese Axe beschreiben kann, so ist $L = 0$ die Bedingung des Gleichgewichtes (§. 202); und auf gleiche Art ist $M = 0$ oder $N = 0$ die Bedingung, wenn der Körper nur um die Axe der y oder der z gedreht werden kann.

Den sechs Gleichungen

$$A = 0 \ , \quad B = 0 \ , \quad C = 0 \ , \quad L = 0 \ , \quad M = 0 \ , \quad N = 0$$

entsprechen daher resp. die Fortbewegungen des Körpers längs der Axen der x, y, z und die Drehungen um dieselben Axen dergestalt, dass wenn der Körper nur einer dieser sechs Bewegungen folgen kann, die derselben entsprechende Gleichung es ist, wodurch das Gleichgewicht der auf den Körper wirkenden Kräfte bedingt wird.

Diese drei fortrückenden und drei drehenden Bewegungen sind von einander vollkommen unabhängig, d. h. man kann einen Körper mit einem oder mehreren anderen ganz oder zum Theil unbeweglichen Körpern immer so verbinden, dass er nur an einer dieser sechs Bewegungen, oder an etlichen derselben, welche man will, Theil nehmen, keiner der übrigen aber folgen kann.

So wie nun, wenn der Körper nur einer einzigen der sechs Bewegungen fähig ist, die dieser Bewegung entsprechende Gleichung die Bedingung des Gleichgewichtes ist, so sind auch, wenn der Körper zwei oder mehrere der sechs Bewegungen zugleich annehmen kann, an den übrigen aber gehindert ist, die den möglichen Bewegungen entsprechenden Gleichungen die nöthigen und hinreichenden Bedingungen des Gleichgewichtes.

Berührt z. B. ein Körper in drei Puncten, welche nicht in einer Geraden liegen, eine unbewegliche Ebene und wird diese zur Ebene der x, y genommen, so sind damit von den sechs Bewegungen aufgehoben: die mit der Axe der z parallele Fortrückung und die Drehungen um die Axen der x und der y; dagegen kann der Körper noch parallel mit den Axen der x und der y bewegt und um die Axe der z gedreht werden. Von den sechs Gleichungen, welche beim Gleichgewichte eines vollkommen frei beweglichen Körpers erfüllt sein müssen, sind daher die drei:

$$C = 0 \ , \qquad L = 0 \ , \qquad M = 0 \ ;$$

durch das Hinderniss, welches die Ebene der Bewegung des Körpers entgegenstellt, schon als erfüllt anzusehen, und es bleiben noch die drei:

$$A = 0 \ , \qquad B = 0 \ , \qquad N = 0$$

als zu erfüllende Bedingungen übrig (vergl. §. 203).

Ist nur ein Punct des Körpers unbeweglich, so kann, diesen Punct zum Anfangspuncte der Coordinaten genommen, der Körper um jede der drei Axen gedreht, aber keiner entlang verschoben werden. Die Bedingungen sind aber in diesem Falle:

$$L = 0 \ , \qquad M = 0 \ , \qquad N = 0$$

(§. 201).

Kann umgekehrt der Körper um keine Axe gedreht, aber nach jeder beliebigen Richtung parallel mit seiner anfänglichen Lage fortbewegt werden, so ergeben sich auf gleiche Art:

$$A = 0 \ , \qquad B = 0 \ , \qquad C = 0 \ ,$$

als die Bedingungen des Gleichgewichtes.

Zweites Kapitel.

Vom Gleichgewichte bei einer beliebigen Anzahl mit einander verbundener Körper.

---

§. 205. Durch die im ersten Kapitel entwickelte Theorie des Gleichgewichtes zwischen Kräften, welche auf zwei mit einander verbundene Körper wirken, sind wir genugsam vorbereitet, um sogleich zur Untersuchung der Bedingungen des Gleichgewichtes in dem ganz allgemeinen Falle übergehen zu können, wenn eine beliebige Anzahl mit einander verbundener Körper der Wirkung von Kräften unterworfen ist. Folgende Betrachtungen werden uns zu diesen Bedingungen hinführen.

1) Denken wir uns ein System von mehr als zwei Körpern a, b, c, d, ..., von denen jeder, wie wir fürs erste annehmen wollen, frei beweglich ist und mit einem oder mehreren oder auch allen übrigen, sei es in einem oder in mehreren Puncten zusammentrifft. Mehrerer Gleichförmigkeit wegen wollen wir die Körper nur durch gegenseitiges Berühren ihrer Flächen mit einander verbunden annehmen, als worauf sich nach §. 198 alle übrigen Arten des Zusammentreffens zurückführen lassen. Endlich sollen an zwei, oder mehreren, oder allen Körpern Kräfte angebracht und soll das Ganze im Gleichgewichte sein.

2) Man bringe an den Stellen, in denen einer der Körper, a, die anderen b, c, ... berührt, zwischen ihm und den anderen Körpern Zwischenpuncte A, A', A'', ... an (§. 194), lasse diese unbeweglich werden und entferne hierauf den Körper a. Das Gleichgewicht wird dadurch nicht verloren gehen, da durch die unbeweglich angenommenen Zwischenpuncte aller Einfluss von a auf b, c, ..., und umgekehrt, aufgehoben ist.

3) Sei b einer der von a berührten Körper und A einer der zwischen a und b gesetzten Zwischenpuncte. Nach Wegnahme von a lasse man A in der Fläche von b beweglich werden. Geht hierdurch das Gleichgewicht verloren, so muss es möglich sein, an A eine das Gleichgewicht wieder herstellende Kraft P anzubringen (§. 190, III), und diese Kraft muss auf der Fläche von b normal sein,

indem sonst, wenn b unbeweglich gesetzt würde, A auf b nicht in Ruhe bleiben könnte (§. 192, a). Auch kann man die Kraft P an der Fläche von b selbst, da, wo sich A befindet, anbringen und sodann den Zwischenpunct A, als überflüssig, wegnehmen.

4) Man entferne demnach den unbeweglichen Zwischenpunct A und setze, wo nöthig, statt desselben eine auf b normale, das Gleichgewicht herstellende Kraft P. Auf gleiche Weise entferne man nach und nach alle übrigen Zwischenpuncte A', A'', ... und bringe statt ihrer an den Flächen von b, c, ..., wo sie sich befanden, d. i. an den Berührungspuncten dieser Flächen mit a, die zur Erhaltung des Gleichgewichtes nöthigen, auf den Flächen normalen Kräfte P', P'', ... an.

5) Somit sind jetzt an dem Systeme von b, c, ... die ursprünglich auf diese Körper wirkenden Kräfte mit den hinzugefügten P, P', ... im Gleichgewichte. Da nun bei dem Systeme sämmtlicher Körper a, b, c, ... die ursprünglichen Kräfte an b, c, ... mit den Kräften an a im Gleichgewichte sind, so sind die Kräfte an a mit P, P', ... gleichwirkend, und es muss a für sich ins Gleichgewicht kommen, wenn an ihm noch die Kräfte P, P', ..., nach entgegengesetzten Richtungen genommen, angebracht werden. Dies liefert uns folgendes Resultat:

Sind Kräfte, welche auf ein System sich berührender frei beweglicher Körper a, b, c, ... wirken, im Gleichgewichte, so ist es möglich, an den Stellen, in denen irgend einer der Körper, a, die übrigen b, c, ... berührt, Gegenkräfte (§. 195) von solcher Intensität anzubringen, dass sowohl der Körper a für sich, als das System der einander berührenden Körper b, c, ... für sich, in den Zustand des Gleichgewichtes kommt.

6) Man bringe nun an dem Systeme von a, b, c, d, ..., wie es ursprünglich gegeben war, diese Gegenkräfte wirklich an. Wegen des Gleichgewichtes, welches hierdurch das System von b, c, d, ... für sich erlangt, kann man gleicher Weise an den Berührungsstellen eines dieser Körper b mit den übrigen c, d, ... solche Gegenkräfte hinzufügen, dass nächst a noch b für sich und das System von c, d, ... für sich im Gleichgewichte sind. Durch Wiederholung desselben Verfahrens an dem Systeme von c, d, ... kann man es ferner bewirken, dass ausser a und b noch c für sich und das System der noch übrigen Körper d, ... für sich ins Gleichgewicht kommen, und kann diese Operation so lange fortsetzen, bis jeder Körper des anfänglichen Systems einzeln im Gleichgewichte ist. Alsdann sind nach und nach an allen Stellen, in denen zwei Körper des Systems sich berühren, und wo es nach 3) für nöthig zu erachten war,

Gegenkräfte hinzugesetzt worden, und man hat somit folgende, der in §. 196 für nur zwei Körper erhaltenen ganz analoge Bedingung für das Gleichgewicht des Systems gefunden:

Sollen Kräfte, welche auf ein System einander berührender und an sich frei beweglicher Körper wirken, einander das Gleichgewicht halten, so muss es möglich sein, an den Berührungsstellen der Körper Gegenkräfte von solcher Intensität anzubringen, dass an jedem Körper besonders die ursprünglichen Kräfte mit den an ihm angebrachten im Gleichgewichte sind.

Dass diese nothwendige Bedingung des Gleichgewichtes auch stets hinreichend ist, wird ebenso, wie im §. 196 bewiesen. Lassen sich nämlich an dem Systeme der einander berührenden Körper solche Gegenkräfte hinzufügen, dass jeder einzelne Körper ins Gleichgewicht kommt, und somit auch das ganze System im Gleichgewichte ist, so muss das System auch ohne Anbringung von Gegenkräften im Gleichgewichte sein, da je zwei zusammengehörige Gegenkräfte für sich im Gleichgewichte sind, und daher jedes dieser Paare ohne Störung des Gleichgewichtes des Systems wieder entfernt werden kann.

§. 206. Nachträgliche Bemerkungen. *a*) Nachdem bei den Berührungsstellen von a mit b, c, ... unbewegliche Zwischenpuncte A, A', ... eingeschoben, der Körper a abgesondert und hierauf A in der Fläche von b beweglich angenommen worden war, wurde im Falle, dass durch die Beweglichkeit von A das Gleichgewicht verloren ging, an A eine auf b normale, das Gleichgewicht wieder herstellende Kraft P angebracht.

Geht das Gleichgewicht dadurch, dass man A beweglich macht, nicht verloren, so können zwei Fälle eintreten. Denn entweder sind die noch übrigen unbeweglichen Puncte A', A'', ... in solcher Anzahl und Lage vorhanden, dass keine auch noch so grosse an A angebrachte und auf b normal gerichtete Kraft Bewegung hervorbringen kann; oder es ist jede auch noch so geringe Intensität dieser Kraft vermögend, das bestehende Gleichgewicht aufzuheben. Letzterer Fall ereignet sich z. B. dann, wenn a nur einen der übrigen Körper berührt, und wenn die auf a ursprünglich wirkenden Kräfte für sich, also auch die ursprünglichen Kräfte an b, c, ... unter einander, im Gleichgewichte sind.

Im letzteren Falle ist daher die an A anzubringende Kraft nothwendiger Weise gleich Null; dagegen kann man im ersteren an A eine Kraft P von beliebiger Intensität setzen, und ebenso ist es möglich, dass noch an einigen der übrigen Zwischenpuncte A', A'', ..., nachdem sie in den Flächen, welche sie berühren, beweglich gemacht worden, normale Kräfte P', P'', ... von willkürlicher Intensität angebracht werden können.

Statt also nach §. 205 an denjenigen unter den Puncten A, A', ..., durch deren Beweglichmachung das Gleichgewicht noch nicht verloren geht, keine Kräfte anzubringen, kann man, grösserer Allgemeinheit willen, jedoch mit Ausnahme des letzteren der oben gedachten zwei Fälle, normale Kräfte P, P', ... von willkürlicher Intensität auf sie wirken lassen und hiernach die zur Erhaltung des Gleichgewichtes nöthigen Intensitäten der Kräfte an den noch übrigen Puncten bestimmen. Bringt man hierauf sämmtliche Kräfte P, P', ... an den Flächen von b, c, ... selbst, und an dem wieder hinzugefügten Körper a die direct entgegengesetzten $-P$, $-P'$, ... an, so wird nunmehr ebenso, wie vorhin, sowohl a, als das System von b, c, ..., jedes für sich, im Gleichgewichte erhalten. Auf gleiche Weise kann man auch hinsichtlich der an b und c, d, ... anzubringenden Gegenkräfte zu Werke gehen u. s. w. Die daraus zuletzt sich ergebende Bedingung für das Gleichgewicht des ganzen Systems aber ist mit der in §. 205 ausgesprochenen einerlei.

b) In §. 205, 4 wurde gezeigt, wie nach Wegnahme irgend eines der Körper, a, von den übrigen b, c, ... diese übrigen ein System bilden, welches durch Anbringung der Kräfte P, P', ... für sich ins Gleichgewicht kommt. Es kann aber auch geschehen, dass die nach Wegnahme von a übrig bleibenden Körper, statt eines, zwei oder mehrere Systeme ausmachen, welche vorher durch a zu einem einzigen vereinigt waren. Die Bündigkeit der nachfolgenden Schlüsse wird hierdurch keineswegs beeinträchtigt. Denn ebenso, wie vorhin, wird auch in diesen Fällen das Gleichgewicht bei jedem der einzelnen Systeme, welche nach Wegnahme von a entstehen, durch die unbeweglichen Puncte A, A', ... und nach Absonderung dieser Puncte durch die normalen Kräfte P, P', ... erhalten; an a selbst aber werden gleichfalls, wie vorhin, die ursprünglichen Kräfte mit $-P$, $-P'$, ... im Gleichgewichte sein.

§. 207. In dem Bisherigen wurde jeder Körper des Systems als frei beweglich angenommen. Setzen wir jetzt, der in §. 205 betrachtete Körper a sei unbeweglich, und somit jeder der übrigen nur innerhalb gewisser Grenzen beweglich, so erhellt ebenso, wie dort, dass, wenn das System im Gleichgewichte ist, sich in den Berührungspuncten von a mit den übrigen Körpern b, c, ... normale Kräfte P, P', ... an b, c, ... anbringen lassen, so dass diese Körper auch nach Wegnahme von a in Ruhe bleiben. Ein Gleiches gilt, wenn mehrere Körper des Systems unbeweglich angenommen werden; auch kann man mehrere unbewegliche Körper immer als Theile eines einzigen unbeweglichen betrachten. Da nun die Kräfte $-P$, $-P'$, ..., an dem unbeweglichen a angebracht, von keiner Wirkung sind, so findet die in §. 205 erhaltene nothwendige Bedingung des Gleichgewichtes auch bei der Unbeweglichkeit eines oder mehrerer Körper des Systems völlige Anwendung; und ebenso, wie zu Ende des §. 205, wird auch für gegenwärtigen Fall bewiesen, dass diese nothwendige Bedingung zugleich hinreichend ist.

Mag also jeder Körper des Systems an sich frei beweglich, oder mögen einer oder etliche derselben unbeweglich sein, mögen sie ferner, wie bisher angenommen wurde, durch gegenseitige Berührung ihrer Flächen zusammenhängen, oder auf eine der anderen in §. 198 *bemerkten Arten mit einander verbunden sein* (§. 205, 1), *so besteht immer die nothwendige und hinreichende Bedingung des Gleichgewichtes in der Möglichkeit, in den Begegnungspuncten der Körper Gegenkräfte* (§. 199) *von solcher Intensität anzubringen, dass jeder bewegliche Körper für sich ins Gleichgewicht kommt.*

Endlich ist noch zu bemerken, dass auch hier, wie in §. 200, die Gegenkräfte, wenn sie völlig bestimmte Werthe haben, die Pressungen ausdrücken, welche die Körper in den Begegnungspuncten auf einander ausüben.

Gleichung der virtuellen Geschwindigkeiten bei mit einander verbundenen Körpern.

§. 208. In dem ersten Theile der Statik (§. 178) ist bewiesen worden, dass, wenn Kräfte, die auf einen frei beweglichen Körper wirken, im Gleichgewichte sind, bei einer unendlich kleinen Verrückung des Körpers die Summe der Producte aus jeder Kraft in die virtuelle Geschwindigkeit ihres Angriffspunctes jederzeit Null ist. Wir wollen nun die eben entwickelte Bedingung für das Gleichgewicht mehrerer mit einander verbundener Körper zunächst dazu benutzen, dass wir zeigen, wie jenes Princip in völliger Allgemeinheit auch bei jedem dergleichen Systeme Anwendung findet. In dieser Absicht werden wir die Gültigkeit des Princips zuerst für zwei in dem Begegnungspuncte zweier Körper angebrachte und sich immer das Gleichgewicht haltende Gegenkräfte darthun.

1) Seien a und b zwei Körper, welche sich mit ihren Flächen in einem Puncte berühren. Heisse C (vergl. Fig. 51) der Punct des Raumes, in welchem die Berührung stattfindet, und A und B seien die zwei in C zusammentreffenden Puncte in den Oberflächen der Körper a und b, die gemeinschaftliche Normale der beiden Flächen in dem Berührungspuncte C heisse c.

2) Werde nun das System der beiden Körper um ein unendlich Weniges verrückt, ohne dass sie sich zu berühren aufhören (§. 189). Den Punct des Raumes, in welchem jetzt die Berührung geschieht, nenne man C', und die jetzige Normale in der Berührung sei c'. Die beiden Puncte A und B in den Oberflächen, welche vorher mit C zusammentrafen, werden jetzt nicht mehr, wenigstens im Allgemeinen nicht mit C' coïncidiren, weil sich die eine Fläche an der anderen zugleich verschoben haben kann. Seien daher A' und B' die Stellen des Raumes, welche nunmehr die Puncte A und B der Oberflächen einnehmen.

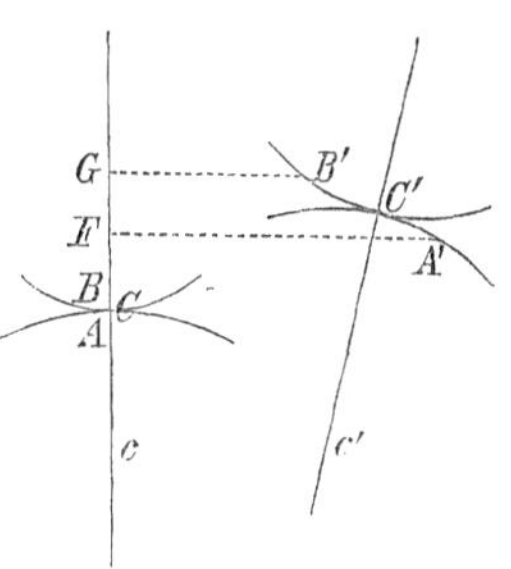

Fig. 51.

3) Weil hiernach A' und B' in den Flächen unendlich nahe bei dem Berührungspuncte C' der letzteren nach der Verrückung liegen, so ist der Winkel der Geraden $A'B'$ mit c' unendlich nahe ein rechter; und weil c' mit c nur einen unendlich kleinen Winkel macht, so ist auch der Winkel von $A'B'$ mit c von einem rechten unendlich wenig verschieden. Sind folglich F und G die rechtwinkligen Projectionen von A' und B' auf c, so ist FG als verschwindend oder Null gegen $A'B'$ und gegen die anderen kleinen Grössen, wodurch die Verrückung bestimmt wird, zu betrachten.

4) Lassen wir nun auf die in C anfangs coïncidirenden Puncte A und B der Körper zwei einander gleiche Kräfte nach entgegengesetzten in die Normale c fallenden Richtungen wirken. Diese Kräfte, welche P und $-P$ heissen, halten sich nach §. 195 das Gleichgewicht. Die virtuellen Geschwindigkeiten ihrer Angriffspuncte, d. i. die Verrückungen AA' und BB' dieser Puncte, projicirt auf die Richtungen der Kräfte, sind CF und CG; folglich die Summe der Producte aus den Kräften in die virtuellen Geschwindigkeiten gleich

$$CF.P - CG.P = GF.P = 0 .$$

5) *Hiermit ist das Princip der virtuellen Geschwindigkeiten für das Gleichgewicht zweier bei der Flächenberührung anzubringenden*

Gegenkräfte erwiesen. Ganz auf eben die Art wird es für zwei Gegenkräfte dargethan, die beim Zusammentreffen einer Fläche mit einer Linie oder mit einem Puncte, oder bei der Begegnung zweier Linien wirksam sind.

Denn in allen diesen Fällen hat die Normallinie bei der Berührung, als in welche die Richtungen der Gegenkräfte fallen, eine durch die Elemente der Berührung vollkommen bestimmte Lage, und es wird wie vorhin gezeigt, dass die zwei anfänglich zusammenfallenden Puncte A und B nach einer unendlich kleinen Verrückung in eine Lage kommen, bei welcher ihre gegenseitige nach der Normallinie geschätzte Entfernung von einer höheren Ordnung ist.

6) Was den Fall anlangt, wenn ein bestimmter Punct B des einen Körpers in einer bestimmten Linie des anderen beweglich ist, so heisse A der Punct der Linie, wo sich B befindet. Gelangen nun nach der Verrückung beider Körper A nach A' und B nach B', so ist $A'B'$ ein Element der Linie in ihrer zweiten Lage und steht daher auf der durch A' gelegten Normalebene dieser Linie, folglich auch auf der Normalebene durch den Punct A der Linie in ihrer ersten Lage, unendlich nahe rechtwinklig, und die rechtwinklige Projection von $A'B'$ auf jede in dieser letzteren Normalebene durch A gezogene Gerade ist von der zweiten, oder einer höheren Ordnung. Da nun von zwei auf A und B wirkenden Gegenkräften die Richtungen immer in irgend einer der durch A auf die Curve zu setzenden Normallinien liegen müssen, so ist auch in diesem Falle die Projection von $A'B'$ auf die Richtung der Gegenkräfte jederzeit von einer höheren Ordnung, als der ersten, woraus das Uebrige, wie in 4), folgt.

7) Sind endlich A und B zwei unzertrennliche Puncte zweier Körper, so coïncidiren nach der Verrückung auch A' und B'. Welches daher auch die ohne Weiteres hier noch unbestimmt bleibende Richtung der Gegenkräfte sein mag, so fallen die Projectionen von A' und B' auf diese Richtung immer zusammen, und das Princip ist folglich auch hier gültig.

§. 209. Seien wiederum zwei an sich frei bewegliche Körper a und b in einem Puncte mit einander verbunden; treffe daselbst der Punct A von a mit dem Puncte B von b zusammen, und die Art der Verbindung sei irgend eine der vorhin aufgezählten. Auf die Puncte A_1, A_2, ... des a wirken die Kräfte P_1, P_2, ... und auf die Puncte B_1, B_2, ... des b die Kräfte Q_1, Q_2, ... und das System beider Körper sei im Gleichgewichte. Seien, wie hierzu erfordert wird, P und Q die zwei in A und B anzubringenden Gegenkräfte, so dass jedes der drei Systeme: 1) $P, P_1, P_2, \ldots$, 2) $Q, Q_1, Q_2, \ldots$, 3) P, Q für sich im Gleichgewichte ist. Wird nun der eine der beiden Körper beliebig, und der andere auf irgend eine Weise so verrückt, wie es seine Verbindungsart mit dem ersteren zulässt, und bezeichnen $p, p_1, p_2, \ldots, q, q_1, q_2, \ldots$ die dabei stattfindenden virtuellen Geschwindigkeiten der Angriffspuncte $A, A_1, A_2, \ldots, B, B_1, B_2, \ldots$, so ist nach §. 178

$$Pp + P_1 p_1 + P_2 p_2 + \ldots = 0 \ ,$$
$$Qq + Q_1 q_1 + Q_2 q_2 + \ldots = 0 \ ,$$

und

$$0 = Pp + Qq \ ,$$

weil $Q = -P$, und nach §. 208 für jede Verbindungsart $p = q$ ist. Addirt man aber diese drei Gleichungen, so kommt:

$$P_1 p_1 + P_2 p_2 + \ldots + Q_1 q_1 + Q_2 q_2 + \ldots = 0 \ .$$

Hierdurch ist die Richtigkeit des Princips für zwei sich in einem Puncte begegnende Körper bewiesen.

Sind zwei oder mehrere Puncte $A, A', \ldots$ des einen Körpers mit eben so vielen $B, B', \ldots$ des anderen auf irgend eine Weise verbunden, A mit B, A' mit B', ... und sind resp. $P, P', \ldots, Q, Q', \ldots$ die an ihnen beim Gleichgewichte anzubringenden Gegenkräfte; $p, p', \ldots, q, q', \ldots$ aber die virtuellen Geschwindigkeiten der Puncte, so führt die Bedingung, dass an jedem Körper die ursprünglichen Kräfte mit den hinzugesetzten Gegenkräften im Gleichgewichte sein müssen, zu den zwei Gleichungen:

$$Pp + P'p' + \ldots + P_1 p_1 + P_2 p_2 + \ldots = 0 \ ,$$
$$Qq + Q'q' + \ldots + Q_1 q_1 + Q_2 q_2 + \ldots = 0 \ .$$

Aus gleichem Grunde, wie vorhin, ist nun auch hier

$$Pp + Qq = 0 \ ,$$

und ebenso

$$P'p' + Q'q' = 0 \ , \quad \ldots$$

und man gelangt daher durch Addition der beiden Gleichungen zu derselben Gleichung der virtuellen Geschwindigkeiten, wie vorhin.

Ist einer der beiden Körper, z. B. b, unbeweglich, so sind $q, q', \ldots, q_1, q_2, \ldots$ gleich Null. Hiermit wird die zweite jener Gleichungen von selbst erfüllt. Weil aber stets $p = q$, $p' = q'$, ..., so sind auch $p, p', \ldots$ gleich Null. Hierdurch reducirt sich die erste Gleichung auf

$$P_1 p_1 + P_2 p_2 + \ldots = 0 \ ,$$

und drückt somit das Princip der virtuellen Geschwindigkeiten für die zuletzt gemachte Annahme aus.

§. 210. Auf ganz ähnliche Art lässt sich die Gültigkeit des Princips auch für ein System von drei oder mehreren mit einander verbundenen frei beweglichen Körpern darthun. Zuerst nämlich wird für jeden Körper besonders die Gleichung der virtuellen Geschwindigkeiten für das Gleichgewicht zwischen den ursprünglich auf ihn wirkenden Kräften und den an ihm in den Begegnungspuncten mit den übrigen Körpern anzubringenden Gegenkräften (§. 207) aufgestellt. Man addirt hierauf alle diese Gleichungen, und weil je zwei zu derselben Begegnung gehörige Gegenkräfte für sich im Gleichgewichte sind, so werden sich in der erhaltenen Summe je zwei Glieder, welche zwei zusammengehörige Gegenkräfte enthalten, für sich aufheben, und mithin nur die von den ursprünglichen Kräften herrührenden Glieder zurückbleiben. Die Summe dieser Glieder, d. h. die Summe der Producte aus jeder ursprünglichen Kraft in die virtuelle Geschwindigkeit ihres Angriffspunctes, wird folglich auch hier Null sein.

Sind unter den Körpern des Systems einer oder etliche unbeweglich, so ändert sich der Gang des eben angedeuteten Beweises nur dahin ab, dass man bloss für die beweglichen Körper Gleichungen aufstellt und in diesen Gleichungen die Glieder weglässt, welche die Gegenkräfte enthalten, die an den beweglichen Körpern bei den Begegnungsstellen mit den unbeweglichen anzubringen sind, indem, wie schon in §. 209 bemerkt worden, an diesen Stellen die virtuellen Geschwindigkeiten jederzeit Null sind. In der Summe aller Gleichungen heben sich dann die von den Begegnungen je zweier beweglicher herrührenden Glieder ebenso, wie vorhin, paarweise auf, und man kommt wiederum zu dem Resultate, dass die Summe der in ihre virtuellen Geschwindigkeiten multiplicirten Kräfte bei jeder möglichen unendlich kleinen Verrückung des Systems Null ist.

Hiermit ist das Princip für alle möglichen Arten bewiesen, nach denen Körper in beliebiger Anzahl durch unmittelbare Begegnung mit einander verbunden sein können. Selbst biegsame Linien oder Fäden und biegsame Flächen sind davon nicht ausgeschlossen, da man eine dergleichen Linie oder Fläche als ein System unendlich kleiner unbiegsamer mit einander verbundener Körper betrachten kann.

§. 211. Es ist noch übrig, den umgekehrten Satz zu beweisen: *Wenn bei jeder, der Verbindungsweise der Körper nicht widerstreitenden Verrückung die Gleichung der virtuellen Geschwindigkeiten erfüllt wird, so sind die Kräfte im Gleichgewichte.*

Dieser Beweis kann nach Laplace*) und Poisson**) also geführt werden.

Wäre bei jeder möglichen Verrückung des Systems

$$P_1 p_1 + P_2 p_2 + \dots = 0 ,$$

fände aber demungeachtet Bewegung statt und fingen dieser zufolge die Angriffspuncte A_1, A_2, ... sich nach den Richtungen $A_1 B_1$, $A_2 B_2$, ... zu bewegen an, so müsste es möglich sein, nach den entgegengesetzten Richtungen $B_1 A_1$, $B_2 A_2$, ... Kräfte von passenden Intensitäten Q_1, Q_2, ... an A_1, A_2, ... anzubringen, wodurch diese Bewegungen aufgehoben und Gleichgewicht herbeigeführt würde. Bezeichnen daher q_1, q_2, ... die bei irgend einer Verrückung des Systems nach den Richtungen von Q_1, Q_2, ... geschätzten Wege von A_1, A_2, ..., so müsste, wegen des Gleichgewichtes zwischen P_1, P_2, ... und Q_1, Q_2, ...,

$$P_1 p_1 + P_2 p_2 + \dots + Q_1 q_1 + Q_2 q_2 + \dots = 0$$

sein, mithin auch wegen der vorausgesetzten Gleichung:

$$Q_1 q_1 + Q_2 q_2 + \dots = 0 .$$

Dieses ist aber nicht möglich. Denn wählen wir zu den unendlich kleinen Verrückungen von A_1, A_2, ... die Linien selbst, welche diese Puncte nach den Richtungen $A_1 B_1$, $A_2 B_2$, ... wegen des nicht stattfindenden Gleichgewichtes im ersten Zeitelemente beschreiben sollen, so sind die virtuellen Geschwindigkeiten q_1, q_2, ... mit diesen Linien identisch und haben direct entgegengesetzte Richtungen von Q_1, Q_2, ... Mithin wäre dann jedes der Producte $Q_1 q_1$, $Q_2 q_2$, ... negativ, oder doch ein Theil derselben negativ, und die übrigen Null, jenachdem entweder alle Angriffspuncte, oder nur etliche derselben sich zu bewegen anfingen. Die Summe dieser Producte könnte folglich nicht Null sein.

So einfach dieser Beweis auch ist, so scheint er mir doch in der Statik nicht wohl zulässig, indem der dabei gleich anfangs zu Hülfe genommene Satz erst in der Dynamik volle Evidenz erhalten kann, wo nicht bloss Kräfte und deren Angriffspuncte, sondern auch die von den ersteren hervorgebrachten Geschwindigkeiten der letzteren in Betracht kommen. Es dürfte daher nicht überflüssig sein, wenn ich einen Beweis hinzufüge, der, wenn gleich weniger einfach, doch dieses für sich hat, dass er bloss auf den bisher angewendeten Grundsätzen beruht.

---

*) Traité de mécanique céleste, tome I, livre I, Chap. III.

**) Traité de mécanique, sec. édit., tome I, Art. 336.

§. 212. Man denke sich ein System von n beweglichen Körpern a, b, c, ..., die mit einander und, wenn man will, noch mit anderen unbeweglichen Körpern auf beliebige Weise verbunden sind. Auf diese Körper wirken die Kräfte: P_1, P_2, ..., Q_1, Q_2, ..., R_1, R_2, ..., und p_1, p_2, ..., q_1, q_2, ..., r_1, r_2, ... seien die virtuellen Geschwindigkeiten der Angriffspuncte der Kräfte. Von diesem Systeme wollen wir nun der Reihe nach folgende Sätze beweisen:

I. *Wirken nur auf einen Körper a des Systems Kräfte* P_1, P_2, ... *und ist*

$$\Sigma P_1 p_1 = 0 \ ,$$

so herrscht Gleichgewicht.

Beweis. Die Kräfte P_1, P_2, ... sind entweder für sich im Gleichgewichte, d. h. auch dann noch, wenn a von den übrigen Körpern isolirt wird; oder sie lassen sich auf eine Kraft P, oder auf zwei nicht weiter reducirbare Kräfte P, Q zurückführen.

Im ersten Falle ist der zu erweisende Satz für sich klar.

Im zweiten Falle hat man bei jeder möglichen Verrückung des Körpers a, wenn er ganz frei ist (§. 178), und folglich auch, wenn er durch unbewegliche Körper an seiner Beweglichkeit zum Theil gehindert ist:

$$\Sigma P_1 p_1 = Pp \ ,$$

folglich $p = 0$; d. h. der Angriffspunct A der Kraft P, — ein Punct des Körpers a, — ist entweder unbeweglich, oder in einer unbeweglichen, auf der Richtung von P normalen Linie oder Fläche beweglich. Die Kraft P kann folglich niemals den Punct A (§. 192, a), also auch nicht das System in Bewegung setzen; mithin können es auch nicht die mit P gleichwirkenden P_1, P_2, ...,

Im dritten Falle ist

$$\Sigma P_1 p_1 = Pp + Qq \ ,$$

und daher

$$Pp + Qq = 0 \ .$$

Man nehme den Angriffspunct B der Kraft Q unbeweglich an, so wird $q = 0$, folglich auch $p = 0$, d. h. die Kraft P, welche von den zweien P und Q, bei der angenommenen Unbeweglichkeit von B, allein noch thätig sein kann, vermag keine Bewegung zu erzeugen (2. Fall). Es muss mithin möglich sein, an B eine Kraft Q' anzubringen, welche, wenn B wieder beweglich gesetzt und Q weggelassen wird, der P das Gleichgewicht hält (§. 190, III). Hiernach ist

$$Pp + Q'q' = 0$$

§. 210), folglich

$$Qq - Q'q' = 0 \ .$$

Da nun Q und $-Q'$ auf einen und denselben Punct B wirken und daher auf eine einzige Kraft reducirt werden können, so halten sie in Folge letzterer Gleichung einander das Gleichgewicht (2. Fall); mithin sind auch P, Q', Q, $-Q'$, d. i. P und Q, also auch die damit gleichwirkenden P_1, P_2, ... im Gleichgewichte.

II. *Wenn auf zwei Körper a und b des Systems resp. die Kräfte P_1, P_2, ... und Q_1, Q_2, ... wirken, und*

$$\Sigma P_1 p_1 + \Sigma Q_1 q_1 = 0$$

ist, so herrscht Gleichgewicht.

Beweis. Man nehme b unbeweglich an, so werden q_1, q_2, ... gleich Null, und die Gleichung reducirt sich auf $\Sigma P_1 p_1 = 0$; mithin findet dann Gleichgewicht statt (I). Setzt man hierauf b wieder beweglich, ohne jedoch die Kräfte Q_1, Q_2, ... auf b wirken zu lassen, so muss es möglich sein, an b eine oder zwei Kräfte Q und Q' anzubringen, wodurch das Gleichgewicht erhalten wird. Bei dem hinsichtlich seiner Beweglichkeit wieder in den anfänglichen Zustand versetzten Systeme ist daher

$$\Sigma P_1 p_1 + Qq + Q'q' = 0$$

(§. 210), folglich auch

$$\Sigma Q_1 q_1 - Qq - Q'q' = 0\,,$$

woraus wir schliessen, dass die auf b wirkenden Kräfte Q_1, Q_2, ... $-Q$, $-Q'$ für sich im Gleichgewichte sind. Da es nun auch P_1, P_2, ... Q, Q' an a und b sind, so können auch alle diese Kräfte in Vereinigung, d. i. P_1, P_2, ..., Q_1, Q_2, ..., keine Bewegung des Systems hervorbringen.

III. *Wenn auf drei Körper a, b und c des Systems die Kräfte P_1, P_2, ...; Q_1, Q_2, ... und R_1, R_2, ... wirken, und*

$$\Sigma P_1 p_1 + \Sigma Q_1 q_1 + \Sigma R_1 r_1 = 0$$

ist, so findet Gleichgewicht statt.

Beweis. Man lasse c unbeweglich werden, so werden

$$r_1 = 0\,, \qquad r_2 = 0\,, \quad \ldots$$

also

$$\Sigma P_1 p_1 + \Sigma Q_1 q_1 = 0\,,$$

und das System ist nach vorigem Satze im Gleichgewichte. Gibt man hierauf dem c seine Beweglichkeit wieder, entfernt aber die ursprünglich auf c wirkenden Kräfte R_1, R_2, ..., so wird man das Gleichgewicht erhalten können, indem man an c zwei Kräfte R und

R', oder auch nur eine, anbringt. Alsdann ist folglich bei jeder Verrückung des Systems:

$$\Sigma P_1 p_1 + \Sigma Q_1 q_1 + Rr + R'r' = 0 \ ,$$

mithin

$$\Sigma R_1 r_1 - Rr - R'r' = 0 \ .$$

Es müssen daher an c die Kräfte R_1, R_2, ..., $-R$, $-R'$ für sich im Gleichgewichte sein. Hieraus aber folgt in Verbindung mit dem Gleichgewichte zwischen P_1, P_2, ..., Q_1, Q_2, ..., R, R' das zu erweisende Gleichgewicht zwischen P_1, P_2, ..., Q_1, Q_2, ..., R_1, R_2, ...

IV. *Wirken auf mehrere oder alle Körper des Systems Kräfte, und besteht zwischen diesen Kräften die Gleichung der virtuellen Geschwindigkeiten, so ist das System im Gleichgewichte.*

Beweis. In I., II. und III. wurde dieser Satz für die speciellen Fälle dargethan, wenn auf einen, zwei, oder drei Körper des Systems Kräfte wirken. Ebenso aber, wie dabei von einem Körper auf zwei, und von zweien auf drei geschlossen wurde, so lässt sich von dreien auf vier u. s. w. und zuletzt auf alle Körper des Systems ein Schluss machen.

§. 213. Aus der Gleichung der virtuellen Geschwindigkeiten, insofern sie für einen einzigen frei beweglichen Körper galt, wurden in §. 182 und §. 184 durch Integration zwei Functionen abgeleitet, deren jede beim Zustande des Gleichgewichtes ihren grössten oder kleinsten Werth erreichte. Da nun, wie jetzt erwiesen worden, die Gleichung der virtuellen Geschwindigkeiten auch auf jedes System mit einander verbundener Körper anwendbar ist, so werden die dort gefundenen Functionen auch gegenwärtig Maxima oder Minima sein.

Es ist daher, um nur der ersten dieser Functionen zu gedenken, bei jedem Systeme von Körpern, welches im Zustande des Gleichgewichtes sich befindet, die Summe der Producte aus jeder Kraft in die Entfernung ihres Angriffspunctes von einer unbeweglichen auf der Richtung der Kraft normalen Ebene (§. 176, Zus.), *oder, was dasselbe ist, von einem unbeweglichen in ihrer Richtung beliebig genommenen Puncte ein Maximum oder Minimum; d. h. bei je zwei Verrückungen, von denen die eine nach dem entgegengesetzten Sinne der anderen geschieht, nimmt diese Summe zugleich ab oder zugleich zu.*

Wir sahen ferner (§§. 182. 189), dass jenachdem diese Summe bei der Verrückung eines freien Körpers aus der Lage des Gleichgewichtes als Maximum oder Minimum sich darstellte, die Kräfte den Körper entweder in seine anfängliche Lage zurückzubringen, oder noch weiter davon zu entfernen strebten, und wir nannten hiernach das Gleichgewicht im ersteren Falle sicher, im letzteren unsicher. Dieselbe Eigenschaft des Gleichgewichtes findet nun auch bei mehreren mit einander verbundenen Körpern statt. Einen sehr elementaren Beweis dieses Satzes, sowie des Princips der virtuellen Geschwindigkeiten selbst, hat Lagrange gegeben*), indem er, von den einfachsten Eigenschaften des Gleichgewichtes an einem vollkommen biegsamen Faden ausgehend, mit Hülfe eines solchen um Flaschenzüge gelegten Fadens alle auf die Körper wirkenden Kräfte durch eine einzige vertreten lässt. Einen ähnlichen Beweis enthält der folgende §. 214, nur dass hier ausser den Sätzen vom Gleichgewichte an einem Faden noch die Lehre vom Mittelpuncte paralleler Kräfte zu Hülfe genommen worden ist.

§. 214. Auf die Puncte A, A', A'', ... (vergl. Fig. 52) eines oder mehrerer auf irgend eine Weise mit einander verbundener Körper wirken die Kräfte P, P', P'', ... nach den Richtungen AF, $A'F'$, $A''F''$, ..., so dass F, F', F'', ... beliebig in den Richtungen genommene Puncte sind. Statt nun die Kräfte auf A, A', ... unmittelbar wirken zu lassen, wollen wir in F, F', ... unendlich kleine unbewegliche Ringe anbringen, an den beweglichen Puncten A, A', ... Fäden anknüpfen, diese resp. durch die Ringe in F, F', ... leiten und an den anderen Enden G, G', ... der Fäden die Kräfte P, P', ... nach den verticalen Richtungen FG, $F'G'$, ..., als angehängte Gewichte wirken lassen. Denn es wird späterhin bewiesen werden, dass somit die Puncte A, A', ... ebenso getrieben werden, als ob an ihnen selbst die Kräfte P, P', ... nach den Richtungen AF, $A'F'$, ... angebracht wären. Uebrigens sollen die Puncte G, G' ..., in einer horizontalen Ebene enthalten sein, so dass, wenn sie sich um ein unendlich Weniges in verticaler Richtung auf- oder niederwärts bewegen, ihre gegenseitigen Abstände GG', ... als constant bleibend angesehen werden können.

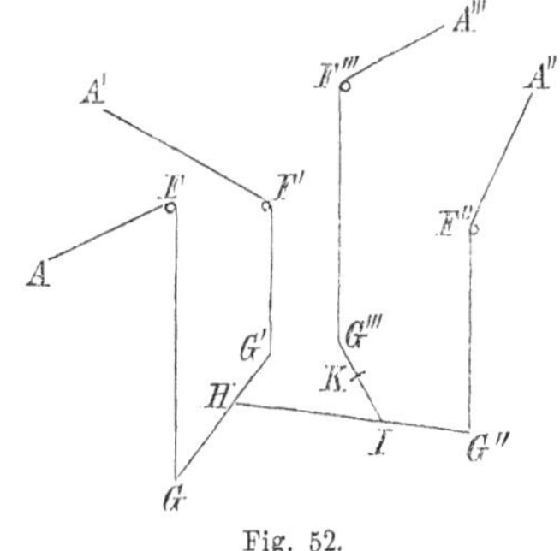

Fig. 52.

Statt aber in G und G' die Gewichte P und P' anzuhängen, kann man auch G und G' durch eine steife gerade Linie verbinden und in dem Puncte H derselben, welcher der Schwerpunct von P

*) Lagrange Mécanique analytique, tome I, sect. II. III.

und P' ist, ein einziges Gewicht $Q = P + P'$ anbringen. Man thue dieses, verbinde hierauf ebenso die Puncte H und G'' durch eine steife Gerade und substituire in dem Puncte I dieser Geraden, welcher der Schwerpunct der in H und G'' befindlichen Gewichte Q und P'' ist, statt dieser Gewichte, also statt P, P' und P'', ein einziges $R = Q + P''$. Man ersetze ferner die Gewichte R und P''' durch ein Gewicht S im Puncte K, welcher in einer von I bis G''' zu legenden steifen Geraden der Schwerpunct von R und P''' ist; und auf diese Art fahre man fort, bis man zuletzt auf ein Gewicht P_1 gekommen, welches im Schwerpuncte G_1 aller ursprünglichen Gewichte P, P', P'', ... angebracht, die Stelle derselben zu vertreten im Stande ist.

Findet nun zwischen den auf das System der Körper wirkenden Kräften P, P', ... Gleichgewicht statt, und kann daher auch das mit ihnen gleichwirkende Gewicht P_1 keine Bewegung hervorbringen, so wird, wenn man das System auf irgend eine mit der gegenseitigen Verbindung der Körper verträgliche Weise um ein unendlich Weniges verrückt, das Gewicht P_1 weder sinken, noch steigen. Denn sinken kann es nicht, weil es bei seinem Bestreben zu sinken die Verrückung, welche sein Sinken zur Folge hätte, von selbst hervorbringen würde, was dem vorausgesetzten Gleichgewichte widerstreitet. Das Gewicht kann aber auch nicht steigen, weil je zwei einander gerade entgegengesetzte Verrückungen gleich gut möglich sind, und weil es bei einer Verrückung, die derjenigen, bei welcher es steigt, entgegengesetzt ist, um eben so viel sinken würde, welches nach dem eben Bemerkten nicht möglich ist.

Die Tiefe des Gewichtes P_1 unter irgend einer über ihm liegenden horizontalen Ebene ist daher beim Gleichgewichte im Allgemeinen entweder ein Maximum oder ein Minimum, und zwarersteres, wenn es, sobald das System nach demselben Sinne zu, oder nach dem gerade entgegengesetzten, noch weiter verrückt wird, zu steigen anfängt; letzteres, wenn es unter denselben Umständen zu sinken beginnt. Da es nun bei seinem fortwährenden Streben zu sinken im ersteren Falle zu seiner anfänglichen grössten Tiefe wieder herabzukommen und damit das System in seine anfängliche Lage zurückzubringen strebt, im letzteren dagegen sich von seinem anfänglichen höchsten Stande und damit auch das System von der Lage des Gleichgewichtes immer mehr zu entfernen sucht, so ist beim Maximum der Tiefe das Gleichgewicht sicher und beim Minimum unsicher.

Setzen wir nun, dass durch eine unendlich kleine Verrückung des Systems die Puncte A, A', ..., G, G', ..., H, I, ..., G_1 nach

$a, a', \ldots, g, g', \ldots, h, i, \ldots, g_1$ kommen, so ist zuerst klar, dass, wenn die Puncte $G, G', \ldots$ durch keine steifen Linien $GG', HG'', \ldots$ mit einander verbunden, und an ihnen unmittelbar die Gewichte $P, P', \ldots$ angehängt wären, die unendlich kleinen Bewegungen $Gg, G'g', \ldots$ vertical sein würden. Dies werden sie aber auch noch dann sein, wenn die steifen Linien dem Systeme hinzugefügt und statt der Gewichte $P, P', \ldots$ ein einziges P_1 gesetzt worden. Denn durch dieses Gewicht werden die Puncte $G, G', \ldots$ mit denselben Kräften, wie durch die Gewichte $P, P', \ldots$, niederwärts gezogen, und wegen der rechten Winkel, welche die Fäden $FG, F'G', \ldots$ mit den steifen Verbindungslinien machen, wird durch diese Linien die verticale Bewegung von $G, G', \ldots$ nicht gehindert. Es sind demnach $Gg, G'g', \ldots$, folglich auch $Hh, Ii, \ldots$ und G_1g_1 selbst vertical.

Ferner leuchtet ein, dass ebenso, wie G_1 der Schwerpunct der in $G, G', \ldots$ angebrachten Gewichte $P, P', \ldots$ ist, g_1 den Schwerpunct derselben nach $g, g', \ldots$ fortgerückten Gewichte abgibt. Hiernach, und weil $G, G', \ldots$ in einer Ebene liegen, hat man (§. 108)

$$\Sigma Gg \, . \, P = G_1g_1 \, . \, \Sigma P = G_1g_1 \, . \, P_1 \; .$$

Es ist aber

$$AF + FG = aF + Fg$$

und damit gleich der constant bleibenden Länge des an A befestigten Fadens, und daher

$$Gg = Fg - FG = AF - aF \; ,$$

folglich

$$\Sigma (AF - aF) P = G_1g_1 \, . \, P_1 \; .$$

Nun ist offenbar $AF - aF$ gleich der Verrückung Aa des Punctes A, geschätzt nach der Richtung AF der auf A wirkenden Kraft P_1, also gleich der virtuellen Geschwindigkeit von A; und da nach dem vorhin Erörterten beim Gleichgewichte das in G_1 angehängte Gewicht P_1 bei jeder Verrückung in Ruhe bleibt, und daher $G_1g_1 = 0$ ist, so ist mit letzterer Formel das Princip der virtuellen Geschwindigkeiten dargethan.

Es lässt sich aber die Summe

$$\Sigma (AF - aF) P = \Sigma (Fa - FA) P$$

(§. 25) auch betrachten als das Increment von $\Sigma FA \, . \, P$, d. i. von der Summe der Kräfte, nachdem jede derselben P in den Abstand ihres Angriffspunctes A von einem unbeweglichen in ihrer Richtung gelegenen Puncte F multiplicirt worden. Das Increment dieser Summe ist daher dem Incremente G_1g_1 der Tiefe des Gewichtes P_1

proportional; und da überdies beide Incremente einerlei Zeichen haben, so ist diese Summe mit der Tiefe von P_1 zugleich ein Maximum oder ein Minimum, und daher ersteres beim sicheren, letzteres beim unsicheren Gleichgewichte des Systems, wie zu erweisen war.

Drittes Kapitel.

Anwendung der vorhergehenden Theorie auf einige Beispiele.

---

§. 215. Die Lösung der allgemeinsten Aufgabe der Statik: die Bedingungen des Gleichgewichtes bei einem Systeme mit einander verbundener Körper zu finden, kommt zufolge des zweiten Kapitels auf die Bestimmung der Bedingungen hinaus, unter denen es möglich ist, Gegenkräfte in den Verbindungspuncten anzubringen, durch welche jeder Körper des Systems für sich ins Gleichgewicht gebracht wird. Man sieht aber leicht, wie diese letzteren Bedingungen, und damit auch die ersteren, durch Hülfe der Analysis immer gefunden werden können. Nachdem man nämlich in den Verbindungspuncten je zweier Körper zwei Gegenkräfte, als ihrer Intensität nach und auch wohl zum Theil oder ganz ihrer Richtung nach unbekannte Kräfte, in Gedanken hinzugefügt hat, stelle man für jeden einzelnen Körper die Bedingungsgleichungen des Gleichgewichtes zwischen den auf ihn unmittelbar wirkenden Kräften und den an ihm hinzugefügten Gegenkräften auf, eliminire aus diesen Gleichungen die von den Gegenkräften herrührenden unbekannten Grössen, und die somit hervorgehenden Gleichungen werden die gesuchten Bedingungen für das Gleichgewicht des Systems darstellen. Nachfolgende Beispiele werden dieses Verfahren in volles Licht setzen.

§. 216. Aufgabe. *Die Bedingungen des Gleichgewichtes zwischen Kräften zu finden, welche auf vier Kugeln* α, β, γ, δ *wirken, von denen sich* α *und* β, β *und* γ, γ *und* δ, δ *und* α *berühren.*

Auflösung. Seien A, B, C, D (vergl. Fig. 53, *a*) die Mittelpuncte von α, β, γ, δ und F, G, H, I die vier Berührungspuncte in der gedachten Folge, so ist $AI = AF$, d. i. gleich dem Halbmesser von α, $BF = BG$, d. i. gleich dem Halbmesser von β, u. s. w. Ferner liegt F mit A und B in der gemeinschaftlichen Normale der Kugeln α und β bei ihrer Berührung in F; ebenso geht die Gerade BC durch G und ist die Normale der sich in G berührenden β und γ, u. s. w. Die in F an α und β anzubringenden Gegenkräfte, oder die Pressungen, welche α von β und β von α in F erleiden, haben demnach die Richtungen FA und FB; die Intensität jeder derselben sei a, die als negativ zu betrachten ist, wenn die Richtungen den vorigen entgegengesetzt, und daher AF und BF sind. Auf gleiche Art sei b die gemeinschaftliche Intensität der zwei in G an β und γ nach den Richtungen GB und GC anzubringenden Gegenkräfte. Dasselbe bedeuten c und d für die Berührungen in H und I.

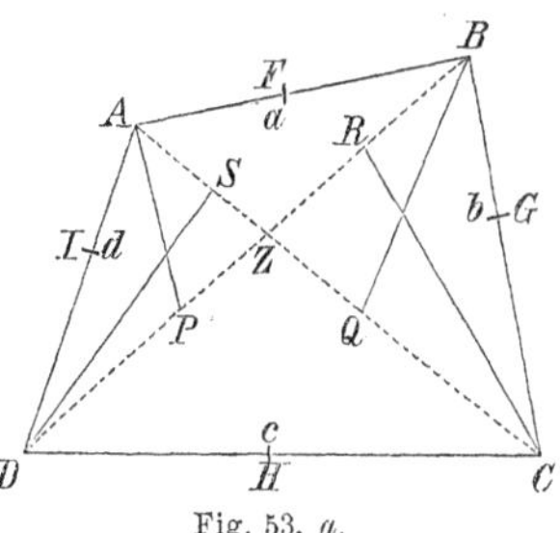

Fig. 53, a.

An der Kugel α müssen nun die unmittelbar auf sie wirkenden Kräfte mit den Pressungen d und a, welche sie in I und F nach den Richtungen IA und FA erleidet, im Gleichgewichte sein. Da aber diese Richtungen in A zusammentreffen, so müssen auch die unmittelbaren Kräfte an α sich zu einer durch A gehenden Kraft p zusammensetzen lassen. Diese Kraft p muss wegen ihres Gleichgewichtes mit d und a in der Ebene DAB enthalten sein, und es muss sich, wenn AP die Richtung derselben ist, verhalten (§. 28, c):

$$(\alpha) \qquad d : a : p = \sin PAB : \sin DAP : \sin DAB \ .$$

Aus gleichen Gründen müssen die drei Systeme der auf die Kugeln β, γ, δ wirkenden Kräfte einfache Resultanten q, r, s haben, welche resp. durch B, C, D gehen und in den Ebenen ABC, BCD, CDA liegen, und es müssen, wenn BQ, CR, DS die Richtungen derselben sind, die Proportionen erfüllt werden:

$$(\beta) \qquad a : b : q = \sin QBC : \sin ABQ : \sin ABC \ ,$$

$$(\gamma) \qquad b : c : r = \sin RCD : \sin BCR : \sin BCD \ ,$$

$$(\delta) \qquad c : d : s = \sin SDA : \sin CDS : \sin CDA \ .$$

Nach Elimination von a, b, c, d folgt hieraus zuerst eine Bedingungsgleichung für die Richtungen der Kräfte p, q, r, s:

$$(\mathrm{I}) \qquad \frac{\sin PAB}{\sin DAP} \cdot \frac{\sin QBC}{\sin ABQ} \cdot \frac{\sin RCD}{\sin BCR} \cdot \frac{\sin SDA}{\sin CDS} = 1 \ ;$$

und sodann das gegenseitige Verhältniss der Kräfte p und q:

$$\text{(II)} \qquad p:q = \frac{\sin DAB}{\sin DAP} : \frac{\sin ABC}{\sin QBC},$$

und ebenso durch gehöriges Vertauschen der Buchstaben die Verhältnisse $q:r$ und $r:s$.

Alles dieses zusammengefasst, hat man folgende vier Bedingungen des Gleichgewichtes: 1) bei jeder der vier Kugeln müssen die auf sie wirkenden Kräfte eine durch der Kugel Mittelpunct gehende Resultante haben; 2) jede dieser Resultanten muss mit den Mittelpuncten der zwei anliegenden Kugeln in einer Ebene enthalten sein; 3) zwischen den Richtungen der Resultanten muss noch die Relation (I), und 4) zwischen den Intensitäten derselben müssen die Verhältnisse (II) bestehen.

§. 217. Zusätze. *a*) Ist eine der vier Kugeln, z. B. δ, unbeweglich, so kommt das partielle Gleichgewicht von δ nicht mehr in Rücksicht. Von den vier Proportionen (α), (β), (γ), (δ) sind daher bloss die drei ersten zu beachten, woraus sich die Verhältnisse zwischen p, q und r, wie in (II) ergeben; die Bedingungsgleichung (I) aber fällt weg. Auch lässt sich dann statt der Kugel δ irgend ein anderer, die Kugeln α und γ berührender, unbeweglicher Körper setzen, und die Berührungspuncte mit demselben, I und H, können auch so liegen, dass die Normalen AI und CH sich nicht mehr in einem Puncte D treffen. Begreiflich sind dann IAB und BCH die Ebenen, in welche p und r fallen müssen, und ebenso hat man in den Proportionen (II) bei den Winkeln DAB, DAP den Buchstaben D in I und bei RCD, BCD D in H zu verwandeln.

b) Nimmt man zwei Kugeln δ und γ unbeweglich an, oder berühren zwei bewegliche Kugeln α und β überhaupt zwei unbewegliche Flächen, oder auch nur eine, in I und G, sich selbst aber in F, so müssen beim Gleichgewichte die auf α und β wirkenden Kräfte p und q resp. durch A und B gehen und in den Ebenen IAB und ABG liegen, und es muss sich zufolge der Proportionen (α) und (β) verhalten:

$$p:q = \frac{\sin IAB}{\sin IAP} : \frac{\sin ABG}{\sin QBG}.$$

§. 218. Aufgabe. *Die Bedingungen des Gleichgewichtes zwischen vier Kräften p, q, r, s zu finden, welche auf die Ecken eines Vierecks $ABCD$ wirken, dessen Seiten von unveränderlicher Länge, dessen Winkel aber veränderlich sind.*

Auflösung. Ein solches Viereck ist offenbar das von den Mittelpuncten der soeben betrachteten vier Kugeln gebildete, da bei den möglichen Veränderungen der gegenseitigen Lage der Kugeln die Winkel DAB, ... im Allgemeinen sich ändern, die Seiten AB, ... aber constant bleiben, indem AB gleich der Summe der Halbmesser von α und β, u. s. w. Die gesuchten Bedingungen des Gleichgewichtes werden daher mit den vorhin für die Kräfte p, q, r, s gefundenen identisch sein. Denn obschon zwischen den Seiten des Vierecks, welches von den Mittelpuncten A, B, C, D der vier Kugeln gebildet wird, stets die Relation

$$AB + CD = BC + DA$$

obwaltet, so begreift man doch leicht, dass diese Eigenthümlichkeit auf die Bedingungen des Gleichgewichtes keinen Einfluss haben kann.

Will man unabhängig von dem Gleichgewichte der Kugeln die jetzt vorgelegte Aufgabe lösen, so betrachte man das Viereck $ABCD$ als ein System von acht Stücken, nämlich von vier Puncten und vier Linien: A, AB, B, BC, C, CD, D, DA, die in der jetzt genannten Ordnung, jedes mit dem nächstfolgenden und das letzte mit dem ersten, verbunden sind. Die vier Kräfte p, q, r, s sind nun unmittelbar an den vier Puncten A, B, C, D angebracht, und auf die vier Linien wirken daher bloss Pressungen, nämlich zwei auf die zwei Enden einer jeden. An jeder Linie müssen diese zwei Pressungen sich das Gleichgewicht halten und folglich einander gleich und direct entgegengesetzt sein. Ist also a die Pressung, welche die Linie AB am Ende A nach der Richtung AB erfährt, so wirkt auf das andere Ende B eine Pressung a nach der Richtung BA. Gleicherweise sei b jede der beiden Pressungen auf die Enden B und C von BC, und BC und CB seien ihre Richtungen, u. s. w.

Nachdem somit das Gleichgewicht der vier Linien ausgedrückt worden, ist es noch übrig, das Gleichgewicht jedes der vier Puncte zu berücksichtigen. — Auf den mit den Linien DA und AB verbundenen Punct A wirken nach dem Gesetze der Gegenkräfte zwei Pressungen d und a nach den Richtungen DA und BA, und diese müssen im Gleichgewichte sein mit der an demselben Puncte unmittelbar angebrachten Kraft p. Die Richtung von p, welche AP sei, muss daher in die Ebene DAB fallen, und es muss die obige Proportion (α) stattfinden. Auf ähnliche Art verhält es sich mit dem Gleichgewichte der drei übrigen Puncte B, C, D, und man wird somit zu denselben Bedingungen des Gleichgewichtes des ganzen Systems, wie vorhin, geführt.

§. 219. Zusätze. *a*) Sind das Viereck $ABCD$ und die resp. durch A, B, C gehenden und in den Ebenen DAB, ABC, BCD enthaltenen Richtungen AP, BQ, CR von p, q, r willkürlich gegeben, so kann man mittelst der Gleichung (I) die in der Ebene CDA durch D zu legende Richtung von s und mittelst der Proporportionen (II) die Verhältnisse zwischen den Intensitäten von p, q, r, s, finden.

Dasselbe lässt sich auch leicht durch Construction bewerkstelligen (vergl. wieder Fig. 53, a). Denn da am Puncte A die nach DA, BA, AP wirkenden Kräfte d, a, p im Gleichgewichte sind, so kann man mit einer willkürlich angenommenen Intensität von p durch Construction eines Parallelogramms (§. 28, *a*) die Intensitäten von d und a finden. Am Puncte B sind die Kräfte a, b, q nach den Richtungen AB, CB, BQ im Gleichgewichte, und man erhält daher mit der gefundenen Intensität von a durch Construction eines zweiten Parallelogramms die Intensitäten von b und q. Auf gleiche Weise ergeben sich mit b am Puncte C die Intensitäten von c und r, und endlich am Puncte D, wo die nach ihrer Intensität und Richtung nun bekannten c und d mit s das Gleichgewicht halten, die Intensität und Richtung von s.

b) Da die vier Kräfte p, q, r, s auch dann noch im Gleichgewichte sind, wenn die Theile des Systems, worauf sie wirken, ihre gegenseitige Lage nicht ändern können, so müssen die Richtungen der Kräfte eine hyperboloidische Lage gegen einander haben, so dass jede Gerade, welche drei derselben trifft, auch der vierten begegnet (§. 99, *a*). Hiermit lässt sich aus den Richtungen AP, BQ, CR die Richtung DS, ohne vorher die Verhältnisse zwischen den Kräften p, q, r und den Pressungen a, b, c, d bestimmt zu haben, folgendergestalt sehr einfach finden. — Man ziehe eine Gerade l, welche AP, BQ, CR zugleich schneidet, und sei S der Durchschnitt von l mit der Ebene CDA. Da nun l und s sich gleichfalls treffen müssen, und s in der Ebene CDA liegt, so ist DS die gesuchte Richtung von s.

Weil übrigens die Richtung der Kraft s durch die gegebenen Stücke nur auf eine Weise bestimmt ist, so muss jede andere Gerade l', welche den dreien AP, BQ, CR zugleich begegnet, die Ebene CDA in einem Puncte der DS treffen. Dasselbe folgt auch leicht aus der Natur des hyperbolischen Hyperboloids. Eine solche Fläche kann nämlich auf doppelte Weise durch Bewegung einer Geraden erzeugt werden (§. 99, *a*), so dass es zwei Systeme von Geraden gibt, deren jedes die ganze Fläche erfüllt. Jede Gerade folglich, welche drei Gerade des einen Systems trifft, schneidet auch alle übrigen Geraden desselben Systems und gehört zu den Geraden des anderen

Systems. Nun wird offenbar jede der drei Geraden AB, CD, l von jeder der vier Geraden AP, BQ, CR, DS geschnitten. Nimmt man daher erstere drei als drei Gerade des einen Systems, so gehören letztere vier zu dem anderen Systeme. Jede andere Gerade l', welche AP, BQ, CR zugleich schneidet, gehört daher zum ersten Systeme und schneidet folglich auch die vierte Gerade DS des zweiten Systems, d. h. sie trifft die Ebene CDA in einem Punkte der DS.

c) Seien P und R die Puncte, in denen BD von den in den Ebenen DAB und BCD liegenden AP und CR geschnitten wird, und ebenso werde AC von BQ und DS in Q und S geschnitten. Da also die vier hyperboloidisch gelegenen AP, BQ, CR, DS der AC in A, Q, C, S, und der BD in P, B, R, D begegnen, so verhält sich (§. 102, *c*):

$$(\mathrm{I}^*)\qquad \frac{AQ}{QC}:\frac{AS}{SC}=\frac{PB}{BR}:\frac{PD}{DR}=\frac{BP}{PD}:\frac{BR}{RD},$$

d. h. AC wird von den Richtungen der q, s nach demselben Doppelverhältnisse, wie BD von den Richtungen der p, r getheilt. Und auch hiermit kann man, wenn von den Richtungen der Kräfte irgend drei, also drei der vier Puncte P, Q, R, S gegeben sind, den vierten Punct und damit die Richtung der vierten Kraft finden. — Uebrigens ergibt sich diese Proportion auch unmittelbar aus der Gleichung (I). Denn es verhält sich:

$$\sin PAB:\sin DAP=\frac{BP}{AB}:\frac{PD}{AD}.$$

Aehnlicherweise kann man auch die übrigen Verhältnisse in (I) ausdrücken, und wenn man alle diese Verhältnisse verbindet, so kommt man auf die Proportion (I*) zurück.

Nach §. 102 hat man ferner für das Verhältniss der Kräfte p und q:

$$\frac{p}{AP}:\frac{q}{BQ}=\frac{QC}{AC}:\frac{PD}{BD}.$$

Dasselbe Verhältniss folgt auch aus den Proportionen (II). Denn weil

$$\sin DAB:\sin DAP=\frac{BD}{AB}:\frac{PD}{AP},$$

und

$$\sin ABC:\sin QBC=\frac{AC}{AB}:\frac{QC}{QB},$$

so verhält sich nach (II)

$$(\mathrm{II}^*)\qquad p:q=\frac{BD\,.\,AP}{PD}:\frac{AC\,.\,QB}{QC},$$

übereinstimmend mit dem Vorigen.

d) Die Bedingungen des Gleichgewichtes zwischen den Kräften p, q, r, s am Vierecke $ABCD$ können, wie man leicht wahrnimmt, auch folgendergestalt ausgesprochen werden: 1) *Hinsichtlich der Richtungen und Intensitäten der vier Kräfte müssen dieselben Bedingungen erfüllt sein, als wenn die Kräfte an einem einzigen Körper angebracht wären; insbesondere muss daher jede Gerade, welche drei oder vier Richtungen trifft, auch der vierten begegnen.* 2) *Zwei solcher Gerader müssen die zwei Diagonalen des Vierecks sein, und es müssen daher in der einen dieser Geraden die Angriffspuncte der ersten und dritten Kraft, in der anderen die der zweiten und vierten Kraft liegen.*

Hat man also vier Kräfte p, q, r, s, die sich an einem einzigen Körper das Gleichgewicht halten, so ziehe man zwei Gerade, deren jede dreien dieser Kräfte, und folglich auch immer der vierten, begegnet. Die Begegnungspuncte der einen Geraden mit p, q, r, s seien resp. A, Q, C, S, die der anderen Geraden: P, B, R, D. Man nehme nun die vier Kräfte in beliebiger Folge und wähle zu den Angriffspuncten der ersten und dritten die Durchschnitte ihrer Richtungen mit der einen, und zu den Angriffspuncten der zweiten und vierten Kraft die Durchschnitte ihrer Richtungen mit der anderen Geraden. Alsdann wird nicht allein bei vollkommener gegenseitiger Unbeweglichkeit der vier Puncte Gleichgewicht stattfinden, sondern auch dann noch, wenn man die Puncte in derselben Ordnung, in welcher man die auf sie wirkenden Kräfte genommen hat, jeden mit dem nächstfolgenden und den letzten mit dem ersten durch Gerade von unveränderlicher Länge verbindet, die Winkel dieses Vierecks aber veränderlich sein lässt.

Auf solche Weise sind die Kräfte p, q, r, s am Vierecke $ABCD$ sowohl, als am Vierecke $PQRS$, die Kräfte p, q, s, r an jedem der beiden Vierecke $ABSR$ und $PQDC$, und die Kräfte p, r, q, s an den Vierecken $ARQD$ und $PCBS$ im Gleichgewichte.

§. 220. Eine nähere Betrachtung wollen wir noch dem speciellen Falle widmen, wenn das Viereck $ABCD$ ein e b e n e s ist. Da alsdann die Ebenen DAB, ABC, ..., in welchen die Richtungen der Kräfte enthalten sein müssen, mit der Ebene des Vierecks zusammenfallen, so müssen auch die Richtungen sämmtlicher Kräfte in dieser Ebene liegen. Die Gleichungen (I) oder (I*) für die Richtungen und die Verhältnisse (II) oder (II*) zwischen den Intensitäten der Kräfte bleiben ungeändert. Indessen wird es, späterer Untersuchungen willen, nicht überflüssig sein, von diesen Formeln für den Fall, wenn das Viereck ein ebenes ist, nachstehende Entwickelung noch beizufügen.

Bezeichnen p, q, r, s die Winkel, welche die Richtungen der Kräfte p, q, r, s mit einer in der Ebene beliebig gezogenen Linie oder Axe machen. Gleicherweise seien a, b, c, d die Winkel der Linien AB, BC, CD, DA mit jener Axe und a, b, c, d die Pressungen, welche dieselben Linien AB, BC resp. in den Enden A, B, C, D nach den Richtungen AB, BC, ... erleiden, also $-a$, $-b$, $-c$, $-d$ die Pressungen auf die anderen Enden B, C, D, A der Linien AB, BC, ... nach denselben Richtungen AB, BC, ... Auf den Punct A wirken demnach die Kräfte p, $-a$, d nach Richtungen, welche mit der Axe die Winkel p, a, d machen, und man hat folglich, weil diese Kräfte sich an A das Gleichgewicht halten müssen, die zwei Gleichungen (§. 41):

$$p \cos \mathrm{p} - a \cos \mathrm{a} + d \cos \mathrm{d} = 0 \ ,$$
$$p \sin \mathrm{p} - a \sin \mathrm{a} + d \sin \mathrm{d} = 0 \ ;$$

und wenn man daraus das einemal die Pressung d, das anderemal die Pressung a eliminirt:

$$p \sin (\mathrm{p} - \mathrm{d}) - a \sin (\mathrm{a} - \mathrm{d}) = 0 \ ,$$
$$p \sin (\mathrm{p} - \mathrm{a}) - d \sin (\mathrm{a} - \mathrm{d}) = 0 \ .$$

Ebenso bekommt man für das Gleichgewicht der Kräfte q, $-b$, a am Puncte B die zwei Gleichungen:

$$q \sin (\mathrm{q} - \mathrm{a}) - b \sin (\mathrm{b} - \mathrm{a}) = 0 \ ,$$
$$q \sin (\mathrm{q} - \mathrm{b}) - a \sin (\mathrm{b} - \mathrm{a}) = 0 \ ,$$

und gleicherweise noch zwei Paare von Gleichungen für das Gleichgewicht an C und D. Aus diesen acht Gleichungen sind nun die vier Pressungen a, b, c, d noch wegzuschaffen. Die Elimination von a gibt:

$$\frac{p \sin (\mathrm{p} - \mathrm{d})}{\sin (\mathrm{a} - \mathrm{d})} = \frac{q \sin (\mathrm{q} - \mathrm{b})}{\sin (\mathrm{b} - \mathrm{a})} \ ,$$

und ebenso findet sich nach Elimination von b, c, d:

$$\frac{q \sin (\mathrm{q} - \mathrm{a})}{\sin (\mathrm{b} - \mathrm{a})} = \frac{r \sin (\mathrm{r} - \mathrm{c})}{\sin (\mathrm{c} - \mathrm{b})} \ , \quad \frac{r \sin (\mathrm{r} - \mathrm{b})}{\sin (\mathrm{c} - \mathrm{b})} = \frac{s \sin (\mathrm{s} - \mathrm{d})}{\sin (\mathrm{d} - \mathrm{c})} \ ,$$
$$\frac{s \sin (\mathrm{s} - \mathrm{c})}{\sin (\mathrm{d} - \mathrm{c})} = \frac{p \sin (\mathrm{p} - \mathrm{a})}{\sin (\mathrm{a} - \mathrm{d})} \ .$$

In diesen vier Gleichungen sind also die gesuchten Bedingungen des Gleichgewichtes enthalten, — ganz übereinstimmend mit den oben gefundenen (I) und (II).

Sind an den Puncten A, B, C, D ausser den Kräften p, q, r, s noch resp. die Kräfte p', q', r', s' angebracht, welche mit der in der

Ebene gezogenen Axe die Winkel p′, q′, r′, s′ bilden, so hat man nur in vorigen Gleichungen statt $p \sin \mathrm{p}$, $p \cos \mathrm{p}$, ... resp.

$$p \sin \mathrm{p} + p' \sin \mathrm{p}' \,, \qquad p \cos \mathrm{p} + p' \cos \mathrm{p}' \,, \quad \ldots$$

zu setzen, und es werden damit die vier Bedingungen des Gleichgewichtes:

$$\frac{p \sin(\mathrm{p} - \mathrm{d}) + p' \sin(\mathrm{p}' - \mathrm{d})}{\sin(\mathrm{a} - \mathrm{d})} = \frac{q \sin(\mathrm{q} - \mathrm{b}) + q' \sin(\mathrm{q}' - \mathrm{b})}{\sin(\mathrm{b} - \mathrm{a})}, \quad \ldots$$

und auf ähnliche Weise sind die Formeln umzubilden, wenn noch mehrere Kräfte an den Puncten A, B, C, D angebracht sein sollten.

§. 221. Da die Formeln (I) und (II) auch für das ebene Viereck gelten, so müssen auch bei diesem aus den willkürlich angenommenen Richtungen d r e i e r der vier Kräfte p, q, r, s die Richtung der v i e r t e n und die Verhältnisse zwischen den Intensitäten bestimmt werden können. Die in §. 219, *b* gegebene graphische Methode, wenn bloss die Richtung der vierten Kraft gefunden werden soll, wird zwar jetzt unbrauchbar; indessen lässt sich dafür eine andere substituiren, die hinwiederum eben so wenig Anwendung findet, sobald das Viereck nicht mehr in einer Ebene begriffen ist.

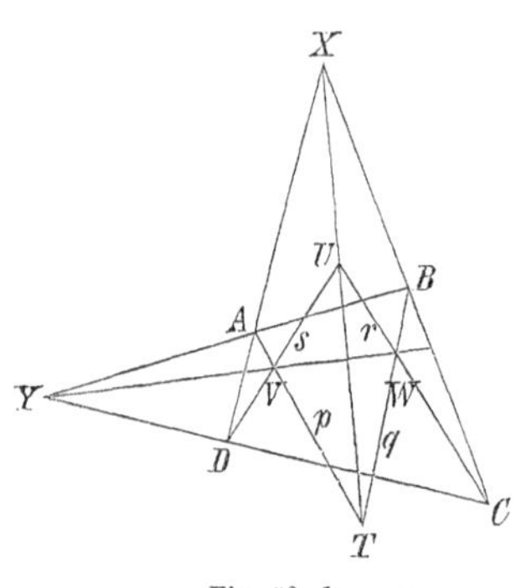

Fig. 53, *b*.

Da nämlich am Puncte A die Kräfte p, d, a nach den Richtungen AP, DA, BA, und am Puncte B die Kräfte q, a, b nach den Richtungen BQ, AB, CB im Gleichgewichte sind, so herrscht auch zwischen sämmtlichen sechs Kräften, also auch, weil a und a sich gegenseitig aufheben, zwischen p, q und den nach DA, CB gerichteten d, b Gleichgewicht. Es muss folglich, sobald wir uns die Theile des Vierecks als ein fest zusammenhängendes Ganzes denken, die Resultante von p und q mit der Resultante der nach AD und BC gerichteten d und a identisch sein. Diese gemeinsame Resultante geht mithin durch den Schneidepunct der Richtungen von p und q, welcher T (vergl. Fig. 53, *b*) sei, und durch den Schneidepunct X der Linien AD und BC. Da endlich p, q, r, s im Gleichgewichte sind, und daher die Resultante von r und s der Resultante von p und q direct entgegengesetzt ist, so muss auch der Durchschnitt U der Richtungen von r und s in die Gerade TX fallen.

Sind demnach das ebene Viereck $ABCD$ und die durch A, B,

C gehenden und in der Ebene des Vierecks enthaltenen Richtungen der Kräfte p, q, r gegeben, so verlängere man AD, BC bis zu ihrem Durchschnitte X, und p, q bis zu ihrem Durchschnitte T, ziehe die Gerade TX, welche von r in U getroffen werde, und es wird DU die gesuchte Richtung von s sein.

§. 222. Zusätze. *a*) Ebenso, wie bewiesen worden, dass die Durchschnitte X von DA mit BC, T von p mit q, U von r mit s in einer Geraden enthalten sind, so müssen auch die Durchschnitte Y von AB mit CD, V von s mit p, W von q mit r in einer Geraden liegen. Man kann daher aus den gegebenen Richtungen von p, q, r die Richtung von s auch dergestalt finden, dass man die damit und mit dem Vierecke gegebenen Puncte W und Y durch eine Gerade verbindet. Wird diese Gerade von p in V geschnitten, so ist DV die gesuchte Richtung von s.

b) Von dem Vierecke $UVTW$, welches die vier Kräfte bilden, gehen demnach die Diagonalen TU und VW durch die Durchschnitte X und Y je zweier gegenüberstehender Seiten des Vierecks $ABCD$, auf dessen Ecken die Kräfte wirken. Nächstdem folgt hieraus der geometrische Satz:

Wird um ein ebenes Viereck $ABCD$ in seiner Ebene ein anderes $UVTW$ dergestalt beschrieben, dass die eine Diagonale TU des letzteren durch den Durchschnitt X des einen Paares gegenüberliegender Seiten des ersteren geht, so trifft auch die andere Diagonale VW des letzteren den Durchschnitt Y des anderen Paares gegenüberliegender Seiten des ersteren.

c) Ebenso, wie in §. 219 *d*, so sind auch hier, wo die Figur eben ist, am Vierecke $PQRS$ die Kräfte p, q, r, s, am Vierecke $ABSR$ die Kräfte p, q, s, r u. s. w. im Gleichgewichte. Der dort geführte Beweis ist zwar hier nicht mehr anwendbar, da er Vierecke, welche nicht eben sind, voraussetzt. Man kann sich aber von dem Gleichgewichte der jetzt ebenen Vielecke folgender Weise leicht überzeugen. — Die auch hier geltende Proportion (I*) gibt zu erkennen, dass die zwei Reihen von Puncten A, Q, C, S und P, B, R, D in eine solche Lage gegen einander gebracht werden können, bei welcher die vier Geraden AP, QB, CR, SD sich in einem Puncte schneiden*).

Als nothwendige und hinreichende Bedingungen des Gleichgewichtes zwischen den Kräften, welche auf die Ecken des ebenen Vierecks

---

*) Steiner, Systematische Entwickelung der Abhängigkeit geometrischer Gestalten, Art. 14.

$ABCD$ wirken, lassen sich daher folgende zwei angeben: 1) *Die Kräfte müssen in der Ebene des Vierecks enthalten sein und sich darin unter der Annahme, dass die Gestalt des Vierecks unveränderlich ist, das Gleichgewicht halten.* 2) *Die zwei Diagonalen des Vierecks müssen in eine solche Lage gegen einander gebracht werden können, dass die vier Geraden sich in einem Puncte schneiden, welche die vier Puncte der einen Diagonale, in denen sie von den vier Kräften getroffen wird, mit den entsprechenden Puncten der anderen verbinden.*

Sind daher die Kräfte p, q, r, s am Vierecke $ABCD$ im Gleichgewichte, so sind es auch die Kräfte p, q, s, r am Vierecke $ABSR$. Denn von p, q, s, r werden die Diagonalen AS und BR des letzteren Vierecks resp. in A, Q, S, C und P, B, D, R getroffen. Dass aber diese zwei Reihen von Puncten in die verlangte Lage sich bringen lassen, folgt aus dem vorausgesetzten Gleichgewichte am Vierecke $ABCD$.

d) Da am Vierecke $ABSR$ vier nach AP, BQ, DS, CR gerichtete Kräfte im Gleichgewichte sein können, so muss nach *b*) der Durchschnitt der zwei gegenüberliegenden Seiten RA und BS, oder der Punct $RA \,.\, BS$, wie wir der Kürze willen den Durchschnitt zweier Linien bezeichnen wollen, mit den Punkten $AP \,.\, BQ$ und $RC \,.\, SD$, d. i. mit T und U, in einer Geraden liegen, und ebenso der Punct $AB \,.\, SR$ mit den Puncten $BQ \,.\, SD$ und $AP \,.\, RC$ in einer Geraden sein. — Auf gleiche Art liegt wegen des Gleichgewichtes am Vierecke $PQRS$ der Punct $PS \,.\, QR$ in der Geraden TU und der Punkt $QP \,.\, RS$ in der Geraden VW.

Man sieht, wie somit das Gleichgewicht der Vierecke $PQRS$, $ABSR$, ... zur Entdeckung noch mehrerer Relationen der Figur Veranlassung gibt.

§. 223. Bei der uns jetzt beschäftigenden Aufgabe dürften noch folgende besondere Fälle eine Erwähnung verdienen.

1) Wenn die auf B und D wirkenden Kräfte q und s sich in einem Puncte der Diagonale AC begegnen, und daher S mit Q zusammenfällt, so wird

$$AQ : QC = AS : SC \;,$$

mithin zufolge (I*) auch

$$BP : PD = BR : RD \;;$$

es fallen daher auch P und R zusammen, d. h. *die auf A und C wirkenden Kräfte p und r schneiden sich alsdann in einem Puncte der Diagonale BD.*

Dasselbe folgt, wenn das Viereck kein ebenes ist, schon daraus, dass sich die Kräfte, wie an einem einzigen Körper, das Gleichgewicht halten müssen. Denn fällt S mit Q zusammen, so haben s und q eine durch Q gehende Resultante. Mithin müssen sich auch p und r zu einer, dieser Resultante gleichen und entgegengesetzten Kraft vereinigen lassen, und folglich in einer Ebene liegen. Schneidet nun diese Ebene die Diagonale BD im Puncte P, so sind, weil p und r resp. in den Ebenen DAB und BCD liegen müssen, AP und CP die Richtungen von p und r.

2) Ist das Viereck ein ebenes, und gehen die Richtungen dreier der vier Kräfte durch den Durchschnitt Z der Diagonalen, so muss nach vorigem Satze auch die Richtung der vierten diesen Durchschnitt treffen. Alsdann sind p und r, so wie q und s einander direct entgegengesetzt, die vier Puncte P, Q, R, S coïncidiren mit Z und es verhalten sich nach (II*):

$$p:q = \frac{AZ\,.\,ZC}{AC} : \frac{BZ\,.\,ZD}{BD},$$

oder:

$$\frac{1}{p} : \frac{1}{q} = \frac{1}{AZ} + \frac{1}{ZC} : \frac{1}{BZ} + \frac{1}{ZD},$$

und ebenso

$$\frac{1}{q} : \frac{1}{r} = \frac{1}{BZ} + \frac{1}{ZD} : \frac{1}{CZ} + \frac{1}{ZA}.$$

Die entgegengesetzten Kräfte p und r sind daher einander gleich, und ebenso müssen auch q und s einander gleich sein.

Diese Gleichheit fliesst unmittelbar auch aus der nöthigen Fortdauer des Gleichgewichtes, wenn die gegenseitige Lage von A, B, C, D ganz unveränderlich angenommen wird. Ueberhaupt folgt daraus, dass, wenn drei der vier Kräfte sich in einem Puncte schneiden, auch die vierte diesen Punct treffen muss. Wird nun der Schneidepunct der Diagonalen zu diesem Puncte genommen, so fallen die Kräfte p, r, also auch ihre Resultante, in die Diagonale AC, und die Kräfte q, s, sowie ihre Resultante, in die Diagonale BD. Diese zwei Resultanten können aber nicht anders im Gleichgewichte sein, als wenn jede von ihnen Null ist; mithin müssen p und r, und ebenso q und s einander gleich und direct entgegengesetzt sein.

3) Ist das Viereck ein Parallelogramm, so wird das Verhältniss der nach dem Mittelpuncte desselben gerichteten Kräfte:

$$(p = r) : (q = s) = AC : BD.$$

§. 224. Auf ganz ähnliche Art, wie bei einem Vierecke, lassen sich auch bei einem mehrseitigen Vielecke, dessen Seiten von constanter Länge, dessen Winkel aber veränderlich sind, die Bedingungen ausdrücken, denen Kräfte, an den Ecken des Vielecks angebracht, beim Gleichgewichte unterworfen sein müssen. Es muss nämlich jede Kraft besonders mit den zwei Pressungen im Gleichgewichte sein, welche die Ecke des Vielecks, auf welche die Kraft zunächst wirkt, von den zwei anliegenden Seiten erleidet, und an jeder Seite müssen sich die zwei Pressungen auf die Enden der Seite das Gleichgewicht halten.

Hieraus fliessen aber die Bedingungen: 1), *dass jede Kraft mit den zwei anliegenden Seiten in einer Ebene enthalten sein muss, und* 2), *dass, wenn jede Kraft nach den zwei anliegenden Seiten in zwei zerlegt wird, je zwei der somit entstehenden Kräfte, welche auf die beiden Enden einer Seite wirken, einander gleich und entgegengesetzt sein müssen.*

Sind daher das Vieleck und die Richtungen der Kräfte, bis auf eine, gegeben, so kann man ebenso, wie in §. 219, a, die noch übrige Richtung und die Verhältnisse sämmtlicher Kräfte zu einander bestimmen.

Wird bloss die noch fehlende Richtung verlangt, und ist das Vieleck in einer Ebene enthalten, so kann man ähnlicher Weise, wie in §. 221, die Richtung auch durch blosses Ziehen gerader Linien finden, woraus, da dieses immer auf mehrfache Art sich bewerkstelligen lässt, neue geometrische Sätze, das Liegen von Puncten in Geraden betreffend, hervorgehen.

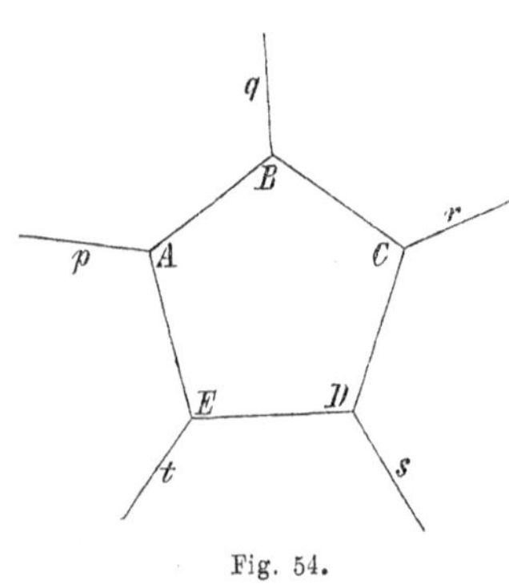

Fig. 54.

Seien z. B. das Fünfeck $ABCDE$ (vergl. Fig. 54) und die Richtungen der auf A, B, C, D wirkenden Kräfte p, q, r, s gegeben, und werde die Richtung der an E anzubringenden Kraft t gesucht. Bezeichnet man der Kürze willen die Resultante von p und q mit (pq), die Resultante von p, q, r mit (pqr), u. s. w., so geht aus ähnlichem Grunde, wie beim Vierecke in § 221,

(pq) durch die Puncte $p \,.\, q$ und $EA \,.\, BC$,
(pqr) - - - $(pq) \,.\, r$ und $EA \,.\, CD$,
$(pqrs)$, also auch t, durch die Puncte $(pqr) \,.\, s$ und E.

Hiermit kann man also nach und nach die Richtungen von (pq), (pqr) und t durch Ziehen von Geraden finden. Auch kann man umgekehrt zuerst (sr), hieraus (srq) und hieraus $(srqp)$ oder t bestimmen.

Ein noch anderes Verfahren besteht darin, dass man ebenso, wie (pq), noch (qr) und (rs) sucht, hierauf (pqr) durch $(pq).r$ und $p.(qr)$, und (qrs) durch $(qr).s$ und $q.(rs)$ legt, und endlich zwei der drei Punkte $(pqr).s$, $(pq).(rs)$, $p.(qrs)$ bestimmt. Denn diese drei Puncte sind in der gesuchten Richtung von t oder $(pqrs)$ enthalten.

Die aus diesen verschiedenartigen Constructionen sich ergebenden geometrischen Sätze mit Worten auszudrücken, bleibe dem Leser überlassen.

Sehr bemerkenswerth ist es noch, dass man zu dergleichen geometrischen Sätzen auch schon durch Betrachtung eines **einzigen** Körpers und durch Zuhülfenahme des einzigen Satzes gelangen kann, dass sich von drei in einer Ebene liegenden und sich in einem Puncte schneidenden Geraden die eine, welche man will, als die Richtung der Resultante zweier nach den beiden anderen Geraden wirkenden Kräfte ansehen lässt.

Sind also z. B. p, q, r, s irgend vier in einer Ebene enthaltene Gerade, und legt man durch die Puncte $p.q$, $q.r$, $r.s$ in derselben Ebene willkürlich drei andere Gerade (pq), (qr), (rs), so kann man letztere immer als die Richtungen der Resultanten von Kräften betrachten, welche die Richtungen von p und q, etc. haben. Hieraus kann man, wie vorhin, die Resultanten (pqr) und (qrs) bestimmen und damit drei Puncte finden, deren jeder in der Resultante aller vier Kräfte liegen muss, also drei Puncte, die in einer Geraden sind. Der hieraus entspringende geometrische Satz führt übrigens, gleich dem in §. 222, *b* und, wie Fig. 55 zeigt, auf ein eingeschriebenes und ein umschriebenes Vieleck, von welchem letzteren die Diagonalen durch die Durchschnitte der gegenüberliegenden Seiten des ersteren gehen.

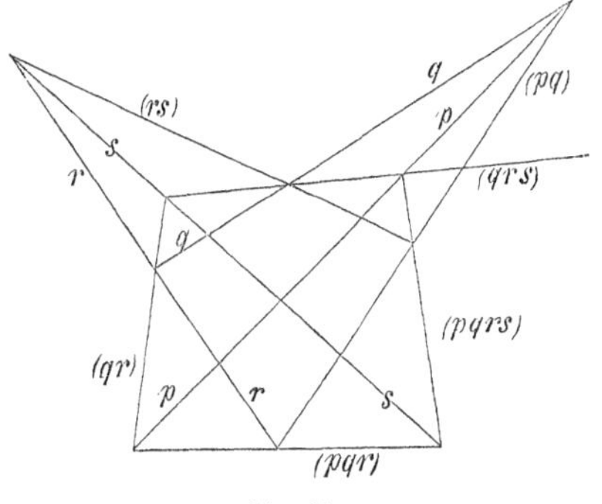

Fig. 55.

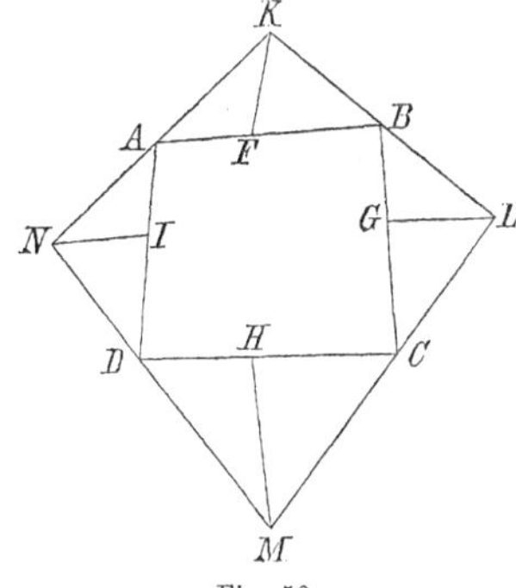

Fig. 56.

§. 225. **Aufgabe.** *Die Bedingungen des Gleichgewichtes zwischen vier Kräften P, Q, R, S zu finden, welche auf die Seiten eines*

Vierecks $ABCD$ wirken, (vergl. Fig. 56), *dessen Seiten von constanter Länge, dessen Winkel aber veränderlich sind.*

Auflösung. Seien F, G, H, I die in den Seiten AB, BC, CD, DA gelegenen Angriffspuncte der Kräfte, und FK, GL, HM, IN die Richtungen der letzteren. Beim Gleichgewichte des Systems wirken nun auf die Seiten DA und AB im Puncte A, in welchem sie mit einander verbunden sind, zwei einander gleiche und entgegengesetzte Pressungen, welche resp. n und $-n$ heissen. Desgleichen wirken auf AB und BC in B zwei einander gleiche und entgegengesetzte Pressungen k und $-k$. Da nun an jedem Theile des Systems die auf ihn wirkenden Kräfte und Pressungen für sich im Gleichgewichte sind, so halten an der Linie AB die Pressungen $-n$ und k der Kraft P das Gleichgewicht, und es müssen daher die Richtungen der beiden ersteren der Richtung der letzteren in einem und demselben Puncte begegnen. Sei K dieser Punct, so fallen $-n$ und k, also auch n und $-k$, in AK und BK, und es erhellt aus gleichem Grunde, dass die Richtung AK der Richtung IN in einem Puncte N, und BK der Richtung GL in einem Puncte L begegnen muss, und dass DN und CL sich in einem Puncte M der Geraden HM schneiden müssen. Die auf die Seiten BC und CD in C wirkenden Pressungen fallen alsdann in LM, und die Pressungen auf die Seiten CD und DA in D fallen in MN.

1) Die erste Bedingung des Gleichgewichtes beruht demnach auf der Möglichkeit, ein Viereck $KLMN$ zu verzeichnen, dessen Seiten durch die Ecken des Vierecks $ABCD$ gehen, und dessen Ecken in den Richtungen FK, GL, HM, IN der Kräfte liegen. — Denkt man sich das Viereck $ABCD$ und die Richtungen $FK, \ldots$ gegeben, und ist die Figur in einer Ebene enthalten, so führt die Forderung, das Viereck $KLMN$ zu beschreiben, zu einer Gleichung des zweiten Grades und ist daher im Allgemeinen entweder auf doppelte Weise, oder gar nicht erfüllbar. Ist aber die Figur nicht eben, so ist die Construction von $KLMN$ nur bei gewissen speciellen Lagen der Richtungen $FK, \ldots$ gegen das Viereck $ABCD$ möglich. Da ferner durch Zerlegung der durch die Ecken des Vierecks $KLMN$ gehenden Kräfte P, Q, R, S nach den Seiten desselben Vierecks die auf A, B, C, D wirkenden Pressungen sich ergeben, — z. B. durch Zerlegung der nach FK gerichteten Kraft P nach den Seiten NK und KL die Pressungen n und k, — und da je zwei dieser Pressungen, welche in dieselbe Seite fallen, sich gegenseitig aufheben, so ist die zweite Bedingung des Gleichgewichtes: dass, wenn man die Seitenlängen des Vierecks $KLMN$ constant und die Winkel desselben veränderlich annimmt, die Kräfte P, Q, R, S, an den Spitzen dieses

Vierecks angebracht, im Gleichgewichte sind. Es müssen daher (§. 219, *d*)

2) wenn die gegenseitige Lage der Theile, worauf die Kräfte wirken, unveränderlich angenommen wird, die Kräfte im Gleichgewichte sein; und diese Bedingung reicht hin, wenn das Viereck $KLMN$ nicht eben ist. Denn die alsdann noch nöthige Bedingung, dass die Richtungen FK, GL, ... resp. in die Ebenen NKL, KLM, ... fallen, ist hier bereits erfüllt, da FK in der Ebene AKB, also auch in der Ebene NKL liegt, u. s. w. Wenn aber das Viereck $ABCD$ und die darauf wirkenden Kräfte, folglich auch das Viereck $KLMN$, in einer Ebene enthalten sind, so müssen

3) die Diagonalen des von den Kräften gebildeten Vierecks die Durchschnitte der gegenüberstehenden Seiten des Vierecks $KLMN$ treffen (§. 221).

Dass diese Bedingungen des Gleichgewichtes jederzeit hinreichen, leuchtet ein. Denn sind die Kräfte am Vierecke $KLMN$, auf dessen Ecken sie wirken, im Gleichgewichte, so sind sie es zu Folge des zu Anfange dieses §. Gesagten, auch dann, wenn sie an den Seiten irgend eines in $KLMN$ einbeschriebenen Vierecks da, wo sie dieselben treffen, angebracht werden.

§. 226. Wir wollen jetzt die Bedingungen dieses Gleichgewichtes am Vierecke durch Gleichungen auszudrücken suchen, dabei jedoch nur den Fall berücksichtigen, wenn das Viereck und die Kräfte in einer und derselben Ebene enthalten sind. Am Einfachsten werden wir hierbei verfahren, wenn wir die an den Seiten angebrachten Kräfte in andere verwandeln, welche auf die Spitzen wirken. Denn hierdurch werden wir in den Stand gesetzt, von den bereits in §. 220 erhaltenen Formeln unmittelbaren Gebrauch zu machen.

Sei zu dem Ende

$$AB = a\,,\quad BC = b\,,\quad CD = c\,,\quad DA = d\,;$$
$$AF = a_1\,,\quad FB = a_2\,,\quad BG = b_1\,,\quad GC = b_2\,,\quad \ldots$$

also

$$a_1 + a_2 = a\,,\quad b_1 + b_2 = b\,,\quad \ldots$$

Man zerlege nun die in F angebrachte Kraft P in zwei mit ihr parallele auf die Endpuncte A, B der Seite AB wirkende Kräfte $\frac{a_2}{a}\cdot P$ und $\frac{a_1}{a}\cdot P$ (§. 26, *c*). Ebenso setze man statt der in I angebrachten Kraft S zwei ihr parallele auf D und A wirkende Kräfte $\frac{d_2}{d}\cdot S$

und $\frac{d_1}{d} \cdot S$, und verfahre auf gleiche Art mit den Kräften Q und R.

Werden daher noch die Winkel, welche die Richtungen der Kräfte P, Q, R, S und die Linien AB, BC, CD, DA mit einer willkürlich in der Ebene gezogenen Axe machen, resp. mit P, Q, R, S und a, b, c, d bezeichnet, so wirken jetzt auf A die zwei Kräfte $S \cdot \frac{d_1}{d}$ und $P \cdot \frac{a_2}{a}$ nach den durch die Winkel S und P bestimmten Richtungen, auf B die Kräfte $P \cdot \frac{a_1}{a}$ und $Q \cdot \frac{b_2}{b}$ nach den durch P und Q bestimmten Richtungen etc., und hat man zu Folge der Gleichung am Ende von §. 220, wenn statt der dortigen Kräfte p, p', q, q' resp. $S \cdot \frac{d_1}{d}$, $P \cdot \frac{a_2}{a}$, $P \cdot \frac{a_1}{a}$, $Q \cdot \frac{b_2}{b}$, und statt der dortigen Winkel p, p′, q, q′ resp. S, P, P, Q gesetzt werden:

$$S \frac{d_1}{d} \frac{\sin(\mathrm{S}-\mathrm{d})}{\sin(\mathrm{a}-\mathrm{d})} + P\left(\frac{a_2}{a} \frac{\sin(\mathrm{P}-\mathrm{d})}{\sin(\mathrm{a}-\mathrm{d})} + \frac{a_1}{a} \frac{\sin(\mathrm{P}-\mathrm{b})}{\sin(\mathrm{a}-\mathrm{b})}\right)$$
$$+ Q \frac{b_2}{b} \frac{\sin(\mathrm{Q}-\mathrm{b})}{\sin(\mathrm{a}-\mathrm{b})} = 0 ,$$

und ebenso noch drei andere Gleichungen, welche auch schon aus dieser durch gehörige Verwandlung der Buchstaben in die nächstfolgenden hervorgehen und mit ihr die Bedingungen des Gleichgewichtes ausmachen.

Da in diesen vier Gleichungen nicht die Seiten des Vierecks selbst, sondern nur die Winkel derselben unter sich und mit den Kräften, so wie die Verhältnisse vorkommen, nach denen die Seiten durch die Angriffspuncte der Kräfte getheilt werden, so erhellt, dass, wenn auf die jetzt in Rede stehende Weise Gleichgewicht an einem Vierecke stattfindet, dieselben Kräfte auch an jedem anderen Vierecke im Gleichgewichte sein werden, welches dem ersteren nicht ähnlich, sondern mit ihm nur gleichwinklig ist, und dessen Seiten mit den Kräften dieselben Winkel, wie im ersteren, machen und von den Angriffspuncten nach denselben Verhältnissen, wie im ersteren, getheilt werden.

Aus allen vier Gleichungen lassen sich die vier Kräfte eliminiren, und man bekommt damit eine Gleichung, mittelst welcher, wenn z. B. das Viereck, die Angriffspuncte in den Seiten desselben und die Richtungen dreier Kräfte gegeben sind, die Richtung der vierten gefunden werden kann. Es drückt diese Gleichung die Bedingung aus, unter welcher das Viereck $KLMN$, welches um das Viereck $ABCD$ und in das von den Kräften gebildete Viereck möglichen Falles beschrieben werden kann, eine solche Lage hat, dass die Durchschnitte seiner gegenüberstehenden Seiten in die Diagonalen des Vierecks der Kräfte fallen. — Die gegenseitigen Verhältnisse zwischen den vier Kräften können dann gleichfalls bestimmt werden.

§. 227. Zum Beschlusse der Untersuchungen über das Gleichgewicht am Vierecke mögen noch einige merkwürdige specielle Fälle folgen, die aber so einfach sind, dass, um sie zu beurtheilen, es angemessener sein wird, zu den Principien selbst zurückzukehren, als von den zuletzt entwickelten Formeln Gebrauch zu machen.

Aufgabe. *Die Bedingungen des Gleichgewichtes zwischen zwei Kräften P und R zu finden, welche in F und H* (vergl. Fig. 57) *an zwei gegenüberliegenden Seiten AB und CD eines Vierecks mit constanten Seitenlängen und veränderlichen Winkeln angebracht sind.*

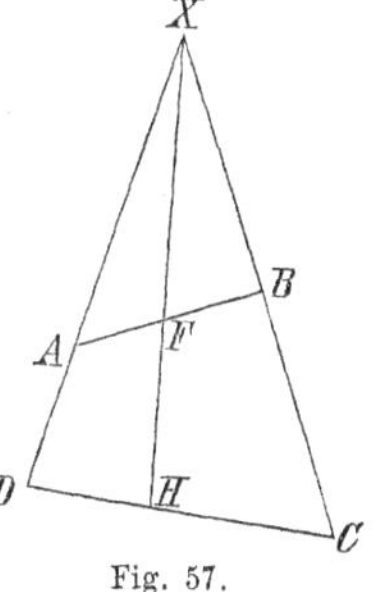

Fig. 57.

Auflösung. Weil an der Seite DA keine Kraft angebracht ist, so müssen sich die auf DA in D und A wirkenden Pressungen allein das Gleichgewicht halten, und ihre Richtungen müssen daher in DA fallen. Die Pressung, welche AB in A erleidet, fällt daher ebenfalls in DA, und aus ähnlichem Grunde die Pressung auf AB im Puncte B in BC. Da nun an AB die in F angebrachte Kraft P mit den Pressungen in A und B im Gleichgewichte sein muss, so müssen sich DA, BC und die Richtung von P in einem Puncte X schneiden, woraus zugleich folgt, dass 1) das Viereck ein ebenes sein muss. Da ferner das Gleichgewicht nicht aufhören darf, wenn die Seiten des Vierecks unbeweglich gegen einander angenommen werden, so müssen 2) die Kräfte P und R einander gleich und direct entgegengesetzt sein, also in die Gerade FH fallen, und diese Gerade muss 3) den Durchschnitt X von DA mit BC treffen, weil FX die Richtung von P war. — Dass diese drei nothwendigen Bedingungen auch hinreichend sind, erhellt ohne weitere Erörterung.

§. 228. Zusätze. *a*) Wird die Seite CD unbeweglich angenommen, und wirkt nur auf AB in F eine Kraft P, so zeigt sich auf gleiche Weise, dass nur dann und dann immer Gleichgewicht stattfindet, wenn das Viereck ein ebenes ist, und wenn die Richtung von P durch den Durchschnitt X der beiden übrigen Seiten geht.

b) Wird das Viereck $ABCD$, während CD unbewegt bleibt, in seiner Ebene verschoben, so beschreibt jeder Punct F der Seite AB eine gewisse Curve, — die Puncte A und B Kreise um D und C als

Mittelpuncte. — Statt daher den Angriffspunct F als einen bestimmten Punct in der beweglichen Geraden AB zu betrachten, kann man ihn auch als einen in einer unbeweglichen Curve (in der von ihm beschriebenen) beweglichen Punct ansehen. Dieser Ansicht zu Folge muss aber die Kraft auf der Curve normal sein, und wir schliessen daraus:

*Wird ein ebenes Viereck $ABCD$, dessen Seitenlängen constant sind, dessen Winkel aber sich ändern können, in seiner Ebene verschoben, während eine Seite CD festgehalten wird, so vereinigen sich die Normalen aller der Curven, welche die Puncte der gegenüberliegenden Seite AB beschreiben, stets in einem Puncte, in demjenigen nämlich, in welchem sich die beiden anderen Seiten DA und BC, als Normalen der von A und B beschriebenen Kreise, schneiden**).

c) Werde, wie in §. 227, CD wieder beweglich angenommen, und seien P und R zwei sich das Gleichgewicht haltende Kräfte. Seien überdies BC und DA einander parallel (vergl. Fig. 58), also ihr Durchschnitt unendlich entfernt, so muss mit ihnen auch FH parallel sein. Man ziehe mit BC und DA noch eine zweite Parallele $F'H'$, welche AB und CD in F' und H' schneide, und bringe in diesen Puncten zwei Kräfte P' und R' an, welche resp. den P und R gleich und entgegengesetzt sind, folglich mit ihren Richtungen in $F'H'$ fallen und einander das Gleichgewicht halten. Alsdann wird auch zwischen den vier Kräften P, P', R, R' Gleichgewicht bestehen. Es bilden aber P, P' ein Paar, und R, R' ein zweites Paar, das in der Ebene des ersteren liegt und mit ihm ein gleiches, aber entgegengesetztes Moment hat. Da nun ein Paar in seiner Ebene und an dem Körper, woran es angebracht ist, ohne Aenderung seiner Wirkung beliebig verlegt werden kann, wenn nur sein Moment sowohl dem Sinne als der absoluten Grösse nach dasselbe bleibt, so schliessen wir:

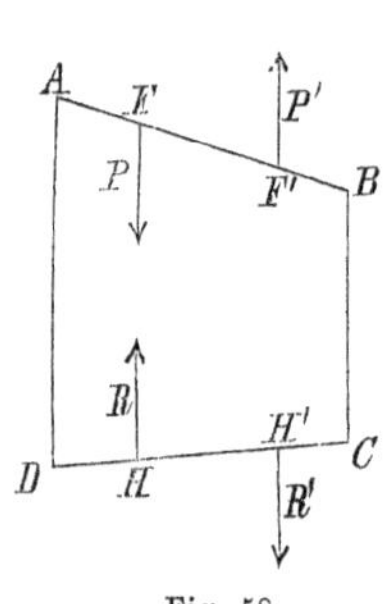

Fig. 58.

*) Von dieser Eigenschaft des Vierecks kann man sich folgendergestalt auch geometrisch überzeugen. Seien A', B', F' die Oerter, welche A, B, F nach einer unendlich kleinen Verschiebung einnehmen, so sind DAA' und CBB', folglich auch XAA' und XBB', rechte Winkel, folglich $XA' = XA$ und $XB' = XB$; und weil auch $A'B' = AB$, so sind die Dreiecke XAB und $XA'B'$ einander gleich und ähnlich. Die Linie AB kann daher auch dadurch in die Lage $A'B'$ gebracht werden, dass man das Dreieck XAB um X dreht. Alsdann aber beschreibt ebenso, wie A und B, auch jeder andere Punkt F der Linie AB ein Element FF', welches auf seiner Verbindungslinie FX mit X normal ist.

Bei einem Vierecke $ABCD$ mit constanten Seitenlängen und veränderlichen Winkeln, von welchem zwei Seiten BC und DA einander parallel sind, halten sich zwei in der Ebene des Vierecks an den beiden anderen Seiten AB und CD angebrachte Kräftepaare P, P' und R, R' unter denselben Bedingungen, wie an einem einzigen Körper, das Gleichgewicht.

d) Sei noch AB parallel mit CD, also das Viereck ein Parallelogramm (vergl. Fig. 59). Man nehme in AB beliebig zwei Puncte F, F', in CD einen beliebigen Punct H, und trage von H nach H' eine Linie gleich FF'. Man bringe ferner an F, F', H, H' und in der Ebene des Vierecks vier einander gleiche Kräfte P, P', R, R' an, von denen P und R' einerlei Richtung, P' und R die entgegengesetzte haben. Zwischen diesen vier Kräften herrscht nach vorigem Satze Gleichgewicht. Denn P, P' und R, R' sind zwei an AB und CD wirkende Paare von einander gleichen und entgegengesetzten Momenten. Mithin sind P und R gleichwirkend mit $-P'$ und $-R'$, d. h.

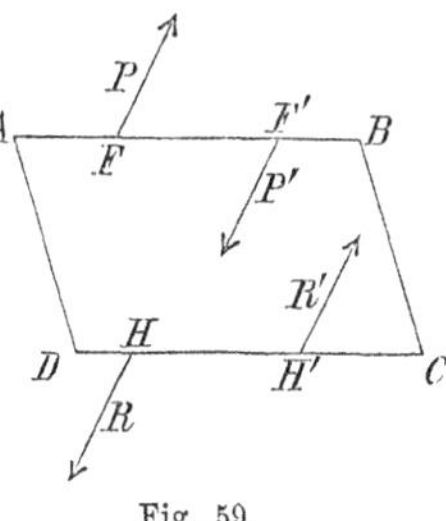

Fig. 59.

Die Wirkung eines Paares, dessen Kräfte an zwei gegenüberliegenden Seiten und in der Ebene eines Parallelogramms mit constanten Seitenlängen und veränderlichen Winkeln angebracht sind, wird nicht geändert, wenn man die Kräfte ihren anfänglichen Richtungen parallel bleiben lässt, ihre Angriffspuncte aber in den Seiten, worin sie liegen, um gleich viel und nach einerlei Seite hin verrückt.

§. 229. Aufgabe. *Von einem Vierecke $ABCD$* (vergl. Fig. 60), *dessen Seitenlängen constant und dessen Winkel veränderlich sind, ist die eine Ecke D unbeweglich. Die Bedingungen des Gleichgewichtes zwischen zwei Kräften P und Q zu finden, welche auf die zwei der Ecke nicht anliegenden Seiten AB und BC in F und G wirken.*

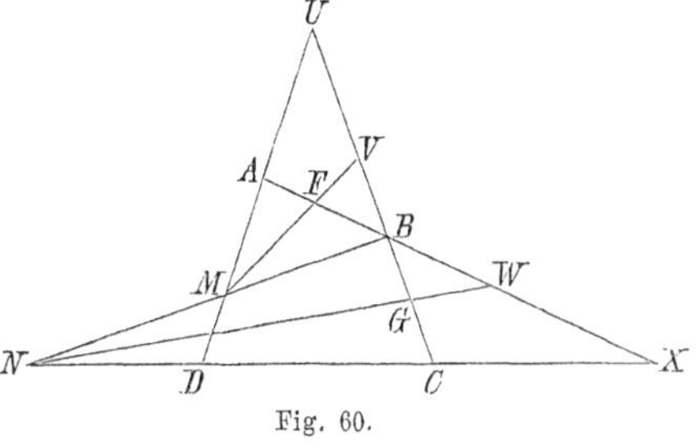

Fig. 60.

Auflösung. An der Seite DA, deren einer Endpunct D mit einem unbeweglichen Puncte verbunden ist, muss die Pressung auf D mit der Pressung auf den anderen Endpunct A im Gleichgewichte sein. Beide Pressungen, also auch die Pressung auf A, als den einen Endpunct von AB, fallen daher in DA.

An der Seite AB sind die Pressungen auf die Endpuncte A und B derselben mit der Kraft P im Gleichgewichte. Da nun die Pressung auf A in DA fällt, so muss P mit DA in einer Ebene liegen, und wenn demnach P die DA in M schneidet, so fällt die Pressung auf B in BM.

Die Pressung auf B, als den einen Endpunct von BC, fällt daher gleichfalls in BM; die Pressung auf der Seite BC anderes Ende C fällt in CD wegen des unbeweglichen Punctes, an welchem CD mit dem Ende D befestigt ist. Mit beiden Pressungen zusammen ist aber die Kraft Q im Gleichgewichte. Mithin müssen BM und CD in einer Ebene liegen, und die Richtung von Q muss den Durchschnitt N dieser Geraden treffen.

Hieraus fliessen nun zunächst folgende Bedingungen des Gleichgewichtes: 1) das Viereck $ABCD$ muss ein ebenes sein; 2) die Richtungen der Kräfte P und Q müssen in dieser Ebene begriffen sein; 3) die Puncte M und N, in denen diese Richtungen resp. die Seiten DA und CD treffen, müssen mit der Ecke B in einer Geraden liegen.

Sind daher das ebene Viereck $ABCD$, die beiden Angriffspuncte F, G und die Richtung MF der einen Kraft P gegeben, so findet man damit auch die Richtung GN der anderen Q. Kennt man ferner die Intensität der einen Kraft P, so ergibt sich die Intensität der anderen Q dadurch, dass, wenn man P nach MA und MB und Q nach BN und CN zerlegt, die zwei in MB fallenden Kräfte sich aufheben müssen.

Es verhält sich aber, wenn man diese in MB fallenden, durch die Zerlegung von P und Q sich ergebenden, Kräfte Z und $-Z$ nennt:

$$P:Z = \sin AMB : \sin AMF = \frac{AB}{MB} : \frac{AF}{MF},$$

$$Q:-Z = \sin BNC : \sin GNC = \frac{BC}{NB} : \frac{GC}{NG};$$

folglich:

$$P:Q = -\frac{AB}{MB} \cdot \frac{MF}{AF} : \frac{BC}{NB} \cdot \frac{NG}{GC}.$$

Die Erfüllung dieser Proportion ist daher die vierte und letzte Bedingung des Gleichgewichtes.

§. 230. Zusätze. *a*) Heissen U, V die Durchschnitte von BC mit MA, MF, und W, X die Durchschnitte von AB mit NG und NC, so findet sich ebenso, wie vorhin:

$$P : Z = \frac{UB}{MB} : \frac{UV}{MV}, \qquad Q : -Z = \frac{BX}{NB} : \frac{WX}{NW},$$

folglich:

$$P : Q = -\frac{UB}{MB} \cdot \frac{MV}{UV} : \frac{BX}{NB} \cdot \frac{NW}{WX}.$$

b) Ist das Viereck $ABCD$ ein Parallelogramm, so sind U und X unendlich entfernte Puncte, folglich $UB : UV = 1$, $BX : WX = 1$, und man hat daher in diesem Falle:

$$P : Q = -\frac{MV}{MB} : \frac{NW}{NB}.$$

c) Wenn der Punct M, in welchem die Richtung von P die Seite DA trifft, in D fällt, so fällt damit auch N zusammen, und es wird, wenn zugleich das Viereck ein Parallelogramm ist (vergl. Fig. 61):

$$P : Q = -DV : DW,$$

oder, weil

$$DV = DC \frac{\sin C}{\sin V}$$

und

$$DW = DA \frac{\sin A}{\sin W}$$

ist:

$$P . BC . \sin P^{\wedge}BC + Q . AB . \sin Q^{\wedge}AB = 0 .$$

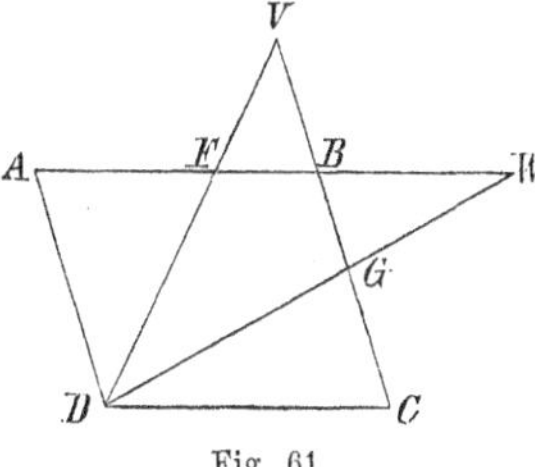

Fig. 61.

d) Will man den bisher unbeweglichen Punct D beweglich sein lassen, so muss man an ihm eine mit P und Q das Gleichgewicht haltende Kraft, oder auch zwei den P und Q gleiche, parallele und entgegengesetzte Kräfte P' und Q' anbringen. Ist dabei das Viereck ein Parallelogramm, so kann man nach §. 228, *d* die Angriffspuncte des Paares P, P' in AB und DC um gleichviel nach einerlei Seite hin und ebenso die Angriffspuncte von Q und Q' in CB und DA fortrücken lassen, ohne dass das Gleichgewicht verloren geht. Hierdurch erhält man die Bedingungen, unter denen am Parallelogramm $ABCD$ ein Paar von Kräften, deren Angriffspuncte in zwei gegenüberliegende Seiten fallen, mit einem anderen Paare, welches auf die beiden anderen Seiten wirkt, im Gleichgewichte ist.

Treffen die Richtungen von P und Q den Punct D, so sind ihnen P' und Q' direct entgegengesetzt, und es ergibt sich damit das Resultat:

An einem Parallelogramm $ABCD$, welches constante Seitenlängen und veränderliche Winkel hat, sind zwei auf die gegenüberliegenden Seiten AB, CD wirkende einander gleiche und direct entgegengesetzte Kräfte P, P' mit zwei auf die beiden anderen Seiten BC, DA wir-

kenden Kräften Q, Q' im Gleichgewichte, wenn letztere ebenfalls einander gleich und direct entgegengesetzt sind, und wenn überdies

$$P \,.\, BC \,.\, \sin P^\wedge BC + Q \,.\, AB \,.\, \sin Q^\wedge AB = 0$$

ist.

§. 231. Aufgabe. *Drei Puncte A, B, C* (vergl. Fig. 62) *sind in drei unbeweglichen Geraden l, m, n einer Ebene beweglich. In derselben Ebene wirken auf drei Gerade a, b, c, welche resp. den Puncten B und C, C und A, A und B zu begegnen genöthigt sind, resp. die Kräfte P, Q, R. Die Bedingungen des Gleichgewichtes zwischen diesen Kräften zu finden.*

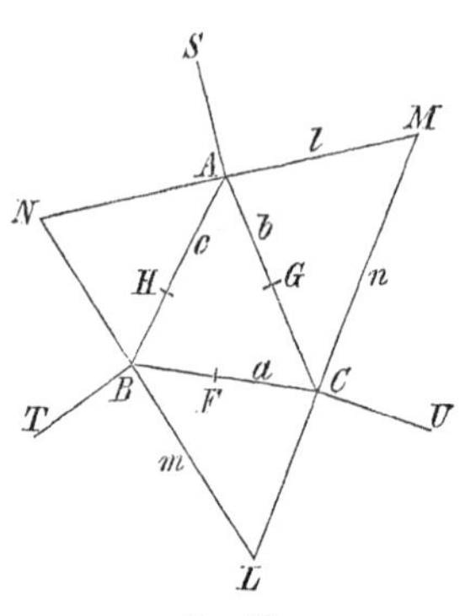

Fig. 62.

Auflösung. Das vorgelegte System besteht aus sechs beweglichen Theilen, drei Punkten A, B, C und drei Linien a, b, c, von deren jedem besonders das Gleichgewicht zu berücksichtigen ist.

Der Punkt A, den wir zuerst betrachten wollen, ist in der Linie l beweglich, und an ihm sind die Linien b, c beweglich; von diesen drei Linien erleidet er drei normale Pressungen, welche sich das Gleichgewicht halten müssen. Sind daher p, b_1, c_1 diese drei Pressungen, so hat man, weil ihre Richtungen dieselben Winkel mit einander machen, als die auf ihnen normalen l, b, c:

$$p : b_1 : c_1 = \sin bc : \sin cl : \sin lb \ ,$$

oder, wenn L, M, N die gegenseitigen Durchschnitte von l, m, n sind:

$$b_1 : c_1 = \sin BAN : \sin MAC \ .$$

Auf gleiche Weise ist, wenn c_2 und a_2 die von den Linien c und a auf den Punkt B normal ausgeübten Pressungen bezeichnen:

$$c_2 : a_2 = \sin CBL : \sin NBA \ ,$$

und, wenn a_3, b_3 die normalen Pressungen auf C von a und b sind;

$$a_3 : b_3 = \sin ACM : \sin LCB \ .$$

Gehen wir jetzt zu dem Gleichgewichte der drei Linien a, b, c über. — Die Linie a, welche nur der Bedingung unterworfen ist, dass sie durch die zwei Puncte B und C geht, erleidet von diesen Puncten die normalen Pressungen $-a_2$ und $-a_3$, und diese müssen mit der an der Linie angebrachten Kraft P im Gleichgewichte sein. Die Richtung dieser Kraft muss daher gleichfalls die Linie rechtwinklig schneiden, und wenn F der Angriffspunct von P ist, so muss sich verhalten:

$$P : a_2 : a_3 = BC : FC : BF .$$

Aus gleichen Gründen sind auch Q und R auf b und c normal, und man hat, wenn G und H die Angriffspuncte dieser Kräfte bezeichnen:

$$Q : b_3 : b_1 = CA : GA : CG ,$$
$$R : c_1 : c_2 = AB : HB : AH .$$

Eliminirt man aus diesen drei einfachen und drei Doppel-Proportionen die sechs Pressungen, so erhält man zuerst die Verhältnisse zwischen den drei Kräften:

$$\text{(I)} \begin{cases} Q : R = CA \,.\, HB \,.\, \sin BAN : AB \,.\, CG \,.\, \sin MAC , \\ R : P = AB \,.\, FC \,.\, \sin CBL : BC \,.\, AH \,.\, \sin NBA , \\ P : Q = BC \,.\, GA \,.\, \sin ACM : CA \,.\, BF \,.\, \sin LCB ; \end{cases}$$

und wenn man diese Verhältnisse zusammensetzt:

$$\text{(II)} \qquad \frac{BF}{FC} \cdot \frac{CG}{GA} \cdot \frac{AH}{HB} = \frac{MA}{AN} \cdot \frac{NB}{BL} \cdot \frac{LC}{CM} ,$$

weil $\sin BAN : \sin NBA = BN : AN$, etc.

Sind daher das Dreieck LMN der drei unbeweglichen Geraden, das eingeschriebene Dreieck ABC der drei beweglichen Geraden und zwei von den drei Angriffspuncten F, G, H gegeben, so finden sich mittelst der Gleichung (II) der dritte, und mittelst der Proportionen (I) die Verhältnisse zwischen den Kräften selbst; die Richtungen derselben aber müssen auf den Seiten des Dreiecks ABC normal sein.

§. 232. Zusätze. *a*) Das Gleichgewicht des Systems dauert noch fort, wenn zwei der drei Kräfte, etwa Q und R, entfernt und statt derselben zwei unbewegliche Curven β und γ in der Ebene angebracht werden, welche die Geraden b und c zu berühren genöthigt sind und gegenwärtig in G und H berühren.

Ist demnach die Beweglichkeit dreier Geraden a, b, c in einer Ebene dergestalt beschränkt, dass ihre gegenseitigen Durchschnitte A, B, C in drei unbeweglichen Geraden MN, NL, LM der Ebene liegen müssen, und dass zwei derselben, b und c, zwei unbewegliche Curven β und γ der Ebene zu berühren genöthigt sind, so wird eine auf die dritte Gerade a in der Ebene wirkende Kraft nur dann keine Bewegung hervorbringen, wenn ihre Richtung auf a normal ist, und ihr Angriffspunct F in a und die zwei Berührungspuncte G und H in b und c so liegen, dass der Gleichung (II) Genüge geschieht.

b) Werden die Geraden b und c, die Curven β und γ berührend, bewegt, während ihr Durchschnitt A in MN fortgeht, so bewegt sich die durch die Schneidepuncte C und B der Tangenten b und c mit LM und NL gelegte Gerade a als Tangente einer dritten Curve α. Die Beweglichkeit von a wird aber offenbar nicht gemindert, wenn wir diese dritte Curve wirklich hinzufügen und annehmen, dass a sie zu berühren gezwungen ist; und eben so wenig wird die Beweglichkeit von a vermehrt, wenn wir hierauf a ausser Verbindung mit b und c bringen. Es muss daher auch jetzt noch bei einer normal auf a in F wirkenden Kraft Ruhe herrschen. Dieses ist aber nicht anders möglich, als wenn F der Berührungspunct von a mit α ist. Wir schliessen hieraus mit Rücksicht auf die Gleichung (II):

A) *Bewegen sich drei Puncte A, B, C willkürlich in den Seiten eines unbeweglichen Dreiecks LMN, so ist immer das Product aus den drei Verhältnissen, nach denen die Seiten des Dreiecks von den Puncten getheilt werden, gleich dem Product aus den drei Verhältnissen, nach denen die Seiten des von den Puncten gebildeten Dreiecks ABC in den Berührungspuncten F, G, H mit den drei Curven getheilt werden, welche diese Seiten bei der gedachten Bewegung als Tangenten erzeugen.*

c) Treffen l, m, n, also auch L, M, N, in einem Puncte zusammen, sind also A, B, C in drei Geraden beweglich, welche sich in einem Puncte schneiden, so wird jedes der drei Verhältnisse $MA:AN$, $NB:BL$, $LC:CM = -1$, also auch zufolge (II):

$$(BF:FC)\,(CG:GA)\,(AH:HB) = -1 \;.$$

F, G, H liegen dann folglich in einer Geraden*), und man hat den Satz:

Bewegen sich drei Puncte A, B, C auf beliebige Weise in drei Geraden, die sich in einem Puncte schneiden, so liegen in jedem Augenblicke die drei Puncte F, G, H, in denen die drei Geraden BC, CA, AB die von ihnen als Tangenten erzeugten Curven berühren, in einer Geraden.

d) Der Satz A) kann noch allgemeiner gefasst werden, wenn man die Puncte A, B, C sich in beliebigen unbeweglichen Curven λ, μ, ν bewegen lässt, von denen MN, NL, LM die Tangenten in A, B, C, ... sind; er lautet dann also:

B) *Hat man ein in einer Ebene sich stetig veränderndes Dreieck ABC, so ist in jedem Augenblicke das Product aus den Verhältnissen, nach denen die Seiten des Dreiecks in den Berührungspuncten F, G, H mit den Curven α, β, γ getheilt werden, welche die Seiten als Tangenten erzeugen, gleich dem Product aus den Verhältnissen, nach denen*

---

*) Vergl. des Verf. Baryc. Calcul §. 198, 2 (p. 239 des I. Bandes der vorliegenden Ausgabe.)

bei einem zweiten Dreiecke LMN, *dessen Seiten die Tangenten der von den Ecken* A, B, C *des ersteren Dreiecks beschriebenen Curven* λ, μ, ν *sind, diese Seiten von den Ecken* A, B, C, *als den Berührungspuncten, getheilt werden.*

Dieser allgemeinere Satz lässt sich wiederum specialisiren, indem man an die Stelle der Curven α, β, γ, an denen sich BC, CA, AB als Tangenten fortbewegen, blosse Puncte setzt, und er lautet dann folgendermassen:

C) *Wenn sich in einer Ebene die Seiten eines darin enthaltenen Dreiecks* ABC *um unbewegliche Puncte* F, G, H *drehen, so ist stets das Product aus den Verhältnissen, nach welchen die Seiten von diesen Puncten getheilt werden, gleich dem Producte aus den Verhältnissen, nach welchen von den Ecken desselben Dreiecks* ABC *die Seiten eines zweiten Dreiecks* LMN *getheilt werden, dessen Seiten die von den Ecken des ersteren beschriebenen Curven* λ, μ, ν *berühren.*

Wie man sogleich sieht, entspricht dieser Satz dem obigen Satz A) nach dem bekannten Gesetze der Dualität. Denn so wie dort die Puncte A, B, C sich in unbeweglichen Geraden l, m, n bewegten, und die diese Puncte verbindenden Geraden a, b, c durch ihre Bewegung Curven erzeugten, welche von a, b, c selbst in F, G, H berührt wurden: so drehen sich hier die Geraden a, b, c um unbewegliche Puncte F, G, H, und von den gegenseitigen Durchschnitten A, B, C der Geraden werden die Curven beschrieben, die in den Puncten A, B, C selbst die Geraden l, m, n zu Tangenten haben. Den Puncten A, B, C, F, G, H einerseits entsprechen daher die Geraden a, b, c, l, m, n andererseits, und umgekehrt.

Nach dem Gesetze der Dualität müssen daher auch, zufolge des Satzes in c), wenn in C) die drei Puncte F, G, H in einer Geraden liegen, die drei Tangenten der von A, B, C beschriebenen Curven sich in einem Puucte schneiden*).

---

*) Eine leicht hieraus fliessende Folgerung ist, dass, wenn die zwei von A und B beschriebenen Linien gerade sind, auch die dritte von C beschriebene es ist und durch den Durchschnitt der beiden ersten geht. Dies führt zu dem bekannten Satze:

Wenn von zwei Dreiecken ABC *und* $A'B'C'$ *die drei Durchschnitte der gleichnamigen Seiten* $BC \cdot B'C'$, *etc. in einer Geraden liegen, so schneiden sich die drei Geraden* AA', *etc., welche die gleichnamigen Ecken verbinden, in einem Puncte.*

Ebenso folgt aus c), dass, wenn die Geraden a und b sich um feste Puncte F und G drehen, auch die dritte c sich um einen festen Punct H dreht, welcher mit F und G in einer Geraden liegt, und man erhält damit den umgekehrten Satz des vorigen.

Uebrigens gelten, wie sich leicht zeigen lässt, die über ein Dreieck aufgestellten Sätze A), B), C) wörtlich auch von jedem mehrseitigen Vielecke.

§. 233. Der Satz C) der §. 232 lässt sich, ebenso wie der Satz A), auch unmittelbar aus statischen Betrachtungen herleiten. Zu dem Ende hat man nur in §. 231 die auf die Geraden a, b, c in F, G, H wirkenden Kräfte als Pressungen auf diese Geraden von unbeweglichen Puncten F, G, H, durch welche sie gehen müssen, und die Pressungen auf die Puncte A, B, C von den unbeweglichen Geraden l, m, n, in denen sie beweglich gesetzt wurden, als an diesen Puncten angebrachte Kräfte zu betrachten; dies führt zu folgender

Aufgabe. *Um drei unbewegliche Puncte F, G, H und in der Ebene derselben sind drei gerade Linien a, b, c beweglich. Die Bedingungen des Gleichgewichtes zwischen drei Kräften p, q, r zu finden, welche in der Ebene auf die gegenseitigen Durchschnitte A, B, C der drei Geraden, d. i. auf Puncte wirken, welche in b und c, c und a, a und b zugleich beweglich sind.*

Die Lösung dieser Aufgabe geht ohne Weiteres aus den Formeln in §. 231 hervor. Sind nämlich AS, BT, CU die noch unbekannten Richtungen von p, q, r (vergl. Fig. 62 daselbst), und sind l, m, n auf dieselben winkelrecht gezogene Gerade, so hat man, wie dort:

$$\begin{aligned} p : b_1 : c_1 &= \sin bc : \sin cl : \sin lb \\ &= \sin CAB : \cos BAS : \cos SAC \ , \end{aligned}$$

und ebenso:

$$\begin{aligned} q : c_2 : a_2 &= \sin ABC : \cos CBT : \cos TBA \ , \\ r : a_3 : b_3 &= \sin BCA : \cos ACU : \cos UCB \ . \end{aligned}$$

Eliminirt man hieraus die Pressungen mittelst der schon oben erhaltenen Proportionen:

$$a_2 : a_3 = FC : BF \ , \qquad b_3 : b_1 = GA : CG \ ,$$
$$c_1 : c_2 = HB : AH \ ,$$

so kommt:

$$(\mathrm{I}^*) \quad \begin{cases} q : r = CA \,.\, FC \,.\, \cos ACU : AB \,.\, BF \,.\, \cos TBA \ , \\ r : p = AB \,.\, GA \,.\, \cos BAS : BC \,.\, CG \,.\, \cos UCB \ , \\ p : q = BC \,.\, HB \,.\, \cos CBT : CA \,.\, AH \,.\, \cos SAC \ , \end{cases}$$

und hieraus die Gleichung:

$$(\mathrm{II}^*) \quad \frac{BF}{FC} \cdot \frac{CG}{GA} \cdot \frac{AH}{HB} = \frac{\cos CBT}{\cos UCB} \cdot \frac{\cos ACU}{\cos SAC} \cdot \frac{\cos BAS}{\cos TBA} \ ,$$

in welcher nur noch die Richtungen der Kräfte vorkommen, und wonach, wenn die Richtungen zweier Kräfte gegeben sind, die Richtung der dritten gefunden werden kann. Die Verhältnisse zwischen den Kräften selbst ergeben sich alsdann aus den Proportionen (I*).

Werden nun diese Bedingungen erfüllt, und ist daher das System im Gleichgewichte, so kann man auch die Puncte A und B, statt auf sie die Kräfte p und q wirken zu lassen, in unbeweglichen Curven, welche auf den Richtungen von p und q normal sind und daher l und m zu Tangenten haben, beweglich annehmen. Hiermit wird der dritte Punct C in einer dritten Curve beweglich, welche auf der Richtung von r normal sein und folglich n zur Tangente haben muss, indem sonst der Punct C nicht in Ruhe bleiben könnte. Die hierbei allein noch zu berücksichtigende Gleichung (II*) ist aber, wie man sich leicht überzeugt, mit der obigen Gleichung (II) identisch, und gibt damit für den obigen Satz C) den Beweis ab.

Bedingungen des Gleichgewichtes bei sich ähnlich bleibenden Figuren.

§. 234. Aufgabe. *Zwei Gerade a und c* (*vergl. Fig.* 63) *sind in B unter einem Winkel von unveränderlicher Grösse fest mit einander verbunden; desgleichen zwei andere Gerade a' und b unter einem unveränderlichen Winkel in C. Die Schenkel a und a' sollen zusammenfallen und an einander verschiebbar sein, und die Winkel selbst sollen in einer und derselben Ebene liegen. In dieser Ebene wirken auf die Spitzen der Winkel B und C und auf den gegenseitigen Durchschnitt ihrer Schenkel b und c, oder vielmehr auf einen in b und c zugleich beweglichen Punct A, resp. die Kräfte q, r, p. Welches sind die Bedingungen des Gleichgewichtes?*

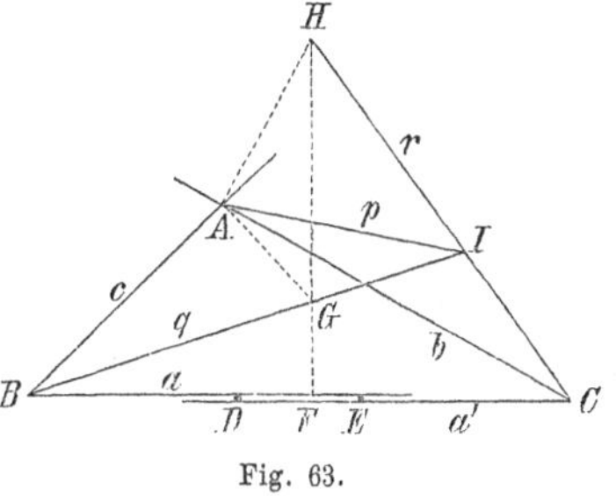

Fig. 63.

Auflösung. Das gegebene System besteht aus drei beweglichen Stücken: aus dem Winkel ac, dem Winkel $a'b$ und dem Puncte A, und wir haben nun das Gleichgewicht jedes dieser drei Stücke besonders zu untersuchen.

1) Die auf die Spitze B des Winkels ac wirkende Kraft muss mit der Pressung c_1, welche sein Schenkel c rechtwinklig von dem in ihm beweglichen Puncte A erleidet, und mit der Pressung auf

seinen anderen Schenkel a von dem an a verschiebbaren a' im Gleichgewichte sein. Da diese Verschiebbarkeit sich dadurch bewerkstelligen lässt, dass man in a' zwei beliebig bestimmte Puncte D und E annimmt, welchen a zu begegnen genöthigt ist, so ist die Pressung von a' auf a zwei auf a in D und E rechtwinkligen Pressungen gleich zu achten, die sich aber, als zwei parallele Kräfte, zu einer einzigen f zusammensetzen lassen, welche den Schenkel a gleichfalls rechtwinklig, etwa in F, trifft. Die Richtung von q und die auf c in A und auf a in F errichteten Normalen müssen sich daher in einem Puncte G schneiden. Nimmt man folglich die Richtung BG von q als willkürlich gegeben an und errichtet in A auf BA eine Normale AG, welche BG in G schneide, so wird der Fusspunct einer von G auf BC gefällten Normale der gedachte Punct F sein. Auch kann man damit, wenn noch die Intensität von q gegeben ist, die Intensitäten von c_1 und f finden.

2) Beim Winkel $a'b$ ist die Kraft r an der Spitze C desselben im Gleichgewichte mit der normalen Pressung b_1 des Punctes A auf seinen Schenkel b und den von a herrührenden normalen Pressungen auf die Puncte D und E seines Schenkels a', oder der damit gleichwirkenden einzigen Pressung $-f$ auf a' im Puncte F. Die Richtungen von r, b_1 und $-f$ müssen sich daher in einem Puncte begegnen. Trifft demnach eine auf AC in A errichtete Normale die bereits gezogene FG in H, so ist CH die Richtung von r, und es lassen sich mittelst der schon bekannten Intensität von $-f$ die Intensitäten von r und b_1 bestimmen.

3) Am Puncte A muss die auf ihn unmittelbar wirkende Kraft p den Pressungen $-b_1$ und $-c_1$, welche er von den Linien b und c erleidet, das Gleichgewicht halten und kann somit ohne Weiteres gefunden werden, noch leichter aber dadurch, dass p auch im Gleichgewichte mit q und r ist, und dass folglich die Richtung von p, nächst A, noch den Schneidepunct I der Richtungen BG und CH von q und r treffen muss. Die Intensität von p ergibt sich alsdann aus denen von q und r.

Nach diesem Allen sind die gesuchten Bedingungen des Gleichgewichtes folgende: 1) Die auf A, B, C wirkenden Kräfte müssen ebenso, als wären diese Puncte fest mit einander verbunden, im Gleichgewichte sein, und sich daher in einem Puncte I schneiden. 2) Die resp. Durchschnitte G und H der auf AB und AC in A errichteten Perpendikel mit den Richtungen BI und CI müssen in einer auf BC normalen Geraden liegen.

§. 235. Das von den zwei Winkeln ac und $a'b$ gebildete Dreieck ABC ist dergestalt beweglich, dass es erstens, ohne seine Seitenlängen zu verändern, jede beliebige Lage in der Ebene einnehmen kann. Zweitens kann eine Seite desselben, welche man will, durch Verschiebung der Schenkel a und a' an einander jede beliebige Länge erhalten; allein das Dreieck bleibt sich dabei immer ähnlich, weil die zwei unveränderlichen Winkel ac und $a'b$ zugleich Winkel desselben sind. Diesem gemäss lässt sich die vorige Aufgabe auch folgendermaassen abfassen:

Die Bedingungen des Gleichgewichtes zwischen drei in einer Ebene auf drei Puncte wirkenden Kräften zu finden, wenn die Puncte in der Ebene dergestalt beweglich sind, dass das von ihnen gebildete Dreieck sich immer ähnlich bleibt.

Man kann hiernach erwarten, dass der Ort des Punctes I, in welchem sich die auf A, B, C wirkenden Kräfte schneiden, von der gegenseitigen Lage der A, B, C auf symmetrische Weise abhängen werde; und dies bestätigt sich auch, wenn man die Curve untersucht, in welcher alle nach der in §. 234 erhaltenen Bedingung zu construirenden Oerter von I begriffen sind. Diese Bedingung besteht darin, dass GH, HA, AG resp. auf BC, CA, AB normal sind; es sind folglich die Dreiecke ABC und AGH einander ähnlich, und es verhält sich $AB:AG = AC:AH$. Mithin sind auch die rechtwinkligen Dreiecke BAG und CAH einander ähnlich, folglich die Winkel ABI und ACI einander gleich, folglich liegen die drei Angriffspuncte A, B, C der Kräfte und der gegenseitige Durchschnitt I ihrer Richtungen in einem Kreise.

Man wird sich hierbei der Untersuchungen erinnern, welche im 7. Kapitel des ersten Theiles über den Mittelpunct nicht paralleler Kräfte in einer Ebene angestellt worden sind. Von den zwei Kräften p und q, welche auf die Puncte A und B wirken und sich in I schneiden, ist hiernach der Mittelpunct derjenige Punct C in der Richtung CI ihrer Resultante $-r$, in welchem dieselbe von dem durch A, B, I zu ziehenden Kreise getroffen wird (§. 115), und dieser Punct C besitzt die Eigenschaft, dass, wenn das Dreieck ABC ohne Aenderung seiner Grösse und Gestalt beliebig in seiner Ebene verschoben wird, und die Kräfte p, q auf A, B nach Richtungen, die mit ihren anfänglichen parallel sind, zu wirken fortfahren, auch ihre Resultante, der Grösse und Richtung nach sich nicht ändernd, stets durch C geht (§. 114). Wird folglich an C eine dieser Resultante gleiche und entgegengesetzte Kraft r angebracht, so werden die Kräfte p, q, r, (deren Intensitäten sich nach §. 120 wie die Seiten BC, CA, AB des Dreiecks verhalten müssen,) bei jeder Verrückung des Dreiecks in seiner Ebene im Gleichgewichte verharren. Hieraus ergeben sich aber in Verbindung mit dem Vorigen die merkwürdigen Resultate:

Sind drei Puncte in einer Ebene dergestalt beweglich, dass das von ihnen gebildete Dreieck sich immer ähnlich bleibt, und halten sich drei auf sie wirkende Kräfte das Gleichgewicht, so herrscht auch noch Gleichgewicht bei jeder anderen Lage, welche man den Puncten zufolge ihrer Beweglichkeit geben kann, wenn nur die Kräfte ihren anfänglichen Richtungen parallel bleiben;

und umgekehrt:

Sind drei Kräfte, welche auf drei fest mit einander verbundene Puncte in einer Ebene wirken, im Gleichgewichte, und dauert dasselbe noch fort, wenn das System der drei Puncte in seiner Ebene beliebig verschoben wird, die Kräfte aber parallel mit ihren anfänglichen Richtungen fortwirken, so wird das Gleichgewicht auch nicht unterbrochen, wenn man den Puncten eine solche gegenseitige Beweglichkeit noch beilegt, bei welcher das von ihnen gebildete Dreieck sich immer ähnlich bleibt.

§. 236. Keine Schwierigkeit hat es, auch an vier, fünf, oder mehreren Puncten, die in einer Ebene liegen und darin dergestalt beweglich sind, dass die durch sie bestimmte Figur sich immer ähnlich bleibt, sich das Gleichgewicht haltende Kräfte anzubringen. Denn seien A, B, C, D vier solche Puncte, an denen sich die Kräfte p, q, r, s das Gleichgewicht halten sollen; zwei derselben, etwa p und q, seien gegeben. Durch A, B und den Durchschnitt N von p mit q beschreibe man einen Kreis, welcher die Resultante x von p und q ausser in N noch im Puncte X schneide. Denkt man sich nun X als neuen Punct des Systems, also mit A, B, C, D in solcher Verbindung, dass er gegen sie immer in ähnlicher Lage bleibt, und bringt man an X die sich aufhebenden Kräfte x und $-x$ an, so sind p, q, $-x$ an A, B, X im Gleichgewichte; mithin müssen es auch x, r, s an X, C, D sein, und man kann mittelst der bekannten Kraft x und eines durch X, C, D zu beschreibenden Kreises die Intensitäten und Richtungen von r, s finden.

Sind ferner A, B, C, D, E fünf Puncte in einer Ebene, die in ähnlicher Lage gegen einander verharren sollen; p, q, r, s, t die auf sie wirkenden Kräfte, und von ihnen p, q, r gegeben, so suche man wie vorhin den Mittelpunct X der Kräfte p, q in ihrer Resultante x und denke sich diesen mit den Kräften x und $-x$ als einen zum Systeme gleichfalls gehörigen Punct. Da nun p, q, $-x$ an A, B, X im Gleichgewichte sind, so müssen es auch x, r, s, t an

X, C, D, E sein, wenn Gleichgewicht zwischen p, q, r, s, t herrschen soll; und die Aufgabe ist somit auf die vorige, welche ein System von vier Puncten betraf, zurückgeführt.

Ueberhaupt also, — denn auf analoge Weise kann man von fünf Puncten auf sechs, u. s. w. schliessen —: Wenn n Puncte in einer Ebene so beweglich sind, dass sie stets in ähnlicher Lage gegen einander bleiben, und wenn auf $n-2$ derselben beliebig gegebene Kräfte in der Ebene wirken, so kann man immer an den zwei übrigen Puncten zwei Kräfte hinzufügen, welche mit ersteren Gleichgewicht hervorbringen.

Zugleich aber erhellt, dass dieselbe Construction, womit sich diese zwei Kräfte finden lassen, auch dann anzuwenden ist und die nämlichen zwei Kräfte gibt, die, wenn die n Puncte in unveränderlicher Lage gegen einander genommen werden, am $(n-1)$ten und $n$ten Puncte angebracht werden müssen, damit Gleichgewicht entstehe und bei beliebiger Verrückung des Systems in der Ebene auch fortdauere, sobald nur sämmtliche n Kräfte ihren anfänglichen Richtungen parallel bleiben. Die Bedingungen zwischen den n Kräften sind also in dem einen Falle dieselben, wie in dem anderen, und wir ziehen hieraus die Folgerung:

Die zwei Sätze zu Ende des §. 235 *haben nicht bloss für drei, sondern für jede beliebige Anzahl von Puncten in einer Ebene Gültigkeit.*

Ich bemerke nur noch, dass ebenso, wie in der Aufgabe des §. 234 ein sich ähnlich bleibendes Dreieck gebildet wurde, auch ein System von jeder grösseren Anzahl in ähnlicher Lage bleibender Puncte leicht construirt werden kann. Denn man hat nur in einer Ebene ein System von Geraden, welche sich unter unveränderlichen Winkeln in einem Puncte treffen, mit einem anderen Systeme von derselben Beschaffenheit dergestalt zu verbinden, dass eine Gerade des einen Systems mit einer Geraden des anderen zusammenfällt und längs derselben verschiebbar ist. Alle Durchschnittspuncte zweier Geraden des einen und anderen Systems, so wie jeder der zwei Puncte selbst, in welchem alle Geraden eines und desselben Systems zusammenlaufen, werden dann stets in ähnlicher Lage gegen einander verharren.

Viertes Kapitel.

Von den Bedingungen der Unbeweglichkeit.

§. 237. Unter den Gleichungen, welche die Bedingungen des Gleichgewichtes zwischen Kräften ausdrücken, die auf ein System mit einander verbundener, an sich frei beweglicher Körper wirken, kommen zu Folge des Grundsatzes (I) in §. 190 immer auch diejenigen Gleichungen mit vor, welche erfüllt sein müssen, sobald die gegenseitige Lage der Körper unveränderlich angenommen wird, und somit sämmtliche Körper einen einzigen frei beweglichen ausmachen.

Dieser letzteren Gleichungen gibt es im allgemeinsten Falle sechs. Weiss man folglich irgendwoher, dass das Gleichgewicht eines Systems mit einander verbundener, an sich frei beweglicher Körper, auf welche beliebige Kräfte wirken, immer schon durch sechs Gleichungen bedingt ist, so können diese keine anderen, als die sechs zum Gleichgewichte eines einzigen Körpers erforderlichen Gleichungen sein. Aber nicht allein dieses, sondern es kann auch keine gegenseitige Beweglichkeit zwischen den Körpern stattfinden.

Um sich von der Richtigkeit des letzteren Schlusses vollkommen zu überzeugen, bringe man an den mit einander verbundenen Körpern beliebige Kräfte an. Alsdann ist es immer möglich, an einem der Körper, er heisse a, oder an Puncten, die mit ihm fest verbunden sind, zwei solche Kräfte hinzuzufügen, welche in Vereinigung mit den ersteren Kräften den sechs Gleichungen Genüge leisten. Sind nun die sechs Gleichungen die einzigen zum Gleichgewichte erforderlichen Bedingungen, und ist folglich durch Hinzufügung der zwei Kräfte Gleichgewicht zu Wege gebracht worden, so muss dieses auch noch bestehen, wenn man a unbeweglich setzt. Wenn aber, sobald einer der Körper unbeweglich angenommen wird, keine auf die übrigen Körper wirkenden Kräfte Bewegung zu erzeugen vermögen, so findet keine gegenseitige Beweglichkeit statt.

§. 238. Ob Körper, die auf gegebene Weise mit einander verbunden sind, ihre Lage gegen einander noch ändern können oder nicht, die Beantwortung dieser Frage kann nicht allein in der Mechanik, sondern auch bei rein geometrischen Untersuchungen oft von Interesse sein. Die Statik bietet uns hierzu ein sehr einfaches Mittel in dem Satze des §. 237 dar, dass es bei gegenseitiger Unbeweglichkeit nicht mehr als sechs Gleichungen des Gleichgewichtes gibt. Ich glaube daher, indem ich dieses Princip etwas weiter zu entwickeln suche, nichts Ueberflüssiges zu thun, um so weniger, als der Geometrie wohl nicht immer gleich einfache Mittel zur Aburtheilung über die Beweglichkeit zu Gebote stehen dürften.

Um bei einem Systeme von n mit einander verbundenen Körpern die Bedingungen des Gleichgewichtes zu finden, hat man nach §. 215 für jeden einzelnen Körper des Systems die Gleichungen des Gleichgewichtes, im Allgemeinen sechs, zwischen den unmittelbar auf ihn wirkenden Kräften und den Pressungen, denen er ausgesetzt ist, zu entwickeln und aus diesen $6n$ Gleichungen die Intensitäten der Pressungen, sowie auch ihre Richtungen, wenn diese unbekannt sind, zu eliminiren. Die somit hervorgehenden Gleichungen, $6n - p$ zum wenigsten, wenn p die Zahl der von den Pressungen herrührenden unbekannten Grössen ist, sind die gesuchten Bedingungen des Gleichgewichtes. Man setze daher die Zahl dieser Bedingungsgleichungen gleich $6n - p + q$, wo q eine positive ganze Zahl oder auch Null ist.

Ist nun jeder Körper des Systems an sich frei beweglich, so gibt es nicht weniger als sechs Bedingungsgleichungen, und wenn es ihrer nur sechs sind, also wenn $6n - p + q = 6$, d. i. $6(n-1) + q = p$ ist, so können nach §. 237 die Körper ihre Lage gegen einander nicht ändern. Ist dagegen $6(n-1) + q > p$, so herrscht in dem Systeme gegenseitige Beweglichkeit.

Hieraus schliessen wir endlich, dass, wenn $p < 6(n-1)$, *stets gegenseitige Beweglichkeit stattfindet, und dass, wenn gegenseitige Unbeweglichkeit eintreten soll,* $p =$ *oder* $> 6(n-1)$ *sein muss, dass aber diese Bedingung, wenn auch stets nothwendig, doch nicht immer hinreichend für die Unbeweglichkeit ist.*

§. 239. Berühren sich je zwei Körper des Systems mit ihren Flächen, oder berührt eine Kante oder Ecke eines Körpers die Fläche eines anderen, oder kreuzen sich die Kanten zweier Körper unter einem beliebigen endlichen Winkel, so ist die Richtung der daselbst stattfindenden Pressungen schon im Voraus bekannt, und p ist der Anzahl der Pressungen selbst, d. i. der Begegnungspuncte, gleich.

Begegnen sich daher n Körper auf die eine oder die andere der eben gedachten Arten in weniger als $6(n-1)$ *Puncten, so kann immer die gegenseitige Lage derselben verändert werden, ohne dass eine der*

Begegnungen wegfällt. Nicht mehr ist aber dies jederzeit möglich, wenn sie sich in 6 $(n-1)$ *oder noch mehreren Puncten treffen.*

So haben wir bereits oben (§. 193) bemerkt, dass zwei Körper, die sich in fünf oder weniger Puncten berühren, immer aneinander verschoben werden können, im Allgemeinen aber nicht mehr bei sechs oder mehreren Berührungen. Auf gleiche Art findet Verschiebbarkeit im Allgemeinen nicht mehr statt, wenn sechs Ecken des einen Körpers die Fläche des anderen treffen, oder wenn eine Curve in sechs Puncten eine Fläche berührt, oder wenn zwei Curven (von doppelter Krümmung) in sechs Puncten über einander weggehen. — Letztere sechs Puncte können auch paarweise zusammenfallen, sodass die beiden Curven in drei Puncten einander einfach berühren. Auch kann man die sechs Puncte zu dreien zusammenfallen lassen, sodass sich die Curven in zwei Puncten berühren und in jedem derselben eine gemeinschaftliche Krümmungsebene haben, u. s. w. In keinem dieser Fälle lassen sich die Curven an einander verschieben, ohne dass die Arten der Berührung aufgehoben würden.

Sind sechs Puncte des einen Körpers mit sechs Puncten des anderen nicht unmittelbar, sondern durch sechs Gerade von unveränderlicher Länge verbunden, so kann gleichfalls die gegenseitige Lage der beiden Körper im Allgemeinen nicht mehr geändert werden. Denn da beim Gleichgewichte des Ganzen jede der sechs Geraden an ihren zwei Endpuncten zwei einander entgegengesetzte aber gleiche Pressungen ausübt, so sind hier nur die Intensitäten der sechs Pressungen unbekannt, und, diese aus den zweimal sechs Gleichungen für das Gleichgewicht der beiden Körper eliminirt, bleiben sechs Bedingungsgleichungen zurück.

§. 240. *Dass die gegenseitige Lage zweier Körper im Allgemeinen nicht mehr veränderlich ist, wenn in der Oberfläche O des einen sechs Ecken, oder überhaupt sechs bestimmte Punkte A, B, C, D, E, F des anderen k enthalten sein sollen, dies lässt sich auch durch folgende Betrachtung einsehen.*

1) Sollen nur A, B und C sich in der Fläche O befinden, so kann der Ort von A beliebig in O genommen werden; B ist dann irgend ein Punct in dem Durchschnitte von O und der um A mit AB, als Halbmesser, beschriebenen Kugelfläche, und C der Durchschnitt von O und den zwei Kugelflächen, welche um A und B mit den Halbmessern AC und BC erzeugt werden. Wird alsdann der Körper k so um A gedreht, dass B und C in O bleiben, so beschreibt der vierte Punct D eine bestimmte Curve, und wenn D in dieser

Curve bis dahin gekommen ist, wo sie von O geschnitten wird, so liegen nunmehr

2) die vier Puncte A, B, C, D zugleich in O. Für jeden beliebigen Ort des A in O gibt es daher im Allgemeinen eine oder auch etliche Lagen des Körpers k, wo nächst A auch B, C, D sich in O befinden, so dass, wenn irgend eine Curve a in O gegeben ist, in welcher A sich bewegen soll, die Puncte B, C, D in mit a zugleich gegebenen und in O liegenden Curven sich bewegen können. Hat nun bei dieser Bewegung des Körpers k der fünfte Punct E desselben die Fläche O erreicht, so sind jetzt

3) die fünf Puncte A, B, C, D, E zugleich in O. Für jede Curve a_0 in O gibt es demnach einen in ihr liegenden Punct A_0 (oder etliche, oder auch keine) von der Beschaffenheit, dass wenn A mit ihm coïncidirt, auch B, C, D, E in O gebracht werden können. Heissen ähnlicher Weise A_1, A_2, ... diese Oerter von A für irgend andere Curven a_1, a_2, ... in O. Denkt man sich nun a_0, a_1, a_2, ... als unmittelbar neben einander liegende Curven, etwa als solche, in denen O von unmittelbar auf einander folgenden Parallelebenen geschnitten wird, so sind A_0, A_1, A_2, ... die zunächst aufeinander folgenden Puncte einer bestimmten Curve α. Sollen folglich die fünf Puncte A, B, C, D, E zugleich in O sein und bei der Bewegung von k darin bleiben, so muss A in der Curve α liegen und darin fortgehen, wobei auch die übrigen Puncte B, C, D, E nicht mehr beliebige, sondern, ebenso wie A, von der Gestalt der Fläche O und der gegenseitigen Lage der fünf Puncte A, B, C, D, E abhängige Curven beschreiben werden.

4) Ist endlich bei dieser bestimmten Bewegung von k der sechste Punct F in O getreten, so hört mit der Bedingung, dass auch F in O bleiben soll, die Beweglichkeit von k völlig auf.

§. 241. *Aus den vorstehenden Betrachtungen ergeben sich leicht einige Fälle, in denen einem Systeme von weniger als sechs Puncten, die in unabänderlichen Entfernungen von einander sind, im Allgemeinen keine Bewegung mehr gestattet ist.*

Diese Fälle sind:

1) bei einem Systeme von drei Puncten, wenn ein Punct unbeweglich, ein zweiter in einer gegebenen Linie und der dritte in einer gegebenen Fläche beweglich ist, oder

2) wenn die drei Puncte in gegebenen Linien beweglich sind (vergl. §. 203);

3) bei einem Systeme von vier Puncten, wenn ein Punct unbeweglich und die drei anderen in gegebenen Flächen beweglich sind, oder

4) wenn zwei Puncte in gegebenen Linien und die zwei übrigen in gegebenen Flächen beweglich sind;

5) bei einem Systeme von fünf Puncten, wenn ein Punct in einer gegebenen Linie und die vier anderen in gegebenen Flächen beweglich sind.

Die zwei ersten dieser Fälle erhellen aus 1), der dritte und vierte aus 2) und der fünfte aus 3) des §. 240.

§. 242. Wenn bei einem Systeme von n durch Berührung miteinander verbundenen Körpern, deren jeder an sich frei beweglich ist, die gegenseitige Lage der Körper unveränderlich sein soll, so müssen sie sich in wenigstens $6(n-1)$ Puncten berühren (§. 238). Ob diese Unveränderlichkeit der Lage in irgend einem bestimmten Falle wirklich stattfindet, oder nicht, lässt sich im Allgemeinen wohl nicht anders beurtheilen, als dass man die $6(n-1)$ in den Berührungen vorkommenden Pressungen aus den $6n$ ursprünglichen Gleichungen des Gleichgewichtes eliminirt. Denn jenachdem dann sechs oder mehr als sechs Gleichungen übrig bleiben, ist die gegenseitige Lage constant oder veränderlich. Indessen gibt es, so lange nicht dergleichen Umstände, wie in §. 193 bemerkt worden, eintreten, mehrere specielle Fälle, in denen man über die gegenseitige Beweglichkeit ohne vorangegangene Rechnung entscheiden kann. So müssen sich z. B. drei Körper in wenigstens $6 \times 2 = 12$ Puncten berühren, wenn sie nicht mehr aneinander sollen verschoben werden können. Auch findet in der That gegenseitige Unbeweglichkeit, im Allgemeinen wenigstens, statt, wenn der erste dem zweiten in sechs, und der zweite dem dritten ebenfalls in sechs Puncten begegnet; nicht mehr aber, wenn der erste den zweiten in sieben, und der zweite den dritten in fünf Puncten berührt. Denn hängen dann auch der erste und zweite Körper fest zusammen, so ist doch der dritte an dem zweiten verschiebbar.

Ueberhaupt leuchtet ein, dass, je gleichmässiger die $6(n-1)$ oder mehreren Berührungen unter den n Körpern vertheilt sind, um so mehr zu erwarten steht, dass die Körper unbeweglich gegen einander sein werden. Im Allgemeinen wird man sich daher immer von der gegenseitigen Unbeweglichkeit versichert halten können, wenn von den n sich in $6(n-1)$ oder mehreren Puncten berührenden Körpern je zwei sich in gleichviel Puncten berühren.

Wenn von n Körpern je zwei sich in m Puncten berühren, so ist die Anzahl aller Berührungen $= \frac{1}{2} mn(n-1)$. Ist folglich bei diesem Systeme $\frac{1}{2} mn(n-1) =$ oder $> 6(n-1)$ und daher $mn =$ oder > 12, so ist die gegenseitige Lage der Körper unveränderlich.

Wenn demnach von	12	*oder mehr Körpern je zwei sich in*	1	*Puncte*
oder -	6	- - - - - - -	2	*Puncten*
- -	4	- - - - - - -	3	-
- -	3	- - - - - - -	4	-
- -	2	- - - - - - -	6	-

berühren, so kann, ohne dass Berührungen wegfallen, die gegenseitige Lage der Körper nicht geändert werden.

§. 243. Aehnliche Betrachtungen lassen sich bei einem Systeme von Curven, die in einer Ebene beweglich sind, anstellen. Das Gleichgewicht zwischen Kräften, die in einer Ebene auf ein darin bewegliches System fest mit einander verbundener Puncte, oder auf eine in der Ebene bewegliche Curve von unveränderlicher Gestalt wirken, erfordert die Erfüllung von drei Gleichungen. Bei einem Systeme von n Curven, die sich in p Puncten berühren, hat man daher $3n$ Gleichungen, worin p unbekannte Pressungen vorkommen. Aus diesen $3n$ Gleichungen lassen sich zuerst drei Gleichungen folgern, welche dem Gleichgewichte aller n Curven, als wären sie fest miteinander verbunden, angehören; und wenn sich ausser diesen drei noch andere von Pressungen freie Gleichungen finden lassen, so sind dies die Bedingungen des Gleichgewichtes wegen stattfindender gegenseitiger Beweglichkeit der Curven in der Ebene. Eine solche Beweglichkeit gibt es daher immer, wenn $3n-p>3$, also $p<3(n-1)$, d. h. wenn sich die n Curven in weniger als $3(n-1)$ Puncten berühren. Bei $3(n-1)$ und mehreren Berührungen dagegen, und wenn je zwei Curven sich in gleichviel Puncten berühren, herrscht im Allgemeinen, nach ähnlichen Schlüssen, wie im §. 242, gegenseitige Unbeweglichkeit. Berühren sich daher je zwei Curven in m Puncten, und ist folglich die Zahl aller Berührungen gleich $\frac{1}{2}mn(n-1)$, so gibt es keine gegenseitige Beweglichkeit mehr, wenn $\frac{1}{2}mn(n-1) =$ oder $> 3(n-1)$, d. i. wenn $mn =$ oder >6, und wir ziehen daraus den Schluss:

Wenn in einer Ebene von sechs Curven je zwei sich in einem Puncte, oder von drei Curven je zwei sich in zwei Puncten, oder wenn zwei Curven sich in drei Puncten berühren, so können weder die sechs, noch die drei, noch die zwei Curven in der Ebene dergestalt an einander verschoben werden, dass sie einander in ebenso viel Puncten, als anfänglich, zu berühren fortfahren, — jedoch mit Ausnahme besonderer Formen der Curven.

Ist z. B. die eine von zwei Curven ein Kreis, so bleibt gegenseitige Beweglichkeit, in wieviel Puncten sie auch von der anderen berührt werden mag.

§. 244. Die Art und Weise, über die gegenseitige Beweglichkeit mit einander verbundener Körper zu entscheiden, kann insbesondere dazu nützen, um bei irgend einer geometrischen Figur zu bestimmen, wie viele Stücke derselben gegeben sein müssen, um daraus alle übrigen finden zu können. Denn nur dann, wenn von einander unabhängige Stücke der Figur in so grosser Anzahl vorhanden sind, dass daraus die übrigen sich bestimmen lassen, haben sie auch eine bestimmte, also unveränderliche Lage gegen einander. Reicht aber die Anzahl der gegebenen Stücke zur Bestimmung der übrigen noch nicht hin, so bleibt auch ihre gegenseitige Lage, zum Theil wenigstens, unbestimmt und veränderlich.

Finden sich daher, indem man Kräfte auf die Figur wirken lässt und die gegebenen Stücke von unveränderlicher Grösse und Form annimmt, nur sechs Bedingungen des Gleichgewichtes oder drei, jenachdem die Figur einen Raum von drei Dimensionen einnimmt, oder auf eine Ebene beschränkt ist, so sind diese Stücke zur Ermittelung der übrigen hinreichend.

§. 245. Um dieses durch einige Beispiele zu erläutern, wollen wir zuerst von einem Polyëder sämmtliche Kanten ihren Längen nach gegeben sein lassen. Die Anzahl derselben heisse k, die der Ecken e und die der Flächen f. Wir denken uns demnach das Polyëder als ein System von an sich frei beweglichen e Puncten, k Linien und f Ebenen, die dergestalt mit einander verbunden sind, dass jeder der e Puncte in gewissen drei oder mehreren der f Ebenen zugleich zu bleiben genöthigt ist, jede der k Linien aber von gegebener Länge ist und gewisse zwei der e Puncte, die sich an ihren Enden befinden, in unabänderlicher Entfernung von einander hält. Lassen wir nun auf die e Ecken Kräfte wirken, und ist das Ganze im Gleichgewichte, so muss auch jede Ecke, jede Kante und jede Fläche besonders im Gleichgewichte sein.

Auf jede Ecke wirken die unmittelbar an ihr angebrachten Kräfte, die Pressungen von den angrenzenden Kanten und die Pressungen von den Flächen, in denen sie zugleich sich befindet. Das Gleichgewicht an jeder Ecke zwischen allen diesen Kräften wird durch drei Gleichungen ausgedrückt, also an allen e Ecken durch $3e$ Gleichungen.

Das Gleichgewicht an jeder Kante ist schon dargestellt, wenn wir die zwei Pressungen, die jede Kante auf die zwei Ecken an ihren Enden ausübt, einander gleich und entgegengesetzt annehmen.

Das Gleichgewicht an jeder Fläche endlich zwischen den Pressungen, welche sie von den in ihr befindlichen Ecken erleidet, führt zu drei Gleichungen (§. 73), da diese Pressungen auf der Fläche normal und daher unter sich parallel sind, also das Gleichgewicht an allen f Flächen zu $3f$ Gleichungen.

Man hat demnach in Allem $3e + 3f$ Gleichungen, aus denen aber noch die darin vorkommenden Pressungen eliminirt werden müssen. Diese sind erstlich die k Pressungen der ebenso viel Kanten und zweitens $2k$ Pressungen der Flächen. Denn jede Fläche erleidet so viele Pressungen, als sie Ecken, also auch so viele, als sie Kanten hat, und da jede Kante zweien Flächen gemeinschaftlich zugehört, so ist die Anzahl aller Pressungen der Flächen gleich der doppelten Anzahl der Kanten. In Allem sind es daher $3k$ Pressungen. Die Zahl der nach Elimination der Pressungen übrig bleibenden Gleichungen ist folglich

$$3e + 3f - 3k = 6 \ ,$$

da nach Euler's Theorem

$$e + f - k = 2$$

ist. Die Theile des Systems haben mithin keine gegenseitige Beweglichkeit, und wir schliessen hieraus den übrigens schon bekannten Satz:

Sind sämmtliche Kanten eines Polyëders gegeben, so lassen sich damit alle übrigen Stücke desselben bestimmen.

Doch finden von jener Unbeweglichkeit und mithin auch von diesem Satze in speciellen Fällen Ausnahmen statt. Eine solche macht z. B. ein Prisma; denn sind bloss die Kanten desselben unveränderlich, so kann, wenn die eine Grundfläche unbeweglich angenommen wird, die Richtung der einander parallelen Seitenkanten jede beliebige sein.

§. 246. Ein Polyëder ist ein System zusammenhängender ebener Vielecke im Raume. Projiciren wir jetzt ein dergleichen System auf eine Ebene, oder, was dasselbe ist, construiren wir in einer Ebene ein System von Vielecken, bei welchem, ebenso wie beim Polyëder, jede Kante zwei Vielecken immer zugleich angehört, so ist wiederum

$$e + f - k = 2 \ .$$

Dabei wird aber nur in besonderen Fällen durch die Kanten allein alles Uebrige bestimmt sein. Denn nimmt man die Kanten wiederum von unveränderlicher Länge an, und sollen Kräfte, die man in der Ebene an den Ecken anbringt, im Gleichgewichte sein, so hat man für jede Ecke zwischen den unmittelbar auf sie wirkenden Kräften und den Pressungen von den angrenzenden Kanten zwei Gleichungen, also zusammen $2e$ Gleichungen, wenn man die zwei Pressungen, die jede Kante auf die zwei an sie stossenden Ecken ausübt, schon von vorn herein einander gleich und entgegengesetzt annimmt. Aus diesen $2e$ Gleichungen die k Pressungen der Kanten eliminirt, müssen daher drei Gleichungen übrig bleiben, und es muss folglich

$$2e - k = 3$$

sein, wenn die Theile der Figur keine gegenseitige Beweglichkeit haben sollen. Dieses fliesst auch schon daraus, dass bei einem Systeme von e Puncten in einer Ebene $2e - 3$ von einander unabhängige Stücke zur Bestimmung der übrigen hinreichen*).

Weil

$$e + f - k = 2 \ ,$$

so kann man die Bedingung

$$2e - k = 3$$

auch ausdrücken durch:

$$e = f + 1 \text{ und } 2f = k + 1 \ ,$$

d. h.

Sollen bei einem Systeme zusammenhängender Vielecke in einer Ebene sämmtliche Kanten von einander unabhängig, von ihnen aber alle übrigen Stücke abhängig sein, so muss die Eckenzahl um eins grösser als die Flächenzahl sein; oder, was auf dasselbe hinauskommt: die Kantenzahl muss um eins geringer als die doppelte Flächenzahl sein.

Besteht das System in der Ebene aus γ Dreiecken, δ Vierecken, ε Fünfecken, u. s. w., so ist offenbar

$$f = \gamma + \delta + \varepsilon + \ldots \text{ und } 2k = 3\gamma + 4\delta + 5\varepsilon + \ldots$$

Hiermit verwandelt sich die Gleichung $2f = k + 1$ in

$$\gamma = 2 + \varepsilon + 2\zeta + 3\eta + \cdots ,$$

woraus wir schliessen, dass bei derselben Forderung unter den Flächen des Systems wenigstens zwei Dreiecke sein müssen, und zwar dann nicht mehr als zwei Dreiecke, wenn die übrigen Flächen bloss Vierecke sind. Dies ist z. B. der Fall, wenn man aus sechs Puncten A, B, C, D, E, F zwei Dreiecke ABC, DEF und drei Vierecke $ABDE$,

---

*) Bei einem Systeme von e Puncten im Raume sind $3e - 6$ Stücke höchstens von einander unabhängig, und von ihnen alle übrigen abhängig. Ob aber gleich, wie eben gezeigt worden, die Kantenlängen eines Polyëders zur Bestimmung aller übrigen hinreichen, so ist dennoch nicht im Allgemeinen $3e - 6 = k$. Denn hat ein Polyëder nicht bloss Dreiecke, sondern auch Vierecke, Fünfecke etc. zu Grenzflächen, so sind noch die Bedingungen, dass die vierte Ecke jedes Vierecks, die vierte und fünfte jedes Fünfecks etc. in der Ebene der ersten, zweiten und dritten Ecke liegen, als gegebene Stücke zu betrachten. Die Gleichung $3e - 6 = k$, also auch die damit identischen $2k = 3f$ und $2e = f + 4$, gelten daher nur für Polyëder, welche bloss von Dreiecken begrenzt sind,

BCEF, *CAFD* construirt, wobei $e = 6$, $k = 9$ und $f = 5$ ist. Zwei Dreiecke *ABC* und *DEF* in einer Ebene, deren Ecken durch drei Gerade *AD*, *BE* und *CF* von unveränderlicher Länge verbunden sind, haben demnach eine unveränderliche Lage gegen einander; oder allgemeiner noch ausgedrückt:

Werden von zwei in einer Ebene enthaltenen und darin beweglichen Figuren drei Puncte der einen mit drei Puncten der anderen durch drei Gerade von unveränderlicher Länge verbunden, so ist damit ihre gegenseitige Beweglichkeit aufgehoben. — Bei zwei Figuren im Raume geschah dieses erst durch sechs Verbindungslinien (§. 239, zu Ende).

Ein anderes Beispiel dieser Art ist folgendes: Von zwei Vierecken *ABCD* und *FGHI* (vergl. Fig. 64) in einer Ebene verbinde man die Ecken des einen mit denen des anderen durch die vier Geraden *AF*, *BG*, *CH*, *DI*. Hierdurch entstehen vier neue Vierecke *AG*, *BH*, *CI*, *DF*, welche in Verbindung mit den zwei anfänglichen Vierecken und unter der Voraussetzung, dass sämmtliche zwölf Linien von unveränderlicher Länge sind, ein noch veränderliches System bilden, weil Dreiecke fehlen. Fügt man aber noch eine Diagonale eines dieser Vierecke, als eine Linie von constanter Länge, hinzu, z. B. die Diagonale *AC* des Viereckes *ABCD*, so verwandelt sich dieses Viereck in zwei Dreiecke und es tritt Unveränderlichkeit ein. Da hierdurch schon das System der vier Puncte *A*, *B*, *C*, *D* unveränderlich wird, so werden, wenn wir dieses System unbeweglich setzen, auch die vier Puncte *F*, *G*, *H*, *I* unbeweglich, welches folgenden Satz gibt:

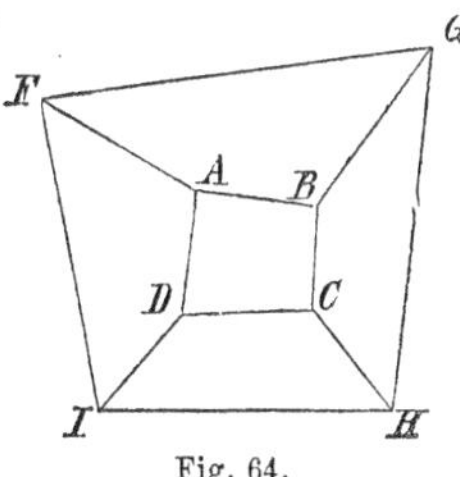

Fig. 64.

Hat man in einer Ebene ein bewegliches Viereck mit constanten Seitenlängen und verbindet die vier Ecken desselben durch vier Linien von gleichfalls constanten Längen mit vier unbeweglichen Puncten der Ebene, so wird damit das Viereck selbst unbeweglich.

Dass dieser Satz auch vom Dreiecke gilt, fliesst unmittelbar aus dem Vorhergehenden. Er gilt aber, wie man sich leicht überzeugen kann, auch von jedem mehrseitigen Vielecke.

§. 247. Wenn, wie wir in dem letzten Beispiele setzten, das zu untersuchende System unbewegliche Puncte mit enthält, und zwar wenigstens zwei oder drei solcher Puncte, je nachdem das System in einer Ebene begriffen ist, oder nicht, so wird die gegenseitige Unbeweglichkeit seiner Theile zu einer absoluten Unbeweglichkeit.

Bei der statischen Untersuchung der absoluten Unbeweglichkeit fallen die sechs Gleichungen für das Gleichgewicht des Systems, als eines festen Ganzen, weg, und man hat bloss darauf zu achten, ob sich aus den Gleichungen für das Gleichgewicht der nicht unmittelbar unbeweglich angenommenen Theile die Pressungen eliminiren lassen, oder nicht. Denn im ersten Falle, wo man, nach Elimination der Pressungen, die beim Gleichgewichte zu erfüllenden Bedingungen erhält, muss noch Beweglichkeit stattfinden; im zweiten Falle dagegen, also wenn die Anzahl der Pressungen eben so gross oder grösser, als die der Gleichungen ist, ist das System unbeweglich.

Berühren sich z. B. zwei Körper in mehreren Puncten, und ist der eine Körper unbeweglich, so hat man bloss die sechs Gleichungen des Gleichgewichtes für den anderen, und so viel Pressungen, als es Berührungen gibt. Bei sechs und mehreren Berührungen wird folglich auch der andere Körper unbeweglich.

Oder hat man, wie in §. 246, in einer Ebene ein Vieleck ABC ... mit constanten Seitenlängen und veränderlichen Winkeln, und verbindet jede Ecke durch eine Linie von constanter Länge mit einem unbeweglichen Puncte der Ebene, A mit A', B mit B', u. s. w., so gibt es, wenn an jeder Ecke eine Kraft angebracht wird, für das Gleichgewicht jeder Ecke, z. B. der Ecke B, zwei Gleichungen zwischen der angebrachten Kraft und den Pressungen auf B von den Linien AB, BC und BB'. Damit ferner die Seiten AB, BC, ... im Gleichgewichte sind, müssen die zwei Pressungen, welche jede auf die an ihren Enden befindlichen Ecken ausübt, einander gleich und entgegengesetzt sein, also die Richtungen der Seiten selbst haben, und wegen des Gleichgewichtes der Linien AA', BB', ... müssen ihre Pressungen gleicher Weise in sie selbst fallen. Es gibt daher, wenn das Vieleck n Ecken hat, in Allem $2n$ Gleichungen, und eben so viel unbekannte Pressungen, nämlich die der n Seiten und die der n Linien von den Ecken nach den unbeweglichen Puncten. Das System ist mithin unbeweglich.

Hätte es noch Beweglichkeit, so würden sich A, B, ... in Kreisen um A', B', ... als Mittelpuncte bewegen.

Ein Vieleck in einer Ebene, dessen Seiten von constanter Länge sind, ist daher unbeweglich, wenn seine Ecken in unbeweglichen Kreisen beweglich sind, also auch überhaupt in unbeweglichen Linien der Ebene, da die Elemente der Linien, in denen sich die Ecken gerade befinden, immer als Elemente von Kreisen angesehen werden können.

Auch folgt dieses unmittelbar schon daraus, dass, wenn Puncte in gegebenen Linien so fortgerückt werden, dass der erste von dem zweiten, der zweite von dem dritten, etc. und der vorletzte von dem letzten in ungeändertem Abstande bleibt, im Allgemeinen nicht auch der Abstand des letzten von dem ersten constant bleiben wird.

Zusatz. Aus demselben Grunde fliesst auch die Unbeweglichkeit eines ebenen Vielecks von gerader Seitenzahl, dessen Seiten von unveränderlicher Länge sind, und von denen die eine um die andere, also etwa die erste, dritte, fünfte etc., einen unbeweglichen Punct enthält, so dass jede dieser Seiten um ihren unbeweglichen Punct in der Ebene gedreht, jedoch nicht auch an ihm verschoben werden kann. Denn auch hier sind die Ecken des Vielecks in unbeweglichen Linien beweglich, in Kreisen, welche jene unbeweglichen Puncte zu Mittelpuncten haben.

§. 248. *Auf ähnliche Weise erhellt die Unbeweglichkeit eines Vielecks* $ABC\ldots$, *dessen Ecken in unbeweglichen Geraden* $l, m, n, \ldots$ *einer Ebene beweglich, und dessen Seiten von veränderlicher Länge und durch unbewegliche Puncte* $F, G, \ldots$ *der Ebene zu gehen genöthigt sind.*

Diese Unbeweglichkeit findet auch noch statt, wenn die Figur nicht mehr eben ist, sondern die Geraden $l, m, n, \ldots$ irgend ein Vieleck im Raume bilden, und jeder der Puncte $F, G, H, \ldots$ in die Ebene der zwei auf einander folgenden Seiten des Vielecks $lmn\ldots$ fällt, in welchen die Ecken der durch den Punct gehenden Seite des Vielecks $ABC\ldots$ sich bewegen können.

Als ein besonderer Fall hiervon ist der zu betrachten, wenn die Geraden $l, m, n, \ldots$ einander parallel sind. Man denke sich dieselben vertical und nehme grösserer Einfachheit willen die Puncte $F, G, H, \ldots$ in einer und derselben horizontalen Ebene μ enthalten an, so dass sie in den Durchschnitten von μ mit den verticalen Ebenen lm, mn, etc. liegen, mit welchen Durchschnitten Anfangs auch die Seiten des Vielecks $ABC\ldots$ coïncidiren mögen. Um für diesen Fall die Unbeweglichkeit der Figur statisch zu beweisen, lasse man auf die Seiten des Vielecks Kräfte nach gleichfalls verticalen Richtungen wirken. Alsdann gibt es für jede Seite des Vielecks zwei Gleichungen, also überhaupt $2n$ Gleichungen, und ebenso gross ist die Zahl der verticalen Pressungen, nämlich n Pressungen, welche die Seiten von den unbeweglichen Puncten erleiden, und eben so viel Pressungen an den n Ecken. Mithin ist die Figur unbeweglich.

§. 249. In den §§. 247. 248 liessen wir die Ecken eines Vielecks in unbeweglichen Geraden beweglich sein, und nahmen überdies an, das einemal, dass die Seiten des Vielecks von constanter

Länge seien, das anderemal, dass die Seiten durch unbewegliche Puncte gehen.

Beseitigen wir jetzt die unbeweglichen Geraden und lassen letztere zwei Bedingungen zugleich stattfinden, so dass die Seiten eines Vielecks von unveränderlicher Länge sind und unbeweglichen Puncten zu begegnen genöthigt sind, so ist das Vieleck, wenn es auf eine Ebene beschränkt ist, gleichfalls unbeweglich.

Denn für das Gleichgewicht jeder Seite hat man zwischen den Kräften, die man an ihr in der Ebene des Vielecks anbringt, und den drei Pressungen, welche sie dann von dem unbeweglichen Puncte, dem sie begegnen muss, und an ihren beiden Enden von den anstossenden Seiten erleidet, drei Gleichungen. Erstere, von dem unbeweglichen Puncte bewirkte Pressung ist auf der Seite normal und nur ihrer Intensität nach unbekannt. Letztere zwei Pressungen kennt man aber auch ihrer Richtung nach nicht. Die Gesammtzahl aller der von letzteren Pressungen herrührenden Stücke ist daher gleich $2n$, die Zahl der von ersteren Pressungen herrührenden gleich n, die Zahl der Gleichungen aber gleich $3n$. Mithin herrscht Unbeweglichkeit.

Ist ferner das Vieleck nicht in einer Ebene enthalten, so ist die Anzahl der unbekannten Stücke (Intensitäten und Winkel) wegen der Pressungen der unbeweglichen Puncte auf die an ihnen beweglichen Seiten ersichtlich gleich $2n$, und die wegen der Pressungen an den Ecken gleich $3n$; die Anzahl der Gleichungen aber ist gleich $5n$, nämlich fünf für jede Seite, da, wie sich leicht zeigen lässt, das Gleichgewicht zwischen Kräften im Raume, welche auf Puncte wirken, die in einer Geraden liegen, schon durch fünf Gleichungen bedingt ist. Das Vieleck ist daher auch in diesem Falle unbeweglich.

Fünftes Kapitel.

Von der unendlich kleinen Beweglichkeit.

---

§. 250. Wenn bei einem Systeme mit einander verbundener Körper, oder überhaupt bei einer Figur, deren Theile einzeln gegen einander beweglich sind, aus den Gleichungen des Gleichgewichtes, welche für die einzelnen Theile zwischen an ihnen angebrachten Kräften und den dadurch entstehenden Pressungen sich aufstellen lassen, entweder gar keine von Pressungen freie Gleichungen, oder nur diejenigen sechs oder drei Gleichungen gefunden werden können, welche für das Gleichgewicht der Figur, als eines fest zusammenhängenden Ganzen erforderlich sind, so ist, wie wir im vierten Kapitel gesehen haben, die Figur entweder ganz unbeweglich, oder doch die gegenseitige Lage ihrer Theile unveränderlich. Nichtsdestoweniger lassen sich in jedem solchen Falle specielle Bedingungen für das Verhalten der Theile zu einander ausfindig machen, unter denen die Unbeweglichkeit aufhört, Bedingungen, die nicht selten zu noch anderen sehr bemerkenswerthen Eigenschaften der Figur hinführen und daher einer näheren Erörterung nicht unwerth sein möchten.

Um die Untersuchung nicht zu weit auszudehnen, wollen wir bloss den Fall in Betracht ziehen, wo die Anzahl der von den Pressungen herrührenden unbekannten Grössen ebenso gross als die Zahl der Gleichungen ist, und wo daher, damit Unbeweglichkeit herrsche, jede der Unbekannten aus den Gleichungen sich bestimmen, keine aber von den Unbekannten ganz freie Gleichung sich finden lässt.

Ist eine Pressung nicht bloss ihrer Intensität, sondern auch ihrer Richtung nach unbekannt, so treten einer oder zwei Winkel, wodurch die Richtung in einer gegebenen Ebene oder im Raume überhaupt bestimmt wird, als Unbekannte mit auf. Um aber grösserer Gleichförmigkeit willen es bloss mit unbekannten Intensitäten zu thun zu haben, wollen wir statt einer Pressung, deren unbekannte Richtung in eine gegebene Ebene fällt, zwei setzen, die, an demselben Puncte, wie die erstere, angebracht, nach zwei beliebig angenommenen Richtungen in der Ebene wirken; und wenn auch keine Ebene gegeben ist, in welcher die Richtung begriffen ist, so wollen wir uns die Pressung nach drei willkürlichen Richtungen zerlegt denken und daher statt der einen Pressung drei setzen, welche nach gegebenen Richtungen thätig sind. Die Anzahl der Unbekannten bleibt dabei gehörigermaassen unverändert.

Seien demnach, wie wir uns dieser Bemerkung zufolge ausdrücken können, èben so viel Pressungen als Gleichungen vorhanden, und aus den Gleichungen alle Pressungen bis auf eine eliminirbar. Man führe eine solche Elimination aus. Da alle anfänglichen Gleichungen hinsichtlich der Pressungen sowohl, als der unmittelbaren Kräfte, von linearer Form sind, so wird es auch die durch die Elimination erhaltene sein. Man setze in dieser Gleichung den Coëfficienten der einzigen darin noch vorkommenden Pressung, welcher mit α bezeichnet werde, gleich Null, so bleiben in der Gleichung nur noch Kräfte, aber keine Pressungen zurück. Da also jetzt die an der

Figur angebrachten Kräfte nur dann sich das Gleichgewicht halten, wenn dieser zwischen ihnen allein bestehenden Gleichung Genüge geschieht, so schliessen wir:

Unter der Voraussetzung, dass zwischen den Theilen der Figur die Gleichung $\alpha = 0$ *stattfindet, ist die ohnedies unbewegliche Figur beweglich.*

§. 251. Um die Natur der Bedingungsgleichung $\alpha = 0$ für die Beweglichkeit und der dann nöthig werdenden Gleichung für das Gleichgewicht näher zu untersuchen, wollen wir annehmen, dass in dem Systeme nur drei Pressungen p, q, r vorkommen. Die ebenso vielen Gleichungen für das Gleichgewicht der einzelnen Theile der Figur seien:

$$(1) \qquad \begin{cases} S + ap + bq + cr = 0 \;, \\ S' + a'p + b'q + c'r = 0 \;, \\ S'' + a''p + b''q + c''r = 0 \;, \end{cases}$$

wo S, S', S'' lineare Functionen der auf die Figur wirkenden Kräfte vorstellen, und a, b, ..., c'' gegebene Coëfficienten der Pressungen sind. Um nun zwei der drei Pressungen, etwa q und r, zu eliminiren, multiplicire man die drei Gleichungen resp. mit f, g, h, addire sie und setze zur Bestimmung der Verhältnisse zwischen f, g, h:

$$(2) \quad bf + b'g + b''h = 0 \;, \qquad (3) \quad cf + c'g + c''h = 0 \;.$$

Hiermit wird

$$(4) \qquad Sf + S'g + S''h + (af + a'g + a''h)\,p = 0 \;,$$

worin nur noch die einzige Pressung p enthalten ist. Setzen wir den Coëfficienten derselben gleich Null, so kommt:

$$(5) \qquad af + a'g + a''h = 0 \;,$$

und damit

$$(6) \qquad Sf + S'g + S''h = 0 \;,$$

von welchen zwei Gleichungen die erstere die Bedingung $\alpha = 0$ für die Beweglichkeit der Figur, die letztere aber die Bedingung für das bei dieser Beweglichkeit stattfinden sollende Gleichgewicht ist. Die Gleichung $\alpha = 0$ kann daher auch als das Resultat der Elimination von f, g, h aus (2), (3) und (5) angesehen werden, und man muss folglich immer zu der nämlichen Gleichung $\alpha = 0$ gelangen, welches auch nach Elimination der übrigen Pressungen die noch rückständige ist. Dasselbe folgt auch noch daraus, dass man $\alpha = 0$ als die Bedingung betrachten kann, unter welcher sich p, q, r aus den drei Gleichungen (1) zugleich eliminiren lassen, so wie auch daraus, dass, weil α bloss aus den Coëfficienten a, b, ..., c'' von p, q, r zusammengesetzt ist, die Gleichung $\alpha = 0$ aus den drei Gleichungen (1) hervorgehen muss, wenn man in diesen die Kräfte, und damit S, S', S'' Null setzt und hierauf die zwei Verhältnisse zwischen den drei Pressungen aus (1) eliminirt.

Man bemerke noch, dass durch Zerlegung von (4) in die zwei Gleichungen (5) und (6), also durch Annahme von $\alpha = 0$, der aus (4) zu folgernde Werth von p, und damit auch die Werthe der beiden anderen Pressungen q und r unbestimmt werden.

Dieselben Schlüsse lassen sich nun offenbar auch auf jede grössere Anzahl anfänglicher Gleichungen, worin eben so viele Pressungen vorkommen, anwenden, und man gelangt demnach immer zu derselben Bedingungsgleichung für die Beweglichkeit und der dann zu erfüllenden Bedingungsgleichung für das Gleichgewicht, welches auch die Pressung ist, bis auf welche alle übrigen Pressungen aus den Gleichungen eliminirt werden. Beabsichtigt man bloss die Bedingung für die Beweglichkeit zu finden, so kann man die Rechnung dadurch noch vereinfachen, dass man die Glieder, welche nicht Pressungen, sondern Kräfte enthalten, gleich Anfangs weglässt und aus den somit abgekürzten Gleichungen die Pressungen, oder vielmehr die Verhältnisse zwischen denselben, eliminirt. Die Pressungen selbst endlich werden beim Gleichgewichte der beweglich gewordenen Figur jederzeit unbestimmt.

§. 252. Die Unbeweglichkeit, welche stattfindet, wenn die Anzahl der in den Gleichungen vorkommenden Pressungen ebenso gross, als die der Gleichungen selbst ist, ist von der Beschaffenheit, dass sie sogleich aufhört, wenn nur eines der unveränderlich gesetzten Stücke der Figur, es heisse a, veränderlich angenommen wird. Denkt man sich nun die Figur in die Bewegung versetzt, die durch die Annahme, dass a veränderlich sein soll, möglich wird, so werden dabei je zwei zunächst aufeinander folgende Werthe von a im Allgemeinen von einander verschieden, und nur dann einander gleich sein, wenn a ein Maximum oder Minimum geworden ist. Es wird folglich, wenn man das a, sobald es diesen seinen grössten oder kleinsten Werth erreicht hat, wieder unveränderlich werden lässt, der Figur eine, obwohl unendlich kleine, Beweglichkeit übrig bleiben.

Die Bedingungsgleichung $\alpha = 0$, bei welcher die ohnedies unbewegliche Figur Beweglichkeit erhalten soll, kann daher, im Allgemeinen wenigstens, keine andere Relation zwischen den Theilen der Figur ausdrücken, als diejenige, bei welcher a seinen grössten oder kleinsten Werth hat, und wobei die Figur noch um ein unendlich Geringes verrückbar ist.

Die bei $\alpha = 0$ stattfindende Beweglichkeit der Figur ist daher im Allgemeinen unendlich klein, und jedes von den unveränderlich gesetzten Stücken der Figur, wie a, hat, wenn man es veränderlich werden, die übrigen aber constant bleiben lässt, bei der Relation $\alpha = 0$ seinen grössten oder kleinsten Werth. Man sieht hieraus, wie die Statik nicht selten mit Vortheil angewendet werden kann, um geometrische Aufgaben über Maxima und Minima zu lösen. Vorausgesetzt, dass je zwei veränderliche Stücke der Figur von einander abhängig sind, dass also, wenn irgend ein Werth eines der veränderlichen Stücke gegeben ist, damit die gleichzeitigen Werthe der übrigen veränderlichen bestimmt sind, nehme man das veränderliche Stück, dessen grösster oder kleinster Werth gesucht wird, als unveränderlich an und lasse, nachdem die Figur in einer Ebene oder im Raume überhaupt enthalten ist, zwei oder drei Puncte derselben unbeweglich werden, wenn anders nicht schon unbewegliche Puncte in der angegebenen oder in noch grösserer Zahl darin vorkommen. Durch Ersteres wird die Figur selbst unveränderlich und durch Letzteres unbeweglich. Man bringe nun an der Figur Kräfte an, entwickele die Gleichungen für das Gleichgewicht ihrer einzelnen Theile und eliminire alle darin enthaltenen Pressungen, die immer mit den Gleichungen selbst in gleicher Zahl vorhanden sein werden, bis auf eine, so wird der Coëfficient dieser noch übrigen Pressung, gleich Null gesetzt, die Bedingung anzeigen, unter welcher jenes veränderliche Stück ein Maximum oder Minimum wird.

Nachfolgende Beispiele werden, diese Betrachtungen zu erläutern, dienen.

§. 253. Aufgabe. *Die Bedingung zu finden, unter welcher ein Winkel C eines ebenen Vierecks $ABCD$* (vergl. Fig. 65), *dessen Seiten*
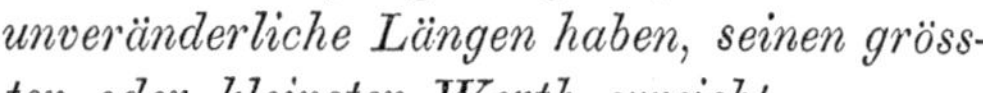
unveränderliche Längen haben, seinen grössten oder kleinsten Werth erreicht.

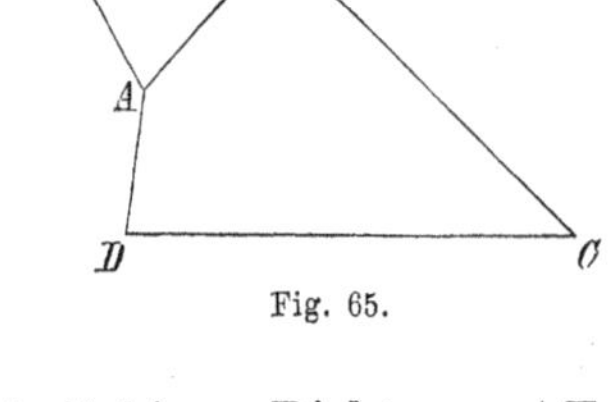

Fig. 65.

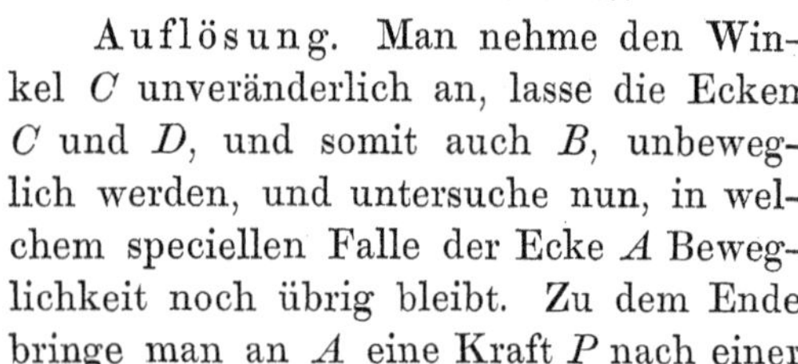
Auflösung. Man nehme den Winkel C unveränderlich an, lasse die Ecken C und D, und somit auch B, unbeweglich werden, und untersuche nun, in welchem speciellen Falle der Ecke A Beweglichkeit noch übrig bleibt. Zu dem Ende bringe man an A eine Kraft P nach einer beliebigen Richtung AE in der Ebene des Vierecks an. Die Pressungen, welche dabei die Ecke A von den Seiten AB und AD erfährt, seien b und d, so hat man für das Gleichgewicht von A die zwei Gleichungen:

$$P . \sin DAE = b . \sin BAD\,, \qquad P . \sin EAB = d . \sin BAD\,.$$

Aus diesen können aber die Pressungen b und d nur dann herausgehen, wenn $\sin BAD = 0$ ist, also wenn A mit B und D in gerader Linie liegt. Dies ist demnach die Bedingung, unter welcher die Ecke A noch eine, wiewohl unendlich kleine, Beweglichkeit hat, und wo folglich der Winkel C, wenn er veränderlich betrachtet wird, seinen grössten oder kleinsten Werth erreicht. Man gewahrt übrigens leicht, dass C ein Maximum oder Minimum ist, je nachdem A in der Geraden BD zwischen oder ausserhalb B und D liegt.

Man bemerke noch, dass, wenn $\sin BAD = 0$, jede der zwei Gleichungen des Gleichgewichtes sich auf $P = 0$ reducirt; d. h. ist ein beweglicher Punct A mit zwei unbeweglichen B und D durch Linien von constanten Längen verbunden, und liegt A mit B und D in einer Geraden, so reicht schon die kleinste Kraft hin, um A aus der Geraden BD, jedoch nur um ein unendlich Weniges, zu entfernen.

§. 254. Aufgabe. *Die Ecken eines ebenen Vierecks $ABCD$* (vergl. Fig. 66), *welches Seiten von constanter Länge, aber veränderliche Winkel hat, sind in unbeweglichen in der Ebene des Vierecks enthaltenen Linien f, g, h, i beweglich, und daher das Viereck selbst im Allgemeinen unbeweglich* (§. 247). *Die Bedingung, unter welcher es beweglich wird, und damit die Bedingung zu finden, unter welcher, wenn eine Seite des Vierecks veränderlich gesetzt wird, dieselbe ihren grössten oder kleinsten Werth erhält.*

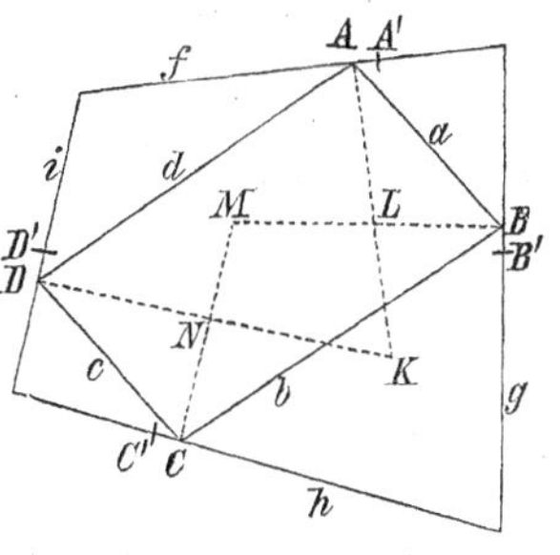

Fig. 66.

Auflösung. Man bringe an den Ecken A, B, C, D resp. die Kräfte P, Q, R, S an und nenne p, q, r, s ihre Richtungen. Die Pressungen, welche dann die Ecken von den Linien, in denen sie beweglich sind, erleiden, und welche daher auf den Linien selbst normal sind, heissen T, U, V, W, ihre Richtungen t, u, v, w. Werden nun die Seiten AB, BC, CD, DA des Vierecks resp. mit a, b, c, d bezeichnet, so hat man (§. 220 zu Ende) für das Gleichgewicht zwischen den auf die Ecken wirkenden Kräften und Pressungen die Gleichungen:

$$\frac{P . \sin dp + T . \sin dt}{\sin da} = \frac{Q . \sin bq + U . \sin bu}{\sin ab}\,,$$

oder, weil t, u, v, w auf f, g, h, i normal sind:

$$\frac{P.\sin dp + T.\cos df}{\sin da} = \frac{Q.\sin bq + U.\cos bg}{\sin ab},$$

und ebenso

$$\frac{Q.\sin aq + U.\cos ag}{\sin ab} = \frac{R.\sin cr + V.\cos ch}{\sin bc},$$

$$\frac{R.\sin br + V.\cos bh}{\sin bc} = \frac{S.\sin ds + W.\cos di}{\sin cd},$$

$$\frac{S.\sin cs + W.\cos ci}{\sin cd} = \frac{P.\sin ap + T.\cos af}{\sin da}.$$

Setzt man nun in diesen vier Gleichungen, der in §. 251 gegebenen Vorschrift gemäss, die Kräfte P, Q, R, S gleich Null und eliminirt hierauf die Pressungen T, U, V, W, so kommt

$$(a) \qquad \frac{\cos af}{\cos ag} \cdot \frac{\cos bg}{\cos bh} \cdot \frac{\cos ch}{\cos ci} \cdot \frac{\cos di}{\cos df} = 1 ,$$

als die gesuchte Bedingung.

§. 255. Zusätze. *a*) Man errichte in A, B, C, D auf f, g, h, i die vier Normalen AK, BL, CM, DN. Begegne die erste derselben der zweiten in L, die zweite der dritten in M, die dritte der vierten in N und die vierte der ersten in K (vergl. wieder Fig. 66), so ist

$$\cos af = \sin LAB , \qquad \cos ag = \sin ABL ,$$

und es verhält sich daher

$$\cos af : \cos ag = BL : AL ,$$

und ebenso

$$\cos bg : \cos bh = CM : BM ,$$

u. s. w. Hiermit wird die erhaltene Bedingungsgleichung:

$$\frac{AK}{AL} \cdot \frac{BL}{BM} \cdot \frac{CM}{CN} \cdot \frac{DN}{DK} = 1 ,$$

d. h.: Beschreibt man um das Viereck $ABCD$ ein zweites $KLMN$, dessen Seiten auf den Linien, in denen die Ecken des ersten beweglich sind, normal stehen, so muss das Product aus den Verhältnissen, nach denen die Seiten des zweiten von den Ecken des ersten getheilt werden, der Einheit gleich sein.

b) Die Richtigkeit dieser Gleichung lässt sich auch leicht auf rein geometrischem Wege darthun. Man nehme in f, g, h, i unendlich nahe bei A, B, C, D die Puncte A', B', C', D' dergestalt, dass

$$\text{I. } A'B' = AB , \qquad \text{II. } B'C' = BC ,$$

$$\text{III. } C'D' = CD ,$$

so muss, wenn das Viereck $ABCD$ mit constanten Seitenlängen unendlich wenig im Vierecke $fghi$ verrückbar sein soll, auch

$$\text{IV. } D'A' = DA$$

sein. Da alo

$$A'B' = AB\,,$$

und weil, wegen der rechten Winkel $A'AL$ und $B'BL$,

$$A'L = AL \quad \text{und} \quad B'L = BL$$

ist, so ist der Winkel $A'LB' = ALB$, folglich der Winkel

$$ALA' = BLB'\,,$$

und es verhält sich daher

$$AA' : BB' = AL : BL\,.$$

Ebenso fliessen aus II, III und IV die Proportionen:

$$BB' : CC' = BM : CM\,,$$

$$CC' : DD' = CN : DN\,,$$

$$DD' : AA' = DK : AK\,.$$

Zur Beweglichkeit ist aber das Zusammenbestehen der vier Gleichungen I — IV erforderlich, folglich auch das Zusammenbestehen der vier daraus abgeleiteten Proportionen; diese aber, mit einander verbunden, führen zu der in *a*) erhaltenen Gleichung.

c) Der Winkel $A'B'C'$, in welchen bei Verrückung des Vierecks der Winkel ABC übergeht, ist

$$A'B'C' = A'B'L + LB'M + MB'C'\,.$$

Nach *b*) sind aber die Dreiecke $A'B'L$ und $MB'C'$ den Dreiecken ABL und MBC gleich und ähnlich. Hiermit wird der Winkel

$$A'B'C' = ABL + LB'M + MBC = ABC + LB'M\,.$$

Der Winkel ABC erhält daher bei der Verrückung das Increment $LB'M$, und bleibt folglich nur dann ungeändert, wenn M mit L zusammenfällt. Ebenso wird bewiesen, dass der Winkel BCD nur dann sich nicht ändert, wenn N mit M zusammenfällt; u. s. w. Soll folglich das Viereck ohne Aenderung seiner Winkel verrückbar sein, so müssen die vier auf f, g, h, i in A, B, C, D errichteten Perpendikel sich in einem Puncte, er heisse O, schneiden. Dass umgekehrt, wenn diese Bedingung erfüllt ist, jederzeit auch Beweglichkeit stattfindet, erhellt sogleich aus der Formel in *a*), in welcher für diesen Fall

$$AL = AK\,, \qquad BM = BL\,, \qquad CN = CM\,, \qquad DK = DN$$

ist, aber auch schon daraus, dass, wenn das Viereck mit constant bleibenden Winkeln um den Punct O um ein unendlich Geringes gedreht wird, die Ecken AB, BC, .. Normalen auf OA, OB, ... beschreiben und folglich in f, g, ... fortrücken.

d) Analoge Resultate, wie wir jetzt für ein Viereck gefunden haben, ergeben sich auch für jedes andere Vieleck. Soll insbesondere ein Dreieck ABC, dessen Seitenlängen constant sind, mit seinen Ecken in den Seiten f, g, h eines unbeweglichen Dreiecks beweglich sein, so müssen, weil mit den constant gesetzten Seitenlängen eines Dreiecks auch die Winkel desselben unveränderlich werden, die drei in A, B, C auf f, g, h errichteten Perpendikel sich in einem Puncte O schneiden. Das Dreieck ABC ist alsdann um O ein unendlich Weniges drehbar.

Aehnlicher Weise zeigt sich, dass, wenn in einer Ebene zwei Curven in drei Puncten einander berühren und daher unbeweglich gegen einander sind (§. 243), eine unendlich kleine Beweglichkeit in dem Falle eintritt, wenn die Normalen in den drei Berührungspuncten in einem Puncte zusammentreffen.

§. 256. *Auf die jetzt behandelte Aufgabe reducirt sich auch der in* §. 247 *gedachte Fall, wenn die Ecken eines ebenen Vielecks, dessen Winkel sich ändern können, durch Linien von unveränderlicher Länge mit unbeweglichen Puncten in seiner Ebene verbunden sind*, z. B. die Ecken $ABCD$ des Vierecks AC (vergl. Fig. 64 auf p. 365) mit den Puncten F, G, H, I. Denn alsdann sind A, B, C, D an sich in Kreisen beweglich, deren Mittelpuncte F, G, H, I sind, und die unendlich kleine Beweglichkeit, wenn sie anders möglich ist, besteht darin, dass A, B, .. in Linien fortrücken, welche auf den Verbindungslinien AF, BG, ... normal sind. Diese Beweglichkeit findet aber nach §. 255, *a* dann statt, wenn das Product aus den Verhältnissen, nach welchen die Seiten des von den Verbindungslinien in ihrer Folge gebildeten Vielecks in den darin liegenden Ecken des beweglichen Vielecks geschnitten werden, der Einheit gleich ist.

Wenn die Verbindungslinien verlängert in einem Puncte O zusammentreffen, so wird das Vieleck um O um ein unendlich Weniges drehbar, und seine Winkel bleiben dabei ungeändert. Fallen aber die unbeweglichen Puncte selbst in einem einzigen O zusammen, so kann das Vieleck um O völlig herumgedreht werden, und die unendlich kleine Beweglichkeit wird eine endliche.

Sind die Ecken eines Dreiecks mit drei unbeweglichen Puncten verbunden, so müssen sich, wenn das Dreieck noch um ein unendlich Weniges verrückbar sein soll, die drei Verbindungslinien in einem Puncte schneiden. Hat man daher überhaupt zwei in einer Ebene bewegliche Figuren und verbindet drei bestimmte Puncte der einen mit drei bestimmten Puncten der anderen durch drei gerade Linien von unveränderlicher Länge (§. 246), so bleibt nur in dem

Falle eine unendlich kleine gegenseitige Beweglichkeit noch übrig, wenn die drei Linien oder ihre Verlängerungen sich in einem Puncte begegnen.

§. 257. Aufgabe. *Vier gerade Linien a, b, c, d* (vergl. Fig. 67) *von unbestimmter Länge, von denen jede der nächstfolgenden und die letzte der ersten zu begegnen genöthigt ist, liegen in einer horizontalen Ebene und sind resp. um die unbeweglichen Puncte F, G, H, I dieser Ebenen drehbar. Man soll für dieses System, welches im Allgemeinen unbeweglich ist* (§. 248), *die Bedingung der Beweglichkeit und die dann nöthige Bedingung des Gleichgewichtes finden.*

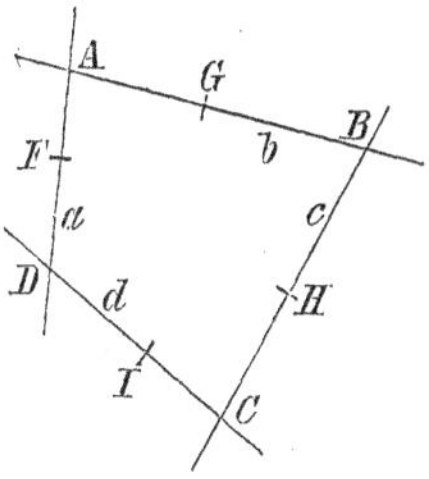

Fig. 67.

Auflösung. Seien resp. A, B, C, D die Begegnungspuncte von a und b, b und c, c und d, d und a. Weil a, b, c, d in verticalen Ebenen beweglich sind, so rücken diese Puncte, wenn das System beweglich ist, in verticalen Linien fort. Auf beliebige Puncte P, Q, R, S der Linien a, b, c, d lasse man Kräfte p, q, r, s nach verticalen Richtungen wirken. Dabei seien t, u, v, w die Pressungen, welche in A, B, C, D auf die Linien a, b, c, d von den Linien b, c, d, a (nach verticalen Richtungen) ausgeübt werden, also $-t$, $-u$, $-v$, $-w$ die Pressungen in A, B, C, D von a, b, c, d auf b, c, d, a. Die Gleichungen für das Gleichgewicht der um F, G, H, I beweglichen Linien a, b, c, d sind alsdann:

$$\begin{aligned} FP\,.\,p - FD\,.\,w + FA\,.\,t &= 0\;, \\ GQ\,.\,q - GA\,.\,t + GB\,.\,u &= 0\;, \\ HR\,.\,r - HB\,.\,u + HC\,.\,v &= 0\;, \\ IS\,.\,s - IC\,.\,v + ID\,.\,w &= 0\;. \end{aligned}$$

Eliminirt man hieraus die Pressungen t, u, v, indem man in der ersten Gleichung für t seinen Werth aus der zweiten, hierauf in der resultirenden Gleichung für u seinen Werth aus der dritten substituirt, u. s. w. und bezeichnet man noch der Kürze willen die Momente $FP\,.\,p$, $GQ\,.\,q$, ... der Kräfte p, q, ... mit p_1, q_1, r_1, s_1, so kommt:

$$p_1 - FD\,.\,w + \frac{FA}{GA}\left(q_1 + \frac{GB}{HB}\left(r_1 + \frac{HC}{IC}\left(s_1 + ID\,.\,w\right)\right)\right) = 0\;.$$

Hierin den Coëfficienten der noch übrigen Pressung $w = 0$ gesetzt, ergibt sich die Bedingung der Beweglichkeit:

$$(A) \qquad \frac{FA}{GA}\cdot\frac{GB}{HB}\cdot\frac{HC}{IC}\cdot\frac{ID}{FD} = 1\;,$$

und die rückständige Gleichung:

$$p_1 + \frac{FA}{GA}\left(q_1 + \frac{GB}{HB}\left(r_1 + \frac{HC}{IC}\, s_1\right)\right) = 0 \; ,$$

oder

$$(B) \quad f.p.FP + g.q.GQ + h.r.HR + i.s.IS = 0 \; ,$$

wo

$$f:g = GA:FA \; , \qquad g:h = HB:GB \; , \qquad h:i = IC:HC \; ,$$

ist die alsdann nöthige Bedingung für das Gleichgewicht.

§. 258. Zusätze. *a*) Die Bedingungsgleichung für die Beweglichkeit des Vierecks $ABCD$ kann man noch einfacher, als im Vorigen, auf folgende Weise finden. Kommen durch Drehung der Linien a, b, c um F, G, H die Puncte A, B, C, D in den verticalen Linien, worin sie beweglich sind, nach A', B', C', D', so verhält sich offenbar

$$DD' : AA' = FD : FA \; ,$$
$$AA' : BB' = GA : GB \; ,$$
$$BB' : CC' = HB : HC \; .$$

Damit nun auch die um I drehbare Linie d durch C' und D' gehen könne, muss sich verhalten:

$$CC' : DD' = IC : ID \; .$$

Hieraus aber folgt in Verbindung mit den drei vorhergehenden Proportionen die obige Bedingungsgleichung. — Man bemerke noch, dass die nachherigen Oerter A', B', C', D' von A, B, C, D abwechselnd über und unter die horizontale Ebene fallen, wenn, wie in der Figur, die unbeweglichen Puncte F, G, H, I in den Linien a, b, c, d zwischen den Begegnungspuncten A, B, C, D dieser Linien, nicht ausserhalb derselben, liegen. Uebrigens sieht man leicht, dass die Beweglichkeit, wenn eine solche stattfindet, hier nicht eine unendlich kleine ist, sondern dass bei der vorausgesetzten unbestimmten Länge der Linien a, b, c, d die Puncte A, B, C, D jeden beliebigen Abstand von der horizontalen Ebene erreichen können.

b) Die Bedingungsgleichung für das Gleichgewicht lässt sich auch durch das Princip der virtuellen Geschwindigkeiten entwickeln. Sind nämlich P', Q', R', S' die Oerter, welche die Angriffspuncte P, Q, R, S der Kräfte p, q, r, s nach einer unendlich kleinen Verrückung des Systems einnehmen, so sind PP', QQ', RR', SS' vertical, fallen daher mit den Richtungen von p, q, r, s zusammen, und es ist folglich beim Gleichgewichte:

$$PP'.p + QQ'.q + RR'.r + SS'.s = 0 \; .$$

Nun verhält sich

$$PP' : AA' = FP : FA \ ,$$
$$AA' : QQ' = GA : GQ \ ,$$

mithin

$$PP' : QQ' = GA \,.\, FP : FA \,.\, GQ \ ,$$

u. s. w., übereinstimmend mit dem bereits Gefundenen.

c) Zu ganz analogen Resultaten wird man geführt, wenn statt vier Linien, drei oder mehr als vier Linien auf die vorige Weise mit einander verbunden sind und um unbewegliche Puncte gedreht werden können. Für drei Linien insbesondere, BC, CA, AB, welche resp. um die Puncte F, G, H drehbar sind, ergibt sich als Bedingung der Beweglichkeit:

$$\frac{FB}{FC} \cdot \frac{GC}{GA} \cdot \frac{HA}{HB} = 1 \ .$$

Nur also, wenn F, G, H in gerader Linie liegen (vergl. §. 232, *c*), ist das Dreieck ABC beweglich. Und in der That lässt es sich dann um die Gerade FGH, als um eine Axe drehen. Die virtuellen Geschwindigkeiten PP', QQ', RR' sind alsdann den Abständen der Puncte P, Q, R von dieser Axe proportional, und die Gleichung

$$PP' \,.\, p + QQ' \,.\, q + RR' \,.\, r = 0,$$

d. i. die Bedingungsgleichung für das Gleichgewicht, drückt, wie zu erwarten stand, aus, dass das Moment der Kräfte in Bezug auf die Gerade, um welche das Dreieck drehbar ist, Null sein muss.

d) Ebenso wie das Dreieck wird auch das Viereck und jedes andere Vieleck, sobald die unbeweglichen Puncte ihrer Seiten in einer Geraden liegen, um diese Gerade drehbar. Dasselbe gibt auch die Bedingungsgleichung zu erkennen, da immer das Product aus den Verhältnissen, nach welchen die Seiten eines ebenen Vielecks von einer beliebigen Geraden geschnitten werden, der (negativen) Einheit gleich ist. Indessen ist diese Beweglichkeit bei Vielecken von mehr als drei Seiten nur als ein specieller Fall zu betrachten, der sich dadurch noch auszeichnet, dass das anfänglich ebene Vieleck ein solches auch während der Bewegung bleibt, und bei einer nur unendlich kleinen Bewegung seine Form nicht ändert.

e) Zwischen der jetzigen Aufgabe und der vorhergehenden findet in gewissem Sinne ein duales Verhältniss statt. Denn so wie dort die Ecken eines Vielecks in unbeweglichen Geraden beweglich waren, so sind hier die Seiten eines Vielecks um unbewegliche Puncte drehbar. Diese Dualität der beiden Aufgaben gibt sich auch in der Aehnlichkeit der Bedingungsgleichungen (*a*) und (*A*) zu erkennen.

Denn aus der letzteren Gleichung erhält man die erstere, wenn man die grossen Buchstaben in die entsprechenden kleinen verwandelt und von den durch af, ag, ... ausgedrückten Winkeln die Cosinus nimmt.

Auf gleiche Art lässt sich aus der Gleichung (B) für das Gleichgewicht der auf beliebige Puncte P, Q, .. der Linien a, b, .. und rechtwinklig auf der Ebene der letzteren wirkenden Kräfte p, q, .. die Gleichung für das Gleichgewicht der nach beliebigen Richtungen p, q, .. auf die Puncte A, B, .. und in der Ebene der letzteren wirkenden Kräfte P, Q, .. herleiten. Es ist nämlich diese Gleichung:

$$(b) \quad F \,.\, P \cos fp + G \,.\, Q \cos gq + H \,.\, R \cos hr + I \,.\, S \cos is = 0\,,$$

wo $F : G = \cos ga : \cos fa$, $G : H = \cos hb : \cos gb$, ... Den Beweis dafür wird man sich leicht selbst entwickeln.

Noch eine Betrachtung, die auf beide Aufgaben gleich anwendbar ist, die ich aber der Kürze wegen nur in Bezug auf die letztere anstellen will, enthält §. 259.

§. 259. Sei ABC (vergl. Fig. 68) das vorhin betrachtete, von den Linien a, b, c gebildete Dreieck mit den unbeweglichen Puncten F, G, H in a, b, c. Diese Puncte sollen nicht in einer Geraden liegen, und daher das Dreieck, welches man sich horizontal denke, unbeweglich sein. Sind nun p, q, r die an den Puncten P, Q, R der a, b, c angebrachten Kräfte; t, u, v die dadurch in A, B, C erzeugten Pressungen von b, c, a auf c, a, b, und setzt man noch

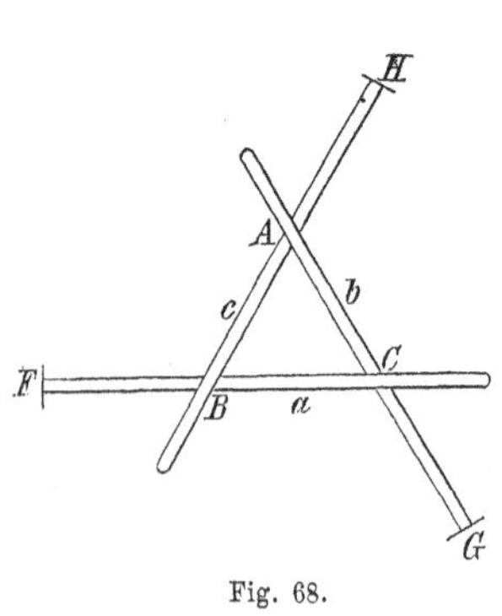

Fig. 68.

$$\frac{FB}{FC} = f, \qquad \frac{GC}{GA} = g, \qquad \frac{HA}{HB} = h\,,$$

$$\frac{FP}{FC} = f', \qquad \frac{GQ}{GA} = g', \qquad \frac{HR}{HB} = h',$$

so hat man, wie in §. 257, die Gleichungen:

$$f'p - v + fu = 0\,, \qquad g'q - t + gv = 0\,, \qquad h'r - u + ht = 0\,.$$

Hieraus folgt:

$$g'q - t + g\,(f'p + f(h'r + ht)) = 0\,,$$

d. i.

$$gf'p + g'q + fgh'r = (1 - m)\,t\,,$$

wo $m = fgh$, und ebenso

$$\left.\begin{aligned} hg'q + h'r + ghf'p &= (1-m)\,u\,, \\ fh'r + f'p + hfg'q &= (1-m)\,v\,. \end{aligned}\right\} \text{(M)}$$

Wir wollen uns nun über die Art und Weise, wie sich nach diesen Formeln die von den Kräften p, q, r entstehenden Pressungen

t, u, v in A, B, C vertheilen, näher zu belehren suchen. Um unsere Aufmerksamkeit auf einen bestimmten Fall zu richten, wollen wir annehmen, dass, wie in der Figur, die Puncte F, G, H ausserhalb B und C, C und A, A und B auf der Seite von B, C, A liegen. Alsdann sind f, g, h, folglich auch m, zwischen 0 und 1 enthalten, und daher f, g, h und $1 - m$ positiv. Wir wollen ferner die Puncte P, Q, R mit B und C, C und A, A und B auf einerlei Seite von F, G, H liegend annehmen, so dass f', g', h' positiv werden. Endlich wollen wir noch die Kräfte p, q, r mit einerlei Zeichen behaftet, sie selbst also nach einerlei Seite gerichtet, etwa von oben nach unten, annehmen. Zufolge der Gleichungen (M) werden dann auch die Pressungen t, u, v nach unten gerichtet sein.

In Fig. 68 sind für diesen Fall die Linien a, b, c als Stäbe gezeichnet worden, die in A, B, C dergestalt über einander weggehen, dass sie daselbst, bei den nach unten gerichteten Pressungen t, u, v, gegen einander drücken, nicht von einander sich zu trennen streben, und wir somit nicht nöthig haben, sie unzertrennlich mit einander verbunden anzunehmen (§. 189).

Sei nun zuerst $p = 0$, $r = 0$, $g' = 1$, und wirke daher nur auf den Stab b im Puncte A eine Kraft gleich q. Hiermit werden die Gleichungen (M):

$$q = (1 - m)\, t\ , \qquad hq = (1 - m)\, u\ , \qquad hfq = (1 - m)\, v\ ,$$

also $t > q$. Diese Verschiedenheit der Pressung t von der Kraft q scheint einen Widerspruch zu enthalten. Denn man sollte meinen, dass, wenn an dem Puncte A des Stabes b, und sonst nirgend wo anders am Systeme, eine Kraft q wirkt, die dadurch bei A von b auf c hervorgebrachte Pressung, sowie die von c auf b rückwärts ausgeübte Pressung, eben so gross als q selbst sein müssten. Dieser Schluss wäre nun allerdings richtig, sobald die Stäbe b und c bloss in A mit einander verbunden wären. Allein sie sind es noch durch den Stab a, welcher b und c in C und B berührt, und hierdurch geschieht es, dass die in A von b auf c zunächst erzeugte und daher gleich q zu setzende Pressung t' in B eine Pressung u' von c auf a, diese in C eine Pressung v' von a auf b, diese in A eine neue Pressung t'' von b auf c hervorbringt, und so fort im Kreise herum ohne Ende. Die wirklichen Pressungen t, u, v in A, B, C werden alsdann die Summen jener partiellen Pressungen in denselben Puncten sein.

Die Richtigkeit dieser Vorstellung bewährt sich durch die Uebereinstimmung der hiernach sich ergebenden Totalwerthe für t, u, v mit den vorhin gefundenen. In der That hat man

$$u' = ht' \;, \quad v' = fu' \;, \quad t'' = gv' \;,$$
$$u'' = ht'' \;, \quad v'' = fu'' \;, \quad t''' = gv'' \;,$$
$$u''' = ht''' \;, \quad v''' = fu''' \;, \quad t'''' = gv''' \;,$$

u. s. w.

folglich

$$t'' = fght' = mt' \;, \qquad t''' = mt'' = m^2 t' \;, \qquad t'''' = m^3 t' \;, \quad \text{etc.}$$
$$t = t' + t'' + t''' + \ldots = t'(1 + m + m^2 + \ldots) = \frac{t'}{1-m} \;,$$
$$u = u' + u'' + u''' + \ldots = h(t' + t'' + t''' + \ldots) = ht \;,$$
$$v = v' + v'' + v''' + \ldots = f(u' + u' + u''' + \ldots) = fht \;,$$

und wenn wir nach dem vorhin Bemerkten noch $t' = q$ setzen:

$$t = \frac{q}{1-m} \;, \qquad u = \frac{hq}{1-m} \;, \qquad v = \frac{fhq}{1-m} \;,$$

welches die bereits oben erhaltenen Werthe der Pressungen sind.

Lassen wir z. B. A, B, C die Mittelpuncte von HB, FC, GA sein und drücken auf b in A mit einer Kraft gleich 1, so ist auch der Druck von b auf c zunächst gleich 1, der dadurch erzeugte Druck von c auf a gleich $\frac{1}{2}$; von a auf b gleich $\frac{1}{4}$; der somit entstehende neue Druck von b auf c gleich $\frac{1}{8}$; von c auf a gleich $\frac{1}{16}$, u. s. w.; also der vollständige Druck von b auf c gleich $1 + \frac{1}{8} + \frac{1}{64} + \ldots = \frac{8}{7}$, mithin um $\frac{1}{7}$ grösser, als der unmittelbare Druck auf a; der vollständige Druck von c auf a halb so gross, als der vorhergehende, folglich gleich $\frac{4}{7}$, und der von a auf b abermals die Hälfte des von c auf a, also gleich $\frac{2}{7}$.

Ist die Kraft q nicht in A selbst, sondern in irgend einem anderen Puncte Q des Stabes b angebracht, so ist sie gleichwirkend mit einer Kraft $\frac{GQ}{GA}\, q = g'q$, deren Angriffspunct A ist, und die Pressungen sind alsdann die vorigen $\frac{q}{1-m}$, etc., nachdem sie vorher noch mit g' multiplicirt worden. Auf ähnliche Art ergeben sich die Pressungen in A, B, C, wenn auf einen Punct P des Stabes a eine Kraft p, oder auf einen Punct R des Stabes c eine Kraft r wirkt. Wenn folglich auf alle drei Stäbe zugleich Kräfte wirken, so hat man nur für jeden der Puncte A, B, C die von jeder Kraft besonders herrührenden Pressungen zu addiren, um die daselbst stattfindende Totalpressung zu erhalten, und man kommt somit zu den Gleichungen (M) zurück.

Wie sich ähnliche Betrachtungen bei Vierecken, Fünfecken, etc. anstellen lassen, sieht Jeder von selbst.

§. 260. Aufgabe. *Drei Gerade a, b, c von unbestimmter Länge sind in einer Ebene an drei unbeweglichen Puncten F, G, H (vergl. Fig. 62 auf p. 346) verschiebbar, ihre gegenseitigen Durchschnitte A, B, C aber können nur in den Seiten l, m, n des unbeweglichen Dreiecks LMN sich bewegen. Die Bedingung zu finden, unter welcher dieses im Allgemeinen unbewegliche System* (§. 248) *eine unendlich kleine Beweglichkeit erlangt.*

Auflösung. Die gesuchte Bedingung ist offenbar einerlei mit derjenigen, unter welcher die Seiten des Dreiecks ABC sich um die Puncte F, G, H drehen, und die Ecken desselben in Curven fortgehen, deren Tangenten l, m, n sind. Letztere Bedingung aber, und folglich auch die erstere, besteht nach §. 232 C) in der Erfüllung der Gleichung:

$$\frac{BF}{FC} \cdot \frac{CG}{GA} \cdot \frac{AH}{HB} = \frac{MA}{AN} \cdot \frac{NB}{BL} \cdot \frac{LC}{CM} \, .$$

§. 261. Aufgabe. *Man hat ein in einer Ebene bewegliches Viereck $ABCD$* (vergl. Fig. 69) *mit constanten Seitenlängen und veränderlichen Winkeln. Zwei Puncte F und H in zwei einander gegenüberliegenden Seiten AB und CD sind unbeweglich, und damit das Viereck selbst im Allgemeinen unbeweglich* (§. 247, *Zus.*). *Die Lage der Puncte F und H so zu bestimmen, dass dem Vierecke noch eine unendlich kleine Beweglichkeit übrig bleibt.*

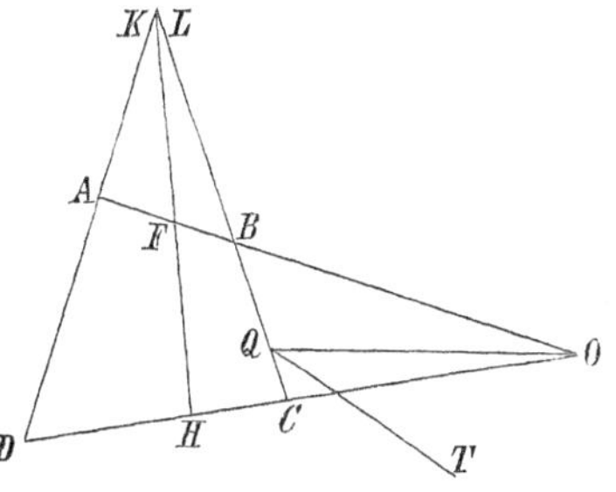

Fig. 69.

Auflösung. Man lasse auf beliebige Puncte der Seite AB Kräfte wirken, deren Moment in Bezug auf F gleich p_1 sei; desgleichen bringe man irgendwo an CD Kräfte an, deren Moment in Bezug auf H, r_1 heisse. Die Pressungen, welche deshalb die Seite DA in D und A auf die Seiten CD und AB ausübt, und welche in der Richtung von DA einander gleich und entgegengesetzt sind, nenne man t und $-t$; die Pressungen von BC auf die Enden B und C von AB und CD seien ebenso gleich v und $-v$. Alsdann hat man für das Gleichgewicht

der Seite $AB : p_1 - FA \, . \, t \, . \sin A + FB \, . \, v \, . \sin B = 0$,
der Seite $CD : r_1 - HC \, . \, v \, . \sin C + HD \, . \, t \, . \sin D = 0$.

Aus diesen zwei Gleichungen, durch welche das Gleichgewicht des ganzen Systems ausgedrückt ist, eliminire man die eine der beiden Pressungen t und v, und setze den Coëfficienten der anderen gleich Null, oder setze p_1 und r_1 Null und eliminire hierauf das Verhältniss $t:v$, so kommt:

$$FA \,.\, HC \,.\, \sin A \,.\, \sin C = FB \,.\, HD \,.\, \sin B \,.\, \sin D \ ,$$

als die gesuchte Bedingung der Beweglichkeit.

§. 262. Zusätze. *a*) Die gefundene Bedingung lässt sich noch ungleich einfacher darstellen. Wird nämlich FH von DA in K und von BC in L geschnitten, so ist

$$FA \,.\, \sin A = FK \,.\, \sin K \ , \qquad FB \,.\, \sin B = FL \,.\, \sin L \ ,$$
$$HC \,.\, \sin C = HL \,.\, \sin L \ , \qquad HD \,.\, \sin D = HK \,.\, \sin K \,.$$

Hiermit wird die Bedingungsgleichung:

$$FK \,.\, HL = FL \,.\, HK \ ,$$

mithin
$$FK : HK = FL : HL \ ;$$

die Puncte K und L müssen folglich identisch sein, d. h. die zwei Seiten DA, BC und die Gerade FH durch die zwei unbeweglichen Puncte müssen sich in einem Puncte K schneiden.

b) Dass nur unter dieser Bedingung das Viereck um ein unendlich Weniges beweglich wird, kann auch aus dem im §. 228, *b* bewiesenen Satze gefolgert werden, wonach, wenn C und D statt F und H unbeweglich angenommen werden, bei einer unendlich kleinen Verrückung des Vierecks jeder Punct F der Seite AB ein Linienelement beschreibt, welches auf der von F nach dem Durchschnitte K der beiden anderen Seiten geführten Geraden normal ist. Denn soll das Viereck um F und H bewegt werden können, so muss es auch, wenn F frei gelassen wird, um C und D, als unbewegliche Puncte, so beweglich sein, dass die Länge von HF unverändert bleibt, dass folglich F ein auf HF normales Element beschreibt; und da dieses Element zufolge des angeführten Satzes auch auf FK normal ist, so müssen H, F und K in einer Geraden liegen.

c) Das Viereck $ABCD$ mit den zwei Puncten F, H in den Seiten AB, CD ist vollkommen bestimmt und kann construirt werden, wenn die Längen der sieben Linien AB, BC, CD, DA, AF, DH, FH gegeben sind. Lässt man nur sechs dieser Längen gegeben sein und construirt mit ihnen das Viereck so, dass sich DA, BC, FH in einem Puncte schneiden, so hat dabei die siebente unbestimmt gelassene Länge ihren grössten oder kleinsten Werth (§. 252). Dies führt uns zu folgenden zwei Sätzen:

1) *Bei einem Vierecke $FBCH$ mit constanten Seitenlängen und veränderlichen Winkeln ist der gegenseitige Abstand AD zweier gege-*

benen Puncte A und D in zwei gegenüberliegenden Seiten FB und CH ein Maximum oder Minimum, wenn die Gerade AD den Durchschnitt K des anderen Paares gegenüberliegender Seiten BC und HF trifft.

2) *Hat man ein Viereck FBCH mit constanten Seitenlängen und veränderlichen Winkeln, und bewegt sich bei Veränderung der Winkel ein Punct D in der Seite CH so, dass sein Abstand AD von einem bestimmten Puncte A in der gegenüberliegenden Seite FB unveränderlich bleibt, so ist HD, sowie auch CD, ein Maximum oder Minimum, wenn AD, BC und HF sich in einem Puncte begegnen.*

§. 263. Bei dem um F und H beweglichen Vierecke $ABCD$ wollen wir jetzt noch die Bedingung des Gleichgewichtes untersuchen.

1) Wirken auf AB und CD Kräfte, und sind ihre Momente rücksichtlich der Puncte F und H gleich p_1 und r_1, so ist nach §. 261 bei stattfindender Beweglichkeit zum Gleichgewichte nöthig, dass

$$p_1 \,.\, HD \,.\, \sin D + r_1 \,.\, FA \,.\, \sin A = 0 \ ,$$

oder kürzer, dass

$$p_1 \,.\, HK + r_1 \,.\, FK = 0 \ .$$

Es folgt hieraus zunächst, dass, wenn von den zwei Momenten p_1 und r_1 das eine Null ist, auch das andere Null sein muss. Wirkt daher auf die eine der beiden Linien AB und CD, etwa auf CD, gar keine Kraft, so muss das Moment der an AB angebrachten Kräfte in Bezug auf den unbeweglichen Punct F von AB Null sein. Dasselbe erhellt auch schon daraus, dass die unendlich kleine Bewegung von AB um F durch den übrigen Theil des Systems nicht gehindert wird, und dass folglich, wenn bloss auf AB Kräfte wirken, diese unter denselben Bedingungen im Gleichgewichte sind, als wenn die übrigen Seiten des Vierecks gar nicht vorhanden wären.

Umgekehrt lässt sich mittelst dieser einfachen Bemerkung sehr leicht die Bedingung für die Beweglichkeit des Vierecks herleiten. Denn ist es beweglich, und bringt man an AB in A und B nach den Richtungen AD und BC zwei Kräfte p und p' an, welche im Gleichgewichte sind, so müssen sie sich wie die von F auf BC und AD gefällten Perpendikel, also wie $FB \,.\, \sin B$ zu $FA \,.\, \sin A$ verhalten. Die Kräfte p und p' werden aber noch im Gleichgewichte sein, wenn man sie nach denselben Richtungen AD und BC in D und C anbringt. Da sie nun alsdann aus demselben Grunde, wie vorhin, in dem Verhältnisse von $HC \,.\, \sin C$ zu $HD \,.\, \sin D$ stehen müssen, so muss sich verhalten

$$FB . \sin B : FA \sin . A = HC . \sin C : HD . \sin D \;,$$

welches die zu Ende des §. 261 gefundene Gleichung gibt.

2) Ist an einer der beiden Seiten DA und BC des Vierecks, z. B. an BC, in einem beliebigen Puncte Q nach der Richtung QT eine Kraft q angebracht, so zerlege man dieselbe, um ihre Wirkung zu schätzen, in zwei andere q' und q'' nach den Richtungen BC und QO, wo O der Durchschnitt von AB mit CD ist. Die Kraft q'' nach der Richtung QO lässt sich ferner in zwei andere auf B und C nach BO und CO wirkende zerlegen, und ist daher von gar keiner Wirkung, weil in BO und CO die unbeweglichen Puncte F und H liegen. Die nach QT gerichtete Kraft q ist folglich gleichwirkend mit der nach BC gerichteten Kraft $q' = q \dfrac{\sin TQO}{\sin CQO}$.

3) In dem besonderen Falle, wenn AB und CD parallel sind, wird es auch QO mit AB, und daher $q' = q . \sin (AB^\wedge q) : \sin B$. Alsdann ist folglich die Intensität von q' bloss von der Intensität von q und von dem Winkel $AB^\wedge q$ abhängig, d. h. die Wirkung einer an BC im Puncte Q angebrachten Kraft q bleibt ungeändert, wenn die Kraft parallel mit ihrer Richtung an irgend einen anderen Punct von BC verlegt wird.

Dasselbe folgt auch unmittelbar aus der Theorie der Kräftepaare. Denn wirken auf zwei Puncte der Seite BC, oder überhaupt auf zwei Puncte in der Ebene des Vierecks, die mit dieser Seite in fester Verbindung stehen, zwei Kräfte q und q_1, welche ein Paar ausmachen, so kann man statt desselben ein zweites Paar setzen, dessen Moment dem des ersten gleich ist, und dessen Kräfte, in B und C angebracht, in die Parallelen AB und CD fallen. Letzteres Paar aber ist von keiner Wirkung, weil AB und CD die unbeweglichen Puncte F und H enthalten. Mithin kann auch das erstere Paar keine Bewegung hervorbringen, und es ist folglich q mit $-q_1$ gleichwirkend.

Ebenso wird bewiesen, dass zwei parallele Kräfte, deren Angriffspuncte mit AD fest verbunden sind, einander gleiche Wirkungen haben. — Zum Gleichgewichte zwischen Kräften, deren Angriffspuncte zum Theil mit BC und zum Theil mit AD fest verbunden sind, wird daher nur erfordert, dass, nachdem man sie parallel mit ihren Richtungen, die einen an B, die anderen an A, verlegt hat, ihrer aller Moment in Bezug auf F Null ist.

4) Wenn nicht allein AB mit CD, sondern auch BC mit DA parallel ist, so geht das Viereck in ein Parallelogramm über, und wird beweglich, wenn die Linie durch die unbeweglichen Puncte gleichfalls mit BC und DA parallel ist. Diese Beweglichkeit ist

aber nicht mehr unendlich klein, sondern endlich, weil nach einer unendlich kleinen Drehung um F und H die Vierecke AC, AH und FC noch Parallelogramme sind, und daher die Bedingung der Beweglichkeit durch die Drehung nicht verloren geht.

Zwei auf A und B nach AD und BC wirkende Kräfte, also auch zwei Kräfte, die parallel mit jenen auf zwei fest mit AD und BC verbundene Puncte wirken, sind hierbei im Gleichgewichte, wenn sie sich wie BF zu FA verhalten. Bringt man daher FH und damit auch die Seiten DA und BC in verticale Lage, befestigt an diese Seiten irgendwo, in S und Q, zwei horizontale Arme und hängt an dieselben zwei resp. mit BF und FA proportionale Gewichte, so halten sich letztere das Gleichgewicht und können ohne Störung desselben an den Armen hin und her geschoben werden (vgl. Fig. 70). Man nennt diese Einrichtung die **Roberval'sche Wage**, nach ihrem Erfinder **Roberval**, einem französischen Mathematiker des 17. Jahrhunderts. Da an ihr zwei Gewichte, wenn sie einmal im Gleichgewichte sind, in jeden beliebigen Entfernungen von den unbeweglichen Puncten darin verharren, während bei der gewöhnlichen Wage Gleichgewicht nur dann stattfindet, wenn sich die Gewichte umgekehrt, wie ihre Entfernungen vom Drehungspuncte verhalten, so hat man diese Maschine als ein **statisches Paradoxon** aufgestellt.

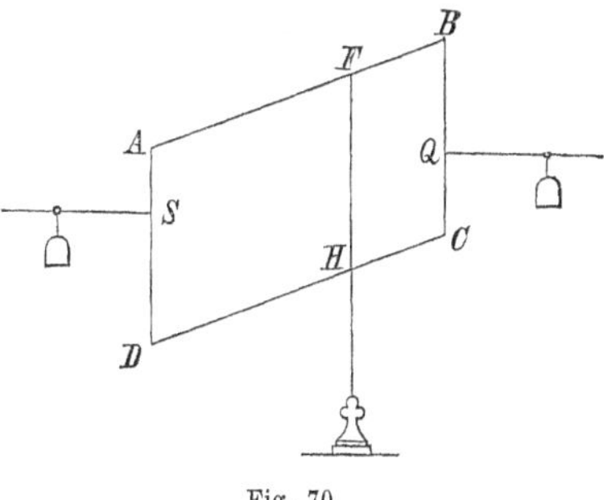

Fig. 70.

Am einfachsten lässt sich das Gesetz des Gleichgewichts an derselben mit Hülfe des Princips der virtuellen Geschwindigkeiten erklären. Denn jeder mit der Seite AD oder BC fest verbundene Punct beschreibt bei der Drehung des Parallelogramms AC um F und H einen Weg, der dem Wege von resp. A oder B gleich und parallel ist. Wird daher für zwei an A und B angebrachte Kräfte die Gleichung der virtuellen Geschwindigkeiten erfüllt, so geschieht ihr auch Genüge, wenn man die Kräfte parallel mit ihren anfänglichen Richtungen an beliebige andere Puncte verlegt, die gegen AD und BC eine unveränderliche Lage haben.

§. 264. **Aufgabe.** *Die Bedingung für die unendlich kleine Beweglichkeit eines ebenen Sechsecks mit constanten Seitenlängen und veränderlichen Winkeln zu finden, bei welchem eine Seite um die andere einen unbeweglichen Punct enthält.*

Auflösung. Sei $ABCDEF$ (vergl. Fig. 71) das Sechseck. Die Puncte G, H, I der Seiten AB, CD, EF seien unbeweglich, und damit das Sechseck selbst im Allgemeinen unbeweglich (§. 247, Zus.). An willkürlichen anderen Puncten derselben drei Seiten bringe man Kräfte in der Ebene an. Die Momente derselben in Bezug auf G, H, I seien p_1, q_1, r_1; nämlich p_1 das Moment der auf AB wirkenden Kräfte in Bezug auf G, u. s. w. Die Pressungen, welche die Zwischenseiten BC, DE, FA in ihren Endpuncten auf jene ersteren Seiten ausüben, seien t, u, v in B, D, F, und daher $-t$, $-u$, $-v$ in C, E, A. Die Gleichungen für das Gleichgewicht der Seiten AB, CD, EF sind alsdann

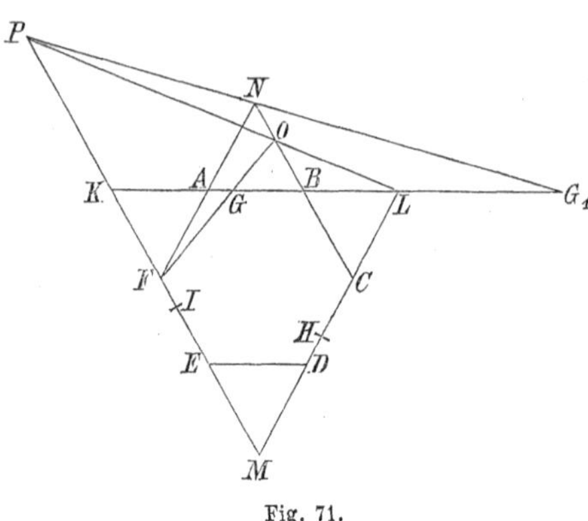

Fig. 71.

$$p_1 - v \,.\, GA \,.\, \sin A + t \,.\, GB \,.\, \sin B = 0\;,$$
$$q_1 - t \,.\, HC \,.\, \sin C + u \,.\, HD \,.\, \sin D = 0\;,$$
$$r_1 - u \,.\, IE \,.\, \sin E + v \,.\, IF \,.\, \sin F = 0\;;$$

und hieraus ergibt sich sogleich die gesuchte Bedingung der Beweglichkeit, wenn man p_1, q_1, r_1 Null setzt und sodann die zwei Verhältnisse zwischen t, u, v eliminirt, nämlich:

$$\frac{GA}{GB} \cdot \frac{HC}{HD} \cdot \frac{IE}{IF} = \frac{\sin B}{\sin A} \cdot \frac{\sin D}{\sin C} \cdot \frac{\sin F}{\sin E}\,.$$

§. 265. Zusätze. *a)* Nimmt man die Seite FA hinweg, so wird die Fignr vollkommen beweglich, und die erhaltene Gleichung ist nunmehr die Bedingung, unter welcher der gegenseitige Abstand der Puncte F und A am grössten oder kleinsten wird. Fügt man die Linie FA von constanter Länge wieder hinzu, lässt aber ihren Endpunct A nicht mehr mit der Linie BG in A fest verbunden, sondern darin beweglich sein, so erhält die Figur gleichfalls Beweglichkeit, und die Linie AG, sowie AB, wird unter derselben Bedingungsgleichung ein Maximum oder Minimum.

b) Sind K, L, M die gegenseitigen Durchschnitte von AB, CD, EF, so ist:

$$\frac{\sin F}{\sin A} = \frac{AK}{FK}\,, \qquad \frac{\sin B}{\sin C} = \frac{CL}{BL}\,, \qquad \frac{\sin D}{\sin E} = \frac{EM}{DM}\,,$$

und man kann damit die Bedingungsgleichung auf folgende Weise darstellen:

$$\frac{KA}{AG} \cdot \frac{GB}{BL} \cdot \frac{LC}{CH} \cdot \frac{HD}{DM} \cdot \frac{ME}{EI} \cdot \frac{IF}{FK} = 1 .$$

Bestimmt man daher in AB, CD, EF drei Puncte G_1, H_1, I_1, von denen G_1 mit K, A, G, B, L; H_1 mit L, C, H, D, M; I_1 mit M, E, I, F, K eine sogenannte geometrische Involution bildet, d. h. welche so liegen, dass

$$\frac{KA}{AG} \cdot \frac{GB}{BL} \cdot \frac{LG_1}{G_1K} = -1 , \quad \frac{LC}{CH} \cdot \frac{HD}{DM} \cdot \frac{MH_1}{H_1L} = -1 ,$$

$$\frac{ME}{EI} \cdot \frac{IF}{FK} \cdot \frac{KI_1}{I_1M} = -1 ,$$

so zieht sich die Bedingungsgleichung zusammen in:

$$\frac{KG_1}{G_1L} \cdot \frac{LH_1}{H_1M} \cdot \frac{MI_1}{I_1K} = -1 ,$$

und gibt somit zu erkennen, dass G_1, H_1, I_1 in einer Geraden liegen müssen*).

§. 266. Aufgabe. *ABCD* (vergl. Fig. 72, *a*) *ist ein in einer Ebene bewegliches Viereck mit constanten Seitenlängen und veränderlichen Winkeln. F, G, H, I sind vier unbewegliche Puncte in der Ebene, denen resp. die Seiten AB, BC, CD, DA zu begegnen genöthigt sind, so dass jede Seite um den ihr zugehörigen Punct sowohl gedreht, als an ihm verschoben werden kann. Hiermit ist das Viereck selbst im Allgemeinen unbeweglich* (§. 249). *Die Bedingung zu finden, unter welcher es einer unendlich kleinen Bewegung fähig wird.*

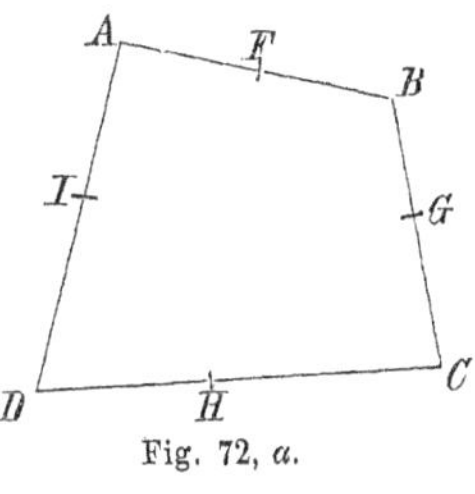

Fig. 72, *a*.

Auflösung. Heissen α, β, γ, δ die Winkel, welche die Seiten

*) Die drei Puncte G_1, H_1, I_1 können durch folgende Construction gefunden werden. Seien N und O die Durchschnitte von BC mit FA und FG, und P der Durchschnitt von EF mit LO, so ergibt sich G_1 als der Durchschnitt von AB mit NP. Denn die Seiten des Dreiecks OPF schneiden AB in K, G, L, und die drei Geraden von N nach den drei Ecken O, P, F desselben treffen AB in B, G_1, A (Baryc. Calcul, §. 291, p. 380 des ersten Bandes der vorliegenden Ausgabe). Aehnlicher Weise lassen sich auch H_1 und I_1 finden.

Umgekehrt kann man, wenn G_1 gegeben ist, den Punct G durch Ziehung der Geraden G_1NP, POL und OGF bestimmen. Sind daher von den drei unbeweglichen Puncten G, H, I irgend zwei, etwa H und I, gegeben, und soll der dritte so bestimmt werden, dass das Sechseck beweglich wird, so bestimme man mit H und I die Puncte H_1 und I_1, verbinde letztere durch eine Gerade, welche AB in G_1 schneide, und suche mit G_1 den Punct G.

AB, BC, CD, DA nach den damit zugleich ausgedrückten Richtungen mit einer willkürlich in der Ebene gezogenen festen Axe machen. Auf die vier Ecken A, B, C, D lasse man in der Ebene resp. die Kräfte p, q, r, s wirken. Hierdurch erleiden die Seiten AB, BC, CD, DA in F, G, H, I von den daselbst befindlichen unbeweglichen Puncten Pressungen, welche auf den Seiten selbst normal sind und daher mit der festen Axe die Winkel $90^\circ + \alpha$, $90^\circ + \beta$, $90^\circ - \gamma$, $90^\circ - \delta$ machen. Man bezeichne diese Pressungen resp. mit $2t$, $2u$, $2v$, $2w$, so dass die Pressung $2t$ positiv zu nehmen ist, wenn ihre Richtung in der That durch $90^\circ + \alpha$ bestimmt wird, negativ, wenn sie die entgegengesetzte ist, u. s. w.

Das Gleichgewicht dauert nun fort, wenn wir die unbeweglichen Puncte F, G, ... weglassen und dafür den Pressungen $2t$, $2u$, ... gleiche Kräfte nach den Richtungen $90^\circ + \alpha$, $90^\circ + \beta$, ... an denselben Stellen F, G, ... der Seiten anbringen; es dauert noch fort, wenn wir jede dieser Kräfte in zwei mit ihr parallele zerlegen, welche auf die Endpuncte der jedesmaligen Seite wirken. Wir zerlegen daher $2t$ in die zwei damit parallelen Kräfte an A und B:

$$\frac{FB}{AB} \cdot 2t = (1 + a)t \quad \text{und} \quad \frac{AF}{AB} \cdot 2t = (1 - a)t \ ,$$

wenn

$$\frac{FB}{AB} = \tfrac{1}{2}\,(1 + a), \text{ folglich } \frac{AF}{AB} = \tfrac{1}{2}\,(1 - a)$$

gesetzt wird, und wo daher

$$\frac{FB - AF}{BA} = a$$

ist. Setzen wir ebenso

$$\frac{GC - BG}{BC} = b\ , \qquad \frac{HD - CH}{CD} = c\ , \qquad \frac{IA - DI}{DA} = d\ ,$$

so ist die Kraft $2u$ gleichwirkend mit den zwei ihr parallelen Kräften $(1 + b)\,u$ und $(1 - b)\,u$ an B und C, u. s. w.

Hiernach haben wir es jetzt mit einem Vierecke zu thun, dessen Ecken allein der Wirkung von Kräften ausgesetzt sind; nämlich auf A wirken die Kräfte p, $(1 - d)\,w$, $(1 + a)\,t$; auf B die Kräfte q, $(1 - a)\,t$, $(1 + b)\,u$; u. s. w., und es sind nunmehr die Gleichungen für das Gleichgewicht dieses Systems zu entwickeln. Da wir aber nur die Bedingung der unendlich kleinen Beweglichkeit suchen wollen, so können wir in diesen Gleichungen die ursprünglichen Kräfte p, q, r, s auch weglassen und somit auf A bloss die Kräfte $(1 - d)\,w$ und $(1 + a)\,t$ nach den Richtungen $90^\circ + \delta$ und $90^\circ + \alpha$; an B bloss die Kräfte $(1 - a)\,t$ und $(1 + b)\,u$ nach den Richtungen $90^\circ + \alpha$ und $90^\circ + \beta$; u. s. w. wirkend annehmen. Die Elimination von t, u, v, w aus den Gleichungen für das Gleichgewicht dieser Kräfte wird uns hierauf zu der gesuchten Bedingung hinführen. Die Gleichungen selbst sind nach §. 220 zu Ende:

$$\big((1-d)\,w\sin(90^\circ+\delta-\delta)+(1+a)\,t\sin(90^\circ+\alpha-\delta)\big)\sin(\beta-\alpha)$$
$$=$$
$$\big((1-a)\,t\sin(90^\circ+\alpha-\beta)+(1+b)\,u\sin(90^\circ+\beta-\beta)\big)\sin(\alpha-\delta)\;,$$

d. i.

$$(1)\qquad t\,[\sin(\beta-2\alpha+\delta)+a\sin(\beta-\delta)]$$
$$=(1+b)\,u\sin(\alpha-\delta)-(1-d)\,w\sin(\beta-\alpha)\;,$$

und eben so noch drei andere Gleichungen, die sich schon aus (1) durch gehörige Vertauschung der Buchstaben ergeben, nämlich:

$$(2)\qquad u\,[(\sin\gamma-2\beta+\alpha)+b\sin(\gamma-\alpha)]$$
$$=(1+c)\,v\sin(\beta-\alpha)-(1-a)\,t\sin(\gamma-\beta)\;,$$

u. s. w. Statt der dritten und vierten Gleichung aber wollen wir diejenigen zwei bei weitem einfacheren Gleichungen gebrauchen, welche ausdrücken, dass die acht Kräfte $(1\pm a)\,t$, $(1\pm b)\,u$, etc., wenn sie parallel mit ihren Richtungen $90^\circ+\alpha$, $90^\circ+\beta$, etc. an einen und denselben Punct getragen werden, einander, — obwohl eigentlich den Kräften p, q, r, s, — das Gleichgewicht halten. Diese zwei Gleichungen, die aus jenen vier Gleichungen durch gehörige Verbindung derselben ebenfalls hervorgehen müssen, sind:

$$t\sin\alpha+u\sin\beta+v\sin\gamma+w\sin\delta=0\;,$$
$$t\cos\alpha+u\cos\beta+v\cos\gamma+w\cos\delta=0\;,$$

wofür wir, das einemal w, das anderemal v eliminirend, auch setzen können:

$$(3)\qquad v\sin(\delta-\gamma)=t\sin(\alpha-\delta)+u\sin(\beta-\delta)\;,$$
$$(4)\qquad w\sin(\delta-\gamma)=t\sin(\gamma-\alpha)+u\sin(\gamma-\beta)\;.$$

Es ist nun noch übrig, aus (1), (2), (3), (4) die drei Verhältnisse zwischen t, u, v, w wegzuschaffen. Die Substitution der Werthe von w und v aus (4) und (3) in (1) und (2) verwandelt letztere zwei Gleichungen in:

$$(5)\qquad Tt+Uu=0\;,\qquad\qquad (6)\qquad T't+U'u=0\;,$$

wo

$$T=[\sin(\beta-2\alpha+\delta)+a\sin(\beta-\delta)]\sin(\delta-\gamma)$$
$$+(1-d)\sin(\gamma-\alpha)\sin(\beta-\alpha),$$
$$U=-(1+b)\sin(\alpha-\delta)\sin(\delta-\gamma)+(1-d)\sin(\gamma-\beta)\sin(\beta-\alpha),$$
$$T'=-(1+c)\sin(\alpha-\delta)\sin(\beta-\alpha)+(1-a)\sin(\gamma-\beta)\sin(\delta-\gamma),$$
$$U'=[\sin(\gamma-2\beta+\alpha)+b\sin(\gamma-\alpha)]\sin(\delta-\gamma)$$
$$-(1+c)\sin(\beta-\delta)\sin(\beta-\alpha)\;.$$

Zufolge der bekannten Formel

$$(*)\quad \sin f \sin(g-h) + \sin g \sin(h-f) = \sin h \sin(g-f)$$

ist aber

$$\sin(\gamma-\alpha)\sin(\beta-\alpha) + \sin(\beta-2\alpha+\delta)\sin(\delta-\gamma)$$
$$= \sin(\delta-\alpha)\sin(\beta-\alpha+\delta-\gamma)\ ,$$
$$\sin(\gamma-\beta)\sin(\beta-\alpha) + \sin(\gamma-\delta)\sin(\alpha-\delta)$$
$$= \sin(\alpha-\delta+\gamma-\beta)\sin(\beta-\delta)\ ,$$
$$\sin(\delta-\gamma)\sin(\gamma-\beta) + \sin(\delta-\alpha)\sin(\beta-\alpha)$$
$$= \sin(\beta-\alpha+\delta-\gamma)\sin(\gamma-\alpha)\ ,$$
$$\sin(\delta-\gamma)\sin(\gamma-2\beta+\alpha) + \sin(\delta-\beta)\sin(\beta-\alpha)$$
$$= \sin(\beta-\alpha+\delta-\gamma)\sin(\gamma-\beta)\ .$$

Setzen wir daher zur Abkürzung:

$\sin(\alpha-\beta) = A$, $\sin(\beta-\gamma) = B$, $\sin(\gamma-\delta) = C$, $\sin(\delta-\alpha) = D$,
$\sin(\alpha-\gamma) = F$, $\sin(\beta-\delta) = G$, $\sin(\alpha-\beta+\gamma-\delta) = M$,

so wird

$$\begin{aligned} T &= -MD - aCG - dAF\ ,\\ U &= MG - bCD - dAB\ ,\\ T' &= MF - aBD - cAD\ ,\\ U' &= MB + bCF + cAG\ . \end{aligned}$$

Aus (5) und (6) folgt nun nach Elimination des Verhältnisses $t:u$

$$(7)\qquad T'U - TU' = 0\ .$$

Vermöge der eben aufgestellten Werthe von T, U, T', U' aber ergibt sich

$$T'U - TU' = (M^2 + ab\,.\,C^2 + cd\,.\,A^2)(FG + BD)$$
$$+ (ac\,.\,G^2 + ad\,.\,B^2 + bc\,.\,D^2 + bd\,.\,F^2)\,AC\ ;$$

und da, wie man mit Hülfe der Formel (*) leicht findet,

$$FG + BD = CA$$

ist, so reducirt sich die Gleichung (7) auf:

$$0 = M^2 + cd\,.\,A^2 + ad\,.\,B^2 + ab\,.\,C^2 + bc\,.\,D^2 + bd\,.\,F^2 + ac\,.\,G^2.$$

Dividirt man noch mit $abcd$ und setzt für M, A, B, ... die damit bezeichneten Sinus, so erhält man folgende durch ihre Form in der That merkwürdige Gleichung:

$$0 = \frac{\sin(\alpha-\beta+\gamma-\delta)^2}{abcd} + \frac{\sin(\alpha-\beta)^2}{ab} + \frac{\sin(\beta-\gamma)^2}{bc} + \frac{\sin(\gamma-\delta)^2}{cd}$$
$$+ \frac{\sin(\delta-\alpha)^2}{da} + \frac{\sin(\alpha-\gamma)^2}{ac} + \frac{\sin(\beta-\delta)^2}{bd}\ ,$$

als die Bedingung, unter welcher das Viereck um ein unendlich Weniges beweglich wird.

§. 267. Zusätze. *a*) Ist das Viereck ein Parallelogramm, so hat man $\gamma = 180^\circ + \alpha$, $\delta = 180^\circ + \beta$, und die Gleichung wird

$$0 = \frac{\sin 2(\alpha - \beta)^2}{abcd} + \left(\frac{1}{ab} + \frac{1}{bc} + \frac{1}{cd} + \frac{1}{da}\right) \sin(\alpha - \beta)^2 ,$$

d. i.

$$0 = 4 \cos(\alpha - \beta)^2 + (a + c)(b + d) .$$

Ist das Parallelogramm ein Rechteck, so ist noch $\alpha - \beta = 90^\circ$, also

$$0 = (a + c)(b + d)$$

die Bedingung der Beweglichkeit, und es muss folglich entweder $a + c = 0$, oder $b + d = 0$ sein.

b) Weil

$$a = \frac{FB - AF}{AB} = \frac{AB - 2AF}{AB} \text{ und } c = \frac{2HD - CD}{CD} ,$$

so ist

$$a + c = \frac{2HD}{CD} - \frac{2AF}{AB} .$$

Nimmt man nun die Linien AB und CD nach den ebenso ausgedrückten Richtungen mit einerlei Zeichen, so sind beim Rechtecke (so wie beim Parallelogramm) AB und CD einander gleich, auch dem Zeichen nach. Die Gleichung für die Beweglichkeit: $a + c = 0$, wird hiernach identisch mit $HD = AF$, und zeigt dadurch an, dass die Gerade FH mit den Seiten BC und DA parallel sein muss (vergl. Fig. 72, *b*). Dass unter dieser Bedingung das Rechteck sich um ein unendlich Weniges verrücken lässt, ist leicht einzusehen. Dreht man nämlich die Seite AB um einen unendlich kleinen Winkel um den Punct F, so verschieben sich BC und DA an G und I, ohne sich zu drehen, rücken also in sich selbst fort, und die Seite CD dreht sich um H um denselben Winkel und nach derselben Richtung, wie AB.

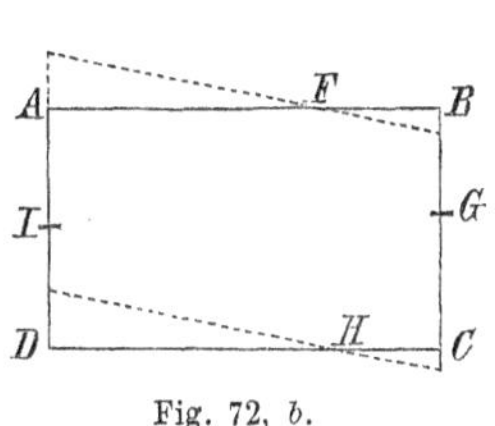

Fig. 72, *b*.

Ebenso wird durch die Gleichung $b + d = 0$ der Parallelismus von GI mit AB und CD ausgedrückt. In diesem Falle besteht die Verrückung des Vierecks darin, dass sich BC und DA um G und I drehen, während sich AB und CD an F und G verschieben.

c) Sind F, G, H, I die Mittelpuncte der Seiten AB, BC, CD, DA so sind

$$a = 0 , \quad b = 0 , \quad c = 0 , \quad d = 0 .$$

In diesem Falle reducirt sich die allgemeine Gleichung auf

$$\sin(\alpha - \beta + \gamma - \delta) = 0 ,$$

und gibt damit zu erkennen, dass die Summe zweier gegenüberliegender Winkel des Vierecks zwei oder vier rechten Winkeln gleich sein muss, dass also um das Viereck ein Kreis beschrieben werden können muss. Und in der That, ist $ABCD$ ein in einem Kreise beschriebenes Viereck, und nimmt man in dem Kreise nach einerlei Seite zu die Bögen AA', BB', CC', DD' einander gleich und unendlich klein, so sind die Geraden AB und $A'B'$, BC und $B'C'$, etc. paarweise einander gleich und halbiren sich gegenseitig.

Sechstes Kapitel.

Vom Gleichgewichte an Ketten und an vollkommen biegsamen Fäden.

---

§. 268. Die einfachste Art, auf welche mehrere Körper mit einander verbunden sein können, besteht darin, dass von ihnen, in einer gewissen Ordnung genommen, jeder mit dem nächstvorhergehenden und dem nächstfolgenden, keiner also mit mehr als zweien der übrigen, verbunden ist. Ein solches System, bei welchem übrigens noch vorauszusetzen ist, dass je zwei mit einander verbundene Körper noch gegenseitige Beweglichkeit haben, indem sie sonst als ein einziger Körper zu betrachten wären, nennt man eine Kette, die einzelnen Körper selbst die Glieder der Kette. Ist der letzte Körper noch mit dem ersten verbunden, so heisst die Kette geschlossen.

In dem Vorhergehenden sind dergleichen Systeme schon oft in Betracht gezogen worden. Denn jedes Vieleck, als ein System in gewisser Folge paarweise mit einander verbundener gerader Linien, ist eine solche Kette. Von diesen Betrachtungen werden sich die nun folgenden hauptsächlich dadurch unterscheiden, dass wir jetzt die Glieder einer Kette nach allen Dimensionen unendlich klein und in unendlicher Zahl annehmen, und somit die Kette in einen unendlich dünnen und vollkommen biegsamen Faden übergehen lassen.

§. 269. Aufgabe. *Man hat eine Reihe frei beweglicher Körper, von denen jeder mit dem nächstvorhergehenden und dem nächstfolgenden in einem Puncte verbunden ist. Die Bedingungen des Gleich-*

gewichtes zu finden, wenn auf den ersten Körper der Reihe eine Kraft P und auf den letzten eine Kraft Q wirkt.

Auflösung. Seien $m_{,}$, m, m', m'', ... (vergl. Fig. 73) unmittelbar auf einander folgende Körper der Reihe; A, A', A'', ... die Berührungspuncte von $m_{,}$ mit m, von m mit m', ... Man setze in A an $m_{,}$ und m die Pressungen oder Gegenkräfte T und $-T$, in A' an m und m' die Gegenkräfte T' und $-T'$, in A' an m' und m'' die Gegenkräfte T'' und $-T''$, u. s. w. Da nun auf m ausser den Pressungen $-T$ und T' keine weitere Kraft wirkt, so müssen sich $-T$ und T' allein das Gleichgewicht halten und daher einander gleich und direct entgegengesetzt sein. Dasselbe gilt auch von den Pressungen $-T'$ und T'', welche m' erleidet, desgleichen von den auf m'' wirkenden Pressungen, u. s. w. Sämmtliche Pressungen T, T', T'', ... sind daher einander gleich, und ihre Richtungen fallen nebst den Berührungspuncten A, A', A'', ... in eine und dieselbe Gerade. Ist nun etwa $m_{,}$ der erste und m'' der letzte Körper der Reihe, so muss an $m_{,}$ die Pressung T mit der Kraft P, und an m'' die Pressung $-T''$ mit der Kraft Q im Gleichgewichte sein. Dies führt zu folgenden zwei Bedingungen für das Gleichgewicht des ganzen Systems:

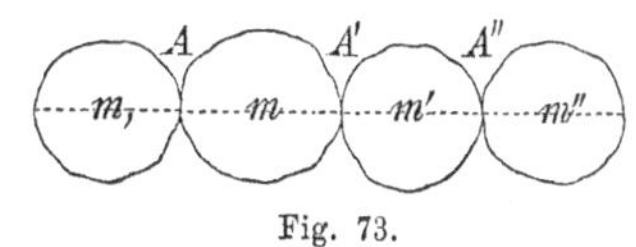

Fig. 73.

1) Die Berührungspuncte der Körper müssen in einer Geraden liegen.

2) Die zwei Kräfte P und Q müssen in dieser Geraden nach entgegengesetzten Richtungen wirken und einander gleich sein.

§. 270. Das Gleichgewicht jedes einzelnen Gliedes der eben betrachteten Kette, und mithin das Gleichgewicht der ganzen Kette selbst, ist sicher, oder unsicher, jenachdem die zwei Kräfte am Anfang und Ende derselben die Glieder von einander zu entfernen streben, oder sie gegen einander drücken. Im letzteren Falle wächst die Unsicherheit des Gleichgewichtes mit der Anzahl der Glieder, so dass bei physischen Körpern, obschon sich diese nicht in mathematischen Puncten, sondern in kleinen Flächen berühren, auch gegenseitigen Reibungen unterworfen sind, ein solches Gleichgewicht nur dann noch erhalten werden kann, wenn die Anzahl derselben sehr gering ist. Bei einer Reihe unendlich vieler und unendlich kleiner Körper, d. i. bei einem vollkommen biegsamen Faden, kann daher von einem unsicheren Gleichgewichte nicht mehr die Rede sein.

Die Bedingungen für das Gleichgewicht eines vollkommen biegsamen und frei beweglichen Fadens, auf dessen Enden zwei Kräfte wirken, sind demnach

1) *dass der Faden eine gerade Linie bildet, und*

2) *dass die Kräfte einander gleich sind und, nach entgegengesetzten in die Fadenlinie fallenden Richtungen wirkend, die Enden der Linie von einander zu entfernen streben.*

Die Pressungen oder die Kräfte, mit denen bei diesem Gleichgewichte je zwei nächstfolgende Elemente des Fadens auf einander wirken, sind zufolge des §. 269 den Kräften an den Enden des Fadens gleich und so gerichtet, dass die Elemente nicht gegen einander drücken, sondern in der Richtung der Fadenlinie sich von einander zu trennen suchen; es sind daher keine eigentlichen Pressungen, sondern Spannungen (§. 200) — so wie auch bei jedem anderen Systeme von Kräften, welche an einem Faden im Gleichgewichte sind, die Elemente des Fadens, wegen der Unmöglichkeit eines unsicheren Gleichgewichtes, nur spannend auf einander wirken können. *Beim Gleichgewichte zwischen zwei Kräften, welche an den Enden eines freien und vollkommen biegsamen Fadens angebracht sind, herrscht also in jedem Puncte des Fadens eine Spannung, deren Richtung in die Fadenlinie fällt, und deren Intensität der gemeinschaftlichen Intensität der beiden Kräfte gleich ist.*

§. 271. Wir wollen jetzt die in §. 269 untersuchte Kette nicht mehr vollkommen frei beweglich, sondern der Bedingung unterworfen sein lassen, dass ihre Glieder eine unbewegliche Fläche berühren. Mit Beibehaltung der obigen Bezeichnungen seien noch $B, B', \ldots$ (vergl. Fig. 74) die Berührungspuncte der Glieder $m, m', \ldots$ mit der Fläche, und $R, R', \ldots$ die daselbst von letzterer auf erstere ausgeübten Pressungen. Halten sich nun zwei auf das erste und letzte Glied wirkende Kräfte das Gleichgewicht, so müssen an jedem Mittelgliede besonders die Spannungen, welche es von dem vorhergehenden und folgenden Gliede erleidet, und die von der Fläche auf dasselbe erzeugte Pressung im Gleichgewichte mit einander sein. Die drei auf der Oberfläche von m in A, A' und B zu errichtenden Normalen, als die Richtungen der auf m wirkenden Kräfte T, T' und R, müssen sich folglich in einem Puncte C schneiden und in einer Ebene liegen, und es muss sich verhalten

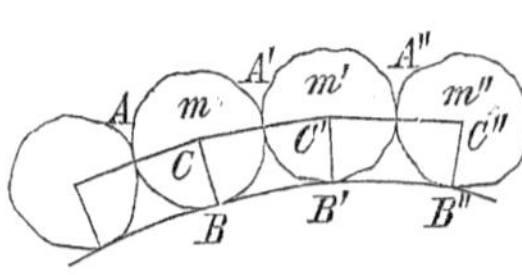

Fig. 74.

$$T : T' : R = \sin BCA' : \sin ACB : \sin ACA' \ .$$

Auf gleiche Art treffen wegen des Gleichgewichtes von m' die drei in A', A'' und B' auf m' zu errichtenden Normalen in einem Puncte C' zusammen und liegen in einer Ebene, und man hat

$$T' : T'' : R' = \sin B'C'A'' : \sin A'C'B' : \sin A'C'A'' ,$$

folglich in Verbindung mit dem Verhältnisse zwischen T und T':

$$\frac{T}{T''} = \frac{\sin BCA'}{\sin ACB} \cdot \frac{\sin B'C'A''}{\sin A'C'B'}$$

und ähnlicher Weise:

$$\frac{T}{T'''} = \frac{\sin BCA'}{\sin ACB} \cdot \frac{\sin B'C'A''}{\sin A'C'B'} \cdot \frac{\sin B''C''A'''}{\sin A''C''B''} ;$$

und ebenso ergibt sich das Verhältniss auch zwischen irgend zwei anderen Spannungen, folglich auch das Verhältniss zwischen P und Q, indem die Spannung des ersten Gliedes der Kette durch ein vorhergehendes Glied die Kraft P, und die Spannung des letzten Gliedes durch ein folgendes die Kraft Q vertritt. Ist folglich m das erste Glied und $m^{(n)}$ das letzte, CA die Richtung von P und $C^{(n)} A^{(n+1)}$ die Richtung von Q, so hat man:

$$\frac{P}{Q} = \frac{\sin BCA'}{\sin ACB} \cdot \frac{\sin B'C'A''}{\sin A'C'B'} \cdots \frac{\sin B^{(n)} C^{(n)} A^{(n+1)}}{\sin A^{(n)} C^{(n)} B^{(n)}} .$$

Die Bedingungen des Gleichgewichtes bestehen daher gegenwärtig darin:

1) *dass die Normalen in der Berührung des ersten (letzten) Gliedes mit der unbeweglichen Fläche und mit dem zweiten (vorletzten) Gliede und die Richtung der Kraft P (Q) in einer Ebene liegen und sich in einem Puncte schneiden;*

2) *dass ebenso die Normalen in der Berührung jedes Mittelgliedes mit dem vorhergehenden und folgenden Gliede und mit der Fläche in einer Ebene liegen und in einem Puncte zusammentreffen, und*

3) *dass zwischen den Intensitäten von P und Q das eben gefundene Verhältniss zwischen den Sinus der von den Normalen und den Richtungen von P und Q gebildeten Winkel stattfindet.*

§. 272. Um jetzt von der eben betrachteten Kette zu einem über eine unbewegliche Fläche gelegten und an seinen Enden durch Kräfte gespannten Faden überzugehen, wird es am einfachsten sein, uns die Glieder der Kette als unendlich kleine einander gleiche Kugeln zu denken. Denn sind die Glieder kugelförmig, so braucht die Bedingung, dass bei jedem Gliede die Normalen in den drei Berührungen mit der Fläche und den zwei angrenzenden Gliedern sich in einem Puncte schneiden, nicht ausdrücklich erwähnt zu werden, da sämmtliche Normalen auf der Oberfläche einer Kugel in ihrem Mittelpuncte zusammentreffen. Rücksichtlich der gegenseitigen Lage der Kugeln bleibt daher bloss die Bedingung übrig, dass bei jeder die gedachten drei Normalen in einer Ebene liegen, oder, was auf dasselbe hinauskommt, dass die Mittelpunkte C, C', C'' von je drei auf einander folgenden Kugeln m, m', m'' mit dem Puncte B', in welchem die mittlere Kugel m' die Fläche berührt, in einer Ebene enthalten sind.

Indem wir nun die Kugeln unendlich klein und einander gleich annehmen, lassen sich CC', $C'C''$, ... als Elemente einer von der Fläche überall um den Halbmesser der Kugeln abstehenden Curve, d. i. eines über die Fläche gelegten Fadens, ansehen, und die letztere Bedingung drückt dann aus, dass je zwei nächstfolgende Elemente des Fadens, und die Normale der Fläche an derselben Stelle in einer Ebene liegen, d. h. dass in jedem Puncte der von dem Faden gebildeten Curve die Krümmungsebene derselben auf der Fläche rechtwinklig steht. Bekanntlich ist dieses die charakteristische Eigenschaft der kürzesten Linie, welche auf einer gegebenen Flächc zwischen zwei gegebenen Puncten derselben sich ziehen lässt*).

---

*) Dies gilt wenigstens im Allgemeinen. In jedem Falle aber wird man eine Curve, die jene charakteristische Eigenschaft besitzt, in Theile zerlegen können, deren jeder ein Minimum zwischen seinen Endpuncten ist, sollte auch nicht die ganze Curve die möglichst kleinste zwischen ihren Endpuncten sein. Zerlegt man z. B. den Bogen eines grössten Kreises auf einer Kugel, der grösser als ein Halbkreis ist, in Theile, deren jeder kleiner als ein Halbkreis ist, so ist jeder dieser Theile die kürzeste Linie auf der Kugel zwischen ihren Endpuncten. Dagegen ist der ganze Bogen unter allen einfach gekrümmten Linien, die sich auf der Kugel zwischen seinen Enden ziehen lassen, die längste, und die Ergänzung dieses Bogens zu einem ganzen Kreise die kürzeste auf der Kugel.

Dass bei der kürzesten Curve, die sich auf einer gegebenen Fläche zwischen zwei Puncten der letzteren ziehen lässt, die Krümmungsebene der Curve überall rechtwinklig auf der Fläche steht, lässt sich folgendergestalt geometrisch darthun. Seien AB, BC (vergl. Fig. 75) zwei nächstfolgende Elemente der Curve, und MO, MP die Elemente der Fläche, in denen erstere Elemente enthalten sind. Die Elemente der Curve wollen wir uns geradlinig und die der Fläche eben denken, und MN sei die Gerade, in welcher sich die letzteren schneiden. Da nun die ganze Curve die kürzeste Linie sein soll, welche zwischen ihren Endpuncten auf der Fläche gezogen werden kann, so muss auch der Theil ABC derselben die kürzeste Linie unter allen sein, welche von A geradlinig nach einem Puncte der MN und von da geradlinig nach C sich ziehen lassen. Da ferner die

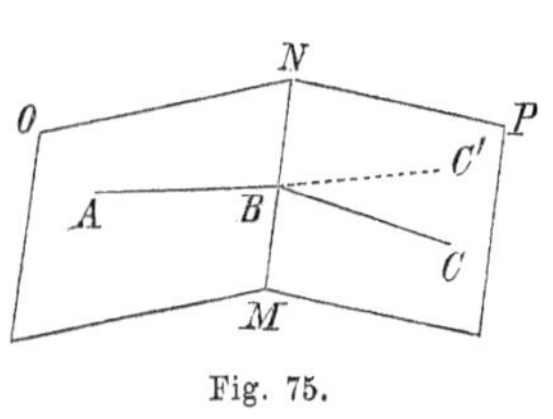

Fig. 75.

Länge dieser gebrochenen Linie sich nicht ändert, wenn das eine der beiden Flächenelemente MO und MP, oder beide zugleich, mit den Linienelementen AB und

Mithin muss der Faden zwischen seinen beiden Endpuncten so liegen, dass er die kürzeste Linie ist, die auf der Fläche von dem einen Endpuncte desselben zum anderen gezogen werden kann, oder doch so, dass genugsam kleine Theile desselben die kürzesten Linien zwischen ihren Endpuncten sind.

Dies ist die erste Bedingung des Gleichgewichtes.

Sodann sind wegen der Gleichheit und unendlichen Kleinheit der Kugeln die Winkel ACB, BCA', $A'C'B'$, etc. unendlich wenig von rechten Winkeln, mithin ihre Sinus um unendlich kleine Grössen der zweiten Ordnung von der Einheit verschieden. Zufolge der Proportion: $T : T' = \sin BCA' : \sin ACB$, ist daher der Unterschied je zweier nächstfolgenden Spannungen nur ein unendlich Kleines der zweiten Ordnung, also erst der Unterschied zweier Spannungen, zwischen welche eine unendliche Menge anderer fallen, d. i. der Spannungen an zwei um einen endlichen Theil des Fadens von einander entfernten Stellen, von der ersten Ordnung, d. h. *die Spannung des Fadens ist überall von gleicher Grösse*; *ihre Richtung aber ist die der Tangente der Fadencurve.*

Da nun am ersten (letzten) Elemente die Kraft P (Q) mit der vom zweiten (vorletzten) Elemente auf dasselbe hervorgebrachten Spannung das Gleichgewicht halten muss, und dieses Element, gleich den übrigen, an der unbeweglichen Fläche beweglich ist, so ergibt sich als zweite Bedingung für das Gleichgewicht des Fadens:

Jede der beiden Kräfte, welche auf den Anfang und das Ende des Fadens wirken, muss mit der Normale der Fläche und der Tangente des Fadens daselbst in einer Ebene liegen, und wenn man die Kräfte nach diesen Richtungen zerlegt, müssen die tangentialen Kräfte einander (und der Spannung des Fadens) gleich sein und den Faden nach entgegengesetzten Seiten zu ziehen suchen.

§. 273. Noch verdient die vom Faden auf die Fläche ausgeübte Pressung näher betrachtet zu werden. Die Pressung,

---

BC, welche sie enthalten, um MN als Axe gedreht werden, so wird diejenige Linie ABC die kürzeste sein, welche nach einer Drehung, wodurch MP in die erweiterte Ebene von MO fällt, zu einer ungebrochenen Geraden, als der kürzesten Linie zwischen zwei Puncten in einer Ebene, wird. Kommt daher C nach dieser Drehung nach C', so muss B in die Gerade AC' fallen. Nun beschreibt bei dieser Drehung die Gerade BC die Fläche eines geraden Kegels, von welchem MN die Axe ist. Ein Element dieser Kegelfläche ist der Winkel CBC'; die durch die Axe gehenden Ebenen MBC und MBC' müssen folglich mit der Ebene des Winkels CBC' unendlich nahe rechte Winkel machen, d. h., weil BC' die geradlinige Verlängerung von AB ist: die Berührungsebenen MO und MP der Fläche müssen auf der Krümmungsebene ABC der Curve rechtwinklig sein.

welche die Fläche von einem der unendlich kleinen einander gleichen Kügelchen erleidet, aus denen wir uns den Faden zusammengesetzt vorstellen, ist nach §. 271:

$$R = T\frac{\sin ACA'}{\sin BCA'} = T\sin ACA',$$

(vergl. Fig. 74 auf p. 396), weil BCA' unendlich nahe $= 90^\circ$. Es ist aber

$$\sin ACA' = \sin C_{,}C \wedge CC',$$

und der Sinus des Winkels, den zwei einander gleiche Elemente $C_{,}C$ und CC' der Curve mit einander machen, ist gleich dem einen der Elemente, dividirt durch den Krümmungshalbmesser der Curve. Mithin ist $R = Tk:r$, wenn r den Krümmungshalbmesser und k die Länge eines der Elemente, oder, was dasselbe ist, den Durchmesser einer der Kugeln bezeichnet.

Von n auf einander folgenden Kugeln, die einen so kleinen Theil (gleich nk) des Fadens einnehmen, dass der Krümmungshalbmesser von einem Puncte des Theiles zum anderen unveränderlich angesehen werden kann, und dass die Pressungen, welche die Kugeln einzeln erzeugen, sowohl ihrer Grösse, als ihrer Richtung nach, nicht merklich von einander verschieden sind, von n solchen Kugeln ist daher nach dem Princip der Zusammensetzung paralleler Kräfte, die Gesammtpressung

$$nTk:r = T\frac{ds}{r},$$

wenn wir die Länge des Fadentheils gleich ds setzen. Dieses Resultat ist um so richtiger, je kleiner wir ds annehmen, und hängt nur noch insofern von k ab, als ds ein gewisses Vielfache von k ist. Da uns aber nichts hindert, k noch unendlich kleiner als ds, also von der zweiten Ordnung zu nehmen, während wir ds als eine unendlich kleine Linie der ersten Ordnung betrachten, so kann ds, als solche, jede beliebige Länge haben.

Die von einem Elemente des Fadens hervorgebrachte Pressung steht demnach zu der Spannung des Fadens in demselben Verhältnisse, wie die Länge des Elements zu seinem Krümmungshalbmesser.

§. 274. Zusätze. *a*) Zu dem eben erhaltenen Resultate kann man auch durch folgende einfache Betrachtung gelangen. Auf jedes Element AB (vergl. Fig. 76) des über eine Fläche gespannten Fadens wirken an seinen Enden nach den tangentialen Richtungen AC und BD die einander gleichen Spannungen T, und die Resultante derselben muss mit den Pressungen im Gleichgewichte sein, welche das Element von der Fläche erleidet. Betrachten wir nun AB als einen unendlich kleinen Bogen eines Kreises, und ist M der Mittelpunct des letzteren und N der Durchschnitt der Tangenten, so halbirt die Gerade NM den Winkel CND, ist folglich die Richtung jener Resultante, und die Intensität derselben ist

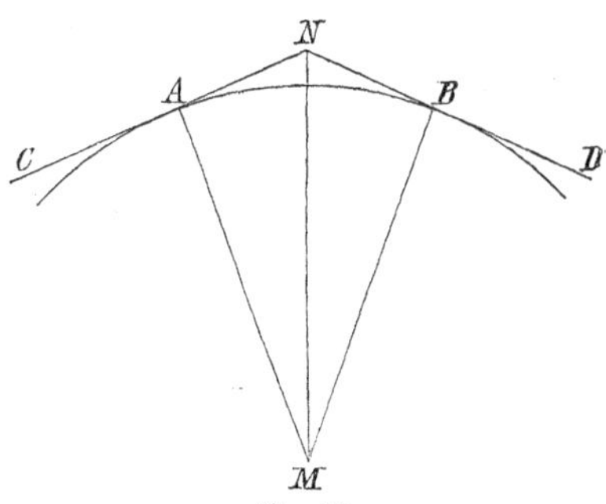

Fig. 76.

$$T \cdot \frac{\sin CND}{\sin CNM} = T \sin AMB$$
$$= T\frac{ds}{r},$$

wenn wiederum ds die Länge des Elementes AB, und r seinen Krümmungshalbmesser MA bezeichnet. Eben so gross, nur von entgegengesetzter Richtung, ist also auch die Resultante der auf das Element ausgeübten Pressungen.

b) Der Coëfficient von ds in dem Ausdrucke für die Pressung dieses Elementes ist nichts anderes, als die Gesammtpressung einer der Längeneinheit gleichen Linie, wenn je zwei gleiche Theile derselben nach parallelen Richtungen gleich grosse Pressungen, und zwar jedes dem Fadenelemente ds gleiche Linienelement dieselbe Pressung, wie das Fadenelement, erfahren. Dieser Coëfficient, den wir die Pressung für einen dem Elemente ds zugehörigen Punct des Fadens nennen können, ist von einem Puncte des Fadens zum anderen veränderlich, und das Product aus derselben in ein den Punct mit begreifendes Fadenelement gibt die Pressung dieses letzteren, — ebenso, wie man bei einem ungleichförmig dichten Körper durch Multiplication der Dichtigkeit an einer gewissen Stelle in ein daselbst befindliches Raumelement die Masse dieses Elementes, oder bei einem mit veränderlicher Geschwindigkeit sich bewegenden Puncte durch Multiplication der in einem gewissen Zeitpuncte stattfindenden Geschwindigkeit in ein diesen Zeitpunct mit enthaltendes Zeitelement das während dessen beschriebene Raumelement erhält.

c) *Da die Spannung des Fadens überall von gleicher Grösse ist, so verhalten sich die Pressungen für verschiedene Puncte des Fadens umgekehrt, wie die Krümmungshalbmesser, also direct wie die Krümmungen selbst, so dass, wenn der Faden sich geradlinig fortzieht, er eine Pressung weder erleidet noch ausübt.*

d) Ist die Krümmung des Fadens überall gleich gross, so ist auch seine Pressung von einer Stelle zur anderen dieselbe. Dies ereignet sich z. B. bei einem Faden, welcher über eine Kugel, oder über einen geraden Cylinder mit kreisförmiger Basis gespannt ist. Denn im ersteren Falle ist die Curve ein grösster Kreis der Kugel, im letzteren im Allgemeinen eine cylindrische Spirale (Schraubenlinie). Da, wie sich leicht zeigen lässt, der Krümmungshalbmesser einer solchen Spirale gefunden wird, wenn man den Halbmesser des Cylinders durch das Quadrat des Sinus des Winkels dividirt, den die Elemente der Spirale mit der Axe des Cylinders machen, so ist bei gleicher Spannung die Pressung des spiralförmigen Fadens diesem Quadrate proportional, mithin desto stärker, je mehr sich der Winkel der Spirale mit der Axe einem rechten nähert; am stärksten, wenn dieser Winkel ein rechter ist, und damit die Spirale in einen auf der Axe normalen Kreis übergeht; am schwächsten dagegen, oder vielmehr Null, wenn der Faden parallel mit der Axe und daher geradlinig ist.

e) Die zwei Kräfte am Anfange und Ende des Fadens müssen dergestalt gerichtet sein, dass sie den Faden spannen, d. h. die Elemente desselben von einander zu trennen, nicht sie gegen einander zu drücken streben, indem sonst wegen der Unsicherheit des Gleichgewichtes jedes Elementes das Gleichgewicht des Ganzen keinen Bestand haben könnte. Da ferner in der Wirklichkeit der Faden über die Fläche nur gelegt, nicht unzertrennlich mit ihr verbunden ist, so muss die Pressung, welche Faden und Fläche auf einander ausüben, ein gegenseitiger Druck sein, und der Faden muss daher der Fläche seine hohle Seite zukehren. — Wäre der Faden gegen die Fläche erhaben und würde er von den Kräften gespannt, so würde er sich von der Fläche trennen, sein Gleichgewicht aber würde ein sicheres sein, wenn die Trennung auf irgend eine Weise verhindert werden könnte. — Wenn dagegen der gegen die Fläche erhabene Faden von den Kräften an beiden Enden gedrückt würde, so würde er damit auch gegen die Fläche angedrückt, das Gleichgewicht aber wegen der Unsicherheit nicht bestehen können. — Wäre endlich der Faden gegen die Fläche hohl, und drückten ihn die Kräfte an beiden Enden, so würde Trennung von der Fläche und Unsicherheit des Gleichgewichtes zugleich die Folge sein. — Es gibt daher hinsichtlich der Richtungen der Kräfte und der Lage des Fadens gegen die Fläche in Allem vier denkbare Fälle, von denen aber der ersterwähnte allein in der Wirklichkeit vorkommen kann.

§. 275. Sollen zwei auf die Enden C und D (vergl. Fig. 76) eines Fadens $CABD$ wirkende Kräfte P und Q sich das Gleichgewicht halten, und ist n u r der T h e i l AB des Fadens ü b e r e i n e F l ä c h e g e l e g t, sind aber die Theile CA und BD f r e i, so muss nach dem allgemeinen Gesetze, dass die einzelnen Theile für sich im Gleichgewichte sind, der Theil AB die kürzeste Linie bilden, welche auf der Fläche von A bis B gezogen werden kann; die Theile CA und BD aber müssen geradlinig sein, und die in C, D angebrachten Kräfte P, Q müssen die Richtungen AC, BD haben. Es müssen ferner unter der Voraussetzung, dass die Fläche bloss vermöge ihrer Undurchdringlichkeit auf den Faden wirkt, CA, BD Tangenten der Curve AB in A, B sein, und die Kräfte P, Q müssen einander gleich sein. — Denn heisst T die Spannung des Theiles AB, und wäre AC nicht die Fortsetzung der Tangente NA von AB, so müsste doch, wegen des Gleichgewichtes der nach AC und AN gerichteten Spannungen P und T am Endpuncte A von AB, die Richtung AC mit der Tangente AN und der Normale AM der Fläche in einer Ebene liegen, und es müsste, wenn man die Spannung P in A nach tangentialer und normaler Richtung zerlegte, die tangentiale Kraft der Spannung T gleich und entgegengesetzt sein (§. 272). Weil aber die Richtung AC nicht in das Innere des von der Fläche begrenzten Körpers gehen kann, so würde auch die normale Kraft nach aussen zu gerichtet sein, folglich den Punct A vom Körper abwärts treiben und damit das Gleichgewicht aufheben. Die normale Kraft muss folglich Null, und daher die Spannung P der Spannung T in A gleich und entgegengesetzt sein. Aehnliches wird rücksichtlich der Spannungen T und Q des Punctes B bewiesen. Mithin sind CA und BD die Tangenten an AB in A und B, und $P = T = Q$.

§. 276. Wir haben bisher die Fläche, über welche ein Faden gespannt ist, als unbeweglich betrachtet. Ist sie dieses nicht, sondern entweder zum Theil, oder vollkommen frei beweglich, so muss man noch das Gleichgewicht berücksichtigen, welches am Körper, dem die Fläche zur Grenze dient, die vom Faden auf ihn ausgeübte Pressung mit den übrigen auf ihn wirkenden Kräften hält. Da aber am Faden die Pressung, welche er von der Fläche erleidet, mit den Spannungen der zwei Puncte des Fadens im Gleichgewichte ist, in denen er nach tangentialer Richtung von der Fläche abgeht, so kann man statt der Pressung des Fadens gegen die Fläche auch diese zwei Spannungen, d. h. zwei einander und der Spannung gleiche Kräfte, setzen, welche in den besagten zwei Puncten nach den geradlinig fortgehenden Richtungen des Fadens wirken. Auch erhellt dieses sogleich daraus, dass man, unbeschadet des Gleichgewichtes des Ganzen, den auf der Fläche liegenden Theil des Fadens sich mit der Fläche fest vereinigen lassen kann. Denn alsdann ist von Pressungen nicht mehr die Rede, sondern es kommen nur die zwei erwähnten Spannungen in Betracht. Zu mehrerer Erläuterung mag folgende Aufgabe dienen.

§. 277. Aufgabe. *Ein in sich zurücklaufender Faden ABCDEF* (vergl. Fig. 77) *ist um drei frei bewegliche Körper l, m, n gelegt. Die Bedingungen des Gleichgewichtes zwischen drei auf diese Körper wirkenden Kräften P, Q, R zu finden.*

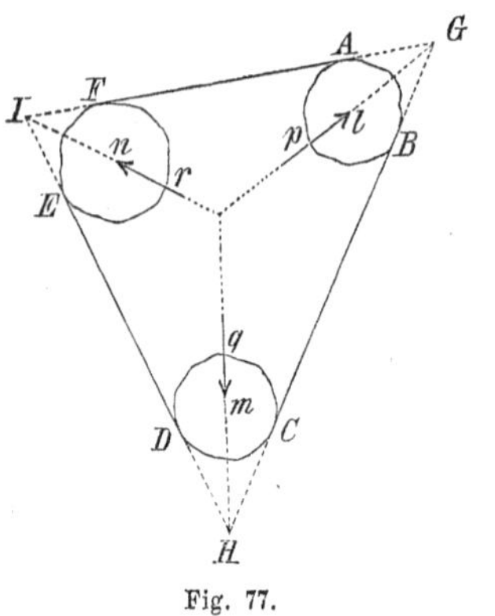

Fig. 77.

Auflösung. Seien BC, DE, FA die freien und daher geradlinigen Theile des Fadens, welche zwischen den Körpern l und m, m und n, n und l liegen und sie resp. berühren; T die constante Spannung des Fadens; p, q, r die Richtungen der Kräfte P, Q, R. Hiernach sind am Körper l zwei Kräfte, jede gleich T, nach den Richtungen AF, BC wirkend, im Gleichgewichte mit der nach p gerichteten Kraft P; mithin müssen die drei Geraden AF, BC, p in einer Ebene liegen und sich in einem Puncte schneiden, und der von den zwei ersteren gebildete Winkel muss von der dritten halbirt werden. Gleiches findet statt in Bezug auf die zwei übrigen Körper m und n. Sämmtliche drei geradlinige Theile des Fadens müssen daher in einer Ebene liegen, also ein Dreieck GHI bilden, und die Richtungen der Kräfte müssen durch die Ecken dieses Dreiecks gehen und die Winkel daselbst halbiren. Die Verhältnisse aber, in welchen die Kräfte zu der Spannung des Fadens und zu einander stehen müssen, sind:

$$P : T = \sin G : \sin \tfrac{1}{2} G = 2 \cos \tfrac{1}{2} G : 1 \ ,$$

$$Q : T = 2 \cos \tfrac{1}{2} H : 1 \ , \qquad R : T = 2 \cos \tfrac{1}{2} I : 1 \ .$$

Damit übrigens der Faden durch die Kräfte wirklich gespannt werde, müssen sie von dem Inneren des Dreiecks GHI nach aussen gerichtet sein.

§. 278. Zusätze. *a*) Da das Gleichgewicht noch fortbesteht, wenn die gegenseitige Lage der Theile des Systems unveränderlich angenommen wird, so müssen sich p, q, r in einem Puncte schneiden, welches zu dem bekannten Satze der Elementargeometrie führt, dass die drei Geraden, welche die Winkel eines Dreiecks halbiren, in einem Puncte zusammentreffen.

b) Untersuchen wir ähnlicher Weise das Gleichgewicht zwischen vier Kräften, welche auf vier frei bewegliche mit einem Faden umschlungene Körper wirken, so müssen von den vier freien und daher geradlinigen Theilen des Fadens je zwei auf einander folgende in einer Ebene liegen, und der von ihnen gebildete Winkel muss von der Richtung der Kraft, welche auf den dazwischen begriffenen Körper wirkt, halbirt werden. Da hiernach diese vier Theile des Fadens, in ihrer Aufeinanderfolge und genugsam verlängert, ein im Allgemeinen nicht in einer Ebene enthaltenes Viereck bilden, dessen Winkel von den Richtungen der Kräfte halbirt werden, und da vier Kräfte, die sich an einem freien Körper das Gleichgewicht halten, falls sie nicht in einer Ebene sind, eine hyperboloidische Lage haben (§. 99, *a*), so gewinnen wir folgenden Satz:

Die vier Geraden, welche die Winkel eines nicht in einer Ebene enthaltenen Vierecks halbiren, haben eine solche Lage gegen einander, dass jede Gerade, welche dreien derselben begegnet, auch die vierte trifft.

§. 279. Das Gleichgewicht eines über eine Fläche gespannten Fadens wird nicht unterbrochen, wenn man die Fläche wegnimmt und statt der Pressungen, welche sie auf den Faden ausübte, Kräfte nach denselben Richtungen und von denselben Intensitäten auf ihn wirken lässt, Kräfte also, deren Richtungen überall normal auf dem Faden sind, in seiner Krümmungsebene liegen und von seiner hohlen Seite nach der erhabenen zu gehen, deren Intensität aber für jeden einzelnen Punct des Fadens als verschwindend zu betrachten ist, indem die Resultante aller der auf einen unendlich kleinen Theil ds des Fadens wirkenden Kräfte ebenfalls unendlich klein, gleich Pds ist, wo P die Spannung, dividirt durch den Krümmungshalbmesser, bedeutet (§. 273).

Soll umgekehrt ein frei beweglicher Faden im Gleichgewichte sein, wenn dessen Anfangs- und Endpunct unbeweglich sind, und wenn normal auf jedes seiner Elemente ds eine Kraft Pds wirkt, wo P eine von einem Puncte des Fadens zum anderen nach einem noch zu bestimmenden Gesetze veränderliche Grösse ist, so muss die Richtung der Kraft in der Krümmungsebene des Elementes liegen, und P dem Krümmungshalbmesser umgekehrt proportional sein. Denn am Elemente ds oder AB (vergl. Fig. 76 auf p. 401) halten sich die Kraft Pds und die zwei Spannungen an den Endpuncten A und B des Elementes das Gleichgewicht. Die Kraft Pds muss daher mit den an die Fadencurve in A und B gelegten Tangenten AC und BD, als den Richtungen der Spannungen, in einer Ebene, also in der Krümmungsebene des Elementes, liegen. Sie muss ferner durch den Durchschnitt N dieser Tangenten, und weil sie zugleich auf dem Elemente normal sein soll, durch den Mittelpunct M seiner Krümmung gehen. Da hiernach die Richtung von Pds den Winkel CND halbirt, so sind die Spannungen in A und B, und ebenso in je zwei anderen unendlich nahe auf einander folgenden Puncten gleich gross, also die Spannung in allen Puncten des Fadens von constanter Grösse. Diese Spannung aber verhält sich zur Kraft Pds wie $\sin ANM$ zu $\sin AMB$ (§. 274, *a*), d. i. wie AM oder der Krümmungshalbmesser zu $AB = ds$, woraus das Uebrige von selbst folgt.

---

§. 280. Die so eben angestellte Betrachtung über das Gleichgewicht eines Fadens, auf welchen überall normale Kräfte wirken, wollen wir jetzt verallgemeinern.

Wir wollen die Bedingungen des Gleichgewichtes zu bestimmen suchen, wenn auf jedes Element ds eines vollkommen biegsamen und bis auf seine zwei befestigten Endpuncte frei beweglichen Fadens eine der Länge des Elementes proportionale, übrigens aber ihrer Intensität und Richtung nach beliebig gegebene Kraft Pds wirkt.

Sei demnach in Bezug auf ein rechtwinkliges Coordinatensystem die Kraft P aus den drei mit den Coordinatenaxen parallelen Kräften X, Y, Z zusammengesetzt, und diese Kräfte irgend welche Functionen der Coordinaten x, y, z, welche einem Puncte des Elementes ds zugehören. Den Faden wollen wir uns, wie im Obigen, aus einander sich berührenden, einander gleichen Kugeln gebildet vorstellen, deren jede einen Durchmesser gleich ds hat. Sei m (vergl. Fig. 78) eine dieser Kugeln, welche die vorhergehende $m_{,}$ in A und die folgende m' in A' berühre. Die Mittelpuncte

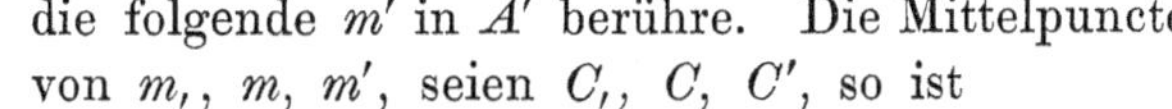
von $m_{,}$, m, m', seien $C_{,}$, C, C', so ist

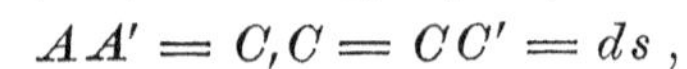
$$AA' = C_{,}C = CC' = ds\,,$$

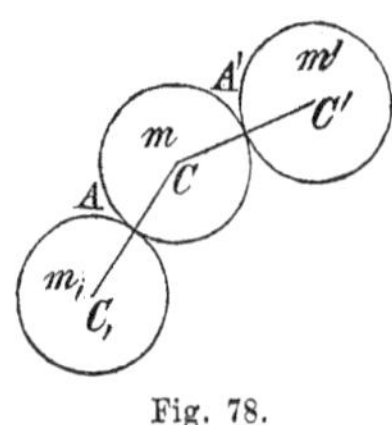

Fig. 78.

und wenn x, y, z die Coordinaten von C bezeichnen, so sind $x + dx$, $y + dy$, $z + dz$ die Coordinaten von C'. Die auf den Fadentheil $AA' = ds$, also bei der gegenwärtigen Vorstellung, auf die Kugel m, wirkende Kraft Pds haben wir uns am Mittelpuncte C der Kugel angebracht zu denken. Sie muss im Gleichgewichte sein mit den Spannungen, welche die Kugel m von den anliegenden $m_{,}$ und m' in A und A' erleidet. Man setze deshalb die von m auf $m_{,}$ in A

nach der Richtung $C_{,}C$ ausgeübte Spannung gleich T, und die von m' auf m in A' nach der Richtung CC' ausgeübte gleich T'. Diese Spannungen werden bei der Allgemeinheit der jetzigen Untersuchung nicht mehr, wie im Vorigen, einander gleich, sondern als Functionen der Coordinaten von A und A' anzusehen sein, sodass, weil $AA' = ds$ ist, T' ebenso von $x + dx$, $y + dy$, $z + dz$, wie T von x, y, z, abhängt, und daher $T' = T + dT$ ist. Die Spannung T, nach den Coordinatenaxen zerlegt, gebe die Kräfte U, V, W; sie sind, weil T die Richtung des Elementes $C_{,}C$ hat:

$$(1) \qquad U = T\frac{dx}{ds}, \qquad V = T\frac{dy}{ds}, \qquad W = T\frac{dz}{ds},$$

sind also gleichfalls Functionen von x, y, z. Die Spannung T', nach denselben Axen zerlegt, wird daher die Kräfte $U + dU$, $V + dV$, $W + dW$ geben.

Die an der Kugel m sich das Gleichgewicht haltenden Kräfte sind demnach: erstens die Kraft Pds oder $(Xds,\ Yds,\ Zds)$; zweitens die von m' ausgeübte, nach CC' gerichtete Spannung T' oder $(U + dU,\ V + dV,\ W + dW)$, und drittens die von $m_{,}$ nach der Richtung $CC_{,}$ ausgeübte und durch $(-U,\ -V,\ -W)$ auszudrückende Spannung, da sie der Spannung T oder (U, V, W) gleich und entgegengesetzt ist. Sämmtliche drei Kräfte schneiden sich, wie gehörig, in einem Puncte C, und wir haben somit nach §. 67, Zus. die drei Bedingungungsgleichungen:

$$Xds + U + dU - U = 0, \ \ldots,$$

d. i.

$$(2) \qquad Xds + dU = 0, \qquad Yds + dV = 0, \qquad Zds + dW = 0,$$

oder

$$Xds + d\left(T\frac{dx}{ds}\right) = 0, \qquad Yds + d\left(T\frac{dy}{ds}\right) = 0,$$

$$Zds + d\left(T\frac{dz}{ds}\right) = 0.$$

Aus den Gleichungen (2) und den vorigen (1) sind nun, wie bei jedem anderen Problem der Statik, welches ein System mit einander verbundener Körper betrifft, noch die Spannungen zu eliminiren; dies aber kann hier nur durch Infinitesimalrechnung geschehen. In der That folgt aus (2) durch Integration:

$$(3) \qquad \int Xds + U = 0, \qquad \int Yds + V = 0, \qquad \int Zds + W = 0,$$

wo die noch hinzuzufügenden Constanten unter dem Zeichen $\int$ mit begriffen sind. Hieraus aber fliessen in Verbindung mit (1) die zwei Bedingungen des Gleichgewichtes:

$$(4) \qquad \frac{dx}{\int Xds} = \frac{dy}{\int Yds} = \frac{dz}{\int Zds}.$$

§. 281. Zusätze. *a)* Die gemachte Voraussetzung, dass die Elemente ds von gleicher Länge seien, braucht bei den erhaltenen Gleichungen nicht mehr beachtet zu werden, da in ihnen nur Differentiale der ersten Ordnung vorkommen. Es kann daher, statt ds, auch von einer der übrigen veränderlichen Grössen das erste Differential constant gesetzt werden, so dass je zwei nächstfolgende ds um ein unendlich Kleines der zweiten Ordnung von einander verschieden sind. Auch sieht man leicht, dass die zu Anfange des §. 280 gemachten Schlüsse an Richtigkeit nicht verlieren, wenn man die Durchmesser je zweier an einander liegenden Kügelchen um die zweite Ordnung von einander verschieden sein lässt.

b) Den Gleichungen (4) kann man nach Wegschaffung der Bruchform, und wenn man von Neuem integrirt, auch die Gestalt der drei Integralgleichungen geben:

$$(4^*)\quad \begin{cases} \int dz \int Y ds - \int dy \int Z ds = 0 \ , \\ \int dx \int Z ds - \int dz \int X ds = 0 \ , \\ \int dy \int X ds - \int dx \int Y ds = 0 \ , \end{cases}$$

von denen jede eine Folge der beiden übrigen ist, und wo die neu hinzuzufügenden Constanten unter den neuen Integrationszeichen mit begriffen sind.

Diese Gleichungen lassen sich noch unter einer besonderen Bedeutung auffassen. Man kann nämlich, mit Anwendung der bekannten Reductionsformel $\int u\,dv = uv - \int v\,du$, statt der dritten Gleichung z. B., — die, wenn die Kräfte, und mithin auch die Fadencurve, in einer einzigen Ebene (der x, y) enthalten sind, die alleinige Bedingung des Gleichgewichtes ist, — auch schreiben:

$$(a)\quad y\int X ds - \int y X ds - x \int Y ds + \int x Y ds = 0 \ .$$

Hierin gehören die Coordinaten x, y, welche ausserhalb des Zeichens $\int$ stehen, dem Puncte der Fadencurve an, bis zu welchem man integrirt, während die unter dem Zeichen befindlichen x, y sich auf alle vom Anfangspuncte bis dahin liegenden Zwischenpuncte der Curve beziehen. Bezeichnet man daher erstere Coordinaten, um sie von den letzteren zu unterscheiden, durch x', y', so kann man für (a) auch setzen:

$$\int [(x - x')\, Y ds - (y - y')\, X ds] = 0 \ .$$

Da nun x, y die Coordinaten des Elementes ds sind, und daher das in Klammern Eingeschlossene nichts anderes, als das Moment der auf ds wirkenden Kraft $(X ds,\ Y ds)$ in Bezug auf den Punct $(x',\ y')$ ist, so drückt die Gleichung unter dieser Form aus, dass das Moment aller auf den Faden von seinem Anfange bis zum

Puncte (x', y') wirkenden Kräfte in Bezug auf den letzteren Punct Null ist.

Ist die Curve nicht in einer Ebene, oder doch nicht in der Ebene der x, y, begriffen, so zeigt dieselbe Gleichung an, dass das Moment der Kräfte, welche auf den Faden von seinem Anfange bis zum Puncte (x', y', z'), bis zu welchen man die Integration erstreckt, wirken, in Bezug auf eine durch den letzteren Punct parallel mit der Axe der z gelegte Axe Null ist. Analoge Bedeutung haben die zwei ersten Gleichungen in (4*) rücksichtlich der Axen der x und der y.

Der unmittelbare Grund dieses Ergebnisses liegt offenbar darin, dass, wenn der Faden im Gleichgewichte ist, an jedem Theile desselben die auf die Elemente des Theils wirkenden Kräfte und die Spannungen am Anfange und Ende des Theils ebenso, wie an einem frei beweglichen festen Körper, im Gleichgewichte mit einander sein müssen.

Zugleich folgt hieraus, dass man zu den drei Integralen $\int X ds$, $\int Y ds$, $\int Z ds$ die nach den drei Coordinatenaxen zerlegte Spannung in dem Puncte, von welchem man die Integrale anfangen lässt, als Constanten hinzuzufügen hat.

c) Umgekehrt kann man mit Hülfe des Princips, dass bei jedem vom Anfange des Fadens an gerechneten Theile desselben die Kräfte an den Elementen mit den Spannungen am Anfange und Ende des Theils das Gleichgewicht halten, ganz leicht die Bedingungsgleichungen (4*) herleiten. Denn, um dieses nur für den Fall zu zeigen, wenn die Kräfte in einer und derselben Ebene wirken, so wird das gedachte Gleichgewicht nach §. 38 durch die drei Gleichungen bedingt:

$$\int X ds + U = 0 \ , \qquad \int Y ds + V = 0 \ ,$$
$$\int x Y ds + x V - \int y X ds - y U = 0 \ ,$$

wo (U, V) die Spannung am unbestimmten Ende (x, y) des Theils ist, die Spannung am bestimmten Anfange aber unter dem Zeichen $\int$ mit begriffen ist. Werden nun hieraus U und V eliminirt, so kommt nach gehöriger Reduction die bereits erhaltene Gleichung:

$$\int dy \int X ds - \int dx \int Y ds = 0 \ .$$

Dass die Spannung (U, V) im Puncte (x, y) in tangentialer Richtung wirkt, ist eine unmittelbare Folge aus diesen Gleichungen. Denn es verhält sich nach ihnen:

$$dx : dy = \int X dx : \int Y ds = U : V \ .$$

d) Jedes der drei Integrale $\int X ds$, $\int Y ds$, $\int Z ds$ enthält eine willkürliche Constante. Die Gleichung für die Fadencurve in einer

Ebene enthält daher drei willkürliche Constanten, und die zwei von einander unabhängigen Gleichungen für die Curve im Raume begreifen fünf Constanten in sich.

Jene drei Constanten bei einer Curve in einer Ebene, so wie diese fünf bei einer Curve im Raume, lassen sich unter anderen dadurch bestimmen, dass man zwei Puncte, durch welche die Curve gehen soll, und die Länge des dazwischen begriffenen Stückes der Curve gegeben sein lässt. Denn soll eine Curve einen gegebenen Punct enthalten, so müssen, je nachdem die Curve eben ist, oder nicht, zwischen den Coordinaten des Punctes und den Constanten in der einen oder den zwei Gleichungen der Curve eine oder zwei Bedingungsgleichungen erfüllt sein; und die Forderung, dass der zwischen zwei gegebenen Puncten der Curve enthaltene Theil derselben von gegebener Länge sei, führt, die Curve mag eben sein, oder nicht, zu einer einzigen Gleichung zwischen der gegebenen Länge und den Constanten der Curve. Man hat daher in jedem der beiden Fälle eben so viel Gleichungen, als zu bestimmende Constanten.

§. 282. Die Gleichungen für das Gleichgewicht am Faden wurden in §. 280 aus den Gleichungen (1) und (2) durch Elimination der Spannung hergeleitet. Diese Elimination kann aber nicht allein, wie dort geschah, durch Integration, sondern auch durch Differentiation bewerkstelligt werden. Setzt man zu diesem Ende die Differentialquotienten

$$(5)\qquad \frac{dx}{ds} = \xi\,,\quad \frac{dy}{ds} = \eta\,,\quad \frac{dz}{ds} = \zeta\,,$$

wo daher

$$(6)\qquad \begin{cases} \xi^2 + \eta^2 + \zeta^2 = 0\,, \\ \xi d\xi + \eta d\eta + \zeta d\zeta = 0\,, \end{cases}$$

so folgt aus (1) durch Differentiation: $dU = Td\xi + \xi dT$, etc., und wenn man diese Werthe von dU, dV, dW in (2) substituirt:

$$(2^*)\qquad \begin{cases} Xds + Td\xi + \xi dT = 0\,, \\ Yds + Td\eta + \eta dT = 0\,, \\ Zds + Td\zeta + \zeta dT = 0\,. \end{cases}$$

Um nun zuerst aus diesen Gleichungen T und dT mit einem Male zu eliminiren, multiplicire man sie resp. mit den Coëfficienten l, m, n, addire sie und bestimme die Coëfficienten so, dass

$$(a)\qquad \begin{cases} l\xi + m\eta + n\zeta = 0\,, \\ ld\xi + md\eta + nd\zeta = 0\,, \end{cases}$$

so ist auch

$$(b)\qquad lX + mY + nZ = 0\,.$$

Aus (a) aber folgt

$$l:m:n = \eta d\zeta - \zeta d\eta : \zeta d\xi - \xi d\zeta : \xi d\eta - \eta d\xi \ ,$$

mithin

$$(7) \quad X(\eta d\zeta - \zeta d\eta) + Y(\zeta d\xi - \xi d\zeta) + Z(\xi d\eta - \eta d\xi) = 0 \ ,$$

eine von der Spannung freie Gleichung, welche zu erkennen gibt, *dass die Richtung der Kraft* (X, Y, Z) *oder* P *in der Krümmungsebene der Fadencurve liegen muss.* Denn nehmen wir den Punct (x, y, z) zum Anfangspuncte der Coordinaten, so geht diese Ebene durch die drei auf einander folgenden Puncte der Curve: $(0, 0, 0)$, (dx, dy, dz) oder $(\xi ds, \eta ds, \zeta ds)$ und $(2dx + d^2x, 2dy + d^2y, 2dz + d^2z)$ oder $(2\xi ds + d\xi ds + \xi d^2s, \ldots)$. Setzen wir daher die Gleichung der durch den jetzigen Anfangspunct gehenden Krümmungsebene:

$$lu + mv + nw = 0 \ ,$$

wo u, v, w die Coordinaten bezeichnen, so muss sein:

$$l\xi ds + m\eta ds + n\zeta ds = 0 \ ,$$

$$l[\xi(2ds + d^2s) + d\xi ds] + \ldots = 0 \ ;$$

und diese zwei Gleichungen lassen sich, wie man augenblicklich wahrnimmt, auf die Gleichungen (a) reduciren. Der Gleichung (b) zufolge ist aber auch die Richtung von (X, Y, Z) in dieser Ebene begriffen.

Der statische Grund, aus welchem die Kraft P in der Krümmungsebene enthalten sein muss, liegt begreiflich darin, dass die Krümmungsebene des Elementes ds durch die zwei an den Anfangs- und Endpunct des Elementes gelegten Tangenten bestimmt wird, und dass mit den zwei nach diesen Tangenten wirkenden Spannungen des Elementes die Kraft Pds das Gleichgewicht hält.

Ausser der Gleichung (7) kann man aus (2*) noch eine von T und dT freie Gleichung erhalten, indem man daraus T und dT einzeln bestimmt und alsdann den Werth von dT dem Differentiale des Werthes von T gleich setzt. Die auf diese Weise sich ergebende Gleichung enthält daher noch die Differentiale von X, Y, Z; sie vertritt in Verbindung mit (7) die Stelle der zwei Integralgleichungen (4).

§. 283. Zusätze. *a)* Um die Werthe von T und dT aus den drei Gleichungen (2*) zu finden, hat man jedesmal nur zwei der letzteren zu berücksichtigen nöthig. Sollen aber diese Werthe zugleich eine symmetrische Form haben, so kann man folgendergestalt verfahren. Man multiplicire die Gleichungen (2*) resp. mit ξ, η, ζ und addire sie, so kommt mit Anwendung von (5) und (6):

$$(8) \qquad Xdx + Ydy + Zdz + dT = 0 \ .$$

Ebenso findet sich durch Addition derselben Gleichungen, nachdem man sie zuvor mit $d\xi$, $d\eta$, $d\zeta$ multiplicirt hat:

$$(X d\xi + Y d\eta + Z d\zeta)\, ds + T\,(d\xi^2 + d\eta^2 + d\zeta^2) = 0 \;,$$

oder wenn r den Krümmungshalbmesser bezeichnet:

$$(9) \qquad X d\xi + Y d\eta + Z d\zeta + T\frac{ds}{r^2} = 0 \;;$$

denn bekanntlich ist

$$r = \frac{ds}{\sqrt{d\xi^2 + d\eta^2 + d\zeta^2}} \quad *).$$

b) Berechnet man aus (2*) noch die Quadrate von X, Y, Z und addirt sie, so kommt:

$$(X^2 + Y^2 + Z^2)\, ds^2 = T^2\,(d\xi^2 + d\eta^2 + d\zeta^2) + dT^2 \;,$$

oder einfacher, weil $X^2 + Y^2 + Z^2 = P^2$, und mit Einführung von r:

$$(10) \qquad P^2 = \frac{T^2}{r^2} + \frac{dT^2}{ds^2} \;.$$

c) Weil X, Y, Z gleich P resp. multiplicirt in die Cosinus der Winkel, welche die Richtung von P mit den Coordinatenaxen macht, und weil dx, dy, dz gleich ds resp. multiplicirt in die Cosinus der Winkel von ds mit denselben Axen, so ist, wenn φ den Winkel von P mit ds bezeichnet: $X dx + Y dy + Z dz = P \cos\varphi\, ds$. Hiermit reducirt sich die Gleichung (8) auf

$$(11) \qquad P\cos\varphi\, ds + dT = 0 \;,$$

und wenn wir den hieraus fliessenden Werth von dT in (10) substituiren und die Wurzel ausziehen:

$$(12) \qquad P\sin\varphi = \frac{T}{r} \;.$$

d) Aus (11) und (12) folgt nach Wegschaffung von T:

---

*) Diese Formel für den Krümmungshalbmesser dürfte sich am Einfachsten also beweisen lassen. — Seien ds und ds' zwei nächstfolgende, und daher ihrer Länge nach höchstens um ein unendlich Kleines der zweiten Ordnung verschiedene Curvenelemente. Man denke sich dieselben als geradlinig und nenne ω den unendlich kleinen Winkel, den ds' mit der Verlängerung von ds macht, so ist, wie man weiss, $r = \frac{ds}{\omega}$. Man beschreibe hierauf um den Anfangspunct der Coordinaten, als Mittelpunct, mit einem Halbmesser $= 1$, eine Kugel und lege durch ihren Mittelpunct mit ds und ds' zwei Parallelen, welche die Kugelfläche in S und S' treffen, so ist $SS' = \omega$. Da nun nach Gleichung (5) des §. 282 ξ, η, ζ die Cosinus der Winkel sind, welche das Element ds mit den Coordinatenaxen bildet, so sind ξ, η, ζ zugleich die Coordinaten von S, und ebenso $\xi + d\xi$, $\eta + d\eta$, $\zeta + d\zeta$ die Coordinaten von S', folglich $\omega = SS' = \sqrt{d\xi^2 + d\eta^2 + d\zeta^2}$, woraus obenstehender Ausdruck für r hervorgeht.

$$(13) \qquad Pr \sin\varphi + \int P \cos\varphi \, ds = 0 \; .$$

Diese Gleichung und die Gleichung (7), oder der Satz, dass die Richtung der Kraft überall in der Krümmungsebene der Fadencurve liegen muss, enthalten demnach ebenfalls sämmtliche Bedingungen für das Gleichgewicht des Fadens.

e) Man sieht leicht, wie man zu den sehr einfachen Gleichungen (11) und (12) auch unmittelbar gelangen kann. Sind nämlich $C_{,}C$ und CC' (vergl. Fig. 78 auf p. 406) zwei auf einander folgende Elemente des Fadens und bezeichnet man den unendlich kleinen Winkel von $C_{,}C$ mit CC' durch ω, so müssen an C in der Ebene $C_{,}CC'$ die drei Kräfte Pds, T, T', deren Richtungen mit CC' resp. die Winkel φ, $180^\circ + \omega$, 0 machen, im Gleichgewichte sein. Dies führt zu den zwei Gleichungen:

$$P \cos\varphi \, ds - T \cos\omega + T' = 0 \; ,$$
$$P \sin\varphi \, ds - T \sin\omega = 0 \; ,$$

welche mit der Bemerkung, dass $T\cos\omega$ von T nur um ein unendlich Kleines der zweiten Ordnung verschieden ist, und dass

$$ds : \sin\omega = ds : \omega = r \; ,$$

in (11) und (12) übergehen.

f) In dem besonderen Falle, wenn jede Kraft Pds auf ihrem Elemente normal, also φ immer gleich 90° ist, wird nach (11)

$$dT = 0 \; ,$$

und nach (12)

$$P = T : r \; ,$$

also T constant, und P umgekehrt dem r proportional, — beides übereinstimmend mit den schon oben (§. 279) für diesen Fall erhaltenen Resultaten.

Setzen wir umgekehrt $dT = 0$, so folgt aus (11) $\varphi = 90^\circ$, und aus (12) $P = T : r$, d. h. P ist auf der Fadencurve normal und im umgekehrten Verhältnisse mit r. Hieraus fliesst folgender für die analytische Geometrie bemerkenswerthe Lehrsatz:

Sind x, y, z die rechtwinkligen Coordinaten einer Curve im Raume, und X, Y, Z solche Functionen von x, y, z, dass den Gleichungen

$$X dx + Y dy + Z dz = 0 \; ,$$
$$\frac{dx}{\int X ds} = \frac{dy}{\int Y ds} = \frac{dz}{\int Z ds}$$

Genüge geschieht, so hat eine durch den Punct (x, y, z) der Curve gelegte gerade Linie, von welcher X, Y, Z die rechtwinkligen Projectionen auf die drei Coordinatenebenen sind, die Richtung des Krüm-

mungshalbmessers daselbst und ist ihrer Länge nach demselben umgekehrt proportional, welche daher, wenn a eine gewisse, noch zu bestimmende Constante bezeichnet, $= a : \sqrt{X^2 + Y^2 + Z^2}$ *ist.*

Ist die Curve in einer Ebene enthalten, und lässt man diese die Ebene der x, y sein, so werden z und Z Null, und die vorigen Gleichungen reduciren sich auf

$$Xdx + Ydy = 0 \; ,$$
$$dx \int Yds = dy \int Xds \; .$$

Man setze nun $X = -P\frac{dy}{ds}$, so wird wegen der ersteren dieser Gleichungen $Y = P\frac{dx}{ds}$, mithin $P = \sqrt{X^2 + Y^2}$, und die letztere verwandelt sich in:

$$dx \int Pdx + dy \int Pdx = 0 \; .$$

Diese einfache Gleichung besitzt demnach die merkwürdige Eigenschaft, dass der durch sie bestimmte Werth von P umgekehrt dem Krümmungshalbmesser der ebenen Curve proportional ist, von welcher x und y die rechtwinkligen Coordinaten sind*).

§. 284. Untersuchen wir noch die Bedingungen des Gleichgewichtes, wenn der in allen seinen Theilen der Wirkung von Kräften unterworfene Faden nicht mehr frei, wie in den vorigen §§.,

---

*) Dies lässt sich auch leicht geradezu darthun. Sei zu dem Ende $dy = p\,dx$, so wird die Gleichung

$$-\int Pdx = p \int Pp\,dx$$

und wenn man differentiirt:

$$-Pdx = dp \int Pp\,dx + Pp^2 dx \; .$$

Bringt man diese Gleichung unter die Form

$$\frac{Pp\,dx}{\int Pp\,dx} = -\frac{p\,dp}{1+p^2}$$

und integrirt dann wiederum, so kommt:

$$\log \int Pp\,dx = \log\, C - \tfrac{1}{2}\log\,(1+p^2) \; ,$$

wo $\log C$ die hinzuzufügende Constante ist. Eine abermalige Differentiation der letzteren Gleichung, nachdem sie vorher auf die Form

$$\int Pp\,dx = \frac{C}{\sqrt{1+p^2}}$$

gebracht worden, gibt endlich

$$-\frac{C}{P} = (1+p^2)^{\frac{3}{2}}\frac{dx}{dp} \; .$$

Dieser dem P umgekehrt proportionale Ausdruck ist aber bekanntlich der des Krümmungshalbmessers.

sondern auf einer gegebenen Fläche beweglich ist. Alsdann wirkt auf jedes Element ds desselben ausser der Kraft Pds noch der Druck der Fläche. Dieser Druck ist auf der Fläche rechtwinklig, und kann, da er der Länge des Elementes gleichfalls proportional ist, gleich Rds gesetzt werden. Man kann daher aus den obigen für das Gleichgewicht eines freien Fadens gegebenen Formeln sogleich die für den jetzigen Fall herleiten, indem man statt Pds die Resultante von Pds und Rds setzt.

Ist nun $F = 0$ die Gleichung für die gegebene Fläche, so sind $\frac{dF}{dx}, \frac{dF}{dy}, \frac{dF}{dz}$ den Cosinus der Winkel, welche die Normale der Fläche, also die Richtung von Rds, mit den Axen der x, y, z macht, proportional. Diese partiellen Differentialquotienten, dividirt durch die Quadratwurzel aus der Summe ihrer Quadrate, sind mithin die Cosinus selbst, welche wir, als durch F bestimmte Functionen von x, y, z, resp. gleich u, v, w setzen wollen. Die Kraft Rds, nach den drei Axen zerlegt, gibt daher die Kräfte $Ruds$, $Rvds$, $Rwds$ und die Gleichungen (2) in §. 280 werden damit:

$$(14) \qquad \begin{cases} Xds + Ruds + d\left(T\frac{dx}{ds}\right) = 0 \ , \\ Yds + Rvds + d\left(T\frac{dy}{ds}\right) = 0 \ , \\ Zds + Rwds + d\left(T\frac{dz}{ds}\right) = 0 \ . \end{cases}$$

Eliminirt man aus diesen drei Gleichungen R und T, — am Vortheilhaftesten aber ist es, diese Elimination in jedem speciellen Falle besonders zu verrichten, — so erhält man die Bedingungsgleichung des Gleichgewichtes. Sind X, Y, Z gegebene Functionen von x, y, z, so lässt diese Gleichung in Verbindung mit der Gleichung für die Fläche die zum Gleichgewichte nöthige Curve des Fadens erkennen.

§. 285. Zusatz. Aus der Gleichung für die Fläche: $F = 0$, folgt:

$$\frac{dF}{dx}dx + \frac{dF}{dy}dy + \frac{dF}{dz}dz = 0 \ ,$$

mithin auch, weil u, v, w den partiellen Differentialquotienten von F nach x, y, z proportional sind:

$$udx + vdy + wdz = 0 \ .$$

Multiplicirt man daher die Gleichungen (14) resp. mit dx, dy, dz

und addirt sie hierauf, so kommt, wie in §. 283, *a*, bei einem freien Faden:

$$Xdx + Ydy + Zdz + dT = 0 \ .$$

Wenn folglich nur auf den Anfang und das Ende des über die Fläche gelegten Fadens ihn spannende Kräfte wirken, und daher X, Y, Z gleich Null sind, so ist auch $dT = 0$, d. h. *die Spannung ist von einem Puncte des Fadens zum anderen constant.* In diesem Falle lassen sich die Gleichungen (14) also schreiben:

$$(14^*) \quad Ruds = -Td\xi \ , \quad Rvds = -Td\eta \ , \quad Rwds = -Td\zeta \ ,$$

wo ξ, η, ζ die in §. 282 angegebene Bedeutung haben. Es folgt hieraus:

$$u(\eta d\zeta - \zeta d\eta) + v(\zeta d\xi - \xi d\zeta) + w(\xi d\eta - \eta d\xi) = 0 \ .$$

Die durch den Punct (x, y, z) gehende Gerade, deren Projectionen auf die Axen der x, y, z sich wie u, v, w verhalten, d. i. die Normale der Fläche im Puncte (x, y, z), ist demnach in der Krümmungsebene der Fadencurve enthalten (§. 282), oder mit anderen Worten: *In jedem Puncte des Fadens ist seine Krümmungsebene auf der Fläche normal.*

Addirt man endlich die Quadrate der Gleichungen (14*), so erhält man, weil u, v, w die Cosinus der drei Winkel einer Geraden mit den Coordinatenaxen sind, und daher $u^2 + v^2 + w^2 = 1$ ist:

$$R^2 = \frac{T^2(d\xi^2 + d\eta^2 + d\zeta^2)}{ds^2} = \frac{T^2}{r^2} \ (\text{§. } 283, a) \ ,$$

d. h. *der Druck der Fläche ist der Spannung, dividirt durch den Krümmungshalbmesser, gleich,* — Alles übereinstimmend mit den schon in §. 272 und §. 273 gefundenen Resultaten.

§. 286. Die Kraft P in dem Ausdrucke Pds ist, wie bereits erinnert worden (§. 274, *b*), die Resultante von Kräften, welche auf eine Linie, deren Länge gleich 1, nach parallelen Richtungen wirken, dergestalt, dass jedes Element der Linie, welches mit dem Elemente ds des Fadens gleiche Länge hat, von derselben Kraft, wie dieses ds, afficirt wird. Da aber in der Wirklichkeit jedes Element des Fadens ein kleiner physischer Körper ist und, als solcher, eine gewisse Masse hat, und da die Schwerkraft und die anderen in der Natur vorkommenden Kräfte sich über alle Theilchen eines Körpers, der Masse der Theilchen proportional, verbreiten, so pflegt man die auf ein Fadenelement wirkende Kraft dadurch zu bestimmen, dass man die Stärke der Kraft bei einer Masse gleich 1 angibt, also annimmt, dass an einem Körper, dessen Masse gleich 1, auf jedes Theilchen, dessen Masse der des Fadenelementes gleich ist, eine eben so grosse Kraft, als auf dieses Element, nach paralleler Richtung wirke, und von allen diesen parallelen Kräften die Resultante bestimmt.

Hat nun die Kraft P diese letztere Bedeutung, so muss man sie, um ihre Wirkung auf das Element ds zu erhalten, in die Masse des Elements multipliciren. Letztere ist, wenn die Dichtigkeit des Elements gleich ϱ, und der auf seiner Länge rechtwinklige Durchschnitt gleich ε gesetzt wird, gleich $\varrho\varepsilon ds$, und folglich $P\varrho\varepsilon ds$ der dann statt des vorigen Pds zu substituirende Ausdruck. Auf gleiche Art hat man statt der vorigen X, Y, Z dieselben Grössen, noch mit $\varrho\varepsilon$ multiplicirt, zu setzen. Dabei sind ϱ und ε, als von einem Puncte des Fadens zum anderen im Allgemeinen veränderliche Grössen, Functionen der von seinem Anfangspuncte bis zum Puncte (x, y, z) gerechneten Länge s des Fadens, also auch Functionen von x, y, z selbst.

Von der Kettenlinie.

§. 287. Die bisher vorgetragene allgemeine Theorie des Gleichgewichtes an einem vollkommen biegsamen Faden wollen wir jetzt auf den einfachen Fall anwenden, *wenn sämmtliche auf die Elemente des Fadens wirkende Kräfte einander parallel sind, der Faden selbst aber nur mit seinen beiden Endpuncten befestigt, sonst frei beweglich ist.* Man lege zu dem Ende das Coordinatensystem so, dass die Axe der y parallel mit den Kräften wird, so ist durchweg $X = 0$, $Z = 0$, folglich $\int X ds = A$, $\int Z ds = C$, wo A und C noch zu bestimmende Constanten bedeuten, und man erhält nach den Formeln (4) in §. 280:

$$\frac{dx}{A} = \frac{dy}{\int Y ds} = \frac{dz}{C} .$$

Hieraus fliesst durch nochmalige Integration

$$Az = Cx + D ,$$

d. h. *die Fadencurve ist in einer mit der Axe der y, also mit den Kräften parallelen Ebene enthalten.* Werde diese Ebene zu der Ebene der x, y genommen. Weil $z = 0$ die Gleichung der letzteren ist, so werden damit $C = 0$ und $D = 0$, und wir haben nur noch die Gleichung

$$\frac{dx}{A} = \frac{dy}{\int Y ds} \text{ oder } \int Y ds = Ap, \text{ wo } p = \frac{dy}{dx} ,$$

zu berücksichtigen, woraus sich, wenn Y, als Function von x und y, gegeben ist, die Gleichung für die Fadencurve, und umgekehrt, wenn letztere gegeben ist, die Function Y finden lässt.

Die Spannung T des Fadens im Puncte (x, y) ist aus den zwei mit den Axen der x und y parallelen Theilen $U = -\int X ds = -A$ und $V = -\int Y ds = -Ap$ zusammengesetzt (§. 280), mithin

$$T = -A\sqrt{1+p^2} = -A\frac{ds}{dx}.$$

Die Spannung ist daher in jedem Puncte umgekehrt dem Sinus des Winkels proportional, den die den Faden daselbst Berührende mit der Axe der y, d. i. mit der Richtung der Kräfte macht.

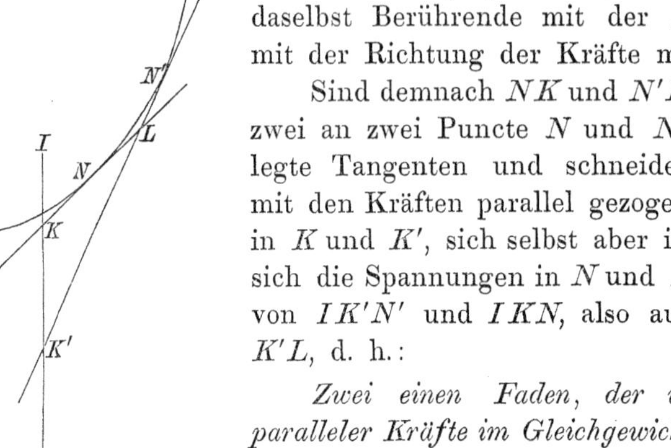

Fig. 79.

Sind demnach NK und $N'K'$ (vergl. Fig. 79) zwei an zwei Puncte N und N' des Fadens gelegte Tangenten und schneiden dieselben eine mit den Kräften parallel gezogene Gerade IKK' in K und K', sich selbst aber in L, so verhalten sich die Spannungen in N und N', wie die Sinus von $IK'N'$ und IKN, also auch wie KL und $K'L$, d. h.:

Zwei einen Faden, der unter Einwirkung paralleler Kräfte im Gleichgewichte ist, berührende Seiten eines Dreiecks, dessen dritte Seite mit den Kräften parallel ist, verhalten sich wie die Spannungen des Fadens in den Berührungspuncten.

§. 288. Der in der Wirklichkeit am häufigsten vorkommende und am meisten interessirende Fall ist derjenige, wenn der Faden überall gleiche Dicke und Dichtigkeit hat, und wenn die auf ihn wirkende Kraft die Schwerkraft ist. Die unter diesen Umständen vom Faden gebildete Curve heisst vorzugsweise die Kettenlinie. Da die Schwerkraft nach verticaler Richtung von oben nach unten auf gleiche Massen gleiche Wirkung ausübt, so ist, wenn wir ihre Wirkung auf einen Fadentheil, dessen Länge gleich 1 ist, oder das Gewicht dieses Theils, g nennen, g eine constante Grösse, und wir haben, wenn wir die positive Richtung der Axe der y vertical, von unten nach oben gehend, annehmen, $Y = -g$ zu setzen. Hiermit wird $\int Y ds = -gs + B$, und die obige Bedingungsgleichung geht über in:

$$-gs + B = Ap.$$

Von welchem Puncte aus die Fadenlänge, nach der einen Seite zu positiv, nach der anderen negativ, gerechnet wird, ist noch willkürlich. Werde hierzu derjenige Punct S (vergl. Fig. 80) genommen, in welchem die Tangente der Curve horizontal, also $p = 0$ ist.

Weil hiernach s und p zugleich Null werden sollen, so wird auch die Constante $B = 0$, und die Gleichung reducirt sich auf

$$hs = p \ ,$$

wenn man noch $-\frac{g}{A} = h$ setzt.

Dies ist demnach die Gleichung der Kettenlinie, und zwar in der möglich einfachsten Form. Sie besteht zwischen den von S aus gerechneten Bogen s und der trigonometrischen Tangente p des Winkels, den die an die Curve gelegte Berührende mit der horizontalen Axe der x macht. Da der Gleichung zufolge je zwei einander gleichen, aber entgegengesetzten Werthen von s auch gleiche und entgegengesetzte Werthe von p zugehören, so leuchtet ein, dass die Curve von einer durch S gelegten Verticale in zwei symmetrische Hälften getheilt wird, und dass daher S in derselben Bedeutung, wie bei anderen geometrischen Curven, der Scheitel der Kettenlinie ist.

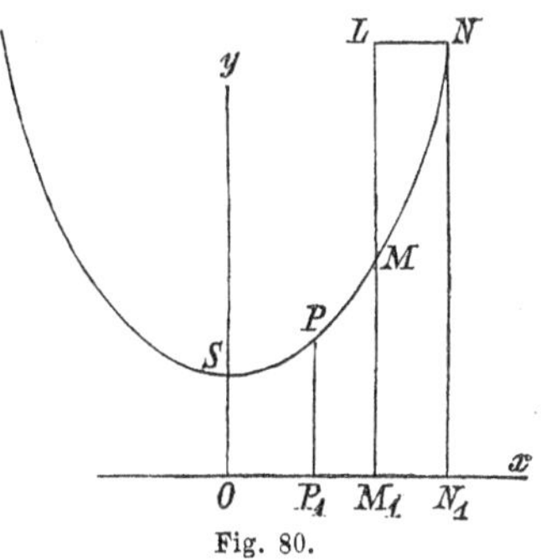

Fig. 80.

Durch Worte ausgedrückt, würde hiernach die Gleichung $hs = p$ also lauten:

Jeder von dem Scheitel an gerechnete Bogen einer Kettenlinie ist der trigonometrischen Tangente des Winkels proportional, welchen die an den Endpunct des Bogens gelegte Berührende mit der Berührenden am Scheitel macht.

Da übrigens die Curve eines im Gleichgewichte befindlichen Fadens der Richtung, nach welcher die Kräfte wirken, stets ihre erhabene Seite zukehrt (vergl. §. 274, *e*), so ist die Kettenlinie nach unten zu erhaben, und der Scheitel S, in welchem die Tangente horizontal liegt, muss der tiefste Punct der Linie sein.

§. 289. Um die Kettenlinie construiren zu können, wollen wir noch ihre Gleichung zwischen den rechtwinkligen Coordinaten x und y entwickeln. Sei deshalb der Winkel der an die Curve im Puncte (x, y) gelegten Tangente mit der Axe der y gleich ψ, so ist

$$dx = ds \,.\, \sin\psi \ , \qquad dy = ds \,.\, \cos\psi \ , \qquad p = \operatorname{cotg}\psi \ .$$

Die Differentialgleichung $hds = dp$ der vorigen Gleichung: $hs = p$, wird damit:

$$\frac{h\,dx}{\sin\psi} = \frac{h\,dy}{\cos\psi} = -\frac{d\psi}{\sin\psi^2},$$

folglich

$$h\,dx = -\frac{d\psi}{\sin\psi}, \quad h\,dy = -\frac{d\sin\psi}{\sin\psi^2},$$

woraus durch Integration

$$hx = -\log\operatorname{tang}\tfrac{1}{2}\psi + c, \quad hy = \frac{1}{\sin\psi} + c'$$

fliesst. Die Werthe der Constanten c und c' hängen von der Wahl des Anfangspunctes der Coordinaten ab. Man bestimme diesen, der Einfachheit willen, so, dass c und c' Null werden, dass also für $\psi = 90^\circ$, d. h. für den Scheitel, $x = 0$ und $y = 1:h$ wird, dass folglich der Anfangspunct O vertical unter dem Scheitel und von ihm um einen Abstand $OS = 1:h$ entfernt liegt. Hiermit werden die vorigen zwei Gleichungen:

$$hx = -\log\operatorname{tang}\tfrac{1}{2}\psi \quad \text{oder} \quad \operatorname{tang}\tfrac{1}{2}\psi = e^{-hx},$$

wo e die Basis der natürlichen Logarithmen bedeutet, und

$$hy = 1:\sin\psi = \tfrac{1}{2}(\operatorname{cotg}\tfrac{1}{2}\psi + \operatorname{tang}\tfrac{1}{2}\psi),$$

mithin, wenn man ψ eliminirt:

$$hy = \tfrac{1}{2}\left(e^{hx} + e^{-hx}\right),$$

oder in noch einfacherer Form:

$$hy = \cos(hx\sqrt{-1}).$$

Dies ist demnach die gesuchte Gleichung der Kettenlinie zwischen x und y. Die Linie $1:h$, — denn h ist von der Dimension -1 —, drückt den Parameter der Curve aus. Die jetzige Axe der x, also die Horizontale, welche um einen dem Parameter gleichen Abstand unter dem Scheitel liegt, wollen wir die Directrix der Kettenlinie nennen.

§. 290. Zusätze. *a*) Da sich in der erhaltenen Gleichung der Werth von y nicht ändert, wenn man den von x in den entgegengesetzten verwandelt, so bestätigt sich damit die obige Bemerkung (§. 288), dass durch die Axe der y die Curve symmetrisch getheilt wird.

b) Die Kettenlinie ist eine rectificirbare Curve. Denn man hat für den vom Scheitel anfangenden Bogen s:

$$hs = p = \operatorname{cotg}\psi = \tfrac{1}{2}(\operatorname{cotg}\tfrac{1}{2}\psi - \operatorname{tang}\tfrac{1}{2}\psi),$$

also

$$hs = \tfrac{1}{2}\left(e^{hx} - e^{-hx}\right),$$

oder

$$hs = -\sqrt{-1} \,.\, \sin(hx\sqrt{-1}) \,.$$

So wie daher, wenn man den Parameter zur Linieneinheit nimmt, die Ordinate y der Cosinus der imaginär genommenen Abscisse ist, so ist von derselben imaginären Grösse der Bogen s der imaginär und negativ genommene Sinus*).

Aus den durch x ausgedrückten Werthen von y und s folgt ferner:

$$h(y+s) = e^{hx} \,, \qquad h(y-s) = e^{-hx} \,,$$

und hieraus:

$$h^2(y^2 - s^2) = 1 \,,$$

d. h.

Das Quadrat eines vom Scheitel an gerechneten Bogens einer Kettenlinie ist dem Quadrate der Entfernung des Endpunctes des Bogens von der Directrix, vermindert um das Quadrat des Parameters, gleich.

c) Die Differentiation der letzterhaltenen Gleichung gibt:

$$ydy = sds$$

und weil

$$hsdx = dy \ (\S.\ 288) \,,$$

so ist auch

$$hydx = ds$$

und

$$h\int ydx = s \,,$$

d. h.

Das Flächenstück, welches von einem Bogen einer Kettenlinie, den von den Endpuncten des Bogens auf die Directrix gefällten Perpendikeln und dem dazwischen enthaltenen Theile der Directrix begrenzt wird, ist dem Producte aus dem Bogen in den Parameter gleich, und daher dem Bogen selbst proportional.

---

*) Diese Bemerkung führt zu einer unzähligen Menge von Relationen bei der Kettenlinie; denn jede goniometrische Formel lässt sich damit in eine solche umwandeln. So folgt z. B. aus den Formeln, welche den Sinus und Cosinus des Unterschiedes zweier Bögen durch die Sinus und Cosinus der Bögen selbst ausdrücken, der Satz:

Ist O (vergl. Fig. 80) der unter dem Scheitel S liegende Punct der Directrix, M_1 und N_1 zwei beliebige andere Puncte der Directrix und P_1 ein dritter Punct derselben, welcher so liegt, dass $OP_1 = M_1N_1$; sind ferner M, N, P die über M_1, N_1, P_1 befindlichen Puncte der Kettenlinie, so ist:

$$SO \,.\, SP = SN \,.\, MM_1 - SM \,.\, NN_1 \,,$$
$$SO \,.\, PP_1 = MM_1 \,.\, NN_1 - SM \,.\, SN \,.$$

Ebenso entspricht der goniometrischen Formel: $\cos a^2 + \sin a^2 = 1$, die Gleichung: $MM_1{}^2 - SM^2 = SO^2$, u. s. w.

§. 291. Die Spannung T der Kettenlinie im Puncte (x, y) ist $= - A\sqrt{1+p^2}$ (§. 287). Nach §. 288 ist aber $A = - g : h$, und $p = hs = \operatorname{cotg} \psi$ (§. 289), folglich

$$T = \frac{g}{h}\sqrt{1+h^2s^2} = \frac{g}{h \sin \psi} = gy \ .$$

Im Scheitel ist $s = 0$, und daher die Spannung daselbst $= g : h$. Bezeichnen wir sie mit τ, so wird

$$T^2 = \tau^2 + g^2 s^2 \ .$$

Die Spannung ist demnach im Scheitel am kleinsten, und der Unterschied der Quadrate der Spannungen im Scheitel und in irgend einem anderen Puncte der Kettenlinie ist dem Quadrate des Gewichtes des zwischen beiden Puncten begriffenen Theiles der Kette gleich.

Die Richtigkeit dieser Gleichung erhellt auch schon daraus, dass alle Kräfte, welche auf einen vom Scheitel S (vergl. Fig. 80 auf p. 419) anfangenden Theil SM der Kettenlinie wirken, auch dann noch sich das Gleichgewicht halten, wenn sie parallel mit ihren Richtungen an einen und denselben Punct getragen werden. Diese Kräfte sind die Spannungen τ und T in S und M und die Resultante gs aller Wirkungen der Schwerkraft auf den zwischen S und M enthaltenen Theil des Fadens. Die Richtungen von τ und gs schneiden sich aber rechtwinklig; folglich etc.

Die andere Gleichung für die Spannung, $T = gy$, gibt zu erkennen, *dass die Spannung in irgend einem Puncte M der Kettenlinie dem Gewichte eines Theiles des Fadens gleich ist, welcher den Abstand des Punctes M von der Directrix zur Länge hat. Das Gleichgewicht des die Kettenlinie bildenden Fadens wird daher nicht unterbrochen, wenn man letzteren in M über eine unendlich kleine daselbst angebrachte Rolle führt und bis zu der Directrix frei herabhängen lässt.*

Ist folglich, — so können wir umgekehrt schliessen, — *ein über zwei unendlich kleine Rollen gelegter und mit beiden Enden frei herabhängender Faden im Gleichgewichte, so liegen die beiden Enden in einer Horizontalen, nämlich in der Directrix der vom mittleren Theile des Fadens zwischen den Rollen gebildeten Kettenlinie.*

§. 292. Zusätze. *a*) Eine unmittelbare Folgerung aus letzterem Satze ist, *dass, wenn man einen in sich zurücklaufenden Faden über zwei unendlich kleine Rollen A und B* (vergl. Fig. 81) *hängt, die zwei Kettenlinien ASB und $AS'B$, welche er somit bildet, eine gemeinschaftliche Directrix haben.* Denn lässt man von einer der beiden Rollen, A, einen Faden frei herabhängen, von solcher Länge

AC, dass sein Gewicht der Spannung im Puncte A des in sich zurücklaufenden Fadens gleich ist, so wird, weil A als gemeinschaftlicher Punct der beiden Kettenlinien zu betrachten ist, die durch C gelegte Horizontale CD sowohl der einen, als der anderen Kettenlinie, als Directrix zugehören.

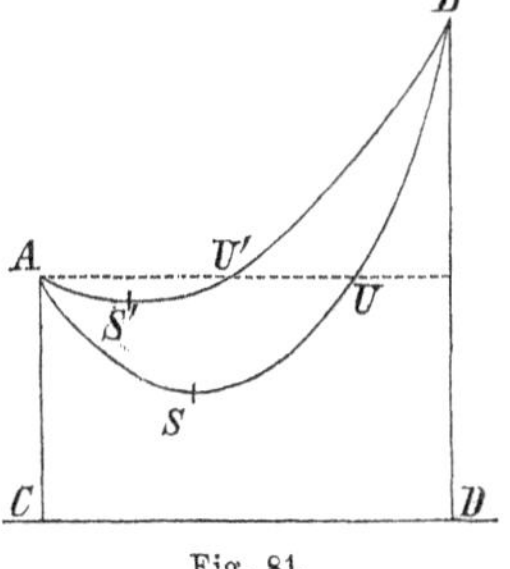

Fig. 81.

b) Sei D der Fusspunct des von der anderen Rolle B auf die gemeinschaftliche Directrix gefällten Perpendikels, und S, S' die Scheitel der beiden Kettenlinien, so ist

$$CA^2 - AS^2 = DB^2 - SB^2$$

gleich dem Quadrate des Parameters der Kettenlinie ASB (§. 290, b), und ebenso

$$CA^2 - AS'^2 = DB^2 - S'B^2 \ ;$$

folglich

$$(SB + AS)(SB - AS) = (S'B + AS')(S'B - AS') \ .$$

Legt man nun durch die tiefere der beiden Rollen, welche A sei, eine Horizontale, die den Kettenlinien ASB und $AS'B$ in U und U' begegne, so ist der Bogen $AS = SU$ und $AS' = S'U'$. Hiermit wird die letzterhaltene Gleichung:

$$ASB \,.\, UB = AS'B \,.\, U'B \ ,$$

d. h.

Wird ein in sich selbst zurücklaufender Faden über zwei unendlich kleine Rollen gehängt, so verhalten sich die zwei von ihm gebildeten Kettenlinien ihrer Länge nach umgekehrt, wie die Theile derselben, welche oberhalb der durch die tiefere der beiden Rollen gezogenen Horizontale liegen.

c) So wie im Puncte (x, y) der Kettenlinie die Spannung $T = gy$ ist, so ist sie in irgend einem anderen Puncte (x', y') der Linie, gleich gy', und daher, wenn letztere Spannung T' genannt wird:

$$T' - T = g(y' - y) \ ,$$

eine Gleichung, welche auch unmittelbar durch Integration der Gleichung (8) in §. 283 hervorgeht, wenn man darin, wie es hier der Fall ist, $X = 0$, $Y = -g$, $Z = 0$ setzt. Sie drückt den Satz aus, dass der Unterschied zwischen den Spannungen in zwei Puncten des die Kettenlinie bildenden Fadens dem Gewichte eines Theiles desselben Fadens gleich ist, dessen Länge die Höhe des einen Punctes über den anderen misst.

Dieser Satz lässt sich übrigens auch ohne Anwendung der bisher vorgetragenen Theorie durch folgende einfache Betrachtung darthun. — Seien M und N (vergl. Fig. 80 auf p. 419) zwei Puncte einer Kettenlinie, M der tiefere, N der höhere, und L ein dritter Punct, welcher mit M in einer Verticalen und mit N in einer Horizontalen liegt. Man befestige in M, N und L drei unendlich kleine Rollen und lege von L bis N einen geraden horizontalen Steg. Man führe hierauf den über N hinausgehenden Theil des Fadens über die Rolle N und den Steg NL bis L, und den über M hinaus sich erstreckenden Theil des Fadens unter der Rolle M weg in verticaler Richtung gleichfalls bis L und verknüpfe ihn über der in L angebrachten Rolle mit dem ersten Theile, so dass man einen über drei Rollen gelegten, in sich zurücklaufenden Faden erhält. Ist nun dieser Faden, sich selbst überlassen, in Ruhe, — denn eine continuirliche Bewegung desselben anzunehmen, streitet gegen die Unmöglichkeit einer solchen, — so wird jeder seiner drei Theile noch die vorige Form haben. Vom Theile LN ist dieses für sich klar. Wäre ferner der frei von L bis M herabgehende Theil nicht geradlinig, sondern gekrümmt, so müsste, weil L und M in einer Verticalen liegen, ein Theil von LM seine hohle Seite nach unten zu kehren, welches wegen der nach unten zu gerichteten Schwerkraft nicht möglich ist. Der frei von M bis N sich erstreckende Theil wird daher noch die anfängliche Länge und damit auch die anfängliche Gestalt haben. Denn es darf wohl als Grundsatz zugestanden werden, dass es für einen schweren Faden von gegebener Länge, der mit seinen Enden in zwei Puncten aufgehängt wird, nur eine einzige Form gibt, unter welcher er im Gleichgewichte ist.

Da also der Fadentheil MN noch die anfängliche Form hat, so sind auch seine Spannungen in M und N, welche T und T' heissen, dieselben geblieben. Nach §. 270 ist nun die Spannung in jedem Puncte von LN, also auch in L, eben so gross, als in N selbst, folglich gleich T'. Denn die auf den Theil NL wirkende Schwerkraft wird von dem horizontalen Stege, auf welchem er liegt, aufgehoben und kann daher auf die Spannung keinen Einfluss äussern. Von der anderen Seite würde die Spannung in L, so wie in jedem anderen Puncte von ML, eben so gross, als in M, mithin gleich T sein, wenn der Fadentheil ML keine Schwere hätte. Weil aber die Schwerkraft auf ihn gleichfalls einwirkt, so ist die Spannung in L der um das Gewicht von ML vermehrten Spannung in M gleich, also $T' = T + g \,.\, ML$, wie zu erweisen war.

d) Ist, wie in §. 291, τ die Spannung im Scheitel S, T die Spannung in irgend einem anderen Puncte M, und sind in Bezug auf eine beliebige unterhalb S in der Ebene der Kettenlinie gezogene Horizontale, als Axe der x, die Ordinaten von S und M gleich f und y, so ist $T - \tau = g(y - f)$. Es ist ferner, wenn der Bogen $SM = s$ gesetzt wird: $T^2 = \tau^2 + g^2 s^2$. Die Elimination von T aus diesen zwei Gleichungen gibt:

$$[\tau + g(y - f)]^2 = \tau^2 + g^2 s^2 \ ,$$

oder einfacher, wenn man die horizontale Abscissenlinie so legt, dass $gf = \tau$ wird:

$$y^2 = f^2 + s^2 \ .$$

Da nun, wie soeben und in §. 291 gezeigt worden, die zwei Gleichungen für T sich geradezu aus der Natur der Kettenlinie, ohne Anwendung der Rechnung des Unendlichen, herleiten lassen, so sind wir damit eben so einfach zu der zwischen y und s bestehenden Gleichung der Kettenlinie selbst gelangt. Dass dabei f der im Obigen durch $1 : h$ ausgedrückte Parameter ist, bedarf keiner Erinnerung.

e) Auch die Fundamentalgleichung $hs = p$ (§. 288) kann auf ganz elementare Weise hergeleitet werden. Da nämlich die Spannung T, welche mit der Axe der y den Winkel ψ macht, die Resultante der Spannung τ und der Kraft gs ist, wenn letztere beide nach den positiven Richtungen der Axen der x und der y wirkend angenommen werden, so hat man

$$T \sin \psi = \tau \ , \qquad T \cos \psi = gs \ ,$$

folglich

$$\cot \psi = \frac{gs}{\tau} \ , \quad \text{d. i. } p = \frac{s}{f} = hs \ .$$

f) Nach der Gleichung (12) in §. 283, und weil $P = -g$, $\varphi = -\psi$ und $T \sin \psi = \tau$ ist, hat man:

$$r = \frac{T}{P \sin \varphi} = \frac{T^2}{g\tau} = \frac{T^2}{h\tau^2} \ .$$

Die Kettenlinie besitzt daher noch die merkwürdige Eigenschaft, dass in jedem ihrer Puncte der Krümmungshalbmesser dem Quadrate der Spannung proportional ist.

Im Scheitel, wo $T = \tau$ *ist, wird* $r = 1 : h$, d. h. *der Krümmungshalbmesser im Scheitel ist dem Parameter gleich.*

§. 293. Aufgabe. *Ein gleichförmig schwerer Faden von gegebener Länge* l *wird mit seinen Enden an zwei gegebenen unbeweglichen Puncten* M *und* N (vergl. Fig. 80 auf p. 419) *befestigt. Die Elemente der von ihm gebildeten Kettenlinie zu bestimmen.*

Auflösung. Die Linie ist in der durch M und N zu legenden Verticalebene enthalten. In Bezug auf ein rechtwinkliges Coordinatensystem in dieser Ebene, von welchem die Directrix der Kettenlinie die Abscissenlinie, und der Punct O der Directrix, welcher vertical unter dem Scheitel S liegt, der Anfangspunct der Abscissen ist, in Bezug auf dieses System seien x, y die Coordinaten von M, und $x+a$, $y+b$ die Coordinaten von N; sei ferner der Parameter der Kettenlinie gleich $1:h$, und der Bogen $SM=s$, also der Bogen $SN=s+l$, wo die Bögen s und l positiv zu nehmen sind, wenn es ihre Projectionen auf die Axe der x sind. Alsdann ist nach §. 290, b, für den Punct M:

$$(a) \qquad \begin{cases} h(y+s)=e^{hx}\,, \\ h(y-s)=e^{-hx}\,; \end{cases}$$

und ebenso für den Punct N:

$$(b) \qquad \begin{cases} h(y+b+s+l)=e^{h(x+a)}\,, \\ h(y+b-s-l)=e^{-h(x+a)}\,. \end{cases}$$

Durch die gegebene gegenseitige Lage von M und N sind nun a und b gegeben; es sind nämlich die Coordinaten von N in Bezug auf ein System, dessen Anfangspunct M, und dessen Abscissenlinie die durch M gelegte Horizontale in der durch MN gelegten Verticalebene ist. In Beziehung auf dasselbe System sind $-x$ und $-y$ die Coordinaten von O, also $-x$ und $-y+(1:h)$ die Coordinaten des Scheitels. Indem wir daher aus den vier Gleichungen (a) und (b) den Bogen s eliminiren und die drei Unbekannten h, x, y durch die Gegebenen l, a, b ausdrücken, wird sich die Grösse und Lage der Kettenlinie bestimmen lassen, und damit unsere Aufgabe gelöst sein. Die hierzu nöthige Rechnung ist folgende.

Durch Subtraction der Gleichungen (a) von (b) folgt:

$$(c) \qquad \begin{cases} h(b+l)=e^{hx}(e^{ha}-1)\,, \\ h(b-l)=e^{-hx}(e^{-ha}-1)\,, \end{cases}$$

und hieraus

$$h^2(l^2-b^2) = e^{-ha}(e^{ha}-1)^2\,,$$

oder wenn man

$$(d) \qquad \frac{\sqrt{l^2-b^2}}{a}=c \qquad \text{und} \qquad (e) \quad ah=z$$

setzt:

$$(f) \qquad c=\frac{1}{z}\left(e^{\frac{1}{2}z}-e^{-\frac{1}{2}z}\right).$$

Um hiernach die Unbekannte z aus der durch l, a, b gegebenen Grösse c zu finden, muss man entweder versuchsweise verfahren, oder eine Tafel construiren, welche für jeden Werth von c den zugehörigen für z gibt.

Hat man somit die transcendente Gleichung (f) aufgelöst, so macht die Bestimmung der Gesuchten h, x und y keine Schwierigkeit mehr. Denn h findet sich alsdann aus (e), x aus einer der Gleichungen (c), und y aus der Gleichung $2hy = e^{hx} + e^{-hx}$ (§. 289), welche durch Addition der Gleichungen (a) hervorgeht.

§. 294. Zusätze. $a)$ Die Entwickelung der transcendenten Function von z in eine Reihe gibt:

$$1 + \frac{z^2}{1.2.3.2^2} + \frac{z^4}{1.2.3.4.5.2^4} + \ldots$$

Zufolge der Gleichung (f) muss daher $c > 1$, und mithin, wegen (d), $l^2 > a^2 + b^2$ sein, was auch schon daraus fliesst, dass $\sqrt{a^2+b^2}$ die Sehne des Bogens l ist.

$b)$ Setzt man $b = 0$ und $a = 1$, so wird nach (d) und (e) $l = c$ und $h = z$. Die nach (f) zu construirende Tafel gibt daher zunächst und unmittelbar den Parameter $1:z$ einer Kettenlinie, deren Länge gleich c ist, und deren Aufhängepuncte, wegen $b = 0$, in einer Horizontalen sind und in einem Abstande $a = 1$ von einander liegen. Die Bestimmung des Parameters einer in irgend zwei Puncten aufgehängten Kette wird folglich immer auf den einfachen Fall zurückgebracht, wenn die Gerade durch die zwei Aufhängepuncte eine Horizontale ist.

$c)$ Ueberhaupt ersieht man aus den Gleichungen (d), (e) und (f), dass der gesuchte Parameter $1:h$ bloss von a und $\sqrt{l^2-b^2}$ abhängig ist, und dass mithin die durch l, a, b bestimmte Kettenlinie denselben Parameter, als eine andere hat, deren Aufhängepuncte in einer Horizontalen um einen Abstand gleich a von einander entfernt liegen, und deren Länge gleich $\sqrt{l^2-b^2}$ ist.

Werden daher mehrere gleichförmig schwere Fäden in einem Puncte P (vergl. Fig. 82) befestigt und von da geradlinig bis zu Puncten ... $N_{\prime}$, N, N', N'' ..., die in einer Verticalen liegen, fortgeführt, und wird hierauf der Punct P in einer horizontalen Ebene näher an diese Verticale, etwa bis M, gerückt, so haben die Kettenlinien, zu welchen sich nunmehr die Fäden krümmen, einander gleiche Parameter und sind daher, in unendlicher Ausdehnung gedacht, einander gleich und ähnlich. Denn schneidet die Horizontalebene, in welcher P und M liegen, die Verticale in

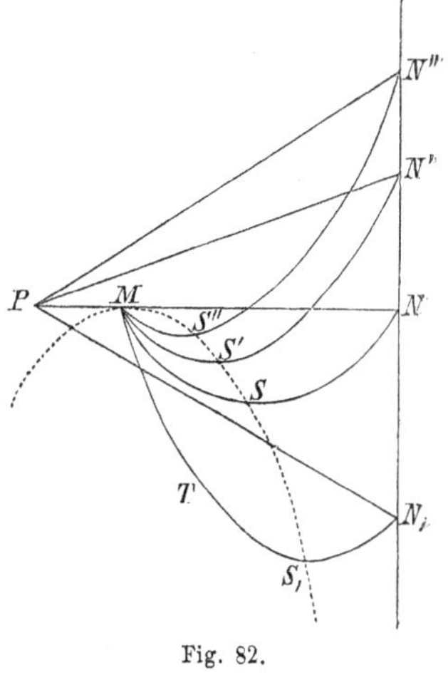

Fig. 82.

$N_,$ so ist für die verschiedenen Kettenlinien $a = MN$ und $l^2 - b^2 = PN_,^2 - NN_,^2 = PN^2 = PN'^2 - NN'^2 = \ldots$

Von allen diesen Kettenlinien liegen übrigens die Scheitel gleichfalls in einer Kettenlinie, welche M zum Scheitel und denselben Parameter, wie die vorigen, aber eine umgekehrte Lage hat, so dass M die höchste Stelle einnimmt. Hiervon kann man sich durch eine sehr einfache, von der Natur der Kettenlinie ganz unabhängige, Betrachtung überzeugen. Wird nämlich der Bogen $S_,TM$ einer Kettenlinie, von welcher $S_,$ der Scheitel ist, in seiner Ebene um den Mittelpunct seiner Sehne $S_,M$ halb herumgedreht, bis er in die Lage $MSS_,$ kommt, so vertauschen $S_,$ und M ihre Stellen, und der Scheitel ist nunmehr in M. Beschreibt man folglich in der Ebene einer Kettenlinie $S_,TM$ mit demselben Parameter eine zweite, welche die umgekehrte Lage der ersteren und irgend einen Punct M der ersteren zum Scheitel hat, so geht diese zweite durch den Scheitel $S_,$ der ersteren.

§. 295. Bei der im Obigen entwickelten allgemeinen Theorie des Gleichgewichtes eines Fadens wurde in §. 284 noch der Fall in Betracht gezogen, wenn der Faden nicht vollkommen frei beweglich ist, sondern auf einer unbeweglichen Fläche liegt. Um von den für diesen Fall entwickelten Formeln die Anwendung an einem leichten Beispiele zu zeigen, wollen wir einen gleichförmig schweren Faden auf einer gegen den Horizont geneigten Ebene liegend annehmen. Einfacherer Rechnung willen lasse man diese Ebene die Ebene der x, y sein. Die Axe der x sei darin horizontal, also die Ebene der y, z vertical, und der Winkel einer Verticalen mit der Fadenebene gleich dem Winkel der Verticalen mit der Axe der y. Heisse α dieser Winkel, wenn die verticale Richtung nach oben zu positiv genommen wird, und bezeichne $-g$, wie im Vorigen, die Schwerkraft.

Die Schwerkraft, nach den Axen der x, y, z zerlegt, gibt hiernach die drei Kräfte: $X = 0$, $Y = -g \cos\alpha$, $Z = -g \sin\alpha$. Nun ist die Gleichung der Ebene der x, y, also der Fadenebene: $z = 0$, mithin (§. 284) $F = z$ und $u = 0$, $v = 0$, $w = 1$. Mit diesen Werthen für X, Y, Z, u, v, w werden die dortigen Gleichungen:

$$d\left(T\frac{dx}{ds}\right) = 0\,, \qquad -g\cos\alpha\,.\,ds + d\left(T\frac{dy}{ds}\right) = 0\,,$$

$$-g\sin\alpha\,.\,ds + Rds = 0\,.$$

Die zwei ersteren derselben sind einerlei mit denen, welche man findet, wenn der Faden nicht auf einer Fläche liegt, sondern frei ist, und die Axe der y eine verticale Lage hat, nur dass die Constante g hier noch von dem Factor $\cos \alpha$ begleitet ist. Von dem Werthe dieser Constanten ist aber nach §. 293 die Curvenform eines in zwei Puncten frei aufgehängten Fadens unabhängig, und wir schliessen daher:

Wird ein auf einer schiefen Ebene liegender gleichförmig schwerer Faden mit seinen Enden an zwei Puncten der Ebene befestigt, so ist die von ihm auf der Ebene gebildete Curve dieselbe Kettenlinie, welche er annimmt, wenn die Ebene durch Drehung um eine in ihr enthaltene Horizontale in eine verticale Lage gebracht, und damit ihre Einwirkung auf den Faden aufgehoben wird.

Durch Drehung der Ebene um eine in ihr gezogene horizontale Axe wird also die Fadencurve nicht geändert, was auch schon daraus einleuchtet, dass in jedem Augenblicke der Drehung auf gleiche Elemente ds des Fadens gleiche und auf der Drehungsaxe normale Kräfte $- g \cos \alpha \,.\, ds$ in der Ebene wirken. Aus demselben Grunde erhellt, dass bei jeder durch die Drehung hervorgebrachten Neigung der Ebene die (bei der verticalen Lage durch gy bestimmten) Spannungen in den verschiedenen Puncten des Fadens in den nämlichen Verhältnissen zu einander stehen, dass aber die Spannung in einem und demselben Puncte von einer Neigung zur anderen dem Sinus der Neigung gegen den Horizont, $(90^0 - \alpha)$, proportional ist, und daher bei horizontaler Lage ganz verschwindet.

Endlich bemerke man noch, dass zufolge der dritten Gleichung die schiefe Ebene von jedem Curvenelemente ds einen auf ihr normalen Druck gleich dem Gewichte gds des Elementes, multiplicirt in den Cosinus der Neigung, erleidet.

Siebentes Kapitel.

Analogie zwischen dem Gleichgewichte an einem Faden und der Bewegung eines Punctes.

---

§. 296. Es dürfte gewiss schon von Manchem bemerkt worden sein, dass zwischen dem Gleichgewichte an einem Faden und der Bewegung eines materiellen Punctes in mehrfacher Beziehung Aehnlichkeit stattfindet; dass z. B. ebenso, wie ein Faden, auf den nur an seinen Enden Kräfte wirken, sich geradlinig ausdehnt, auch ein Punct, auf den nur ein anfänglicher Stoss wirkt, geradlinig fortgeht; dass auf gleiche Art, wie ein über eine krumme Fläche gespannter Faden die kürzeste Linie bildet, die sich auf der Fläche von einem Puncte zum anderen ziehen lässt, auch ein auf einer Fläche durch einen Stoss in Bewegung gesetzter Punct die kürzeste Linie bei seiner Bewegung wählt, und dass, wie dort die Spannung, so hier die Geschwindigkeit von einem Puncte zum anderen constant ist; u. s. w. Gleichwohl erinnere ich mich nicht, eine Vergleichung dieser Theorien des Gleichgewichtes und der Bewegung irgendwo angestellt gefunden zu haben. Da indessen eine solche Vergleichung nicht nur an sich interessant ist, sondern auch die eine Theorie durch die andere, und namentlich die des Gleichgewichtes durch die der Bewegung, mir Gewinn zu ziehen scheint, so will ich in diesem Kapitel den zwischen beiden Theorien obwaltenden Zusammenhang näher entwickeln und zeigen, wie jeder Satz der einen seinen entsprechenden in der anderen hat.

§. 297. Seien $A_{,}A$, AA', $A'A''$, ... (vergl. Fig. 83) mehrere auf einander folgende Elemente eines Fadens, an welchem Kräfte sich das Gleichgewicht halten. Die auf die genannten Elemente wirkenden Kräfte seien resp. $P_{,}\,.\,A_{,}A$, $P\,.\,AA'$, $P'\,.\,A'A''$, ... (§. 280). Wegen der unendlichen Kleinheit der Elemente kann man sich diese Kräfte an beliebigen Puncten derselben angebracht vorstellen. Seien daher resp.

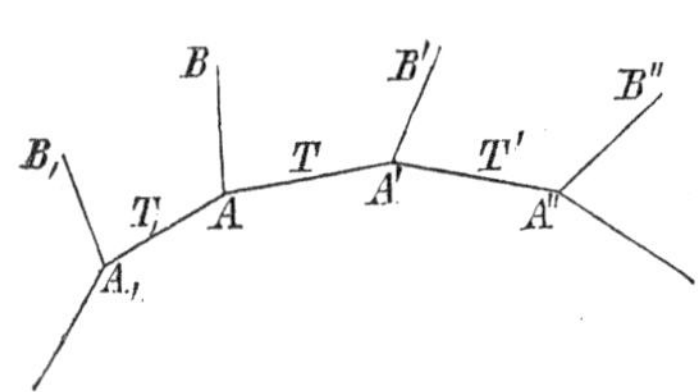

Fig. 83.

$A_{,}$, A, A', ... die Angriffspuncte der Kräfte und $A_{,}B_{,}$, AB, $A'B'$, ... ihre Richtungen. Endlich seien $T_{,}$, T, T', ... die Spannungen der Elemente $A_{,}A$, AA', $A'A''$, ...

Hiernach sind am Puncte A die Kräfte $T_{,}$, $P\,.\,AA'$ und T nach den Richtungen $AA_{,}$, AB und AA' im Gleichgewichte, folglich die ersten zwei Kräfte nach den Richtungen $A_{,}A$, BA gleichwirkend mit der dritten nach der Richtung AA'. Bewegt sich daher ein als materieller Punct zu denkender Körper nach der Richtung $A_{,}A$, und erhält er in A einen Stoss, welcher ihm nach der Richtung BA eine Geschwindigkeit ertheilt, die sich zu seiner Geschwindigkeit in $A_{,}A$, wie $T_{,}$ zu $P\,.\,AA'$ verhält, so wird er nach AA' mit einer der Spannung T proportionalen Geschwindigkeit fortgehen. Auf gleiche Art wird ihn ein neuer Stoss, den er in A' empfängt, und der ihm nach der Richtung $B'A'$ eine Geschwindigkeit beibringt, die in demselben Verhältnisse, wie vorhin, mit $P'\,.\,A'A''$ proportional ist, sich nach $A'A''$ mit einer der Spannung T' proportionalen Geschwindigkeit zu bewegen nöthigen u. s. w., so dass der Punct, wenn immer neue Stösse nach demselben Gesetze, wie die vorigen, auf ihn einwirken, ein Fadenelement nach dem anderen mit einer der Spannung überall proportionalen Geschwindigkeit beschreiben wird.

In welchen Verhältnissen die Längen der Elemente zu einander stehen sollen, hängt von unserer Willkür ab und hat auf das Endresultat keinen Einfluss. Zur Vereinfachung der Betrachtung wollen wir jedes Element der in ihm herrschenden Spannung, also auch der Geschwindigkeit, mit welcher es von dem Puncte beschrieben wird, proportional setzen. Alsdann sind die Zeitelemente, in denen sie beschrieben werden, einander gleich, gleich dt, und die Stösse, welche jetzt proportional mit $P.T$, $P'.T'$, ... werden, folgen in gleichen Zeitintervallen, gleich dt, auf einander, und lassen sich daher als die Wirkungen einer beschleunigenden, mit $P.T$ proportionalen, Kraft ansehen.

Es ist aber, wenn Q diese beschleunigende Kraft in A genannt wird, Qdt die von ihr in dem ersten Zeitelemente ihrer Wirkung erzeugte Geschwindigkeit, und diese verhält sich nach dem Obigen zu der Geschwindigkeit des Körpers in $A_{,}A$, welche v heisse, wie $P.AA' = Pds$ zu T, oder T. Man hat daher:

$$\frac{Qdt}{v} = \frac{Pds}{T},$$

also, weil $\frac{ds}{dt} = v$ ist,

$$Q = \frac{Pv^2}{T},$$

und

$$\frac{Q}{v} : P = v : T,$$

wonach aus der Kraft am Faden und seiner Spannung und aus der Geschwindigkeit des in der Fadencurve sich bewegenden Körpers die den letzteren beschleunigende Kraft gefunden werden kann.

Da nun, wenn die anfängliche Richtung und Geschwindigkeit der Bewegung eines Körpers und die beschleunigende Kraft gegeben sind, seine fernere Bahn und seine Geschwindigkeit in derselben vollkommen bestimmt sind, so schliessen wir:

Sind Kräfte, welche auf einen Faden seiner ganzen Länge nach wirken, im Gleichgewichte, so wird ein Körper, der sich in der Fadencurve zu bewegen anfängt, darin fortgehen, und seine Geschwindigkeit wird an jeder Stelle der Spannung daselbst proportional sein, wenn auf ihn nach einer der Kraft am Faden entgegengesetzten Richtung eine beschleunigende Kraft wirkt, die, durch die Geschwindigkeit dividirt, sich zur Kraft am Faden, wie die Geschwindigkeit zur Spannung verhält.

Zusatz. Letztere Proportion lässt sich auch also ausdrücken: *Es muss sich die beschleunigende Kraft zum Quadrate der Geschwindigkeit, wie die Kraft am Faden zur Spannung verhalten.* Je grösser also die Geschwindigkeit sein soll, desto grösser, und zwar im doppelten Verhältnisse grösser, muss die beschleunigende Kraft sein, — so wie überhaupt der Satz gilt: dass, wenn ein Körper b sich in derselben Curve, wie ein anderer a, bewegt, seine Geschwindigkeit aber in jedem Puncte das m-fache der Geschwindigkeit ist, welche a daselbst hat, die beschleunigende Kraft, welche b treibt, das mm-fache der auf a wirkenden Kraft ist.

§. 298. Aus jedem Gleichgewichte zwischen Kräften, welche auf einen Faden wirken, lässt sich daher auf die Bewegung eines Körpers ein Schluss machen, indem man für die Curve des Fadens die Bahn des Körpers, für die Spannung des ersteren die Geschwindigkeit des letzteren und für die Kraft am ersteren die den letzteren beschleunigende Kraft, dividirt durch die Geschwindigkeit, setzt.

Das einfachste hierher gehörige Beispiel ist ein Faden, auf den nur an seinen Enden sich das Gleichgewicht haltende Kräfte wirken. So wie ein solcher die Gestalt einer geraden Linie annimmt, und seine Spannung in jedem Puncte von gleicher Grösse ist, so geht auch ein Körper, durch einen momentanen Stoss getrieben, in gerader Linie und mit constanter Geschwindigkeit fort.

So wie ferner ein Faden in jeder beliebigen Curvenform im Gleichgewichte ist und überall dieselbe Spannung T hat, wenn auf jeden seiner Puncte in der Richtung des Krümmungshalbmessers r von der hohlen nach der erhabenen Seite der Curve eine Kraft $P = T : r$ wirkt (§. 279), so bewegt sich auch ein Körper in irgend einer gegebenen Curve mit constanter Geschwindigkeit v, wenn ihn in der Richtung des Krümmungshalbmessers r von der erhabenen nach der hohlen Seite eine beschleunigende Kraft Q treibt, von der Grösse, dass $Q : v = v : r$, also $Q = v^2 : r$ ist.

Ein merkwürdiges Beispiel gewährt noch die vorzugsweise so genannte Kettenlinie. Da bei dieser die auf die einzelnen Puncte wirkenden Kräfte von gleicher Grösse und einander parallel sind, so wird sich ein Körper in einer Kettenlinie bewegen, wenn die beschleunigende Kraft Q sich parallel bleibt, und $Q : v$ constant, also Q proportional mit v ist. Hieraus und aus den übrigen beim Gleichgewichte einer Kette vorkommenden Umständen folgern wir:

Wird ein Körper von einer vertical nach oben gerichteten und seiner jedesmaligen Geschwindigkeit proportionalen beschleunigenden Kraft getrieben, so beschreibt er eine verticale Kettenlinie, deren Scheitel ihr tiefster Punct ist. Dabei ist die Geschwindigkeit des Körpers der Spannung der Kette, also der Secante des Winkels proportional, den eine die Curve Berührende mit dem Horizonte macht (§. 287).

Weil übrigens im Scheitel $T = g : h$ ist (§. 291), wo g die jetzt constante Kraft P ausdrückt, so ist im Scheitel der durch Bewegung erzeugten Kettenlinie: $v = Q : vh$, folglich $v^2 : Q = 1 : h$, d. h. *das Quadrat der Geschwindigkeit im Scheitel, dividirt durch die beschleunigende Kraft daselbst, gibt den Parameter der Kettenlinie.*

Sehr leicht kann man sich von diesen Resultaten auch durch unmittelbare Rechnung überzeugen. Man hat nämlich für die vorausgesetzte Kraft, wenn man ihre Richtung mit der Axe der y parallel annimmt, die Grundgleichungen:

$$\frac{d^2x}{dt^2} = 0 \ , \qquad \frac{d^2y}{dt^2} = av = \frac{a\,ds}{dt} \ ;$$

folglich, wenn man integrirt:

$$\frac{dx}{dt} = b \ , \qquad \frac{dy}{dt} = as + c \ , \qquad \text{und daher} \qquad v = \frac{b\,ds}{dx} \ ,$$

woraus die Proportionalität der Geschwindigkeit mit der Secante der Neigung der Berührenden fliesst. Setzt man ferner $c = 0$, rechnet also den Bogen s von dem Puncte an, in welchem $dy = 0$, mithin die Berührende horizontal ist, so kommt:

$$\frac{dy}{dx} = \frac{as}{b} \ .$$

Dieses ist aber die Differentialgleichung einer Kettenlinie, deren Parameter gleich $b : a$, und deren Scheitel ihr tiefster Punct ist (§. 288). Weil daselbst $dy = 0$, und daher $ds = dx$, also $v = b$, so ist im Scheitel $Q = a\dfrac{ds}{dt} = ab$, mithin $v^2 : Q = b : a$, also gleich dem Parameter, — gleichfalls übereinstimmend mit dem Obigen.

§. 299. Auf eben die Art, wie man vom Gleichgewichte eines Fadens zur Bewegung eines Körpers übergehen kann, lässt sich auch immer aus irgend einer krummlinigen Bewegung eines Körpers auf das Gleichgewicht eines ebenso gekrümmten Fadens schliessen. Denn so wie in §. 297 aus dem Gleichgewichte der auf den Punct A (vergl. Fig. 83 auf p. 430) nach den Richtungen $AA_{,}$, AB und AA' wirkenden Kräfte $T_{,}$, $P \,.\, AA'$ und T gefolgert wurde, dass ein Körper, der sich nach $A_{,}A$ mit einer Geschwindigkeit $v_{,} = cT_{,}$ bewegt, und dem in

A nach der Richtung BA eine Geschwindigkeit $Qdt = cP.AA'$ mitgetheilt wird, nach AA' mit einer Geschwindigkeit $v = cT$ fortgeht, wo c eine Constante und dt das Zeitelement bezeichnet, in welchem der Körper das Raumelement AA' $(= vdt)$ zurücklegt: so kann auch umgekehrt daraus, dass v die Resultante der Geschwindigkeiten $v_{,}$ und Qdt ist, auf das Gleichgewicht zwischen $T_{,}$, $P.AA'$ und T geschlossen werden. So wie ferner die Bewegung eines Körpers durch ihre anfängliche Richtung und Geschwindigkeit und durch die beschleunigende Kraft vollkommen bestimmt ist, so ist es auch die Gestalt eines Fadens und die Spannung in jedem Puncte desselben, wenn für eines seiner Elemente die Lage und die Spannung desselben, für alle aber die auf sie wirkenden Kräfte gegeben sind. Hiernach lässt sich der in §. 297 erhaltene Satz folgendergestalt umkehren:

Bewegt sich ein Körper, durch eine beschleunigende Kraft getrieben, so ist ein Faden in der vom Körper beschriebenen Curve im Gleichgewichte und seine Spannung an jeder Stelle der Geschwindigkeit des Körpers proportional, wenn ein Element des Fadens mit einem Elemente der Bahn des Körpers zusammenfällt, wenn die Kraft am Faden überall die entgegengesetzte Richtung der beschleunigenden Kraft hat, und wenn ($PT : Q = T^2 : v^2$, *d. h.*) *das Product aus der Kraft am Faden in die Spannung zu der beschleunigenden Kraft in einem constanten Verhältnisse steht, welches dem Doppelten des constanten Verhältnisses der Spannung zur Geschwindigkeit gleich ist.*

So wissen wir z. B., dass ein Körper unter Einwirkung der constanten und vertical nach unten gerichteten Schwerkraft eine Parabel beschreibt, deren Scheitel ihr oberster Punct ist, dass die Geschwindigkeit in jedem Puncte der Parabel der Secante des Winkels proportional ist, den die daselbst an sie gezogene Berührende mit dem Horizonte macht, und dass das Quadrat der Geschwindigkeit im Scheitel, dividirt durch die Schwerkraft, dem halben Parameter der Parabel gleich ist.

Mithin wird auch ein Faden in der Gestalt einer verticalen Parabel, deren Scheitel ihr oberster Punct ist, im Gleichgewichte sein, wenn auf jeden seiner Puncte eine vertical nach oben gerichtete, der Spannung umgekehrt proportionale, Kraft wirkt. Dabei wird die Spannung jedes Elements proportional der Secante des Winkels des Elements mit dem Horizonte sein, und die Spannung im Scheitel, dividirt durch die Kraft im Scheitel, ($T : P = v^2 : Q$), *wird den halben Parameter geben.*

Wollen wir uns von diesen Resultaten unmittelbar überzeugen, so dürfen wir nur zu den Formeln in §. 287

$$\int Y ds = A\frac{dy}{dx} \quad \text{und} \quad T = -A\frac{ds}{dx}$$

zurückgehen, welche sich auf das Gleichgewicht eines Fadens beziehen, auf dessen Puncte mit der Axe der y parallele Kräfte Y wirken. Hiervon drückt schon die zweite Gleichung das Gesetz der Spannung aus. Da ferner nach der jetzigen Hypothese Y umgekehrt proportional mit T sein soll, so kommt, wenn wir demgemäss $Y = a : T$ setzen:

$$A\frac{dy}{dx} = a\int\frac{ds}{T} = -\frac{a}{A}\int dx = -\frac{ax}{A} + B ,$$

und nach nochmaliger Integration:

$$A^2 y = C + ABx - \tfrac{1}{2}ax^2 ,$$

oder

$$A^2 y = -\tfrac{1}{2}ax^2 ,$$

wenn wir den Punct der Curve, in welchem $dy : dx = 0$ ist, zum Anfangspuncte der Coordinaten nehmen. Dieses ist aber die Gleichung für eine Parabel, welche einen Parameter gleich $2A^2 : a$ und eine mit der Axe der y parallele Axe hat, und deren Schenkel nach der negativen Seite der Axe der y gerichtet sind, wenn a positiv, d. h. wenn die Kräfte nach der positiven Seite derselben Axe gerichtet sind.

Weil endlich im Scheitel $ds = dx$, und folglich daselbst die Spannung $T = -A$ und die beschleunigende Kraft $Y = -a : A$ ist, so findet sich der halbe Parameter gleich $A : (a : A)$, d. i. gleich der Spannung im Scheitel, dividirt durch die beschleunigende Kraft daselbst, wie vorhin.

§. 300. Wenn in dem Bisherigen die auf das Element des Fadens ds wirkende Kraft gleich Pds gesetzt wurde, und wenn, wie es gewöhnlich ist, unter P die Gesammtwirkung auf eine Masse gleich 1 verstanden wird (§. 286), so hat man sich die Masse des Fadens seiner Länge nach gleichförmig vertheilt zu denken, so dass Theile von gleicher Länge auch der Masse nach einander gleich sind. Ist aber die Masse ungleichförmig vertheilt, so ist, bei gleicher Bedeutung von P, die auf das Element ds wirkende Kraft gleich $P\varrho\varepsilon ds$ zu setzen, wo $\varrho\varepsilon ds$ die Masse des Elements ausdrückt (ebendas.).

Mit Anwendung eines solchen Fadens von ungleichförmig vertheilter Masse lässt sich der in §. 299 von der Bewegung auf das Gleichgewicht gemachte Schluss auf eine etwas andere Weise bilden.

Denn weil jetzt $P\varrho\varepsilon ds$ mit Qdt in constantem Verhältnisse sein muss (§. 299), so können wir geradezu P mit Q proportional setzen, wenn wir noch $\varrho\varepsilon ds$ mit dt, d. h. die Masse des Fadenelements mit dem Zeitelemente, also überhaupt die Masse jedes Theiles des Fadens mit der Zeit, in welcher dieser Theil vom Körper beschrieben worden, proportional annehmen, und wir erhalten damit den Satz:

Aus jeder Bewegung eines durch eine beschleunigende Kraft getriebenen Körpers kann man ein Gleichgewicht an einem Faden ableiten, indem man die vom Körper beschriebene Curve die Fadencurve sein lässt, die Masse jedes Fadentheils der Zeit, in welcher er vom Körper durchlaufen wird, proportional annimmt und auf jeden Punct des Fadens eine der den Körper daselbst beschleunigenden Kraft proportionale Kraft nach entgegengesetzter Richtung wirken lässt. Dabei ist die Spannung des Fadens in constantem Verhältnisse mit der Geschwindigkeit des Körpers.

Wenn daher ein in zwei Puncten aufgehängter Faden die Gestalt einer verticalen, mit ihrem Scheitel nach unten gekehrten Parabel hat, und, (weil bei der parabolischen Wurfbewegung die Zeiten sich wie die horizontalen Projectionen der durchlaufenen Bögen verhalten), *wenn das Gewicht jedes Fadentheiles in constantem Verhältnisse zur horizontalen Projection des Theiles steht, so ist der Faden unter der Einwirkung der Schwerkraft im Gleichgewichte.*

Zu noch einem Beispiele mögen uns die um die Sonne laufenden Planeten dienen. Jeder Planet bewegt sich in einer Ellipse, in deren einem Brennpuncte sich die Sonne befindet; und diese Bewegung geht dergestalt vor sich, dass die von der Sonne bis zum Planeten gezogene gerade Linie in gleichen Zeiten gleiche Flächen der Ellipse überstreicht. Hieraus folgerte Newton, dass die Sonne den Planet mit einer dem Quadrate der Entfernung umgekehrt proportionalen Kraft anzieht, und wir können daher schliessen:

Hat ein in sich zurücklaufender Faden eine elliptische Form, und ist die Masse jedes seiner Theile der Fläche proportional, welche von dem Theile und den von seinen Endpuncten nach dem einen Brennpuncte der Ellipse gezogenen Geraden begrenzt wird, und wirkt abwärts von demselben Brennpuncte auf jeden Punct des Fadens eine Kraft, die sich umgekehrt wie das Quadrat der Entfernung des Fadenpunctes vom Brennpuncte verhält, so herrscht Gleichgewicht. Dabei ist die Spannung des Fadens in jedem Puncte umgekehrt dem Perpendikel proportional, welches auf eine die Ellipse in dem Puncte Berührende von dem Brennpuncte gefällt wird.

§. 301. Untersuchen wir zuletzt noch den Fall, wenn der im Gleichgewichte befindliche Faden und der sich bewegende Körper nicht vollkommen frei, sondern auf einer gegebenen Fläche beweglich sind. Ist ein Faden auf einer unbeweglichen Fläche zu verharren genöthigt, und ist er dabei unter dem Einflusse der Kräfte P im Gleichgewichte, so kann man ihn auch als einen frei beweglichen ansehen, auf welchen überall noch eine dem Drucke der Fläche gleiche Kraft R, normal auf der Fläche, wirkt. Dieses Gleichgewicht zwischen allen P und R kann aber dynamisch durch eine in der Fadencurve frei vor sich gehende Bewegung dargestellt werden, welche eine mit der Spannung T des Fadens proportionale Geschwindigkeit v hat und durch zwei beschleunigende mit PT und RT proportionale Kräfte $-Pv^2 : T$ und $-Rv^2 : T$ erzeugt wird. Setzen wir nun bei dieser Bewegung die unbewegliche Fläche wieder hinzu, so wird damit einerseits die Bewegung nicht gehindert, weil die Fläche die Curve des Fadens enthält, und mit dieser die Bahn des Körpers identisch ist. Andererseits aber können wir die auf der Fläche normale Kraft $-Rv^2 : T$ weglassen, und es leuchtet somit ein, dass der Satz in §. 297 auch dann noch vollkommene Anwendung erleidet, wenn die Beweglichkeit des Fadens und die des Körpers auf eine unbewegliche Fläche beschränkt sind.

Mittelst derselben Schlüsse, nur in umgekehrter Folge geordnet, erhellt, dass unter der Beschränkung der Beweglichkeit durch eine Fläche auch die Sätze in §. 299 und §. 300, wo von der Bewegung auf das Gleichgewicht geschlossen wird, noch ihre Richtigkeit haben. Nur ist hinsichtlich dieses Falles sowohl, als des vorigen, noch zu bemerken, dass ebenso, wie die Kraft am Faden die entgegengesetzte Richtung der den Körper beschleunigenden Kraft haben muss, auch der Druck der Fläche auf den Faden und der auf den sich bewegenden Körper einander entgegengesetzt sein, und folglich Faden und Körper auf entgegengesetzten Seiten der Fläche sich befinden müssen.

So wie daher z. B. ein über eine erhabene Fläche gespannter Faden, auf welchen keine anderen Kräfte, als die einander gleichen Spannungen an seinen Enden wirken, auch in jedem anderen Puncte eine diesen Spannungen gleiche Spannung hat und auf solche Weise liegt, dass er selbst, oder doch genugsam kleine Theile desselben, die kürzesten Linien sind, die sich zwischen ihren Endpuncten auf der Fläche ziehen lassen (§. 272), so geht auch auf einer hohlen Fläche ein durch keine beschleunigende Kräfte, sondern bloss durch einen anfänglichen Stoss in Bewegung gesetzter Körper mit constanter Geschwindigkeit und auf dem kürzesten Wege fort.

Sei, um auch ein Beispiel für den umgekehrten Fall zu geben, der Weg bekannt, den ein durch die Schwerkraft getriebener Körper auf der oberen Seite einer krummen Fläche durchläuft. Seine anfängliche Geschwindigkeit sei gleich Null, wonach seine Geschwindigkeit in jedem anderen Puncte der Quadratwurzel aus dem durchlaufenen, in verticaler Richtung geschätzten Wege proportional ist. Dreht man nun die Fläche um eine horizontale Axe halb herum und legt auf der jetzt nach oben zu gewendeten Seite über die Bahn des Körpers einen gleichförmig dicken Faden, dessen Dichtigkeit in jedem Puncte sich umgekehrt wie die Quadratwurzel aus dem Abstande des Punctes von einer durch den Anfangspunct der Bewegung gelegten horizontalen Ebene verhält*), so wird der Faden, nachdem zuvor sein oberster Punct festgemacht worden, unter Einwirkung der Schwerkraft im Gleichgewichte sein, und seine Spannung wird sich überall umgekehrt wie seine Dichtigkeit verhalten.

§. 302. Der Zusammenhang zwischen dem Gleichgewichte eines Fadens und der Bewegung eines Körpers, dessen Grund wir im Vorigen durch geometrische Betrachtungen uns verdeutlichten, kann auch sehr einfach mit Hülfe der Analysis dargestellt werden.

Die Gleichungen für das Gleichgewicht eines Fadens, wenn auf jedes Element ds desselben die Kraft Pds oder $(Xds,\ Yds,\ Zds)$ wirkt, und T die Spannung des Elements ist, sind nach §. 280:

$$\int X ds + T\frac{dx}{ds} = 0\ , \qquad \int Y ds + T\frac{dy}{ds} = 0, \ldots$$

Dagegen sind die Gleichungen für die Bewegung eines Körpers, auf welchen die beschleunigende Kraft Q oder $(X',\ Y',\ Z')$ wirkt:

$$\frac{d^2x}{dt^2} = X', \ldots \quad \text{oder} \quad \frac{dx}{dt} = \int X' dt, \ldots$$

d. i.

$$-\int X' dt + v\,\frac{dx}{ds} = 0, \ldots\ ,$$

wenn v die Geschwindigkeit, gleich $ds : dt$, bezeichnet.

So wie daher beim Gleichgewichte eines Fadens die stets nach der Tangente der Fadencurve gerichtete Spannung, wenn man sie nach den drei Coordinatenaxen zerlegt, durch die Integrale $-\int Xds$, $-\int Yds$, $-\int Zds$ ausgedrückt wird, so führt bei der Bewegung eines

*) Denn weil bei dieser Vergleichung dt proportional mit $\varrho\varepsilon ds$ gesetzt wird (§. 300), und weil der Faden gleichförmig dick, also ε constant sein soll, so wird ϱ oder die Dichtigkeit proportional mit $dt : ds$, d. i. umgekehrt proportional mit der Geschwindigkeit.

Körpers die Zerlegung der Geschwindigkeit, welche ihrer Natur nach die tangentiale Richtung der vom Körper beschriebenen Curve hat, zu den drei Integralen: $\int X'dt, \ldots$. Ist folglich die Fadencurve einerlei mit der vom Körper beschriebenen, so ist für einen und denselben Punct der Curve und bei gehöriger Bestimmung der durch die Integration hinzukommenden Constanten:

$$\frac{\int Xds}{\int X'dt} = \frac{\int Yds}{\int Y'dt} = \frac{\int Zds}{\int Z'dt} = -\frac{T}{v} .$$

Setzen wir daher noch für jeden Punct die Geschwindigkeit auf der einen der Spannung auf der anderen Seite proportional, also $v = cT$, so wird auch

$$\int X'dt = -c\int Xds, \ldots ,$$

folglich

$$X'dt = -cXds, \ldots ,$$

d. i.

$$X' = -cXv, \ldots .$$

Die Richtungen von (X, Y, Z) und (X', Y', Z'), d. i. von P und Q, fallen mithin in dieselbe Gerade, und es ist $Q = -cPv$, also $Q:v$ mit P, und Pv oder PT mit Q proportional. Endlich erhält man durch Elimination von c aus den Gleichungen $v = cT$ und $Q = -cPv$ die Proportion:

$$Q:v^2 = -P:T .$$

Ebenso lässt sich analytisch auch der Fall behandeln, wenn die Beweglichkeit des Fadens und die des Körpers auf eine Fläche beschränkt sind, was ich aber weiter zu erörtern für überflüssig halte, da der hier zu nehmende Gang dem vorigen ganz ähnlich ist.

---

§. 303. In Bezug auf die Bewegung eines Systems von Körpern gibt es in der Dynamik einige Sätze, die unmittelbar aus den allgemeinen Gleichungen der Bewegung folgen und unter den Namen des Princips der Flächen, des Princips der lebendigen Kräfte und des Princips der kleinsten Wirkung bekannt sind. Diese Sätze können, wenn es sich um eines Körpers Bewegung handelt, folgendergestalt ausgesprochen werden:

I. *Ist die einen Körper beschleunigende Kraft nach einem unbeweglichen Puncte oder Centrum gerichtet, so bewegt sich der Körper in einer das Centrum enthaltenden Ebene, und die vom Centrum bis zum Körper gezogene Gerade beschreibt der Zeit proportionale Flächen, oder, was auf dasselbe hinauskommt: die Geschwindigkeit verhält sich in jedem Puncte der Bahn umgekehrt wie das Perpendikel, welches vom Centrum auf die durch den Punct an die Bahn gelegte Tangente gefällt wird.*

II. *Ist* (X, Y, Z) *die beschleunigende Kraft im Puncte* (x, y, z), *und* $Xdx + Ydy + Zdz$, *d. h. das Product aus dem Elemente der Bahn in die nach der Richtung des Elements geschätzte beschleunigende Kraft, ein vollständiges Differential, so kann mit Hülfe des Integrals davon, und wenn man zwei Puncte der Bahn kennt, die Differenz der Quadrate der Geschwindigkeiten in diesen Puncten, ohne weitere Kenntniss der Bahn selbst, angegeben werden.*

III. *Unter derselben Bedingung, dass* $Xdx + Ydy + Zdz$ *ein vollständiges Differential ist, ist das Integral des Productes aus dem Quadrate der Geschwindigkeit in das Differential der Zeit, oder, was dasselbe ausdrückt, das Integral des Productes aus der Geschwindigkeit in das Differential des Weges, für den wirklich vom Körper beschriebenen Weg ein Minimum.*

Letztere zwei Sätze gelten übrigens auch dann, wenn die Bewegung des Körpers auf eine unbewegliche Fläche beschränkt ist.

Zufolge des Zusammenhanges, den wir jetzt zwischen der Bewegung eines Körpers und dem Gleichgewichte eines Fadens kennen gelernt haben, müssen nun analoge Sätze aus den allgemeinen Gleichungen für das Fadengleichgewicht hergeleitet werden können.

§. 304. Die Bedingungsgleichungen für das Gleichgewicht eines frei beweglichen Fadens sind nach (2*) in §. 282

$$Xds + Td\xi + \xi dT = 0\ ,$$
$$Yds + Td\eta + \eta dT = 0\ ,$$
$$Zds + Td\zeta + \zeta dT = 0\ ,$$

wo ξ, η, ζ die ebendaselbst angegebene Bedeutung haben.

Lassen wir nun zuerst die Kräfte (X, Y, Z) nach einem und demselben Puncte O, etwa nach dem Anfangspuncte der Coordinaten, gerichtet sein und setzen daher $X:Y:Z = x:y:z$, mithin

$$yZ - zY = 0\ , \qquad zX - xZ = 0\ , \qquad xY - yX = 0\ ,$$

so kommt, wenn wir in diesen drei Gleichungen für X, Y, Z ihre Werthe aus den vorhergehenden substituiren:

$$T(yd\zeta - zd\eta) + (y\zeta - z\eta)dT = 0\ ,$$

d. i., weil $\zeta dy = \eta dz$:

$$d[T(y\zeta - z\eta)] = 0\ ,$$

folglich

$$T(y\zeta - z\eta) = \text{einer Constante } a \ ,$$

und ebenso

$$T(z\xi - x\zeta) = b \ , \qquad T(x\eta - y\xi) = c \ ,$$

folglich

$$ax + by + cz = 0 \ ,$$

d. h. der Faden ist in einer durch den Punct O gehenden Ebene enthalten. Da ferner durch

$$\sqrt{(ydz - zdy)^2 + (zdx - xdz)^2 + (xdy - ydx)^2}$$
$$= \sqrt{(y\zeta - z\eta)^2 + (z\xi - x\zeta)^2 + (x\eta - y\xi)^2} \, . \, ds$$

das Doppelte der Dreiecksfläche ausgedrückt wird, welche O zur Spitze und das Curvenelement ds zur Basis hat, so kommt, wenn man diese Dreiecksfläche gleich $\frac{1}{2}q\,ds$ setzt, wo daher q das von O auf die Verlängerung von ds gefällte Perpendikel bezeichnet:

$$Tq = \sqrt{a^2 + b^2 + c^2} \ .$$

Dies gibt folgendes, dem Satze I entsprechende Theorem:

Wird ein Faden durch Centralkräfte im Gleichgewichte erhalten, so liegt er in einer durch das Centrum gehenden Ebene, und seine Spannung verhält sich in jedem Puncte umgekehrt wie das Perpendikel, das vom Centrum auf die durch den Punct an den Faden gelegte Tangente gefällt wird.

Zusatz. Die Spannung im Puncte M des Fadens ist daher auch umgekehrt proportional mit $OM \, . \sin\varphi$, wo φ den Winkel von OM mit der Berührenden an M bezeichnet.

Ist das Centrum O unendlich entfernt, so werden die Kräfte einander parallel. OM ist alsdann von einem Puncte des Fadens zum anderen als constant zu betrachten, und daher die Spannung bloss proportional mit $1 : \sin\varphi$. Hiermit kommen wir zu den schon in §. 287 für den Fall paralleler Kräfte erwiesenen Sätzen zurück: dass der Faden in einer Ebene enthalten ist, und dass die Spannung jedes seiner Elemente umgekehrt dem Sinus des Winkels proportional ist, den das Element mit den Kräften bildet.

§. 305. Was noch die Uebertragung der zwei anderen dynamischen Sätze auf das Fadengleichgewicht anlangt, so haben wir bereits in §. 283, a gefunden, dass

$$Xdx + Ydy + Zdz + dT = 0 \ .$$

Ist daher $Xdx + Ydy + Zdz$ das vollständige Differential einer Function V von x, y, z, und sind V_1 und V_2 dieselben Functionen der Coordinaten x_1, y_1, z_1, und x_2, y_2, z_2 irgend zweier

Puncte M_1 und M_2 der Fadencurve, T_1 und T_2 die Spannungen daselbst, so kommt, wenn man von M_1 bis M_2 integrirt:

$$V_2 - V_1 + T_2 - T_1 = 0 \ .$$

Man kann daher, wenn man die Function V und von irgend zwei Puncten der Fadencurve die Coordinaten kennt, die Differenz zwischen den daselbst herrschenden Spannungen bestimmen.

Dies ist demnach der entsprechende Satz von II. Ein dazu gehöriges Beispiel gibt uns die Kettenlinie, bei welcher die Differenz der Spannungen der Differenz der verticalen Coordinaten proportional ist (§. 292, *c*).

Man ziehe jetzt von M_1 bis M_2 eine beliebige Curve l und bestimme für jeden Punct (x, y, z) derselben den Werth von V nach der nämlichen Gleichung

$$(a) \qquad V - V_1 + T - T_1 = 0 \ ,$$

nach welcher beim Faden selbst aus der Spannung T_1 in M_1 die jedes anderen seiner Puncte gefunden werden kann. Mit diesen Werthen von T, welche in M_1 und M_2, so wie in jedem anderen Puncte, den die Curve l mit der des Fadens zufällig gemein hat, für beide Curven gleich gross sein werden, berechne man für die Curve l von M_1 bis M_2 das Integral $\int T ds$, so wird dieses, wenn die Curve die des im Gleichgewichte befindlichen Fadens selbst ist, seinen grössten oder kleinsten Werth haben.

Der Beweis hiervon ist ebenso, wie der des entsprechenden Satzes III, durch Variationsrechnung zu führen. Man lässt nämlich die willkürlich von M_1 bis M_2 gezogene Curve l, ohne dass diese zwei Puncte ihre Grenzen zu sein aufhören, sich um ein unendlich Weniges ändern und zeigt nun, dass die dadurch entstehende Aenderung $\delta \int T ds$ des Integrals dann gleich Null ist, wenn diese Curve mit der des Fadens zusammenfällt. Die Rechnung steht also. —

Zuerst ist:

$$(b) \qquad \delta \int T ds = \int \delta \,.\, T ds \ ,$$

und

$$\delta \,.\, T ds = \delta T \,.\, ds + T \delta ds \ .$$

Wegen (a) aber hat man:

$$\delta T = -\,\delta V = -\frac{dV}{dx}\delta x - \frac{dV}{dy}\delta y - \frac{dV}{dz}\delta z \ ,$$

und weil

$$\frac{dV}{dx} = X \ , \quad \frac{dV}{dy} = Y \ , \quad \frac{dV}{dz} = Z \ ,$$

$$\delta T = -\,X\delta x - Y\delta y - Z\delta z \ .$$

Ferner ist

$$ds^2 = dx^2 + dy^2 + dz^2 \ ,$$

und daher

$$ds\,\delta ds = dx\,\delta dx + dy\,\delta dy + dz\,\delta dz \ ,$$

d. i.

$$\delta ds = \xi\delta dx + \eta\,\delta\,dy + \zeta\,\delta dz \ (\S.\ 282) \ ,$$

$$\delta ds = \xi d\delta s + \eta d\delta y + \zeta d\delta z \ .$$

Hiermit wird

$$(c) \quad \delta\,.\,Tds = -\,Xds\delta x - \ldots + T\xi d\delta x + \ldots \ .$$

Ist nun die zu variirende Curve die Fadencurve, so ist

$$Xds = -\,d(T\xi) \ , \ \ldots$$

und daher in diesem Falle

$$(d) \ \delta\,.\,Tds = d(T\xi)\delta x + \ldots + T\xi d\delta x + \ldots = d(T\xi\,\delta x) + \ldots \ .$$

Hieraus folgt nach (b) durch Integration:

$$\delta \int Tds = T\xi\delta x + T\eta\delta y + T\zeta\,\delta z + \text{Const.} \ ,$$

und wenn man das Integral von M_1 bis M_2 erstreckt und die Werthe von $T\xi$, $T\eta$, $T\zeta$ in M_1 und M_2 resp. durch A_1, B_1, C_1 und A_2, B_2, C_2 bezeichnet:

$$\delta \int Tdx = A_2\delta x_2 - A_1\,\delta x_1 + B_2\,\delta y_2 - B_1\,\delta y_1 + C_2\delta z_2 - C_1\delta z_1 \ .$$

Dieses Aggregat ist aber gleich Null, weil die Puncte M_1 und M_2 unveränderlich sein sollen und daher δx_1, δx_2, δy_1, ... gleich Null sind. *Mithin ist das Integral* $\int Tds$, *wenn die Grenzen desselben zwei bestimmte Puncte der Fadencurve sind, und wenn die Curve, auf welche es bezogen wird, die Fadencurve selbst ist, ein Maximum oder Minimum.*

§. 306. Ebenso, wie das Princip der lebendigen Kräfte und das Princip der kleinsten Wirkung nicht bloss für einen sich frei bewegenden Körper gelten, sondern auch dann noch Anwendung leiden, wenn die Bewegung des Körpers auf eine gegebene Fläche beschränkt ist, so behalten die in §. 305 bewiesenen, jenen Principien analogen Sätze auch dann noch ihre Gültigkeit, wenn der Faden über eine Fläche gespannt ist.

Für den ersten derselben geht dieses unmittelbar daraus hervor, dass die Gleichung

$$Xdx + Ydy + Zdz + dT = 0 \ ,$$

aus welcher gefolgert wurde, nach §. 285 auch bei einem auf einer Fläche beweglichen Faden stattfindet.

Rücksichtlich des zweiten, das Maximum und Minimum von $\int Tds$ betreffenden Satzes ist zu bemerken, dass bei seiner Anwendung auf einen über eine Fläche gespannten Faden die von einem

Puncte A der Fadencurve bis zu einem anderen B derselben beliebig zu ziehenden Curven nur solche sein dürfen, die in der Fläche selbst enthalten sind. Ist nun, wie in §. 284, $F=0$ die Gleichung der Fläche, sind u, v, w die partiellen Differentialquotienten von F nach x, y, z, dividirt durch die Quadratwurzel aus der Summe ihrer Quadrate, und bezeichnet R den Druck der Fläche auf den Faden, so hat man gegenwärtig in der Gleichung (c) des §. 305, wenn die zu variirende Curve die Fadencurve selbst sein soll, $-Ruds - d(T\xi)$ für Xds, u. s. w. zu setzen (§. 284). Hierdurch kommen in der Gleichung (d) rechter Hand noch die Glieder $Rds\,(u\delta x + v\delta y + w\delta z)$ hinzu, die sich aber gegenseitig aufheben, weil die Variation in der Fläche selbst geschehen soll, und folglich

$$u\delta x + v\delta y + w\delta z = 0$$

ist (§. 285). Die Gleichung (d) bleibt daher unverändert, und es wird mithin auch im jetzigen Falle

$$\delta \int T ds = 0 \ ;$$

d. h. unter allen Werthen, die das Integral $\int T ds$ für die verschiedenen auf der Fläche von A bis B zu ziehenden Curven erhält, ist der für die Fadencurve selbst der grösste oder kleinste.

Specielle Folgerungen aus diesen Sätzen sind, dass, wenn auf den über die Fläche gelegten Faden keine anderen Kräfte, als die Spannungen an beiden Enden wirken, die Spannung überall gleich gross und die Fadencurve die kürzeste Linie ist, die von dem einen Ende zum anderen auf der Fläche gezogen werden kann. Denn alsdann sind X, Y, Z Null, folglich T constant. Hiermit aber wird das Integral $\int T ds$ der Länge der von einem zum anderen Ende gezogenen Curve selbst proportional.

§. 307. Es dürfte nicht überflüssig sein, uns noch den Satz, welcher den grössten oder kleinsten Werth des Integrals von Tds betrifft, an einem Beispiele deutlich zu machen. Wir wählen hierzu die Kettenlinie, die uns bereits in §. 305 zur Erläuterung des Gesetzes von den Differenzen der Spannungen diente.

Beziehen wir eine in zwei Puncten A und B aufgehängte schwere Kette auf ein rechtwinkliges Coordinatensystem, dessen Axe der y vertical nach oben gerichtet ist, und dessen horizontale Ebene der x, z die Directrix der von der Kette gebildeten Linie enthält, so ist in jedem Puncte (x, y, z) dieser Linie die Spannung T mit y, also Tds mit yds proportional. *Sind folglich eine horizontale Ebene, als Ebene der x, z, und zwei darüber liegende Puncte A und B gegeben, so ist es unter allen von A bis B zu ziehenden Curven die Ket-*

tenlinie, deren Directrix in die Ebene fällt, für welche das Integral $\int y\,ds$, *von* A *bis* B *genommen*, d. h. *das Product aus der Länge* ($\int ds$) *der Curve in den Abstand* $\left(\frac{\int y\,ds}{\int ds}\right)$ *ihres Schwerpunctes von der Ebene, seinen grössten oder kleinsten Werth hat.*

Dasselbe ergibt sich auch, wie gehörig, durch Variation des Integrals von $y\,ds$. Es ist nämlich

$$\begin{aligned}\delta \int y\,ds &= \int ds\,\delta y + \int y(\xi\,d\delta x + \eta\,d\delta y + \zeta\,d\delta z) \\ &= \int ds\,\delta y + y(\xi\,\delta x + \eta\,\delta y + \zeta\,\delta z) \\ &\quad - \int [d(y\xi)\,\delta x + d(y\eta)\,\delta y + d(y\zeta)\,\delta z]\ .\end{aligned}$$

Soll mithin das Integral $\int y\,ds$ ein Maximum oder ein Minimum sein, so hat man nach den bekannten Regeln

$$(1)\qquad d(y\xi) = 0\ ,\qquad d(y\eta) - ds = 0\ ,\qquad d(y\zeta) = 0$$

zu setzen. Hieraus fliesst durch Integration:

$$(2)\qquad y\,dx = a\,ds\ ,\qquad y\,dy = (b+s)\,ds\ ,\qquad y\,dz = c\,ds\ ,$$

folglich

$$a\,dz = c\,dx\ ,$$

welches, von Neuem integrirt,

$$(3)\qquad a z = c x + c'$$

gibt. Addirt man ferner die Quadrate der drei Gleichungen (2), so kommt die endliche Gleichung

$$y^2 = a^2 + (b+s)^2 + c^2\ ,$$

oder einfacher, wenn man $a^2 + b^2 + c^2 = f^2$ setzt und den Bogen s von dem Puncte an rechnet, in welchem die Tangente horizontal, also $dy : ds = 0$ ist:

$$(4)\qquad y^2 = f^2 + s^2\ .$$

Man multiplicire noch die drei Gleichungen (1) resp. mit ξ, η, ζ und addire sie, so findet sich, weil $\xi^2 + \eta^2 + \zeta^2 = 1$ und $\xi\,d\xi + \eta\,d\eta + \zeta\,d\zeta = 0$ ist:

$$dy = \eta\,ds\ ,$$

d. i. eine identische Gleichung. Von den drei Gleichungen (1) ist daher jede eine Folge der beiden übrigen, und es können mithin irgend zwei von einander unabhängige aus (1) fliessende Gleichungen die Stelle dieser drei vertreten und als das Resultat der Rechnung angesehen werden. Man wähle nun (3) und (4) zu solchen zwei Gleichungen. Die erstere derselben gibt zu erkennen, dass die gesuchte Curve in einer auf der Ebene der x, z normalen, also in einer verticalen, Ebene enthalten sein muss. Hiermit in Verbindung zeigt die letztere Gleichung (4) an, dass die Curve eine Kettenlinie ist, deren Directrix in der horizontalen Ebene der x, z liegt (§. 290, b).

Man gewahrt leicht, wie aus der hiermit bewiesenen Eigenschaft der Kettenlinie der bekannte Satz, dass der Schwerpunct einer mit ihren Endpuncten befestigten Kette am tiefsten liegt, wenn sie, frei hängend, im Gleichgewichte ist, als specielle Folgerung hergeleitet werden kann. Denn für dieselbe Curve, für welche unter allen von A bis B gezogenen Curven das Integral $\int y\,ds$ ein Maximum oder Minimum ist, muss auch unter allen Curven von A bis B, welche mit ihr gleiche Länge gleich l haben, dasselbe Integral, folglich auch $\int y\,ds : l$, ein Maximum oder Minimum sein; d. h. für eine mit ihren Enden in A und B aufgehängte schwere Kette ist unter allen Linien von A bis B, welche mit der Kette gleiche Länge haben, die Höhe des Schwerpunctes über der horizontalen Ebene, welche die Directrix der Kette enthält, mithin auch die Höhe über irgend einer anderen horizontalen Ebene, ein Maximnm oder Minimum. Die Höhe des Schwerpunctes der Kettenlinie über einer horizontalen Ebene kann aber nur ein Minimum sein. Denn wird ein auch noch so kleiner Theil der Kettenlinie um die Gerade, welche seine Endpuncte verbindet, um etwas gedreht, so steigt ersichtlich sein Schwerpunct, folglich auch der Schwerpunct der ganzen Linie, während die Länge der Linie unverändert bleibt.

Unter allen Curven von gleicher Länge, die von einem gegebenen Puncte zu einem anderen gegebenen gezogen werden, ist demnach die Kettenlinie diejenige, deren Schwerpunct am tiefsten liegt.

Bei dieser Gelegenheit mag noch eine möglichst einfache Herleitung der Ausdrücke für die Coordinaten des Schwerpunctes der Kettenlinie eine Stelle finden.

Bezeichnet f den Parameter der Linie, und wird der Bogen s vom Scheitel an gerechnet, so ist nach §. 290, b und c:

$$y^2 - f^2 = s^2 \qquad \text{und} \qquad s\,dx = f\,dy\ ,$$

folglich

$$y\,dy = s\,ds\ , \qquad y\,dx = f\,ds\ ,$$

$$s\,y\,dy = s^2\,ds = (y^2 - f^2)\,ds = y^2\,ds - f\,y\,dx\ ,$$

$$s\,dy = y\,ds - f\,dx \qquad \text{und} \qquad d(sy) = 2y\,ds - f\,dx\ .$$

Heissen daher x_1 und y_1 die Coordinaten des Schwerpunctes von s, so ist (§. 111), wenn wir bei den Integrationen die Constanten für einen vom Scheitel anfangenden Bogen s bestimmen:

$$s x_1 = \int x\,ds = s x - \int s\,dx = s x - f y + f^2\ ,$$

$$s y_1 = \int y\,ds = \tfrac{1}{2}(s y + f x)\ .$$

Hiermit kann aber nach §. 111 auch jedes anderen Bogens Schwerpunct ohne Mühe gefunden werden.

§. 308. Die Lösung der Aufgabe, von einem gegebenen Puncte (vergl. Fig. 84) bis zu einem anderen gegebenen B eine Curve zu ziehen, für welche in Bezug auf eine gegebene, mit A und B in einer Ebene liegende Gerade CD, als Axe der x, das Integral $\int y\,ds$ ein Maximum oder Minimum ist, kommt nach §. 307 auf die Construction einer Kettenlinie hinaus, welche durch A und B geht und CD zur Directrix hat. Am leichtesten lässt sich diese Construction in dem besonderen Falle ausführen, wenn A und B gleichweit von CD entfernt sind.

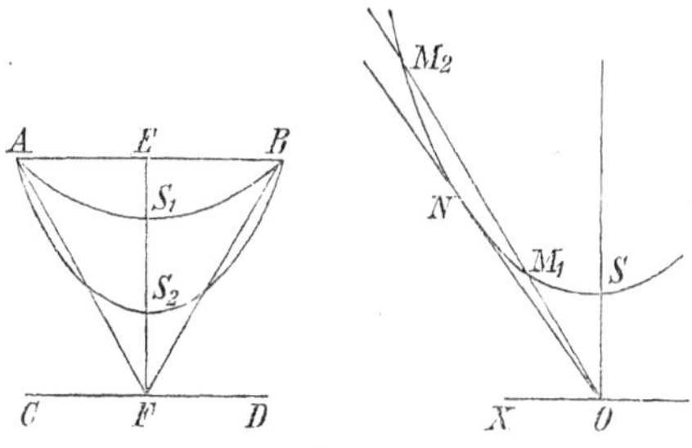

Fig. 84.

Man denke sich zu dem Ende die Kettenlinie in ihrer natürlichen Lage, also die Ebene $ABCD$ vertical, und die Gerade CD, so wie auch AB, horizontal, und letztere Gerade oberhalb der ersteren. Durch den Mittelpunct E der AB lege man eine Verticale, welche CD in F treffe und den Scheitel der zu construirenden Kettenlinie enthalten wird.

Man beschreibe nun mit einem Parameter von beliebiger Grösse und zu einer willkürlich gezogenen Horizontalen OX, als Directrix, eine Kettenlinie SN. Es sei S der Scheitel derselben, und O der unter S liegende Punct der Directrix, also OS der Parameter. Von O ziehe man eine Tangente an die Kettenlinie, und N sei der Berührungspunct. Man ziehe ferner FA und lege durch O auf derselben Seite von OS, auf welcher N liegt, eine Gerade OP, welche mit OS einen Winkel gleich EFA mache.

Ist nun erstens dieser Winkel kleiner als SON, so wird OP die Kettenlinie in zwei Puncten schneiden, von denen der eine M_1 zwischen S und N, der andere M_2 ausserhalb SN auf der Seite von N liegt. Man trage alsdann von F nach E zu eine Linie FS_1, die sich zu FA, wie OS zu OM_1, verhält, und ziehe von S_1 bis A eine dem Bogen SM_1 ähnliche Curve. Hiernach sind die mit Bögen begrenzten Winkel SOM_1 und S_1FA einander ähnliche Figuren, und weil SM_1 der Bogen einer Kettenlinie ist, welche S zum Scheitel und OS zum Parameter hat, so wird auch S_1A der Bogen einer Kettenlinie, S_1 der Scheitel derselben und FS_1 ihr Parameter sein. Dass dieser Bogen, über S_1 hinaus verlängert, durch B gehen wird, ist von selbst klar. Auf gleiche Weise erhellt, dass, wenn man auf FE von F nach S_2 die vierte Proportionallinie zu OM_2, OS und

FA trägt, auch die durch S_2, als Scheitel, und mit FS_2, als Parameter, zu beschreibende Kettenlinie den Puncten A und B begegnen wird. Es gibt demnach im gegenwärtigen Falle zwei Kettenlinien; welche durch A und B gehen und CD zur Directrix haben.

Ist zweitens der Winkel EFA dem SON gleich, so fällt die Gerade OP mit der Tangente, also die Puncte M_1 und M_2 mit N, zusammen, und es gibt nur eine die Bedingung der Aufgabe erfüllende Kettenlinie, deren Parameter die vierte Proportionale zu ON, OS und FA ist.

Findet sich aber drittens EFA grösser als SON, so wird die Kettenlinie SN von OP in keinem Puncte getroffen, und die Lösung der Aufgabe ist unmöglich.

Die Richtigkeit dieser Schlüsse beruht darauf, dass die Kettenlinie zu den Curven gehört, welche nur einen Parameter haben, und dass daher alle Kettenlinien einander ähnlich sind. Eben deswegen muss auch der Winkel SON, auf welchen es hier besonders ankommt, einen für alle Kettenlinien constanten Werth haben. Um ihn numerisch zu bestimmen, erinnere man sich, dass p oder die trigonometrische Tangente des Winkels, den eine an den Endpunct (x, y) des Bogens s gelegte Berührende mit der Axe der x macht, gleich hs ist (§. 288). Geht diese Berührende zugleich durch den Anfangspunct O der Coordinaten, wie ON, so ist auch $p = y : x$, und man hat daher für den Punct N die Gleichung: $y = hxs$, oder, wenn man y und s durch x ausdrückt (§. 289 und §. 290, b):

$$e^{hx} + e^{-hx} = hx(e^{hx} - e^{-hx}) ,$$

und wenn man $hx = u$ setzt:

$$(u + 1)\, e^{-u} = (u - 1)\, e^{u} ,$$

oder

$$\log(u + 1) - \log(u - 1) = 2u .$$

Hieraus aber findet sich $u = 1{,}19969$,

$$\operatorname{tang} XON = hs = \frac{e^{u} - e^{-u}}{2} = 1{,}5088 = \operatorname{tang} 56^{\circ}28' ,$$

also $SON = 33^{\circ}\,32'$. Man kann daher durch A und B entweder zwei, oder nur eine, oder keine Kettenlinie legen, welche CD zur Directrix hat, jenachdem der Winkel EFA kleiner, gleich oder grösser $33^{\circ}\,32'$, oder, was dasselbe ausdrückt, jenachdem FE, d. i. der Abstand der Horizontalen AB von der Directrix, grösser, gleich oder kleiner $0{,}7544\ AB$ $(= \frac{1}{2} . 1{,}5088\ AB)$ ist.

§. 309. Ohne die Untersuchung auf den Fall auszudehnen, wenn die zwei Puncte A und B, durch welche die Kettenlinie geführt werden soll, nicht in einer Horizontalen liegen, wollen wir nur noch die Maxima und Minima näher betrachten, welche die so eben construirten zwei Kettenlinien unter der einfachen Annahme darstellen, dass alle von A bis B zu ziehenden Curven gleichfalls Kettenlinien in ihrer natürlichen Lage sind, d. h. Kettenlinien, deren Scheitel sämmtlich in der Verticalen EF und in deren Verlängerung über F hinaus liegen.

Tritt nun, dieses vorausgesetzt, der erste jener drei Fälle ein, und können daher von A bis B zwei verschiedene Kettenlinien AS_1B und AS_2B gezogen werden, welche CD zur Directrix haben, so wird unter allen von A bis B möglichen Kettenlinien die eine jener beiden es sein, für welche das Integral $\int y\,ds$ ein Maximum, und die andere, für welche es ein Minimum ist, indem sonst, wenn für jede von beiden Linien das Integral ein Maximum (Minimum) wäre, zwischen S_1 und S_2 noch der Scheitel einer dritten Kettenlinie liegen müsste, für welche das Integral einen kleinsten (grössten) Werth hätte, also einer dritten, deren Directrix gleichfalls CD wäre; diese dritte ist aber nicht möglich, weil die Gerade OP die Kettenlinie SN in nicht mehr als zwei Puncten schneiden kann.

Es ist ferner leicht einzusehen, dass jenes Integral, oder das ihm gleiche Product aus der Länge der Kettenlinie in den Abstand ihres Schwerpunctes von CD, für die tiefer hängende Kettenlinie AS_2B ein Maximum, und mithin für die höhere AS_1B ein Minimum ist. Denn je tiefer der Scheitel einer von A bis B gehenden Kettenlinie liegt, desto tiefer, und dieses ohne angebbare Grenze, liegt offenbar auch der Schwerpunct derselben. Bei einem genugsam tief unter CD liegenden Scheitel S wird daher der Schwerpunct in CD selbst fallen, und mithin jenes Product gleich Null sein. Lässt man nun diese Kettenlinie in Gedanken immer kürzer werden, so steigen ihr Scheitel S und ihr Schwerpunct, letzterer von CD an, in die Höhe; das Product muss folglich positiv werden, also wachsen, und, wenn S bis S_2 gekommen ist, seinen grössten Werth erreichen. — Steigt S noch höher, so nimmt das Product wieder ab, wird, wenn S mit S_1 zusammenfällt, ein Minimum, und wächst daher von Neuem, wenn S von S_1 bis E zu steigen fortfährt.

Fallen S_1 und S_2 zusammen, und gibt es mithin nur eine durch A und B zu legende Kettenlinie, welche von CD um ihren Parameter absteht, so folgt auf die Zunahme des Productes, wenn der Scheitel S von F bis S_2 rückt, unmittelbar die weitere Zunahme bei der Bewegung des Scheitels von S_1 bis E, und das Maximum und Minimum fallen daher weg.

Auf gleiche Art endlich wächst das Product fortwährend, wenn A und B der CD so nahe liegen, dass auch jene eine Kettenlinie nicht mehr construirt werden kann.

Achtes Kapitel.

Vom Gleichgewichte an elastischen Fäden.

---

§. 310. Wie gleich am Anfange dieses Werkes erinnert worden, gibt es in der Natur keinen Körper, dessen Theilchen vollkommen fest mit einander verbunden wären. Vielmehr ist jeder Körper, den wir fest nennen, zugleich elastisch, d. h. er besitzt die Eigenschaft, dass, wenn Kräfte auf ihn einwirken, seine Gestalt in etwas verändert wird, eben dadurch aber neue Kräfte erzeugt werden, welche die anfängliche Lage der Theilchen gegen einander zurückzuführen streben, und dieses mit desto grösserer Intensität, je mehr die gegenseitigen Entfernungen der Theilchen geändert worden sind. Uebrigens halten diese neu entstehenden Kräfte einander das Gleichgewicht, indem sonst, wenn die Theilchen des Körpers in ihrer neuen Lage durch unelastische Bänder mit einander verbunden und die äusseren Kräfte entfernt würden, die damit nicht aufgehobenen elastischen Kräfte den Körper in eine continuirliche Bewegung setzen würden, welches nicht möglich ist. Eine unmittelbare Folge hiervon ist, dass die Bedingungen für das Gleichgewicht zwischen den äusseren Kräften bei elastischen Körpern dieselben, als wie bei unelastischen Körpern sind.

Bei einem Systeme von nur zwei Puncten wird demnach die Elasticität darin bestehen, dass, wenn die gegenseitige Entfernung der Puncte durch Einwirkung äusserer Kräfte vergrössert oder verringert wird, zwei auf sie gleich Pressungen wirkende, und daher einander gleiche und direct entgegengesetzte Kräfte erzeugt werden, welche sie im ersteren Falle gegen einander treiben, im letzteren von einander zu entfernen streben. Und wenn Kräfte, welche auf die beiden Puncte wirken, im Gleichgewichte sind, so muss an jedem

Puncte besonders zwischen den an ihn angebrachten Kräften und der ihn treibenden elastischen Kraft Gleichgewicht herrschen.

Eine elastische Linie, Fläche oder Körper kann man sich als ein Aggregat von physischen einander unendlich nahe liegenden Puncten vorstellen, von denen jeder mit jedem der übrigen, oder doch mit allen um ihn herum bis auf eine gewisse Entfernung liegenden, auf die eben besagte Weise elastisch verbunden ist. Wirken nun auf ein solches System äussere Kräfte, und sind diese, nachdem sich die ursprünglichen Entfernungen der Puncte von einander dem Gesetze der Elasticität gemäss geändert haben, im Gleichgewichte, so müssen ebenso, wie bei dem vorigen Systeme von nur zwei Puncten, an jedem Puncte besonders die äusseren Kräfte den elastischen das Gleichgewicht halten.

§. 311. Von der Function, welche die elastische Kraft von einer Aenderung x des Abstandes zweier elastisch verbundener Puncte ist, lässt sich im Allgemeinen nur soviel bestimmen, dass sie für $x = 0$ ebenfalls Null sein und mit x gleichzeitig das Zeichen wechseln muss. Die einfachste Hypothese, die wir hinsichtlich dieser Function machen können, ist daher, dass wir sie der Aenderung x einfach proportional setzen. Auch stimmt diese Annahme, so lange x nur klein ist, sehr wohl mit der Erfahrung überein. Wie übrigens diese Function von der anfänglichen Entfernung der beiden Puncte selbst mit abhängt, lassen wir unentschieden.

Seien nun A und B die beiden Puncte; auf A wirke die Kraft P, auf B die Kraft Q, und halte die eine der anderen das Gleichgewicht. Die Entfernung AB erhalte dadurch das Increment x, und die damit erzeugten auf A und B in AB wirkenden elastischen Kräfte seien resp. ex und $-ex$, wobei, wenn die Richtung von A nach B für die positive genommen wird, e eine positive constante Grösse ist. Alsdann müssen an A die Kräfte P und ex, und an B die Kräfte Q und $-ex$ einander das Gleichgewicht halten. Die Kräfte P und Q müssen folglich ebenso, als wenn die gegenseitige Entfernung der Puncte unveränderlich wäre, einander gleich und direct entgegengesetzt sein. Das Increment x aber findet sich gleich $-P : e = Q : e$, ist also desto grösser, je grösser die Kräfte P und Q sind, und ist entweder ein wirkliches Increment, oder eine Verkürzung der Linie AB, jenachdem P negativ oder positiv ist, d. h. jenachdem die Kräfte P und Q die Puncte A und B von einander zu entfernen, oder einander zu nähern streben.

Seien ferner A, B, C drei in einer Geraden, B zwischen A und C, liegende Puncte, von denen je zwei elastisch mit einander verbunden sind. Auf sie wirken nach Richtungen, die mit derselben Geraden zusammenfallen, die sich das Gleichgewicht haltenden Kräfte P, Q, R. Die dadurch bewirkten Incremente der Abstände AB, BC und AC seien x, y und $z = x + y$, weil die Puncte in der anfänglichen Geraden bleiben. Die diesen Incrementen proportionalen elastischen Kräfte setze man gleich fx, gy, hz, so dass auf A und B nach der Richtung AB die Kräfte fx und $-fx$ wirken, u. s. w. Hiernach hat man für das Gleichgewicht an A, B und C resp. die Gleichungen:

$$P + fx + hz = 0\ , \qquad Q - fx + gy = 0\ , \qquad R - gy - hz = 0\ ,$$

oder, weil $z = x + y$ ist:

$$P + (f+h)x + hy = 0\ ,\ Q - fx + gy = 0\ ,\ R - hx - (g+h)y = 0\ .$$

Hieraus folgt zuerst die schon bekannte Bedingungsgleichung für das Gleichgewicht des ganzen Systems:

$$P + Q + R = 0\ ,$$

und sodann die Werthe der Incremente:

$$x = \frac{Qh - Pg}{fg + gh + hf}\ , \qquad y = \frac{Rf - Qh}{fg + gh + hf}\ ,$$

und

$$z = x + y = \frac{Rf - Pg}{fg + gh + hf}\ .$$

Indem man also nächst den Kräften P, Q, R noch die Grössen f, g, h, welche die Stärke der Elasticität für die Linien AB, BC, AC ausdrücken, als gegeben voraussetzt, kann man die Aenderungen x, y, z dieser Linien und damit zugleich die Pressungen fx, gy, hz derselben einzeln berechnen.

Man bemerke hierbei, dass diese drei Pressungen unbestimmt geblieben sein würden, wenn man die Puncte A, B, C fest, nicht elastisch mit einander verbunden, angenommen hätte, indem zur Bestimmung der gegenseitigen Lage dreier Puncte A, B, C in einer Geraden schon zwei Abstände, wie AB und BC, hinreichen, der dritte AC aber überflüssig ist.

Auf ähnliche Weise verhält es sich auch bei jedem anderen Systeme mit einander verbundener Puncte, wenn die Anzahl der Verbindungslinien mehr als hinreichend ist, um die gegenseitige Lage der Puncte zu bestimmen. So lange man diese Linien von unveränderlicher Länge annimmt, bleiben ihre Pressungen zum Theil unbestimmt; sie lassen sich aber insgesammt einzeln angeben, wenn man die Linien elastisch veränderlich setzt.

So hat man für das Gleichgewicht zwischen Kräften, welche an n in einer Geraden liegende und elastisch mit einander verbundene

Puncte angebracht sind, und deren Richtungen in dieselbe Gerade fallen, n Gleichungen, für jeden der n Puncte nämlich eine. Aus diesen n Gleichungen wird sich zuerst die Bedingung des Gleichgewichtes herleiten lassen, welche ausdrückt, dass die Summe der angebrachten Kräfte Null ist. Die $n - 1$ übrigen davon unabhängigen Gleichungen enthalten nächst jenen äusseren Kräften noch die elastischen Kräfte und damit die den letzteren proportionalen Aenderungen der Entfernungen der Puncte. Da nun bei einem Systeme von n Puncten in einer Geraden aus $n - 1$ solchen Aenderungen, welche von einander unabhängig sind, alle übrigen gefunden werden können, so wird man mittelst jener $n - 1$ Gleichungen alle in dem Systeme vorkommenden Aenderungen, und damit die elastischen Kräfte selbst oder die Pressungen berechnen können.

Sind die n Puncte und die auf sie wirkenden äusseren Kräfte in einer und derselben Ebene begriffen, so hat man für das Gleichgewicht jedes Punctes zwei Gleichungen, also zusammen $2n$ Gleichungen. Hieraus müssen sich nach Elimination der elastischen Kräfte die drei bekannten Gleichungen für das Gleichgewicht eines Systems von Puncten in einer Ebene ergeben. Es bleiben daher $2n - 3$ davon unabhängige Gleichungen übrig, welche die elastischen Kräfte, d. i. den Abstandsänderungen der Puncte proportionale Grössen enthalten. Mithin lassen sich auch hier alle diese Aenderungen und damit die elastischen Kräfte oder Pressungen bestimmen, da bei einem Systeme von n Puncten in einer Ebene die Anzahl der von einander unabhängigen Entfernungen, also auch ihrer Aenderungen, aus denen sich alle übrigen herleiten lassen, gleichfalls gleich $2n - 3$ ist.

Bei einem Systeme von Kräften, welche auf n Puncte im Raume wirken, hat man zunächst drei Gleichungen für das Gleichgewicht jedes Punctes, also im Ganzen $3n$ Gleichungen, und nach Absonderung der sechs Bedingungen für das Gleichgewicht des ganzen Systemes noch $3n - 6$ Gleichungen. Ebenso gross aber ist bei n Puncten im Raume die Anzahl der von einander unabhängigen Aenderungen der Entfernungen; folglich u. s. w.

§. 312. Kehren wir jetzt zu dem in §. 311 näher betrachteten Systeme von drei elastisch mit einander verbundenen Puncten A, B, C zurück und setzen, dass bloss A mit B und B mit C, nicht aber auch A mit C, elastisch verbunden seien, und dass nur auf A und C die Kräfte P und R wirken. Die drei Gleichungen für das Gleichgewicht werden damit:

$$P + fx = 0 \,, \qquad -fx + gy = 0 \,, \qquad R - gy = 0 \,,$$

woraus, ebenso wie in §. 269, zu schliessen, dass, wenn auch die drei Puncte in einer Geraden zu liegen ursprünglich nicht genöthigt sind, sie doch beim Gleichgewichte der auf A und C wirkenden Kräfte P und R in einer solchen liegen, und dass alsdann diese zwei Kräfte einander gleich und direct entgegengesetzt sein müssen. Die Incremente der Entfernungen AB und BC sind resp. $x = -P:f$ und $y = -P:g$.

Zu einem ganz analogen Resultate gelangt man bei einer Reihe von vier oder mehreren Puncten A, B, C, D, ..., von denen jeder mit dem nächstfolgenden elastisch verbunden ist, so dass, wenn AB, BC, CD, ... sich resp. um x, y, z, ..., ändern, die elastischen Kräfte fx, gy, hz, ... erzeugt werden. Sollen nämlich zwei auf den ersten und letzten Punct der Reihe wirkende Kräfte P und Q im Gleichgewichte sein, so müssen sämmtliche Puncte in einer Geraden liegen und die zwei Kräfte einander gleich und direct entgegengesetzt sein. Die Incremente der einzelnen Abstände aber werden:

$$x = -\frac{P}{f}, \quad y = -\frac{P}{g}, \quad z = -\frac{P}{h}, \ldots,$$

folglich die Längenzunahme der ganzen Reihe

$$= -P\left(\frac{1}{f} + \frac{1}{g} + \frac{1}{h} + \ldots\right).$$

Nehmen wir sämmtliche Abstände AB, BC, CD, ... gleich gross an und setzen auch alle die constanten f, g, h, ... einander gleich, so ist, wenn n die Zahl der Abstände, und daher $n \,.\, AB$ die anfängliche Länge der Reihe ausdrückt, das Wachsthum ihrer Länge gleich $-nP:f = nQ:g$, also der anfänglichen Länge und den äusseren Kräften, welche am Anfang und Ende angebracht sind, proportional.

Gleichgewicht an einem elastisch dehnbaren Faden.

§. 313. Je kleiner man bei der eben betrachteten Reihe elastisch verbundener Puncte die einander gleichen Abstände derselben werden lässt, desto mehr nähert man sich dem Begriffe eines gleichförmig dichten und seiner Länge nach gleichförmig elastischen Fadens. Wenn demnach ein solcher Faden eine Länge gleich 1 hat, und von zwei an seinen Enden angebrachten Kräften, deren jede gleich 1, um eine Länge gleich E ausgedehnt wird, so wird, zufolge des vorhin von der Reihe Erwiesenen, ein Faden von derselben physischen Beschaffenheit und von einer Länge gleich a durch zwei ihn spannende Kräfte, deren jede gleich P ist, eine Längenzunahme gleich aPE erhalten, und man ersieht zugleich, dass, indem auf diese Weise die anfängliche Länge des Fadens a sich in $a\,(1+PE)$ verwandelt, seine anfängliche Dichtigkeit sich im Verhältniss $1+PE:1$ vermindern muss.

Mit Hülfe dieser Principien können wir jetzt leicht das Gleichgewicht eines elastisch dehnbaren Fadens in Untersuchung nehmen, wenn nicht bloss an seinem Anfang und Ende, sondern auch in allen seinen übrigen Puncten (x, y, z) äussere Kräfte (X, Y, Z) thätig sind. Ist nämlich beim Zustande des Gleichgewichts ϱ die Dichtigkeit des Fadenelements ds, mithin $\varrho\,ds$ seine Masse, und bezeichnet T die Spannung des Elements, so hat man für das Gleichgewicht desselben, mag es elastisch sein, oder nicht, die drei Gleichungen (§. 280 und §. 286):

$$X\varrho\,ds + d\left(T\frac{dx}{ds}\right) = 0\,, \qquad Y\varrho\,ds + d\left(T\frac{dy}{ds}\right) = 0\,,$$

$$Z\varrho\,ds + d\left(T\frac{dz}{ds}\right) = 0\,.$$

Unter der Voraussetzung nun, dass der Faden vor Einwirkung der Kräfte eine gleichförmige Dichtigkeit gleich 1 gehabt habe und seiner Länge nach eine gleichförmige durch E bestimmte Elasticität besitze, ist die nachherige Dichtigkeit des Elements ds gleich $1:(1+ET)$, und die drei Gleichungen für das Gleichgewicht werden damit:

$$X\,ds + (1+ET)\,d\left(T\frac{dx}{ds}\right) = 0\,,$$

$$Y\,ds + (1+ET)\,d\left(T\frac{dy}{ds}\right) = 0\,,$$

$$Z\,ds + (1+ET)\,d\left(T\frac{dz}{ds}\right) = 0\,,$$

aus denen, wenn X, Y, Z als Functionen von x, y, z gegeben sind, durch Elimination von T und durch Integration die zwei Gleichungen für die Fadencurve gefunden werden können.

Ist ferner $d\sigma$ die ursprüngliche Länge des Elements ds, so hat man

$$d\sigma = \frac{ds}{1+ET}\,,$$

woraus sich mit Hülfe des aus den vorigen Gleichungen sich ergebenden Werthes von T die durch die Kräfte bewirkte Ausdehnung

$s - \sigma$ des ganzen Fadens oder irgend eines Theiles desselben berechnen lässt.

Man kann in dieser Hinsicht bemerken, dass, wenn man vorige drei Gleichungen resp. mit $\frac{dx}{ds}, \frac{dy}{ds}, \frac{dz}{ds}$ multiplicirt und hierauf addirt, die Gleichung

$$Xdx + Ydy + Zdz + (1 + ET)\,dT = 0$$

hervorgeht (§. 283, a). Hierin T und dT durch das Verhältniss $ds:d\sigma$ und dessen Differential ausgedrückt, kommt

$$Xdx + Ydy + Zdz + \frac{1}{2E}\,d\left(\frac{ds^2}{d\sigma^2}\right) = 0 \;,$$

eine Formel, wodurch sich die Ausdehnung des Fadens unmittelbar bestimmen lässt.

§. 314. Lassen wir, um die Theorie des §. 313 durch ein Beispiel zu erläutern, die Schwerkraft g es sein, welche auf den Faden wirkt, so ist der Faden, wie im Früheren die unelastische Kettenlinie, in einer verticalen Ebene enthalten, und es sind, wenn diese zur Ebene der x, y genommen wird, bloss die zwei ersten der drei Hauptgleichungen zu berücksichtigen. Hierin werden, wenn man die Axe der y vertical, nach oben zu positiv, sein lässt: $X = 0$ und $Y = -g$, und die zwei Gleichungen selbst reduciren sich damit auf:

$$d\left(T\frac{dx}{ds}\right) = 0 \;, \qquad g\,ds = (1 + ET)\,d\left(T\frac{dy}{ds}\right) \,.$$

Aus der ersten dieser Gleichungen folgt, wie in §. 287:

$$T = A\frac{ds}{dx} \;,$$

und die zweite wird damit, wenn man noch, wie in §. 289, den von der Tangente der Curve mit der Axe der y gebildeten Winkel gleich ψ setzt:

$$g\,ds = \left(1 + \frac{AE}{\sin\psi}\right) d\,.\,A\,\mathrm{cotg}\,\psi \,.$$

Hieraus folgt weiter:

$$g\,dx = g\,ds\,.\sin\psi = (\sin\psi + AE)\,d\,.\,A\,\mathrm{cotg}\,\psi \;,$$

$$g\,dy = g\,ds\,.\cos\psi = (\cos\psi + AE\,\mathrm{cotg}\,\psi)\,d\,.\,A\,\mathrm{cotg}\,\psi \;,$$

und wenn man integrirt und Ah für g schreibt:

$$hx = -\log\mathrm{tang}\,\tfrac{1}{2}\,\psi + AE\,.\,\mathrm{cotg}\,\psi \;,$$

$$hy = \frac{1}{\sin\psi} + \tfrac{1}{2}\,AE\,.\,\mathrm{cotg}\,\psi^2 \,.$$

Die Constanten sind bei diesen zwei Integrationen Null gesetzt worden, wodurch es geschieht, dass hier ebenso, wie bei der unelastischen Kettenlinie, für $\psi = 90^\circ$, d. i. für den tiefsten Punct oder den Scheitel der Curve, $x = 0$ und $hy = 1$ wird.

Die Elimination von ψ aus den zuletzt erhaltenen zwei Gleichungen gibt die Gleichung der Curve zwischen x und y. Wir wollen aber diese Elimination nur für den Fall ausführen, wenn die Elasticität des Fadens so gering und damit E so klein ist, dass die zweite und die höheren Potenzen von E vernachlässigt werden können. Werde nun

$$(a) \quad AE \,.\, \text{cotg}\, \psi = -i \;, \qquad \tfrac{1}{2} AE \,.\, \text{cotg}\, \psi^2 = -k$$

gesetzt, wo daher i und k kleine Grössen von derselben Ordnung, wie E, sind. Hiermit werden jene zwei Gleichungen:

$$(b) \quad hx + i = -\log \text{tang}\, \tfrac{1}{2}\psi \,, \qquad hy + k = \frac{1}{\sin \psi} \,,$$

woraus, wie in §. 289:

$$2(hy + k) = e^{hx+i} + e^{-hx-i} \,,$$

also

$$(c) \quad 2hy = e^{hx} + e^{-hx} + i\left(e^{hx} - e^{-hx}\right) - 2k$$

folgt. Ferner fliesst aus (b):

$$\text{cotg}\, \psi = \tfrac{1}{2}\left(\text{cotg}\, \tfrac{1}{2}\psi - \text{tang}\, \tfrac{1}{2}\psi\right) = \tfrac{1}{2}\left(e^{hx} - e^{-hx}\right) \,,$$

wenn man bloss das von i freie Glied beibehält. Substituirt man nun diesen Werth von cotg ψ in (a) und setzt die damit hervorgehenden Werthe von i und k in (c), so findet sich

$$2hy = e^{hx} + e^{-hx} - \tfrac{1}{4} AE\left(e^{hx} - e^{-hx}\right)^2 \,,$$

als Gleichung der elastischen Kettenlinie.

Was hierbei noch die Ausdehnung des Fadens anlangt, so ist unter derselben Annahme, dass die höheren Potenzen von E vernachlässigt werden können, und zufolge des obigen Werthes von T:

$$d\sigma = \frac{ds}{1 + ET} = ds - ETds = ds - AE\frac{ds^2}{dx}$$
$$= ds - AEhyds = ds - Egyds \,,$$

weil $hydx = ds$ (§. 290, c) und $Ah = g$.

Die Ausdehnung des Bogens σ ist daher

$$s - \sigma = Eg \,.\, \textstyle\int yds \,.$$

Hiernach, und weil $(\int yds) : s$ *gleich dem Abstande des Schwerpunctes des Bogens* s *von der Directrix, ist die Ausdehnung eines Bo-*

gens seiner Länge und dem Abstande seines Schwerpunctes von der Directrix proportional.

§. 315. In dem besonderen Falle, wenn von dem elastisch dehnbaren Faden nur das eine Ende B befestigt ist, das andere A aber frei herabhängt, und daher der Faden selbst eine Verticale bildet, ist die Spannung in jedem Puncte P des Fadens dem Gewichte des unter P befindlichen Theiles AP gleich. Setzen wir daher AP gleich s, und die ursprüngliche Länge von AP gleich σ, so haben wir $T = g\sigma$ und

$$ds = (1 + ET)\, d\sigma = (1 + Eg\sigma)\, d\sigma\ ,$$

und wenn wir von A bis P integriren:

$$s = \sigma + \tfrac{1}{2} Eg\sigma^2,$$

wo σ und s auch die ursprüngliche und nachherige Länge des ganzen Fadens AB bedeuten können.

Ist an dem herabhängenden Ende A ein Gewicht befestigt, dessen Masse gleich M, so ist $T = g\,(M + \sigma)$, und es findet sich damit auf gleiche Weise

$$s = \sigma + Eg\sigma\,(M + \tfrac{1}{2}\sigma).$$

Hierauf gründet sich eine von John Herschel*) vorgeschlagene Methode, um das Verhältniss, in welchem die Schwerkraft auf der Oberfläche der Erde vom Aequator nach den Polen zunimmt, statt durch die bisherigen Pendelbeobachtungen, auf statischem Wege mit Hülfe eines ausdehnbaren Fadens oder einer seine Stelle vertretenden schraubenförmig gewundenen Feder zu messen. Durch kleine versuchsweise zu bestimmende Zusätze oder Verminderungen der Masse M, welche an dem Faden, dessen ursprüngliche Länge gleich σ ist, angehängt wird, sucht man es nämlich zu bewirken, dass bei der von einem Orte zum anderen sich nicht ganz gleich bleibenden Schwerkraft, der Faden doch immer zu derselben Länge s ausgedehnt wird. Da nun alsdann in dem obigen Ausdrucke für s, nächst σ und E, noch s constant ist, so ergibt sich von einem Orte der Erde zum anderen die Schwerkraft g umgekehrt der jedesmal angehängten Masse, vermehrt um die halbe Masse des Fadens, proportional.

---

*) A Treatise on Astronomy, Chap. III, Art. 189.

Gleichgewicht an einem elastisch biegsamen Faden.

§. 316. Die Kraft der Elasticität kann sich an einem Faden ausserdem, dass sie die Ausdehnung desselben zu verhindern strebt, auch dadurch äussern, dass sie der Biegung des Fadens, d. i. den Kräften, welche seine ursprüngliche Krümmung zu ändern suchen, sich widersetzt. Um auch diese Aeusserung der Elasticität zu untersuchen und dabei auf das Einfachste zu Werke zu gehen, wollen wir die erstere Art von Elasticität jetzt unwirksam sein lassen, also die Elemente des Fadens von unveränderlicher Länge setzen und für die anfängliche Form des Fadens eine Gerade annehmen.

Sind demnach AB und BC (vergl. Fig. 85) zwei nächstfolgende Elemente des Fadens, so sollen sich, sobald BC nicht mehr die geradlinige Fortsetzung von AB ist, sondern mit AB einen Winkel macht, elastische Kräfte erzeugen, welche die anfängliche geradlinige Lage wieder herzustellen streben. Diese elastischen Kräfte werden ohne Wirkung sein, sobald man irgend zwei Puncte D und E des einen und anderen Schenkels in ihrer jetzigen Lage durch eine Linie DE von unveränderlicher Länge mit einander verbindet; sie werden daher mit den Spannungen dieser Linie in D und E das Gleichgewicht halten und folglich als zwei einander gleiche Kräfte anzusehen sein, welche auf zwei beliebige Puncte D und E der Schenkel nach direct entgegengesetzten Richtungen wirken.

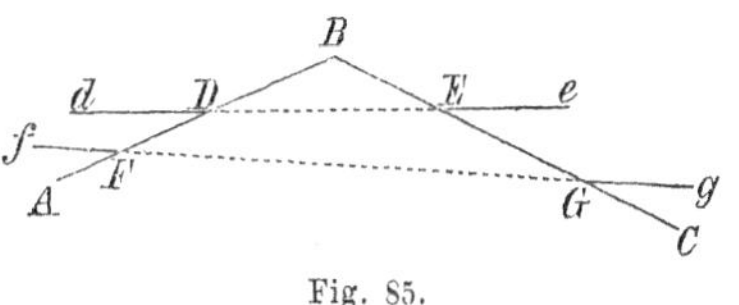

Fig. 85.

Die Elasticität des Winkels ABC wird hiernach gegeben sein, wenn man für irgend zwei Puncte seiner Schenkel die gemeinschaftliche Grösse dieser zwei einander direct entgegengesetzten Kräfte kennt, und es muss sich daraus die gemeinschaftliche Grösse an irgend zwei anderen Puncten der Schenkel nach direct entgegengesetzten Richtungen anzubringenden mit der Elasticität gleichwirkenden Kräfte bestimmen lassen.

In der That, sollen zwei an den Puncten D und E der Schenkel eines beliebig veränderlichen und frei beweglichen Winkels ABC nach direct entgegengesetzten Richtungen angebrachte einander gleiche Kräfte Dd und Ee mit zwei anderen an den Puncten F und G der Schenkel angebrachten Kräften Ff und Gg gleiche Wirkung haben, also mit fF und gG im Gleichgewichte sein, so müssen auch letztere einander gleich und direct entgegengesetzt sein, indem sonst, wenn die gegenseitige Entfernung der Puncte D und E unveränderlich gemacht und damit die Wirkung der Kräfte Dd und Ee aufgehoben würde, das Gleichgewicht nicht bestehen könnte. Es müssen ferner die Kräfte Dd und fF in Bezug auf den Punct B einander gleiche und entgegengesetzte Momente haben, damit sie, wenn der Punct B unbeweglich gemacht wird, den Schenkel AB nicht zu drehen vermögen. Dasselbe gilt von den Kräften Ee und gG am anderen Schenkel BC.

Und umgekehrt: Sind Dd und Ee sowohl, als fF und gG, einander gleich und direct entgegengesetzt, und haben Dd und fF, folglich auch Ee und gG, in Bezug auf B einander gleiche und entgegengesetzte Momente, so herrscht Gleichgewicht. Denn wegen der gleichen Momente haben Dd und fF sowohl, als Ee und gG, eine durch B gehende Resultante. Beide Resultanten aber sind einander gleich und entgegengesetzt, weil in derselben Beziehung Dd und fF zu Ee und gG stehen.

Kann demnach die Elasticität des Winkels ABC durch die Kräfte Dd und Ee dargestellt werden, so kann sie es auch durch die Kräfte Ff und Gg, wenn anders das Moment jeder der letzteren Kräfte dem Moment jeder der ersteren in Bezug auf die Spitze B des Winkels gleich ist. Die Elasticität des Winkels ABC ist folglich durch dieses Moment vollkommen gegeben, indem damit für je zwei beliebig in den Schenkeln angenommene Puncte D und E die daselbst anzubringenden mit der Elasticität gleichwirkenden Kräfte gefunden werden können. Man hat nämlich, wenn u das Moment der am Schenkel BC anzubringenden Kraft, also $-u$ das Moment der Kraft am Schenkel AB, bezeichnet:

$$dD = Ee = \frac{BEe}{BDE} \cdot DE = \frac{u \, . \, DE}{2BDE} = \frac{u}{DB \, . \sin EDB} \, .$$

Uebrigens müssen die zwei Kräfte so gerichtet sein, dass, wenn ihre Angriffspuncte beide in die Schenkel des Winkels selbst, oder beide in ihre Verlängerungen über die Spitze hinaus fallen, sie die Puncte von einander zu entfernen streben, dagegen die Puncte einander zu nähern suchen, wenn der eine in den einen Schenkel und der andere in die Verlängerung des anderen Schenkels über die Spitze fällt.

§. 317. Durch die angestellten Betrachtungen sind wir in den Stand gesetzt, aus den im Früheren entwickelten Gleichungen für das Gleichgewicht zwischen Kräften an einem vollkommen biegsamen Faden die Gleichungen für das Gleichgewicht an einem elastisch biegsamen Faden herzuleiten. Ist nämlich ein solcher, der ursprünglich geradlinig war, durch äussere Kräfte zu der Curve $A \ldots IKLMN$ (vergl. Fig. 86), gebogen worden, so können wir uns das Streben je zweier nächstfolgenden Elemente desselben, wie IK und KL, sich geradlinig neben einander zu legen, durch zwei einander gleiche Kräfte hervorgebracht denken, welche auf zwei beliebige Puncte der Elemente selbst, etwa auf I und L, nach den direct entgegengesetzten Richtungen LI und IL wirken. Indem wir daher solche Paare von Kräften für die Elasticität der von je zwei nächstfolgenden Elementen gebildeten Winkel substituiren, haben wir es wiederum mit einem vollkommen biegsamen Faden zu thun, auf dessen Elemente ausser den äusseren Kräften noch andere durch die Elasticität bestimmte Kräfte, gleich den äusseren, wirken, und wir können nun die im Obigen für das Gleichgewicht zwischen bloss äusseren Kräften erhaltenen Gleichungen auch auf den gegenwärtigen Fall anwenden.

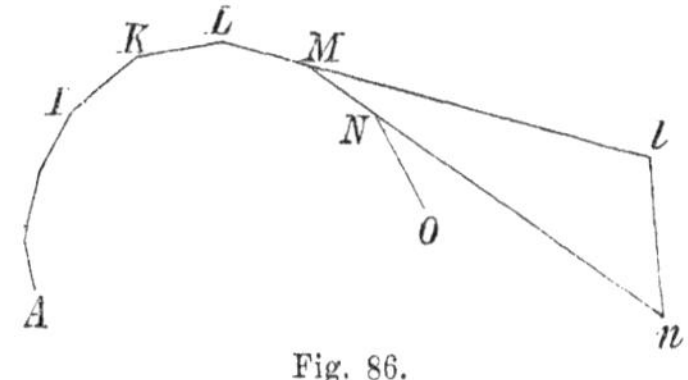

Fig. 86.

Am Geeignetsten hierzu sind die in §. 281, *b* gegebenen Momentengleichungen. Sind nämlich, wie wir für's erste annehmen wollen, der Faden und die auf ihn wirkenden äusseren Kräfte in einer und derselben Ebene enthalten, so hat man nur auszudrücken, dass das Moment aller auf den Faden von seinem Anfange A bis zu irgend einem anderen Puncte M desselben wirkenden Kräfte in Bezug auf letzteren Punct Null ist. Es ist aber dieses Moment, wenn zur Ebene des Fadens die der x, y genommen wird, wenn auf jedes seiner Elemente ds die äussere Kraft $(Xds,\ Yds)$ wirkt, und wenn x, y die Coordinaten von M sind,

$$=\int dy \int Xds - \int dx \int Yds\ .$$

Mit diesem Momente ist daher jetzt das auf M bezogene Moment aller von A bis M für die Elasticität substituirten Kräfte zu einer Summe zu vereinigen und diese Summe gleich Null setzen. Das Moment der letzteren Kräfte reducirt sich aber auf das Moment der Kraft allein, welche auf das letzte Element LM wirkt und mit einer ihr gleichen und direct entgegengesetzten Kraft an dem nicht mehr zum Bogen AM gehörigen Elemente MN die Stelle der Elasticität des Winkels LMN vertritt. Denn alle übrigen von A bis M für die Elasticität zu substituirenden Kräfte sind paarweise einander gleich und direct entgegengesetzt, und es ist folglich ihr Moment in Bezug auf M, oder auf irgend einen anderen Punct der Ebene, gleich Null. Setzen wir daher noch von den zwei die Elasticität des Winkels LMN darstellenden Kräften das auf M bezogene Moment der auf den Schenkel MN wirkenden gleich u, also das Moment der auf LM wirkenden gleich $-u$, so ist

$$(A) \qquad \int dy \int X ds - \int dx \int Y ds = u$$

die verlangte Gleichung des Gleichgewichtes.

§. 318. Zusätze. *a*) Werden für die zwei elastischen Kräfte am Winkel LMN die Puncte L und N zu Angriffspuncten genommen, so sind resp. NL und LN die Richtungen dieser Kräfte. Das Moment u hat folglich einerlei Zeichen mit der Dreiecksfläche MLN, also auch mit dem unendlich kleinen Winkel $MN^\wedge LM$, um welchen das Element MN gedreht werden muss, bis es in die Richtung des Elementes LM fällt, also das entgegengesetzte Zeichen des Winkels $LM^\wedge MN$ oder $d\psi$, wenn ψ den Winkel von LM mit der Axe der x, und folglich $\psi + d\psi$ den Winkel von MN mit derselben Axe bezeichnet. Das Moment u ist daher positiv oder negativ, jenachdem dieser Winkel ψ ab- oder zunimmt.

b) Unter derselben Annahme, dass L und N die Angriffspuncte der zwei elastischen Kräfte des Winkels LMN sind, ist die gemeinschaftliche Intensität dieser Kräfte gleich $u : LM . \sin NLM$ (§. 316), also unendlich gross von der zweiten Ordnung, weil u nach der letzten Gleichung in §. 317 eine endliche Grösse ist.

Will man die Elasticität des Winkels durch endliche Kräfte darstellen, so nehme man zum Angriffe der auf LM wirkenden Kraft einen Punct l, der in der geradlinigen Verlängerung von LM in endlicher Entfernung von M liegt, lege durch l unter einem endlichen Winkel mit LM eine Gerade, welche die Verlängerung von MN in n treffe, und lasse n den Angriffspunct der Kraft an MN sein. Die beiden Kräfte haben alsdann die Richtungen ln und nl, und ihre gemeinschaftliche Grösse ist gleich $u : Ml . \sin Mln$, also endlich.

c) Wird von dem im Gleichgewichte befindlichen elastischen Faden AMO ein Theil MO getrennt, und soll der übrig bleibende Theil AM im Gleichgewichte verharren, so ist es hier nicht, wie beim vollkommen biegsamen Faden, hinreichend, den Endpunct M dieses Theiles unbeweglich zu machen. Denn auf den Theil AM wirkt der Theil MO nicht allein durch die in M ausgeübte Pressung, sondern auch durch die eine der zwei elastischen Kräfte des Winkels LMN, welche irgendwo in LM, etwa in L, nur nicht in

M selbst, ihren Angriffspunct hat. Soll daher der Theil AM nach Wegnahme des Theiles MO im Gleichgewichte noch bleiben, so müssen entweder zwei, die Stelle jener Pressung und dieser elastischen Kraft vertretende Kräfte hinzugefügt werden, oder man muss die Angriffspuncte M und L dieser zwei Kräfte, und somit das Element LM selbst, unbeweglich machen.

d) Die zwei an dem Elemente LM hinzuzufügenden Kräfte lassen sich im Allgemeinen zu einer einzigen Kraft zusammensetzen, und es reicht dann zur Erhaltung des Gleichgewichtes hin, diese eine Kraft, welche R heisse, an irgend einem Puncte ihrer Richtung, der aber mit dem Elemente LM fest verbunden sein muss, anzubringen, oder einen solchen Punct unbeweglich zu machen. Da das Gleichgewicht noch am Fadentheile AM fortdauern muss, wenn derselbe steif angenommen wird, so muss die Kraft R mit den äusseren Kräften an AM ebenso, wie an einem festen Körper, im Gleichgewichte sein. Der Ausdruck von R ist daher $(-\int X ds, -\int Y ds)$, und das Moment von R in Bezug auf M, gleich $-u$, da das Moment der äusseren Kräfte in Bezug auf denselben Punct gleich u war. Hiermit ist die Grösse und Richtung von R vollkommen bestimmt.

e) Man denke sich die Kraft R in demjenigen Puncte m ihrer Richtung angebracht, in welchem sie die Verlängerung des Elementes LM, d. i. die in M an die Curve gelegte Tangente, schneidet, und zerlege sie hier in zwei Kräfte T und V, von denen T in die Richtung der Tangente fällt, und V mit dieser Richtung 90° macht. Sei zu dem Ende noch der Winkel von R mit der Axe der x gleich φ, und der Winkel des Elementes ds mit derselben Axe gleich ψ, so hat man

$$R\cos\varphi = -\int X ds\ , \qquad R\sin\varphi = -\int Y ds\ ,$$
$$ds\cos\psi = dx\ , \qquad ds\sin\psi = dy,$$

und daher:

$$T = R\cos(\varphi - \psi) = -\frac{dx}{ds}\int X ds - \frac{dy}{ds}\int Y ds\ ,$$

$$V = R\sin(\varphi - \psi) = -\frac{dx}{ds}\int Y ds + \frac{dy}{ds}\int X ds = \frac{du}{ds}\ .$$

Nun ist in Bezug auf den Punct M das Moment von T gleich Null und das Moment von V gleich $Mm\,.\,V$, folglich auch das Moment der Resultante R von T und V gleich $Mm\,.\,V$. Das Moment von R ist aber nach *d)* gleich $-u$, folglich ist

$$Mm = -\frac{u}{V} = -\frac{ds\left(\int dy\int X ds - \int dx\int Y ds\right)}{dy\int X ds - dx\int Y ds} = -\frac{u\,ds}{du}\ ,$$

wodurch der Punct m in der Richtung von R bestimmt ist. — Statt das Element LM unbeweglich anzunehmen, reicht es daher auch hin, den in der geradlinigen Verlängerung von LM liegenden Punct m unbeweglich sein zu lassen.

f) Ist der Faden nicht elastisch, so genügt zur Erhaltung des Gleichgewichtes des in M unterbrochenen Theils AM eine auf M nach der Richtung der Tangente wirkende Kraft, welche im Obigen die Spannung des Fadens genannt wurde. Bei dem elastischen Faden aber ist zur Bewahrung des Gleichgewichtes die Kraft T, deren Richtung in die Tangente fällt, und für deren Angriffspunct M selbst genommen werden kann, noch nicht hinreichend, sondern es muss noch die auf der Tangente in m normale Kraft V hinzugefügt werden, oder, was auf dasselbe hinauskommt, es muss das Element LM durch irgend welche Mittel, — etwa durch zwei unbewegliche Puncte, an denen es verschiebbar ist, — nur in sich selbst beweglich gemacht werden. Wollen wir daher auf analoge Weise, wie beim vollkommen biegsamen Faden, auch bei dem elastischen von der Spannung sprechen, so haben wir sie als die Kraft zu definiren, die, wenn der Faden irgendwo unterbrochen und das letzte Element daselbst bloss in der Richtung der Tangente beweglich gemacht wird, zur Erhaltung des Gleichgewichtes nach derselben Richtung am letzten Puncte angebracht werden muss.

Die Kraft T ist daher die Spannung der elastischen Linie, und zwar eine wirkliche Spannung, wie bei vollkommen biegsamen Fäden, oder eine Pressung, jenachdem sich T positiv oder negativ findet.

Uebrigens ergibt sich derselbe Ausdruck, den wir jetzt für die Spannung am elastischen Faden gefunden haben, auch für die Spannung am vollkommen biegsamen Faden, wenn man die für letzteren geltenden Gleichungen

$$\int X ds + T\xi = 0\ , \qquad \text{und} \qquad \int Y ds + T\eta = 0 \quad (§.\ 280)\ ,$$

wo $\xi = dx : ds$ und $\eta = dy : ds$, resp. mit ξ und η multiplicirt und hierauf addirt.

§. 319. In der am Ende des §. 317 erhaltenen Gleichung (A) für das Gleichgewicht des elastischen Fadens ist noch der von einem Puncte des Fadens zum anderen veränderliche Werth des Moments u zu bestimmen übrig. In dieser Hinsicht erwäge man zuerst, dass unter der Voraussetzung eines gleichförmig elastischen Fadens, und wenn man alle Elemente des Fadens von gleicher Länge annimmt, die Veränderlichkeit des Momentes u von einem Puncte M des Fadens zum anderen bloss von der Veränderlichkeit des Winkels $d\psi$, um welchen das Element MN von der Richtung des vorhergehenden

LM abgelenkt worden, abhängig sein kann. Von dieser Abhängigkeit ist aber im Allgemeinen gewiss, dass mit der Zunahme des Winkels $d\psi$ auch das Moment u wachsen muss. Lässt man nämlich von den zwei Elementen LM und MN das eine LM unbeweglich werden und normal auf das andere MN in einem bestimmten Puncte N' eine Kraft p wirken, welche dieses Element in der geneigten Lage, die es gegen das erstere haben soll, zu erhalten im Stande ist, so muss die Kraft p, folglich auch ihr auf M bezogenes Moment, d. i. $MN'.p$, um so grösser sein, je grösser die Neigung $d\psi$ von MN gegen LM ist.

Am Einfachsten ist es nun, und stimmt auch sehr wohl mit der Erfahrung überein, die Kraft p bei unverändertem Angriffspuncte N', und somit ihr Moment, welches nach §. 316 mit dem Momente u der Elasticität des Winkels LMN einerlei ist, dem Winkel $d\psi$ proportional anzunehmen. Hiernach, und weil u zufolge der Gleichung (A) eine endliche Grösse ist, die mit $-d\psi$ einerlei Zeichen hat (§. 318, a), und weil ds constant angenommen worden, haben wir

$$u = -\frac{\varepsilon d\psi}{ds}$$

zu setzen, wo ε eine positive von der Elasticität des Fadens abhängende constante Grösse bedeutet, und wobei die Unveränderlichkeit von ds nicht mehr in Betracht kommt, da es sich nunmehr bloss um das Verhältniss von $d\psi$ zu ds handelt.

Noch andere Ausdrücke für u sind:

$$u = -\frac{2\varepsilon\Delta}{ds^3} = \frac{\varepsilon}{r} = \varepsilon\,\frac{dy\,d^2x - dx\,d^2y}{ds^3}\ .$$

Hierin bezeichnet Δ das Elementardreieck $LMN = \frac{1}{2}\,ds^2 d\psi$ und r den Krümmungshalbmesser in M (§. 273), der positiv oder negativ zu rechnen ist, jenachdem der Winkel ψ ab- oder zunimmt. Der vierte Ausdruck für u ergibt sich unmittelbar aus dem ersten durch Differentation der Gleichung tang $\psi = dy : dx$.

Wird der vierte Ausdruck für u in der Gleichung (A) substituirt, so kommt:

$$(B)\qquad \int dy \int X ds - \int dx \int Y ds = \varepsilon\,\frac{dy\,d^2x - dx\,d^2y}{ds^3}$$

als die Differentialgleichung für das Gleichgewicht am elastisch biegsamen Faden in einer Ebene; sie drückt aus, *dass das auf irgend welchen Punct des Fadens bezogene Moment aller äusseren auf den Faden von seinem Anfange bis zu diesem Puncte wirkenden Kräfte der Krümmung des Fadens in demselben Puncte proportional ist.*

Mit Hülfe dieser Gleichung lässt sich, wenn X und Y gegebene

Functionen von x und y sind, und daher auf jeden Punct des Fadens eine Kraft wirkt, deren Grösse und Richtung von dem Orte des Punctes in der Ebene auf gegebene Weise abhängt, die Gleichung für die Fadencurve herleiten. Bei den deshalb nöthigen Integrationen kommen fünf willkürliche Constanten hinzu, nämlich drei von der rechten Seite der Gleichung, wie beim vollkommen biegsamen Faden (§. 281, *d*), und zwei von der linken Seite, weil diese noch Differentiale der zweiten Ordnung enthält. Von diesen fünf Constanten lassen sich, wie beim nicht elastischen Faden in §. 281, drei dadurch bestimmen, dass der Faden durch zwei gegebene Puncte gehen, und dass der dazwischen enthaltene Theil des Fadens von gegebener Länge sein soll; die vierte und fünfte Constante können durch gegebene Richtungen der Elemente des Fadens in den beiden Puncten bestimmt werden.

Bei einem elastisch biegsamen Faden in einer Ebene, an welchem in der Ebene wirkende Kräfte sich das Gleichgewicht halten sollen, können daher zwei Puncte, durch welche der Faden gehen soll, die Richtungen der Tangenten des Fadens in diesen Puncten und die Länge des Fadens von dem einen Puncte zum anderen nach Belieben genommen werden. Sind aber diese Stücke bestimmt, so ist damit auch die Gestalt des Fadens beim Gleichgewichte vollkommen bestimmt.

§. 320. Die §. 319 erhaltene Gleichung (*B*) wollen wir jetzt auf den einfachst möglichen Fall anwenden, wenn nicht auf die einzelnen Elemente des Fadens Kräfte wirken, sondern bloss der Anfangs- und Endpunct des Fadens gegebene Oerter einnehmen und der Faden daselbst gegebene Linien zu berühren genöthigt ist, oder, was auf dasselbe hinauskommt: wenn das erste und letzte Element des Fadens in gegebenen Lagen befestigt sind. Die unter dieser Bedingung von einem elastisch biegsamen, gleichförmig elastischen und ursprünglich geradlinigen Faden gebildete Curve wird vorzugsweise die elastische Linie genannt.

Statt das eine oder das andere der beiden Grenzelemente unbeweglich anzunehmen, kann man auf zwei Puncte des Elementes selbst zwei Kräfte wirken lassen, oder auch eine einzige Kraft, als die Resultante jener, an einem mit dem Elemente fest verbundenen Puncte anbringen (§. 318, *d*). Zufolge des §. 319 ist alsdann auszudrücken, dass das Moment der zwei Kräfte am ersten Elemente, also auch das Moment ihrer Resultante, wenn es auf den Punct (x, y) der Curve bezogen wird, dem Krümmungshalbmesser an diesem Puncte umgekehrt proportional ist.

Ist demnach (A, B) die Resultante der auf das erste Element wirkenden Kräfte und (a, b) ein Punct der Resultante, der mit dem Elemente in fester Verbindung steht, so hat man für die elastische Linie die Gleichung

$$B(a-x) - A(b-y) = \frac{\varepsilon}{r},$$

eine Gleichung, die auch unmittelbar aus der allgemeinen Gleichung (B) hätte hergeleitet werden können, wenn man $X = 0$, $Y = 0$, die hiernach constanten Grössen $\int X ds$, $\int Y ds$ resp. gleich A, B und die nach der letzten Integration links noch hinzuzufügende Constante gleich $Ba - Ab$ gesetzt hätte.

Die Kraft (A, B), welche auf einen mit dem ersten Elemente verbundenen Punct wirkt, und die Resultante der das letzte Element afficirenden Kräfte müssen, weil sie die einzigen auf den Faden wirkenden äusseren Kräfte sind, einander gleich und direct entgegengesetzt sein. Die Gerade, in welcher ihre Richtungen gemeinschaftlich enthalten sind, heisse die Axe der elastischen Linie. Lassen wir mit dieser Axe die Axe der x zusammenfallen, so werden $B = 0$, $b = 0$, und die Gleichung gewinnt die höchst einfache Gestalt:

$$Ay = \frac{\varepsilon}{r}.$$

Die elastische Linie besitzt hiernach die charakteristische Eigenschaft, dass ihre Krümmung in jedem ihrer Puncte dem Abstande des Punctes von der Axe proportional ist.

An gleichweit von der Axe abstehenden Puncten ist daher auch die Krümmung gleich gross, und an ungleich entfernten verschieden: an dem entfernteren grösser und an dem näheren geringer. An den Stellen, wo die Curve von der einen auf die andere Seite der Axe sich wendet, geht die Krümmung durch Null aus dem Positiven ins Negative, oder umgekehrt, über, d. h. die Curve hat an jeder Stelle, wo sie die Axe schneidet, einen Wendepunct. Auch kann sie nirgendwo anders einen solchen haben, da nur für $y = 0$ der Krümmungshalbmesser r unendlich gross werden kann.

Endlich erhellt, dass wenn der erste oder letzte Punct des Fadens in die Axe fällt, die mit dem Elemente daselbst in Verbindung zu setzende Kraft A an ihm selbst, nicht erst an einem anderen mit ihm verbundenen Puncte, angebracht werden kann. So ist z. B. bei einem durch eine Sehne gespannten elastischen Bogen die Sehne selbst die Axe, und die Spannung der Sehne gleich der mit A bezeichneten Kraft. Die Krümmung des Bogens ist daher an seinen beiden Enden Null und in dem von der Sehne entferntesten Puncte am stärksten. Ebenso ist bei einem elastischen Stabe, dessen erstes Element in irgend einer Lage unbeweglich gemacht wird, und an dessen letztes Element ein Faden mit einem angehängten Gewichte befestigt wird, die verticale Linie des Fadens die Axe der von dem Stabe gebildeten elastischen Curve.

§. 321. Um aus der Gleichung der Curve zwischen y und r eine Gleichung zwischen x und y herzuleiten, führe man zunächst statt r den Winkel ψ ein, den das Element ds mit der Axe macht, und es wird (§. 319):

$$Ay = \frac{\varepsilon}{r} = -\frac{\varepsilon\, d\psi}{ds} .$$

Die Differentiation dieser Gleichung gibt:

$$A dy = A \sin\psi\, ds = -\varepsilon\, d\left(\frac{d\psi}{ds}\right) .$$

Multiplicirt man hierein $\frac{d\psi}{ds}$ und integrirt dann, so kommt:

$$A \cos\psi + C = \tfrac{1}{2}\varepsilon \left(\frac{d\psi}{ds}\right)^2 = \frac{A^2 y^2}{2\varepsilon} .$$

Die Constante C kann man unter anderen durch die grösste Abweichung der Curve von der Axe, d. i. durch den grössten Werth von y, welcher h heisse, bestimmen. Er findet statt für $\psi = 0$, oder für $\psi = 180^\circ$, jenachdem man die Axe der x, d. i. die Axe der elastischen Linie, nach der einen oder nach der anderen Seite zu positiv sein lässt. Man wähle diejenige Richtung dieser Axe zur positiven, bei welcher für den grössten Werth von y, ψ gleich Null wird, und man hat:

$$A + C = \frac{A^2}{2\varepsilon} h^2 ,$$

folglich

$$2\varepsilon (1 - \cos\psi) = A (h^2 - y^2) ,$$

woraus zugleich ersichtlich, dass die Richtung der auf den Anfang der Curve in der Axe wirkenden Kraft A mit der für die Axe festgesetzten positiven Richtung übereinstimmt; denn ε sowohl, als $h^2 - y^2$, ist positiv.

Setzt man nun noch

$$\frac{A}{2\varepsilon} (h^2 - y^2) = z^2 ,$$

so wird

$$\frac{dx}{ds} = \cos\psi = 1 - z^2 ,$$

und

$$\frac{dx}{dy} = \frac{\cos\psi}{\sin\psi} = \frac{\cos\psi}{\sqrt{1-\cos\psi}\,\sqrt{1+\cos\psi}},$$

d. i.

$$dz = \frac{1-z^2}{z\sqrt{2-z^2}}\,dy \;.$$

Weil z eine bekannte Function von y ist, so sind in dieser Gleichung die Veränderlichen getrennt, und die dadurch mögliche Integration gibt die verlangte Gleichung zwischen x und y. Indessen hängt diese Integration von der Rectification der Kegelschnitte ab und ist daher durch einen geschlossenen Ausdruck nicht ausführbar.

Was noch die Spannung der elastischen Linie anlangt, so ist hier wegen $\int X ds = A$ und $\int Y ds = B = 0$:

$$T = -A\frac{dx}{ds} = -A\cos\psi \;\; (§.\ 318,\ e) \;.$$

Die Spannung in irgend einem Puncte der elastischen Linie ist demnach dem Cosinus des Winkels proportional, den die Berührende daselbst mit der Axe macht, und ist eine Pressung oder eine wirkliche Spannung, jenachdem dx positiv oder negativ ist, d. h. jenachdem, wenn man in der Curve vom Anfange zum Ende fortgeht, die Richtung dieses Weges, wenn sie nach der Richtung der am Anfange wirkenden Kraft A geschätzt wird, mit dieser Richtung, als der positiven Richtung der Axe der x, übereinstimmt, oder ihr entgegengesetzt ist.

In dem von der Axe entferntesten Puncte, wo $dx = ds$, ist daher die Spannung stets eine Pressung und hat unter allen Pressungen und eigentlichen Spannungen den absolut grössten Werth gleich A.

Bei der elastischen Linie $PRSTQ$ (vergl. Fig. 87, a und b) z. B., auf deren Anfangspunct P und Endpunct Q gleiche und entgegengesetzte

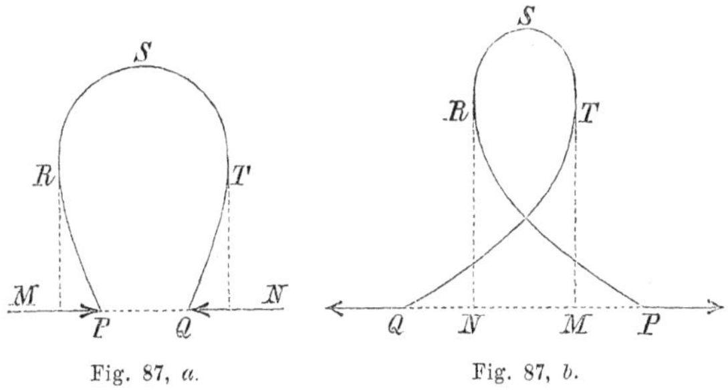

Fig. 87, a. Fig. 87, b.

Kräfte nach den Richtungen MP und NQ wirken, wo daher PQ die Axe und MP die positive Richtung derselben ist, und wo die in R und T an die Curve gelegten Tangenten die Axe rechtwinklig treffen, nimmt x von P bis R ab, von R bis T zu und von T bis Q

wieder ab. Mithin findet von P bis R und von T bis Q wirkliche Spannung, von R bis T aber Pressung statt. In R und T, wo $dx = 0$, geht die eine in die andere durch Null über.

Bei der weniger gekrümmten Linie PSQ (vergl. Fig. 88) nimmt x von P bis Q fortwährend zu, und es herrscht folglich hier überall Pressung. In beiderlei Curven aber bezeichnet S den von der Axe entlegensten Punct, wo die Pressung am stärksten ist.

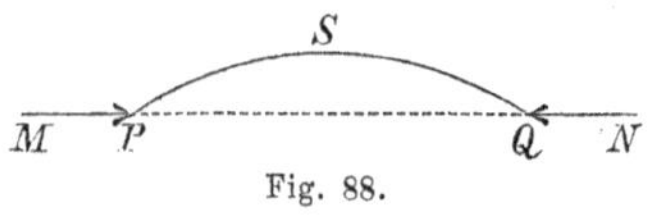

Fig. 88.

§. 322. Entwickelt man in der in §. 321 erhaltenen Differentialgleichung den Coëfficienten von dy in eine nach wachsenden Potenzen von x fortlaufende Reihe, so wird diese, wenn die Curve nur wenig von ihrer Axe abweicht, wenn also h, und folglich auch z nur klein ist, schnell convergiren. Für eine sehr geringe Abweichung kann es hinreichen, nur das erste Glied dieser Reihe beizubehalten; man hat alsdann:

$$dx = \frac{dy}{\sqrt{2 . z}} = \sqrt{\frac{\varepsilon}{A}} \cdot \frac{dy}{\sqrt{h^2 - y^2}} ,$$

und wenn man integrirt:

$$y = h \sin\left(\sqrt{\frac{A}{\varepsilon}} \cdot x\right) ,$$

wo die neue Constante unter der Voraussetzung, dass y mit x zugleich verschwinden soll, weggelassen ist. Die hierdurch ausgedrückte Linie läuft wellenförmig über und unter der Axe hin (vergl. Fig. 89) und schneidet sie in Puncten F, H, K, M, deren jeder von dem nächstfolgenden um ein Intervall gleich $\pi \sqrt{\varepsilon : A}$ entfernt ist, wo π gleich

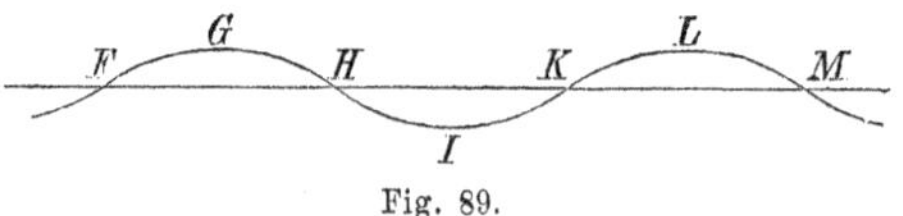

Fig. 89.

der halben Peripherie eines Kreises ist, dessen Halbmesser gleich 1. Mitten zwischen je zwei solchen Puncten ist die Abweichung der Curve von der Axe am grössten, nämlich gleich h.

Setzt man den Bogen FGH der Curve, der zwischen zwei nächstfolgende Durchschnitte derselben mit der Axe fällt, gleich l, so ist l grösser als der davon überspannte Theil $\pi \sqrt{\varepsilon : A}$ der Axe, mithin:

$$A > \frac{\pi^2 \varepsilon}{l^2}.$$

Da nun, wenn der Bogen FGH für sich im Gleichgewichte sein soll, die zwei einander gleichen und direct entgegengesetzten Kräfte A unmittelbar an dem Anfangs- und Endpuncte des Bogens angebracht werden müssen, so ziehen wir hieraus den merkwürdigen Schluss:

Soll eine elastische Gerade durch zwei an ihren Enden angebrachte einander gleiche und entgegenwirkende Kräfte zu einem Bogen gekrümmt werden, so muss die gemeinschaftliche Intensität der Kräfte ein gewisses Minimum überschreiten. Dieses Minimum von Intensität, welches man auch die elastische Kraft der Geraden nennt, ist im directen Verhältnisse des Coëfficienten der Elasticität ε und im umgekehrten quadratischen Verhältnisse der Länge l der Geraden.

So ist z. B. die geringste Kraft, welche zur Krümmung einer zwei- oder dreimal so langen Geraden erfordert wird, nur der vierte oder neunte Theil der geringsten Kraft, welche zur Krümmung der Geraden von einfacher Länge nöthig ist.

Verlängert man die elastische Linie FGH über H hinaus, bis sie der Axe weiterhin in K, M, ... begegnet, so sind nicht nur die Geraden FH, HK, KM, ... unter sich, sondern auch die Bögen FGH, HIK, ... unter sich gleich, und man kann die der A gleiche und entgegengesetzte Kraft, statt in H, auch in K, oder in M, ... anbringen. Es wird folglich auch die geringste Kraft, um eine Gerade gleich $2l$, oder $3l$, ... oder $il = k$ zu einem doppelten Bogen, wie FK, oder zu einem dreifachen, wie FM, ..., oder zu einem $i$fachen zu krümmen, ebenso gross sein müssen, als die geringste Kraft, welche nöthig ist, um eine Gerade $= l = k : i$ in einen einfachen Bogen FGH zu verwandeln; die Kraft wird folglich proportional mit $i^2 : k^2$ sein müssen, d. h. direct proportional dem Quadrate der Zahl der Bögen, in welche die Gerade sich theilen soll, und umgekehrt proportional dem Quadrate der Länge der Geraden.

§. 323. Unter den mannigfachen Formen, welche die elastische Linie haben kann*), ist auch die Kreisform enthalten. Denn stellt man sich vor, dass eine geschlossene Kreislinie gleichförmig elastisch wird, und sich in eine Gerade auszudehnen strebt, so ist bei der überall gleichen Krümmung des Kreises kein Grund vorhanden,

---

*) Euler zählt neun Species dieser Formen. Siehe dessen Methodus inveniendi lineas curvas etc. Additam. I., de curvis elasticis.

warum irgend ein Theil desselben seine Krümmung, falls er sie ändert, mehr oder weniger, als ein anderer Theil ändern sollte. Durch eine gleichförmige Aenderung der Krümmung würde aber der Kreis selbst entweder grösser oder kleiner, welches nicht sein kann, da die Linie von unveränderlicher Länge sein soll. Mithin bleibt der Kreis unverändert.

Als Axe der elastischen Kreislinie ist eine in der Kreisebene unendlich entfernte Gerade anzunehmen. Denn nur bei dieser Annahme kann die Entfernung jedes Punctes der Kreislinie von der Axe als proportional der von einem Puncte zum anderen constanten Krümmung des Kreises angesehen werden.

Soll daher ein Theil des elastischen Kreises, getrennt von dem übrigen, seine Kreisbogenform unverändert behalten, so hat man entweder das erste und letzte Element des Bogens unbeweglich zu machen, oder, wenn man das eine dieser Elemente, oder auch beide, beweglich bleiben lässt, an einem unendlich entfernten Puncte, der mit dem beweglichen Elemente in fester Verbindung steht, eine Kraft anzubringen, deren Moment in Bezug auf den beweglich gelassenen Endpunct dem endlichen Momente der Elasticität gleich ist, also eine unendlich kleine Kraft, indem sonst, wäre die Kraft endlich, ihr Moment unendlich gross sein würde. Wir wissen aber aus §. 26, *b*, dass eine unendlich kleine auf einen unendlich entfernten Punct wirkende Kraft die Wirkung eines Kräftepaares hat. Mithin hat man an zwei Puncten, die mit dem beweglichen Endelemente des Bogens in fester Verbindung stehen, zwei einander gleiche, parallele und entgegengesetzte Kräfte anzubringen, deren Moment, welches rücksichtlich aller Puncte der Ebene gleiche Grösse hat (§. 31), dem Momente der Elasticität gleich ist.

Kann umgekehrt das freie Ende der elastischen Linie nur durch ein Kräftepaar im Gleichgewichte erhalten werden, so ist die Linie ein Kreisbogen. Denn da in jedem Puncte M der elastischen Linie das auf ihn bezogene Moment der mit dem freien Endelemente in Verbindung gebrachten Kräfte der Krümmung in M proportional ist, und da ein Paar, rücksichtlich aller Puncte seiner Ebene, gleich grosse Momente hat, so muss unter der gemachten Voraussetzung die Krümmung von einem Puncte der Curve zum anderen constant, und folglich die Curve ein Kreis sein.

Da übrigens ein Kräftepaar in seiner Ebene willkürlich verlegt werden kann (§. 17), so erhellt noch, indem man die Richtungen der Kräfte jenes Paares normal der Tangente am Ende des Bogens sein lässt, *dass bei einem elastischen Kreise oder Kreisbogen die Spannung Null ist.*

§. 324. Wir gehen jetzt zum Gleichgewichte eines elastisch biegsamen Fadens im Raume über. — Für das Gleichgewicht eines vollkommen biegsamen Fadens, wenn auf jedes Element ds desselben eine Kraft Xds, Yds, Zds wirkt, hat man nach §. 281, b, die drei Gleichungen:

$$\int dz \int Yds - \int dy \int Zds = 0 ,$$
$$\int dx \int Zds - \int dz \int Xds = 0 ,$$
$$\int dy \int Xds - \int dx \int Yds = 0 ,$$

von denen jede eine Folge der beiden übrigen ist, und von denen die letzte z. B. ausdrückt, dass, wenn man die Fadencurve und die auf sie wirkenden Kräfte auf die Ebene der x, y projicirt, in Bezug auf die Projection (x, y) des Punctes (x, y, z) das Moment aller projicirten Kräfte, welche vom Anfangspuncte der Curve bis zum Puncte (x, y, z) auf sie wirken, Null ist.

Ist der Faden nicht vollkommen biegsam, sondern stellt sich der Biegung die Elasticität als Hinderniss entgegen, so können wir nach der Vorstellungsweise in §. 317 an je zwei nächstfolgenden Elementen der Curve, wie LM und MN (vergl. Fig. 86 auf p. 461), zwei einander gleiche und direct entgegengesetzte Kräfte hinzugefügt denken, welche die Biegung LMN aufzuheben streben, und von welchen die auf MN wirkende in Bezug auf M ein Moment

$$u = -2\varepsilon . LMN : LM^3 \quad (§. 319)$$

hat, wo ε wiederum den constanten Coëfficienten der Elasticität ausdrückt; das Moment der auf LM wirkenden Kraft ist in Bezug auf denselben Punct M gleich $-u$. Je zwei auf diese Art zusammengehörige Kräfte sind nun auch in jeder Projection einander gleich und direct entgegengesetzt. Ist daher A der Anfangspunct des Fadens, M der Punct (x, y, z), und sind A', L', M', N' die Projectionen von A, L, M, N auf eine der drei Coordinatenebenen, so reducirt sich ebenso, wie in §. 317, das auf M' bezogene Moment aller in der Projection von A' bis M' wirkenden elastischen Kräfte auf das Moment der auf das Element $L'M'$ vom Elemente $M'N'$ her wirkenden Kraft allein, und dieses Moment, es sei gleich $-u'$, ist, wenn wir für die Coordinatenebene successive die der yz, der zx und der xy wählen, der ersten, zweiten und dritten obiger Gleichungen linker Hand noch hinzuzusetzen.

Ist aber p irgend eine Kraft in der Ebene LMN, und p' die Projection dieser Kraft auf die Ebene $L'M'N'$, so verhält sich das Moment von p in Bezug auf M zum Momente von p' in Bezug auf M', wie das durch p und M bestimmte Dreieck zu dem durch p'

und M' bestimmten, also auch wie LMN zu $L'M'N'$, da jedes Dreieck der einen Ebene zu seiner Projection auf die andere in einem und demselben Verhältnisse steht. Es verhält sich daher auch $u : u' = LMN : L'M'N'$, und es ist mithin

$$u' = -2\varepsilon . L'M'N' : LM^3 .$$

Setzen wir folglich die Projectionen der Dreiecksfläche LMN auf die Ebenen der yz, zx und xy resp. gleich $\varDelta_1$, $\varDelta_2$ und $\varDelta_3$, so sind

$$\frac{2\varepsilon\varDelta_1}{ds^3}, \quad \frac{2\varepsilon\varDelta_2}{ds^3}, \quad \frac{2\varepsilon\varDelta_3}{ds^3}$$

die in den drei Gleichungen links noch hinzuzufügenden Grössen. Da endlich nach §. 319

$$2\varDelta_3 = dx d^2y - dy d^2x ,$$

und ebenso

$$2\varDelta_1 = dy d^2z - dz d^2y ,$$

$$2\varDelta_2 = dz d^2x - dx d^2z$$

ist, so werden die Gleichungen für das Gleichgewicht an einem elastisch biegsamen Faden im Raume, wenn auf jedes Element ds desselben eine Kraft (Xds, Yds, Zds) wirkt:

$$\int dz \int Yds - \int dy \int Zds = \varepsilon \frac{dz d^2y - dy d^2z}{ds^3} ,$$

$$\int dx \int Zds - \int dz \int Xds = \varepsilon \frac{dx d^2z - dz d^2x}{ds^3} ,$$

$$\int dy \int Xds - \int dx \int Yds = \varepsilon \frac{dy d^2x - dx d^2y}{ds^3} ,$$

drei Gleichungen, deren jede, wie bei denen für die unelastische Linie, aus den beiden übrigen folgen muss. Dies bestätigt sich auch sogleich, wenn man die Gleichungen differentiirt, sie hierauf resp. mit dx, dy, dz multiplicirt und endlich addirt: denn man gelangt damit zu der identischen Gleichung: $0 = 0$.

§. 325. Zusätze. *a)* Da jede der drei eben aufgestellten Gleichungen eine Folge der beiden übrigen ist, so reichen schon zwei derselben, die man beliebig wählen kann, hin, um, wenn X, Y, Z als Functionen von x, y, z gegeben sind, die Gestalt des Fadens beim Gleichgewichte zu bestimmen. Bei der hierzu nöthigen Rechnung führen die in den zwei gewählten Gleichungen linker Hand befindlichen Integralausdrücke zu fünf Constanten, wie schon in §. 281, *d* bei der nicht elastischen Linie bemerkt worden. Hierzu kommen, wegen der rechter Hand in den zwei Gleichungen stehenden Differentialen der zweiten Ordnung noch vier Constanten, so dass die zwei Gleichungen, vollständig integrirt, neun Constanten in sich fassen.

Um diese Constanten zu bestimmen, kann man, wie a. a. O., die Werthe von fünf derselben dadurch festsetzen, dass man die Coordinaten des Anfangs- und Endpunctes des Fadens und seine Länge gegeben sein lässt. Und da die Bedingung, dass eine durch ihre zwei Gleichungen ausgedrückte Curve im Raume in einem ihrer Puncte eine durch ihn gehende gegebene Gerade zur Tangente hat, von der Erfüllung zweier Gleichungen zwischen den Coordinaten des Punctes und den die Richtung der Geraden bestimmenden Winkeln abhängt, so kann man zur Bestimmung der vier übrigen Constanten die Richtungen der Tangenten im Anfangs- und Endpuncte des Fadens gegeben annehmen.

Derselbe Satz, den wir in §. 319 für die elastische Curve in einer Ebene aufgestellt haben, gilt daher auch für diese Curve im Raume. Wenn nämlich zwei Puncte eines elastisch biegsamen Fadens gegebene Oerter einnehmen und seine Elemente daselbst gegebene Richtungen haben, und wenn überdies auf alle Elemente des Fadens Kräfte wirken, deren Intensitäten und Richtungen gegebene Functionen ihrer Angriffspuncte sind, so ist damit die Form des Fadens vollkommen bestimmt.

b) Wird der elastische Faden im Raume in irgend einem Puncte M unterbrochen, so kann das Gleichgewicht, ebenso wie in §. 318, *c* entweder dadurch, dass man das letzte noch übrige Element LM unbeweglich macht, oder dadurch, dass man an ihm gewisse Kräfte anbringt, gesichert werden. Das Moment dieser Kräfte in Bezug auf LM als Axe ist daher Null, mithin muss auch das auf LM bezogene Moment aller auf den Faden bis M wirkenden äusseren Kräfte, da sie den an LM anzubringenden Kräften das Gleichgewicht halten, Null sein. — Dasselbe erhellt auch mittelst der drei Hauptgleichungen. Denn die in ihnen linker Hand stehenden Momente der Projectionen der äusseren Kräfte in Bezug auf die Projectionen von M kann man zugleich als die Momente dieser Kräfte selbst in Bezug auf drei durch M mit den Axen der x, y, z gelegte Parallelen betrachten (§. 281, *b*). Mit diesen Parallelen macht das letzte Element LM Winkel, deren Cosinus gleich $\frac{dx}{ds}$, $\frac{dy}{ds}$, $\frac{dz}{ds}$ sind. Multiplicirt man mit diesen Cosinus die drei Momente und addirt sie hierauf, so erhält man das Moment der äusseren Kräfte in Bezug auf LM (§. 90). Letzteres Moment reducirt sich aber auf Null, wenn man für die drei ersteren ihre in den Gleichungen rechter Hand stehenden Werthe setzt.

c) Die an dem letzten Elemente LM oder ds anzubringenden Kräfte lassen sich bei dem elastisch biegsamen Faden im Raume im Allgemeinen nicht auf eine einzige Kraft zurückführen. Zerlegt man jede derselben in zwei Kräfte, von denen die eine auf ds normal ist und die andere mit ds zusammenfällt, so ist zufolge des in §. 318, *f* von der Spannung gegebenen Begriffes die Summe der mit ds zusammenfallenden Kräfte die Spannung des Elementes ds. Da nun, bei dieser Zusammensetzung der Kräfte zur Spannung, ihre Angriffspuncte nicht in Betracht kommen und da die an ds anzubringenden Kräfte mit den auf den Faden von seinem Anfange bis zum Elemente ds wirkenden äusseren Kräften im Gleichgewichte sind, so wird man die Spannung auch erhalten, wenn man letztere Kräfte parallel mit einer, ihrer ursprünglichen Richtung entgegengesetzten Richtung an einen und denselben Punct trägt und hierauf ihre Resultante, welche $(-\int X ds,\ -\int Y ds,\ -\int Z ds)$ ist, auf die Richtung des Elementes ds projicirt, d. i. mit dem Cosinus des Winkels multiplicirt, den die Richtung der Resultante mit dem Elemente ds bildet. Auf diese Weise findet sich die Spannung

$$T = -\frac{dx}{ds}\int X ds - \frac{dy}{ds}\int Y ds - \frac{dz}{ds}\int Z ds\ ,$$

und ist wie in §. 318, *f* eine wirkliche Spannung oder Pressung, jenachdem sich für T ein positiver oder negativer Werth ergibt.

Man nimmt übrigens leicht wahr, dass dieselben Betrachtungen, welche uns jetzt zu dem Ausdrucke für T bei dem elastischen Faden leiteten, zu dem nämlichen Ausdrucke für T auch bei dem nicht elastischen Faden führen, und dass auch in der That dieser Ausdruck durch Verbindung der Gleichungen (1) und (2) in §. 280 hervorgeht.

§. 326. Nach diesen allgemeinen Betrachtungen über den elastisch biegsamen Faden im Raume wollen wir noch den speciellen Fall näher untersuchen, wenn auf den Faden keine äusseren Kräfte wirken, sondern bloss das erste und letzte Element desselben an gegebenen Oertern und in gegebenen Richtungen befestigt sind.

Wird die Unbeweglichkeit des einen der beiden äussersten Elemente aufgehoben, und soll dabei die Gestalt des Fadens unverändert bleiben, so müssen an Puncten dieses Elementes, oder auch an Puncten, die mit ihm fest verbunden sind, Kräfte von gewisser

Richtung und Intensität angebracht werden. Ebenso kann auch die Unbeweglichkeit des anderen Grenzelementes durch Kräfte ersetzt werden, und letztere Kräfte müssen den ersteren ebenso, wie an einem festen Körper, das Gleichgewicht halten.

Die auf solche Weise an dem beweglich gemachten ersten Elemente anzubringenden Kräfte wollen wir, wie dies im Allgemeinen immer möglich ist, auf eine einfache Kraft A und ein Paar reduciren, und zwar so, dass die einfache Kraft auf der Ebene des Paares normal steht. Werde nun die Richtung von A zur Axe der x, und folglich die Ebene des Paares, oder eine mit ihr parallele, zur Ebene der y, z genommen. Alsdann ist, wenn das Moment des Paares in Bezug auf einen Punct seiner Ebene gleich m gesetzt wird, sein Moment auch rücksichtlich der Axe der x, so wie jeder damit parallelen Axe, gleich m; rücksichtlich der Axe der y aber, oder der Axe der z, oder irgend einer damit parallelen Axe ist es gleich Null. Ferner sind von der Kraft A in Bezug auf drei durch den Punct (x, y, z) der Curve mit den Axen der x, y, z parallel gelegte Axen die Momente resp. gleich 0, $-Az$, $+Ay$*). In Bezug auf diese drei Axen sind daher die Momente aller auf das erste Element des Fadens wirkenden Kräfte resp. gleich

$$m\,, \qquad -Az\,, \qquad +Ay;$$

und da bis zum Puncte (x, y, z) ausser ihnen keine anderen Kräfte auf den Faden wirken sollen, so haben wir diese drei Momente in den drei Hauptgleichungen für die Integralausdrücke linker Hand zu substituiren, und wir erhalten damit, wenn wir noch, grösserer Einfachheit willen, dx constant setzen, die drei Gleichungen:

$$(A)\quad \begin{cases} m = \varepsilon\,\dfrac{dz\,d^2y - dy\,d^2z}{ds^3}\,, \\ -Az = \varepsilon\,\dfrac{dx\,d^2z}{ds^3}\,, \qquad Ay = -\,\varepsilon\,\dfrac{dx\,d^2y}{ds^3}\,, \end{cases}$$

oder auch

$$m = -\,\frac{2\varepsilon\Delta_1}{ds^3}\,, \qquad -Az = -\,\frac{2\varepsilon\Delta_2}{ds^3}\,, \qquad Ay = -\,\frac{2\varepsilon\Delta_3}{ds^3}\,,$$

wo Δ_1, Δ_2, Δ_3 die Projectionen des Elementardreiecks LMN auf die drei coordinirten Ebenen sind (§. 324). Es ist aber, wenn wir

---

*) Ueberhaupt nämlich sind in Beziehung auf dieselben drei Axen die Momente einer Kraft (A, B, C), deren Angriffspunct (a, b, c) ist:

$$C(b-y) - B(c-z), \quad A(c-z) - C(a-x)\,, \quad B(a-x) - A(b-y)$$

(§§. 65 und 66).

dieses Dreieck LMN gleich $\varDelta$ setzen, und wenn r den Krümmungshalbmesser der Curve in M bedeutet: $r = -ds^3 : 2\varDelta$ (§. 319), und wir können daher letztere drei Gleichungen auch also schreiben:

$$(B) \quad m = \frac{\varepsilon}{r}\frac{\varDelta_1}{\varDelta}, \qquad -Az = \frac{\varepsilon}{r}\frac{\varDelta_2}{\varDelta}, \qquad Ay = \frac{\varepsilon}{r}\frac{\varDelta_3}{\varDelta}.$$

Aus ihnen lassen sich nachstehende merkwürdige Eigenschaften der elastischen Linie im Raume (vergl. §. 320) herleiten. — Die jetzige Axe der x oder diejenige Gerade, welche rücksichtlich der auf das erste Element der Curve wirkenden Kräfte die Hauptlinie des Systems ist (§. 82), heisse vorzugsweise die Axe der Curve. Nur ist $\varDelta_1$ die Projection des Dreiecks $\varDelta$ auf die Ebene der y, z, folglich $\varDelta_1 : \varDelta$ gleich dem Cosinus des Winkels, den die Ebene des Dreiecks $\varDelta$ mit der Ebene der y, z macht, gleich $\sin\chi$, wenn χ der Winkel der Ebene von $\varDelta$, d. i. der Krümmungsebene, mit der Axe der Curve bedeutet. Statt der ersten der Gleichungen (B) können wir daher auch schreiben:

$$(a) \qquad m = \frac{\varepsilon}{r}\sin\chi .$$

Ferner ist zu Folge der Eigenschaft rechtwinkliger Projectionen: $\varDelta_1^2 + \varDelta_2^2 + \varDelta_3^2 = \varDelta^2$, und daher, wenn man die Quadrate der drei Gleichungen (B) addirt:

$$(b) \qquad m^2 + A^2(y^2 + z^2) = \frac{\varepsilon^2}{r^2},$$

woraus in Verbindung mit (a)

$$(c) \qquad A\sqrt{y^2 + z^2} = \frac{\varepsilon}{r}\cos\chi$$

und

$$(d) \qquad A\sqrt{y^2 + z^2} = m \operatorname{cotg}\chi$$

folgt.

Die erste (a) dieser Gleichungen lehrt nun, *dass die Krümmung der elastischen Linie umgekehrt dem Sinus des Winkels proportional ist, den die Krümmungsebene mit der Axe der Linie bildet.*

Die zweite Gleichung (b) ist die Gleichung $Ay = \varepsilon : r$ für die elastische Linie in einer Ebene (§. 320) analog und drückt aus, *dass die Krümmung in jedem Puncte proportional der Hypotenuse eines rechtwinkligen Dreiecks ist, dessen eine Kathete von constanter Länge* $(= m : A)$, *und dessen andere Kathete dem Abstande des Punctes von der Axe gleich ist.*

Auch hier also wird, wie in §. 320, die Krümmung desto schwächer, je näher die Curve der Axe kommt; und weil mit wachsendem r nach (a) auch $\sin\chi$ wächst, so nähert sich dabei die

Krümmungsebene immer mehr der auf der Axe normalen Lage. Begegnet die Curve irgendwo der Axe, so ist daselbst die Krümmung am schwächsten (jedoch nicht Null, wie in §. 320), und die Krümmungsebene, folglich auch die Curve selbst, auf der Axe normal. — Parallel mit der Axe kann die Curve erst in unendlicher Entfernung von der Axe werden. Denn wird es die Curve, so wird auch die Krümmungsebene mit der Axe parallel, folglich $\chi = 0$, folglich nach (a) $r = 0$ und nach (b) $y^2 + z^2 = \infty$.

Dasselbe fliesst auch unmittelbar aus der Gleichung (d), welche zu erkennen gibt, *dass der Abstand eines Punctes der Curve von der Axe der Cotangente des Winkels der Krümmungsebene mit der Axe proportional ist.*

Man multiplicire noch die drei Gleichungen (A) resp. mit dx, dy, dz und addire sie, so erhält man:

$$(e) \qquad m dx + A(y dz - z dy) = 0 \ .$$

Sind nun F, G zwei Puncte der Curve, F', G' ihre Projectionen auf die Axe der x, und F_1, G_1 ihre Projectionen auf die Ebene der y, z, und ist O der Durchschnitt jener Axe mit dieser Ebene, so kommt, wenn man die Gleichung (e) von F bis G integrirt:

$$m \,.\, F'G' + A \,.\, OF_1G_1 = 0 \ ,$$

wo OF_1G_1 die Fläche in der Ebene der y, z vorstellt, welche von den Geraden OF_1, OG_1 und der Projection F_1G_1 des Bogens FG der Curve begrenzt wird. Indem wir uns daher die Curve durch den einen Endpunct F einer sich an der Axe rechtwinklig fortbewegenden und um sie sich zugleich drehenden Geraden $F'F$ erzeugt denken und diese Gerade den R a d i u s V e c t o r nennen, können wir die erhaltene Gleichung also aussprechen:

Jeder Theil der Axe, um welchen sich der Radius Vector an ihr fortbewegt, steht zu der Fläche, welche die Projection des Radius auf eine die Axe rechtwinklig treffende Ebene beschreibt, in einem constanten Verhältnisse, — in dem nämlichen, welches die Cotangente des Winkels, den die Krümmungsebene in irgend einem Puncte mit der Axe bildet, zu dem Abstande des Punctes von der Axe hat.

In dem besonderen Falle, wenn $m = 0$, und wenn daher die auf das erste Element wirkenden Kräfte auf eine einzige Kraft A zurückgeführt werden können, wird zu Folge der Gleichung (e): $y dz - z dy = 0$, und daher $y = az$, d. h. die Curve ist in einer die Axe und somit die Richtung der Kraft A enthaltenden Ebene begriffen. Ihre Krümmung im Puncte (x, y, z) ist alsdann, wie die Gleichung (b) lehrt, und wie wir bereits aus §. 320 wissen, proportional mit $\sqrt{y^2 + z^2}$, d. h. mit dem Abstande des Punctes von der Axe.

Wenn dagegen die am ersten Elemente anzubringenden Kräfte auf ein Paar reducirbar sind, und somit $A = 0$ ist, so gehen die Gleichungen (b) und (e) über in $m = \varepsilon : r$ und $mdx = 0$ oder $x = \text{Const.}$, d. h. die Curve liegt in einer mit der Ebene des Paares parallelen oder zusammenfallenden Ebene, was nach §. 50 auf eines und dasselbe hinauskommt, und die Krümmung ist unveränderlich, die Curve selbst also ein Kreis, — übereinstimmend mit dem bereits in §. 323 Gefundenen.

§. 327. Statt der drei Gleichungen (A) können auch die zwei (b) und (e) als die Gleichungen der elastischen Linie im Raume angesehen werden. Kennt man daher eine Linie, welche diesen zwei Gleichungen Genüge leistet, so wird sie eine elastische sein und die Axe der x zu ihrer Axe haben.

So wird unter anderen hierher die cylindrische Spirale oder die Schraubenlinie gehören, und die Axe des Cylinders wird die Axe der Curve sein. Denn erstens ist der Abstand jedes Punctes dieser Spirale von der Axe von gleicher Grösse, desgleichen auch die Krümmung constant, und hiermit wird die Gleichung (b) erfüllt. Da ferner eine cylindrische Spirale von dem Endpuncte eines auf der Axe normal stehenden Radius beschrieben wird, wenn derselbe um die Axe gedreht und zugleich längs der Axe fortgerückt wird, so dass seine Fortrückung der gleichzeitigen Drehung immer proportional ist, so geschieht auch der durch die Gleichung (e) ausgedrückten Bedingung Genüge.

Ist eine Spirale ihrer Form und Grösse nach gegeben und sollen die zu ihrer Erhaltung nöthigen Kräfte gefunden werden, oder soll umgekehrt aus den Kräften die Form und Grösse der Spirale bestimmt werden, so hat man nur die Gleichungen (A) der elastischen Linie mit denen der Spirale in Verbindung zu setzen. Sei zu dem Ende a der Halbmesser des Cylinders der Spirale oder die Länge des vorhin gedachten Radius Vector, und b der Weg, um welchen derselbe an der Axe während einer ganzen Umdrehung fortrückt. Wird nun diese Axe zur Axe der x genommen, und geschieht bei einem Fortrücken nach der positiven Seite dieser Axe die gleichzeitige Drehung in dem Sinne, nach welchem die Axe der z mit der der y einen Winkel gleich 90°, nicht gleich 270°, macht, so sind die Gleichungen der Spirale:

$$y = a \cos \frac{2\pi x}{b}, \qquad z = a \sin \frac{2\pi x}{b}.$$

Hieraus fliesst durch Differentiation

$$dy = -\frac{2\pi z}{b}\,dx\ , \qquad dz = \frac{2\pi y}{b}\,dx\ ,$$

folglich

$$ds = \frac{l}{b}\,dx\ , \qquad \text{wo} \qquad l = \sqrt{b^2 + 4\pi^2 a^2}\ ,$$

d. i. gleich dem während einer ganzen Umdrehung des Radius erzeugten Theile der Spirale.

Durch nochmalige Differentiation, wobei wir dx, wie bei den Gleichungen (A), constant setzen, erhalten wir:

$$d^2 y = -\frac{4\pi^2 y}{b^2}\,dx^2\ , \qquad d^2 z = -\frac{4\pi^2 z}{b^2}\,dx^2\ .$$

Substituiren wir nun diese Werthe von y und z und ihren Differentialen in den drei Gleichungen (A), so gibt die erste derselben:

$$m = -\frac{8\pi^3 \varepsilon a^2}{l^3}\ ;$$

jede der beiden anderen aber gibt:

$$A = \frac{4\pi^2 \varepsilon b}{l^3}\ ;$$

und hiermit sind die Relationen zwischen den Kräften und den Parametern der Curve gefunden.

Der hierbei sich negativ ergebende Werth von m zeigt an, dass der Sinn dieses Momentes dem Sinne, nach welchem der Winkel der Axe der z mit der der y gleich 90^0 ist, also auch dem Sinne, nach welchem die Drehung des Radius bei einem positiven Fortrücken an der Axe der x geschieht, entgegengesetzt sein muss. Denken wir uns daher diese Axe etwa vertical, und windet sich die Spirale nach oben zu von rechts nach links um die Axe, und wird ihr unterstes Element als das erste betrachtet, als dasjenige also, mit welchem die einfache Kraft A und die Kräfte des Paares in Verbindung gesetzt sind, so muss die mit der Axe zusammenfallende Kraft A nach oben, und der Sinn des horizontalen Paares von der Linken nach der Rechten gerichtet sein.

Aus den für A und m erhaltenen Werthen fliesst die Proportion:

$$-m : A = 2\pi a^2 : b\ .$$

Sie gibt zu erkennen, dass, wenn man die in der Axe wirkende Kraft A geometrisch durch den vom Radius a während einer Umdrehung längs der Axe zurückgelegten Weg b ausdrückt, das Moment m des normal auf der Axe wirkenden Paares durch das Doppelte der auf der Axe normalen Basis des Cylinders vorgestellt wird.

Macht man die Breite des Paares gleich a und setzt $m:a = B$, so dass $+B$ und $-B$ die Kräfte des Paares sind, so wird

$$-B:A = 2\pi a:b = \sqrt{dy^2+dz^2}:dx \ .$$

Man kann alsdann dem Paare eine solche Lage geben, dass seine Kräfte auf einem Radius in den zwei Endpuncten desselben perpendicular stehen, dass also die eine Kraft $+B$ irgend einem Elemente der Curve und die andere $-B$ der Axe, also auch der Kraft A, begegnet. Zufolge der letzteren Proportion werden sich dann $-B$ und A zu einer mit dem Elemente parallelen Kraft zusammensetzen lassen, also zu einer Kraft, deren Moment in Bezug auf das Element Null ist. Da nun auch die dem Elemente begegnende Kraft $+B$ rücksichtlich desselben ein Moment gleich Null hat, so erhellt auf diese Weise ganz einfach, dass, wie wir bereits aus §. 325, b schliessen können, das Moment der Kräfte A, B, $-B$ in Bezug auf jedes Element der Curve gleich Null ist.

Um endlich noch der Spannung der Spirale zu gedenken, so ist sie, weil $\int X ds = A$, $\int Y ds = 0$ und $\int Z ds = 0$ sind,

$$T = -A\frac{dx}{ds} = -A\frac{b}{l} \ ,$$

also von einem Puncte der Curve zum anderen constant und wegen des negativen Zeichens keine eigentliche Spannung, sondern eine Pressung.

---

§. 328. Ehe ich die Lehre vom Gleichgewichte an einem elastisch biegsamen Faden verlasse, will ich noch zeigen, wie die Sätze, welche in der Dynamik das Princip der lebendigen Kräfte und das Princip der kleinsten Wirkung heissen und in §. 305 auf das Gleichgewicht an einem vollkommen biegsamen Faden übergetragen wurden, mit gehöriger Modification auch auf einen elastisch biegsamen Faden angewendet werden können, wobei ich mich aber, um nicht eine allzulange Rechnung herbeizuführen, auf den Fall beschränken werde, wenn der Faden und die auf ihn wirkenden Kräfte in einer Ebene enthalten sind.

Für diesen Fall ist die Gleichung für das Gleichgewicht:

$$\int dy \int X ds - \int dx \int Y ds = \varepsilon p \ \text{(§. 319)} \ ,$$

wo p das Reciproke des Krümmungshalbmessers r bedeutet; die Gleichung für die Spannung aber ist:

$$dx \int X ds + dy \int Y ds = -T ds \ \text{(§. 318, } e) \ .$$

Man setze

(1) $dx = \xi ds$, $dy = \eta ds$, $dp = \varrho ds$,

wo daher

$$\xi^2 + \eta^2 = 1 \quad \text{und} \quad \xi d\xi + \eta d\eta = 0 \ ,$$

so werden die beiden Gleichungen, nachdem man zuvor die erstere differentiirt hat:

$$\eta \int X ds - \xi \int Y ds = \varepsilon \varrho \ ,$$
$$\xi \int X ds + \eta \int Y ds = - T \ .$$

Hieraus folgt:

(2) $$\begin{cases} \int X ds = - T\xi + \varepsilon \varrho \eta \ , \\ \int Y ds = - T\eta - \varepsilon \varrho \xi \ ; \end{cases}$$

und wenn man diese zwei Gleichungen abermals differentiirt, sie dann resp. mit ξ und η multiplicirt und hierauf addirt:

$$X dx + Y dy = - dT + \varepsilon \varrho \, (\xi d\eta - \eta d\xi) \ .$$

Es ist aber, wenn ψ, wie im Vorigen, den Winkel der Tangente der Curve mit der Axe der x bezeichnet:

(3) $dx = \cos\psi . ds$, $dy = \sin\psi . ds$,

folglich

(3) $\xi = \cos\psi$, $\eta = \sin\psi$,

und daher

$$\xi d\eta - \eta d\xi = d\psi \ ;$$

ferner ist

(4) $$\frac{d\psi}{ds} = - \frac{1}{r} \ (\S. \ 319) = -p \ .$$

Hiermit wird:

$$X dx + Y dy = - dT - \varepsilon p dp \ .$$

Ist demnach $X dx + Y dy$ das vollständige Differential einer Function V von x und y, V' dieselbe Function der Coordinaten des Punctes (x', y') der Fadencurve, T' die Spannung und p' das Reciproke des Krümmungshalbmessers daselbst, so kommt, wenn man letztere Gleichung vom Puncte (x', y') bis zum Puncte (x, y) der Curve integrirt:

I. $$V - V' + T - T' + \tfrac{1}{2} \varepsilon (p^2 - p'^2) = 0 \ .$$

Man kann folglich, wenn man die Function V für irgend zwei Puncte der Fadencurve die Coordinaten und die Krümmungshalbmesser und in dem einen Puncte die Spannung kennt, die Spannung in dem anderen ohne Weiteres berechnen.

Dies ist der erste der hier zu beweisenden Sätze. Um den zweiten zu entwickeln, welcher dem Princip der kleinsten Wirkung entspricht, denke man sich in der Ebene des Fadens von einem beliebigen Puncte M_1 der Ebene bis zu einem anderen beliebigen Puncte M_2 irgend eine Curve gezogen. Unter der abermaligen Voraussetzung, dass $Xdx + Ydy$ das Differential einer gegebenen Function V von x und y ist, werde für jeden Punct (x, y) dieser Curve mit Hülfe ihres Krümmungshalbmessers $1:p$ in (x, y) der Werth von T nach der Gleichung I., in welcher man die auf den Punct (x', y') des Fadens sich beziehenden Grössen V', T', p' als gegebene Constanten ansehe, berechnet, und damit das Integral $\int Tds$ von M_1 bis M_2 gebildet. Man lasse nun die Curve sich um ein unendlich Weniges ändern und untersuche die Aenderung $\delta \int Tds$, welche dadurch das Integral erfährt.

Nach I. ist

$$\begin{aligned}\delta T &= -\delta V - \varepsilon p \delta p \\ &= -X\delta x - Y\delta y - \varepsilon p \delta p \text{ (vergl. §. 305)}\end{aligned}$$

und daher

$$\begin{aligned}\delta\,(Tds) &= \delta T \,.\, ds + T \,.\, \delta ds \\ &= -Xds\delta x - Yds\delta y - \varepsilon p ds \delta p \\ &\quad + T\xi d\delta x + T\eta d\delta y \text{ (ebendaselbst)} \,.\end{aligned}$$

Hiervon das Integral von M_1 bis M_2 genommen, gibt, weil $\int \delta(Tds) = \delta \int Tds$ ist, die gesuchte Aenderung.

Nehmen wir jetzt an, die zu variirende Curve sei der im Gleichgewichte befindliche elastische Faden selbst, also M_1 und M_2 zwei Puncte desselben. Für den Faden haben Xds und Yds die aus (2) durch Differentation sich ergebenden Werthe, und es wird damit

$$\begin{aligned}\delta(Tds) &= d(T\xi - \varepsilon\varrho\eta) \,.\, \delta x + d(T\eta + \varepsilon\varrho\xi) \,.\, \delta y \\ &\quad - \varepsilon p ds \delta p + T\xi d\delta x + T\eta d\delta y \\ &= d(T\xi\delta x) + d(T\eta\delta y) + \varepsilon\Omega \;,\end{aligned}$$

wo

$$\begin{aligned}\Omega &= -d(\varrho\eta)\delta x + d(\varrho\xi)\delta y - pds\delta p \\ &= -d(\varrho\eta\delta x) + d(\varrho\xi\delta y) + \Psi \;,\end{aligned}$$

wo

$$\Psi = \varrho\eta\delta dx - \varrho\xi\delta dy - pds\delta p.$$

Nach den Formeln (3) ist aber

$$\begin{aligned}\eta\delta dx - \xi\delta dy &= \sin\psi \,.\, \delta(\cos\psi \,.\, ds) - \cos\psi \,.\, \delta(\sin\psi \,.\, ds) \\ &= -ds \,.\, \delta\psi \;;\end{aligned}$$

folglich nach (1) und (4)

$$\begin{aligned}\Psi &= -dp\delta\psi + d\psi\delta p = -d(p\delta\psi) + \delta(pd\psi) \\ &= -d(p\delta\psi) - \delta(p^2 ds) \;.\end{aligned}$$

Hiermit wird, wenn man

$$T\xi - \varepsilon\varrho\eta = F \quad \text{und} \quad T\eta + \varepsilon\varrho\xi = G$$

setzt:

$$\delta(Tds) = d(F\delta x) + d(G\delta y) - \varepsilon d(p\delta\psi) - \varepsilon\delta(p^2 ds) \ ;$$

und wenn man vom Puncte M_1 bis zum Puncte M_2 der Fadencurve integrirt und den Werth von

$$F\delta x + G\delta y - \varepsilon p\delta\psi$$

in M_1 gleich A_1 und in M_2 gleich A_2 setzt:

$$\delta \int (Tds + \varepsilon p^2 ds) = A_2 - A_1 \ .$$

Werde nun angenommen, dass bei der Variation des Stückes M_1 M_2 der Fadencurve die Puncte M_1 und M_2 ihre Oerter unverändert behalten, und dass daher δx und δy für jeden der beiden Puncte Null sind. Werde ferner gesetzt, dass die variirte Curve mit der ursprünglichen in M_1 und M_2 einerlei Tangenten habe, so ist auch $\delta\psi$, als die Variation des Winkels der Tangente mit der Axe der x, an beiden Orten Null. Hiermit werden die Grössen A_1 und A_2, welche von den Werthen der Variationen δx, δy und $\delta\psi$ in M_1 und M_2 abhängen, gleichfalls Null, und die zuletzt erhaltene Gleichung reducirt sich auf

$$\text{II.} \qquad \delta \int (Tds + \varepsilon p^2 ds) = 0 \ ,$$

d. h.

Sind Kräfte (X, Y) an einem elastisch biegsamen Faden im Gleichgewichte, und ist $Xdx + Ydy$ das vollständige Differential einer Function V von x und y, so ist es unter allen Curven, welche von einem beliebigen Puncte M_1 des Fadens bis zu einem beliebigen anderen M_2 desselben gezogen werden und in M_1 und M_2 den Faden zugleich berühren, die zwischen M_1 und M_2 enthaltene Fadencurve selbst, für welche das von M_1 bis M_2 ausgedehnte Integral

$$\int \left(Tds + \varepsilon \frac{ds}{r^2}\right)$$

seinen grössten oder kleinsten Werth hat. Dabei ist T mit Hülfe der Gleichung

$$V - V' + T - T' + \tfrac{1}{2}\varepsilon\left(\frac{1}{r^2} - \frac{1}{r'^2}\right) = 0$$

zu berechnen, wo V', T' und r' die irgend einem Puncte der Fadencurve zugehörigen Werthe der Function V, der Spannung und des Krümmungshalbmessers bedeuten.

§. 329. Zusätze. *a)* Sind X und Y Null, wirken also auf den Faden keine Kräfte, sondern sind bloss das erste und letzte

Element in gegebenen Lagen befestigt, so ist V constant, also $V = V'$ und

$$T - T' + \tfrac{1}{2}\varepsilon(p^2 - p'^2) = 0 \ ,$$

d. h.

Bei der elastischen Linie (§. 320) *ist der Unterschied der Spannungen in irgend zwei Puncten dem Unterschiede der Quadrate der Reciproken der Krümmungshalbmesser in den beiden Puncten proportional.*

b) Substituirt man den aus letzterer Gleichung sich ergebenden Werth von T in dem Integrale, welches ein Maximum oder Mimimum ist, so wird dasselbe

$$= \int [T' + \tfrac{1}{2}\varepsilon(p^2 + p'^2)]\, ds = C \,.\, l + \tfrac{1}{2}\varepsilon \int p^2 ds \ ,$$

wo C gleich der constanten Grösse $T' + \frac{1}{2}\varepsilon p'^2$, und l gleich der Länge der von M_1 bis M_2 gezogenen Curve. Wird folglich noch die Bedingung hinzugefügt, dass l constant, dass also alle von M_1 bis M_2 gezogenen Curven von gleicher Länge sein sollen, so wird $\int p^2 ds$ selbst ein Minimum, — nicht ein Maximum, weil hier das Integral mit der Länge der Curve offenbar über jede Grenze hinaus wachsen kann. — Wir gelangen hiermit zu dem merkwürdigen schon von Daniel Bernoulli*) entdeckten Satze:

Unter allen Linien von gleicher Länge, welche von einem gegebenen Puncte zu einem anderen gegebenen gezogen werden und in diesen Puncten von Geraden, die ihrer Lage nach gegeben sind, berührt werden, ist es die elastische Linie, für welche das von dem einen zum anderen Puncte ausgedehnte Integral des durch das Quadrat des Krümmungshalbmessers dividirten Linienelements seinen kleinsten Werth hat.

c) In den bisherigen Untersuchungen über den elastisch biegsamen Faden ist in Uebereinstimmung mit Allen, welche über diesen Gegenstand geschrieben haben, das Moment der Elasticität u an jeder Stelle des Fadens der Krümmung daselbst proportional gesetzt worden, indem dieses nicht allein die einfachste, sondern auch eine mit der Erfahrung gut harmonirende Hypothese ist (§. 319). Ohne die Erfahrung näher zu befragen, kann man bloss behaupten, dass das Moment u eine Function der Krümmung ist, und zwar eine solche, die mit der Krümmung zugleich wächst und abnimmt und durch

*) Siehe den Eingang zu der bereits in §. 323 angeführten Euler'schen Abhandlung de curvis elasticis. Euler berichtet daselbst, wie Bernoulli ihm mitgetheilt habe, dass er die gesammte in einem elastischen Bleche (lamina) enthaltene Kraft in dem einfachen Ausdrucke $\int (ds : r^2)$ zusammenfassen könne, und dass dieser Ausdruck, welchen er die vis potentialis des Bleches nennt, für die elastische Linie ein Minimum sein müsse.

Null in das Entgegengesetzte übergeht. Denn unter der Annahme, dass alle Elemente des Fadens von gleicher Länge sind, kann das Moment u des von den Richtungen zweier nächstfolgenden Elemente gebildeten Winkels $d\psi$ von diesem Winkel allein abhängig sein, und da u eine endliche Grösse, ds aber constant gesetzt worden ist, so muss u eine Function von $d\psi : du$, d. i. von der Krümmung, sein. Dass aber u mit der Krümmung zugleich ab- und zunehmen muss u. s. w., folgt aus der Natur der Sache selbst.

Ich mache diese Bemerkung hier um deswillen, weil, wie ich noch hinzufügen will, die in §. 328 angestellte Rechnung auch unter der Voraussetzung, dass das Moment u überhaupt eine Function der Krümmung, also von r oder von p $(= 1 : r)$ ist, geführt werden kann.

In der That stelle P irgend eine gegebene Function von p vor, und sei dem gemäss die allgemeinere Gleichung für das Gleichgewicht am elastischen Faden:

$$\int dy \int X ds - \int dx \int Y ds = P \ .$$

Alsdann werden, wenn man $dP = \Pi dp$ setzt, die Gleichungen (2):

$$\begin{aligned} \int X ds &= - T\xi + \Pi \varrho \eta \ , \\ \int Y ds &= - T\eta - \Pi \varrho \xi \ . \end{aligned}$$

Verbindet man diese Gleichungen auf die oben angezeigte Weise und setzt $\int \Pi p dp = Q$, und den Werth, welchen Q für $x = x'$ und $y = y'$ erlangt, gleich Q', so erhält man statt der Gleichung I.:

$$V - V' + T - T' + Q - Q' = 0 \ ,$$

und man kann daher auch jetzt noch die Spannung T schon durch die Function V und durch den Krümmungshalbmesser, von welchem Q eine gegebene Function ist, bestimmen.

Eine weitere analoge Durchführung der Rechnung gibt mit der Bemerkung, dass $\delta Q = \Pi p \delta p$ und $\delta P = \Pi \delta p$ ist:

$$\begin{aligned} \Psi &= - dP . \delta\psi + \delta P . d\psi = - d(P\delta\psi) + \delta(P d\psi) \\ &= - d(P\delta\psi) - \delta(P p ds) \ , \end{aligned}$$

und man gelangt damit zu dem Integrale

$$\int (T ds + P p ds) \ ,$$

welches unter den nämlichen Voraussetzungen, welche in §. 328 gemacht wurden, ein Maximum oder Minimum sein muss.

Gleichgewicht an einem elastisch drehbaren Faden.

§. 330. Eine krumme Linie im Raume können wir ihrer Grösse und Form nach als gegeben ansehen, wenn die Längen ihrer Elemente, die Winkel je zweier nächstfolgenden Elemente und die Winkel, welche die Ebenen von je zwei nächstfolgenden der ersteren Winkel mit einander machen, gegeben sind. Von diesen drei, zur Bestimmung einer Linie von doppelter Krümmung dienenden Arten von Grössen setzten wir in diesem Kapitel zuerst alle drei veränderlich und liessen durch die Veränderung der Längen der Elemente elastische Kräfte entstehen (§. 313—315). Wir setzten zweitens die Längen der Elemente constant, und nur die beiden Arten von Winkeln veränderlich, und liessen durch die Aenderung der Winkel der ersten Art elastische Kräfte erzeugt werden (§. 316 bis §. 329).

Auf diesem Wege fortgehend, wollen wir nun drittens und letztens die Längen der Elemente sowohl, als die Winkel der ersten Art, constant und nur die der zweiten Art als veränderlich annehmen und durch ihre Veränderung elastische Kräfte hervorgehen lassen. So wie wir aber bei der zuletzt geführten Untersuchung der Einfachheit willen die Winkel der ersten Art beim anfänglichen Zustande der Linie sämmtlich Null setzten und damit die Linie eine Gerade sein liessen, so wollen wir auch jetzt, so lange auf die Linie noch keine Kräfte wirken, die Winkel der zweiten Art Null annehmen und somit eine Curve von einfacher Krümmung voraussetzen.

Sind demnach L, M, N, O irgend vier zunächst auf einander folgende Puncte der Curve, also LM, MN, NO drei nächstfolgende Elemente derselben und LMN, MNO zwei nächstfolgende Winkel der ersten Art, so sollen die ursprünglich zusammenfallenden Ebenen derselben, wenn sie, durch äussere Kräfte genöthigt, an ihrem gemeinschaftlichen Elemente MN einen Winkel (der zweiten Art) mit einander machen, durch elastische Kräfte zur Wiedervereinigung getrieben werden. Entfernt man die äusseren Kräfte und soll nichtsdestoweniger der Ebenenwinkel unverändert erhalten werden, so kann dieses dadurch geschehen, dass man irgend zwei Puncte, etwa L und O, der einen und anderen Ebene, von denen keiner in dem gemeinschaftlichen Elemente MN liegt, durch eine steife gerade Linie

LO von unveränderlicher Länge mit einander verbindet; denn hierdurch werden die beiden Ebenen in eine unveränderliche Lage gegen einander gebracht. Den elastischen Kräften halten daher die Pressungen der Linie LO das Gleichgewicht, und man kann sich folglich die elastischen Kräfte als zwei einander gleiche, nach den Richtungen LO und OL auf die Ebenen LMN und MNO wirkende, Kräfte vorstellen, und ebenso als zwei nach $L'O'$ und $O'L'$ gerichtete Kräfte, wenn L' und O' irgend zwei andere Puncte in den Ebenen LMN und MNO sind. Heissen nun p und $-p$ die beiden ersteren und p' und $-p'$ die beiden letzteren Kräfte, so müssen nach demselben Schlusse, wie in §. 316, wenn das Element MN unbeweglich angenommen wird, die Kräfte p und p', welche nach den Richtungen LO und $L'O'$ auf die um MN drehbare Ebene LMN wirken, gleichwirkend sein; es müssen folglich die Momente von p und p' in Bezug auf MN als Axe einander gleich sein. Die gemeinschaftliche Grösse dieser Momente wollen wir das Moment der Elasticität des Ebenenwinkels $LMN^\wedge MNO$ nennen und, wenn die Länge der Axe gleich 1 ist, mit v bezeichnen. Kennt man dieses Moment, so kann man für jede gegebene Richtung der Kraft p oder p' die Intensität der letzteren finden. Denn das Moment einer ihrer Grösse und Richtung nach durch LO ausgedrückten Kraft in Bezug auf die Linie MN, als Axe, ist gleich dem sechsfachen der Pyramide $MNLO$ (§. 59), gleich $LMNO$ (§. 63, 1), und daher nach §. 91 das Moment einer nach LO gerichteten Kraft p in Bezug auf eine Axe, welche die Richtung MN und eine Länge gleich 1 hat:

$$v = \frac{6\,.\,LMNO}{LO\,.\,MN}\,p\,, \qquad \text{folglich} \qquad p = \frac{LO\,.\,MN}{6\,.\,LMNO}\cdot v.$$

Ebenso, wie bei dem Linienwinkel in §. 316, ist demnach auch hier mit dem Momente der Elasticität die Wirkung derselben vollkommen bestimmt.

Was zuletzt noch die Grösse des Moments v anlangt, so ist wohl auch hier die naturgemässeste Hypothese, dasselbe bei einem gleichförmig elastischen Faden, sobald die Elemente desselben einander gleich angenommen werden, dem mehrgedachten Ebenenwinkel proportional zu setzen, also überhaupt, — mag ds constant angenommen werden, oder nicht —

$$v = \vartheta\,\frac{d\chi}{ds}$$

zu setzen, wenn $d\chi$ den unendlich kleinen Ebenenwinkel und ϑ eine von der Elasticität des Fadens abhängige Constante bezeichnet.

Weil endlich

$$6\,LMNO = 2\,LMN \cdot \frac{2\,MNO}{MN} \cdot \sin LMN^\wedge MNO$$

$$= 4\,\frac{LMN^2}{ds}\,d\chi = 4\,LMN^2 \cdot \frac{v}{\vartheta}\,,$$

so kann nach derselben Hypothese das Moment v auch gleich

$$\vartheta \cdot 6\,LMNO : 4\,LMN^2$$

gesetzt werden. Dabei ist ϑ eine positive Grösse, weil das Moment ϑ mit der Pyramide $LMNO$ einerlei Zeichen hat.

§. 331. Dieses vorausgeschickt, gehen wir jetzt zur Entwickelung der unser Problem in Rechnung setzenden Differential-gleichungen über. Hierbei wollen wir, wie bei der vorigen Untersuchung, die in §. 281, *b* aufgestellten Gleichungen für das Gleichgewicht eines vollkommen biegsamen Fadens zu Grunde legen. Diese vollkommene Biegsamkeit wird gegenwärtig durch die zwei Bedingungen beschränkt, dass die in §. 330 sogenannten Winkel der ersten Art unveränderlich und dass die der zweiten Art elastisch sein sollen, und wir haben deshalb zu den in jenen Gleichungen bereits vorkommenden Kräften noch zweierlei andere Kräfte hinzuzufügen. Damit aber diese neuen Kräfte, gleich den bereits vorkommenden, den Faden selbst afficiren und somit auf eben die Art, wie jene, in Rechnung genommen werden können, wollen wir die Unveränderlichkeit der Winkel der ersten Art uns dadurch bewerkstelligt denken, dass von je drei nächstfolgenden Puncten des Fadens, wie L, M, N, der erste mit dem dritten durch eine gerade Linie LN von unveränderlicher Länge verbunden ist. Die Elasticität der Winkel der zweiten Art oder der Ebenenwinkel wollen wir, den vorangegangenen Erläuterungen gemäss, als darin bestehend uns vorstellen, dass auf den ersten und vierten von je vier nächstfolgenden Puncten, wie L, M, N, O, zwei einander gleiche und direct entgegengesetzte Kräfte wirken. Die Kräfte, welche gegenwärtig am Faden sich das Gleichgewicht halten sollen, sind demnach:

1) Die äusseren Kräfte ($X ds$, $Y ds$, $Z ds$), welche auf die einzelnen Elemente LM, MN, NO, ... wirken, und wohin auch die endlichen Kräfte gehören, die am Anfang und Ende des Fadens thätig sind;

2) die Pressungen, welche von den steifen Geraden LN, MO, ... auf die sie begrenzenden Puncte des Fadens hervorgebracht werden;

3) die elastischen Kräfte, deren Richtungen in LO, ... fallen.

Den allgemeinen Gleichungen in §. 281 zufolge ist nun zunächst analytisch auszudrücken, dass in Bezug auf jede der drei Axen, welche durch irgend einen Punct (x, y, z) oder M des Fadens parallel mit den Coordinatenaxen gelegt werden, das Moment aller jener vom Anfangspuncte A bis zum Puncte M auf den Faden wirkenden Kräfte Null ist. Auf solche Weise erhalten wir drei Gleichungen, oder vielmehr nur zwei, da aus je zweien derselben, nachdem sie differentiirt worden, die dritte folgt.

Von allen auf den Faden von A bis M wirkenden Pressungen sind aber zwei und zwei einander gleich und direct entgegengesetzt, die zwei ausgenommen, welche die Puncte L und M nach den Richtungen LN und MO treiben, indem die ihnen entgegengesetzten auf die nicht mehr zum Theil AM des Fadens gehörigen Puncte N und O wirken; und weil die nach MO gerichtete Pressung jeder durch M gelegten Axe begegnet, so reducirt sich in Bezug auf eine solche Axe das Moment aller jener Pressungen auf das Moment der nach LN gerichteten Pressung allein. Wir wollen die Momente dieser Pressung in Bezug auf die drei durch M mit den Axen der x, y, z parallel gelegten Axen resp. gleich p, q, r setzen.

Ganz auf dieselbe Weise kommen, wenn K der dem L nächstvorangehende Punct ist, die Momente aller elastischen Kräfte von A bis M auf die Momente der zwei auf K und L nach KN und LO gerichteten Kräfte zurück. Heissen rücksichtlich jener drei Axen die Momente der ersteren dieser zwei Kräfte; $f_{,}$, $g_{,}$, $h_{,}$, der letzteren: f, g, h. Alsdann sind, wenn wir noch die Momente der äusseren Kräfte von A bis M rücksichtlich derselben drei Axen kurz mit (X), (Y), (Z) bezeichnen, die vorhin gedachten drei Gleichungen:

$$(a)\qquad \begin{cases} (X) + p + f_{,} + f = 0\,, \\ (Y) + q + g_{,} + g = 0\,, \\ (Z) + r + h_{,} + h = 0\,, \end{cases}$$

und es ist nur noch übrig, aus diesen Gleichungen die die Werthe von p, q, r bestimmende Pressung zu eliminiren. Die zwei Gleichungen, welche dadurch hervorgehen, findet man am leichtesten, wenn man jene drei addirt, nachdem man sie das einemal mit den Cosinus $\xi_{,}$, $\eta_{,}$, $\zeta_{,}$ der Winkel multiplicirt hat, welche das Element LM mit den Coordinatenaxen macht, und das anderemal mit den Cosinus ξ, η, ζ der Winkel des Elementes MN mit denselben drei Axen. Man erhält auf diese Weise:

$$(b)\qquad \begin{cases} (X)\xi_{,} + (Y)\eta_{,} + (Z)\zeta_{,} + f_{,}\xi_{,} + g_{,}\eta_{,} + h_{,}\zeta_{,} = 0\,, \\ (X)\xi + (Y)\eta + (Z)\zeta + f\xi + g\eta + h\zeta = 0\,. \end{cases}$$

Denn die Aggregate $p\xi_{,} + q\eta_{,} + r\zeta_{,}$ und $f\xi_{,} + g\eta_{,} + h\zeta_{,}$ sind nach §. 90 die auf LM, als Axe, bezogenen Momente der nach LN gerichteten Pressung und der elastischen nach LO gerichteten Kraft, und jedes dieser beiden Momente ist Null, weil die Axe LM den Richtungen der Pressung und der elastischen Kraft, in L, begegnet, und ebenso erhellt, dass auch $p\xi + q\eta + r\zeta$ und $f_{,}\xi + g_{,}\eta + h_{,}\zeta$, als die Momente der Pressung nach LN und der elastischen nach KN gerichteten Kraft, in Bezug auf MN, als Axe, Null sind.

Von den zwei Gleichungen (b) selbst drückt die erste aus, dass das Moment aller auf den Faden von A bis L (oder M) wirkenden Kräfte rücksichtlich des Elementes LM, als Axe, Null ist, und die zweite, dass das Moment aller Kräfte von A bis M (oder N) rücksichtlich der Axe MN Null ist. Beide Gleichungen drücken daher eines und dasselbe, nur in Bezug auf zwei verschiedene Puncte der Curve, aus, und da diese zwei Puncte einander unendlich nahe liegen, so muss sich die eine dieser Gleichungen durch Differentiation der anderen ergeben. Durch die Elimination der Pressung aus (a) haben wir daher, genau betrachtet, nur eine Gleichung erhalten; auch war dieses leicht vorauszusehen, da von den drei Gleichungen (a), nachdem sie differentiirt worden, eine jede eine Folge der beiden anderen ist.

Es bleibt uns jetzt noch übrig, in einer der beiden Gleichungen (b), wozu wir die zweite wählen, für die darin vorkommenden Momente ihre uns schon bekannten Werthe zu substituiren. Es ist nämlich (vergl. §. 281, b)

$$(X) = \int dz \int Y ds - \int dy \int Z ds \;,$$
$$(Y) = \int dx \int Z ds - \int dz \int X ds \;,$$
$$(Z) = \int dy \int X ds - \int dx \int Y ds \;.$$

Ferner ist $f\xi + g\eta + h\zeta$ gleich dem Momente v der elastischen nach LO gerichteten Kraft in Bezug auf eine nach MN gerichtete Axe, gleich

$$\vartheta \,.\, 6\,LMNO : 4\,LMN^2 \;\; (§.\ 330).$$

Aus der analytischen Geometrie weiss man aber, dass

$$6\,LMNO = (dy d^2z - dz d^2y)\, d^3x + (dz d^2x - dx d^2z)\, d^3y$$
$$+ (dx d^2y - dy d^2x)\, d^3z \; {}^{*)}$$

und

$$4\,LMN^2 = 4(\varDelta_1^2 + \varDelta_2^2 + \varDelta_3^2)^2 \;\; (§.\ 324)$$
$$= (dy d^2z - dz d^2y)^2 + (dz d^2x - dx d^2z)^2 + (dx d^2y - dy d^2x)^2 \;.$$

Endlich ist $\xi = dx : ds$, ... und es wird daher, wenn man noch der

---

*) Auch kann dieser Ausdruck leicht aus dem in §. 64 durch die Coordinaten ihrer Ecken ausgedrückten Werthe einer Pyramide hergeleitet werden.

Einfachheit willen dx constant annimmt, die gesuchte Gleichung für das Gleichgewicht:

$$dx\,(\int dz \int Yds - \int dy \int Zds) + dy\,(\int dx \int Zds - \int dz \int Xds)$$
$$+ dz\,(\int dy \int Xds - \int dx \int Yds)$$
$$= \vartheta ds\,\frac{dx\,(d^2z\;d^3y - d^2y\;d^3z)}{(dz\;d^2y + dy\;d^2z)^2 + dx^2\,(d^2y^2 + d^2z^2)}\,.$$

Mit dieser Gleichung ist aber noch die Bedingung zu verbinden, dass die Curve von doppelter Krümmung, zu welcher die ebene Curve gedreht worden, in jedem ihrer Puncte denselben Krümmungshalbmesser r hat, als die ebene Curve in dem entsprechenden Puncte; d. h. man hat zu der letzteren Gleichung noch die zwischen r und s bei der ebenen Curve stattfindende Gleichung, als eine auch bei der doppelt gekrümmten geltende, hinzuzufügen. Zu dem Ende bestimme man, wenn $y = f(x)$ die Gleichung der ebenen Curve ist, aus dieser Gleichung das Verhältniss $ds : dx$ und r, als Functionen von x. Hiermit findet sich auch das Verhältniss $\frac{dr}{ds} = \frac{dr}{dx} : \frac{ds}{dx}$ als Function von x. Man eliminire hierauf x aus den Werthen von r und $dr : ds$, so erhält man die gesuchte Gleichung zwischen r und $dr : ds$, in welcher nur noch für ds, r und dr ihre allgemeinen Werthe, durch die ersten, zweiten und dritten Differentiale von x, y, z ausgedrückt, zu substituiren sind.

Ist z. B. die gegebene Curve ein Kreis, dessen Halbmesser gleich a, so hat man die Bedingungsgleichung

$$a = \frac{ds^3}{\sqrt{(dz\,d^2y - dy\,d^2z)^2 + (dx\,d^2z - dz\,d^2x)^2 + (dy\,d^2x - dx\,d^2y)^2}}\,.$$

Durch diese zweite Gleichung, in Verbindung mit der vorhin entwickelten Momentengleichung, ist aber, sobald noch X, Y, Z gegebene Functionen von x, y, z sind, die Beschaffenheit der Curve bestimmt.

§. 332. Zusätze. *a*) Die Herleitung der zwei endlichen Gleichungen zwischen x, y, z aus den zwei Differentialgleichungen des §. 331 erfordert zwölf Integrationen und führt damit zwölf willkürliche Constanten herbei. Denn zuerst hat man die drei Integrale $\int Xds$, $\int Yds$, $\int Zds$ mit drei willkürlichen Constanten. Hierzu kommen durch Integration der drei Ausdrücke: $dz \int Yds - dy \int Zds$, drei neue Constanten; und da von den Integralen dieser Ausdrücke, nachdem sie resp. mit dx, dy, dz multiplicirt worden, die Summe einem Ausdrucke gleich zu setzen ist, welcher Differentiale der ersten bis dritten Ordnung enthält, so kommen bei vollständiger Integration dieser ersten Differentialgleichung noch drei neue Constanten hinzu. Diese neun Constanten werden aber durch Integration der zweiten Gleichung, welche von der dritten Ordnung im Allgemeinen ist, (nur für den Kreis von der zweiten), noch um drei vermehrt, so dass die Anzahl sämmtlicher Constanten auf zwölf steigt.

Sind demnach eine ebene Curve, zwei Puncte A' und B' in derselben und die Oerter A und B gegeben, welche diese Puncte im Raume einnehmen, nachdem die Curve unter dem Einflusse äusserer Kräfte und ihrer eigenen mit der zweiten Krümmung verbundenen Elasticität eine zweite Krümmung erhalten hat, sind ferner in diesen zwei Oertern noch die Tangenten und die Krümmungsebenen der doppelt gekrümmten Curve gegeben, so ist damit letztere Curve selbst vollkommen bestimmt. — Denn eben so gross, als die Zahl (zwölf) der willkürlichen Constanten, ist auch die Zahl der Gleichungen, welche zwischen den Constanten in den zwei Gleichungen der Curve erfüllt sein müssen, wenn diese die eben aufgestellten Bedingungen erfüllen soll.

In der That gibt die Bedingung, dass die Curve durch den Punct A gehen soll, zwei Gleichungen, die bestimmte Richtung ihrer Tangente in A führt zu einer dritten und vierten Gleichung (§. 325, *a*), die bestimmte Lage der diese Tangente enthaltenden Krümmungsebene zu einer fünften Gleichung, und die Bedingung, dass der Punct A der doppelt gekrümmten Curve ursprünglich der Punct A' der ebenen Curve gewesen, dass also erstere Curve in A und letztere in A' einander gleiche Krümmungshalbmesser haben, leitet zu einer sechsten Gleichung. Auf gleiche Art ergeben sich auch für den Punct B und für die Tangente, die Krümmungsebene und den Krümmungshalbmesser daselbst sechs Gleichungen. Man hat daher in Allem zwölf Gleichungen zwischen den zwölf Constanten und kann damit letztere vollkommen bestimmen.

Statt der einen der zwei Gleichungen für die Krümmungshalbmesser in A und B kann auch die Gleichung gesetzt werden, welche ausdrückt, dass die Länge der doppelt gekrümmten Curve von A bis B eben so gross, als die der ursprünglichen, einfach gekrümmten von A' bis B' ist.

In dem besonderen Falle, wenn die ursprüngliche Curve ein Kreis ist, hat man von diesen zwei Gleichungen für den einen Krümmungshalbmesser und die Länge von A bis B nur die letztere beizubehalten, da der alsdann constante Krümmungshalbmesser in der zweiten Differentialgleichung selbst mit vorkommt. Die Anzahl der Bedingungsgleichungen reducirt sich daher in diesem Falle auf elf. Von der anderen Seite ist dann, wie gehörig, auch die Zahl der durch Integration entstehenden Constanten um eins geringer, als im allgemeinen Falle, da beim Kreise die zweite Differentialgleichung sich nur bis zur zweiten Ordnung erhebt.

b) Wird die Curve in einem Puncte M unterbrochen, und soll nichtsdestoweniger das Gleichgewicht fortdauern, so genügt es hier nicht, wie in §. 318, *c* und §. 325, *b*, bloss das letzte Element LM fest zu machen, sondern es müssen, um die zwei durch die Unterbrechung in M verloren gehenden, nach KN und LO gerichteten, elastischen Kräfte zu ersetzen, die zwei letzten Elemente KL und LM, oder, was dasselbe ist, die letzte Tangente und die letzte Krümmungsebene, unbeweglich gemacht werden.

§. 333. Ziehen wir zum Schlusse noch den einfachsten Fall in Betracht, wenn X, Y, Z Null sind, und daher nur durch Kräfte, welche am Anfang und Ende des Fadens angebracht sind, die zweite Krümmung desselben erzeugt wird. Die Kräfte am Anfange, d. h. die endlichen Kräfte, welche auf Puncte wirken, die mit den beiden ersten Elementen in unveränderlicher Verbindung stehen, seien, wie in §. 326, auf eine einfache Kraft A und ein Paar reducirt, dessen Moment gleich m, und dessen Ebene auf A normal stehe; auch werde, wie dort, die Richtung von A zur Axe der x genommen. Die Momente dieser Kräfte in Bezug auf drei Axen, die man durch den Punct (x, y, z) parallel mit den Axen der x, y, z gelegt hat, sind alsdann:

$$(X) = m\,, \qquad (Y) = -Az\,, \qquad (Z) = Ay\,,$$

und die erste Differentialgleichung der Curve wird damit:

$$m\,dx + A(y\,dz - z\,dy) = -v\,ds = -\vartheta\,d\chi\,.$$

Wir ersehen hieraus unter anderen, dass, wenn auf den Anfang des Fadens bloss ein Kräftepaar wirkt, die zweite Krümmung, gleich $d\chi : ds$, *in jedem Puncte proportional mit* $dx : ds$, *d. i. mit dem Cosinus des Winkels ist, den die Tangente der Curve mit der Axe der* x *macht, also mit dem Sinus des Winkels, den die Tangente mit der Ebene des Paares macht, dass folglich an den Stellen der Curve, wo ihre Tangente mit der Ebene des Paares parallel läuft, die zweite Krümmung verschwindet, und an den Stellen am grössten ist, wo die Tangente auf der Ebene des Paares normal steht.*

Zusatz. Ist die Gestalt des Fadens, auf welchen nur am Anfang und Ende Kräfte wirken, ursprünglich kreisförmig, so kann seine nachherige Gestalt auch die einer cylindrischen Spirale sein, deren Axe, wenn die Kräfte am Anfange, wie vorhin, auf eine einfache Kraft A und ein auf der Richtung von A normales Paar reducirt worden, mit der Richtung von A zusammenfällt. Denn erstens hat diese Spirale ebenso, wie ein Kreis, einen constanten Krümmungshalbmesser, der hier dem des ursprünglichen Kreises gleich sein muss; und zweitens wird auch der Momentengleichung durch die Gleichungen einer cylindrischen Spirale, deren Axe die Axe der x ist, Genüge geleistet. Diese Gleichungen sind nämlich (§. 327), wenn a den Halbmesser des Cylinders der Spirale und b die Weite ihrer Gänge bedeutet, und wenn man der Kürze willen $2\pi : b = h$ setzt:

$$y = a \cos hx \ , \qquad z = a \sin hx \ .$$

Die Differentiation dieser Gleichungen gibt unter der Annahme, dass dx constant ist:

$$\begin{aligned} dy &= -hz\,dx \ , & dz &= +hy\,dx \ , \\ d^2y &= -h^2y\,dx^2 \ , & d^2z &= -h^2z\,dx^2 \ , \\ d^3y &= +h^3z\,dx^3 \ , & d^3z &= -h^3y\,dx^3 \ ; \end{aligned}$$

folglich

$$ds^2 = (1 + h^2a^2)\,dx^2 \ ,$$

und wenn man

$$y\,dz - z\,dy = t \ , \qquad dy\,d^2z - dz\,d^2y = t' \ ,$$

$$d^2y\ d^3z - d^2z\ d^3y = t'' \quad \text{und} \quad d^2y^2 + d^2z^2 = u$$

setzt:

$$t = ha^2dx \ , \qquad t' = h^3a^2dx^3 \ , \qquad t'' = h^5a^2dx^5 \ , \qquad u = h^4a^2dx^4 \ .$$

Die Momentengleichung aber, welche sich mit den jetzt angenommenen Zeichen also schreiben lässt:

$$m\,dx + At = -\vartheta\,ds\,\frac{t''dx}{t'^2 + u\,dx^2} \ ,$$

wird dadurch

$$m + Aha^2 = -\frac{\vartheta h}{\sqrt{1 + h^2a^2}} = -\frac{2\pi\vartheta}{l} \ ,$$

wo l die Länge eines Ganges der Spirale ausdrückt (§. 327). Diese Gleichung enthält nun bloss Constanten und gibt eben damit zu erkennen, dass unter den vorausgesetzten Umständen der Faden die Spiralform annehmen kann. Hiernach sind wir berechtigt zu schliessen:

Wird, wie dies immer möglich ist, ein elastisch drehbarer und ursprünglich kreisförmiger Faden in die Gestalt einer cylindrischen Spirale gebracht, und werden die zwei ersten, so wie die zwei letzten Elemente des Fadens in der dadurch erhaltenen Lage unbeweglich gemacht, so wird der dazwischen begriffene Faden von selbst in der Spiralform verharren.

Noch kann man bemerken, dass der Krümmungshalbmesser der Spirale, also auch der Halbmesser des ursprünglichen Kreises,

$$r = \frac{ds^3}{\sqrt{t'^2 + u\,dx^2}} = \frac{1 + h^2 a^2}{h^2 a} = \frac{l^2}{4\pi^2 a}$$

ist.

Beweis eines neuen, von Herrn Chasles in der Statik entdeckten Satzes, nebst einigen Zusätzen.

[Crelle's Journal, 1829, Band 4, p. 179—184.]

§. 1. *Wie auch die Kräfte, welche auf ein freies und seiner Form nach unveränderliches System wirken, auf zwei Kräfte reducirt werden mögen, so ist das Tetraëder, welches zu gegenüberliegenden Kanten die Geraden hat, wodurch die zwei resultirenden Kräfte ihrer Stärke und Richtung nach vorgestellt werden, immer von demselben Inhalte.*

Diesen merkwürdigen Satz der Statik habe ich bei de Férussac, Bulletin des sciences mathématiques etc., September 1828, p. 187, in der Anzeige von Gergonne, Annales mathématiques pures et appliquées, Tome XVIII, p. 372, aufgeführt gefunden mit der Bemerkung, dass Herr Gergonne, dem dieses Theorem von Herrn Chasles ohne Beweis mitgetheilt worden sei, es daselbst bewiesen habe.

Ohne diesen Beweis zu kennen, indem jenes Heft der Gergonne'schen Annalen mir noch nicht zu Gesicht gekommen ist, habe ich selbst einen solchen aufzufinden gesucht, den ich, da er durch eine neue dabei angewendete Ansicht der statischen Momente und durch die damit bewirkte Kürze einige Aufmerksamkeit verdienen dürfte, hier mittheilen will.

§. 2. Wie bekannt, erhält man das Moment einer Kraft in Bezug auf eine gewisse Axe, wenn man die Kraft auf eine die Axe rechtwinklig schneidende Ebene projicirt, und diese Projection mit ihrem Abstande von der Axe multiplicirt. Werde daher durch die Gerade PQ (vergl. Fig. 1) eine Kraft, ihrer Stärke und Richtung nach, vorgestellt. Durch einen beliebigen Punct A der Axe AB lege man eine Ebene rechtwinklig auf die Axe, und seien P' und Q' die Fusspuncte der auf diese Ebene von P und Q gefällten Perpendikel, so ist das Moment der Kraft P dem doppelten Inhalte des Dreiecks $AP'Q'$ gleich.

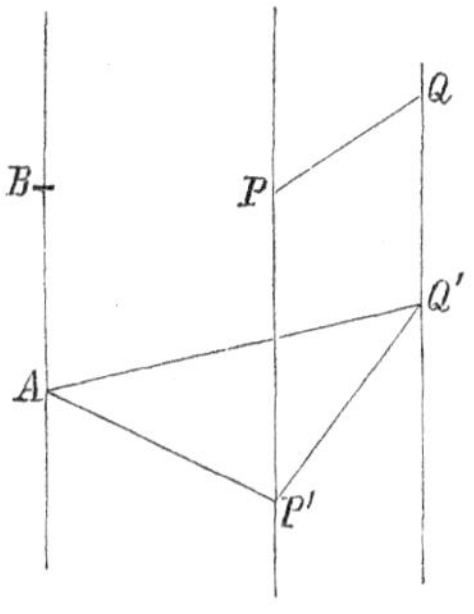

Fig. 1.

Es ist aber, wo auch der Punct B in der Axe angenommen werden mag, das Product $AP'Q'.AB$ gleich dem dreifachen Inhalte des Tetraëders $ABP'Q'$, und $ABP'Q' = ABP'Q$, weil beide Tetraëder eine gemeinschaftliche Basis ABP' haben und ihre Spitzen Q', Q in einer Parallele mit dieser Basis liegen. Ebenso ist ferner $ABP'Q = ABPQ$, weil die Linie durch die Spitzen $P'P$ dieser zwei Tetraëder parallel mit ihrer gemeinschaftlichen Grundfläche ABQ läuft.

Man hat daher $AP'Q'.AB = 3.ABQP$, und folglich das Moment der Kraft PQ in Bezug auf die Axe AB dargestellt durch:

$$2.AP'Q' = 6\,\frac{ABPQ}{AB}\ ;$$

und ebenso das Moment einer anderen Kraft RS, in Bezug auf dieselbe Axe dargestellt durch

$$6\,\frac{ABRS}{AB}\ .$$

Da es aber bei den Momenten nicht sowohl auf ihre absolute Grösse, als vielmehr auf ihr gegenseitiges Verhältniss ankommt, so kann man die Momente von PQ, RS in Bezug auf AB geradezu den Tetraëdern $ABPQ$, $ABRS$ gleich setzen. Auf eben die Art werden die Momente derselben Kräfte in Bezug auf irgend eine andere Axe CD durch die Tetraëder $CDPQ$, $CDRS$ ausgedrückt werden können, wobei man noch den Abschnitt CD in der anderen Axe dem Abschnitte AB in der ersten gleich anzunehmen hat, wenn man die letzten Momente nicht bloss unter sich, sondern auch mit den ersten vergleichen will.

So wie also bei einem Systeme von Kräften in einer Ebene die Momente derselben in Bezug auf einen gewissen Punct der Ebene durch die Dreiecke dargestellt werden, welche diesen Punct zur gemeinschaftlichen Spitze und die Kräfte selbst zu Grundlinien haben, so lassen sich bei einem Systeme von Kräften im Raume die Momente derselben in Bezug auf eine gewisse Axe durch die Tetraëder ausdrücken, welche einen beliebigen, aber von unveränderlicher Länge zu nehmenden Abschnitt dieser Axe zur gemeinschaftlichen Kante, die Kräfte selbst aber zu gegenüberliegenden Kanten haben.

§. 3. Wenn daher bei einem Systeme von Kräften, PQ, RS, TU, ..., die auf einen freien, festen Körper wirken, Gleichgewicht stattfindet, so muss immer, wie auch die zwei Puncte A und B genommen werden, die algebraische Summe der Tetraëder

$$ABPQ + ABRS + ABTU + \ldots . = 0$$

sein, weil unter der Voraussetzung des Gleichgewichtes die Summe der Momente für jede Axe gleich Null sein muss.

Was die Vorzeichen anlangt, mit denen diese Tetraëder zu nehmen sind, so kann man sich jedes derselben, wie $ABPQ$ oder $ABRS$ erzeugt denken, indem ein Dreieck, dessen Grundlinie AB, und dessen Spitze veränderlich ist, um AB, als Axe, so gedreht wird, dass seine Spitze, von P nach Q gehend, die Gerade PQ, oder, von R nach S gehend, die Gerade RS beschreibt. Hiernach sind je zwei Tetraëder, wie $ABPQ$ und $ABRS$, mit einerlei oder entgegengesetzten Zeichen zu nehmen, jenachdem die Drehungen, durch welche sie auf die besagte Weise erzeugt werden, einerlei oder entgegengesetzte Richtung haben.

Sind ferner die Kräfte PQ, RS, ... gleichwirkend mit den Kräften $P'Q'$, $R'S'$, ..., so ist für jede beliebige Lage der Axe die Summe der Momente der ersteren Kräfte gleich der Summe der Momente der letzteren, und man hat folglich für jede Lage der Puncte A und B die Gleichung:

$$ABPQ + ABRS + \ldots = ABP'Q' + ABR'S' + \ldots ,$$

wo rücksichtlich der Vorzeichen dasselbe wie vorhin zu bemerken ist.

Die Untersuchungen, welche ich mit Hilfe dieser neuen Ansicht der Momente, als Tetraëder, schon seit längerer Zeit angestellt habe, und die damit gewonnenen, zum Theil neuen Resultate werde ich bei einer anderen Gelegenheit mittheilen*), und jetzt nur noch die Anwendung dieser Ansicht auf das Theorem des Herrn Chasles zeigen, das, wie man schon im Voraus wahrnimmt, sich hiermit sehr einfach darthun lässt.

§. 4. Ein System von Kräften, welche auf einen freien, festen Körper wirken, sei das eine Mal auf die zwei Kräfte PQ und RS, das andere Mal auf die zwei Kräfte $P'Q'$ und $R'S'$ reducirt worden, so ist zu beweisen, dass die zwei Tetraëder $PQRS$ und $P'Q'R'S'$ gleichen Inhalt haben.

Weil die ersteren zwei Kräfte mit den zwei letzteren gleichwirkend sind, so hat man für jede Lage und Grösse der Axe AB die Gleichung:

$$ABPQ + ABRS = ABP'Q' + ABR'S' .$$

Man lasse nun die willkürlichen zwei Puncte A und B resp.

---

*) Man vergl. das Lehrbuch der Statik, Theil I, Kap. V (p. 81 ff. des vorliegenden Bandes).

mit P und Q zusammenfallen, so wird das Tetraëder $ABPQ$ gleich Null und man erhält

$$(1) \qquad PQRS = PQP'Q' + PQR'S' \;.$$

Ebenso ergibt sich, wenn man AB nach und nach mit RS, $P'Q'$, $R'S'$ coïncidiren lässt:

$$(2) \qquad RSPQ = RSP'Q' + RSR'S' \;,$$

$$(3) \qquad P'Q'PQ + P'Q'RS = P'Q'R'S' \;,$$

$$(4) \qquad R'S'PQ + R'S'RS = R'S'P'Q' \;.$$

Man überzeugt sich aber leicht, dass den zwei nur durch die Folge der Buchstaben verschiedenen Ausdrücken $PQRS$ und $RSPQ$ desselben Tetraëders einerlei Vorzeichen zukommen. Wird nämlich das eine Mal PQ zur Axe genommen, die man sich in verticaler Lage denke, P oben, Q unten, — und geschieht alsdann die Drehung des, das Tetraëder $PQRS$ erzeugenden Dreiecks, indem es sich aus der Lage PQR in die Lage PQS begibt, von der Rechten nach der Linken, so wird auch, wie die Anschauung lehrt, wenn zufolge des Ausdruckes $RSPQ$, RS zur Axe, R oben, S unten genommen wird, das nunmehr erzeugende und um RS sich drehende Dreieck, um mit seiner Spitze von P nach Q zu kommen, sich gleichfalls von der Rechten nach der Linken drehen müssen. — Dasselbe gilt auch von den übrigen in den Gleichungen (1) bis (4) vorkommenden Paaren von Ausdrücken, in denen die zwei ersten und die zwei letzten Buchstaben miteinander vertauscht sind. (Vergl. Baryc. Calcul, §. 20, *a.*)*)

Addirt man daher jene vier Gleichungen, und lässt die zu beiden Seiten des Gleichheitszeichens einander gleichen Glieder weg, so kommt:

$$2 \,.\, PQRS = 2 \,.\, P'Q'R'S'$$

und somit

$$PQRS = P'Q'R'S' \;,$$

wie zu erweisen war.

---

§. 5. Zusätze. Weil PQ und RS mit $P'Q'$ und $R'S'$ gleichwirkend sind, so halten die vier Kräfte PQ, RS, $Q'P'$, $S'R'$ einander das Gleichgewicht. Dieses vorausgesetzt, ist also

$$PQRS = P'Q'R'S' = Q'P'S'R' \;,$$

---

*) Vergl. p. 42 des I. Bandes der vorliegenden Ausgabe.

auch dem Zeichen nach, wie sich auf eine der vorigen ganz ähnliche Weise zeigen lässt. Hiernach kann der Satz des Herrn Chasles auch so ausgedrückt werden:

Hat man vier Kräfte, die mit einander im Gleichgewicht sind, so ist das aus irgend zweien derselben gebildete Tetraëder dem Tetraëder aus den beiden anderen gleich.

Um die vorige Rechnung bequemer und damit noch auf mehrere Kräfte leicht ausdehnbar zu machen, will ich die Kräfte, oder vielmehr die Linien, wodurch sie vorgestellt werden, mit p, q, r, ..., die Axe AB, worauf ihre Momente bezogen werden, mit a, und die Tetraëder, welche a und p, a und q, p und q, u. s. w. zu gegenüberstehenden Seiten haben, mit ap, aq, pq u. s. w. bezeichnen. Alsdann ist beim Gleichgewicht zwischen den vier Kräften p, q, r, s:

$$ap + aq + ar + as = 0 \ ,$$

und, wenn man a nach und nach mit p, q, r, s zusammenfallen lässt:

$$(1) \qquad pq + pr + ps = 0 \ ,$$

$$(2) \qquad pq + qr + qs = 0 \ ,$$

$$(3) \qquad pr + qr + rs = 0 \ ,$$

$$(4) \qquad ps + qs + rs = 0 \ ,$$

weil die Tetraëder pp, qq, rr, ss gleich Null sind. Die halbe Summe dieser vier Gleichungen gibt:

$$(\mathrm{I}) \qquad pq + pr + ps + qr + qs + rs = 0 \ ,$$

d. h.: *Sind vier Kräfte im Gleichgewicht, so ist die Summe der sechs Tetraëder, welche durch paarweise Verbindung der Kräfte hervorgehen, gleich Null.*

Zieht man von (I) die Gleichung (4) ab, so kommt:

$$(\mathrm{II}) \qquad pq + pr + qr = 0 \ ;$$

d. h.: *Haben drei Kräfte* (p, q, r) *eine einzige Resultante* ($-s$), *so ist die Summe der drei Tetraëder, welche durch paarweise Verbindung der drei Kräfte erhalten werden, gleich Null.*

Wird endlich von (II) die Gleichung (3) abgezogen, so kommt:

$$(\mathrm{III}) \qquad pq - rs = 0 \ ,$$

welches der Satz des Herrn Chasles, auf die kurz vorhin gedachte Weise ausgedrückt, ist.

Auf ähnliche Art wollen wir jetzt ein System von fünf Kräften p, q, r, s, t, die im Gleichgewicht mit einander stehen, behandeln. — Aus der Gleichung

$$ap + aq + ar + as + at = 0$$

folgt durch successives Zusammenfallen der Axe a mit p, q, r, s, t:

$$(1) \qquad pq + pr + ps + pt = 0 \ ,$$
$$(2) \qquad pq + qr + qs + qt = 0 \ ,$$
$$(3) \qquad pr + qr + rs + rt = 0 \ ,$$
$$(4) \qquad ps + qs + rs + st = 0 \ ,$$
$$(5) \qquad pt + qt + rt + st = 0 \ ;$$

die halbe Summe dieser fünf Gleichungen ist:

$$(\mathrm{I}) \quad pq + pr + ps + pt + qr + qs + qt + rs + rt + st = 0 \ .$$

Hiervon die Gleichung (5) abgezogen, kommt:

$$(\mathrm{II}) \qquad pq + pr + ps + qr + qs + rs = 0 \ ,$$

und, wenn man davon noch die Gleichung (4) abzieht:

$$(\mathrm{III}) \qquad pq + pr + qr = st \ .$$

Man erkennt hieraus zur Genüge, welches die Formeln bei einer noch grösseren Anzahl von Kräften sein werden, und kann damit ohne weitere Rechnung folgendes allgemeine Theorem aufstellen:

Hat man eine beliebige Anzahl n von Kräften, welche auf einen freien, festen Körper wirken und sind diese Kräfte im Gleichgewicht (wie die fünf Kräfte in p, q, r, s, t in I), oder lassen sie sich auf eine einzige Kraft reduciren (wie die vier Kräfte p, q, r, s in II auf die Kraft $-t$), so ist die algebraische Summe der $\frac{1}{2}n(n-1)$ Tetraëder, welche hervorgehen, indem man die Kräfte durch Linien ausdrückt, und je zwei derselben zu gegenüberliegenden Seiten eines Tetraëders nimmt, gleich Null. Im allgemeinen Falle aber, wo die n Kräfte sich nicht auf eine, jedoch immer auf zwei Kräfte zurückführen lassen (wie die drei Kräfte p, q, r in III, deren Resultanten $-s$ und $-t$ sind) ist jene Summe von Tetraëdern dem aus den zwei resultirenden Kräften gebildeten Tetraëder selbst gleich.

Letzteres ist daher von constanter Grösse, wie auch die n Kräfte auf zwei reducirt werden mögen, welches wiederum der Chasles'sche Satz ist.

Entwickelung der Bedingungen des Gleichgewichtes zwischen Kräften, die auf einen freien, festen Körper wirken.

[Crelle's Journal, 1831. Band 7, p. 205—216.]

§. 1. Im zweiten Hefte des IV. Bandes dieses Journals*) habe ich eine neue Art angegeben, das Moment einer Kraft in Bezug auf eine gewisse Axe auszudrücken, durch die dreiseitige Pyramide nämlich, von welcher die Axe und die ihrer Richtung und Intensität nach durch eine Linie vorgestellte Kraft zwei gegenüberliegende Seiten sind. Ist daher ein System von Kräften, welche auf einen freien festen Körper wirken, im Gleichgewicht, so ist die algebraische Summe der Pyramiden, welche eine gemeinschaftliche Kante und die Kräfte der Reihe nach zu gegenüberliegenden Kanten haben, immer gleich Null, welches auch die Lage und Grösse der gemeinschaftlichen Kante oder Axe sein mag; und umgekehrt: findet sich diese Summe für jede Axe gleich Null, so herrscht Gleichgewicht. Diesen Satz, aus welchem sich, wie leicht zu erachten, als aus einer gemeinschaftlichen Quelle alle übrigen hierher gehörigen Gesetze des Gleichgewichtes ergeben müssen, habe ich in vorliegenden Blättern aus den ersten Principien der Statik zu entwickeln gesucht. Das Mittel, dessen ich mich dazu bedient habe, sind die von Poinsot schon seit längerer Zeit in die Elemente der Statik mit grossem Vortheil eingeführten Couples, oder Systeme von je zwei einander gleichen, nach parallelen aber entgegengesetzten Richtungen wirkenden Kräften, Kräftepaare in dem Folgenden genannt.

Poinsot gründet in seinen Elementen der Statik seine schöne, die zusammengesetzteren Untersuchungen dieser Wissenschaft überaus vereinfachende Theorie der Kräftepaare auf die derselben vorausgeschickte Lehre der Zusammensetzung von parallelen Kräften und von Kräften, die auf einen Punct wirken. Es scheint mir aber noch vortheilhafter zu sein, wenn man die Elemente der Statik nach Auseinandersetzung der Fundamentalbegriffe von Kraft, Gleichgewicht, gleichwirkenden Kräften, u. s. w. mit der Theorie der Kräftepaare

*) Beweis eines neuen, von Herrn Chasles in der Statik entdeckten Satzes, nebst einigen Zusätzen, §. 2 (p. 501 des vorliegenden Bandes).

sogleich beginnen lässt; und ich hoffe diese Behauptung durch die einfache Weise, mit welcher sich die Paare gleich beim Eingang in die Statik wie von selbst, darbieten, und durch die Kürze, mit welcher ich hier die vorzüglichsten Eigenschaften der Paare bewiesen, und damit zu dem vorhin angeführten allgemeinen Satze des Gleichgewichtes gelangt bin, genugsam gerechtfertigt zu haben. Mit Hülfe dieses Satzes und mittelst des bekannten analytischen Ausdrucks für den Inhalt einer Pyramide habe ich hierauf die sechs bekannten allgemeinen Bedingungsgleichungen, als den endlichen Zweck dieser kleinen Abhandlung, hergeleitet.

Ich bemerke nur noch, dass, um möglichst kurz zu sein, mehrere Eigenschaften der Paare, die, obschon an sich keineswegs unwichtig, doch zu dem genannten Endzweck nicht weiter förderlich waren, weggelassen worden sind. Auch erwähne ich noch für Diejenigen, welche Poinsot's Elemente der Statik nicht näher kennen, dass die Betrachtung im letzten Abschnitte, aus welcher hervorgeht, dass ein System von Kräften im Raume im Allgemeinen auf eine einfache Kraft und ein Paar zurückgeführt werden kann, nicht mir, sondern Poinsot zugehört.

Begriff der Kräftepaare und Haupteigenschaften derselben.

§. 2. Auf den Punct A (vergl. Fig. 1) wirken zwei einander gleiche Kräfte P, Q nach den Richtungen AB, AD; die Resultante dieser Kräfte, welche mit ihnen in einer Ebene liegt, und den Winkel BAD halbirt, habe die Richtung AC. Da nun die Intensität der Resultante nur von den Intensitäten der Kräfte selbst und von dem Winkel, den sie mit einander bilden, abhängig sein kann, so wird, wenn man in einem beliebigen anderen Puncte C der nach AC gerichteten Resultante von P, Q zwei andere diesen Kräften gleiche und mit ihnen parallele, nach CE, CF gerichtete Kräfte R, S anbringt, die Resultante der letzteren mit der Resultante der ersteren einerlei Richtung und Intensität haben, und es werden folglich die Kräfte R, S mit den Kräften P, Q gleichwirkend sein. Man verlängere noch die Richtungen CE, CF rückwärts bis zum Zusam-

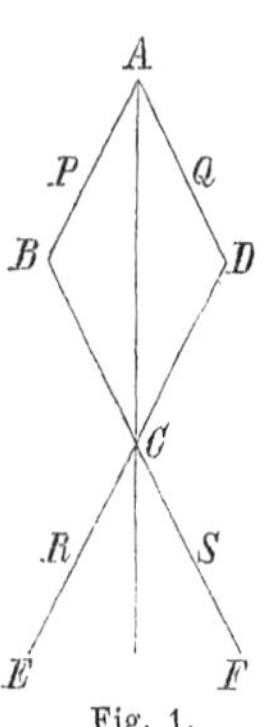

Fig. 1.

mentreffen mit AD, AB, so ist, weil AC die Winkel BAD, BCD halbirt, das dadurch entstehende Parallelogramm ein Rhombus, und wir haben somit folgenden Satz:

Sind A, B, C, D die vier auf einander folgenden Spitzen eines Rhombus, so sind von vier einander gleichen Kräften P, Q, R, S, welche resp. die Richtungen AB, AD, DC, BC haben, P und Q gleichwirkend mit R und S.

Dieser höchst einfache, aus den allerersten Principien der Statik hervorgehende Satz wird uns nun, etwas anders nur dargestellt, zur Basis aller folgenden Untersuchungen dienen. Sind nämlich P, Q gleichwirkend mit R, S, so sind es auch P und $-R$ mit $-Q$ und S; d. h. von vier einander gleichen, und, wenn $ABCD$ wieder einen Rhombus vorstellt, nach AB, CD, DA, BC gerichteten Kräften, haben die zwei ersten mit den zwei letzteren einerlei Wirkung.

Um diesen Satz bequemer ausdrücken und somit besser benutzen zu können, wollen wir zwei sich gleiche Kräfte, die, wie P und $-R$, nach zwei einander parallelen aber entgegengesetzten Richtungen AB und CD wirken, ein Kräftepaar, oder schlechthin ein Paar nennen; der gegenseitige Abstand ihrer parallelen Richtungen heisse die Breite des Paares; und wenn wir uns für einen Augenblick vorstellen, dass die Ebene, in welcher die zwei Kräfte wirken, in irgend einem zwischen ihnen liegenden Puncte befestigt sei, so heisse der Sinn, nach welchem die eine, wie die andere Kraft, die Ebene um diesen Punct drehen würde, der Sinn des Paares. So hat in unserer Figur jedes der beiden Paare P, $-R$, und $-Q$, S einen Sinn von der Rechten nach der Linken; sie sind also beide von einerlei, nicht von entgegengesetztem Sinne.

Da nun zwei Paare, in einer Ebene, die einander gleiche Breiten haben, mit den Richtungen ihrer vier Kräfte offenbar immer einen Rhombus bilden, den einzigen Fall ausgenommen, wo die Kräfte des einen Paares mit denen des anderen parallel sind, so können wir mit einstweiliger Beseitigung dieses Falles den obigen Satz kurz so ausdrücken:

Zwei Paare in einer Ebene, die einander gleiche Kräfte und Breiten und einerlei Sinn haben, sind gleichwirkend;

oder noch kürzer:

Ebenso, wie die Wirkung einer einfachen Kraft unverändert bleibt, welcher Punct ihrer Richtung auch zum Angriffspuncte genommen wird, so kann auch ein Kräftepaar in seiner Ebene, wohin man will, verlegt werden.

Was noch den dabei beseitigten Fall anlangt, wo die Kräfte der zwei einander gleichen Paare einander parallele Richtung haben, so denke man sich noch ein drittes Paar hinzu, das mit jenen zweien in einer Ebene liegt, jedem derselben gleich ist, mit ihnen einerlei Sinn hat, und dessen Kräfte die Kräfte der ersteren unter einem beliebigen Winkel schneiden. Vermöge des eben Erwiesenen ist nun dieses Paar mit jedem der beiden ersten gleichwirkend, mithin sind auch die beiden ersteren selbst von gleicher Wirkung, und unser Satz gilt daher ohne alle Beschränkung.

Zusammensetzung von Kräftepaaren in einer Ebene.

§. 3. Indem wir jede Kraft ihrer Intensität und Richtung nach durch die Länge und Richtung einer geraden Linie vorstellen, seien AB, $A'B'$ und CD, $C'D'$ (vergl. Fig. 2) zwei Paare in einer Ebene von einander gleichen Breiten und einerlei Sinne. Man mache in den Verlängerungen von AB und $A'B'$ über B und B' hinaus, $BE = B'E' = CD = C'D'$, so ist nach dem Vorigen das Paar CD, $C'D'$ gleichwirkend mit dem Paare BE, $B'E'$, und folglich

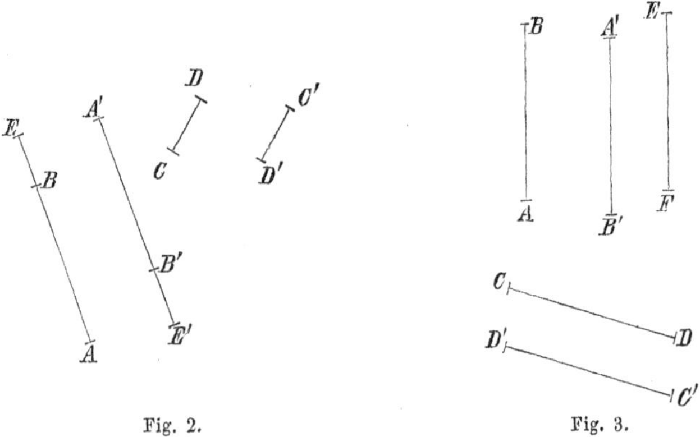

Fig. 2. Fig. 3.

die zwei Paare AB, $A'B'$ und CD, $C'D'$ gleichwirkend mit AB, BE, $A'B'$, $B'E'$, d. i. mit dem Paare AE, $A'E'$, welches denselben Sinn und dieselbe Breite, wie jedes der zwei ersteren hat, dessen Kräfte aber die Summen der Kräfte der ersteren sind.

Seien zweitens AB, $A'B'$ und CD, $C'D'$ (vergl. Fig. 3) zwei Paare in einer Ebene, die einerlei Sinn und einander gleiche Kräfte haben. Man ziehe auf der Seite von $A'B'$, auf welcher AB nicht liegt, mit $A'B'$ eine ihr gleiche Parallele EF, welche eben so weit von $A'B'$, als $D'C'$ von CD, entfernt liegt. Alsdann ist das Paar CD, $C'D'$ gleichwirkend mit dem Paare $B'A'$, EF, und folglich die beiden Paare AB, $A'B'$ und CD, $C'D'$ gleichwirkend mit AB, $A'B'$, $B'A'$, EF, d. i. mit dem Paare AB, EF, welches denselben Sinn und dieselben Kräfte, wie die zwei ersteren, aber eine Breite hat, die der Summe der Breiten der ersteren gleich ist.

Man sieht nun leicht, wie das von der Zusammensetzung zweier Paare Gesagte auf die Zusammensetzung jeder grösseren Anzahl ausgedehnt werden kann, so dass immer ein System von Paaren, die in einer Ebene liegen, von einerlei Sinn sind, und entweder insgesammt einerlei Breite, oder sämmtlich dieselben Kräfte haben, gleichwirkend mit einem einzigen in derselben Ebene liegenden und nach demselben Sinne gerichteten Paare ist, welches im ersteren Falle mit den zusammenzusetzenden Paaren einerlei Breite hat, und dessen Kräfte den Summen der Kräfte dieser Paare gleich sind, im letzteren Falle aber mit den Paaren des Systems einerlei Kräfte und eine Breite hat, die der Summe der Breiten aller dieser Paare gleich ist.

Hat man demnach ein System von m einander gleichen Paaren, die einerlei Sinn haben, von deren Kräften jede gleich P, die Breite eines jeden aber gleich p ist, so ist dieses System gleichwirkend mit einem Paare, von dessen Kräften jede gleich mP, und dessen Breite gleich p ist, so wie auch gleichwirkend mit einem Paare, dessen Kräfte einzeln gleich P, und dessen Breite gleich mp.

Umgekehrt wird sich daher ein Paar, dessen Kräfte gleich mP, und dessen Breite gleich np ist, in m andere Paare zerlegen lassen, von deren jedem die Kräfte gleich P, die Breite gleich np; und jedes dieser m Paare wird in n andere zerlegbar sein, von deren jedem die Kräfte gleich P, die Breite gleich p. Das Paar mit den Kräften mP und der Breite np ist folglich gleichwirkend mit $m \,.\, n$ Paaren, deren jedes die Kräfte P und die Breite p hat, folglich auch gleichwirkend mit einem Paare, dessen Kräfte gleich nP sind, und dessen Breite gleich mp ist; d. h.

Wenn von zwei Paaren, die in einerlei Ebene liegen und einerlei Sinn haben, die Kräfte sich umgekehrt wie die Breiten verhalten, so sind die Paare gleichwirkend.

Allerdings ist dieser Satz durch das Vorhergehende nur für commensurable Verhältnisse der Kräfte und Breiten bewiesen. Um ihn, will man streng sein, auch für incommensurable Verhältnisse darzuthun, bedarf man noch einiger anderer, nicht schwer zu erweisender Sätze, dass nämlich mit zwei Kräften, welche ein Paar ausmachen, eine dritte Kraft nicht gleichwirkend sein kann, dass aber, wenn die dritte in der Ebene des Paares liegt, es immer möglich ist, eine vierte Kraft in dieser Ebene hinzuzufügen, welche mit der dritten ein zweites, dem ersteren gleichwirkendes Paar bildet; und dass von zwei gleichwirkenden Paaren demjenigen, welches die grösseren Kräfte hat, die kleinere Breite zukommt. Doch will ich dieses nicht weiter ausführen und nur noch bemerken, dass der auch späterhin noch anzuwendende Satz, mit einem Paare könne eine dritte einfache Kraft nicht von gleicher Wirkung sein, ganz leicht daraus erhellt, dass sich immer wenigstens noch eine vierte Kraft angeben lässt, welche von der dritten der Richtung nach verschieden, doch einerlei Lage mit der dritten gegen das Paar hat; dass folglich, wenn diese vierte Kraft die Intensität der dritten erhielte, sie gleichfalls mit dem Paare, also auch mit der dritten Kraft selbst, von gleicher Wirkung sein müsste, was aber bei Kräften, deren Richtungen nicht identisch sind, nicht möglich ist.

Mittelst derselben Principien lässt sich auch der umgekehrte Satz des vorigen darthun: *Wenn zwei Paare in einer Ebene gleichwirkend sind, so stehen ihre Kräfte in dem umgekehrten Verhältnisse ihrer Breiten.*

§. 4. Es gibt noch eine andere, sehr anschauliche Art, diese Sätze auszudrücken. Bezeichnen nämlich, wie im Vorigen, die Linien AB, $A'B'$ die zwei Kräfte eines Paares, so sind A, B, A', B' die vier auf einander folgenden Spitzen eines Parallelogramms, wovon, wenn eine der beiden Kräfte zur Grundlinie genommen wird, die Breite des Paares die Höhe ist. Vermöge der bekannten Eigenschaften des Parallelogramms können wir daher auch sagen:

Zwei Paare AB, $A'B'$ und CD, $C'D'$, die in einer Ebene liegen, und einerlei Sinn haben, sind gleichwirkend, wenn die Parallelogramme $ABA'B'$ und $CDC'D'$ von gleichem Inhalte sind; und umgekehrt: sind zwei Kräftepaare in einer Ebene gleichwirkend, so haben die durch sie gebildeten Parallelogramme gleichen Inhalt.

Hiernach ist es immer ganz leicht, zwei, und also auch mehrere, in einer Ebene liegende Paare zu einem Paare zusammenzusetzen. Denn, vorausgesetzt, dass die zwei zu verbindenden Paare AB, $A'B'$ und CD, $C'D'$ (vergl. Fig. 4) einerlei Sinn haben, construire man in der Ebene derselben ein Parallelogramm $EFE'F'$, welches der Summe der Parallelogramme AA' und CC' gleich ist, und es wird das Paar EF, $E'F'$, von dem ich annehme, dass es mit ersteren einerlei Sinn hat, mit ihnen auch gleiche Wirkung haben. Denn theilt man das Parallelogramm EE' durch eine mit EF gezogene Parallele GH in zwei Parallelogramme EH und GE', so dass $EH = AA'$, und folglich $GE' = CC'$, so sind die Paare AB, $A'B'$ und CD, $C'D'$ resp. gleichwirkend mit den Paaren EF, HG und GH, $E'F'$, d. i. mit dem Paare EF, $E'F'$.

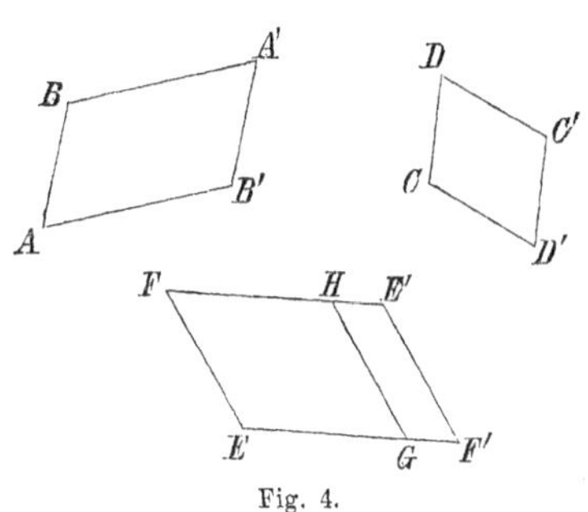

Fig. 4.

Jedes andere Paar, dessen Parallelogramme nicht gleich EE', also auch nicht gleich $AA' + CC'$, kann nicht mit dem Paare EF, $E'F'$, also auch nicht mit den Paaren AB, $A'B'$ und CD, $C'D'$ gleiche Wirkung haben, woraus wir umgekehrt schliessen: *Haben zwei Paare in einer Ebene einerlei Sinn, so ist das Parallelogramm eines dritten mit ihnen gleichwirkenden Paares der Summe ihrer Parallelogramme gleich.*

Sind die zwei zu verbindenden Paare von einander entgegengesetztem Sinne, so sieht man ohne Schwierigkeit, dass statt der Summe die Differenz ihrer Parallelogramme zu nehmen ist, und dass das resultirende Paar mit demjenigen der beiden ersten einerlei Sinn hat, dessen Parallelogramm dass grössere ist.

Zusammensetzung von Paaren, die in verschiedenen Ebenen liegen.

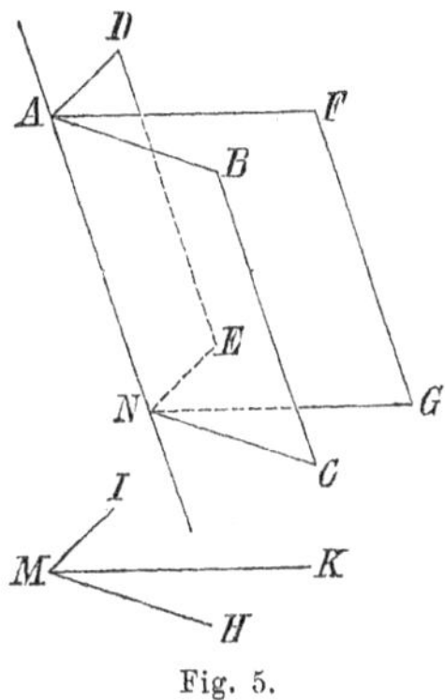

Fig. 5.

§. 5. Seien NB, ND (vergl. Fig. 5) die Ebenen zweier zusammenzusetzenden Paare p und p'. N und A seien zwei beliebige Puncte in der Durchschnittslinie beider Ebenen, und NC, NE zwei in letzteren nach beliebigen Richtungen durch N gezogene grade Linien, deren Längen man so bestimme, dass die Parallelogramme $ANCB$ und $ANED$ resp. den Parallelogrammen von p und p' gleich werden, und man daher die Paare NC, BA und NE, DA den zusammenzusetzenden Paaren p und p' substituiren kann.

Sei nun von NC, NE die Resultante gleich NG und von BA,

DA die Resultante gleich FA, so sind, weil BA gleich und parallel mit NC ist, u. s. w., NG, FA zwei in den parallelen Ebenen CNE, BAD liegende, einander gleiche, parallele und nach entgegengesetzten Richtungen wirkende Kräfte. Sie bilden mithin ein Paar, welches r heisse, das resultirende aus den gegebenen Paaren, und wir schliessen daher: *Zwei Paare, die in zwei sich schneidenden Ebenen liegen, lassen sich zu einem Paare zusammensetzen, dessen Ebene durch die Durchschnittslinie der ersteren Ebenen geht.*

Man nehme noch in der Ebene CNE willkürlich einen Punct M und ziehe durch ihn MH, MI, MK resp. gleich und parallel mit NC, NE, NG, so ist, weil NG die Resultante von NC und NE war, KM die Resultante von HM und IM; folglich sind die Paare NC, HM und NE, IM gleichwirkend mit dem Paare NG, KM; und da diese drei Paare in einer Ebene liegen, so sind die Parallelogramme

$$(1) \qquad MNCH + MNEI = MNGK \;,$$

also auch ihre Hälften, oder die Dreiecke

$$(2) \qquad MNC + MNE = MNG \;,$$

folglich auch die Pyramiden, welche diese in einer Ebene liegenden Dreiecke zu Grundflächen, und den Punct A zur gemeinschaftlichen Spitze haben:

$$(3) \qquad MNCA + MNEA = MNGA \;.$$

Diese drei Pyramiden lassen sich aber auch als solche betrachten, deren gemeinschaftliche Spitze M ist, und deren Grundflächen die Dreiecke NCA, NEA, NGA sind, oder mit anderen Worten: als drei Pyramiden, welche den Punct M zur gemeinschaftlichen Spitze haben, und deren Grundflächen in den Ebenen der Paare p, p', r liegen und den halben Parallelogrammen der letzteren gleich sind. Der Punct M ist aber ein willkürlicher Punct im Raume überhaupt, weil er in der beliebig zu legenden Ebene CNE nach Willkür genommen werden konnte.

Bezeichnen wir daher eine Pyramide, deren Spitze M, und deren Grundfläche ihrer Lage und Grösse nach das Parallelogramm eines Paares p ist, der Kürze willen durch Mp, so haben wir:

$$(4) \qquad Mp + Mp' = Mr \;,$$

wo auch M liegen mag, wenn nur die Zeichen gehörig berücksichtigt werden. Denn da in der Gleichung (1) je zwei Parallelogramme nur dann einerlei Zeichen bekommen, wenn die Paare, zu denen sie gehören, von einerlei Sinn sind, und da offenbar, nachdem je zwei dieser Paare, wie NC, HM und NE, IM einerlei oder entgegengesetzten Sinn haben, die Paare NC, BA und NE, DA, von M aus gesehen, mit einerlei oder entgegengesetztem Sinne erscheinen, so werden sich auch die Vorzeichen der Pyramiden in (3) und (4) nach dem Sinne richten, mit welchem die Paare p, p', r, von M aus betrachtet, sich zeigen.

Sei p'' irgend ein anderes Paar, dessen Ebene gleichfalls durch den Punct N gehe; das resultirende Paar von r und p'', dessen Ebene durch den Durchschnitt der Ebenen von r und p'' und daher ebenfalls durch N geht, heisse r', so ist r' auch das resultirende Paar von p, p', p'', und man hat

$$Mr + Mp'' = Mr' ,$$

folglich in Verbindung mit voriger Gleichung

$$Mp + Mp' + Mp'' = Mr' ,$$

und so fort bei noch mehreren durch denselben Punct N gelegten Paaren, wenn auch hier je zwei Pyramiden mit einerlei oder entgegengesetzten Zeichen genommen werden, jenachdem die Paare, zu denen sie gehören, von M aus gesehen, einerlei oder entgegengesetzten Sinn haben.

Haben die Paare, p, p', p'' ...... kein resultirendes Paar, sondern halten sie einander das Gleichgewicht, so ist die Summe

$$Mp + Mp' + Mp'' + \ldots\ldots = 0 .$$

Denn alsdann ist jedes der Paare, wie p, sobald man es nach einem, dem anfänglichen entgegengesetzten Sinne wirken lässt, das resultirende von den jedesmal übrigen, und daher

$$Mp' + Mp'' + \ldots\ldots = -Mp ;$$

folglich u. s. w.

Hat man also ein System von Paaren, die mit einander im Gleichgewichte sind, und deren Ebenen sich in einem und demselben Puncte N schneiden, so ist die algebraische Summe der Pyramiden, welche einen beliebigen anderen Punct zur gemeinschaftlichen Spitze, und die Parallelogramme der Paare zu Grundflächen haben, immer gleich Null.

Vom Gleichgewichte zwischen Kräften, die nach beliebigen Richtungen wirken.

§. 6. Seien die Kräfte, wie bisher, durch gerade Linien vorgestellt: AB, CD, EF ...; das von ihnen gebildete System heisse S. Durch einen willkürlichen Punct N lege man $A'B'$, $C'D'$, $E'F'$ ... resp. den AB, CD, EF ... parallel und gleich, aber von entgegengesetzter Richtung. Alsdann ist das System S gleichwirkend mit dem System der Paare AB, $A'B'$; CD, $C'D'$; ..., deren Ebenen insgesammt durch den Punct N gehen, in Verbindung mit dem System der einfachen, sich in N schneidenden Kräfte $B'A'$, $D'C'$, $F'E'$, ... Man bezeichne letzteres System mit V, und das System der Paare mit W.

Nun ist V entweder im Gleichgewicht oder hat eine einfache Kraft zur Resultante; ebenso ist W entweder im Gleichgewicht oder reducirt sich auf ein Paar. Folglich ist das System S, welches mit V und W in Verbindung gleiche Wirkung hat, entweder im Gleichgewicht, oder lässt sich auf eine einfache Kraft oder auf ein Paar, oder auf eine einfache Kraft und ein Paar zusammen zurückführen. Da nun, wie bereits oben gezeigt worden, eine einfache Kraft mit einem Paare nicht gleichwirkend sein kann, folglich zwischen der einen und dem anderen kein Gleichgewicht möglich ist, so muss, wenn S im Gleichgewicht sein soll, jedes der beiden Systeme V und W für sich im Gleichgewicht sein. Ist aber W im Gleichgewicht, so ist nach dem Vorigen die Summe der Pyramiden

$$MNAB + MNCD + \ldots = 0 \ ,$$

wo auch M liegen mag. Denn NAB, NCD sind offenbar die halben Parallelogramme der Paare AB, $A'B'$; CD, $C'D'$; ..., aus denen W zusammengesetzt ist.

Es ist aber N eben sowohl, als M, ein von dem System unabhängiger Punct, und wir schliessen daher:

Wenn zwischen mehreren auf einen freien Körper wirkenden Kräften Gleichgewicht herrscht, so ist die algebraische Summe der Pyramiden, welche eine Gerade MN von beliebiger Lage und Länge zur gemeinschaftlichen Kante, und die Kräfte, durch gerade Linien vorgestellt, zu gegenüberstehenden Kanten haben, immer gleich Null.

Die Vorzeichen der Pyramiden können hier entweder ebenso, wie im Vorigen, bestimmt werden, oder auch für gegenwärtigen Zweck noch passender also, dass man je zwei Pyramiden mit einerlei oder entgegengesetzten Zeichen nimmt, jenachdem die ihnen zugehörigen Kräfte den Körper um die Gerade MN, falls er an dieser befestigt wäre, nach einerlei oder entgegengesetzten Seiten drehen würden.

Ist ein System von Kräften nicht im Gleichgewicht, sondern gleichwirkend mit einem zweiten System, folglich im Gleichgewicht mit den nach entgegengesetzter Richtung genommenen Kräften des zweiten Systems, so ist für eine und dieselbe Axe MN die Summe der Pyramiden des einen Systems der Summe der Pyramiden des anderen gleich. Ist daher ein System von Kräften nicht im Gleichgewicht, so ist auch die Summe der Pyramiden, welche π heisse, nicht für jede Lage von MN gleich Null. Denn ein solches System ist entweder gleichwirkend mit einer einzigen Kraft p, oder mit einem Paare q, q', oder mit einem Paare q, q' und einer einfachen Kraft p, welche nicht in der Ebene des Paares liegt, indem sonst p, q, q' auf eine einzige Kraft reducirbar wären. Es ist demnach entweder

$$\pi = mp \ ,$$

oder

$$\pi = mq + mq' \ ,$$

oder

$$\pi = mp + mq + mq' \ ,$$

wo m für MN gesetzt worden, und wo mp die Pyramide bezeichnet, welche m und p zu gegenüberliegenden Seiten hat. Hieraus sieht man nun leicht, dass der Axe m immer und auf unendlich viele Arten eine solche Lage gegeben werden kann, wobei π nicht gleich Null ist. Legt man im dritten Falle z. B. m in die Ebene des Paares q, q', jedoch so, dass m nicht auch mit p in einer Ebene ist, so werden mq und mq' gleich Null, und π reducirt sich auf mp, welches nicht gleich Null ist.

Jenachdem also in einem System von Kräften Gleichgewicht herrscht, oder nicht, ist die Summe der Pyramiden für alle, oder nicht für alle, Lagen der Axe m gleich Null. Wir schliessen folglich umgekehrt:

Ist die algebraische Summe der Pyramiden, welche eine gemeinschaftliche Kante und die Kräfte zu gegenüberliegenden Kanten haben, für jede beliebige Lage der gemeinschaftlichen Kante oder Axe gleich Null, so halten sich die Kräfte das Gleichgewicht.

§. 7. Wir wollen jetzt diese Bedingung des Gleichgewichtes analytisch auszudrücken suchen und zu dem Ende das System der

Kräfte AB, CD ... auf ein System paralleler Coordinaten beziehen. — Seien bei der Kraft AB die Coordinaten des Punctes A x, y, z; die Coordinaten von B $x+X$, $y+Y$, $z+Z$; also x, y, z die Coordinaten eines beliebigen Punctes in der Richtung der Kraft, und X, Y, Z die Projectionen von AB auf die Axen der x, y, z, oder vielmehr drei Kräfte, die sich ihrer Intensität nach ebenso zu der durch AB vorgestellten Kraft verhalten, wie die Projectionen von AB zu AB selbst. Seien ferner f, g, h die Coordinaten von M, und $f+F$, $g+G$, $h+H$ die Coordinaten von N; endlich bezeichne man durch r den sechsten Theil des Products aus dem Sinus des Winkels, den die Axe der y mit der Axe der x macht, in den Sinus des Winkels der Axe der z mit der Ebene der x, y: so ist der Inhalt der Pyramide $MNAB$:

$$MNAB = r\,[(gH - hG)\,X + (hF - fH)\,Y + (fG - gF)\,Z \\ + F(yZ - zY) + G(zX - xZ) + H(xY - yX)]\ .$$

Wird daher, wie die Kraft AB durch x, y, z, X, Y, Z, so die folgende Kraft CD durch x', y', z', X', Y', Z', u. s. w. bestimmt, so ist mit Anwendung des Summationszeichens Σ die Summe der Pyramiden $MNAB$, $MNCD$, ...

$$MNAB + MNCD + \ldots = r\,[(gH - hG)\,\Sigma X + (hF - fH)\,\Sigma Y \\ + (fG - gF)\,\Sigma Z + F.\Sigma(yZ - zY) + G.\Sigma(zX - xZ) \\ + H.\Sigma(xY - yX)]\ .$$

Sollen nun die Kräfte einander das Gleichgewicht halten, so muss die Summe für jede beliebige Lage von MN, mithin für alle beliebigen Werthe der sechs Grössen f, g, h, F, G, H gleich Null sein. Dieses ist aber nicht anders möglich, als wenn

$$\text{(I)}\qquad \Sigma X = 0\ ,\qquad \Sigma Y = 0\ ,\qquad \Sigma Z = 0\ , \\ \Sigma(yZ - zY) = 0\ ,\qquad \Sigma(zX - xZ) = 0\ ,\qquad \Sigma(xY - yX) = 0\ .$$

Und da umgekehrt, wenn diese sechs Gleichungen erfüllt werden, die Summe der Pyramiden für alle möglichen Werthe von f, g, h, F, G, H, also für jede Lage von MN gleich Null ist, und mithin Gleichgewicht herrscht, so folgt:

Die Gleichungen (I) *sind die nothwendigen und hinreichenden Bedingungen des Gleichgewichtes.*

§. 8. Zusätze. 1) Sind sämmtliche Kräfte auf einen Punct gerichtet, und nimmt man diesen zum Anfangspuncte der Coordinaten, so kann man x, y, z, x', y', z' ..., insgesammt gleich Null setzen. Hiermit werden von den sechs Gleichungen die drei letzten identisch, und es bleiben bloss die drei ersten

$$\Sigma X = 0 \ , \qquad \Sigma Y = 0 \ , \qquad \Sigma Z = 0 \ ,$$

als Bedingungen des Gleichgewichtes übrig.

Angenommen, dass ein solches System nur aus vier Kräften P, Q, R, S bestehe, von denen P, Q, R resp. nach den Axen der x, y, z wirken, S aber eine beliebige andere Richtung und X, Y, Z zu Projectionen habe, so werden die Bedingungen, unter denen P, Q, R, S im Gleichgewicht sind:

$$P + X = 0 \ , \qquad Q + Y = 0 \ , \qquad R + Z = 0 \ ;$$

oder

$$P = -X, \ Q = -Y, \ R = -Z \ .$$

Die Kraft S ist folglich im Gleichgewicht mit $-X$, $-Y$, $-Z$, und daher gleichwirkend mit ihren Projectionen auf die drei Coordinatenaxen, wenn diese Projectionen parallel mit den Axen in irgend einem Puncte der Richtung der Kraft angebracht werden —, der bekannte Satz vom Parallelepipedum der Kräfte.

Dass man durch die Annahme von $Z = 0$ auf gleiche Weise zu dem Parallelogramm der Kräfte geführt wird, bedarf keiner Erinnerung.

2) Ohne erst die allgemeinen Bedingungen des Gleichgewichtes entwickelt zu haben, kann man das Parallelogramm der Kräfte aus der Theorie der Paare auch unmittelbar ableiten. — Seien EF, EG (vergl. Fig. 4 auf pag. 515) zwei auf einen Punct E wirkende Kräfte. Man vollende das Parallelogramm $GEFH$, so sind die Paare EF, HG und FH, GE gleichwirkend, indem sie beide einerlei Sinn haben und demselben Parallelogramm angehören. Mithin sind auch die Kräfte EF, EG gleichwirkend mit FH, GH, und es haben daher erstere zwei in E angebrachte Kräfte mit den zwei letzteren auf H wirkenden einerlei Resultante, deren Richtung folglich EH ist. Wie aber daraus, dass die Diagonale EH die Richtung der Resultante angibt, sich weiter folgern lässt, dass sie auch die Grösse der Resultante vorstellt, ist aus den Lehrbüchern der Statik bekannt genug.

Ueber den Mittelpunct nicht paralleler Kräfte.

[Crelle's Journal, 1837, Band 16, p. 1—10.]

§. 1. Herr Dr. Minding hat in einer sehr scharfsinnigen Abhandlung, im vierten Hefte des 14. Bandes dieses Journals, die Lehre vom Mittelpuncte paralleler Kräfte auf ein System nicht paralleler Kräfte auszudehnen gesucht. Da ich gleichfalls — bei Gelegenheit statischer Untersuchungen, mit denen ich mich seit längerer Zeit beschäftige — diesen Gegenstand in Betracht gezogen habe, so dürfte es dem Herrn Dr. Minding und den Lesern seines Aufsatzes vielleicht nicht unangenehm sein, wenn ich ihnen die Ergebnisse meiner Untersuchungen hier kürzlich vorlege. Eine ausführlichere Darstellung verspare ich für eine Statik fester Körper, die ich mit Nächstem herauszugeben beabsichtige.

Die Hauptaufgabe, um welche es sich hier handelt, lässt sich folgendermaassen in Worte fassen:

Ein frei beweglicher fester Körper ist der Wirkung vvn Kräften unterworfen. Die Veränderung dieser Wirkung zu bestimmen, wenn der Körper beliebig aus seiner Lage gerückt wird, und dabei jede Kraft mit unveränderlicher Intensität, und parallel mit ihrer anfänglichen Richtung, auf ihren Angriffspunct zu wirken fortfährt.

Die auf den Körper wirkenden Kräfte können nun entweder sich das Gleichgewicht halten, oder auf eine, oder auf zwei Kräfte reducirbar sein. Sie können ferner ihrer Lage nach entweder parallel, oder nicht parallel, und dann in einer Ebene oder im Raume überhaupt enthalten sein. Die Fälle, welche sich hieraus zusammensetzen lassen, will ich jetzt einzeln durchgehen, und zuvor nur noch erinnern, dass die überall vorauszusetzende Bedingung, dass jede Kraft ihren Angriffspunct und ihre Intensität behalte, und ihrer anfänglichen Richtung parallel bleibe, um der Kürze willen nicht wieder besonders erwähnt, sondern überall bei der Verrückung mit hinzu gedacht werden soll.

§. 2. Betrachten wir nun zunächst ein System paralleler Kräfte.

a) Haben die parallelen Kräfte eine einzelne Kraft zur Resultante, so ist diese ihnen parallel; sie selbst bleiben bei jeder Verrückung des Körpers auf eine Resultante von der nämlichen Intensität und Richtung reducirbar, und es lässt sich ein mit ihren Angriffspuncten in fester Verbindung stehender Punct angeben, der Mittelpunct der parallelen Kräfte, welchem die Resultante stets begegnet. Die parallelen Kräfte sind daher bei allen Verrückungen des Körpers gleichwirkend einer und derselben, mit ihnen parallelen, an diesem Mittelpuncte anzubringenden Kraft.

b) Halten die parallelen Kräfte einander das Gleichgewicht, und ist A der Mittelpunct eines Theiles derselben und R die Resultante dieses Theiles, B der Mittelpunct und S die Resultante der übrigen, so sind die Kräfte R und S einander gleich und direct entgegengesetzt, wirken also in der Geraden AB, die mit den Kräften des Systems selbst parallel ist. Wird hierauf der Körper verrückt, so bilden die Kräfte R und S $(= -R)$ ein sogenanntes Kräftepaar; die Fälle ausgenommen, wenn erstens die nachherige Lage der anfänglichen parallel ist, oder zweitens die Verrückung des Körpers in einer Drehung um eine mit den Kräften parallele Axe besteht, oder endlich drittens, wenn A und B coïncidiren, als in welchem Falle der Angriffspunct jeder Kraft des Systems der Mittelpunct der jedesmal übrigen Kräfte ist.

Bei Verrückung eines Körpers, an welchem parallele Kräfte im Gleichgewicht sind, geht demnach, mit Ausnahme der eben gedachten drei Fälle, das Gleichgewicht verloren, und die Kräfte werden gleichwirkend mit einem Paare, dessen Kräfte mit den ersteren parallele Richtung haben und auf zwei bestimmte Puncte des Körpers wirken. — Auch kann man diesen Satz folgendergestalt ausdrücken:

Sind an einem Körper parallele Kräfte im Gleichgewicht, so kann man immer an zwei Puncten des Körpers, die mit den Kräften in einer Parallele liegen, zwei neue mit den Kräften ebenfalls parallele, sich das Gleichgewicht haltende, und daher das vorige Gleichgewicht nicht störende Kräfte ($-R$ *an* A *und* $+R$ *an* B) *hinzufügen; wodurch es geschieht, dass, wie auch die Lage des Körpers geändert werden mag, das Anfangs bestehende Gleichgewicht nicht unterbrochen wird.*

Uebrigens erhellt aus der Theorie der Kräftepaare, dass man, statt der an A und B anzubringenden Kräfte R auch in irgend zwei anderen Puncten des Körpers, die in einer Parallele mit den ursprünglichen Kräften enthalten sind, zwei einander gleiche und direct entgegengesetzte Kräfte R' anbringen kann, wenn nur $A'B' . R' = AB . R$ ist, und die Kräfte R' die Puncte A' und B' einander zu nähern oder von einander zu entfernen streben, jenachdem das eine oder das andere bei den Kräften R in Bezug auf die Puncte A und B der Fall ist.

c) Da die Kräfte, wenn sie Anfangs im Gleichgewichte sind, sich nach der Verrückung des Körpers im Allgemeinen auf ein Paar reduciren, so ist der dritte mögliche Fall, wenn die Kräfte schon bei der anfänglichen Lage des Körpers einem Paare gleichwirkend sind, von dem vorigen nicht wesentlich verschieden und bedarf daher keiner weiteren Erörterung.

§. 3. Betrachten wir ferner ein System von Kräften, die in einer Ebene enthalten sind.

a) Bei jedem System von Kräften in einer Ebene lässt sich, wenn sie eine Resultante haben, in der Richtung derselben ein Mittelpunct, d. h. ein Punct des Körpers angeben, welchem die Resultante bei jeder Verrückung des Körpers, wobei die Ebene sich selbst parallel bleibt, also bei jeder parallelen Fortbewegung und bei jeder Drehung um eine auf der Ebene normale Axe, immer begegnet. Das System bleibt also nach jeder solcher Verrückung gleichwirkend einer einzigen, an einem bestimmten Puncte des Körpers anzubringenden Kraft.

Besteht das System nur aus zwei Kräften, so findet sich der Mittelpunct, als der zweite Durchschnitt ihrer Resultante mit dem durch die Angriffspuncte und den Durchschnitt der Richtungen der beiden Kräfte zu beschreibenden Kreise. (Der erste Durchschnitt der Resultante mit dem Kreise ist der Durchschnitt der Richtungen selbst.)

Durch wiederholte Anwendung dieser Regel lässt sich auch bei einem System von mehr als zwei Kräften der Mittelpunct bestimmen. Denn zuerst kann man statt irgend zweier Kräfte des Systems und ihrer Angriffspuncte eine einzige Kraft und deren Angriffspunct setzen, von denen erstere die Resultante und letzterer der Mittelpunct jener beiden ist. Auf diese Art ist das System, wenn es Anfangs aus n Kräften bestand, auf $n-1$ reducirt worden; dieses System von $n-1$ Kräften kann man gleicherweise auf $n-2$ reduciren, und so fort, bis man zuletzt auf die Resultante und den Mittelpunct des ganzen Systems kommt. Da das System nur einen einzigen Mittelpunct hat, so ist es gleichgültig, in welcher Ordnung man die Kräfte nach und nach mit einander verbindet. Dies gibt zu einigen eleganten geometrischen Sätzen Veranlassung, bei denen ich mich aber hier nicht aufhalten will.

b) Aus dem jetzt betrachteten Falle, wenn die in einer Ebene wirkenden Kräfte eine Resultante haben, lassen sich die Umstände für den zweiten Fall, wenn sie einander das Gleichgewicht halten, ganz ebenso herleiten, wie vorhin bei parallelen Kräften, und wir gelangen damit zu folgendem Satze:

Ein System von Kräften in einer Ebene, welche sich das Gleichgewicht halten, wird bei Drehung der Ebene in sich selbst im Allgemeinen gleichwirkend mit einem Paare, dessen Kräfte, ebenso wie die des Systems, fortwährend auf dieselben zwei Puncte der Ebene wirkend sich annehmen lassen. Dabei können die eine Kraft und deren Angriffspunct, oder, wenn man statt dessen lieber will, die Angriffspuncte beider Kräfte, nach Willkür bestimmt werden, indem nur das Product aus der gegenseitigen Entfernung der beiden Angriffspuncte in die gemeinschaftliche Intensität der beiden Kräfte eine durch die Beschaffenheit des Systems gegebene Grösse ist.

Oder mit anderen Worten:

Zu einem in einer Ebene enthaltenen und im Gleichgewicht befindlichen Systeme von Kräften lassen sich immer an zwei beliebigen Puncten der Ebene zwei sich ebenfalls das Gleichgewicht haltende Kräfte von solcher Intensität hinzusetzen, dass das Gleichgewicht bei Drehung der Ebene in sich selbst fortdauert.

Findet eine solche Fortdauer des Gleichgewichtes statt, ohne dass man zwei Kräfte hinzuzufügen genöthigt ist, so ist der Angriffspunct jeder Kraft der Mittelpunct der jedesmal übrigen Kräfte.

c) Der dritte Fall, wenn die Kräfte mit einem Paare gleiche Wirkung haben, reducirt sich hier ebenso, wie vorhin bei den parallelen Kräften, auf den vorhergehenden zweiten.

§. 4. Betrachten wir endlich ein System von Kräften im Raume überhaupt.

Wir wollen hier zuerst die Sätze aufstellen, welche ein im Zustande des Gleichgewichtes befindliches System betreffen. Es sind folgende:

A, 1) Zu zwei einander nicht parallelen Lagen eines Körpers lässt sich immer eine solche Richtung finden, dass der Körper durch Drehung um eine mit dieser Richtung parallele Axe aus der einen Lage in eine mit der anderen parallele Lage gebracht werden kann; und wenn der Körper unter Einwirkung von Kräften, die beliebige Richtungen im Raume haben, in jeder dieser Lagen im Gleichgewichte ist, so ist er es auch in jeder dritten, in welche er durch weitere Drehung um jene Axe und durch parallele Fortbewegung versetzt wird.

Wenn das Gleichgewicht durch Drehung des Körpers um eine Axe nicht aufgehoben wird, so wollen wir die Axe eine Axe des Gleichgewichtes*) nennen. Jede andere mit einer solchen parallele Axe ist ebenfalls eine Axe des Gleichgewichtes. — So ist es z. B. bei einem System paralleler Kräfte, welche sich das Gleichgewicht halten, jede Gerade, welche mit den Kräften parallel läuft (vergl. §. 2, *b*).

A, 2) Damit eine Axe des Körpers eine solche Gleichgewichtsaxe sei, ist es nöthig und hinreichend, dass, erstens, wenn die Kräfte und ihre Angriffspuncte auf eine die Axe rechtwinklig schneidende Ebene projicirt werden, das Gleichgewicht zwischen den projicirten Kräften bei der Drehung des Körpers um die Axe nicht aufhöre, und dass zweitens die Projectionen der Kräfte auf Linien, welche man parallel mit der Axe durch die Angriffspuncte der Kräfte legt, für sich im Gleichgewichte sind**).

A, 3) Sind bei einem System zwei einander nicht parallele Axen des Gleichgewichtes vorhanden, so ist es auch noch jede dritte, welche mit den beiden ersteren einer und derselben Ebene parallel läuft.

---

*) Vergl. Lehrbuch der Statik, Theil I, Kap. VIII (p. 185 ff. des vorliegenden Bandes).

**) Wird jede Kraft des Systems parallel mit drei Axen eines rechtwinkligen Coordinatensystems in drei andere X, Y, Z zerlegt, und sind x, y, z die Coordinaten des Angriffspunctes der Kraft, so ist, wegen des vorausgesetzten Gleichgewichtes:

$$\Sigma Yz - \Sigma Zy = 0\ , \qquad \Sigma Zx - \Sigma Xz = 0\ , \qquad \Sigma Xy - \Sigma Yx = 0\ .$$

Setzt man nun:

$$\Sigma Yz = \Sigma Zy = F\ , \qquad \Sigma Zx = \Sigma Xz = G\ , \qquad \Sigma Xy = \Sigma Yx = H$$

und

$$\Sigma Yy + \Sigma Zz = f\ , \qquad \Sigma Zz + \Sigma Xx = g\ , \qquad \Sigma Xx + \Sigma Yy = h\ ,$$

so ist

$$2FGH + FFf + GGg + HHh - fgh = 0$$

die Bedingung, unter welcher das System eine Gleichgewichtsaxe hat.

Wird diese Gleichung erfüllt, so ergeben sich die Cosinus p, q, r der Winkel, welche die Gleichgewichtsaxe mit den Axen x, y, z bildet, durch Verbindung zweier der drei Gleichungen:

$$Gr + Hq = fp\ , \qquad Hp + Fr = gq\ , \qquad Fq + Gp = hr\ ,$$

aus denen, wenn p, q, r sämmtlich eliminirt werden, jene Bedingungsgleichung hervorgeht.

Hieraus ist leicht weiter zu folgern, dass, wenn ein System drei Gleichgewichtsaxen hat, welche nicht einer und derselben Ebene parallel sind, auch jede vierte Axe eine solche ist, oder mit anderen Worten: Ist ein Körper im Gleichgewicht, und wird dieses durch drei verschiedene Verrückungen des Körpers nicht aufgehoben, so dauert es im Allgemeinen auch nach jeder vierten Verrückung fort; oder noch anders ausgedrückt: Ist ein Körper in vier verschiedenen Lagen im Gleichgewicht, so ist er es im Allgemeinen auch in jeder fünften.

A, 4) Ein im Gleichgewicht befindliches System hat im Allgemeinen keine Axe des Gleichgewichtes. Indessen ist es immer möglich, zu den sich anfangs das Gleichgewicht haltenden Kräften zwei neue, einander gleiche und direct entgegengesetzte, also das Gleichgewicht nicht störende Kräfte hinzuzufügen, welche ebenso, wie die schon vorhandenen, auf bestimmte Puncte des Körpers, nach sich parallel bleibenden Richtungen wirken, und wodurch es geschieht, dass der Körper eine Gleichgewichtsaxe von gegebener Richtung erhält.

Da die zwei neuen, sich das Gleichgewicht haltenden Kräfte bei Drehung des Körpers nicht mehr einander direct entgegengesetzt sind, sondern parallel werden und in ein Paar übergehen, so kann man den vorigen Satz auch also ausdrücken:

Wird ein Körper, auf welchen mehrere sich das Gleichgewicht haltende Kräfte wirken, um eine Axe gedreht, so hört das Gleichgewicht im Allgemeinen auf, und die Wirkung der Kräfte reducirt sich auf die eines Paares, dessen Kräfte R und $-R$ man ebenso, wie die ersteren Kräfte, auf zwei gewisse Puncte A, B des Körpers mit unveränderter Richtung und Intensität wirkend, setzen kann.

Dabei bleibt, wie in §. 2, *b*, der eine dieser Puncte A, B und ihre Entfernung AB der Willkür überlassen, indem durch die Beschaffenheit des Systems und die Richtung der Gleichgewichtsaxe nur die Richtung, mit welcher AB parallel sein muss, und das Product $AB \,.\, R$ bestimmt werden.

B, 1) Der zweite Fall, den wir jetzt in Betrachtung ziehen, ist der, wenn die auf den Körper wirkenden Kräfte nicht im Gleichgewichte sind, sondern nur durch Hinzufügung zweier neuer, nicht in einer Ebene liegender Kräfte in's Gleichgewicht gebracht werden können. Diese zwei Kräfte lassen sich nun immer und auf unendlich viele Arten, so bestimmen, dass ein, auch bei der Drehung um eine gegebene Axe fortdauerndes Gleichgewicht zu Wege gebracht wird. Es lässt sich nämlich ein, durch die Beschaffenheit des Systems und die Lage der Drehungsaxe bestimmtes hyperbolisches

Hyperboloid angeben, von dessen zwei die Fläche erzeugenden Geraden die eine die Eigenschaft besitzt, dass die Angriffspuncte der zwei Kräfte willkürlich in irgend einer der Lagen dieser Geraden genommen werden können.

B, 2) Die zwei, zu einem solchen Systeme hinzuzusetzenden Kräfte, damit dasselbe in's Gleichgewicht komme, lassen sich, nebst ihren Angriffspuncten, entweder auf doppelte Weise, oder gar nicht, so bestimmen, dass die Gerade durch die beiden Angriffspuncte selbst eine Gleichgewichtsaxe wird, und dass daher, wenn man diese Axe unbeweglich und den Körper mit ihr fest verbunden annimmt, ein auch während der Drehung um die Axe dauerndes Gleichgewicht hervorgebracht wird, und ohne dass man zwei Kräfte hinzuzufügen nöthig hat; und dass die Pressungen, welche die Axe erleidet, ihrer Richtung und Stärke nach, bei der Drehung unverändert bleiben. Eine solche Axe mag eine Hauptaxe des Gleichgewichtes heissen.

So geht z. B. bei einem Systeme von zwei Kräften, welche nicht in einer Ebene liegen, die eine der beiden Hauptaxen durch die zwei Angriffspuncte selbst; die andere ist auf der Ebene, welche mit beiden Kräften parallel läuft, normal und trifft diese Ebene in dem Mittelpuncte der auf sie projicirten Kräfte. Dasselbe gilt auch, wenn die zwei Kräfte einander nicht parallel, aber in derselben Ebene enthalten sind, und nicht blos die Drehungen der Ebene in sich selbst, (wie in §. 3), sondern auch alle übrigen Drehungen berücksichtigt werden.

Auf solch ein einfaches System von nur zwei Kräften reducirt sich auch jedes andere, dessen Kräfte einer Ebene parallel sind, oder in einer Ebene selbst wirken. Denn zieht man in der Ebene zwei beliebige Geraden a und b, zerlegt jede Kraft P des Systems, an ihrem Angriffspuncte, in zwei andere X und Y, welche diesen Geraden parallel sind, und bestimmt von den parallelen Kräften X die Resultante, welche X_1, und den Mittelpunct, welcher A sei, und von den parallelen Kräften Y die Resultante Y_1 und den Mittelpunct B: so ist das System bei jeder Verrückung gleichwirkend den auf A und B wirkenden Kräften X_1 und Y_1, und hat folglich zwei Hauptaxen, von denen die eine die Verbindungslinie von A mit B ist und die andere die Ebene in dem Mittelpuncte der auf sie projicirten Kräfte X_1 und Y_1, wenn sie nicht schon in der Ebene selbst liegen, rechtwinklig schneidet. Da nun das System nicht mehr als zwei Hauptaxen haben kann, und gleichwohl die Geraden a und b in der Ebene ganz nach Willkür gelegt werden können, so ziehen wir den merkwürdigen Schluss:

α) Hat man ein System von Kräften, welche mit einer und derselben Ebene parallel sind und sich weder das Gleichgewicht halten, noch mit einem Paare gleiche Wirkung haben, und zerlegt man jede Kraft an ihrem Angriffspuncte in zwei andere X und Y, welche parallel mit zwei sich schneidenden Geraden a und b der Ebene sind: so sind der Mittelpunct der parallelen Kräfte X und der Mittelpunct der parallelen Kräfte Y in einer von der Lage der Linien a und b unabhängigen Geraden enthalten. Sie heisse die Centrallinie des Systems paralleler Kräfte. Oder mit anderen Worten:

Werden durch die Angriffspuncte parallel mit einer Ebene wirkender Kräfte Parallelen mit irgend einer Geraden der Ebene gezogen, und auf diese Parallelen die Kräfte durch Parallelen mit irgend einer anderen Geraden der Ebene projicirt: so ist der Ort des Mittelpunctes der projicirten Kräfte, wenn sie anders einen solchen haben, eine gerade Linie, — die Centrallinie.

Dieser, auch ohne die vorhergehende Theorie leicht erweisliche Satz lässt sich auch auf ein System im Raume ausdehnen, und lautet dann also:

β) Hat man ein System von Kräften im Raume, welche sich weder das Gleichgewicht halten, noch auf ein Paar reducirbar sind, und zerlegt man jede Kraft, an ihrem Angriffspuncte, parallel mit drei beliebigen Geraden a, b, c, welche nicht einer und derselben Ebene parallel sind, in drei andere, X, Y, Z: so liegen der Mittelpunct der Kräfte X, der Mittelpunct der Y und der der Z in einer von der Lage der Geraden a, b, c unabhängigen Ebene, welche die Centralebene des Systems genannt werde. Oder:

Zieht man durch die Angriffspuncte nach beliebigen Richtungen im Raume wirkender Kräfte Parallelen mit irgend einer Geraden a und projicirt auf diese Parallelen die Kräfte durch Linien, welche einer beliebig angenommenen, die Gerade a schneidenden Ebene parallel sind; so ist der Ort des Mittelpunctes der projicirten Kräfte, wenn anders ein solcher stattfindet, eine Ebene, — die Centralebene.

Haben die vorigen drei Geraden a, b, c gegen die Centralebene eine solche Lage, dass a und b mit ihr parallel sind, und c auf ihr normal steht, so liegen die Mittelpuncte der Kräfte X und der Kräfte Y nach α) in einer bestimmten Geraden, welche nach β) in der Centralebene selbst enthalten ist. Sie heisse die Centrallinie des Systems beliebig im Raume wirkender Kräfte. Wenn überdies bei derselben Lage von a, b, c gegen die Centralebene, die Gerade a mit der Centrallinie parallel läuft und b auf a normal ist, so wollen wir auf gleiche Weise den Mittelpunct der mit a parallelen

Kräfte X, welcher nach a) in die Centrallinie selbst fällt, den Centralpunct des Systems nennen.

In Bezug auf die eben bestimmten Centralpunct, Centrallinie und Centralebene, haben nun die beiden Hauptaxen folgende merkwürdige Lage:

B, 3) Die zwei Hauptaxen des Gleichgewichtes, wenn solche anders möglich sind, und die Centrallinie des Systems, sind einer und derselben Ebene parallel. Die Puncte, in denen die zwei Hauptaxen die Centralebene schneiden, liegen mit dem Centralpuncte in einer Geraden, und diese Gerade ist normal auf der Resultante aller Kräfte, wenn diese, parallel mit ihren Richtungen, an einen und denselben Punct getragen werden.

C, 1) Wird ein System von Kräften im Raume, das eine einzelne Kraft zur Resultante hat, um eine Axe gedreht, so wird es im Allgemeinen ebenso, wie die bisher betrachteten Systeme, gleichwirkend mit zwei Kräften, die man mit unveränderter Intensität und Richtung auf zwei bestimmte Puncte des Körpers wirkend setzen kann, und die nur in der anfänglichen Lage des Körpers und nach einer halben Umdrehung sich auf eine einzelne Kraft — auf die anfängliche Resultante — reduciren lassen.

C, 2) Bei einem auf eine einzelne Kraft reducirbaren Systeme im Raume sind die zwei Hauptaxen immer möglich. Es lassen sich nämlich zwei die Richtung dieser Kraft schneidende Axen angeben, von der Beschaffenheit, dass wenn der Körper um die eine oder die andere Axe gedreht wird, das System nicht aufhört, sich auf eine einzige, mit der anfänglichen Resultante der Lage und Intensität nach identische Kraft zu reduciren; dass folglich, wenn der Körper in dem Durchschnittspuncte der einen oder der anderen Axe mit der Resultante befestigt wird, ein auch bei Drehung des Körpers um die bezügliche Axe fortdauerndes Gleichgewicht entsteht, und dass somit diese beiden Durchschnitte als wahrhafte Mittelpuncte des Systems, obwohl jeder nur rücksichtlich der Drehung um eine bestimmte Axe, betrachtet werden können.

Diese zwei Hauptaxen haben übrigens eine solche Lage, dass 1) ihre Projectionen auf eine die Resultante normal treffende Ebene, sowie 2) ihre Projectionen auf die Centralebene sich rechtwinklig schneiden; dass 3) eine mit den beiden Axen parallele Ebene zugleich der Centrallinie parallel ist, und dass 4) die zwei Puncte, in denen die Centralebene von den Axen getroffen wird, mit dem Centralpuncte in einer Geraden liegen, welche 5) mit der Resultante rechte Winkel bildet.

d) Ein System im Raume, welches auf ein Paar reducirbar ist, hat im Allgemeinen keine Hauptaxen. Sind aber dergleichen vorhanden, so sind sie es in unendlicher Zahl, indem dann jede mit einer gewissen Richtung parallele Axe eine Hauptaxe abgibt.

§. 5. Zum Schlusse noch folgende Bemerkung. Wird ein Körper, auf welchen Kräfte wirken, an einer unbeweglichen Axe befestigt, und soll er bei Drehung um die Axe fortwährend im Gleichgewichte sein; wird aber nicht zugleich gefordert, dass die Axe, wie eine Hauptaxe des Gleichgewichtes, während der Drehung einen seiner Richtung und Intensität nach unveränderlichen Druck erleide: so kann, wenn die Kräfte auf eine einzelne Kraft, oder auf zwei nicht in einer Ebene liegende Kräfte reducirbar sind, die Axe jeder gegebenen Richtung parallel sein. Man projicire nämlich die Kräfte auf eine die gegebene Richtung rechtwinklig schneidende Ebene, und bestimme von den projicirten Kräften den Mittelpunct (§. 3, *a*), so wird eine durch letzteren mit der Richtung parallel gelegte Axe die verlangte Eigenschaft besitzen. Eine Ausnahme hiervon macht der Fall, wenn die Kräfte eine einzelne Kraft zur Resultante haben, die Axe mit der Resultante parallel sein soll, und wenn nicht von den, auf eine die Resultante rechtwinklig schneidende Ebene projicirten Kräften der Angriffspunct einer jeden der Mittelpunct der jedesmal übrigen ist. Wird aber letztere Bedingung erfüllt, so kann hinwiederum jede mit der Resultante parallele Gerade zu der in Rede stehenden Axe genommen werden.

Anwendungen der Statik auf die Lehre von den geometrischen Verwandtschaften.

[Crelle's Journal, 1840, Band 21, p. 64—73; p. 156—176.]

Unter den Aufgaben der elementaren Statik ist die wichtigste unstreitig diejenige, welche die Bedingungen des Gleichgewichtes zwischen Kräften verlangt, die nach gegebenen Richtungen auf gegebene Puncte eines freibeweglichen festen Körpers wirken: zwischen Kräften also, deren Angriffspuncte in unveränderlichen Entfernungen von einander stehen. Diese Bedingung für die Angriffspuncte lässt sich auch dadurch ausdrücken, dass sie eine sich immer gleich und ähnlich bleibende Figur bilden sollen; und man kann hierdurch veranlasst werden, nach den Bedingungen des Gleichgewichtes zu fragen, wenn die Angriffspuncte nur dergestalt mit einander verbunden sind, dass sie auch in jede andere der anfänglichen bloss ähnliche Figur gebracht werden können.

Die hierdurch sich bildende Aufgabe habe ich für den Fall, wenn die Puncte und die auf sie wirkenden Kräfte in einer Ebene enthalten sind, bereits in meinem Lehrbuch der Statik*) zu lösen gesucht. Ich dachte mir nämlich ein System von Geraden, welche sich unter unveränderlichen Winkeln in einem beweglichen Puncte treffen, mit einem anderen Systeme von derselben Beschaffenheit dergestalt verbunden, dass eine Gerade des einen Systems mit einer Geraden des anderen zusammenfiel und längs derselben verschiebbar war, und suchte nun die Bedingungen des Gleichgewischtes zwischen Kräften, welche ich auf die gegenseitigen Durchschnitte der Geraden des einen und anderen Systems wirken liess; denn offenbar mussten diese Puncte bei der angenommenen Beweglichkeit eine sich ähnlich bleibende Figur bilden.

Es gibt aber, wie ich in meinem Barycentrischen Calcul gezeigt habe, ausser der Gleichheit und Aehnlichkeit und der blossen Aehnlichkeit noch einige andere Verwandtschaften, in denen Figuren zu einander stehen können, und welche gleichfalls in das Gebiet der niederen Geometrie gehören; namentlich die blosse Gleichheit, die Affinität und die Verwandtschaft der Collineation. Man kann daher auf analoge Weise die Bedingungen des Gleichgewichtes zu er-

---

*) Zweiter Theil, Kap. III. (vergl. p. 351 des vorliegenden Bandes).

forschen suchen, wenn die Beweglichkeit der Angriffspuncte der Kräfte dadurch bestimmt wird, dass sie eine sich immer bloss gleich, oder affin, oder collinear verwandt bleibende Figur bilden sollen. Da je zwei einander gleiche und ähnliche Figuren auch in jeder entfernteren Verwandtschaft zu einander stehen, so werden die bekannten Bedingungen des Gleichgewichtes, welche bei Unveränderlichkeit der gegenseitigen Entfernungen der Angriffspuncte stattfinden, auch bei jeder entfernteren Verwandtschaft, an welche die Beweglichkeit der Angriffspuncte gebunden wird, wiederkehren, zu ihnen aber neue, von der Natur der jedesmaligen Verwandtschaft abhängige, hinzutreten, und dieses in desto grösserer Zahl, je entfernter die Verwandtschaft, und je grösser folglich die Beweglichkeit der Puncte ist.

Die im Obigen gedachte Untersuchung in Betreff sich ähnlich bleibender ebener Figuren habe ich daher späterhin noch auf die Aehnlichkeit im Raume und auf die entfernteren Verwandtschaften ausgedehnt, und dieses vorzüglich mit aus dem Grunde, weil zu erwarten stand, auf diesem Wege zu einigen neuen Eigenschaften der Verwandtschaften selbst zu gelangen. Ich veröffentliche jetzt diese Untersuchungen in der Hoffnung, dass es vielleicht auch Anderen angenehm sein dürfte, die Gleichgewichtsbedingungen, welche bei den entfernteren Verwandtschaften hinzutreten, und die etwaigen daraus gezogenen geometrischen Folgerungen kennen zu lernen. Uebrigens habe ich mich hier stets des Princips der virtuellen Geschwindigkeiten, als des einfachsten dabei anzuwendenden Mittels, bedient und mit Hülfe desselben die frühere Untersuchung sich ähnlich bleibender Figuren von Neuem angestellt.

I. Bedingungen des Gleichgewichtes bei sich ähnlich bleibenden Figuren.

§. 1. In Bezug auf zwei rechtwinklige Coordinatensysteme in einer Ebene seien x, y und t, u die Coordinaten eines Punctes der Ebene. Man hat alsdann:

$$x = f + t \cos\alpha - u \sin\alpha \ ,$$
$$y = g + t \sin\alpha + u \cos\alpha \ ,$$

wo f und g die Coordinaten des Anfangspunctes des Systems der t und u in Bezug auf das System der x und y sind, α aber der Winkel der Axe der t mit der Axe der x ist.

Setzen wir nun, dass auf gleiche Weise noch mehrere andere Puncte der Ebene auf beide Coordinatensysteme bezogen seien, dass diese Puncte gegen das System der Axen t und u eine unveränderliche Lage haben, dass aber dieses Axensystem sammt den Puncten seine Lage gegen das in der Ebene ruhig bleibende System der Axen x und y beliebig ändern könne: so sind in den obigen Gleichungen t und u constant, dagegen f, g, α beliebig veränderlich, und damit auch x und y veränderlich.

Wir wollen jetzt die Lage der Puncte gegen die Axen der t und u nicht mehr constant, jedoch nur dergestalt veränderlich annehmen, dass die von ihnen mit den Axen gebildete Figur sich immer ähnlich bleibt. Zu dem Ende haben wir nur für t und u bezüglich $\frac{t}{n}$ und $\frac{u}{n}$ zu schreiben, wo n, ebenso wie f, g und α, von einem Puncte zum anderen gleich gross, aber mit der Zeit beliebig veränderlich ist. Hiermit werden die obigen Gleichungen, wenn wir noch a und b für nf und ng setzen:

$$(1) \qquad \begin{cases} nx = a + t\cos\alpha - u\sin\alpha \ , \\ ny = b + t\sin\alpha + u\cos\alpha \ . \end{cases}$$

Durch diese Gleichungen, in denen nur t und u constant sind, werden daher Puncte (x, y) in der Ebene bestimmt, die ihre Lage dergestalt auf jede Weise ändern können, dass die von ihnen gebildete Figur sich immer ähnlich bleibt.

Die Differentiation dieser Gleichungen gibt:

$$(2) \qquad \begin{cases} ndx + xdn = da - (ny - b)\,d\alpha \ , \\ ndy + ydn = db + (nx - a)\,d\alpha \ . \end{cases}$$

Wirkt nun auf jeden Punct (x, y) des Systems eine Kraft (X, Y), d. h. eine Kraft, welche, nach den Axen der x, y zerlegt, die Kräfte X und Y gibt, so hat man nach dem Princip der virtuellen Geschwindigkeiten als Bedingung des Gleichgewichtes zwischen allen Kräften die Gleichung $\Sigma\,(Xdx + Ydy) = 0$, und wenn man darin für dx und dy ihre Werthe aus (2) substituirt:

$$(da + bd\alpha)\,\Sigma X + (db - ad\alpha)\,\Sigma Y + nd\alpha\,\Sigma(Yx - Xy) \\ - dn\,\Sigma(Xx + Yy) = 0 \ .$$

Da aber die Differentiale da, db, $d\alpha$ und dn von einander ganz unabhängig sind, so zerfällt diese Gleichung in folgende vier einzelne:

$$\Sigma X = 0 \ , \quad \Sigma Y = 0 \ , \quad \Sigma(Yx - Xy) = 0 \ , \quad \Sigma(Xx + Yy) = 0 \ .$$

Die drei ersten derselben sind die bekannten Bedingungen des Gleichgewichtes, wenn die gegenseitige Lage der Angriffspuncte der Kräfte unveränderlich ist. Die vierte kommt wegen der gemachten Voraussetzung hinzu, dass die gegenseitige Lage der Puncte zwar veränderlich sein soll, jedoch nur so, dass die von ihnen gebildete Figur sich immer ähnlich bleibt.

§. 2. Zusatz. Nach dem §. 122 meines Lehrbuches der Statik ergeben sich diese vier Gleichungen als Bedingungen des Gleichgewichtes zwischen Kräften, welche auf Puncte in einer Ebene wirken, auch in dem Falle, wenn die gegenseitige Lage der Puncte unveränderlich ist und wenn das Gleichgewicht nicht bloss bei einer bestimmten Lage des Systems der Puncte in der Ebene stattfindet, sondern auch noch bei jeder beliebigen Drehung in der Ebene, während die Kräfte mit parallel bleibenden Richtungen und unveränderten Intensitäten auf dieselben Puncte zu wirken fortfahren, noch besteht. Hiernach kann man folgende zwei Sätze (ebend. §§. 235 und 236) aufstellen:

Sind mehrere Puncte in einer Ebene dergestalt beweglich, dass die von ihnen gebildete Figur sich immer ähnlich bleibt, und halten sich Kräfte, welche auf sie in der Ebene wirken, das Gleichgewicht, so herrscht auch noch Gleichgewicht bei jeder anderen Lage, welche man den Puncten zufolge ihrer Beweglichkeit geben kann, wenn nur die Kräfte ihren anfänglichen Richtungen parallel bleiben;
und umgekehrt:

Sind Kräfte, welche auf fest miteinander verbundene Puncte in einer Ebene wirken, im Gleichgewichte, und dauert dasselbe noch fort, wenn das System der Puncte in seiner Ebene beliebig verschoben wird, die Kräfte aber parallel mit ihren anfänglichen Richtungen fortwirken, so wird das Gleichgewicht auch nicht unterbrochen, wenn man den Puncten eine solche gegenseitige Beweglichkeit noch beilegt, bei welcher die von ihnen gebildete Figur sich immer ähnlich bleibt.

§. 3. Um von dieser Theorie eine Anwendung auf die einfachsten Fälle zu machen, wollen wir zuerst setzen, das System bestehe nur aus zwei Puncten (x, y) und (x_1, y_1), auf welche resp. die Kräfte (X, Y) und (X_1, Y_1) wirken. Die vier Bedingungen des Gleichgewichtes sind alsdann:

$$X + X_1 = 0\,, \quad Y + Y_1 = 0\,, \quad Yx - Xy + Y_1 x_1 - X_1 y_1 = 0\,,$$
$$Xx + Yy + X_1 x_1 + Y_1 y_1 = 0\,.$$

Die Elimination von X_1 und Y_1 aus diesen Gleichungen gibt:

$$Y(x - x_1) - X(y - y_1) = 0\,, \quad X(x - x_1) + Y(y - y_1) = 0\,;$$

und wenn wir hieraus noch X und Y wegschaffen:

$$(x - x_1)^2 + (y - y_1)^2 = 0\,,$$

folglich $x_1 = x$ und $y_1 = y$; d. h. die beiden Angriffspuncte müssen zusammenfallen. Auch folgt dieses schon aus der Natur der Sache selbst. Denn ein System von zwei nicht zusammenfallenden Puncten bleibt bei jeder Aenderung ihrer gegenseitigen Lage sich ähnlich. Zwei Kräfte aber, angebracht an zwei Puncten, deren gegenseitige Lage beliebig veränderlich ist, können nicht im Gleichgewichte sein.

Anders verhält es sich, wenn zu den zwei Puncten ein dritter (x_2, y_2), getrieben von der Kraft (X_2, Y_2) hinzukommt. Die vier Gleichungsbedingungen sind in diesem Falle:

$$(3) \quad \begin{cases} X + X_1 + X_2 = 0 \,, \qquad Y + Y_1 + Y_2 = 0 \,, \\ Yx - Xy + Y_1 x_1 - X_1 y_1 + Y_2 x_2 - X_2 y_2 = 0 \,, \\ Xx + Yy + X_1 x_1 + Y_1 y_1 + X_2 x_2 + Y_2 y_2 = 0 \,. \end{cases}$$

Man multiplicire von diesen Gleichungen die erste, zweite und vierte resp. mit $-f$, $-g$ und 1, addire sie hierauf und setze zur Bestimmung von f und g:

$$(4) \quad X(x-f) + Y(y-g) = 0 \,, \qquad X_1(x_1-f) + Y_1(y_1-g) = 0 \,,$$

so ist auch

$$(5) \qquad X_2(x_2-f) + Y_2(y_2-g) = 0 \,.$$

Betrachtet man f, g nun als die Coordinaten eines Punctes und bezeichnet die Puncte (x, y), (x_1, y_1), $(x_2\ y_2)$, (f, g) mit A, A_1, A_2, F und die drei Kräfte (X, Y), (X_1, Y_1), (X_2, Y_2) mit P, P_1, P_2, so sind nach (4) die Linien FA und FA_1 resp. auf P und P_1 rechtwinklig, d. h. F ist der Durchschnitt der auf P und P_1 in A und A_1 errichteten Perpendikel. Den so bestimmten Punct F muss aber nach (5) auch das auf P_2 in A_2 errichtete Perpendikel treffen, und die Bedingung wegen der dauernden Aehnlichkeit besteht hiernach darin, dass sich die drei auf den Kräften in ihren Angriffspuncten errichteten Perpendikel in einem Puncte F schneiden.

Noch anders kann diese Bedingung ausgedrückt werden, wenn man sich erinnert, dass die Richtungen dreier sich das Gleichgewicht haltender Kräfte sich in einem Puncte begegnen (eine Eigenschaft, welche auch unmittelbar aus den drei ersten der obigen vier Gleichungen (3) hergeleitet werden kann). Ist nun K dieser gemeinschaftliche Punct der Richtungen von P, P_1, P_2, so sind dem Vorigen zufolge FAK, FA_1K, FA_2K rechte Winkel und K liegt folglich mit A, A_1, A_2 in einem Kreise.

Sollen demnach in einer Ebene drei Kräfte an drei Puncten, welche ein sich ähnlich bleibendes Dreieck zu bilden genöthigt sind, im Gleichgewichte sein, so muss, nächst den Bedingungen des Gleichgewichtes für den Fall, wenn die Puncte in unabänderlicher Entfernung von einander sind, auch noch die erfüllt werden, dass die drei Puncte mit demjenigen, in welchem sich die Richtungen der drei Kräfte schneiden, in einem Kreise liegen.

Eine leichte Folgerung hieraus ist, dass die Winkel, welche die Kräfte mit einander bilden, den Supplementen der Winkel des Dreiecks AA_1A_2 gleich sind, nämlich der Winkel der Kräfte an A_1 und A_2 gleich $180^0 - A_1AA_2$, etc. und dass deshalb, und weil beim Gleichgewichte zwischen drei Kräften jede Kraft dem Sinus des von den beiden anderen Kräften gebildeten Winkels proportional ist, die Kräfte sich wie die ihren Angriffspuncten A, A_1, A_2 gegenüber liegenden Seiten des Dreiecks AA_1A_2 verhalten.

Man bemerke hierbei noch, wie von dem Umstande, dass der gegenseitige Durchschnitt der drei Kräfte mit ihren Angriffspuncten in einem Kreise liegt, die Fortdauer des Gleichgewichtes bei der Drehung des Dreiecks AA_1A_2 in seiner Ebene eine unmittelbare Folge ist. Ob nämlich das Dreieck gedreht wird, während jede Kraft ihrer anfänglichen Richtung parallel bleibt, oder ob das Dreieck in Ruhe bleibt und jede Kraft um einen gleich grossen Winkel um ihren Anfangspunct gedreht wird, kommt hier, wo es sich nur um die gegenseitige Lage handelt, offenbar auf dasselbe hinaus. Wenn aber drei von A, A_1, A_2 ausgehende Geraden um diese Puncte um gleich grosse Winkel gedreht werden, so rücken ihre Durchschnitte mit dem durch A, A_1, A_2 zu beschreibenden Kreise um gleich grosse Bogen fort. Wenn folglich diese drei Geraden sich Anfangs in einem Puncte K des Kreises schnitten, so wird dieses auch nach der Drehung noch der Fall sein; folglich u. s. w.

§. 4. Die im Vorigen für eine Ebene angestellten Untersuchungen wollen wir jetzt auf den Raum ausdehnen. Seien daher bei einem System von Puncten im Raume die Coordinaten eines derselben in Bezug auf zwei rechtwinklige Axensysteme x, y, z und t, u, v, so kann man setzen:

$$x = f + \alpha t + \alpha' u + \alpha'' v \ ,$$
$$y = g + \beta t + \beta' u + \beta'' v \ ,$$
$$z = h + \gamma t + \gamma' u + \gamma'' v \ ,$$

wo $\alpha = \cos x^\wedge t$, $\alpha' = \cos x^\wedge u$, etc. und f, g, h die Coordinaten des Anfangspunctes des Systems der t, u, v in Bezug auf das System der x, y, z sind.

Hieraus lässt sich, wie im Obigen, weiter folgern, dass, wenn man

$$(1) \begin{cases} nx = a + \alpha t + \alpha' u + \alpha'' v \ , \\ ny = b + \beta t + \beta' u + \beta'' v \ , \\ nz = c + \gamma t + \gamma' u + \gamma'' v \end{cases}$$

setzt und dabei t, u, v constant, n, a, b, c aber und α, β', γ'', wovon die übrigen α', α'', β, ... auf bekannte Weise abhängen, veränderlich annimmt: dass dann das System der Puncte, zu welchem x, y, z gehört, bei beliebiger Aenderung von n, a, b, c, α, β', γ'' seine Lage sowohl als Grösse beliebig ändert, sich dabei aber stets ähnlich bleibt.

Ist nun (X, Y, Z) die auf den Punct (x, y, z) wirkende Kraft, und soll zwischen ihr und den an den übrigen Puncten des Systems angebrachten Kräften Gleichgewicht herrschen, so muss bei allen Verrückungen, deren das System fähig ist,

$$\Sigma(X dx + Y dy + Z dz) = 0$$

sein. Es findet sich aber, wenn man hierin für dx, dy, dz ihre aus der Differentiation von (1) fliessenden Werthe setzt:

$$(2)\quad \Sigma(Xx + Yy + Zz)dn - \Sigma X(da + td\alpha + ud\alpha' + vd\alpha'')$$
$$-\Sigma Y(db + td\beta + ud\beta' + vd\beta'') - \Sigma Z(dc + td\gamma + ud\gamma' + vd\gamma'') = 0.$$

Da das Differential dn von den übrigen hierin vorkommenden Differentialen unabhängig ist, so ergibt sich, als erste Bedingung des Gleichgewichtes:

$$\Sigma(Xx + Yy + Zz) = 0\ .$$

Um die übrigen Bedingungsgleichungen zu erhalten, hat man in dem übrigen Theile der Gleichung (2) die Coordinaten t, u, v mittelst (1) durch x, y, z auszudrücken und dann noch die neun Differentiale $d\alpha$, $d\alpha'$, ..., $d\gamma''$ auf drei von einander unabhängige zu reduciren. Ohne aber diese etwas weitläufige Rechnung anzustellen, sieht man schon im Voraus, dass die auf solche Weise zu erhaltenden Bedingungsgleichungen keine anderen als die bekannten sechs sein können, welche stattfinden müssen, wenn die gegenseitige Lage der Angriffspuncte unveränderlich ist. Denn da der übrige Theil der Gleichung (2) von n unabhängig ist, so müssen die aus ihm zu folgernden Gleichungen einerlei sein mit denen, welche man erhält, wenn man n constant setzt. Ist aber n constant, so bleibt sich das System der Puncte (x, y, z) nicht bloss ähnlich, sondern auch gleich; folglich u. s. w.

Der Bedingungsgleichungen für das Gleichgewicht an einem sich ähnlich bleibenden Systeme von Puncten im Raume gibt es demnach in Allem sieben: nämlich die bekannten sechs

$$\Sigma X = 0\ ,\qquad \Sigma Y = 0\ ,\qquad \Sigma Z = 0\ ,$$
$$\Sigma(Yz - Zy) = 0\ ,\quad \Sigma(Zx - Xz) = 0\ ,\quad \Sigma(Xy - Yx) = 0\ ,$$

und die vorhin zuerst gefundene:

$$\Sigma(Xx + Yy + Zz) = 0\ .$$

§. 5. Zusätze. *a*) Bezeichnet A den Punct (x, y, z) des Systems, P die auf ihn wirkende Kraft (X, Y, Z), und O den Anfangspunct der Coordinaten, so ist der summatorische Ausdruck

$$\Sigma(Xx + Yy + Zz) = \Sigma\, OA \,.\, P \,.\, \cos OA^\wedge P \;;$$

er ist folglich unabhängig von dem durch O gelegten Systeme der Coordinatenaxen, was auch für Kräfte P auf die Puncte A wirken mögen. Gegenwärtig aber, wo zugleich $\Sigma X = 0$, $\Sigma Y = 0$, $\Sigma Z = 0$ sein soll, ist jener Ausdruck auch von dem Anfangspuncte der Coordinaten unabhängig. Denn für einen neuen Anfangspunct, dessen Coordinaten in Bezug auf den alten gleich a, b, c sind, wird der Ausdruck gleich

$$\Sigma[X(x-a) + Y(y-b) + Z(z-c)] \;;$$

und dieser ist von dem vorigen Ausdrucke $\Sigma(Xx + Yy + Zz)$ um $a\,.\,\Sigma X + b\,.\,\Sigma Y + c\,.\,\Sigma Z$, das heisst um nichts verschieden.

Die specielle Bedingung, unter welcher Kräfte an einem Systeme von Puncten, welches sich immer ähnlich bleiben soll, im Gleichgewichte sind, kann hiernach folgendergestalt ausgedrückt werden:

Wählt man beliebig einen Punct (O) *und multiplicirt jede Kraft* (P) *in den Abstand* $OA\,.\cos OA^\wedge P$ *ihres Angriffspunctes* (A) *von einer durch den ersteren Punct* (O) *perpendiculär auf die Richtung der Kraft gelegten Ebene, so muss die Summe dieser Producte Null sein.*

b) Sind sämmtliche Kräfte mit einander parallel, und nimmt man mit ihnen die Axe der z parallel an, so werden X und Y Null, und die obigen sieben Bedingungsgleichungen reduciren sich auf folgende vier:

$$\Sigma Z = 0 \;, \qquad \Sigma Zx = 0 \;, \qquad \Sigma Zy = 0 \;, \qquad \Sigma Zz = 0 \;;$$

d. h. der Angriffspunct jeder Kraft ist der Mittelpunct der jedesmal übrigen.

Denn sind ausser Z die übrigen Kräfte $Z_1, Z_2, \ldots$ und (x_1, y_1, z_1), (x_2, y_2, z_2), ... ihre Angriffspuncte, so kann man statt der letzten vier Gleichungen auch schreiben:

$$Z + \Sigma Z_1 = 0 \;, \qquad Zx + \Sigma Z_1 x_1 = 0 \;, \qquad Zy + \Sigma Z_1 y_1 = 0 \;,$$
$$Zz + \Sigma Z_1 z_1 = 0 \;.$$

Hieraus folgt:

$$x = \frac{\Sigma Z_1 x_1}{\Sigma Z_1} \;, \qquad y = \frac{\Sigma Z_1 y_1}{\Sigma Z_1} \;, \qquad z = \frac{\Sigma Z_1 z_1}{\Sigma Z_1} \;.$$

Die so bestimmten Werthe von x, y, z sind aber die Coordinaten des Mittelpunctes der Kräfte $Z_1, Z_2, \ldots$.

c) Liegen daher die Angriffspuncte aller parallelen Kräfte, bis auf einen, in einer Ebene, so muss auch der letztere in dieser Ebene enthalten sein, wenn das System unter der Bedingung bleibender

Aehnlichkeit im Gleichgewichte verharren soll. Denn der Mittelpunct eines Systems paralleler Kräfte, deren Angriffspuncte in einer Ebene liegen, ist gleichfalls in dieser Ebene begriffen.

Uebrigens sieht man von selbst, wie die jetzt gemachten Schlüsse mit gehöriger Modification auf den früher behandelten Fall anwendbar sind, wo die Puncte und die auf sie wirkenden Kräfte in einer und derselben Ebene enthalten waren.

§. 6. Eine besondere Betrachtung wollen wir noch dem einfachen Falle widmen, wenn das System aus vier Kräften P, P_1, P_2, P_3 besteht, welche auf vier nicht in einer Ebene liegende Puncte A, A_1, A_2, A_3 wirken. Durch einen beliebigen fünften Punct O lege man vier Ebenen perpendiculär auf die Richtungen von P, P_1, P_2, P_3 und nenne D, D_1, D_2, D_3 die Durchschnitte dieser Ebenen mit den Richtungen von P, P_1, P_2, P_3. Alsdann ist nach §. 5, *a* die specielle Bedingung des Gleichgewichtes, welche bei der Annahme dauernder Aehnlichkeit des Systems der Angriffspuncte erfüllt werden muss:

$$DA \,.\, P + D_1A_1 \,.\, P_1 + D_2A_2 \,.\, P_2 + D_3A_3 \,.\, P_3 = 0 \;.$$

Man wähle nun zum Puncte O denjenigen, in welchem sich drei auf P, P_1, P_2 resp. in A, A_1, A_2 perpendiculär gelegte Ebenen schneiden, so sind DA, D_1A_1, D_2A_2 einzeln Null. Zufolge der Bedingungsgleichung muss daher bei dem also bestimmten O auch D_3A_3 gleich Null sein, d. h. die durch O perpendiculär auf P_3 gesetzte Ebene muss P_3 in A_3 treffen, und wir schliessen hieraus:

Sind vier Puncte im Raume dergestalt beweglich, dass die von ihnen gebildete Figur sich immer ähnlich bleibt, und sollen vier auf sie wirkende Kräfte sich das Gleichgewicht halten, so muss ausser den zum Gleichgewichte nöthigen Erfordernissen, wenn die Puncte fest mit einander verbunden sind, auch noch die Bedingung erfüllt werden, dass die vier Ebenen, welche durch die vier Puncte, jede perpendiculär auf der Richtung der den Punct treibenden Kraft, gelegt werden, sich in einem Puncte (O) *schneiden.*

Zum Gleichgewichte zwischen vier Kräften, deren Angriffspuncte fest mit einander verbunden sind, ist unter anderen erforderlich, dass jede Gerade, welche die Richtungen dreier der vier Kräfte schneidet, auch der Richtung der vierten begegnet (Lehrbuch der Statik, §. 99, *a*). Wenn daher drei Richtungen, welche nicht in einer Ebene enthalten sind, sich in einem Puncte K schneiden, so muss auch die vierte Richtung den Punct K treffen. Bei dieser speciellen Lage der Richtungen lässt sich die besondere Bedingung des Gleichgewichtes, wegen der Aehnlichkeit, auf analoge Weise als wie oben beim Gleichgewichte zwischen drei Kräften ausdrücken. Es müssen nämlich die vier Winkel OAK, OA_1K, OA_2K, OA_3K rechte Winkel sein, d. h. *Es muss der gemeinschaftliche Durchschnitt der vier Richtungen in der durch die vier Angriffspuncte zu beschreibenden Kugelfläche liegen.*

II. Vom Gleichgewichte bei sich gleichbleibenden Figuren.

§. 7. Zwei Systeme von Puncten in Ebenen heissen einander gleich, wenn jedem Puncte des einen Systems ein Punct des anderen auf eine solche Weise entspricht, dass je zwei geradlinige Figuren, deren Spitzen sich entsprechende Puncte sind, einerlei Flächeninhalt haben.

Soll hiernach zu dem Systeme von Puncten F, G, H, A, A_1,... in der einen Ebene ein entsprechendes F', G', H', A', A_1', ... in der anderen construirt werden, so nehme man F' und G' ganz willkürlich und H' von $F'G'$ in solchem Abstande, dass das Dreieck $F'G'H'$ mit FGH gleichen Inhalt hat. Der dem A entsprechende Punct A' wird hierauf dadurch bestimmt, dass die Dreiecke $A'F'G'$ und $A'G'H'$ resp. den Dreiecken AFG und AGH dem Inhalte nach gleich werden. Auf dieselbe Weise lässt sich der dem A_1 entsprechen sollende Punct A_1' finden u. s. w., und es werden alsdann ausser den einander gleich gemachten Dreiecken auch je zwei andere, deren Ecken sich entsprechende Puncte sind, gleichen Inhalt haben, und mithin die beiden Figuren einander gleich sein.

Um dieses zu zeigen, beziehe man in jeder der beiden Ebenen die Puncte derselben auf zwei in ihr beliebig gezogene, sich unter rechten Winkeln schneidende Axen und bezeichne hiernach die Coordinaten von A mit x, y; die von A' mit t, u. Die Bedingung dass die Dreiecke AFG und $A'F'G'$ gleichen Inhalt haben sollen, führt zu einer Gleichung von der Form

$$\alpha + \beta x + \gamma y + \delta t + \varepsilon u = 0 \ ,$$

deren Coëfficienten α, β, γ, δ, ε Functionen der Coordinaten von F, G, F', G' sind. Eine ebenso geformte Gleichung mit Coëfficienten, welche Functionen der Coordinaten von G, H, G', H' sind, erhält, man aus der Gleichheit der Dreiecke AGH und $A'G'H'$. Eliminirt man aus diesen zwei Gleichungen das einemal y, das anderemal x, so kommen zwei Gleichungen von der Form

$$(1)\qquad \begin{cases} x = a\,t + b\,u + f\ , \\ y = a't + b'u + f'\ , \end{cases}$$

deren Coëfficienten a, b, f, a', b', f' von den Coordinaten von F, G, H, F', G', H' abhängen, und zwischen welchen wegen der Gleichheit der Dreiecke FGH und $F'G'H'$ noch eine gewisse Relation stattfinden muss.

Sind nun x_1, y_1; x_2, y_2; t_1, u_1; t_2, u_2 resp. die Coordinaten der Puncte A_1, A_2 und der ihnen entsprechenden A_1', A_2', so hat man auf gleiche Weise

$$x_1 = a\,t_1 + b\,u_1 + f\ , \qquad x_2 = a\,t_2 + b\,u_2 + f\ ,$$
$$y_1 = a't_1 + b'u_1 + f'\ , \qquad y_2 = a't_2 + b'u_2 + f'\ .$$

Substituirt man diese Werthe von x, y, x_1, y_1, x_2, y_2 in

$$x(y_1 - y_2) + x_1(y_2 - y) + x_2(y - y_1)\ ,$$

als dem Ausdrucke für den doppelten Inhalt des Dreiecks AA_1A_2, so kommt nach gehöriger Reduction:

$$x(y_1 - y_2) + x_1(y_2 - y) + x_2(y - y_1)$$
$$= (ab' - a'b)\,\{t(u_1 - u_2) + t_1(u_2 - u) + t_2(u - u_1)\}\ ,$$

d. i.

$$AA_1A_2 = (ab' - a'b)\,A'A_1'A_2'\ .$$

Indem man daher jedem Puncte (t, u) der einen Ebene nach dem durch die Gleichungen (1) ausgedrückten Gesetze einen Punct x, $y)$ in der anderen entsprechen lässt, werden je zwei einander entsprechende Dreiecke in einem constanten Verhältnisse stehen; und wenn man zwischen den Coëfficienten der Gleichungen (1) noch die Relation

$$(2)\qquad ab' - a'b = 1$$

festsetzt, so werden je zwei einander entsprechende Figuren einander gleich sein.

Die Puncte (t, u) einer Ebene als gegeben angenommen, wird man demnach irgend ein diesem Systeme von Puncten gleiches System von Puncten (x, y) erhalten, wenn man letztere aus ersteren mittelst der Gleichungen (1) bestimmt und dabei den Coëfficienten a, b, f, a', b', f' mit Berücksichtigung der Relation (2) beliebige constante Werthe beilegt; oder mit anderen Worten: nimmt man die Coordinaten der Puncte (t, u) constant an, und die Coëfficienten a, b, f, a', b', f' von einem dieser Puncte zum anderen in einem und demselben Zeitpuncte ebenfalls constant, aber von einem Zeitpuncte zum anderen beliebig veränderlich, nur dass die Function

$ab' - a'b = 1$ bleibt, oder doch einen constanten Werth behält, so sind die durch die Gleichungen (1) bestimmten Puncte (x, y) auf jede beliebige Weise so beweglich, dass die von ihnen gebildete Figur sich immer gleich bleibt.

§. 8. Wir wollen nun auf die solchergestalt in einer Ebene beweglichen Puncte (x, y) Kräfte (X, Y) wirken lassen, deren Richtungen in derselben Ebene begriffen sind, und wollen die Bedingungen des Gleichgewichtes zwischen denselben untersuchen. Diese Bedingungen ergeben sich sofort durch Entwickelung der Gleichung $\Sigma(X dx + Y dy) = 0$, wenn man darin für dx und dy ihre aus der Differentiation von (1) folgenden Werthe setzt, bei dieser Differentiation aber t und u constant und $a, \ldots, f'$ dergestalt veränderlich nimmt, dass $ab' - a'b$ constant bleibt. Dies gibt:

$$dx = df + t\,da + u\,db\ ,$$
$$dy = df' + t\,da' + u\,db'\ ,$$

oder, weil aus (1) in Verbindung mit (2)

$$t = b'(x - f) - b(y - f')$$
$$u = a(y - f') - a'(x - f)$$

folgt:

$$dx = df - (x - f)(a'db - b'da) + (y - f')(a\,db - b\,da)\ ,$$
$$dy = df' - (x - f)(a'db' - b'da') + (y - f')(a\,db' - b\,da')\ ;$$

und wenn man noch wegen (2):

$$a\,db' - b\,da' = a'db - b'da = dp$$

und überdies

$$a\,db - b\,da = dq\ , \qquad a'db' - b'da' = dq'$$

setzt:

$$dx = df - (x - f)\,dp + (y - f')\,dq\ ,$$
$$dy = df' - (x - f)\,dq' + (y - f')\,dp\ ,$$

wo df, df', dp, dq, dq' fünf von einander unabhängige Differentiale sind. Hiermit wird:

$$\Sigma(X dx + Y dy) = (df + f dp - f' dq)\,\Sigma X + (df' - f' dp + f dq')\,\Sigma Y$$
$$- dp\,.\,\Sigma(Xx - Yy) + dq\,.\,\Sigma Xy - dq'\,.\,\Sigma Yx\ ,$$

woraus, wegen der Unabhängigkeit zwischen den Differentialen $df, df'\ dp, dq, dq'$, folgende fünf Bedingungen des Gleichgewichtes fliessen:

$$\Sigma X = 0\ , \quad \Sigma Y = 0\ , \quad \Sigma Xy = 0\ , \quad \Sigma Yx = 0\ ,$$
$$\Sigma(Xx - Yy) = 0\ .$$

Wie gehörig, sind hierunter die drei Bedingungen mit begriffen, wenn die gegenseitigen Entfernungen der Angriffspuncte unveränderlich sind, die Bedingungen nämlich: $\Sigma X = 0$, $\Sigma Y = 0$, $\Sigma(Xy - Yx) = 0$. Ausserdem aber müssen noch die zwei Bedingungen $\Sigma Xy = 0$, oder $\Sigma Yx = 0$ und $\Sigma(Xx - Yy) = 0$ erfüllt werden.

Ferner sieht man schon im Voraus, dass die fünf erhaltenen Gleichungen unabhängig von der Lage der Coordinaten-Axen sein müssen. Dies bestätigt sich auch leicht durch Rechnung. Denn gehen x, y, X, Y für ein anderes Axensystem über in x', y', X', Y', und macht die Axe der x' mit der Axe der x einen Winkel α, so hat man, bei unverändert bleibendem Anfangspuncte:

$$x' = x\cos\alpha + y\sin\alpha\ , \qquad X' = X\cos\alpha + Y\sin\alpha\ ,$$
$$y' = -x\sin\alpha + y\cos\alpha\ , \qquad Y' = -X\sin\alpha + Y\cos\alpha\ ;$$

woraus folgt:

$$\Sigma X'y' = -\sin\alpha\,.\cos\alpha\,.\Sigma(Xx - Yy) + \cos\alpha^2\,.\Sigma Xy - \sin\alpha^2\,.\Sigma Yx\ ,$$
$$\Sigma Y'x' = -\sin\alpha\,.\cos\alpha\,.\Sigma(Xx - Yy) - \sin\alpha^2\,.\Sigma Xy + \cos\alpha^2\,.\Sigma Yx\ ,$$
$$\Sigma(X'x' - Y'y') = \cos 2\alpha\,.\Sigma(Xx - Yy) + \sin 2\alpha\,.(\Sigma Xy + \Sigma Yx)\ .$$

Vermöge der drei letzten unter den fünf Bedingungsgleichungen sind daher auch

$$\Sigma X'y' = 0\ , \qquad \Sigma Y'x' = 0\ , \qquad \Sigma(X'x' - Y'y') = 0\ .$$

Dass endlich auch $\Sigma X' = 0$ und $\Sigma Y' = 0$ und dass die Veränderung des Anfangspunctes der Coordinaten an der Form der Bedingungsgleichungen nichts ändert, bedarf keiner Erörterung.

§. 9. Das einfachste Beispiel, auf welches wir die jetzt vorgetragene Theorie anwenden können, ist ein System von drei Puncten, da bei nur zwei Puncten von Gleichheit der Figuren in der hier festgesetzten Bedeutung des Wortes noch nicht die Rede sein kann.

Bei drei Puncten werden die fünf Bedingungen des Gleichgewichtes:

$$X + X_1 + X_2 = 0\ , \qquad Y + Y_1 + Y_2 = 0\ ,$$
$$Xy + X_1y_1 + X_2y_2 = 0\ , \qquad Yx + Y_1x_1 + Y_2x_2 = 0\ ,$$
$$Xx - Yy + X_1x_1 - Y_1y_1 + X_2x_2 - Y_2y_2 = 0\ .$$

Aus diesen Gleichungen mittelst der zwei ersten X_2 und Y_2 eliminirt, erhält man:

$$X(y - y_2) + X_1(y_1 - y_2) = 0\ , \qquad Y(x - x_2) + Y_1(x_1 - x_2) = 0\ ,$$
$$X(x - x_2) - Y(y - y_2) + X_1(x_1 - x_2) - Y_1(y_1 - y_2) = 0\ ;$$

und wenn man hieraus noch X_1 und Y_1 wegschafft:

$$X(x_1 - x_2) + Y(y_1 - y_2) = 0\ ,$$

eine Gleichung, welche zu erkennen gibt, dass die Richtung der am Puncte (x, y) angebrachten Kraft (X, Y) auf der Geraden, welche die beiden anderen Puncte (x_1, y_1) und (x_2, y_2) verbindet, perpendiculär sein muss. Da nun dasselbe auf analoge Weise auch für jede der beiden anderen Kräfte gelten muss, so schliessen wir Folgendes:

Sind drei Puncte in einer Ebene dergestalt beweglich, dass der Inhalt des von ihnen gebildeten Dreiecks immer derselbe bleibt, und sollen drei auf sie in der Ebene wirkende Kräfte sich das Gleichgewicht halten, so muss ausser den Bedingungen, welche nöthig sind, wenn die gegenseitige Lage der Puncte unveränderlich ist, auch noch die erfüllt werden, dass jede Kraft die ihrem Angriffspuncte gegenüberliegende Seite des Dreiecks rechtwinklig schneidet.

§. 10. Zusätze. *a*) Da drei sich das Gleichgewicht haltende Kräfte sich in einem Puncte schneiden, so folgt hieraus der bekannte Satz, dass die drei von den Ecken auf die gegenüberliegenden Seiten eines Dreiecks gefällten Perpendikel sich in einem Puncte treffen.

b) Die Nothwendigkeit der Bedingung, dass jede Kraft auf der ihrem Angriffspuncte gegenüberliegenden Seite des Dreiecks normal ist, lässt sich auch folgendergestalt ohne alle Rechnung darthun. Nennen wir A, B, C die drei Puncte und P, Q, R die an ihnen sich das Gleichgewicht haltenden Kräfte. Man lasse zwei der Puncte, etwa B und C, unbeweglich werden. Hierdurch wird das vorausgesetzte Gleichgewicht nicht gestört, die Kräfte Q und R verlieren ihre Wirkung, und die Kraft P muss so beschaffen sein, dass sie ihren allein noch beweglichen Angriffspunct A nicht in Bewegung setzen kann. Da aber das Dreieck ABC sich immer gleich bleiben soll, und B und C jetzt fest sind, so ist A in einer Parallele mit BC beweglich. Mithin muss die Richtung von P auf dieser Parallele, folglich auch auf BC selbst, perpendiculär sein.

c) Sind die Richtungen von P, Q, R resp. auf BC, CA, AB perpendiculär, so ergänzen die Winkel $Q^\wedge R$, $R^\wedge P$, $P^\wedge Q$ die Dreieckswinkel A, B, C zu 180°. Da nun beim Gleichgewichte die Kräfte P, Q, R sich wie die Sinus von $Q^\wedge R$, $R^\wedge P$, $P^\wedge Q$ verhalten, und da die Sinus von A, B, C den Dreieckseiten BC, CA, AB proportional sind, so ersieht man, dass im vorliegenden Falle die Kräfte den ihren Angriffspuncten gegenüberliegenden Seiten proportional sind.

d) Die im obigen Satze angegebenen Bedingungen des Gleichgewichtes sind nicht allein nothwendig, sondern auch hinreichend. Denn die Bedingungen, unter welchen die Kräfte bei Unveränderlichkeit der gegenseitigen Lage der drei Puncte im Gleichgewichte sind, werden durch drei Gleichungen ausgedrückt; und die Bedingung, dass zwei der Kräfte, mithin auch die dritte, auf den ihren Anfangspuncten gegenüberliegenden Seiten perpendiculär sind, führt zu zwei Gleichungen. Man hat daher in Allem fünf Gleichungen, wie erforderlich.

§. 11. Sind bei einem Systeme von n Puncten die Oerter derselben durch ihre Coordinaten gegeben, so können von den $2n$ Bestimmungsstücken X, Y, X_1, Y_1, ... der auf die n Puncte wirkenden n Kräfte noch irgend $2n-5$ nach Belieben bestimmt werden. Die fünf übrigen ergeben sich mit Hülfe der fünf Bedingungsgleichungen. Es können daher auch von den n Kräften (X, Y), (X_1, Y_1), ... $n-3$ ihrer Stärke und Richtung nach ganz willkürlich und von der $(n-2)^{\text{ten}}$ die Stärke oder die Richtung gegeben sein, und es werden sich daraus die n^{te} und $(n-1)^{\text{te}}$ Kraft und von der $(n-2)^{\text{ten}}$ die noch unbekannte Richtung oder Stärke bestimmen lassen.

So lassen sich z. B. bei einem Systeme von vier Puncten A, B, C, D, an welchem die Kräfte P, Q, R, S mit einander im Gleichgewichte sein sollen, die Kraft P ganz und von Q etwa die Richtung nach Willkür annehmen und daraus die Stärke von Q und die Kräfte R und S finden. Dies kann durch wiederholte Anwendung des Satzes in §. 10 folgendergestalt geschehen.

Man bringe an A, B, C drei Kräfte P', Q', R' an, welche für sich mit einander im Gleichgewichte sind, also drei Kräfte, deren Richtungen resp. auf BC, CA, AB rechtwinklig und deren Intensitäten diesen Linien proportional sind. Ebenso bringe man an A, B, D die für sich im Gleichgewichte stehenden Kräfte P'', Q'', S'', und an B, C, D die für sich das Gleichgewicht sich haltenden Kräfte Q''', R''', S''' an. Es werden daher auch alle diese Kräfte zusammen an A, B, C, D im Gleichgewichte sein. Bei jeder dieser drei Ternionen von Kräften kann aber die Intensität einer Kraft nach Willkür bestimmt werden. Man bestimme demnach, was immer möglich ist, die Intensitäten von P' und P'' so, dass ihre Resultante die Intensität und Richtung einer gegebenen Kraft P erhält. Hiermit sind auch die Intensitäten von Q', R', Q'', S'' bestimmt, also auch die Resultante von Q' und Q'', welche Q_1 heissen mag. Man gebe endlich, was gleichfalls immer möglich ist, der Kraft Q''' eine solche Intensität, dass sie, mit Q_1 verbunden, eine Kraft Q von gegebener Richtung erzeugt. Hiermit erhalten auch die Intensitäten von R''' und S''' bestimmte Werthe; und wenn man jetzt noch R', R''' zu einer Kraft R, und S'', S''' zu einer Kraft S vereinigt, so ist die Aufgabe gelöst.

§. 12. Man sieht leicht, wie dasselbe Verfahren auch auf ein System von fünf und mehreren Puncten angewendet werden kann, und es würde überflüssig sein, hierbei länger zu verweilen. Dagegen wird man zu einigen bemerkenswerthen Resultaten geführt, wenn man die Aufgabe für vier und mehrere Puncte auf ähnliche Art, wie oben bei drei Puncten geschah, analytisch behandelt.

In dieser Absicht wollen wir zunächst bei einem System von vier Puncten die fünf Bedingungsgleichungen zwischen $x, y, \ldots, x_3, y_3$ und $X, Y, \ldots, X_3, Y_3$ aufstellen und die aus ihnen durch Elimination von X, Y, X_1, Y_1 sich ergebende Gleichung suchen. Um die Rechnung möglichst zu vereinfachen, wollen wir zum Anfangspuncte der Coordinaten den Punct (x, y) nehmen und die Axe der x durch den Punct (x_1, y_1) legen, also x, y und y_1 gleich Null setzen. Dies ist gestattet, weil nach §. 8 die fünf Gleichungen unabhängig von der Lage der Coordinatenaxen sind. Die fünf Gleichungen werden damit:

$$X + X_1 + X_2 + X_3 = 0\ , \qquad Y + Y_1 + Y_2 + Y_3 = 0\ ,$$
$$X_2 y_2 + X_3 y_3 = 0\ , \qquad Y_1 x_1 + Y_2 x_2 + Y_3 x_3 = 0\ ,$$
$$X_1 x_1 + X_2 x_2 - Y_2 y_2 + X_3 x_3 - Y_3 y_3 = 0\ .$$

Hiervon ist aber bereits die dritte Gleichung: $X_2 y_2 + X_3 y_3 = 0$ als durch Elimination von X, Y, X_1, Y_1 hervorgegangen anzusehen und wir sind damit weiterer Rechnung überhoben. Bezeichnen wir die Puncte (x, y), (x_1, y_1), ... und die Kräfte (X, Y), (X_1, Y_1), ... kurz durch A, B, C, D und P, Q, R, S, so drückt diese Gleichung aus, dass, wenn man von den zwei auf C und D wirkenden Kräften R und S jede in zwei zerlegt, von denen die eine mit AB parallel, die andere auf AB perpendiculär ist, und man die zwei mit AB parallelen Kräfte in die Abstände ihrer Angriffspuncte C und D von AB multiplicirt, die Summe dieser Producte Null ist.

Es hat keine Schwierigkeit, sich von der Wahrheit dieses Satzes unmittelbar zu überzeugen. Man lasse nämlich ähnlicherweise, wie vorhin bei einem Systeme von drei Puncten, die zwei Puncte A und B unbeweglich werden. Wegen der Unveränderlichkeit des Inhaltes der Dreiecke ABC und ABD bleiben alsdann C und D nur noch in Parallelen mit AB beweglich. Nach der Zerlegung der jetzt allein zu berücksichtigenden Kräfte R und S nach Richtungen, die auf AB perpendiculär und mit AB parallel sind, können daher die auf AB perpendiculären Kräfte von beliebiger Grösse sein. Zwischen den mit AB parallelen Kräften aber, welche resp. R' und S' heissen, muss eine Relation stattfinden, welche dadurch bestimmt wird, dass das Dreieck ABC seinen Inhalt nicht ändert, wobei auch das Dreieck BCD, wegen der Beständigkeit des Inhalts von ABC, ABD seinem Inhalte nach unverändert bleiben wird. Es ist aber der Inhalt des Dreiecks ACD:

$$ACD = \tfrac{1}{2}(x_2 y_3 - x_3 y_2).$$

Soll nun derselbe constant bleiben, während C und D sich in Parallelen mit AB, d. i. mit der Axe der x bewegen, während also y_2 und y_3 constant bleiben und x_2 und x_3 sich etwa um c und d ändern, so muss $cy_3 - dy_2 = 0$ sein; die mit AB parallelen Wege c und d der Puncte C und D müssen sich daher wie die Entfernungen y_2 und y_3 derselben von AB verhalten. Nach dem Princip der virtuellen Geschwindigkeiten müssen aber die Wege c und d, welche C und D vermöge ihrer Verbindung gleichzeitig beschreiben können, multiplicirt in die nach diesen Wegen wirkenden Kräfte X_2 und X_3, eine Summe gleich Null geben; es muss folglich $X_2 c + X_3 d = 0$ sein; wie zu erweisen war.

§. 13. Verfährt man auf ähnliche Weise bei einem Systeme von fünf Puncten A, B, C, D, E, nimmt den ersten derselben, A oder (x, y), zum Anfangspuncte der Coordinaten und legt die Axe der x durch den zweiten, B oder (x_1, y_1), so ist es die Gleichung:

$$X_2 y_2 + X_3 y_3 + X_4 y_4 = 0 \ ,$$

welche aus der Elimination von X, Y, X_1, Y_1 hervorgegangen zu betrachten ist. Sie zeigt an, dass, wenn man die auf C, D, E wirkenden Kräfte Q, R, S auf AB projicirt, und diese Projectionen resp. in die Abstände der Puncte C, D, E von AB multiplicirt, die Summe dieser Producte Null sein muss.

Um sich auch hiervon den Grund unmittelbar aus dem Princip der virtuellen Geschwindigkeiten deutlich zu machen, nehme man wiederum A und B unbeweglich an. Da die Figur $ABCDE$, und folglich auch jedes der beiden Vierecke $ABCD$ und $ABDE$, sich immer gleich bleiben sollen, so sind nach dem Vorigen die Puncte CDE nur in Parallelen mit AB beweglich, und wenn c, d, e die gleichzeitig von ihnen beschriebenen Wege bedeuten, so verhalten sich $c : d = y_2 : y_3$ und $d : e = y_3 : y_4$; d. h. die von C, D, E parallel mit AB beschriebenen Wege sind den Abständen dieser Puncte von AB proportional, und es muss folglich, da die auf C, D, E wirkenden Kräfte, nach den Richtungen dieser Wege geschätzt, gleich X_2, X_3, X_4 sind, beim Gleichgewichte $X_2 y_2 + X_3 y_3 + X_4 y_4 = 0$ sein.

Ueberhaupt also — denn dieselben Schlüsse lassen sich auch auf jedes System von mehreren Puncten ausdehnen — *müssen bei einem Systeme von n Puncten, die Abstände von n — 2 derselben von der Geraden, welche die zwei übrigen Puncte verbindet, multiplicirt mit den resp. auf die Puncte wirkenden und parallel mit jener Geraden geschätzten Kräften, eine Summe gleich Null geben.* Der Grund hiervon aber kann unmittelbar in der Anwendung des Princips der virtuellen Geschwindigkeiten auf den Satz nachgewiesen werden, dass bei einem Systeme von Puncten in einer Ebene, welches sich immer gleich bleiben soll, sobald zwei der Puncte unbeweglich gesetzt werden, die übrigen in Parallelen mit der jene zwei Puncte verbindenden Geraden beweglich bleiben, und dass die gleichzeitig von ihnen beschriebenen Wege sich wie ihre Entfernungen von der Geraden verhalten.

§. 14. Werden in der Ebene ausser dem Systeme der rechtwinkligen Coordinaten x und y noch zwei dergleichen beliebig angenommen, und sind in Bezug auf sie x', y' und x'', y'' die Coordinaten des Punctes (x, y), sowie (X', Y') und (X'', Y'') die Ausdrücke der auf diese neuen Systeme bezogenen Kraft (X, Y); sind endlich α und α' die Winkel der Axen der x' und x'' mit der Axe der x, so hat man nach §. 8:

$$\Sigma X' y' = -\sin\alpha . \cos\alpha . \Sigma(Xx - Yy) + \cos\alpha^2 . \Sigma Xy - \sin\alpha^2 . \Sigma Yx,$$
$$\Sigma X'' y'' = -\sin\alpha' . \cos\alpha' . \Sigma(Xx - Yy) + \cos\alpha'^2 . \Sigma Xy - \sin\alpha'^2 . \Sigma Yx.$$

Es folgt hieraus, wenn man $\Sigma Xy = 0$, $\Sigma X' y' = 0$ und $\Sigma X'' y'' = 0$ setzt:

$$0 = \sin\alpha . \cos\alpha . \Sigma(Xx - Yy) + \sin\alpha^2 . \Sigma Yx ,$$
$$0 = \sin\alpha' . \cos\alpha' . \Sigma(Xx - Yy) + \sin\alpha'^2 . \Sigma Yx ,$$

und hieraus:

$$0 = \sin\alpha . \sin\alpha' . \sin(\alpha' - \alpha) . \Sigma Yx ,$$
$$0 = \sin\alpha . \sin\alpha' . \sin(\alpha' - \alpha) . \Sigma(Xx - Yy) ;$$

folglich $\Sigma Yx = 0$ und $\Sigma(Xx - Yy) = 0$, wofern weder α, noch α', noch $\alpha' - \alpha$, einem Vielfachen von 180^0 gleich ist, d. h. wofern von den drei Axen der x, der x' und der x'' keine zwei mit einander parallel sind. Statt der obigen fünf Bedingungen des Gleichgewichtes kann man daher auch folgende fünf setzen:

$$\Sigma X = 0 , \quad \Sigma Y = 0 , \quad \Sigma Xy = 0 , \quad \Sigma X'y' = 0 , \quad \Sigma X''y'' = 0 ;$$

d. h. *Bei einem in einer Ebene enthaltenen Systeme von Kräften, welche auf Puncte der Ebene wirken, die dergestalt beweglich sind, dass die von ihnen gebildete Figur sich immer gleich bleibt, ist es zum Gleichgewichte nothwendig und hinreichend: erstens, dass die Kräfte, wenn sie parallel mit ihren Richtungen an einen und denselben Punct ge-*

tragen werden, sich das Gleichgewicht halten, und dass zweitens für jede von drei in der Ebene liegenden Axen, von denen keine zwei mit einander parallel sind, die Summe der Entfernungen der Puncte von der Axe, jede Entfernung vorher mit der auf den Punct wirkenden und nach der Richtung der Axe geschätzten Kraft multiplicirt, Null ist.

Zusätze. *a*) Sind diese Bedingungen erfüllt, so gilt die Relation, welche für jede der drei Axen stattfindet, auch für jede vierte.

b) Die Nothwendigkeit dieser Relation für jede Axe der Ebene lässt sich auf ähnliche Art wie im Obigen unmittelbar dadurch beweisen, dass man die Axe als mit zu dem Systeme der Puncte gehörig betrachtet und unbeweglich annimmt, als wodurch die Puncte nur parallel mit dieser Axe beweglich bleiben, und ihre gleichzeitigen Geschwindigkeiten sich wie ihre Entfernungen von der Axe verhalten.

c) Hat das System in der That eine unbewegliche Axe, oder, was dasselbe ist, zwei unbewegliche Puncte, so ist es zum Gleichgewichte schon hinreichend, wenn hinsichtlich dieser Axe allein die vorhin gedachte Relation besteht.

§. 15. Ein System von vier oder mehreren Puncten im Raume bleibt sich gleich, wenn jede von je vier Puncten gebildete Pyramide ihren Inhalt nicht ändert. Es entsteht daher noch die Frage nach den Bedingungen des Gleichgewichtes zwischen Kräften, welche auf dergestalt im Raume bewegliche Puncte wirken, dass jede von je vier Puncten gebildete Pyramide von gleichem Inhalte bleibt. Die deshalb anzustellende Rechnung ist der für den eben betrachteten Fall, wo das System in einer Ebene enthalten war, ganz ähnlich, daher wir dieselbe nur kurz andeuten wollen.

Ist das System der Puncte (x, y, z) dem System der Puncte (t, u, v) gleich, so finden zwischen den Coordinaten jedes Punctes des einen Systems und den Coordinaten des entsprechenden Punctes im anderen System Gleichungen von der Form statt:

$$x = at + bu + cv + f\,,$$
$$y = a't + b'u + c'v + f'\,,$$
$$z = a''t + b''u + c''v + f''\,.$$

Zwischen den von einem Puncte zum anderen constanten Zahlen $a, b, \ldots, c''$ aber besteht die Relation:

$$(1)\quad a(b'c'' - b''c') + b(c'a'' - c''a') + c(a'b'' - a''b') = 1\,.$$

Wir nehmen nun an, dass die Puncte (t, u, v) ungeändert bleiben, die Puncte (x, y, z) aber ihre Lage um ein unendlich Geringes so ändern, dass die von ihnen gebildete Figur der Figur der Puncte (t, u, v), und folglich auch sich selbst, gleich bleibt. Die dadurch entstehenden Aenderungen von x, y, z ergeben sich durch Differentiation der obigen Werthe dieser Coordinaten, indem man dabei blos t, u, v constant annimmt und zwischen den Differentialen von a, b, ..., c'', die aus der Differentiation von (1) entspringende Gleichung bestehen lässt. Substituirt man in diesen Werthen von dx, dy, dz für t, u, v ihre durch x, y, z ausgedrückten Werthe, so kommt:

$$dx = df + (x - f)\, d\alpha + (y - f')\, d\beta + (z - f'')\, d\gamma\ ,$$
$$dy = df' + (x - f)\, d\alpha' + (y - f')\, d\beta' + (z - f'')\, d\gamma'\ ,$$
$$dz = df'' + (x - f)\, d\alpha'' + (y - f')\, d\beta'' + (z - f'')\, d\gamma''\ ,$$

wo $d\alpha$, $d\beta$, ..., $d\gamma''$ Functionen von a, b, ..., c'' und deren Differentialen sind, die ausserdem, dass zwischen $d\alpha$, $d\beta'$ und $d\gamma''$ wegen (1) die Relation

$$(2) \qquad d\alpha + d\beta' + d\gamma'' = 0$$

besteht, von einander ganz unabhängig sind.

Sei nun (X, Y, Z) die auf den Punct (x, y, z) wirkende Kraft. Man entwickele $\Sigma(Xdx + Ydy + Zdz)$, indem man für dx, dy, dz ihre vorhin angegebenen Werthe setzt. Da dieses Aggregat bei jeder möglichen Verrückung der Puncte (x, y, z) Null sein muss, so ergeben sich mit Berücksichtigung von (2) und wegen der übrigens von einander unabhängigen Differentiale $d\alpha$, $d\beta$, ... $d\gamma''$, folgende elf Gleichungen als Bedingungen des Gleichgewichtes:

$$\Sigma X = 0\ , \qquad \Sigma Y = 0\ , \qquad \Sigma Z = 0\ ,$$
$$\Sigma Yz = 0\ , \qquad \Sigma Zx = 0\ , \qquad \Sigma Xy = 0\ ,$$
$$\Sigma Zy = 0\ , \qquad \Sigma Xz = 0\ , \qquad \Sigma Yx = 0\ ,$$
$$\Sigma Xx = \Sigma Yy = \Sigma Zz\ .$$

Ganz wie bei einem Systeme von Puncten in einer Ebene, und wie auch schon aus der Natur der Sache folgt, lässt sich auch hier zeigen, dass diese Gleichungen von der Lage des Coordinatensystems unabhängig sind. Legt man die Ebene der x, y durch die Puncte (x, y, z), (x_1, y_1, z_1), (x_2, y_2, z_2), so werden z, z_1, z_2 gleich Null, und die Gleichungen $\Sigma Xz = 0$ und $\Sigma Yz = 0$ reduciren sich auf

$$(3) \quad X_3 z_3 + X_4 z_4 + \ldots = 0 \quad \text{und} \quad Y_3 z_3 + Y_4 z_4 + \ldots = 0\ .$$

Sie sind als das Resultat der Elimination der neun Kräfte X, Y, Z, X_1, Y_1, Z_1, X_2, Y_2, Z_2 aus den elf Gleichungen zu betrachten.

§. 16. Besteht das System nur aus vier Puncten, so ist zufolge letzterer zwei Gleichungen $X_3 = 0$ und $Y_3 = 0$, d. h. die Kraft am Puncte (x_3, y_3, z_3) muss auf der Ebene der x, y, also auf der durch die drei übrigen Puncte zu legenden Ebene, perpendiculär sein. Heissen daher A, B, C, D die vier Puncte und P, Q, R, S die auf sie wirkenden Kräfte, so muss R auf der Ebene ABC, und aus gleichem Grunde P auf BCD, Q auf CDA, R auf DAB perpendiculär sein. Jede dieser vier Bedingungen gibt zwei Gleichungen, mit denen die drei davon unabhängigen Gleichungen $\Sigma X = 0$, $\Sigma Y = 0$, $\Sigma Z = 0$ zusammen elf machen, wie erforderlich.

Zum Gleichgewichte zwischen vier Kräften, deren Angriffspuncte eine sich ihrem Inhalte nach immer gleich bleibende Pyramide bilden, ist es daher nothwendig und hinreichend, dass die Richtung jeder Kraft auf der dem Angriffspuncte der letzteren gegenüberliegenden Seitenfläche der Pyramide senkrecht ist, und dass alle vier Kräfte, wenn sie parallel mit ihren Richtungen an einen Punct getragen werden, sich das Gleichgewicht halten.

Die Nothwendigkeit der ersten dieser drei Bedingungen erhellt ebenso, wie im Obigen beim Dreieck, auch dadurch, dass man drei oder vier Puncte unbeweglich werden lässt. Denn alsdann ist der vierte Punct nur in einer Ebene beweglich, welche mit der durch die drei ersteren Puncte zu führenden Ebene parallel liegt; folglich u. s. w.

Zusatz. Unter den elf Bedingungsgleichungen sind offenbar auch die bekannten sechs: $\Sigma X = 0$, ..., $\Sigma(Yz - Zy) = 0$, ... mit enthalten, welche allein erfüllt sein müssen, wenn die gegenseitige Lage der Angriffspuncte unveränderlich ist. Da nun in diesem Falle zum Gleichgewichte zwischen vier Kräften erfordert wird, dass jede Gerade, welche die Richtungen dreier Kräfte schneidet, auch der Richtung der vierten begegnet, so erlangen wir damit folgenden geometrischen Satz:

Werden von den Ecken einer dreiseitigen Pyramide Perpendikel auf die gegenüberliegenden Seiten gefällt, so schneidet jede Gerade, welche drei dieser Perpendikel trifft, auch das vierte. Wie bekannt nämlich, schneidet von diesen vier Perpendikeln im Allgemeinen keines das andere.

§. 17. Bei einem Systeme von fünf Puncten reduciren sich die Gleichungen (3) auf:

$$X_3 z_3 + X_4 z_4 = 0 \ , \qquad Y_3 z_3 + Y_4 z_4 = 0 \ ,$$

folglich

$$X_3 : X_4 = Y_3 : Y_4 = - z_4 : z_3 \ .$$

Sind demnach A, B, C, D, E die fünf Puncte, P, Q, R, S, T die auf sie resp. wirkenden Kräfte, und S' T' die parallel mit der

Ebene ABC geschätzten Kräfte S, T, so müssen S', T' mit einander parallel, und es muss $S'z_3 + T'z_4 = 0$ sein, wo z_3, z_4 die Abstände der Puncte D, E von der Ebene ABC sind.

Wir wollen den Grund hiervon durch ähnliche geometrische Betrachtungen, wie bei Puncten in einer Ebene, uns deutlich zu machen suchen. Seien A, B, C, D, E fünf Puncte im Raume, A, B, C unbeweglich, D, E aber dergestalt beweglich, dass das System der fünf Puncte sich immer gleich bleibt, und daher jede der aus ihnen zu bildenden Pyramiden ihren Inhalt unverändert behält. Sind nun D', E' zwei andere Oerter, welche die Puncte D, E zufolge ihrer Beweglichkeit einnehmen können, so ersieht man zuerst, dass wegen der Unveränderlichkeit des Inhalts der Pyramiden $ABCD$, $ABCE$ die Geraden DD', EE' der Ebene ABC parallel sein müssen. Man denke sich ferner die Geraden DE, $D'E'$ gezogen, welche die Ebene ABC in K, K' schneiden, so sind K und K' in den zwei einander gleichen Systemen A, B, C, D, E und A, B, C, D', E' einander entsprechende Puncte, und es ist folglich die Pyramide $ABKD = ABK'D' = ABK'D$, folglich das Dreieck $ABK = ABK'$, und aus ähnlichem Grunde $BCK = BCK'$; welches nicht anders möglich ist, als wenn K' mit K zusammenfällt. Die Geraden DE und $D'E'$ treffen mithin die Ebene ABC in einem und demselben Puncte; woraus wir weiter schliessen, dass die Puncte K, D, E, D', E' in einer Ebene liegen, dass folglich die Wege DD' und EE', welche D und E gleichzeitig beschreiben können, nicht nur mit der Ebene ABC, sondern auch mit einander parallel sind und sich wie KD und KE, also auch wie ihre Abstände z_3 und z_4 von der Ebene ABC verhalten.

Hiernach kann, wenn von den zwei Wegen DD' und EE' der eine gegeben ist, der andere sogleich gefunden werden. Setzt man nämlich die Projectionen von DD' auf die Axen der x und y resp. gleich mz_3 und nz_3, wo m und n zwei beliebige Zahlen sind, so sind die Projectionen von EE' auf dieselben Axen gleich mz_4 und nz_4. Die Projectionen auf die Axe der z aber sind beiderseits gleich Null.

Wirken nun auf D und E die Kräfte (X_3, Y_3, Z_3) und (X_4, Y_4, Z_4), so hat man nach dem Princip der virtuellen Geschwindigkeiten für das Gleichgewicht:

$$X_3 \,.\, mz_3 + Y_3 \,.\, nz_3 + X_4 \,.\, mz_4 + Y_4 \,.\, nz_4 = 0 \;,$$

folglich, wegen der gegenseitigen Unabhängigkeit der Zahlen m und n,

$$X_3 z_3 + X_4 z_4 = 0 \;, \qquad Y_3 z_3 + Y_4 z_4 = 0 \;,$$

wie vorhin.

§. 18. Kommt zu D und E noch ein dritter, nach dem Gesetze der Gleichheit beweglicher Punct F hinzu, so dass jetzt das System der sechs Puncte A, B, C, D, E, F, in welchem A, B, C unbeweglich sind, sich immer gleich bleibt, so müssen, weil dann auch jedes der beiden Systeme $ABCDE$ und $ABCEF$ besonders sich gleich bleiben muss, die Wege von D und E, wie vorhin, mit der Ebene ABC und mit einander parallel sein und sich wie ihre Abstände von dieser Ebene verhalten, und dasselbe muss von den Wegen von E und F gelten. Die gleichzeitig von sämmtlichen drei Puncten D, E, F beschriebenen Wege müssen daher mit einander und mit der Ebene ABC parallel und ihren Abständen von dieser Ebene proportional sein. Diese Bedingungen sind aber nicht allein nothwendig, sondern auch hinreichend, weil durch sie mit dem willkürlich angenommenen Wege eines der drei Puncte, D, (nur muss er parallel mit ABC sein) die Wege der beiden übrigen Puncte vollkommen bestimmt werden, und weil, wenn zwei Systeme von vier Puncten A, B, C, D und A, B, C, D' einander gleich sind, zu jedem fünften Puncte in dem einen Systeme ein entsprechender im anderen unzweideutig gefunden werden kann.

§. 19. Man sieht von selbst, wie diese Betrachtungen auf Systeme von noch mehreren Puncten ausgedehnt werden können. Ueberhaupt nämlich:

Hat man ein System, bestehend aus einer unbeweglichen Ebene und mehreren Puncten, die dergestalt beweglich sind, dass das System sich immer gleich bleibt, so sind die Wege der Puncte mit einander und mit der Ebene parallel und verhalten sich wie ihre Abstände von der Ebene; und umgekehrt: werden diese Bedingungen bei der Bewegung der Puncte erfüllt, so bleibt sich das System gleich.

Sollen nun Kräfte, an den also beweglichen Puncten angebracht, sich das Gleichgewicht halten, so muss, wenn jede Kraft, geschätzt nach einer und derselben, mit der unbeweglichen Ebene parallelen, sonst willkürlichen Richtung, in den Abstand ihres Angriffspunctes von der Ebene multiplicirt wird, die Summe dieser Producte Null sein. Und wenn diese Summe für irgend zwei solcher Richtungen Null ist, so ist sie es auch für jede dritte mit der Ebene parallele Richtung, und es herrscht Gleichgewicht.

Hat das System keine unbewegliche Ebene, so muss beim Gleichgewichte die jetzt für die unbewegliche Ebene angegebene Bedingung in Bezug auf jede von vier willkürlichen Ebenen erfüllt werden, und ausserdem müssen die Kräfte, an einen und denselben Punct verlegt, sich das Gleichgewicht halten.

Denn wegen des ersteren hat man viermal zwei und wegen des letzteren drei Gleichungen, also zusammen elf; wie zum Gleichgewicht erforderlich ist. Nur dürfen von den vier Ebenen keine zwei einander parallel und keine drei mit einer und derselben Geraden parallel liegen; oder kürzer: die vier Ebenen müssen mit den Flächen einer dreiseitigen Pyramide parallel sein.

III. Vom Gleichgewichte bei sich affin bleibenden Figuren.

§. 20. Zwei Systeme von Puncten in Ebenen stehen in der Verwandtschaft der Affinität, wenn die Fläche jedes aus den Puncten des einen Systems zu bildenden Dreiecks zu der entsprechenden Dreiecksfläche des anderen Systems ein constantes Verhältniss hat. Ist daher von drei ebenen Figuren die erste der zweiten gleich, als wobei dieses constante Verhältniss das der Gleichheit ist, und die zweite der dritten ähnlich, so ist die erste der dritten affin verwandt; und man kann umgekehrt zu zwei affinen Figuren immer eine dritte construiren, welche der einen von beiden gleich und der anderen ähnlich ist. Sind demnach Puncte in einer Ebene dergestalt beweglich, dass die von ihnen gebildete Figur sowohl zu jeder anderen ihr ähnlichen, als zu jeder anderen ihr gleichen Figur übergehen kann, so kann sich die anfängliche Figur auch in jede andere ihr affine verwandeln, und alle Figuren, welche ein mit solch einer doppelten Beweglichkeit begabtes System von Puncten annehmen kann, sind einander, wo nicht ähnlich oder gleich, doch affin. Auf eben diese Weise werden daher auch die Bedingungen für das Gleichgewicht eines solchen Systems aus den Bedingungen, welche wir bei der Aehnlichkeit und bei der Gleichheit fanden, zusammengesetzt sein.

Die Bedingungen für das Gleichgewicht zwischen Kräften an Puncten in einer Ebene, die eine sich immer affin bleibende Figur bilden, sind hiernach folgende sechs:

$$\Sigma X = 0\ , \quad \Sigma Y = 0\ , \quad \Sigma Xy = 0\ , \quad \Sigma Yx = 0\ ,$$
$$\Sigma(Xx - Yy) = 0\ , \quad \Sigma(Xx + Yy) = 0\ ,$$

wo wir statt der zwei letzten noch einfacher setzen können:

$$\Sigma Xx = \Sigma Yy = 0\ .$$

§. 21. Da alle Dreiecke einander affin sind, so kann hier zwischen drei Kräften noch kein Gleichgewicht bestehen, wohl aber zwischen vier Kräften. In diesem Falle, und wenn wir grösserer Einfachheit willen die Axe der x durch die Puncte (x, y) und (x_1, y_1) legen, gehen die dritte und sechste der sechs Gleichungen über in

$$X_2 y_2 + X_3 y_3 = 0 \quad \text{und} \quad Y_2 y_2 + Y_3 y_3 = 0 \ ,$$

folglich

$$X_2 : X_3 = Y_2 : Y_3 \ ,$$

d. h. die zwei Kräfte (X_2, Y_2) und (X_3, Y_3) sind einander parallel, und ebenso müssen auch je zwei andere der vier Kräfte, also alle vier Kräfte überhaupt, einander parallel sein. Nehmen wir daher jetzt die Axe der x mit den Kräften parallel an, so werden alle Y Null, die zweite, vierte und sechste der sechs Gleichungen werden damit identisch, und es bleiben nur noch die erste, dritte und fünfte:

$$\Sigma X = 0 \ , \quad \Sigma Xy = 0 \ , \quad \Sigma Xx = 0$$

zu berücksichtigen. Von diesen sind die zwei ersten die bekannten Bedingungsgleichungen für das Gleichgewicht paralleler Kräfte, wenn sie auf fest mit einander verbundene Puncte wirken. Die dritte gibt in Verbindung mit den zwei ersten zu erkennen, dass der Mittelpunct je dreier der vier Kräfte zugleich der Angriffspunct der jedesmal vierten Kraft ist (vergl. §. 5, *b*).

Sollen daher in einer Ebene an vier Puncten, die dergestalt beweglich sind, dass die von ihnen gebildete Figur sich immer affin bleibt, Kräfte sich das Gleichgewicht halten, so müssen die vier Kräfte sämmtlich einander parallel sein, und ausser den zwei Bedingungen, welche zum Gleichgewichte zwischen parallelen Kräften an fest mit einander verbundenen Puncten erforderlich sind, muss noch die erfüllt werden, dass der Mittelpunct irgend dreier der vier Kräfte der Angriffspunct der vierten Kraft ist; wo dann auch der Mittelpunct von je drei anderen der vier Kräfte der Angriffspunct der jedesmal übrigen Kraft sein wird.

§. 22. Wenn dem Systeme von Puncten in einer Ebene, welche nach dem Gesetze der Affinität beweglich sind, eine unbewegliche Gerade, oder, was dasselbe ist, zwei unbewegliche Puncte hinzugefügt werden, so reducirt sich die Anzahl der Bedingungsgleichungen für das Gleichgewicht auf zwei. Nehmen wir z. B. an, die Axe der x solle unbeweglich werden, und fügen zu dem Ende zwei in ihr liegende unbewegliche Puncte $(x', 0)$ und $(x'', 0)$ hinzu. Findet nun Gleichgewicht statt, so wird dasselbe noch bestehen, wenn wir letztere zwei Puncte in Verbindung mit den Puncten des Systems nach dem Gesetz der Affinität beweglich sein lassen und an ihnen zwei Kräfte (X', Y') und (X'', Y'') anbringen, welche in Verbindung mit den Kräften (X, Y) u. s. w. den obigen sechs Gleichungen Genüge thun, so dass man also hat:

$$X' + X'' + \Sigma X = 0\ , \qquad Y' + Y'' + \Sigma Y = 0\ ,$$
$$\Sigma Xy = 0\ , \qquad Y'x' + Y''x'' + \Sigma Yx = 0\ ,$$
$$\Sigma Yy = 0\ , \qquad X'x' + X''x'' + \Sigma Xx = 0\ .$$

Sind aber die Puncte $(x', 0)$ und $(x'', 0)$ unbeweglich, so kommen die an ihnen angebrachten Kräfte nicht mehr in Betracht und die Bedingungsgleichungen für das Gleichgewicht sind diejenigen zwei, welche nach Elimination von X', Y', X'', Y'' aus letzteren sechs Gleichungen übrig bleiben, also:

$$\Sigma Xy = 0\ , \qquad \Sigma Yy = 0\ .$$

Sie zeigen an, dass wenn man jede Kraft, geschätzt nach einer und derselben, aber beliebigen Richtung, in den Abstand ihres Angriffspunctes von der unbeweglichen Linie multiplicirt, die Summe dieser Producte Null sein muss. Man kann nämlich statt letzterer zwei Gleichungen auch die einzige

$$\cos\alpha \,.\, \Sigma Xy + \sin\alpha \,.\, \Sigma Yy = 0$$

schreiben, wo α einen constanten, aber beliebig zu nehmenden Winkel bedeutet. Setzt man nun noch $X = P\cos\varphi$, $Y = P\sin\varphi$, wo daher P die Intensität der Kraft (X, Y) und φ den Winkel ihrer Richtung mit der Axe der x bedeutet, so wird jene Gleichung:

$$\Sigma P\cos(\varphi - \alpha) \,.\, y = 0\ ,$$

und drückt unter dieser Form die ausgesprochene Bedingung aus.

Hat das System keine unbewegliche Linie, so muss diese Bedingung in Bezug auf drei gerade Linien der Ebene erfüllt werden, wenn Gleichgewicht stattfinden soll. Nur dürfen diese drei sich nicht in einem Puncte schneiden und auch nicht alle drei mit einander parallel sein. Man wird nämlich somit zu dreimal zwei Gleichungen geführt, welche in ihrer einfachsten Form keine anderen als die sechs vorhin aufgestellten sind.

§. 23. Den umgekehrten Weg von demjenigen einschlagend, welchen wir bei einem nach dem Gesetze der Gleichheit beweglichen Systeme von Puncten befolgten, wollen wir noch aus der jetzt erhaltenen Bedingung des Gleichgewichtes an einem sich affin bleibenden Systeme von beweglichen Puncten und einer unbeweglichen Geraden, welche sämmtlich in derselben Ebene begriffen sind, die Art der Beweglichkeit selbst zu bestimmen suchen.

Zu dem Ende haben wir nur die jetzt gefundene Gleichung

$$\Sigma Xy \,.\, \cos\alpha + \Sigma Yy \,.\, \sin\alpha = 0$$

mit der aus dem Princip der virtuellen Geschwindigkeiten folgenden

$$\Sigma Xdx + \Sigma Ydy = 0$$

zu vergleichen. Hiernach muss, wenn man $dx = iy \,.\, \cos\alpha$ setzt, unter i einen Proportionalitätsfactor verstanden, $dy = iy \,.\, \sin\alpha$, $dx_1 = iy_1 \,.\, \cos\alpha$, $dy_1 = iy_1 \sin\alpha$, u.s.w., folglich $\sqrt{dx^2 + dy^2} = iy$, u. s. w. und $\frac{dy}{dx} = \text{tang}\,\alpha$, u. s. w. sein.

Sind demnach zwei oder mehrere Puncte in einer Ebene dergestalt beweglich, dass sie in Verbindung mit einer unbeweglichen Geraden der Ebene (der Axe der x) eine sich affin bleibende Figur bilden, so sind die von ihnen gleichzeitig beschriebenen Wege ($\sqrt{dx^2 + dy^2}$) ihren Abständen (y) von der Geraden proportional und einander parallel (indem jeder mit der Axe der x den von einem Puncte zum anderen constanten Winkel α bildet).

Um dieses geometrisch darzuthun, darf nur bewiesen werden, dass wenn zwei Vierecke $ABCD$ und $ABC'D'$ in einer Ebene, welche eine gemeinschaftliche Seite AB haben, einander affin sind, die Linien CC' und DD' einander parallel sind und sich wie die Abstände ihrer entsprechenden Endpuncte, C und D oder C' und D' von der gemeinschaftlichen Seite AB verhalten. Ich übergehe aber den Beweis hiervon, da er dem im Obigen geführten Beweise für den analogen Satz bei einander gleichen Figuren ganz ähnlich ist.

Daraus endlich, dass, wenn das System keine unbewegliche Linie hat, die Bedingung für das Gleichgewicht, welche beim Vorhandensein einer unbeweglichen Linie stattfindet, in Bezug auf drei Linien der Ebene erfüllt sein muss, können wir folgendes Porisma schliessen:

Hat man in einer Ebene zwei einander affine Systeme von Puncten und drei gerade Linien, welche sich nicht in einem Puncte schneiden und auch nicht alle drei mit einander parallel sind, so ist es immer möglich, die Puncte des einen Systems mit den entsprechenden des anderen dadurch zur Coïncidenz zu bringen, dass man sie parallel mit einander um Linien fortbewegt, welche ihren (der Puncte) Entfernungen von der einen der drei Geraden proportional sind, und dass man dieselbe Operation in Bezug auf jede der beiden anderen Geraden wiederholt.

§. 24. Aus demselben Grunde, wie bei einem Systeme von Puncten in einer Ebene, sind auch bei einem Systeme von Puncten im Raume, wenn sich dasselbe affin bleiben soll, d. h. wenn bei der Bewegung der Puncte die Verhältnisse zwischen den aus ihnen zu bildenden Pyramiden sich nicht ändern sollen, die Bedingungen des Gleichgewichtes aus denen zusammengesetzt, welche stattfinden müssen, wenn das System sich ähnlich und wenn es sich gleich bleiben soll. Die Bedingungen des Gleichgewichtes bei einem sich affin bleibenden Systeme von Puncten im Raume sind demnach (vergl. §. 4 und §. 15) folgende zwölf:

$$\begin{array}{llll} \Sigma X = 0\ , & \Sigma Xy = 0\ , & \Sigma Xz = 0\ , & \Sigma Xx = 0\ , \\ \Sigma Y = 0\ , & \Sigma Yz = 0\ , & \Sigma Yx = 0\ , & \Sigma Yy = 0\ , \\ \Sigma Z = 0\ , & \Sigma Zx = 0\ , & \Sigma Zy = 0\ , & \Sigma Zz = 0\ . \end{array}$$

Hieraus folgt zunächst ebenso, wie bei einem Systeme von vier Puncten in einer Ebene, dass, wenn das System im Raume nur aus fünf Puncten besteht, die Richtungen der auf sie wirkenden Kräfte einander parallel sein müssen; dass zweitens die Bedingungen erfüllt sein müssen, welche zum Gleichgewichte erforderlich sind, sobald die gegenseitigen Entfernungen der Puncte unveränderlich angenommen werden; und dass drittens der Mittelpunct von irgend vier der fünf parallelen Kräfte mit dem Angriffspuncte der fünften Kraft zusammenfallen muss.

Man kann hierbei noch bemerken, dass, wenn bei einem Systeme paralleler Kräfte, sei es in einer Ebene oder im Raume, von zwei Angriffspuncten jeder der Mittelpunct der jedesmal übrigen Kräfte ist, dasselbe auch von jedem dritten Angriffspuncte gilt, und dass die Kräfte, nicht nur wenn ihre Angriffspuncte fest mit einander verbunden sind, sondern auch dann, wenn sie nach dem Gesetze der Affinität beweglich sind, sich das Gleichgewicht halten.

Denn ist — um den Satz nur von einem ebenen Systeme zu beweisen — der Angriffspunct (x, y) der Kraft (X, Y) der Mittelpunct der übrigen Kräfte, und werden die Kräfte parallel mit der Axe der x, also Y, Y_1, ... gleich Null angenommen, so hat man

$$x = \frac{X_1 x_1 + X_2 x_2 + \dots}{X_1 + X_2 + \dots} = \frac{-Xx + \Sigma Xx}{-X + \Sigma X}\ ,$$

folglich

und ebenso

$$\left.\begin{array}{l} x\Sigma X = \Sigma Xx\ , \\ y\Sigma X = \Sigma Xy\ . \end{array}\right\} \quad (1)$$

Ist ferner auch der Angriffspunct (x_1, y_1) der Kraft X_1 der Mittelpunct der übrigen Kräfte, so hat man auf gleiche Weise:

$$x_1 \Sigma X = \Sigma Xx \qquad \text{und} \qquad y_1 \Sigma X = \Sigma Xy\ . \qquad (2)$$

Aus (1) und (2) aber folgt:

$$(x_1 - x)\,\Sigma X = 0, \qquad (y_1 - y)\,\Sigma X = 0 .$$

Da nun $x_1 - x$ und $y_1 - y$ nicht zugleich Null sein können, so muss $\Sigma X = 0$ sein, mithin auch $\Sigma Yy = 0$ und $\Sigma Xx = 0$; woraus das Uebrige von selbst folgt.

Statt der zwei letzten der obigen drei Bedingungen für das Gleichgewicht an einem Systeme von fünf in affiner Lage bleibenden Puncten im Raume (oder von vier Puncten in einer Ebene) kann man daher auch die eine setzen, dass von zweien der Puncte jeder der Mittelpunct der auf die jedesmal übrigen Puncte wirkenden parallelen Kräfte sein muss.

§. 25. Demjenigen endlich analog, was wir bei einem affin bleibenden Systeme von einer beliebigen Anzahl von Puncten in einer Ebene fanden, können wir, wenn das System im Raume enthalten ist, folgende Sätze aufstellen:

Herrscht in einem solchen Systeme Gleichgewicht, so ist die Summe der Producte Null, welche man erhält, wenn man jede Kraft, geschätzt nach einer und derselben, aber beliebigen Richtung, in den Abstand ihres Angriffspunctes von einer und derselben, aber beliebigen Ebene multiplicirt. — Ist diese Summe gleich Null, in Bezug auf dieselbe Ebene, für irgend drei nicht einer und derselben Ebene parallele Richtungen, nach welchen man die Kräfte schätzt, so ist sie es auch für jede vierte Richtung. — Und wenn dasselbe auch noch in Bezug auf drei andere Ebenen gilt, welche mit der ersteren eine Pyramide bilden, so gilt es auch für jede fünfte Ebene, und es herrscht Gleichgewicht. — Enthält das System eine unbewegliche Ebene, so braucht diese Bedingung bloss in Bezug auf diese Ebene erfüllt zu sein, wenn Gleichgewicht stattfinden soll.

Hinzufügen können wir noch die weiteren Sätze:

Wenn das System eine unbewegliche Linie oder einen unbeweglichen Punct enthält, so muss die erwähnte Bedingung in Bezug auf jede von zwei Ebenen, welche sich in der Linie schneiden, oder in Bezug auf jede von drei Ebenen, welche in dem Puncte zusammenstossen, beim Gleichgewichte erfüllt sein.

Bei einem sich affin bleibenden Systeme von Puncten, welches zugleich eine unbewegliche Ebene hat, sind die Puncte dergestalt beweglich, dass die von ihnen gleichzeitig beschriebenen Wege einander parallel und ihren Abständen von der Ebene proportional sind.

Dadurch, dass man alle Puncte eines Systems parallel fortbewegt um Linien, welche sich wie die Abstände der Puncte von einer unbewegt bleibenden Ebene verhalten, kann man das System mit jedem anderen Systeme zur Congruenz bringen, welches dem ersten affin ist und mit ihm die gedachte Ebene gemein hat.

Dadurch, dass man dieselbe Operation in Bezug auf zwei Ebenen, oder auf drei Ebenen, welche sich nicht in einer und derselben Geraden, auch nicht in einer unendlich entfernten schneiden, oder in Bezug auf vier Ebenen wiederholt, welche nicht einen und denselben Punct, auch nicht einen unendlich entfernten, mit einander gemein haben, — dadurch kann man das gegebene System mit jedem anderen ihm affinen Systeme zur Congruenz bringen, welches im ersten Falle die Durchschnittslinie der beiden Ebenen, im zweiten Falle den Durchschnittspunct der drei Ebenen mit dem gegebenen Systeme gemein hat, im dritten Falle aber jede beliebige Lage zu dem gegebenen Systeme haben kann.

Eine Untersuchung über das Gleichgewicht bei der noch entfernteren Verwandtschaft der Collineation anzustellen, behalte ich mir für ein anderes Mal vor und bemerke hier nur, dass unter den Bedingungsgleichungen bei dieser Verwandtschaft alle diejenigen mit vorkommen, welche wir bei der Affinität fanden, — denn je zwei einander affine Figuren stehen auch in der Verwandtschaft der Collineation, — dass aber die übrigen Bedingungsgleichungen von den Coordinaten der Angriffspuncte die Quadrate und Producte der zweiten Dimension enthalten.

Einfacher Beweis des vom Herrn Geh. Hofrath Schweins im 32. Bande dieses Journals Nr. 25 mitgetheilten statischen Satzes.

[Crelle's Journal, 1848, Band 36, p. 89—90.]

§. 1. Zwei nicht in einer Ebene wirkende Kräfte p, q lassen sich in ein Kräftepaar und in eine einzelne nicht in der Ebene des Paares enthaltene Kraft verwandeln. Heisse t die einzelne Kraft, und u, v seien die Kräfte des Paares. Weil hiernach p, q mit t, u, v gleiche Wirkung haben sollen, so muss die Summe der auf irgend eine Axe bezogenen Momente von p, q der Summe der auf dieselbe Axe bezogenen Momente von t, u, v gleich sein. Schneide nun eine mit der Ebene des Paares u, v parallel gelegte Ebene die Richtungen p, q, t resp. in den Puncten P, Q, T und werde die Gerade PQ zur Axe genommen, so sind die Momente von p und q einzeln Null, weil p sowohl als q von PQ geschnitten wird. Da ferner ein Kräftepaar in der Ebene, in welcher es wirkt, ohne Aenderung seiner Wirkung beliebig verlegt werden kann, und weil PQ, als eine Gerade, die in einer mit der Ebene des Paares parallelen Ebene liegt, mit ersterer Ebene gleichfalls parallel ist, so können wir die Kräfte u, v des Paares parallel mit PQ annehmen. Alsdann aber sind die auf PQ bezogenen Momente von u und v, jedes für sich, ebenfalls Null. Mithin muss auch das auf PQ bezogene Moment von t Null sein; folglich muss t mit PQ in einer Ebene liegen, und folglich T ein Punct der Geraden PQ sein.

Werden demnach zwei nicht in einer Ebene wirkende Kräfte p, q *in ein Kräftepaar* u, v *und eine einzelne Kraft* t *verwandelt, so liegen die Puncte* P, Q, T, *in welchen* p, q, t *von irgend einer mit der Ebene des Paares* u, v *parallelen Ebene geschnitten werden, in einer Geraden.*

§. 2. Unter den unendlich vielen Arten, auf welche diese Verwandlung möglich, gibt es bekanntlich eine, bei welcher die Ebene des Paares u, v auf t normal ist. Die Lage, welche alsdann t hat, werde mit τ bezeichnet und heisse, wie in dem Aufsatze des Herrn Schweins, die Hauptdrehlinie des Systems der Kräfte p, q

(sowie jedes anderen Systems von Kräften, welches auf p, q reducirbar ist). Für diesen besonderen Fall lautet der vorige Satz also:

Die Puncte T, P, Q, in denen die Hauptdrehlinie τ eines Systems von Kräften und die zwei Kräfte p, q, auf welche das System reducirbar ist, von einer auf τ normalen Ebene geschnitten werden, liegen in einer Geraden; oder mit anderen Worten: eine die Richtungen p und q schneidende und auf τ normale Gerade schneidet auch die Richtung τ.

§. 3. Von hier bis zu dem Satze des Herrn Schweins ist jetzt nur ein Schritt noch übrig. Diejenige Gerade nämlich, welche p und q zugleich rechtwinklig schneidet und folglich auf jeder mit p und q zugleich parallelen Ebene normal ist, ist auch auf τ normal, weil p, q, τ einer und derselben Ebene parallel sind. Wir schliessen daher:

Hat ein System von Kräften zwei nicht in einer Ebene wirkende Kräfte zu Resultanten, so wird von der Geraden, welche diese zwei Kräfte rechtwinklig schneidet, auch die Hauptdrehlinie des Systems rechtwinklig geschnitten.

Dass übrigens p, q und τ oder die Richtung von t einer und derselben Ebene parallel sind, erhellt sogleich daraus, dass die Gleichheit der Wirkung von p, q einerseits und t, u, v andererseits auch noch bestehen muss, wenn die fünf Kräfte, parallel mit ihren Richtungen, an einen und denselben Punct getragen werden. Denn alsdann heben sich u und v, als zwei einander gleiche und direct entgegengesetzte Kräfte, gegen einander auf, und es müssen folglich p und q mit t gleiche Wirkung haben, folglich p, q, t in einer Ebene begriffen sein, folglich u. s. w.

Ueber einen Beweis des Satzes vom Parallelogramme der Kräfte.

[Berichte über die Verhandlungen der Königl. Sächs. Gesellschaft der Wissenschaften, math.-phys. Klasse, 1850, Bd. II, p. 10—15*).]

---

*) Abgedruckt in Grunert's Archiv der Mathematik und Physik, 1851, Th. XVII, p. 475—480. Abgedruckt und mit einer Nachschrift (vergl. weiter unten) versehen in Crelle's Journal für die Mathematik, 1851, Bd. 42, p. 179—184.

Abgesehen von den als ungenügend anerkannten Beweisen dieses Satzes, welche man auf die Zusammensetzung der Bewegungen zu gründen bemüht gewesen ist, lassen sich die übrigen Beweise in zwei Klassen theilen. Bringt man nämlich den Satz unter die Form der Aufgabe: zu zwei auf einen frei beweglichen Punct wirkenden Kräften eine dritte zu finden, welche, an demselben Puncte — wir wollen ihn D nennen — angebracht, dieselbe Wirkung, wie erstere zwei in Vereinigung, erzeugt, so umfasst die eine Klasse von Beweisen für die bekannte Lösung dieser Aufgabe alle diejenigen, bei denen alle noch in Betracht gezogenen Hülfskräfte denselben Punct D zum Angriffspuncte haben. Bei der anderen Klasse von Beweisen lässt man Hülfskräfte auch noch auf andere mit dem Puncte D und unter sich in unabänderlichen Entfernungen sich befindende Puncte wirken.

Wenn nun auch die Zuhülfenahme noch anderer Angriffspuncte von Kräften der Schärfe des Beweises keinen Eintrag thun kann, da das hierbei in Betracht kommende Princip von der Verlegung der Kräfte ebenso evident wie jeder der übrigen Grundsätze der Statik ist und auch im weiteren Fortgange dieser Wissenschaft nicht entbehrt werden kann: so pflegt man doch Beweise der ersteren Klasse denen der letzteren vorzuziehen, indem jene von D verschiedenen Angriffspuncte von der Natur der Sache nicht geboten erscheinen. Von der anderen Seite ist nicht zu verkennen, dass die Beweise der zweiten Klasse durchschnittlich eine ungleich elementarere Haltung haben, als die Beweise der ersteren, bei denen man nicht selten ziemlich tief gehende Betrachtungen aus der höheren Analysis in Anwendung bringt. Man denke nur an die von französischen Mathematikern, namentlich von d'Alembert, Laplace, Poisson und Pontécoulant*) gegebenen an sich trefflichen Beweise des Satzes. Ich muss aber offen bekennen, dass für einen so elementaren Gegenstand, als um welchen es sich hier handelt, aus der höheren Analysis

*) In dessen Théorie analytique du système du monde, Tome I. p. 4 u. folg.

entlehnte Kunstgriffe mir noch weit fremdartiger und damit unstatthafter, als jene zu Hülfe genommenen Angriffspuncte, zu sein scheinen.

Unter so bewandten Umständen hielt ich es für nicht ganz überflüssig, einen von mir gefundenen Beweis für das Parallelogramm der Kräfte zu veröffentlichen, der weder fremdartige Hülfspuncte, noch der Elementarmathematik fremdartige Methoden in Anspruch nimmt, sondern unmittelbar auf die Natur des Parallelogramms gegründet ist und sich von den meisten übrigen Beweisen des Satzes auch noch dadurch unterscheidet, dass sich bei ihm die Grösse und die Richtung der Diagonalkraft nicht hinter einander, sondern gleichzeitig ergeben. Ich habe diesen Beweis bereits in meinem vor 13 Jahren herausgegebenen Lehrbuche der Statik (1. Theil, §. 80*)) mitgetheilt. Indessen lässt er sich, wie ich später bemerkt habe, um ein Beträchtliches einfacher und übersichtlicher gestalten, als es dort geschehen. Möge ihm daher hiesigen Orts eine nochmalige Veröffentlichung, und zwar in der einfachsten Form, deren er fähig sein dürfte, gestattet sein.

Vorläufig erinnere ich nur noch, dass man sich alle im Folgenden in Betracht kommenden Linien und Puncte in einer und derselben Ebene enthalten zu denken hat.

---

§. 1. Seien DB und AC (vergl. Fig. 1) zwei gleichgerichtetete und gleich lange gerade Linien, und A', B', C' die rechtwinkligen Projectionen der Puncte A, B, C auf eine durch D beliebig gezogene Gerade, die wir in der Kürze x nennen wollen. Alsdann haben auch die Abschnitte DB' und $A'C'$ dieser Geraden x, als die rechtwinkligen Projectionen von DB und AC auf x, einerlei (nicht entgegengesetzte) Richtung und gleiche Länge, und es ist folglich

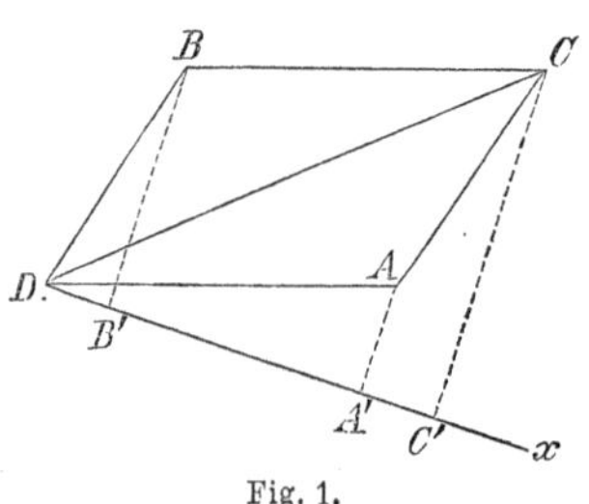

Fig. 1.

$$DC' = DA' + A'C' = DA' + DB' ,$$

d. h.: Werden zwei von derselben Ecke D ausgehende Seiten DA, DB und die von derselben Ecke ausgehende Diagonale DC eines Parallelogramms auf eine beliebig durch D gelegte Gerade recht-

*) Vergl. p. 109 des vorliegenden Bandes.

winklig projicirt, so ist immer die Summe der Projectionen der beiden Seiten der Projection der Diagonale gleich.

Diese Relation gilt übrigens stets, was auch die durch D gezogene Gerade x gegen das Parallelogramm für eine Lage haben mag, dafern nur je zwei Abschnitte von x mit einerlei oder verschiedenen Zeichen genommen werden, jenachdem ihre durch die Aufeinanderfolge der Buchstaben ausgedrückten Richtungen einerlei oder einander entgegengesetzt sind. Denn alsdann ist immer auch den Zeichen nach:

$$DB' = A'C' \quad \text{und} \quad DC' = DA' + A'C' \ ,$$

mag A' zwischen D und C' liegen, wie in Fig. 1, oder nicht.

§. 2. Nehmen wir noch an, dass jeder der beiden Winkel, welche die Diagonale mit den beiden Seiten macht, zu einem rechten Winkel in einem rationalen Verhältnisse stehe, und setzen wir hiernach die zwei Verhältnisse

$$ADC : 180^0 = a : m \ ,$$
$$CDB : 180^0 = b : m \ ,$$

wo a, b und m ganze positive Zahlen bedeuten. Man ziehe durch D m gerade Linien, welche gleiche Winkel mit einander machen, so dass um D herum $2m$ Winkel, jeder gleich $180^0 : m$, entstehen. Dabei falle DC in eine der m Linien. Alsdann werden auch DA und DB in dergleichen fallen, nämlich DA in die a^{te} auf der einen und DB in die b^{te} auf der anderen Seite von DC liegende Linie. Man projicire endlich jeden der drei Abschnitte DA, DB, DC rechtwinklig auf jede der m Linien und betrachte alle diese Projectionen ihrer Richtung und Grösse nach als auf den Punct D wirkende Kräfte, so dass in jeder der m Linien drei Kräfte wirken, z. B. in der obigen Linie x, wenn anders x eine dieser Linien ist, die drei durch DA', DB', DC' vorgestellten Kräfte. Da nun nach vorigem Satze (in §. 1)

$$DA' + DB' = DC'$$

ist, so werden immer von den drei in einer und derselben der m Linien enthaltenen Kräften diejenigen zwei, welche durch die Projectionen von DA und DB ausgedrückt werden, gleiche Wirkung mit der durch die Projection von DC ausgedrückten Kraft haben. Es werden daher auch, — wenn wir das System aller der Kräfte, welche durch die Projectionen von DA auf die m Linien vorgestellt werden, und wozu DA selbst mit gehört, mit $S(DA')$ bezeichnen und Aehnliches unter $S(DB')$ und $S(DC')$ verstehen, — es werden dann auch die Systeme $S(DA')$ und $S(DB')$ in Vereinigung gleichwirkend mit dem Systeme $S(DC')$ sein; oder kürzer, wenn wir die gleichfalls in D anzubringenden Resultanten dieser drei Systeme beziehungsweise α, β, γ nennen: es wird γ die Resultante von α und β sein.

§. 3. Wie bekannt, lässt sich aus den ersten Principien der Statik leicht darthun, dass, wenn von zwei oder auch mehreren auf einen Punct wirkenden Kräften eine jede mit Beibehaltung ihrer Richtung ihre Grösse in gleichem Verhältnisse ändert, in demselben Verhältnisse auch die Resultante der Kräfte ihre Grösse ändert, während ihre Richtung unverändert bleibt.

Nun sind die drei Systeme $S(DA')$, $S(DB')$, $S(DC')$, als geometrische Figuren betrachtet, einander ähnlich, indem jedes derselben dadurch entsteht, dass man auf eine der m Linien, welche sich in D unter gleichen Winkeln schneiden, von D aus einen Abschnitt von gewisser Länge trägt und hierauf denselben auf die $m-1$ übrigen Linien rechtwinklig projicirt. Aus dem Systeme der Kräfte $S(DA')$ wird folglich das System $S(DB')$ hervorgehen, wenn man, die Richtungen der Kräfte des ersteren Anfangs unverändert lassend, die Grösse einer jeden in dem Verhältnisse $DA : DB$ ändert und sodann das ganze System um D um einen Winkel gleich ADB nach links (in Fig. 1) dreht. Setzen wir daher noch, dass die Resultante α des Systems $S(DA')$ ihrer Grösse und Richtung nach gegeben ist, so werden wir damit nach dem angezogenen Satze die Grösse und die Richtung der Resultante β des Systems $S(DB')$ erhalten, wenn wir die Grösse von α in dem Verhältnisse $DA : DB$ sich ändern und die Richtung von α um D um einen Winkel gleich ADB nach links sich drehen lassen. Auf gleiche Art wird die Grösse von γ gleich $\alpha \cdot DC : DA$ sein, und die Richtung von γ wird dadurch gefunden werden, dass man den Winkel von γ mit α gleich dem Winkel von DC mit DA nach der Linken von α hin macht.

Ueberhaupt also werden sich die Grössen der Kräfte α, β, γ wie die Längen DA, DB, DC verhalten, und die gegenseitige Lage der Richtungen der drei ersteren wird dieselbe wie die der drei letzteren sein, so dass, wenn die Kräfte α, β, γ ihren Grössen und Richtungen nach durch die Linien DA_1, DB_1, DC_1 vorgestellt werden, die Figur $DA_1C_1B_1$ der Figur $DACB$ ähnlich und somit ebenfalls ein Parallelogramm ist, in welchem die Winkel der Diagonale DC_1 mit den Seiten zu einem Rechten in rationalen Verhältnissen stehen.

Nun war γ die Resultante von α und β, und wir schliessen daher: Soll zu zwei auf einen Punct D wirkenden und ihrer Grösse und Richtung nach durch die Linien DA_1 und DB_1 vorgestellten

Kräften die Resultante gefunden werden, so vollende man den Winkel A_1DB_1 zu einem Parallelogramm, und es wird die Diagonale DC_1 desselben die gesuchte Resultante ihrer Grösse und Richtung nach ausdrücken, — dafern die Verhältnisse der Winkel A_1DC_1 und C_1DB_1 zu einem rechten Winkel rational sind. — Dieselbe Construction muss aber auch bei irrationalen Winkelverhältnissen gelten, da durch genugsam grosse Annahme der Zahl m rationale Verhältnisse gefunden werden können, die den irrationalen so nahe, als man will, kommen. Der in diesem Falle durch die deductio ad absurdum zu führende schärfere Beweis dürfte hier nicht am Orte sein.

---

§. 4. Zusätze. *a)* Die Richtungen von α, β, γ bilden nicht bloss dieselben Winkel mit einander, wie die Richtungen von DA, DB, DC, sondern sind mit den letzteren vollkommen identisch. Denn da die Projectionen von DA auf zwei der m Linien, welche, auf verschiedenen Seiten von DA liegend, mit DA gleiche Winkel machen, offenbar einander gleich sind, so hat die Resultante dieser zwei Projectionen DA selbst zur Richtung; und da das System $S(DA')$ aus DA und aus solchen Paaren von Projectionen zusammengesetzt ist, so ist die Richtung der Resultante α dieses Systems gleichfalls DA. Ebenso zeigt sich, dass DB und DC die Richtungen von β und γ sind.

b) Weil der Winkel $DA'A$ ein rechter ist, so ist A' ein Punct des um DA, als Durchmesser, beschriebenen Kreises. Auf gleiche Art ist die Projection von B (oder C) auf eine willkürlich durch D gelegte Gerade der Durchschnitt dieser Geraden mit einem Kreise, welcher DB (oder DC) zum Durchmesser hat. Beschreibt man daher um die Seiten DA, DB und die Diagonale DC eines Parallelogramms $DACB$, als um drei Durchmesser, Kreise, so ist immer, wenn eine durch D glegte Gerade diese drei Kreise resp. noch in A', B', C' schneidet, DC' der Summe von DA' und DB' gleich. Und umgekehrt: Zieht man durch den einen Durchschnittspunct D zweier sich schneidender Kreise beliebig eine Gerade, welche die zwei Kreise noch in A' und B' treffe, und bestimmt man in dieser Geraden einen vierten Punct C' so, dass

$$DC' = DA' + DB',$$

so ist der geometrische Ort von C' ein dritter durch D gehender Kreis von solcher Grösse und Lage, dass sein Durchmesser DC die

Diagonale eines Parallelogramms ist, welches die Durchmesser DA und DB der beiden ersteren Kreise zu anliegenden Seiten hat.

Da hiernach von je drei von D ausgehenden und in derselben Geraden liegenden Sehnen der drei Kreise die Sehne des dritten stets aus den Sehnen der zwei ersteren zusammengesetzt ist, so kann man den dritten Kreis zusammengesetzt aus den zwei ersteren nennen. Und ebenso, wie zwei, lassen sich auch drei und mehrere durch einen und denselben Punct D gehende Kreise zu einem neuen zusammensetzen. Dabei ist der von D ausgehende Durchmesser des neuen Kreises, statisch ausgedrückt, die Resultante der von D ausgehenden Durchmesser der gegebenen Kreise.

Werde nur noch bemerkt, dass das von der Zusammensetzung von Kreisen Gesagte vollkommen auch auf die Zusammensetzung zweier oder mehrerer durch einen und denselben Punct gehender Kugelflächen Anwendung leidet (vergl. mein Lehrbuch der Statik, 1. Theil, §. 79).

Nachschrift zu der vorstehenden Abhandlung.

[Crelle's Journal für die Mathematik, 1851, Bd. 42, p. 184—186.]

§. 5. Der Satz vom Parallelogramm der Kräfte ist im Vorigen, und so auch in meinem Lehrbuch der Statik, nur für den Fall streng bewiesen worden, wenn die Winkel, welche die Resultante zweier Kräfte mit den letzteren macht, rational, d. i. mit einem Rechten commensurabel sind. Sind sie irrational, so kann der obige Beweis etwa folgendergestalt ergänzt werden.

Es sei wiederum $ADBC$ (vergl. Fig. 2) das Parallelogramm der Kräfte, und es werde für's erste angenommen, dass zwar jeder Winkel ADC und CDB einzeln irrational, aber ihre Summe ADB rational sei. Wäre dann nicht DC die Richtung der Resultante von DA und DB, sondern fiele diese Richtung, wie DE, in den Winkel ADC, schnitte sie also die BC in einem in der Verlängerung dieser Linie über C hinaus liegenden Puncte E, so bestimme man, was immer geschehen kann, in dieser Linie zwischen C

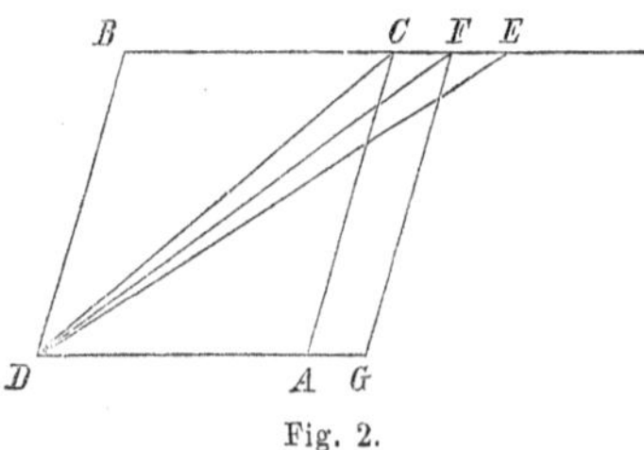

Fig. 2.

und E einen Punct F so, dass der Winkel ADF, und mithin auch FDB, rational ist. Eine durch F mit BD gezogene Parallele schneide DA in G, so ist nach dem Erwiesenen DF die Resultante von DB und DG, d. i. von DB, DA und AG, d. h. von einer nach DE gerichteten Kraft und einer nach DA gerichteten Kraft gleich AG. Dieses ist aber nicht möglich, weil die Richtung der Resultante zweier Kräfte stets innerhalb des von diesen gebildeten Winkels liegt. Auf ähnliche Weise zeigt sich, dass die Richtung der Resultante von DA und DB auch nicht innerhalb des Winkels CDB fallen kann. Mithin ist DC selbst ihre Richtung.

Setzen wir nun zweitens, dass die Summe ADB der Winkel ADC und CDB irrational sei. Dass dann, wenn die Kräfte DA und DB einander gleich sind und folglich das Parallelogramm ein Rhombus ist, die Diagonale DC desselben die Richtung der Resultante hat, bedarf hier keines Beweises. Sind aber die Kräfte ungleich, etwa DB (vergl. Fig. 3) die grössere, und sollte die in den Winkel ADC fallende Richtung DE die Richtung der Resultante sein, so beschreibe man um A als Mittelpunct, mit AC als Halbmesser einen Kreis und bestimme, was immer möglich ist, in dem innerhalb

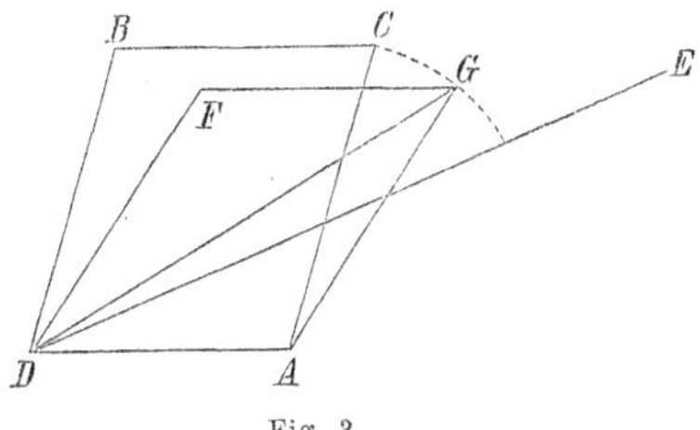

Fig. 3.

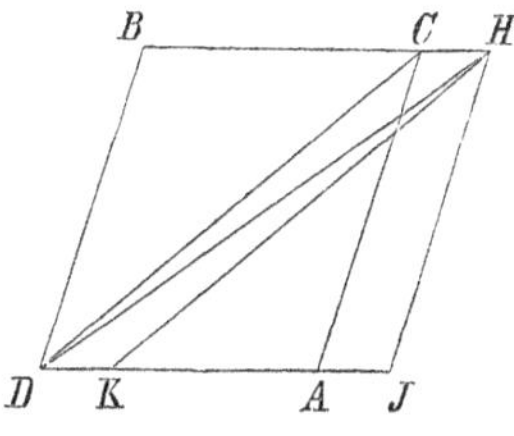

Fig. 4.

des Winkels CDE fallenden Bogen dieses Kreises einen Punct G so, dass der Winkel DAG, mithin auch, wenn man ihn zu einem Parallelogramm $DAGF$ ergänzt, der Winkel ADF rational ist. Von den Kräften DA und DF ist alsdann, nach dem Vorigen, DG die Richtung der Resultante. Mittels des schon gedachten Satzes, dass die Resultante zweier Kräfte innerhalb des Winkels der Kräfte liegt, lässt sich aber leicht zeigen, dass, weil von den zwei, der Construction zufolge einander gleichen Kräften DB und DF die erstere mit der kleineren Kraft DA einen grösseren Winkel als die letztere macht, mit derselben Kraft DA die Resultante von DB und DA einen grösseren Winkel, und die Resultante DG von DF und DA einen kleineren Winkel bilden muss. Mithin kann DE nicht die Richtung der Resultante von DA und DB sein. Und da, wie sich durch ähnliche Schlüsse darthun lässt, diese Richtung auch nicht innerhalb des Winkels CDB liegen kann, so muss sie DC selbst sein.

Nachdem somit bewiesen worden, dass die Resultante stets die Richtung der Diagonale hat, ergibt sich nun ohne Weiteres und auf das Leichteste, dass dieselbe Diagonale auch die Grösse der Resultante in jedem Falle darstellt. In der That werde die Resultante ihrer Richtung und Grösse nach durch DC' ausgedrückt, wo C' einen von D nach C hin liegenden Punct bezeichnet. Man nehme in der Linie BC willkürlich einen Punct H (vergl. Fig. 4 auf pag. 579), lege durch ihn mit BD eine Parallele, welche DA in J schneide, und mache in DA den Abschnitt DK gleich und gleichgerichtet mit AJ: so ist nach dem Erwiesenen DH die Richtung der Resultante von DJ und BD, d. i. von DK, DA und DB, d. h. von DK und DC'. Dieses ist aber nicht anders möglich, als wenn C' mit C zusammenfällt. Denn wäre C' von C verschieden, und schnitte eine durch C' mit DA gelegte Parallele die Linie KH in H', so würde, weil in Folge der Construction KH mit DC parallel und daher $DKH'C'$ ein Parallelogramm ist, nicht DH, sondern DH' die Richtung der Resultante von DK und DC' sein. Mithin wird durch DC auch die Grösse der Resultante von DA und DB ausgedrückt.

Druck von Breitkopf & Härtel in Leipzig.

www.ingramcontent.com/pod-product-compliance
Lightning Source LLC
LaVergne TN
LVHW011249110826
845149LV00001B/81

* 9 7 8 1 4 1 8 1 8 5 6 0 2 *